Die Heiz- und Lüftungsanlagen in den verschiedenen Gebäudearten

einschließlich Warmwasserversorgungs-Befeuchtungs- und Entnebelungsanlagen

Von

M. Hottinger und W. v. Gonzenbach

Zweite, verbesserte und vermehrte Auflage

bearbeitet von

Dipl.-Ing. H. Kämper VDI
Stadtoberbaurat, Dortmund

Ing. M. Hottinger und Dr. W. von Gonzenbach
Dozent für Heizung und Lüftung Professor für Hygiene
an der Eidgenössischen Technischen Hochschule, Zürich

Mit 91 Abbildungen

Springer-Verlag Berlin Heidelberg GmbH

ISBN 978-3-662-01891-0 ISBN 978-3-662-02186-6 (eBook)
DOI 10.1007/978-3-662-02186-6

Ursprünglich erschienen bei Julius Springer in Berlin 1940

Vorwort zur ersten Auflage.

Das vorliegende Buch enthält im ersten Teil die zur Erstellung von Heizungs- und Lüftungsanlagen grundlegenden hygienischen Forderungen, mit denen nicht nur der Arzt und Hygieniker, sondern auch der Architekt sowie der Heizungs- und Lüftungsingenieur vertraut sein muß, wenn er seinen Beruf nicht bloß handwerksmäßig, sondern wissenschaftlich ausüben will.

Der zweite Teil umfaßt sodann in kurzen, nach Gebäudearten geordneten Abschnitten allgemeine technische Wegleitungen. Wer sich über die betreffenden Installationen in Krankenhäusern, Unterrichtsgebäuden, Kirchen, Theatern, Kinos, Badeanstalten, Fabriken, Großgaragen oder einem anderen Gebäudetypus unterrichten will, hat daher das Gewünschte rasch zur Hand, ohne gezwungen zu sein, es aus der Literatur mühsam zusammenzusuchen.

Auf das Wesen und die konstruktive Ausführung oder gar die Berechnung der verschiedenen Systeme wird nicht eingegangen, weil darüber die Bücher des Erstunterzeichneten „Heizung und Lüftung" (München und Berlin: R. Oldenbourg) und „Abwärmeverwertung" (Berlin: Julius Springer) sowie zahlreiche andere heiz- und lüftungstechnische Werke alles Nötige enthalten. In diesen Publikationen sind auch ausführliche Literaturverzeichnisse zu finden, so daß wir uns in dem vorliegenden Buche mit Hinweisen auf neuere Veröffentlichungen begnügen konnten.

Wiederholungen in den einzelnen Abschnitten sind nach Möglichkeit vermieden. Wo erforderlich, ist auf früher oder später Gesagtes verwiesen. Beispielsweise sind Angaben über zentrale Apparate- und Regulierräume nur in den Abschnitten III (Krankenanstalten), VII (Geschäftshäuser) und XII (Theater) enthalten und die Dampfkoch- und Waschküchen nur einmal eingehend (unter Abschnitt III, Krankenanstalten) behandelt.

Bekanntlich liegen die Bedingungen für die Ausführung von heiz- und lüftungstechnischen Anlagen in den verschiedenen Ländern teilweise verschieden. Die folgenden Ausführungen beziehen sich in erster Linie auf zentraleuropäische Verhältnisse. An einzelnen Stellen ist auf anderweitig Gebräuchliches verwiesen. Aber selbst für Zentraleuropa waren lokal begründete Unterschiede zu berücksichtigen. So liefern in Deutschland zahlreiche Dampfkraftwerke billigen Abdampf zu Heizzwecken, was zu Abdampfheizungen aller Art, in jüngster Zeit zu ausgedehnten Städteheizungen, geführt hat, während der Strombedarf in wasserkraftreichen Ländern fast ausschließlich durch hydraulische Kraftwerke gedeckt wird, die keinen Dampf, dagegen unter Umständen billigen Nachtstrom abgeben können. Daher wird in der Schweiz z. B. eine große Zahl von Kirchen elektrisch beheizt. Dann wieder stehen gewisse billige Brennstoffe (wie Kohlenstaub, Braunkohlen usw., an anderen Orten Heizgas oder Öl) im Vordergrund des Interesses und bedingen die Art der Feuerung. Auf solche Umstände ist wiederholt verwiesen, so daß das Buch keineswegs etwa nur auf schweizerische oder nur auf deutsche Verhältnisse zugeschnitten ist, sondern seinen Zweck überall erfüllen dürfte, wo auf die Erstellung sachgemäßer Heiz- und Lüftungseinrichtungen Wert gelegt wird.

Wir hoffen daher, daß es als Nachschlagewerk bei Programmaufstellungen für Wettbewerbe, bei der Ausarbeitung gesetzlicher Bestimmungen, bei Streitigkeiten, Prozessen und in anderen Fällen gute Dienste leisten, aber auch den Architekten, Bauherren, Fabrikbesitzern und anderen Unternehmern sowie den entwerfenden Heizungsingenieuren Anhaltspunkte und Anregung bieten wird.

Zürich, im September 1928

M. HOTTINGER. W. V. GONZENBACH.

Vorwort zur zweiten Auflage.

Der Aufbau des Buches sowie seine Zielsetzung sind im Vorwort zur ersten Auflage ausführlich erklärt worden. Es genügt deshalb, auf die betreffenden Ausführungen zu verweisen. Da die Aufteilung aus den Bedürfnissen der Praxis heraus gewählt wurde und sich dementsprechend auch bewährt hat, konnte sie mit Ausnahme unwesentlicher Änderungen beibehalten werden. Dagegen haben die einzelnen Abschnitte eine aus der wissenschaftlichen Erkenntnis und fachlichen Entwicklung der letzten 10 Jahre sich als notwendig erwiesene eingehende Überarbeitung und Erweiterung erfahren. Beim Abschnitt XVII „Bahnhofsanlagen“ wurde außerdem die *Zugbeheizung* und beim Abschnitt XXI „Leichenhäuser“ die *Leichenverbrennung* aufgenommen. Die Schrifttumsnachweise sowohl innerhalb der verschiedenen Abschnitte wie am Schluß derselben wurden dem neuesten Stande entsprechend ergänzt und teilweise erheblich erweitert. Insbesondere ist auch dem Abschnitt „A. Allgemeines“ des zweiten Buchteiles ein längeres Schrifttumsverzeichnis über verschiedene allgemein-technische und einzelne Sonderfragen aus dem Gebiete des Heizungs- und Lüftungswesens, wie z. B. der Geschichte des Heizungs- und Lüftungswesens, den Vorschriften, Verordnungen und Gesetzen, den Nachwuchs- und Ausbildungsfragen, der Wärmebedarfsberechnung usw., angefügt worden, in der Erwartung, damit dem in Frage kommenden Leserkreis eine besondere Erleichterung bei der Bearbeitung von einschlägigen Aufgaben und für den Zweck einer schnellen Unterrichtung über ein Sondergebiet zu verschaffen. Erstmalig wurden dem Text schließlich eine größere Zahl von

Abbildungen verschiedener Art beigefügt, um durch die zeichnerischen und bildlichen Darstellungen das geschriebene Wort noch lebendiger zu gestalten.

Wir dürfen daher annehmen, daß auch diese zweite Auflage in der vorliegenden Form und im Rahmen der gestellten Aufgabe den Anforderungen und Wünschen der Praxis gerecht wird.

Denjenigen Behörden und Firmen, die durch Überlassung von Bildmaterial die Arbeit unterstützt haben, sei an dieser Stelle besonderer Dank ausgesprochen. Ebenso sei auch der Verlagsbuchhandlung für die eingehende Mitarbeit und die Ausstattung des Buches besonders gedankt.

Dortmund und Zürich, im Dezember 1939.

H. Kämper. M. Hottinger.
W. v. Gonzenbach.

Inhaltsverzeichnis.

Erster Teil.

Die hygienischen Anforderungen an die Lüftung und Heizung.

Von W. von Gonzenbach.

Zweiter Teil.

Die technischen Grundlagen der Heizungs-, Lüftungs- und Warmwasserversorgungsanlagen in den verschiedenen Gebäudearten.

Von H. Kämper.

Erster Teil.

Die hygienischen Anforderungen an die Lüftung und Heizung.

Von **W. VON GONZENBACH.**

A. Lüftung.

1. Beziehungen von Luft und Organismus.

Um die Anforderungen, die die Hygiene an die Luft in geschlossenen Räumen stellen muß, verstehen zu können, ist es notwendig, den Organismus des Menschen in seinem Bau und seinen Verrichtungen in den Grundzügen zu kennen, insbesondere sich darüber klarzuwerden, welche Rolle die Luft, sei es als Atmungsstoff, sei es als Aufenthaltsmedium, im Stoff- und Wärmehaushalt des Menschen spielt. Das Verständnis dieser biologischen Vorgänge wird dem Bauherrn und Architekten sowie dem Heizungs- und Lüftungsingenieur unmittelbar ein besserer Wegleiter bei der Lösung seiner Aufgaben sein, wie eine Anzahl starrer Faustregeln und orthodox durchgehaltener Leitsätze.

a) Die Luft als Atmungsstoff. Der Körper bedarf zur Unterhaltung der Verbrennungsvorgänge in den Geweben, oder wie man sagt der inneren Atmung, des Sauerstoffs der Luft, den er sich durch die Organe der äußeren Atmung verschafft. Die *Nase* als Eintrittsstelle bildet mit ihrer starken Oberflächenvergrößerung der über die Muscheln ausgebreiteten Schleimhäute, die gut durchblutet sind, ein erstes *Kontroll-* und *Reinigungs-* sowie *Vorwärmungsorgan.* Die eintretende Luft läßt auf den feuchten Schleimhäuten den größten Teil des in ihr enthaltenen Staubes zurück und wird beim Durchpassieren der Nasenhöhle bereits auf etwa 35° vorgewärmt. Die den obersten Teil des Gewölbes einnehmende Riechschleimhaut meldet alle Gerüche und läßt uns je nach der gesundheitlichen Bedeutung der sie verursachenden Stoffe dieselben als angenehm oder als unangenehm empfinden. Wird die Nasenschleimhaut, sei es mechanisch durch feinste Partikel, sei es chemisch durch gewisse Stoffe, stärker gereizt, so sezernieren ihre Schleimdrüsen vermehrtes, dünnerflüssiges Sekret zu deren Ausschwemmung; ist der Reiz noch heftiger, so setzt der Niesreflex ein, der die ersten Luftwege auf diese Weise energisch reinigt. Von der Nase nimmt die Luft ihren Weg über den Rachen durch den *Kehlkopf* in die *Luftröhre,* die sich in die *Bronchialäste* in den *Lungen* immer weiter aufzweigt. Auch diese Leitungsorgane sind mit feuchter Schleimhaut ausgekleidet, die ihrerseits sog. *Flimmerepithelien* trägt, d. h. einen Zellbelag mit mikroskopisch feinsten, stets in der Richtung nach außen schlagenden Flimmerhärchen, die auf diese Weise auch den feinsten bis in die Tiefen dringenden Staub langsam und sicher nach außen befördern. Diese Schleimhäute sind ebenfalls mit empfindlichen Nerven versehen, die die Schleimdrüschen zu vermehrter Sekretion anregen, wenn sie durch Staub oder beizende Gase gereizt werden und die bei stärkerer Reizung den Hustenreflex auslösen, der seinerseits auch wieder ein Reinigungsmechanismus ist. An die feinsten Endverzweigungen des Bronchialbaumes schließen sich endlich die *Lungenbläschen* an, in denen die Luft nur noch durch eine ganz dünne Membran von den diese Bläschen umspinnenden Blutkapillaren getrennt ist, die Alveolarmembran, durch die sich der *Gasaustausch* mit dem Blut vollzieht (Sauerstoffaufnahme, Kohlensäureabgabe des Blutes).

Damit der Atmungsmechanismus möglichst ungestört und den Anforderungen des Organismus entsprechend abläuft, ist es notwendig, daß der Sauerstoff in genügender Menge vorhanden und daß die ihn enthaltende Luft möglichst frei von mechanischen und chemischen Verunreinigungen sei. Der erwachsene Mensch atmet bei ruhiger Lebensweise durchschnittlich 500 l, also $^1/_2$ m^3 Luft in der Stunde ein und aus, eine Menge, die bei starker körperlicher Anstrengung (Muskelarbeit mit entsprechend stärkerer innerer Verbrennung) auf das Vielfache ansteigen kann. Daraus ergibt sich, daß auch geringgradige Verunreinigungen sich auf die Dauer quantitativ anhäufen müssen.

Die Luft besteht im wesentlichen aus einem Fünftel lebenswichtigem Sauerstoff, der mit vier Fünftel für den Organismus völlig indifferentem Stickstoff verdünnt ist. Der Sauerstoff kann aber auf ein weit geringeres Maß, bis auf 12%, ja nach gewissen Autoren auf 10% reduziert sein, bis sich sein Mangel dem Organismus in gefährlicher Weise kundgibt. Die absolute Menge Sauerstoff in der Atmosphäre nimmt bekanntlich mit steigender Erhebung vom Meeresniveau ab; trotzdem können Menschen noch bis zu 5000 m Erhebung leben. Das kommt daher, daß sich der Organismus dem geringeren Sauerstoffangebot mehr weniger leicht anzupassen vermag, durch vertiefte und beschleunigte Atmung, durch vermehrte Herzaktion und damit Blutzirkulation und endlich durch Vermehrung der sauerstoffbindenden Oberfläche der roten Blutkörperchen. Es ist somit eine falsche Auffassung, der man aber noch häufig begegnet, daß die Beeinträchtigung des Wohlbefindens in überfüllten Lokalen auf Mangel an Sauerstoff beruhe.

Neben Sauerstoff und Stickstoff enthält die Luft stets eine gewisse Menge Kohlensäure (CO_2). Diese ist das Endprodukt aller Verbrennungsvorgänge der belebten und unbelebten Natur und ist in der Außenluft zu $^1/_3{}^0/_{00}$ enthalten, in den dichtbebauten Städten etwas mehr. Die Ausatmungsluft des Menschen enthält davon 4%. Die Kohlensäure ist ein schweres, farb- und geruchloses Gas, das für den Organismus irrespirabel ist. In einer Kohlensäureatmosphäre ist eine Verbrennung, also auch die Atmung nicht möglich. Doch muß die Konzentration der Kohlensäure in der Atmungsluft schon recht beträchtlich sein, 3—5% übersteigen, bis unmittelbare Gefahr entsteht. Und auch dann ist Atmung noch durchaus möglich, wenn gleichzeitig genügend Sauerstoff zur Verfügung steht. Kohlensäure entsteht überall, wo Verbrennungsprozesse sich abspielen, also beim Verbrennen mit Flamme, wie bei den biologischen Oxydationsprozessen, bei der Atmung von Pflanze und Tier. Bei Gärungsprozessen und Verwesungsvorgängen entstehen oft ganz beträchtliche Mengen von Kohlensäure durch die Lebenstätigkeit von Mikroorganismen. Aus obigem geht auch hervor, daß Ansammlungen von Menschen und Tieren in dicht geschlossenen Räumen die Luft sich mit Kohlensäure anreichern lassen. Der leicht durchführbare chemische Nachweis der Kohlensäure gibt uns die Möglichkeit in die Hand, den Grad der Luftverschlechterung quantitativ zu bestimmen. Da die Kohlensäure nur eine der vielen bei der Ansammlung von Menschen entstehenden Luftverunreinigungen und bei weitem nicht die schädlichste darstellt, so ist sie nur ein Indikator für die gesamte Verunreinigung, und wenn wir im allgemeinen fordern, daß die Luft eines Aufenthaltsraumes nicht über $1^0/_{00}$ CO_2 enthalten sollte, so ist damit nur gesagt, daß in dieser Luft, wenn sie über $1^0/_{00}$ CO_2 enthält, gleichzeitig die anderen Verunreinigungen in einer das Wohlbefinden beeinträchtigenden Menge vorhanden sind. Eine Kohlensäurekonzentration von $1^0/_{00}$ ist an und für sich ohne jede gesundheitliche Bedeutung.

Ein weiterer regelmäßiger Bestandteil der Luft ist der *Wasserdampf*. Die Luft vermag Wasserdampf in wechselnden Mengen in sich aufzunehmen, und zwar ist der maximale Gehalt an Wasserdampf (die Sättigung mit Feuchtigkeit) abhängig von der Temperatur. Das Wasseraufnahmevermögen der Luft steigt mit zunehmender Temperatur, und zwar in geometrischer Progression, wie aus Zahlentafel 1 ersichtlich ist.

Zahlentafel 1
Maximalwassergehalt eines Kubikmeters Luft bei Temperaturen von −20° bis +40°.

	Temperatur in Celsiusgrad	Maximalfeuchtigkeit je m³ Luft in g H_2O
	−20	1,05
	15	1,58
	10	2,31
	5	3,37
	0	4,89
	+ 5	6,82
	10	9,39
Raumtemperaturen	15	12,82
Raumtemperaturen	20	17,22
Raumtemperaturen	25	22,93
	30	30,21
	35	39,41
Bluttemperatur	37	43,71
	40	50,91

Der zu verschiedenen Zeiten und unter wechselnden Umständen in Wirklichkeit vorhandene Wasserdampfgehalt einer gegebenen Atmosphäre (*absolute Feuchtigkeit*) erreicht nur selten die extremen Werte völliger Sättigung oder gar völliger Trockenheit. Das Verhältnis der absoluten zur Sättigungsfeuchtigkeit, also den Quotienten absolute Feuchtigkeit/Sättigung, bezeichnet man als *relative Feuchtigkeit* und drückt sie in Prozenten der Sättigungsfeuchtigkeit aus. Die Differenz von der absoluten zur Sättigungsfeuchtigkeit, also die Menge Wasserdampf, die zur völligen Sättigung fehlt, nennt man das *Sättigungsdefizit* und drückt es in den absoluten Gewichtsmengen H_2O aus. Es stellt die Menge Wasserdampf dar, die die Luft den von ihr umspülten Wasseroberflächen oder feuchten Gegenständen (Möbel und Wände, Wäsche, Schleimhäute!) zu entnehmen vermag, also ihr

Austrocknungsvermögen. Die Verdunstung von diesen Oberflächen ist um so intensiver, je größer das Sättigungsdefizit ist, und ein solches Defizit wird sich, wie obige Tabelle ohne weiteres zeigt, um so stärker auswirken, je höher die Temperatur der Luft ansteigt.

Für die Atmungsorgane des Menschen kommt nun immer nur eine Lufttemperatur von 30—37° in Betracht, da sich die Luft beim Passieren der Atmungswege stets auf diese Temperaturen (in der Tiefe der Lungen schließlich auf die Bluttemperatur) erwärmt und hier einen Sättigungswert von 43,71 g H_2O erhält. Vom physiologisch-hygienischen Standpunkt aus — und dieser allein kommt für uns hier in Betracht — haben wir uns somit nur zu fragen: Wie groß ist die relative Feuchtigkeit und daraus berechnet die absolute Feuchtigkeit der zur Verfügung stehenden Raumluft, und welches Feuchtigkeitsdefizit erwirbt sich diese Luft bei ihrer Erwärmung auf Bluttemperatur auf den Schleimhäuten der Atmungsorgane? Das ist der Begriff des *physiologischen Sättigungsdefizites*, wie es von DORNO[1] aufgestellt worden ist. Atmen wir z. B. im Winter eine an sich gesättigte Luft von —20° ein, so enthält dieselbe nach obiger Tabelle nur rund 1 g H_2O, erreicht also in den Atmungsorganen ein physiologisches Sättigungsdefizit (Austrocknungsvermögen) von über 42 g! Wählen wir weniger extreme Verhältnisse, z. B. eine milde Wintertemperatur von 0° mit Feuchtigkeit gesättigt, so haben wir immer noch mit einem physiologischen Sättigungsdefizit (Austrocknungsvermögen!) von rund 39 g zu rechnen. Nebenbei bemerkt: Hat sich schon jemals jemand unter diesen Umständen im Freien über trockene Luft beklagt? Wählen wir im Vergleich dazu eine Zimmerluft von 50% Feuchtigkeit und einer Raumtemperatur von 20°, so enthält dieselbe 8,6 g Wasserdampf und erreicht ein physiologisches Sättigungsdefizit von 35 g. Eine solche Zimmerluft gilt aber schon als ziemlich trocken, reduzieren wir ihre relative Feuchtigkeit um weitere 20%, was in Wirklichkeit äußerst selten vorkommt, so erhalten wir 5,2 g und eine Erhöhung des physiologischen Sättigungsdefizits auf 38,5 g — das ist immer noch etwas weniger, wie dasjenige einer feuchten Außenatmosphäre in dichtem Nebel von 0° — und doch werden sich die Leute in einer solchen Zimmerluft sofort über deren „Trockenheit" beklagen. Woher dieser Widerspruch?

Die Tatsache, daß uns eine auch noch so kalte Winterluft im Freien durchaus nie als trocken auffällt, beweist, daß unsere Schleimhäute ohne weiteres imstande sind, das physiologische Sättigungsdefizit zu decken. Dazu sind sie mit den notwendigen Sekretionsorganen, den Schleimdrüsen, ausgestattet. Wir senden ja zudem Leute mit gereizten Schleimhäuten, mit Bronchitiden und Lungenleiden direkt in solch trockene Klimastationen zur Ausheilung, also kann trockene, also wasserdampfarme Luft niemals schädlich für diese gleichen Organe sein.

Das Gefühl der Trockenheit einer Atmungsluft, das wir nur im geschlossenen und meist geheizten Raum empfinden, kann also nicht auf einen geringen Gehalt an Wasserdampf derselben an sich beruhen,

[1] Spezifisch-medizinische Klimatologie und Höhenklima. Braunschweig: Vieweg 1924.

sondern muß seinen Grund in einer weiteren, ursächlich mit ihrer Trockenheit zusammenhängenden Eigenschaft der Raumluft haben. Da denkt man zunächst an ihren größeren Staubgehalt. Zimmer enthalten stets größere Mengen kleinster Partikelchen, die von Abnutzung der Zimmerausstattung, Böden, Teppichen, Vorhängen, Kleidern usw. stammen oder von Schmutz, der von außen hineingetragen wurde, und die durch Austrocknung leicht und flugfähig werden. Die Geschwindigkeit des an Heizflächen aufsteigenden Warmluftstromes reicht aus, um sie mitzureißen, und so haben sie Teil an der Innenzirkulation der Luft im geheizten Raum. Diese Partikel setzen sich auf den Schleimhäuten fest und reizen dieselben mechanisch oder auch chemisch, je nach ihrer Form, Härte und chemischen Beschaffenheit. Es ist nicht zu bezweifeln, daß der Staubgehalt der Luft einen wesentlichen Anteil hat an dem „Trockenheitsreiz" einer Raumluft. Es ist hygienisch also vor allem wichtig, die Staubentstehung zu verhüten und den nicht vermeidbaren Staub regelmäßig und sorgfältig zu entfernen (feuchtes Abwischen, Staubsauger).

Unsere Untersuchungen haben ergeben, daß sich eine Innenluft von der Außenluft sehr häufig auch unterscheidet durch einen größeren Gehalt an sog. Kondensationskernen, das sind submikroskopische Teilchen, die wir im gewöhnlichen Sprachgebrauch auch mit Dunstteilchen bezeichnen, Molekularkomplexe der verschiedensten Art und Größe. Ein Beispiel dazu ist Tabakrauch bzw. Stoffteilchen, die sich aus organischem Material bei steigender Temperatur verflüchtigen u. a. m. Diese Teilchen tragen ihren Namen als Kondensationskerne von ihrer Eigenschaft, in der Luft gelösten Wasserdampf auf ihrer Oberfläche zu kondensieren, wenn diese Luft auf den Taupunkt abgekühlt bzw. bis in die Nähe ihrer Sättigung befeuchtet wird. Sie sind die Ursache der Nebel- und Wolkenbildung in der freien Atmosphäre, weshalb in Gegenden, in welcher durch zahlreiche Feuerstellen Rauch und Dunst in die Atmosphäre ausgestoßen wird und dieser Rauch und Dunst auf Luftmassen von relativ hoher Feuchtigkeit trifft, in der kalten Jahreszeit besonders anhaltende und dichte Nebel auftreten (London). Von der Größe bzw. Masse einerseits und besonders von ihrer chemischen Natur andererseits hängt es ab, ob eine sie enthaltende Luft unsere Atmungsschleimhäute unter Umständen auch die Augenbindehaut reizen. Ganz besonders berüchtigt hierfür ist Tabakrauch in einem Zimmer, aber auch jener eigenartige Dunst oder „Geruch", der von heißen, d. h. über 70° warmen Heizflächen der Zimmerluft mitgeteilt wird, seien es nun überhitzte eiserne Öfen, Dampfheizrohre oder Warmwasserheizkörper. In diesem Falle stammen die reizenden Kondensationskerne von dem organischen Staub, der sich auf diesen Heizflächen abgelagert hat. Versuche in unserem Laboratorium haben ergeben, daß in der Tat bei Erhitzung von Zimmerstaub 70—80° die kritische Temperatur bedeuten, von welcher ab die Zahl der freiwerdenden Kondensationskerne plötzlich sehr stark ansteigt.

Wenn wir eine kondensationskernreiche Luft befeuchten, so vermindert sich die Zahl der Kondensationskerne ziemlich rasch um 20 bis

30%, genauer gesagt, die spontane Verminderung der Kernzahl wird durch Befeuchtung erheblich beschleunigt. Es sind namentlich die großen und somit schwereren Kondensationskerne, die zuerst ausfallen und dies natürlich um so eher tun, je stärker sie mit Wasserdampfmolekülen beladen sind. Damit dürfte die Erfahrungstatsache der wohltuenden Wirkung künstlicher Luftbefeuchtung bei „trockener" Innenluft für empfindliche Personen ihre wissenschaftliche Klärung gefunden haben. Nicht die Befeuchtung der Zimmerluft als solche wirkt sich physiologisch günstig aus, sondern die durch sie bedingte „Ummantelung" Beladung und schließlich Ausschaltung der großen Kondensationskerne chemisch-organischer Natur. Die künstliche Befeuchtung der Luft muß aber mengenmäßig genügend groß sein, um sich günstig auszuwirken, da selbstverständlich die Beschwerung der Kondensationskerne mit Wasserdampf von der Menge abhängig ist, die davon zur Verfügung steht. Bloßes Aufstellen von Verdunstungsgefäßen an den Heizkörpern genügt niemals, solche Apparate müssen reichliche Verdunstungsflächen durch eintauchende poröse und ansaugende Papier- oder Tonlagen darbieten. Als Faustregel zur Überprüfung solcher künstlicher Luftbefeuchter sind 3 l Wasser auf 100 m³ Raum und 24 Stunden anzunehmen.

Die Geruchstoffe wirken sich entweder günstig oder ungünstig aus. Angenehme Geruchstoffe, insbesondere z. B. die würzigen Harze und Terpene der Nadelholzwälder lösen reflektorisch tiefere Atmung und damit bessere Sauerstoffanreicherung im Blute aus und fördern dadurch den inneren Stoffwechsel. Übelriechende Stoffe umgekehrt lassen uns weniger tief atmen. Beim Eintritt in einen Raum, in dem viele Menschen mit ihren Ausdünstungen die Luft verschlechtert haben, „schneidet uns der Atem" ab. Selbst wenn sich das Geruchsorgan an diese schlechte Luft scheinbar gewöhnt hat, d. h. wenn uns die schlechte Luft gar nicht mehr auffällt, wird trotzdem reflektorisch die Atmung oberflächlich und damit das Blut und also der ganze Organismus dauernd zu wenig belüftet. Der Appetit leidet und das fahle, schlechte Aussehen der Leute, die dauernd in überfüllten Wohnungen und in den engen Gassen der Altstadtquartiere zu hausen gezwungen sind, ist nicht zum mindesten auf diese gewohnheitsmäßig ungenügende Atmung zurückzuführen. Quellen übler Gerüche sind vor allem die Menschen selber, wegen Zersetzung von Schweißrückständen auf der ungepflegten Haut und in ungenügend gewechselter Wäsche. Ferner kommen in Betracht schlechter Mundgeruch wegen kranker Zähne oder Störungen der Verdauungsorgane. Dazu gesellen sich die Luftverunreinigungen durch den Küchenbetrieb, Wäsche in den Wohnräumen, Abortgerüche usw. In Gewerbe und Industrie gesellen sich dazu die mannigfachen Gerüche der hierbei verwendeten Stoffe. Man kann diese Gerüche durch Ozonzusatz zur Luft verdecken oder sie, soweit sie oxydierbar sind, zerstören; die Akten über den Mechanismus der Ozonwirkung sind noch nicht geschlossen. Ozonisierung kommt auf alle Fälle nur bei besonderen Verhältnissen in Betracht (Entgeruchung in Lebensmittelvorratsräumen, in Theatern und großen Versammlungsräumen). Daß dem *Ozon* als solchem eine direkt Gesundheit fördernde Wirkung zuzuschreiben sei, ist eine irrige Meinung, und die Anpreisung ozonreicher Luft in den Wald- und Höhenkurorten sollte endlich als irreführend aus den entsprechenden Prospekten verschwinden. In für das Geruchsorgan merkbaren Konzentrationen ist Ozon (zu deutsch: stinkender Stoff!) sogar direkt giftig.

Die Luft geschlossener Räume enthält gelegentlich noch direkt *giftige Gase*, deren weitaus bedeutungsvollstes das *Kohlenoxyd* ist. Kohlenoxyd, CO, ist ein geruchloses, farbloses Gas von fast gleichem Gewicht wie die Luft. Es mengt sich derselben also sehr leicht gleichmäßig bei. Das Kohlenoxyd ist das Produkt unvollkommener Verbrennung und entsteht überall, wo Verbrennungsprozesse bei ungenügendem, behindertem Luftzutritt stattfinden: Vor allem finden wir es in den Verbrennungsgasen schlecht konstruierter Öfen, wenn gar noch durch Klappen denselben der Abzug erschwert wird, oder wenn der Rauch bei unrichtigen Kaminanlagen sich in den Rauchzügen staut, oder auf weiten Umwegen durch undichte Blechrohre geführt, in denselben abkühlt und an Auftrieb verliert. Besonders gefährlich sind in enge Räume eingebaute Gasbadeöfen mit schlechtem Abzug und ohne genügende Möglichkeit der Lufterneuerung. In neuester Zeit gewinnen auch die Verbrennungsgase der Benzinmotoren, namentlich der Automobile erhöhte, gesundheitliche Bedeutung. Die Auspuffgase enthalten bis zu 8% CO und vermögen bei Arbeiten des Motors in geschlossenen, nicht lüftbaren Garagen in kürzester Zeit eine tödliche Atmosphäre zu schaffen. Eine Hauptquelle von Kohlenoxydvergiftungen bildet das Leuchtgas, das zufolge seiner Herstellung stets erhebliche Mengen von CO (bis zu 10%) enthält. Freilich werden wir zumeist durch die riechenden Beimengungen des Leuchtgases auf dessen Ausströmen aufmerksam gemacht, allein, es kann vorkommen, daß diese riechenden Bestandteile, wenn das Gas bei Röhrenbrüchen in der Straße z. B. erst den Boden passieren muß, oder wenn es durch Mauern und Tapeten durchdringt, auf dem Wege zurückgehalten werden.

Die Giftigkeit des CO beruht auf seiner Eigenschaft als ungesättigte Kohlenstoffverbindung, die mit großer Affinität ausgestattet ist, insbesondere zum roten Blutfarbstoff, dem Hämoglobin der roten Blutkörperchen. Dieses hat die Aufgabe, den Sauerstoff der Atmungsluft locker an sich zu binden und den Geweben zuzutragen (für die innere Atmung). Nun ist aber die Affinität des CO zum Hämoglobin ungefähr 200mal größer als diejenige des Sauerstoffs. Infolgedessen reißen die Blutkörperchen in der Atmungsluft vorhandenes CO begierig an sich. Die Bindung ist zugleich eine viel festere, so daß einmal von CO beschlagnahmtes Hämoglobin für die Atmung verloren ist. Enthält die Atmosphäre nur 200mal weniger CO als Sauerstoff, also $1^0/_{00}$, so tritt das Kohlenoxyd in gleichwertige Konkurrenz mit dem Sauerstoff, d. h. es wird in Bälde die Hälfte des zur Verfügung stehenden Blutes mit CO abgesättigt werden und geht dadurch verloren, was einem Blutverlust von 50% entsprechen würde. Ein solcher Verlust ist aber mit dem Leben unvereinbar. Schon weit geringere Mengen CO in der Atmungsluft machen sich bald bedenklich merkbar. Die Symptome lassen sich leicht aus dem Mechanismus der Blutaffinität des CO erklären. Es handelt sich um eine mangelhafte innere Oxydation der Gewebszellen, und da die Gehirnzellen am allerfeinsten reagieren, am empfindlichsten für mangelhafte Blut- und Sauerstoffversorgung sind, so zeigen sich die Vergiftungssymptome wesentlich als zerebraler Natur, d. h. es stellen sich Kopfschmerzen ein, Übelkeit und Schwindel, die, bei gefährlichen Konzentrationen oder längerer Einwirkung auch schwacher Konzentrationen von 0,2$^0/_{00}$ an, zu Lähmung, Bewußtseinsverlust und Tod führen. Die tödliche Kohlenoxydvergiftung ist praktisch weitaus die häufigste Vergiftungsform, nicht nur im Gewerbe, wo sich die mannigfaltigsten Möglichkeiten der CO-Entstehung ergeben (Gichtgase in Hüttenbetrieben, beim Eisengießen, im Tunnel- und im Bergbau, um nur einige der bedeutendsten zu erwähnen), sondern auch im häuslichen Leben, man denke nur an die mannigfache Anwendung des Leuchtgases und an die immer mehr sich ausbreitenden Kraftwagen.

Anhangsweise seien noch einige weitere giftige Gase erwähnt, die sich gelegentlich der Atmungsluft beimengen können, angefangen beim Ammoniak und Schwefelwasserstoff bei der Zersetzung von Schlamm und Abwasser in Gruben und Kanälen, zu den Benzindämpfen in Garagen und Autowerkstätten, zu den sehr giftigen nitrosen Gasen (N_2O_3) in der Metallindustrie, bis zu den unzähligen und in immer neuen Formen entstehenden giftigen Stoffen, die die chemische Industrie auf den Markt bringt, Lösungsmittel für Farben und Lacke, die vom Krieg her bekannten Gift- und Kampfgase nicht zu vergessen.

Der *Staub* in der Luft besteht aus anorganischem und organischem Material. Der *anorganische* Staub stammt zumeist von der Straße und stellt das Mahlprodukt des harten Straßenbelages dar, das entweder direkt durch Fenster oder künstliche Lüftung in die Räume gelangt, teils in Form von Straßenschmutz an den Schuhen in feuchtem Zustand in die Häuser getragen und hier austrocknend flugfähig wird. Die Partikelchen setzen sich auf den Schleimhäuten der Atmungsorgane fest und reizen dieselben rein mechanisch wegen ihrer Härte und unregelmäßig kantigen Oberfläche. Der zum großen Teil im Innern der Gebäude selber entstehende *organische Staub* besteht aus Zerfallspartikelchen von Holz, Geweben, Haaren u. dgl. Auch dieser Staub kann die Atmungsschleimhäute mechanisch reizen. Unter dem Mikroskop haben die Teilchen oft ganz bizarre Gestalt. Gewissen Staubarten haften noch besondere chemische Eigenschaften an, die unter Umständen die heftigsten Reizerscheinungen von seiten der Atmungswege auslösen können; ich erinnere an den von gewissen Graspollen ausgelösten sog. Heuschnupfen besonders disponierter Individuen. Der organische Staub hat aber noch die weitere unangenehme Eigenschaft, daß er sich, wenn er sich absetzt und in feuchten Winkeln ansammelt, leicht unter bakterieller oder Einwirkung von Schimmelpilzen unter Bildung übler Gerüche zersetzt. In Wohn- und Versammlungsräumen, Schullokalen u. dgl. macht sich der Staub wohl gesundheitlich unangenehm bemerkbar. Langes Reden in staubiger Luft reizt auf die Dauer die Schleimhäute, insbesondere des Rachens und des Kehlkopfes, da beim Reden stets durch den Mund geatmet wird und dadurch das natürliche Staubfilter der Nase außer Funktion ist. Viel mehr zu beachten ist jedoch der in gewissen Gewerbebetrieben in großen Mengen anfallende Staub, demgegenüber der ganze Abwehrapparat der Atmungsorgane nicht mehr ausreicht, so daß Reste von Staub bis in die Lungenalveolen vordringen können. Von dort werden sie freilich durch Freßtätigkeit von Zellen in die Lymphgefäße der Lungen entfernt und in den Lymphdrüsen deponiert. Auf die Dauer werden aber auch diese Abfuhrwege überlastet, so daß die Staubpartikelchen in ihnen liegen bleiben und dieser natürliche Kanalisationsapparat in seiner Funktion gehindert wird. Das führt zu erhöhter Anfälligkeit der Lungen gegenüber Infektionskrankheiten, besonders Lungenentzündung oder besser zu einer herabgesetzten Heilungsbereitschaft bei dergleichen Prozessen. Man nennt diese Staublungenzustände Pneumokoniosen. Es ist eine besondere Aufgabe der Gewerbehygiene, durch entsprechende Staubabsauganlagen an den Maschinen (Holzbearbeitung, Metallschleiferei, Gußputzerei, Zementindustrie, Müllerei, Tabakindustrie usw.) die Staubgefährdung der Arbeiterschaft auf ein Minimum zu reduzieren.

Eine besondere Rolle im organischen Staub spielen die *Kleinlebewesen*, die Bakterien, Hefe- und Schimmelpilze. Der größte Teil derselben ist ohne direkte Bedeutung für die menschliche Gesundheit. Hingegen können diese Keime organisches gär- und fäulnisfähiges Material, also Speisen, Speisereste und toten organischen Staub zersetzen und so wesentlich zur Luftverschlechterung beitragen. Die direkten *Krankheitserreger* unter den Bakterien sind glücklicherweise sehr selten und vermögen sich, da sie an die Bluttemperatur des Menschen angepaßt sind, in der Außenwelt nicht zu vermehren und nur begrenzte Zeit überhaupt lebend zu erhalten. Insbesondere sind sie empfindlich gegenüber Austrocknung, ganz besonders, wenn dieselbe unter der Einwirkung des diffusen, noch mehr des direkten Sonnenlichtes erfolgt. *Die verbreitete Bazillenangst ist durchaus unberechtigt.* Wir treffen Krankheitsbakterien nur in der engeren Umgebung von Infektionskranken an, um so spärlicher, je reinlicher dieselben sich verhalten bzw. gepflegt werden. Zu den Krankheitserregern, die sich am widerstandsfähigsten erwiesen haben, gehören vor allem die Tuberkelbazillen, dann hält sich das Virus gewisser Ausschlagskrankheiten, z. B. der Pocken, verhältnismäßig lange Zeit. Evtl. kämen noch die Eitererreger in Betracht. In Krankenhäusern, namentlich Infektionsspitälern, ist deshalb der Reinlichkeit der Böden und der Staubfreiheit der Luft besondere Aufmerksamkeit zu schenken. Im übrigen aber ist, wie gesagt, die Ansteckungsgefahr durch infektiösen Staub lange Jahre bedeutend übertrieben worden. Abgesehen von der Tuberkulose, bei der in unreinlichem Milieu (Spucken auf den Boden) die Übertragung durch verstäubtes Sputum in Frage kommen kann, spielt der Staub als Ansteckungsweg im Vergleich zur sog. Tröpfcheninfektion oder gar zum direkten Kontakt nur eine untergeordnete Rolle. Groß ist die Gefahr einer Infektion durch Staub einzig bei Milzbrand, dessen Erreger sehr widerstandsfähige Sporen bilden. Milzbrand ist eine septische Infektionskrankheit der großen Haustiere Pferd, Rindvieh und Schafe im besonderen. Gefährdet sind Tierärzte,

Metzger, dann aber besonders Roßhaar- und Wollarbeiter, so daß bei industrieller Verarbeitung solcher Rohmaterialien besondere Vorsichtsmaßnahmen getroffen werden müssen (staatliche Vorschriften z. T. nach internationaler Vereinbarung).

b) Die Luft als Aufenthaltsmedium. Der Mensch gehört zu den Warmblütern, d. h. seine Organe müssen, um richtig arbeiten zu können, dauernd auf etwa 37 ° gehalten werden. Aus der mit der Nahrung auf dem Blutwege zugeführten potentiellen Energie entsteht durch die Verbrennungsprozesse in den Organen (innere Atmung), deren spezifische Organenergie bzw. Organleistung (Muskeltätigkeit als statische und dynamische Energie, Produktion spezifischer Drüsensekrete als chemische Energieleistung usw.); immer aber entsteht dabei zugleich Wärme, d. h. ein arbeitendes Organ erhitzt sich wie ein Verbrennungsmotor und wird durch das durchströmende Blut wie ein solcher durch das Kühlwasser abgekühlt. Das Blut bringt seinerseits die Wärme in jene Organe und Körperteile, die der Abkühlung ausgesetzt sind, und sorgt so für eine gleichmäßige Verteilung der Wärme im Körper. Erhitzt sich der Gesamtkörper bei starker Muskelarbeit, ohne daß er den Wärmeüberschuß wieder leicht abgeben kann, so tritt Unbehagen, Kopfschmerz, Müdigkeitsgefühl ein; die Beschwerden können sich bis zum eigentlichen Hitzschlag steigern. Aber längst vor dieser bedrohlichen und glücklicherweise selten vorkommenden Lage bedeutet der sog. *Wärmestau* eine erhebliche *Beeinträchtigung des Wohlbefindens* und, was besonders arbeitshygienisch von Bedeutung ist, der *Arbeitsfähigkeit.* Umgekehrt sucht der Körper bei übermäßigem Wärmeverlust vermehrte Wärme zu produzieren. Es tritt das Bedürfnis nach stärkerer Bewegung ein, ja gewisse Muskeln verfallen in regelmäßige Zuckungskrämpfe, das sog. Schlottern, wodurch für Ersatz für die verlorene Wärme gesorgt wird. Das eigentliche *Organ der Wärmeregulation* aber ist die *Haut.* Sie ist das Organ, das den Körper gegen die Außenluft abgrenzt. Unmittelbar unter der sog. Oberhaut verläuft ein dichtes Maschenwerk von feinsten Blutgefäßen, die sich auf Wärme- oder Kältemeldungen durch den Hauttemperatursinn, vermöge die Gefäße ringartig oder in der Längsrichtung umspinnender Muskelfäserchen, reflektorisch erweitern oder zusammenziehen. Bei Erweiterung wird die Hautoberfläche stärker durchblutet und bietet dadurch dem Blut selber vermehrte Abkühlungsmöglichkeit. Umgekehrt wird bei der Drosselung des Hautkreislaufes das Blut in der Tiefe zurückgehalten und es spart der Organismus dadurch Wärme ein. Ein erhitzter Mensch sieht hochrot aus, ein frierender blaß. Durch entsprechende Hautpflege mit Kälte- und Wärmereizen kann dieses reflektorische Reagieren des Hautgefäßsystems weitgehend geübt werden, so daß der Mensch die Fähigkeit prompter Anpassung an wechselnde Außentemperaturen erlangt. Man nennt dies Abhärtung. Genügt dieser Mechanismus nicht mehr zur Entwärmung, so tritt ein zweiter Vorgang auf den Plan, die *Schweißsekretion* durch die in der ganzen Haut verteilten Schweißdrüsen. Der Schweiß ist eine wäßrige Lösung, deren Zusammensetzung uns hier nicht weiter interessiert. Für die Entwärmung kommt lediglich die Verdunstung des Schweißwassers in Frage, die dem Körper ganz beträchtliche Wärmemengen entziehen kann. Freilich wirkt sich die Entwärmung durch den Schweiß erst aus, wenn das Wasser wirklich verdunsten kann. Die bloße Sekretion hat natürlich keine Entwärmungswirkung.

Die Wärmeabgabe erfolgt also durch direkten Übergang oder Abströmung (Leitung) von der warmen Haut an die kühlere Umgebungsluft, und ist selbstverständlich abhängig von dem Wärmeunterschied Haut-Luft. Dazu gesellt sich die oben beschriebene Verdunstungskälte des Schweißwassers. Dieselbe ist der Verdunstungsgeschwindigkeit entsprechend abhängig von dem Wasserdampfaufnahmevermögen (Sättigungsdefizit) der Luft und steigt asymptotisch mit deren Temperatur. Ein dritter, merkwürdigerweise bis heute zu wenig in Rechnung gezogener Faktor ist die Wärmeabgabe durch *Abstrahlung*. Dieselbe beträgt unter gewöhnlichen Bedingungen 40—50% der gesamten Wärmeabgabe des menschlichen Körpers, kann unter Umständen noch beträchtlich darüber hinaus ansteigen. Darüber mehr beim Kapitel Heizung bzw. Wärmeschutz. Physiologisch empfinden wir die Wärmeabgabe an die umgebende Luft sehr viel angenehmer. Wenn wir also durch Lüftung einen Raum klimatisieren, also in ihm günstige Entwärmungsverhältnisse schaffen wollen, so müssen wir dafür sorgen, daß diese Entwärmung über den Weg der Ableitung an die Luft erfolgt.

Die Notwendigkeit der Entwärmung des Körpers und die verschiedenen Bedingungen, unter denen sie vor sich geht, ist natürlich ihrerseits wieder abhängig von den Umweltsbedingungen, d. h. dem Zustand der umgebenden Atmosphäre. Hierbei kommen in Betracht: a) *Temperatur*, b) *Luftbewegung*, c) *Luftfeuchtigkeit*.

Daß die Wärmeabgabe abhängig ist von der *Temperaturdifferenz* von Körperoberfläche und umgebender Luft, versteht sich ohne weiteres. Viel zu wenig aber wird auf die erhebliche Bedeutung geachtet, die die *Bewegung der Luft* für die Entwärmung hat. Bei ruhender Luft bildet sich nämlich ein immer mehr sich erwärmender Luftmantel um den Körper. Die an ihm sich erwärmende Luft steigt nur langsam ihrer geringeren Schwere entsprechend nach oben, in ihrer Bewegung durch die unregelmäßige Oberflächengestaltung, namentlich des bekleideten Körpers behindert. So vermindert sich das Wärmegefälle des Körpers zu seiner unmittelbar angrenzenden Umgebung. Bei Luftbewegung aber erneuert sich die Luft dauernd um den Körper, so daß das ursprüngliche Wärmegefälle erhalten bleibt. Je nach der Schnelligkeit der bewegten Luft kann die Entwärmung bei gleicher Raumtemperatur das Vielfache derjenigen bei ruhender Luft betragen. Darauf beruht die angenehme Wirkung der sog. *Fächerventilatoren*, die, ohne die Luft zu erneuern, dieselbe in dauernder Bewegung halten und so den Aufenthalt in überwarmen Lokalen (Versammlungs- und Hörsäle, Büros im Sommer) oft erst erträglich gestalten. Der dritte Faktor endlich, die *Luftfeuchtigkeit*, wirkt sich in doppeltem Sinne aus. Feuchte Luft ist ein besserer Wärmeleiter als trockene. (Wir frieren im Winter bei äußerer Feuchtigkeit schon bei viel höheren Temperaturen als in trockener Kälte.) Bei geringer Temperaturdifferenz, Körper-

Umgebungsluft spielt diese bessere Leitfähigkeit keine verbessernde Rolle, ja, wenn die Außentemperatur gar über Körpertemperatur ansteigt, so verkehrt sich diese Wirkung in ihr Gegenteil. Umgekehrt aber gewinnt die trockene Luft mit steigender Temperatur ein größeres Sättigungsdefizit, d. h. ein größeres, sich rascher auswirkendes Aufnahmevermögen für das Schweißwasser der Körperoberfläche. Bei höheren Temperaturen also wird die geringere Möglichkeit der Wärmeabgabe vom Körper an die umgebende Luft durch Leitung überkompensiert durch die Verdunstungskälte des Schweißes. Je trockener die Luft, desto besser spielt dieser Mechanismus, je feuchter, desto weniger ausgiebig. So erklärt sich auch, daß wir trockene Hitze so viel besser ertragen als feuchte, schwüle Atmosphäre. Bei letzterer ist die Wärmeregulation des Körpers durch die Haut wesentlich erschwert und es stellen sich die Anzeichen des Wärmestaus, von denen oben die Rede war, ein. Das Unbehagen, das viele empfindliche Leute in überfüllten Lokalen befällt, wird von FLÜGGE und seiner Schule mit Recht auf diesen Wärmestau zurückgeführt, zu welchem sich noch die unangenehme Empfindung schlechter Gerüche zugesellt. Erinnern wir uns dessen, was im Abschnitt über die Luft als Atmungsmedium gesagt wurde, so sehen wir, daß nicht Mangel an Sauerstoff oder Ansammlung von Kohlensäure, sondern Steigerung der Luftfeuchtigkeit und Ansammlung schlechter Gerüche die gesundheitlich maßgebenden Faktoren der Luftverschlechterung darstellen. *Wesentlich für das Wohlbefinden der Menschen in geschlossenen Räumen ist günstige Entwärmungsfähigkeit*, das muß immer wieder betont werden. Bisher begnügte man sich zumeist mit Temperaturkontrolle mittels Thermometer, höchstens daß sich dazu noch die Feuchtigkeitsmessung mittels Hygrometern gesellte. Der wichtige Faktor der Luftbewegung wurde aber immer völlig vernachlässigt.

In neuerer Zeit haben wir im *Katathermometer* von LEONHARD HILL ein Instrument, das uns unmittelbar die *Entwärmungsfähigkeit der Luft* unter gegebenen Verhältnissen zu bestimmen ermöglicht. Das Katathermometer ist ein Alkoholthermometer von bestimmtem Wärmeinhalt. Man erwärmt es auf über 38° und mißt die Zeit, innert welcher es sich im zu untersuchenden Raum von 38° auf 35° C abkühlt, also einer Spanne von je 1,5° ober- und unterhalb der Oberflächentemperatur des menschlichen Körpers. Beträgt z. B. die bei einem geeichten Instrument gemessene Menge von Millikalorien, die innert dieses Temperaturabfalles von der Oberflächeneinheit abgegeben wird, 500, so dividiert man diese Zahl mit der Anzahl von Sekunden, die zur Abkühlung notwendig waren. Man nennt diese Größe den *Kataindex* oder die Abkühlungsgröße einer Atmosphäre. Zahlreiche Messungen haben nun ergeben, daß die Zone des Wohlbefindens (comfort-zone der Amerikaner) zwischen 4 und 6 liegt. Größen unterhalb 4 bekunden einen Zustand der Atmosphäre, der Wärmestau zur Folge hat. Größen über 6 deuten auf zu starke Abkühlung hin. Bei gleichbleibender Temperatur steigt der Kataindex mit wachsender Windbewegung, und zwar in mathematischer Funktion. Die Ausschläge des Instrumentes haben sich so fein erwiesen, daß es an Empfindlichkeit die gebräuchlichen Anemometer übertrifft. Überzieht man die Thermometerkugel des Katathermometers mit feuchtem Leinwandstoff, so addiert sich zu den Abkühlungsfaktoren noch die Verdunstungskälte. Man erhält dann den sog. *feuchten Kataindex* und kann aus dessen Größe ersehen, welche große Rolle die Luftfeuchtigkeit bei der Entwärmung spielt und wie gerade hier die Luftbewegung sich potenzierend auswirkt, indem z. B. der trockene Kataindex bei einer Zimmertemperatur von 18° und einer relativen Feuchtigkeit von etwa 50% in ruhender Luft im Vergleich zum feuchten Kataindex der gleichen, aber stark bewegten Luft wie 1 : 6 verhält. Für genauere Ausführungen über das Katathermometer sei auf WEISS[1] verwiesen. Handelt es sich darum, die Entwärmungsverhältnisse in einem Raum über längere Zeit zu verfolgen, so eignet sich für derartige Versuche das *Davoser Frigorimeter* von DORNO und THILENIUS[2]. Dieses Instrument, das nach dem gleichen Prinzip wie das HILLsche Katathermometer arbeitet, ist eine Kupferkugel von bekanntem Wärmeinhalt, die durch einen elektrischen Strom auf 38° aufgewärmt wird, der bei dieser Temperatur automatisch ausschaltet, um bei Abkühlung unter 36° wieder einzuschalten. Dieser Heizstrom setzt gleichzeitig ein Uhrwerk in Gang. Aus dem Verhältnis der Expositionszeit des Instrumentes zur Dauer des Ganges der Uhr ergibt sich in einfachster Weise die Abkühlungsgröße der betreffenden Raumluft. Die beiden Instrumente sind berufen, an Stelle der Kombination von Thermometer, Hygrometer und Anemometer zu treten und geben dem Ventilations- und Heizungsfachmann die Möglichkeit, in äußerst einfacher Weise die Luftverhältnisse in bezug auf Aufenthaltsklima, als Entwärmungsmilieu zu kontrollieren, da es für das Wohlbefinden der Rauminsassen in erster Linie auf die Temperaturverhältnisse und erst in zweiter Linie auf die chemische Qualifikation der Raumluft ankommt.

2. Die hygienische Beurteilung der Lüftung.

Die Luft in geschlossenen Räumen unterscheidet sich von der freien Atmosphäre zunächst dadurch, daß sie meist völlig in Ruhe stagniert oder doch nur wenig bewegt ist, daß sie mit der Raumbegrenzung und dem Rauminhalt ins Wärmegleichgewicht kommt und Stoffe als Gase, Dämpfe oder als Staub in sich aufnimmt. Inwieweit ihre elektrischen Ladungsverhältnisse und ihre Ionisierung von derjenigen der Außenluft abweichen, ist erst Gegenstand der neueren Forschung. Wie weit sich diese Verhältnisse physiologisch-hygienisch auswirken, ist noch völlig ungeklärt, und wir dürfen von dieser Klimatologie des geschlossenen Raumes noch interessante und wertvolle Erkenntnisse erwarten.

Wegen des Vorhandenseins dauernder Quellen von Verunreinigung in den Räumen, seien es Menschen, Tiere oder Maschinen usw., wird es notwendig, die Luft zu erneuern, und wo die natürliche Erneuerung

[1] Dissertation: Zürich 1920. — Arch. f. Hyg. Bd. 96.

[2] Schweiz. Z. Gesdh.pfl. Bd. 7; s. auch v. VINTSCHGER: Schweiz. Z. Gesdh.pfl. Bd. 8 H. 4.

durch Undichtigkeiten der Umgrenzung, durch Fenster und Türen nicht ausreicht, hat die künstliche Ventilation einzusetzen. Es handelt sich dabei darum, entweder die schlechte Luft zu entfernen oder frische Luft zuzuführen oder endlich Absaugung und Frischluftzufuhr miteinander zu kombinieren.

Die Absaugung oder *Aspirationsventilation* kommt überall da in Frage, wo man es mit stärkerer Verunreinigung der Luft zu tun hat und vor allem, wo man die Quellen der Verunreinigung unmittelbar erfassen kann. So wird man in Aborten und Küchen stets an Absaugung denken, in letzteren wird man nicht nur an die Luftverschlechterung durch Kochgerüche oder durch dampfende Kochkessel denken, sondern vor allem beachten müssen, daß durch den Verbrennungsprozeß selber erhebliche Mengen von Verbrennungsgasen entstehen. Auch wenn dieselben nicht unmittelbar durch den Geruch bemerkbar werden, wie z. B. bei Gasherden, wo durch Verbrennung von Leuchtgas lediglich Kohlensäure und Wasserdampf entstehen, so genügt doch gerade die Menge des entstehenden Wasserdampfes (1 kg pro Kubikmeter verbrannten Leuchtgases!), um solche Gasküchen unerträglich feucht und damit erkältend zu machen. Dazu gesellt sich die Durchfeuchtung der ganzen Wohnung, wenn durch offene Türen Kommunikation hergestellt wird. Je größer der Gasherd (Anstaltsküchen!), um so notwendiger ist es, die Küche durch besondere Absaugventilation zu entlüften, wobei über dem Herd angebrachte Dunsthauben dem Dampf unmittelbar den Weg weisen und ihn sich nicht erst im ganzen Raum verbreiten lassen. Diese Verhältnisse leiten uns über zu den gewerblichen Betrieben, wo man seit langem über dampfenden Kesseln und Bottichen Dunsthauben mit Aspiration anbringt, oder zu den Staubsauganlagen in industriellen Betrieben, ferner zu den eigentlichen Schutzkapellen der chemischen Laboratorien und Fabrikationsräume, in denen direkt giftige Gase durch Absaugung von der übrigen Raumluft ferngehalten werden. Bei der Aspirationsventilation ist daran zu denken, daß durch das Absaugen der Luft in dem betreffenden Raum ein Unterdruck entsteht, der durch Zuströmen der Luft der Umgebung durch die gegebenen baulichen Undichtigkeiten ausgeglichen wird. Da kann es vorkommen, daß die Ersatzluft nicht aus dem Freien, sondern aus einem benachbarten Raum angesaugt wird, eine Luft, die unter Umständen (Aborte) nichts weniger als einwandfrei ist. Strömt die Ersatzluft von außen durch Tür- und Fensterfugen ein, so können sich im Winter erhebliche Belästigungen durch Zuglufterscheinungen bemerkbar machen, wenn der Unterdruck durch intensive Abluftaspiration groß wird. In solchen Fällen (Arbeitssäle in Hadernsortierbetrieben, Holzbearbeitung u. dgl.) wird man guttun, die Aspiration mit einer Zuluftventilation, wenigstens im Winter, zu kombinieren, durch die der Unterdruck durch Zufuhr vorgewärmter Luft ausgeglichen wird. Räume und Versammlungslokale mit allgemeiner, gleichmäßiger Luftverschlechterung, wie z. B. Restaurationsräume, Konzertsäle, in denen geraucht wird u. dgl., mittels Aspiration allein ventilieren zu wollen, ist ein Kunstfehler, da man in diesen Fällen die Verunreinigung der Luft doch nicht am Orte ihrer Entstehung abfangen kann. Hier wird man zugleich Wert auf Zufuhr reiner vorgewärmter Luft zu legen haben.

Zuluftventilation oder Pulsion, evtl. in Verbindung mit Aspiration, kommt überall da in Frage, wo das Wohlbefinden der Rauminsassen weniger durch eine geruchliche oder andere Veränderung der Luft zuungunsten der Atmungsorgane sich geltend macht, als wo vielmehr die *richtige Entwärmung* in Frage kommt und Zug vermieden werden muß, sei es in Arbeitssälen, wo die Menschen durch ihre Betätigung selber ihre dabei gebildete Überschußwärme leicht loswerden sollten, seien es Schul-, Versammlungs-, Konzert-, Kino- und andere Vorführungsräume, wo viele Menschen in relativ engem Raume versammelt sind, jeder eine Wärme- und Feuchtigkeitsquelle für sich und wo alle zusammen dazu beitragen, daß die Atmosphäre „schwül" wird.

Eine Verbesserung der Aufenthaltsbedingungen wird häufig schon durch bloßes in Bewegungsetzen der Luft erreicht (sog. Fächerventilation), was z. B. im Hochsommer oder in den Tropen durchgeführt wird, wenn die Luft im übrigen qualitativ einwandfrei ist. Meistens aber gesellt sich dazu doch die Notwendigkeit einer Erneuerung der Luft. Die Verschlechterung der Raumluft durch Anwesenheit vieler Menschen geht im wesentlichen in der Richtung einer Temperaturerhöhung und einer Zunahme der Feuchtigkeit, da ja jeder Mensch einen Ofen von 37° darstellt und dabei mit der Ausatmung mit jedem Atemzug mindestens $^1/_2$ l feuchtigkeitssatter Luft von gleicher Temperatur abgibt. Dadurch entsteht eine für die Erwärmung der Rauminsassen immer ungünstigere, eine schwüle Atmosphäre. Diese Luft muß ersetzt werden durch eine solche, die wieder günstige Entwärmungsverhältnisse schafft und die zugleich für die Atmung optimale Eigenschaften haben soll, also trockener als die Raumluft und zugleich frei von geruchlichen wie namentlich von Staubbeimengungen zu sein hat. Führen wir solche Luft durch Pulsion ein, so entsteht im Raum Überdruck und die „verbrauchte" Luft wird entweder durch die natürlichen Undichtigkeiten der Umgrenzungsflächen oder durch besondere Abluftschächte, evtl. unterstützt durch aktive Absaugung entweichen. Eine richtig durchkonstruierte Pulsionsventilation hat zunächst dafür zu sorgen, daß die Frischluft richtig ausgewählt, die Entnahmestelle also dahin verlegt wird, wo möglichst wenig Verunreinigungen, also Straßenstaub, Rauch evtl. Abluft des Gebäudes selber hingelangen können. Wie der Organismus seine Atmungswege mit Reinigungs- und Vorwärmeapparaten ausstattet, so soll auch für die „Atmungswege des Gebäudes" eine solche Vorbehandlung der Frischluft eintreten, also Staubbeseitigung durch Filter, Regenduschen od. dgl. (s. folgende Abschnitte) und Vorwärmung, oder Abkühlung (am besten durch Regenduschen), damit die Luft in der richtigen Temperatur am Orte ihrer Bestimmung, also im zu belüftenden Raum anlange. Übrigens kann man, um namentlich im Winter zu große Wärmeverluste zu vermeiden, bei im übrigen nicht zu starker qualitativer Veränderung der Raumluft dieselbe dem Raume entnehmen und durch die erwähnten Reinigungsapparaturen passieren lassen, wobei unter Umständen zweckmäßig eine Ozonisierung behufs Entgeruchung stattfindet und sie so gereinigt dem Raume wieder zuführen, sog. Umluftventilation. Besonders wichtig aber ist bei der Pulsionsventilation die richtige Einführung in den Raum, damit eine gleichmäßige Durchspülung unter Vermeidung jeglicher Zugerscheinungen gewährleistet ist. Da die verbrauchte, feuchte, warme Luft leichter ist und sich demgemäß an der Decke ansammelt, ist es theoretisch zweckmäßig, die Durchlüftung von unten nach oben vor sich gehen zu lassen, wobei freilich darauf zu achten ist, daß nicht der Staub des Fußbodens aufgewirbelt und nach oben mitgeführt werde. Einführung in fein verteiltem Zustand über Kopfhöhe vermeidet Zugerscheinungen am besten. Art und Ort der Zuführung muß von Fall zu Fall nach den örtlichen Bedingungen entschieden werden. Was die Menge der zuzuführenden Luft anbetrifft, so hat man sich früher zunächst an die Faustregel gehalten, daß der CO_2-Gehalt der Luft nie über $1^0/_{00}$ steigen sollte — weil angeblich damit zugleich die übrigen, hygienisch einzig in Betracht fallenden Verunreinigungen, Feuchtigkeit und Gerüche ihren oberen Wert erreichen.

Der Mensch produziert in der Stunde 20 l CO_2, das würde 20 m³ Luft entsprechen, da aber die Außenluft bereits $0{,}3\,^0/_{00}$ CO_2 enthält, so erhöht sich der stündliche Bedarf auf 30 m³ (also 10 l bereits vorhandene CO_2, die der Mensch mit seinen 20 l Atmungs-CO_2 auf 30 auffüllen kann).

Rechnen wir mit einem Kubus je Person im Raum von 10 m,³ so müßte die Luft in diesem Raum 3mal erneuert werden. Nun hat sich aber in der Praxis gezeigt, daß eine Menge von 20 m³ pro Person und Stunde in Versammlungsräumen, Kinos u. dgl. durchaus genügt. Sowie der Mensch sich bewegt, steigt sein Luftbedarf bzw. seine Kohlensäure- und Wasserdampfabgabe und vor allem seine Wärmeproduktion. Damit steigt automatisch auch die zu fordernde Ventilationsgröße; dazu kommt, daß sich zu den vom Menschen selber abhängigen Faktoren noch die Luftveränderungen durch verschiedenartigen Arbeitsbetrieb oder andere Verunreinigungsquellen (Küchen, Waschküchen, Lokale, in denen geraucht wird) zugesellen, so daß von einer einheitlichen quantitativen Forderung nicht die Rede sein kann. Es sei aber hier nochmals ausdrücklich betont, daß in vielen Fällen die Entwärmungsfähigkeit der Raumluft im Vordergrund des Interesses zu stehen hat. Genauere Daten über den Ventilationsbedarf unter verschiedenen Bedingungen finden sich in dem von Herrn Hottinger bzw. Herrn Kämper bearbeiteten Teil dieses Buches.

Wo die Menschen aus technologischen Gründen gezwungen sind, in maximal feuchter Atmosphäre zu arbeiten (Spinnereien, Tabaksortiersälen usw.), da können wir für sie durch *entsprechende Bewegung* der Raumluft durch Fächer oder der Zuluft durch häufigeren Luftwechsel den Aufenthalt hygienisch günstiger gestalten.

Wo umgekehrt durch den Arbeitsprozeß reichlich Wasserdampf entsteht, der sich im Lokal selber zu Nebel verdichtet und den Raum mit den in ihm enthaltenen Maschinen, Bottichen usw. unübersichtlich, den Boden durch Nässe schlüpfrig und damit die Arbeit unfallgefährlich macht, da wird künstlich erwärmte Luft von hohem Sättigungsdefizit über die Stellen stärkster Dampfentwicklung geblasen und dieselbe, nachdem sie den Wasserdampf aufgenommen hat, am entsprechenden Orte wieder ins Freie ausgeblasen. Diese *Entnebelungsanlagen*, die besonders in Färbereien, Waschanstalten, Schweineschlächtereien usw. notwendig sind, haben in erster Linie arbeitstechnische Bedeutung. Hygienisch wirken sie sich insofern aus, als sie die oben angedeutete Unfallgefahr wesentlich herabsetzen.

B. Heizung.

1. Die physiologischen Grundlagen der Heizung.

Mit der Heizung bezwecken wir eine Einsparung der Wärmeabgabe der Rauminsassen in der kalten Jahreszeit. In unseren Ausführungen über die Entwärmung des menschlichen Körpers bezeichneten wir die Abgabe durch *Strahlung*, die Abgabe durch *Leitung* und die Abgabe durch *Wasserverdunstung* als die drei Faktoren der Wärmeausgaben. Dabei ist die Wärmeabgabe durch Schweißverdunstung gleichsam als „Notausgang“ aufzufassen, wenn die ersten beiden Faktoren, namentlich der Faktor Leitung wegen zu geringen Temperaturgefälles ungangbar sind. Ebenso wiesen wir auf die Erfahrungstatsache, daß die Abgabe durch Leitung als angenehmer bzw. gesunder empfunden wird, als die Abgabe durch Strahlung.

Betrachten wir den Faktor *Strahlung* genauer, so stellen wir fest, daß jeder über dem absoluten Nullpunkt temperierte Körper Wärme ausstrahlt, und zwar proportional der 4. Potenz seiner absoluten Oberflächentemperatur. Der Mensch befindet sich seinerseits im Strahlungsbereich der Körper seiner Umgebung, im geschlossenen Raum also im Strahlungsbereich von Boden, Wänden und Decke. Mit ihnen befindet er sich quantitativ im Strahlungsaustausch. Höher als seiner Körper- bzw. Kleidungsoberfläche temperierten Gegenständen gegenüber ist er wärmeempfangend, tiefer temperierten gegenüber wärmeausgebend. Im Freien in natürlichen Verhältnissen sind wir beispielsweise Empfänger von Sonnenstrahlen und damit von Sonnenwärme und empfinden dieselbe unter Umständen als sehr angenehm. Dabei ist die Quantität aufgenommener (angestrahlter) Wärme oft so groß, daß wir dafür die Wärmeausgabe durch Leitung unbedenklich hoch steigern können. Ich erinnere an die Sonnenkuren im Hochgebirge, wo die Patienten völlig unbekleidet bei einer Lufttemperatur unter 0° stundenlang an der Sonne liegen, ohne sich irgendwie über Kälte zu beklagen. Die Wärmezufuhr durch Strahlung ist die ursprünglichste Form der Erwärmung in kühler Umgebung. Vom Lagerfeuer des Jägers und Soldaten hat sie sich erhalten über das offene Herd- und Kaminfeuer bis zum modernen elektrischen Strahlerofen. Wenn wir uns an die hygienische Regel halten, daß von der Wärmeabgabe des Menschen nie mehr als 50% auf Strahlungsverlust entfallen dürfen, so ergibt sich von selbst, daß wir uns immer die Bilanz Strahlungseinnahme und Strahlungsabgabe auf der einen Seite und die Zusammensetzung des Ausgabepostens aus Strahlungsabgabe und Leitungsabgabe vor Augen halten müssen. Was dabei die Strahlung anbetrifft, braucht die Bilanz keineswegs immer positiv zu sein, sind wir, mit anderen Worten, also durchaus nicht auf Strahlungszufuhr angewiesen, so angenehm dieselbe von uns unter Umständen empfunden wird (Kachelofen). Wir müssen uns immer an die Lebensbedingungen in der freien Natur erinnern, an die der Mensch ja doch nach seiner ganzen Entstehungsgeschichte angepaßt ist. Die Sonne scheint nicht immer, und trotzdem befinden wir uns in der milden Jahreszeit Tag und Nacht durchaus behaglich, ohne von irgendeiner Seite Wärme zugestrahlt zu bekommen, ohne freilich auch nach irgendeiner Seite in eine stark negative Strahlungsbilanz zu geraten. Bekanntlich ist ja auch der Luftkörper der Atmosphäre, namentlich wenn derselbe stark mit Wasserdampf angereichert ist, eine große, wenn auch sehr dünne Masse, die ihrerseits wieder Wärme ausstrahlt — und so die Erdoberfläche vor zu starken Strahlungsverlusten, namentlich auch Schwankungen, im Gegensatz z. B. zum atmosphärelosen Mond, schützt. Die Sonnenstrahlung empfinden wir in dem Moment aber als angenehm, wo wir auf der anderen Seite mehr Wärme an die Umgebung ableiten und abstrahlen, also in der kalten Jahreszeit.

Wenn wir einen Raum aufheizen und damit angenehme Entwärmungsverhältnisse schaffen, so müssen wir uns heute darüber klar sein, was wir unter angenehmen Entwärmungsverhältnissen verstehen. Wenn Heizung notwendig ist, fällt der Faktor Wasserverdunstung ohne weiteres weg und es bleiben die Faktoren *Leitung* und *Strahlung*. Beide müssen zur wissenschaftlichen Beurteilung meßbar sein. Schon im Kapitel Lüftung haben wir gesehen, daß für die Beurteilung der Entwärmungsanlage die thermometrische Temperaturbestimmung der Luft keineswegs genügt, sondern daß dabei die Bewegung und der Wasserdampfgehalt der Luft eine ganz erhebliche Rolle mitspielen. Wir haben im *Katathermometer* und im *Davoser Frigorimeter* zwei Instrumente kennengelernt, die sich in den letzten Jahren für die Entwärmungsmessung allgemein eingeführt und bewährt haben. Um den Anteil der Strahlung in einem Innenklima miteinzubeziehen, müssen diese Instrumente entsprechend durch Schwärzung strahlungsempfindlich bzw. durch Versilberung unempfindlich gemacht werden. Nach dem Verfahren von ROOSE kann dann in jedem Raumwärmeklima der Anteil für Leitung und Strahlung bestimmt werden.

Wenn wir aus der bekannten Erfahrung, daß man sich in einem frisch aufgeheizten Raum mit noch kalten Wänden weniger behaglich befindet als in einem frisch gelüfteten, aber in den Wänden noch durchwärmten Raum, uns immer wieder die Grundforderung vor Augen halten, daß die *Temperatur der Innenoberfläche eines Raumes wegen ihrer Strahlungseigenschaften für das Behagen der Insassen ebenso berücksichtigt werden muß, wie die Temperatur der Raumluft,* so ergibt sich daraus ohne weiteres die Forderung nach bestmöglicher Isolierung gegen außen, ganz besonders der Außenwand. Es ist der große Vorteil der Holzbauweisen, das unübertreffliche Dämmvermögen dieses natürlichen Baustoffes auszunützen. Wo aus statischen Gründen ein Mauermaterial von größerer Wärmeleitung gewählt wird, Ziegelmauer, Bruchstein, Beton, da wird man gut tun, eine innere Isolierungsschicht in Form von Holztäfelung anzubringen, die sich im Gegensatz zur nackten Mauer rasch aufwärmen läßt; denn bekanntlich wird die Anheizdauer massiver Steinhäuser deshalb wesentlich verlängert und die Behaglichkeit in ihnen verzögert, weil die großen und dichten Mauermassen mit ihrer enormen Wärmebindung sehr viel Wärme beanspruchen. Freilich wirken sie, einmal aufgewärmt, auch wieder als Speicher, was aber im Interesse der Regulierbarkeit nicht unter allen Umständen erwünscht ist.

2. Die hygienischen Anforderungen an die Heizung.

1. Aus dem im 1. Kapitel Gesagten ergibt sich die Forderung, daß die *Anteile der Strahlung und Leitung* an der Entwärmung der Rauminsassen im richtigen Verhältnis zueinander stehen. Wo aus der Verminderung der Abstrahlung bis zu einer Wärmezustrahlung übergegangen wird, da darf die Heizfläche keine zu hohe Temperatur annehmen, weil zu intensive Strahlung wieder unangenehm empfunden wird.

2. Die *Wärmeverteilung* im Raum soll eine *möglichst gleichmäßige* sein. Am günstigsten werden sich jene Heizformen auswirken, welche sich der Erfüllung des Wunsches: warme Füße, kühler Kopf, möglichst annähern, welche also auch für eine Temperierung des Fußbodens sorgen. Bei dieser Gelegenheit sei auch die Notwendigkeit betont, dem *Wärmedämmvermögen* der Fußbodenkonstruktion die nötige Beachtung zu schenken.

3. Die Heizung soll namentlich in Gegenden, deren Klima starke Schwankungen der Außentemperatur aufweist, verhältnismäßig leicht *regulierbar* sein.

4. Durch die Heizung soll die *Raumluft möglichst wenig verschlechtert* werden. Starke Luftbewegung durch Konvektionsströme bedingen Staubtransport. Hohe Heizflächentemperaturen bergen bei nicht sorgfältiger Reinhaltung die Gefahr der Verunreinigung der Innenluft mit schleimhautreizenden Kondensationskernen, was man früher bei genauerem Zusehen zu Unrecht mit Staubverschwelung und Verbrennung bezeichnet hat. Selbstverständlich muß bei der Heizung jede *unmittelbare Lebensgefahr*, sei es durch *Kohlenoxyd* und durch *Rauchgas* oder durch *Feuersbrunst* ausgeschlossen werden.

5. Endlich darf verständlicherweise über den hygienischen Anforderungen die wirtschaftliche Seite nicht übersehen werden, wobei das Hauptinteresse nicht auf die Erstellungs-, sondern auf die Betriebskosten zu richten ist. Der Hygieniker darf allerdings im Sinne der Menschenökonomie und der menschlichen Leistungsfähigkeit darauf hinweisen, daß alle Aufwendungen für das *menschliche* Wohlbefinden und damit die *menschliche* Leistungsfähigkeit wohl angewendet sind.

3. Die einzelnen Heizformen.

a) Einzelheizung. Die ursprünglichste Form der künstlichen Erwärmung war das offene *Herdfeuer*, das sich bis auf den heutigen Tag als sog. *Kaminfeuer* erhalten hat. Die Erwärmung des Raumes erfolgt hierbei ausschließlich durch Strahlung, und zwar entsprechend der Oberflächentemperatur der brennenden Holzscheite und der Glut oder als deren Ersatz der betreffenden Gasbrennerflamme, eine sehr intensive, aber auf relativ kleine Flächenausmaße beschränkte Strahlung, die dementsprechend nur einen relativ kleinen Raum genügend zu erwärmen vermag. Die Raumluft selbst wird dabei nur wenig und langsam erwärmt, da große Mengen unmittelbar mit den Feuerungsgasen durch den Rauchkamin entweichen, was überdies zur Folge hat, daß durch diese intensive Aspiration ein Unterdruck im Raume entsteht, der durch alle Undichtigkeiten von Türen und Fenstern kalte Frischluft ansaugt, was zu lästigen Zugerscheinungen Anlaß gibt. So behaglich und psychisch wohltuend ein prasselndes Kaminfeuer oder ein glimmender Holzklotz sich auswirkt und zu einer gemütlichen, sich um das Kamin gruppierenden Feierabendunterhaltung einlädt; diese Art der Feuerung eignet sich in unserem Klima höchstens in Übergangszeiten oder dann eben mehr als zusätzliches „Gesellschaftsfeuer", denn als wirkliche, rationelle Heizung. Unrationell ist das Kaminfeuer vor allem auch deshalb, weil der größte Teil der Verbrennungswärme mit den Heizgasen ungenützt durch den Rauchfang verlorengeht.

Die Annehmlichkeit einer direkten Wärmezufuhr durch Strahlung verschaffen uns die neuzeitlichen transportablen und verstellbaren elektrischen *Strahleröfen*, bei welchen die Widerstandswärme einer bis zum Glühen erhitzten Drahtspule durch einen Parabolspiegel auf den Rauminsassen gestrahlt wird. Gleichzeitig erwärmt sich natürlich auch die Luft an dieser Heizquelle. So angenehm subjektiv diese Form der Heizung empfunden wird, so eignet sie sich zum mindesten bei größerem Wärmebedarf doch nicht dazu, einen ganzen Raum zu erwärmen, weil die Strahlungs- wie Leitungsverteilung von der Heizquelle aus eine zu ungleiche ist. Als zusätzliche Heizung in Übergangszeiten für einen einzelnen Rauminsassen ist sie aber sehr angenehm, allerdings bei den hohen Kosten des elektrischen Stromes ziemlich kostspielig.

Die schlechte Wärmeökonomie des offenen Herd- oder Kaminfeuers führte die Menschen schon früh dazu, die Wärme der Feuerungsgase vor ihrem Entweichen durch den Rauchkamin dadurch auszunützen, daß man sie größtenteils durch Ummauerung erweiterter Abzugswege an die Wände dieser Öfen abgeben ließ bzw. das feste Steinmaterial dieser Öfen die Rauchgaswärme aufnehmen ließ. Der so entstandene *umfangreiche Kachelofen* verbreitet eine angenehm milde Strahlung im Raum, mild deshalb, weil seine Oberflächentemperatur selten 50° übersteigt. An diesen mäßig erwärmten großen Oberflächen erwärmt sich gleichzeitig die Luft, steigt hoch und zirkuliert, an der Decke ihre Wärme gleichsam wieder abstreifend, sich dabei abkühlend und in Ofenferne wieder absinkend, im ganzen Raum. Bei der Heizung durch Kachelöfen haben wir dementsprechend ein optimales Verhältnis zwischen Strahlungs- und Leitungseigenschaft. Das ist der Grund der großen Behaglichkeit in einem durch einen entsprechend dimensionierten Kachelofen erwärmten Raum. Die Verteilung der Wärme ist freilich nicht optimal. Nach der Decke ist die Raumluft wesentlich höher temperiert als nach dem Fußboden. Da aber bei nicht zu starker Verstellung desselben mit Möbeln ein großer Teil des Fußbodens direkt von den warmen Ofenflächen her bestrahlt und damit aufgewärmt wird, sind nicht zu flächenausgedehnte ofenbeheizte Wohnräume durchaus fußwarm. Da, wie oben erwähnt, die Flächentemperaturen von Kachelöfen kaum je über 50° erreichen, steigt die Luft an ihnen nicht sehr rasch auf und vermag auch nicht viel Staub mitzureißen, um so weniger, als diese Ofenflächen aus glattem oder doch nur wenig modellierten Kacheln bestehen, auf denen sich selber kaum Staub absetzt. Bei der milden Oberflächentemperatur ist auch keine Rede von Staub-„Verschwelung", d. h. Entstehung schleimhautreizender Kondensationskerne. Das ist auch der Grund für die relative Reinheit der Luft ofenbeheizter Räume und nicht etwa die ihnen häufig zu Unrecht zugeschriebene Ventilationswirkung. Die meisten dieser ehrwürdigen alten Kachelöfen werden ja auch gar nicht vom Zimmer, sondern vom Korridor aus geheizt. Die Feuerungsluft wird also auch nicht dem Zimmer entnommen, vorteilhafterweise, denn sonst müßte sich auch bei der Ofenheizung Zugserscheinungen bemerkbar machen, was bekanntlich nicht der Fall ist. Neben diesen hygienischen Vorteilen haben die alten, wärmespeichernden, holzgeheizten Kachelöfen aber den Nachteil, daß die Heizung wegen ihres Speicherungsvermögens schlecht regulierbar ist. Dazu kommt noch der große Raumbedarf dieser Ofen„gebäude". Endlich macht ihr Betrieb wegen des Holzschleppens und Ascheräumens beträchtlich Mühe.

Es war deshalb zunächst ein Fortschritt, als das Holz als Feuerungsmaterial durch die viel heizintensivere Kohle ersetzt wurde, die dann überdies in sehr viel weniger Raum beanspruchenden Öfen verbrannt werden konnte. Die Eisenöfen bedeuteten einen heizhygienischen Rückschritt, trotz ihrer besseren Regulierbarkeit, weil sie mit sehr hohen Oberflächentemperaturen arbeiteten, welche von relativ kleinen Oberflächen aus eine unangenehm stechende, konzentrierte Strahlung aussandten, vor der man sich direkt abschirmen mußte und vor allem, weil ihre hohen Oberflächentemperaturen sehr intensive, Staub mitreißende Konvektion und vor allem eine Luftverschlechterung durch Erhitzung und Kondensationskernenproduktion des an ihren rauhen Oberflächen vorbeistreichenden und haftenden organischen Staubes bewirkten. Erst in neuerer Zeit ist es gelungen, durch entsprechende Feuerungseinrichtungen die Vorteile der konzentrierten und regulierbaren Kohlen- bzw. Koksfeuerung (Füllöfen) mit dem Kachelsystem und seinen milden Oberflächentemperaturen der in diesem Falle wirklich guten alten Zeit zweckmäßig zu verbinden. Als Wärmequelle wird in neuerer Zeit je nach der lokalen Wirtschaftlichkeit auch Gas oder Elektrizität zum Betriebe des Kachelofensystems mit Vorteil herangezogen.

Nur der Vollständigkeit halber seien die transportablen *Petroleumöfen* erwähnt, die aber höchstens als Notbehelf dienen dürfen, da sie ihre Verbrennungsgase ja unmittelbar in den Raum selbst entlassen in der Größenordnung der Kohlensäure- und Wasserdampfproduktionen von etwa 4 erwachsenen Rauminsassen, und da sie überdies, wenn sie nicht sehr sorgfältig instand gehalten sind, die Raumluft auch geruchlich erheblich verschlechtern.

b) Sammel- (Zentral-) Heizung. Unter den Sammelheizsystemen, bei denen also die benötigte Heizwärme an einer zentralen Stelle (für ein Wohngeschoß, Haus, ganzes Quartier) erzeugt und durch einen Wärmeträger (Luft, Wasserdampf, Wasser) an den Ort ihrer Bestimmung geführt wird, ist die älteste die *Luftheizung.* Bei dieser wird heutzutage fast immer im Zusammenhang mit der Lüftung die Warmluft maschinell den Räumen zugeführt. Der Natur der Sache entsprechend, handelt es sich bei der Warmluftheizung um ein reines Konvektionsprinzip. Die Strahlung spielt bei ihr gar keine Rolle. Als ein Funktionsteil der Klimatisierung ist in der kühlen Jahreszeit eine entsprechende Vorwärmung der Zuluft durchaus gegeben. Als eigentliche Heizungsform, als zusätzliche Wärmezufuhr, kommt eine Luftheizung für Wohn- und Aufenthaltsräume kaum in Frage, einmal weil ihr das Strahlungsmoment völlig fehlt, dann aber auch, weil es ziemlich schwer hält, die Oberflächen des eigentlichen Heizkörpers für die Warmluft sowie die zuführenden Luftkanäle einwandfrei sauberzuhalten. Dazu kommt, daß bei den Klimaanlagen die Einführungsöffnungen über relativ weite Entfernungen verteilt werden müssen, um zu unregelmäßige Luftströmungen und damit Staubaufwirbelung und Transport zu vermeiden.

Auch von der ursprünglichen *Wasserdampfheizung* ist man abgekommen, weil die Oberflächentemperatur von Dampfheizkörpern zu hoch und damit die Gefahr von Staubkonvektion und Kondensationskernbildung zu groß ist. Dazu kommt die mangelnde Regulierungsmöglichkeit. Die hohe Oberflächentemperatur der Dampfheizkörper bewirkt auch eine intensive Wärmeabstrahlung, so daß sich die Rauminsassen wie bei der Eisenofenheizung durch Abschirmung bzw. Verkleidung dagegen schützen müssen. Die technischen und wirtschaftlichen Vorteile der Dampfheizung vermochten die erwähnten hygienischen Nachteile nicht aufzuwiegen, so daß man nach der Jahrhundertwende wohl fast allgemein zur *Warmwasserheizung* als Schwerkraft- oder als Zirkulationsheizung übergegangen ist.

Die Warmwasserheizkörper werden wohl Radiatoren genannt, ein Titel, der ihnen nach ihrer ganzen Gestaltung der in ihrer Flächenentwicklung nebeneinander gereihten Einzelelementen mit Unrecht zukommt. Diese Formgestaltung bezweckt nicht eine Vergrößerung der Ausstrahlungsflächen, sondern eine solche der Berührung mit der Luft mit dem Erfolg der Konvektion. In der Tat kann man sich durch einen Rauchversuch jederzeit leicht von dem intensiven Auftrieb überzeugen, welche die an den Heizkörpern aufgewärmte Luft erhält und der seinerseits abhängig ist von der Ausdehnung der Berührungsflächen und von der Oberflächentemperatur derselben. Es kommt auf diese Weise zu einer ziemlich intensiven Luftbewegung und dementsprechendem Staubtransport, wozu sich eine zunehmende Luftverschlechterung gesellt, herrührend von der wiederholt schon beschriebenen Erhitzung organischen Staubes auf und an den über 70° erwärmten Heizkörpern. Der Anteil der Strahlung ist bei den Warmwasserradiatoren in Anbetracht ihrer im Vergleich zur Oberfläche geringen Strahlungsflächenausdehnung an sich schon nicht sehr groß und wird durch bis auf den heutigen Tag noch häufig anzutreffende Verkleidung noch vollends ausgeschaltet. Die Aufwärmung eines Raumes und die Verteilung der Wärme in demselben ist verschieden je nach Aufstellung des Heizkörpers. Befindet sich derselbe an einer Innenwand, so steigt die wärmemitführende Luft zunächst an die Decke, der entlang sie sich die Wärme abgebend verteilt, um mit der Abkühlung an den Seiten- und Außenwänden wieder abzusinken. Der Auftrieb der Warmluft am Heizkörper bedingt ein Nachströmen der kühlen Fußbodenluft von der noch kälteren, meist befensterten Außenwand her. Daraus ergibt sich eine sehr ungleiche Verteilung der Wärme im Raum. Der Temperaturunterschied von Fußboden- bis Deckennähe beträgt auch in mäßig hohen Räumen 4—6°, d. h. einer Raumlufttemperatur in Kopfhöhe von 20° entspricht unter Umständen eine Raumlufttemperatur in Fußhöhe von nur 16—18°, während an der Decke Lufttemperaturen von 22—24° festgestellt werden können. Ebenso ungleich, wenn auch nicht im selben Maße, verhält sich die Wärmeverteilung in horizontaler Richtung: Fensternähe kalt, Wandnähe wegen Radiator warm. Diese ungleichmäßige Verteilung kann bis zu einem gewissen Grade dadurch korrigiert werden, daß die Heizkörper an der Außenwand unter den Fensternischen aufgestellt werden. Hierbei wird die von der kalten Fensterfläche und von den Fensterundichtigkeiten herabfallende Kaltluft am Heizkörper abgefangen und aufgewärmt und zirkuliert nun in umgekehrtem Sinne von der Außenwand über die Decke nach der Innenwand und über den Fußboden zurück. Die Wärmeverteilung im Raum ist dadurch in senkrechter und waagerechter Richtung ausgeglichener, aber noch weit von einer völligen Ausgleichung entfernt. Damit ein solcher Umlauf der Luft ungehindert möglich sei, darf der von den Heizkörpern aufsteigenden Luft nichts im Wege stehen. Unbegreiflicherweise sieht man aber bis auf den heutigen Tag immer wieder, daß in den Fensternischen die Heizkörper unter breite Simse gestellt werden, so daß sich die Warmluft sozusagen ohne Auftriebmöglichkeit unter solchen Gesimsen oder womöglich gar dicht angeschlossenen Fensterarbeitstischen verfängt, so daß von einem Abfangen der Kaltluft und ihrer Durchmischung mit Warmluft keine Rede mehr sein kann, geschweige denn von einer rationellen, die Wärme im Raum verteilenden Luftzirkulation. Wenn schon Gesimse über Fensterheizkörpern angebracht werden, dann müssen sie auf alle Fälle durch weite Schlitze durchbrochen sein. Abdeckungen mit durchlochten Blechen genügen keinesfalls, da sie der aufsteigenden Luft immer noch einen zu großen Widerstand bieten.

Bei der Aufheizung beim System Warmwasserheizung wärmt sich zuerst die Raumluft auf und von dieser aus die Wände. Wir haben also während der Anheizperiode den physiologisch weniger angenehmen Zustand der warmen Luft bei noch kalten Wänden; die Insassen verlieren mehr Wärme durch Abstrahlung als durch Leitung an die Raumluft.

Was die Regulierbarkeit bei der Warmwasserheizung anbetrifft, so ist dieselbe in weitgehendem Maße möglich, sei es an der Feuerungsstelle selbst, sei es durch Drosselung des Wasserdurchflusses in den Heizkörpern. Ist ein Haus mit relativ dickem Mauerwerk aber einmal richtig aufgewärmt, dann bedeutet die Wärmespeicherung in Wänden und Böden immerhin ein die Regulation erschwerendes Ausgleichsmoment. Auch in diesem Falle empfiehlt sich Holzbauweise oder Innentäfelung, weil bei ersterer die Speicherung wegfällt, bei letzterer die wärmedämmende Innenauskleidung die Speicherwärme zurückhält und einseitig nach außen abfließen läßt.

Bei der ***Fußbodenheizung*** wird der Boden durch unter seinem Belag in engen Schleifen geführte Warmwasser- oder elektrisch geheizte Röhren gleichmäßig aufgewärmt. Angesichts der großen zur Verfügung stehenden Fläche kann der Raumwärmebedarf mit bedeutend geringerer Oberflächentemperatur, als sie sonst bei Heizflächen üblich ist, gedeckt werden. Freilich ist dieser Fußboden-Heiztemperatur auch physiologisch eine obere Grenze gesetzt; es sollten 25° niemals überschritten werden. Auch diese Temperatur ist nur für die Anheizzeiten zuzulassen und sollte nachher langsam gesenkt werden. Daraus ergibt sich von selbst, daß sich die Fußbodenheizung nur für Klimata mit nicht übermäßig großem Wärmebedarf eignen dürfte, ansonst zusätzliche Heizung notwendig wird.

Da bei der Fußbodenheizung die gesamte Fläche ziemlich gleichmäßig und nicht hoch erwärmt ist, ergeben sich keine lokalisierten Konvektionsströme. Die sich an der Bodenfläche anwärmende Luft steigt langsam und gleichmäßig an, mischt sich ebenso gleichmäßig mit der Raumluft, so daß wir eine in senkrechter wie waagerechter Richtung fast völlig gleichmäßige Wärmeverteilung erhalten, und da keinerlei fühlbare Konvektionsströmungen auftreten, kann auch kein Staub in die Raumluft gelangen. Tatsächlich ist der erste Eindruck, den man beim Betreten eines fußbodengeheizten Raumes gewinnt, derjenige einer *völlig reinen Luft*. Um eine gleichmäßige und richtige Ausnützung der Fußbodenheizung zu erhalten, darf der Boden selbstverständlich nicht in zu großem Umfange mit Teppichen belegt sein.

Was die Reguliermöglichkeit der Fußbodenheizung anbetrifft, so spielt dieselbe aus dem Grund keine Rolle, weil eine Überheizung angesichts der niedrigen Heizflächentemperatur ausgeschlossen ist. Im Gegensatz zu allen anderen Heizformen, bei welchen eine Überheizung bei plötzlichem Anstieg der Außentemperatur um so wahrscheinlicher ist, je höher temperiert ihre Heizflächen sind. Die Fußbodenheizung teilt mit der sog. Radiatorenheizung die Eigenschaft eines sehr geringen Strahlungsanteils und vor allem der primären Luft- und erst sekundären Wandaufwärmung. Bei plötzlich einsetzender Kälte wird es bei ihr besonders lange dauern, bis Seitenwände und Decken eine angenehme Temperatur erreicht haben. Ist aber ein Raum einmal richtig durchwärmt, dann ist der Aufenthalt in ihm wegen der gleichmäßigen Temperaturverteilung und der „Fußwärme" und vor allem wegen der Staubfreiheit und dem Fehlen reizender Kondensationskerne überaus angenehm. Dazu gesellt sich der weitere wohnungstechnische Vorteil, daß die Bodenfläche voll ausgenützt werden kann, daß nirgends störende Heizkörper im Wege sind und daß auch Türen direkt ins Freie geleitet werden können, ohne daß dadurch eine Beeinträchtigung der gleichmäßigen Wärmeverteilung im Raum zu befürchten ist. Alle diese Vorteile dürften bei wirtschaftlichen Überlegungen in Betracht gezogen werden, angesichts der etwas größeren Erstellungskosten einer Fußbodenwarmwasserheizung im Vergleich zu einer Radiatorenheizung. Betriebskostenvergleiche liegen zur Zeit noch nicht vor, doch ist kaum anzunehmen, daß dieselben bei der Fußbodenheizung höher sein sollten.

Die neueste Form der Heizung ist die sog. *Strahlungsheizung* von der Decke aus. Da bei diesem System die Heizflächen in die Decke verlegt sind und dieselbe je nach Umständen nur zum Teil oder ganz beanspruchen, unter Umständen noch den oberen Teil der Innenwände dazu, so kann es sich bei dieser Form nur um Wärmezufuhr durch Strahlung handeln, da ja die die Decke berührende und sich an ihr aufwärmende Luft nirgends hin entweichen kann und angesichts ihres minimalen Wärmeleitvermögens die Wärme nur sehr langsam und in geringem Grade an die unterliegenden Luftschichten abgibt. Die von der Heizdecke ausgehenden „Wärmestrahlen" treffen auf den Fußboden und die Seitenwände und werden von ihnen, da die Baustoffe sich in dieser Beziehung überaus gleichmäßig verhalten, zu 85—95% absorbiert, der Rest reflektiert und schon beim zweiten Auftreffen größtenteils wieder absorbiert. Wir vergegenwärtigen uns den Gang dieser Strahlung am besten beim Vergleich mit der Beleuchtung eines dunkel austapezierten und belegten Zimmers, das von einer gleichmäßig indirekt beleuchteten weißen Decke erhellt wird. Die absorbierten Strahlen werden in eigene Wärme der absorbierenden Fläche umgewandelt. Der Übergang der Wärme von der Heizfläche nach Boden und Wänden erfolgt selbstverständlich mit der Geschwindigkeit der elektromagnetischen Wellen, also momentan. Der Erfolg ist, daß abhängig von der Heizdeckentemperatur, die Innenauskleidung eines so geheizten Raumes verhältnismäßig schnell aufgewärmt wird, zugleich um so besser, je besser diese Innenauskleidung gegenüber Außen wärmeisoliert ist. An dieser so aufgewärmten Innenhaut eines Raumes, insbesondere am Fußboden, der den größern Teil der Wärmestrahlen verschluckt, wärmt sich die Innenluft auf, analog zur Fußbodenheizung, und verteilt so die Wärme durch unmerkliche Konvektion auch im Innenraum.

Wir haben somit das umgekehrte Verhalten wie bei der Radiatoren- und bei der Fußbodenheizung: primäre Aufwärmung der Wände, sekundäre Aufwärmung der Raumluft. Die Wärmeverteilung im Raum ist waagerecht und senkrecht eine außerordentlich gleichmäßige. Nur im obersten Teil, nahe der Decke, nähert sich die Lufttemperatur rasch der Temperatur der Deckenoberfläche. Prüfen wir, wie das ROOSE getan hat, mit der Methode der vergleichenden Messung mit dem strahlungsempfindlichen und strahlungsunempfindlichen Frigorimeter, die wirklichen Entwärmungsverhältnisse und berechnen wir daraus die sog. resultierende Temperatur, d. h. die Temperatur eines Raum-Innenkörpers, der mit Raumluft (durch Leitung) und zugleich mit den Innenauskleidungen (durch Strahlungsaustausch) in Beziehung steht, so zeigt sich, daß bei der Radiatorenheizung (wärmere Luft, kältere Wände) die resultierende Temperatur in Kopfhöhe tiefer liegt als die Lufttemperatur, daß sie bei Fußbodenheizung mit ihr zusammenfällt und daß sie bei der Deckenheizung höher liegt als die Raumlufttemperatur, d. h. praktisch mit anderen Worten, daß für das Wärmegefühl eines Rauminsassen bei der Deckenheizung die Lufttemperatur in Kopfhöhe um 1,6° tiefer liegt als bei der Radiatorenheizung in einem entsprechend einigermaßen gleichmäßigen Raum (Dissertation ROOSE, ETH Zürich). Da, wie schon erwähnt, der Fußboden am meisten Wärmestrahlung von der Decke erhält, ist bei der Strahlungsheizung auch eine angenehme Fußwärme des Bodens gewährleistet. Der Einwand, daß Tischflächen die Strahlung der zugehörigen Bodenfläche abhalten und lokales Kältegefühl an den Beinen eines an einem Tisch sitzenden Menschen verursachen müsse, ist nur sehr bedingt richtig. Denn einmal handelt es sich um eine diffuse Strahlung. Erinnern wir uns des optischen Bildes der leuchtenden Decke. Dort wird ein nicht unbeträchtlicher Teil des Lichtes den Weg in den Raum unter der Tischplatte finden. Zum andern wird ja die Tischplatte selbst durch die Strahlung mit aufgewärmt und gibt ihrerseits auch welche nach unten ab. Eine andere Befürchtung, daß an Außenfenstern die sich dort abkühlende Luft ungehindert nach dem Fußboden abfließen könnte, wird ebenfalls durch die praktische Erfahrung beschwichtigt, daß sich diese kalte Fensterberührungsluft in einer nur wenige Zentimeter dicken Schicht ausbildet, die am strahlungserwärmten Boden ohne weiteres wieder aufgewärmt wird. Wählt man übrigens, was bei einigermaßen kälterem Winterklima an sich schon selbstverständlich ist, Doppelfenster oder Doppelverglasung, dann spielt diese Fensterflächenkühlung kaum mehr eine Rolle. Man macht auch wärmewirtschaftlich der Strahlungsheizung den Vorwurf, daß bei größeren Fensterflächen die Wärmeverluste zu groß würden, weil, obgleich die langwelligen Wärmestrahlen das Glas nicht durchdringen, sie von denselben doch zum größten Teil absorbiert würden, wobei diese Materialwärme angesichts der relativ guten Wärmeleitung des Glases zu Verlust ginge. Dem ist entgegenzuhalten, daß die Menge der Wärmestrahlen, die die Glasscheiben treffen, relativ gering ist und daß diesem Verlust wiederum durch Doppelverglasung weitgehend vorgebeugt werden kann, daß aber auf der anderen Seite bei der Radiatorenheizung, bei Aufstellung der Heizkörper unter den Fenstern gerade die hochtemperierte Luft an diesen kalten Fensterflächen vorbeigeführt wird und das größere Wärmegefälle Warmluft-Fensterfläche sich wärmeökonomisch mindestens so nachteilig auswirken muß.

Was die Regulierbarkeit anbetrifft, so ist zuzugeben, daß beim System der Strahlungsheizung, bei welcher die Warmwasserröhren in die Decke selbst einbetoniert sind, eine gewisse Speicherung und damit ein Trägheitsmoment geschaffen wird. Immerhin ist dazu zu bemerken, daß die Tag- und Nachtaußentemperaturschwankungen durch entsprechenden Heizbetrieb ausgeglichen werden können, d. h. durch einige Stunden voraus ein- und aussetzende Feuerung im Kessel. Da der Übergang der Wärme von der Heizfläche auf die Raumflächen momentan einsetzt, so kann man die Aufheizzeit dadurch abkürzen, daß man die Verlauftemperatur höher ansetzt, bis zum Maximum von 50—60°, wodurch die notwendige Oberflächentemperatur rasch erreicht wird, die unter gewöhnlichen Umständen zwischen 30—35° beträgt. Ein solches Vorgehen verbietet sich bei der Radiatorenheizung deshalb, weil bei ihr ein Überschreiten der Vorlauftemperatur des Wassers über 70°, welches für dieses Prinzip nötig wäre, eine zu hohe Oberflächentemperatur der Heizkörper mit den damit verbundenen und wiederholt beschriebenen Unzuträglichkeiten mit sich brächte. Ist tagsüber eine stärkere positive Temperaturschwankung zu erwarten, besonders beispielsweise im Hochgebirge eine starke Insolation, so wird man die weitere Wärmezufuhr in das Röhrensystem rechtzeitig vermindern oder ganz abstellen. Die Überwärmungsgefahr bei der Deckenheizung ist im Vergleich zu den anderen Heizsystemen (ausgenommen die Fußbodenheizung) auch deshalb viel geringer, weil die Wärmezufuhr in einen Raum abhängig ist von der Temperatur der heizenden Oberflächen, d. h. von dem Wärmegefälle Heizkörper und Umgebung. Die Heizkörper der bisher üblichen Heizweisen sind aber durchwegs wesentlich höher temperiert als die Deckenheizfläche. Der Überwärmung durch Insolation kann man wie im Sommer entgegenwirken durch Außenstoren vor den Fenstern oder durch zeitweiliges Auslüften, das ohne zu große effektive Wärmequantitätsverluste durch Abkühlung der Raumluft die Behaglichkeit wieder herstellt. Es ist leicht ersichtlich, daß gerade unter diesen Umständen die Holzbauweise oder zum mindesten Holztäfelung wegen der geringen Wärmekapazität und deshalb geringen Speicherungsvermögens die Regulierbarkeit erleichtert. Bei Ost-West angelegten größeren Gebäuden mit ausgedehnter Südfassade ist es dann bei der Deckenheizung von Vorteil, zwei getrennte Stränge für die Süd- und für die Nordhälfte zu führen.

Subjektiv empfindet der Insasse eines deckenbeheizten Raumes den Aufenthalt rein thermisch als angenehm, weil darin das Prinzip des größeren Anteils der Leitung gegenüber der Strahlung an der Wärmeabgabe gewährleistet ist. Von einer eigentlichen Einstrahlung von Wärme, wie sie sich der Uneingeweihte beim Worte Strahlungsheizung unwillkürlich vorstellt, ist bei der Deckenheizung meistens gar nicht die Rede, weil unter den durchschnittlich in unsern Breiten herrschenden Bedingungen die Deckentemperatur 30° kaum überschreitet. Man ist denn auch immer wieder überrascht, wenn sich eine solche in voller Funktion befindliche „Heizdecke" bei der Berührung mit der Hand kühl anfühlt, ein unmittelbarer Beweis, daß es sich bei diesem Heizsystem zumeist nicht um Zustrahlung von Wärme, sondern einfach um verminderte Abstrahlung vom Körper handelt. Die Befürchtung einer unangenehmen Strahlungseinwirkung einer übrigens selten notwendig werdenden höheren Deckentemperatur ist mehr theoretischer Natur. Entsprechende Klagen sind in Wirklichkeit meines Wissens noch nie geäußert worden.

Zu dem thermischen Wohlbehagen gesellt sich für den Rauminsassen bei der Deckenheizung auch wie bei der Fußbodenheizung die Empfindung einer *reinen Luft*, ja geradezu einer gewissen Frische. Man hat sozusagen nicht mehr das Gefühl, sich in einem geschlossenen, geheizten Raum zu befinden. Es scheint, daß die Atmungsschleimhäute, insbesondere die

Nasenschleimhaut, sehr fein auf die Reinheitsqualität, wahrscheinlich auch auf die kühlere Temperatur der Atmungsluft reagieren. Darauf beruht auch der aus Erfahrung abgeleitete Rat mancher Ärzte, im geheizten Zimmer durch einen Schlauch Außenluft einzuatmen. Bekannt ist die wohltuende Wirkung des Freiluftaufenthaltes bei Entzündung der oberen Luftwege.

Die Deckenheizung hat mit der Fußbodenheizung den Vorteil gemein, daß die Bodenfläche restlos ausgenützt werden kann. Das ist besonders bei den neuzeitlichen *Krankenhausbauten* mit den Krankenräumen vorgelagerten Liegeterrassen willkommen, wo man bei der Radiatorenheizung nie richtig wußte, wo und wie die Heizkörper aufzustellen seien, um eine gleichmäßige Raumerwärmung und trotzdem eine ungehinderte Verbindung mit der Liegeterrasse zu finden. Auch fällt dabei ganz von selbst das Postulat besonderer leicht zu reinigender Heizkörper weg. Die gleichen Gründe bzw. Vorzüge sprechen mutatis mutandis für die Einführung der Strahlungsheizung in *Schulgebäuden*. Wir haben dort noch einen weiteren Vorzug. Das immer mehr sich ausbreitende Arbeits- und Beobachtungsprinzip in der Schule erhöht das Bedürfnis nach am besten auf Fenstergesimse aufzustellenden Aquarien, Terrarien, Pflanzenpflege u. dgl. Aus früher erwähnten Überlegungen aber verbieten sich über Heizkörper aufgestellte Gesimse als Hindernisse für die von den Heizkörpern aufsteigende warme Luft. Ein solches Verbot stellt sich aber nicht bei der Deckenheizung. Was für Krankenhäuser, Schulhäuser und öffentliche und private Verwaltungsgebäude, besonders auch Warenhäuser (Schaufenster!) gilt, dürfte sich auch im Wohnungsbau bewähren. Hierbei werden noch mehr als im Großbau die wirtschaftlichen Belange bei der Wahl des Heizsystems ausschlaggebend sein. Diese Frage kritisch zu beleuchten, ist nicht unsere Aufgabe; wir möchten uns nur erlauben, dazu zu bemerken, daß die Betriebskosten viel mehr ins Gewicht fallen als die Erstellungskosten und daß bei gleichen Betriebskosten selbstverständlich dasjenige Heizsystem den Vorzug verdient, welches den hygienischen Anforderungen am besten entspricht.

Nicht in das Gebiet der Heizung, also der Raumaufwärmung im Winter, wohl aber zur Klimatisierung des geschlossenen Raumes im Sommer gehört eine weitere Eigenschaft des Systems der Warmwasser-Deckenheizung, das ist die zugfreie angenehme *Kühlungsmöglichkeit* eines Raumes bei hoher Außentemperatur. Eine solche war bisher nur bei den künstlichen Lüftungsanlagen mit Kühlung der sehr sorgfältig einzuführenden Frischluft möglich. Wenn man den Wasserinhalt des Heizröhrensystems in einem Gegenstromapparat mit dem zur Verfügung stehenden Leitungswasser abkühlt und so abgekühlt zirkulieren läßt, so kühlt sich die Decke ab, die in Berührung mit ihr erkaltende Luft senkt sich ebenso gleichmäßig ab wie beim entsprechenden Gegenbeispiel, der Fußbodenheizung, die erwärmte Luft gleichmäßig und langsam aufsteigt. Damit ist eine völlig zugfreie, gleichmäßige Abkühlung der Raumluft ermöglicht. Dazu gesellt sich auch eine gewisse Auskühlung der überwärmten Innenwände durch Abstrahlung nach der

Decke. Die Erfahrung lehrt, daß im Hochsommer schon eine Temperaturminusdifferenz von 5° gegenüber der Außenluft als überaus angenehm empfunden wird. So genügt es beispielsweise, bei einer Hochsommertemperatur von 30° einen Raum auf 25° zurückzukühlen, eine Temperatur, welche wir im Winter als außerordentlich übersetzt bezeichnen würden. Bei einer relativ so mäßigen Rückkühlung der Decke ist die Gefahr praktisch ausgeschlossen, daß man die Taupunkttemperatur erreicht und damit eine Durchfeuchtung der Decke oder gar Tropfwasserbildung bewirkt (wie sie uns an schwülen Sommertagen an den Kaltwasserleitungen bekannt ist). Diese Kühlungsmöglichkeit des Deckenheizsystems ist besonders in Krankenhäusern willkommen, dürfte aber auch sehr wichtig sein für die Leistungsfähigkeit in Arbeitsräumen, in Schulhäusern und Verwaltungsgebäuden. Sie hat sich auch in Warenhäusern aufs beste bewährt.

4. Heizstoffe.

Die Sammelheizungen haben gegenüber der Einzelofenheizung den großen betriebshygienischen Vorteil einer wesentlich rationelleren *Handhabung und Verwertung der Heizstoffe.* Für die Bedienung der Roste, die Entschlackung und Aschebeseitigung kann in zunehmendem Maße maschinelle Arbeit herangezogen werden. Staub und Rauch wird dadurch von den beheizten Räumen ferngehalten. Schlacken- und aschenfreie Heizstoffe wie Schweröl und Gas haben weiter den Vorzug der viel bequemeren, oft sogar automatisch möglichen Führung und Regulierung der Feuerung. Die Verwendung von Gas freilich ist aus wirtschaftlichen Gründen noch ziemlich beengt und erfordert eine sicher gefahrenfreie (Undichtigkeiten, Explosion) Installation und Handhabung. Die Ölfeuerung hat wegen ihrer erwähnten Vorteile in weitesten Kreisen Eingang gefunden. Es ist aber dabei mit großer Sorgfalt darüber zu wachen, daß die Brenner richtig funktionieren und daß insbesondere die Zuführung der Feuerungsluft eine restlose Verbrennung des Heizöls gewährleistet. Hatte man sich früher über rußenden Rauch schlecht bedienter Kohlenfeuerung zu beklagen, so ist heute die Umgebung mit Ölfeuerung beheizter Gebäude nicht weniger belästigt durch den äußerst widerlichen und unangenehmen Geruch schlecht konstruierter oder geführter Ölfeuerungen.

Zweiter Teil.

Die technischen Grundlagen der Heizungs-, Lüftungs- und Warmwasserversorgungsanlagen in den verschiedenen Gebäudearten.

Von **H. KÄMPER.**

A. Allgemeines.

Ein Hauptzweck der Gebäude besteht darin, die Insassen gegen die Unbilden der Witterung zu schützen. Da bei unserm Klima der Winter rund sieben Monate dauert, so kommt der Heizung besondere Bedeutung zu.

Daneben spielt aber auch die Lüftung auf natürlichem Wege und, wo diese nicht ausreicht, mittels Lüfter eine nicht zu unterschätzende Rolle, denn die Gebäude sollen wohl Schutz gegen Wind und Wetter bieten, die hygienischen Vorzüge der freien Natur dagegen möglichst wenig beeinträchtigen.

Um diesen Anforderungen gerecht werden zu können, sind Heizungs- und Lüftungseinrichtungen der verschiedensten Art geschaffen worden, die sich je nachdem für die eine oder andere Gebäudeart besser eignen.

Bisweilen können für eine Gebäudeart allerdings auch verschiedene Heizarten in Frage kommen, so z. B. für Werkstätten: Ofenheizung, Dampf-, Warmwasser- oder Luftheizung, evtl. auch Dampf-Luftheizung oder Elektro-Warmwasserheizung, und für Kirchen: Ofen-, Dampf-, Luft- oder elektrische, unter Umständen auch Warmwasserheizung. Und bezüglich der Lüftung kommen z. B. in Fabriken in Frage: Fensterlüftung, bei Sägedachbauten vielleicht unterstützt durch Dachreiter, Druck- oder Sauglüftung, evtl. auch Druck-Sauglüftung unter Aufstellung sowohl eines Zu- als eines Abluftventilators.

Weiter kommt es vor, daß in einem Gebäude *gleichzeitig* mehrere Heizarten angewendet werden, in Wohnhäusern z. B. Warmwasser- und in den Übergangszeiten Ofenheizung, in Werkstätten, Großgaragen Dampfheizung und daneben Dampf-Luftheizung mittels Einzelheizapparaten.

Die Technik ist heute so weit, daß sie sämtliche Heizungs- und Lüftungsarten einwandfrei zu erstellen in der Lage ist. Auch ihre Vorzüge und Nachteile sind auf Grund der Erfahrungen mit bestehenden Anlagen genügend bekannt, so daß es in der Regel als Fehler des entwerfenden Technikers bzw. der ausführenden Firma bezeichnet werden muß, wenn neu erstellte Anlagen nicht befriedigen.

Allerdings kommt es auch vor, daß die Verantwortung für technisch oder wirtschaftlich verfehlte Ausführungen dem Bauherrn bzw. Architekten zufällt, dann nämlich, wenn sie es unterlassen, die Fachleute rechtzeitig hinzuzuziehen, ihren Vorschlägen nicht das nötige Interesse und Verständnis entgegenbringen oder die erforderlichen Mittel zur einwandfreien Ausführung der Anlagen nicht bewilligen.

Da schon bei der Ausschreibung von Heizungsanlagen dem Bauherrn oder Architekten Fehler unterlaufen können, die evtl. einen späteren wirtschaftlichen Betrieb der Anlage in Frage stellen, wenn nicht sogar unmöglich machen können, hat der Ausschuß für Betriebsfragen der Heizung im VDHI. beachtenswerte „Richtlinien für die Ausschreibung heiztechnischer Anlagen“ herausgegeben[1]. Auch sei in diesem Zusammenhang auf ein von der Arbeitsgemeinschaft für Brennstoffersparnis herausgegebenes einschlägiges Merkblatt verwiesen, das gute Dienste zur Unterstützung heiztechnischer Forderungen leisten kann[2].

Schließlich wird leider bisweilen insofern gefehlt, als das Geld in der Hauptsache für „schöne“ Fassaden, „geschmackvolle“ Treppenhäuser, „in die Augen fallende“ Badezimmer u. a. ausgegeben wird und dann für die im Verborgenen arbeitenden Installationen die erforderlichen Mittel nicht mehr zur Verfügung stehen. Dabei wird an die Behaglichkeit und Wirtschaftlichkeit des Wohnens nicht gedacht.

Es kommt sogar vor, daß die Preise für die Heizung gedrückt, die Heizkörper aber verkleidet werden, was bekanntlich recht teuer ist, weil die Verkleidung Geld kostet, verkleidete Heizkörper größer gemacht werden müssen als unverkleidete und hinter denselben ein Wärmeschutz, z. B. in Form von Korkplatten, erforderlich ist, wenn man vermeiden will, daß zuviel Wärme durch die Außenmauern verlorengeht. Zudem sind Verkleidungen vom hygienischen Standpunkt aus zu beanstanden, weil Staub und Schmutz oft lange Zeit ein ungestörtes Dasein hinter ihnen führen. Das gilt auch für Verkleidungen, die leicht aufschließbar oder wegnehmbar sind, und selbst für Häuser, in denen die Reinlichkeit sonst nichts zu wünschen übrigläßt. Dazu kommt, daß es viele Verkleidungen gibt, die vom schönheitlichen Standpunkt aus weniger befriedigen als sachgemäß gewählte, am richtigen Platz aufgestellte und in Anlehnung an die Umgebung gestrichene Heizkörper.

Dagegen sollte man in allen Neubauten, die Anspruch auf sorgfältige Innenausstattung machen, die verhältnismäßig geringen Mehrkosten für die Verlegung der Heizleitungen in Mauerschlitze nicht scheuen, weil dadurch das wenig schöne Schwärzen der Wände und Decken wegfällt und die verdeckte Anordnung der Leitungen auch in hygienischer Beziehung Vorteile aufweist. Das bedingt natürlich, daß die Rohrleitungsnetze besonders sorgfältig ausgeführt und vor dem Zumauern der Schlitze durch Hochheizen und Abpressen der Anlagen auf Dichtigkeit genau untersucht werden.

Der Erstellung der Rohrleitungsnetze ist überhaupt größte Aufmerksamkeit zu schenken. Schweißungen in den Stockwerken, die bei Abänderungen oder Reparaturen zu erheblichen Unannehmlichkeiten und

[1] Richtlinien für die Ausschreibung heiztechnischer Anlagen. Aufgestellt vom Ausschuß für Betriebsfragen der Heizung im VDHI. Heizg. u. Lüftg. 1938 H. 1 S. 1 u. 2.

[2] Was muß der Architekt von der Zentralheizung wissen? Merkblatt der Arbeitsgemeinschaft für Brennstoffersparnis. [Besprechung in der Haustechn. Rdsch. Bd. 36 (1931) H. 24 S. 355/356.]

Kosten führen können, sind zu vermeiden. Ferner ist für richtige Ausdehnungsmöglichkeit der Leitungen zu sorgen, weil sonst Undichtigkeiten die Folge sein können usw.[1]

Es liegt durchaus im Interesse der Bauherren, ihre Anlagen ausschließlich von Firmen ausführen zu lassen, die außer über geschultes technisches auch über erfahrenes Montörpersonal verfügen und daher bezüglich des Zusammenbauens der Anlagen ebenso Anspruch auf Vertrauen erheben können wie hinsichtlich Planung und Berechnung.

Wenn im vorstehenden die freie Aufstellung der Heizkörper befürwortet worden ist, so geschah das außer den angegebenen Gründen auch deshalb, weil heute eine große Zahl verschiedener Heizkörpermodelle zur Verfügung steht, so daß es leicht möglich ist, für jeden Fall eine passende Ausführung zu finden. Die Zeit, da man dem runden Kachelofen nachgebildete Zylinderheizkörper aus Blech und unhygienische Rippenheizkörper, die ihrer Häßlichkeit wegen verkleidet werden mußten, oder Gliederheizkörper mit angegossenen Schnörkeln und Girlanden, die womöglich noch mit Goldbronze angestrichen wurden, aufstellte, ist zum Glück vorbei. Die heutigen schlichten, sachlichen Formen sind in der Lage, jedem Anspruch zu genügen, und für besondere Fälle sind zudem Sonderausführungen erhältlich, die, je nachdem, mehr auf schönheitliche oder hygienische Anforderungen Rücksicht nehmen (Columbus-, Paneel-Radiatoren, Sondermodelle für Spitäler usw.).

Als übertrieben muß dagegen eine neue Richtung bezeichnet werden, die darauf ausgeht, alle Rohrleitungen sowie die Heizkessel und Heizkörper durch auffällige Anordnung und möglichst bunte Anstriche besonders zu betonen. Die Heizung soll unauffällig, wie eine gute Hausfrau, für Behaglichkeit sorgen. Der Heizkörper einer Zentralheizung kann niemals denselben Platz einnehmen wie der Feuerherd in den Wohnungen der Naturvölker, um den sich die Bewohner und ihre Gäste, als dem Mittelpunkt des Hauses, versammeln, oder wie die Kamine und Kachelöfen in den Burgen, Schlössern, Klöstern und Wohnräumen wohlhabender Stadtbürger des Mittelalters, die mit hohem Kunstempfinden und unter großem Aufwand als Hauptschmuck erstellt worden sind, und auch nicht wie der gemütliche Kachelofen in den Bauernstuben, der selbst ärmliche Verhältnisse gemütlich zu gestalten vermag. Wer seinen Wohnraum in ähnlicher Weise zieren will, mag sich ebenfalls einen Kachelofen (sofern der Raum genügende Größe aufweist, was in den modernen Wohnungen vielfach nicht der Fall ist) oder einen Kamin einbauen lassen, dagegen wirkt es sonderbar, wenn man die Heizkörper der Zentralheizung durch auffällige Anordnung und z. B. roten oder blauen Anstrich zum Mittelpunkt der Räume erheben will. In Wohnhäusern, Schulen, Bürogebäuden, Spitälern, Gaststätten usw. sollten sie, soweit es geht, unter den Fenstern angeordnet werden, wo sie keinen wertvollen Platz wegnehmen und zudem bei richtiger Aufstellung dafür sorgen, daß von den Fenstern her keine Zugerscheinungen auftreten.

[1] Hottinger: Von den Rohrnetzen bei Warmwasser- und Dampfheizungen, Brauchdampfanlagen und Warmwasserversorgungen. Gesundh.-Ing. vom 8. u. 17. IX., 15. X. 1927, sowie 10. XI. 1928.

In Fabriken, Museen, Kirchen, Theatern sind naturgemäß zum Teil wieder andere, soweit erforderlich in den nachfolgenden Abschnitten behandelte Gesichtspunkte maßgebend.

Während man in der genannten Weise einerseits bestrebt ist, die Heizung möglichst zu betonen, bemüht man sich neuerdings vielfach, sie vollständig verschwinden zu lassen, indem bei den sog. Strahlungsheizungen keine Heizkörper mehr in den Räumen aufgestellt, sondern Heizrohre in die Decken, Fußböden oder Wände verlegt, bei Betonbauten zum Teil vom Beton direkt umgossen werden[1]. Zweifellos besitzen diese Anlagen den Vorteil, daß sie vollständig unsichtbar sind und keinen Platz beanspruchen. Daneben bieten die Deckenheizungen den besonderen Vorzug, daß sie sich im Sommer mit Erfolg zur Raumkühlung benutzen lassen. Die Unzugänglichkeit der Heizrohre in der Decke erfordert allerdings eine sehr sorgfältige Verlegung und Schweißarbeit, da sonst bei Schadhaftwerden nicht unerhebliche Bauschäden entstehen können. Auch muß durch entsprechende Bedienung der Anlage bzw. durch Regelung der Heizwasser- bzw. Deckentemperaturen vornehmlich in der Übergangszeit dafür gesorgt werden, daß nicht eine zu starke Wärmespeicherung in Decken und Wänden eintritt, da sonst ihre Anpassungsfähigkeit an wechselnde Witterung nicht ausreichend ist. Schließlich ist bei dieser Heizart insbesondere zur Nutzbarmachung der ihr nachgesagten hygienischen Eigenschaften auf einen besonders guten Wärmeschutz der Außenwände Wert zu legen. Empfohlen wird zu diesem Zweck die weitgehende Verwendung der Holzvertäfelung und der Holzbauweise[2]. Weitere Angaben, soweit sie sich auf die Verwendbarkeit der Strahlungsheizung für die verschiedenen Gebäudearten beziehen, sind unter Abschnitt C zu finden.

Heizungen mit in den Boden verlegten Heizrohren hat man übrigens schon früher erstellt, an Orten, wo viel hin und her gegangen wird, wie z. B. in Spitälern. Man hat damit aber keine guten Erfahrungen gemacht, weil die Krankenschwestern geschwollene Füße bekamen. Auch fehlt, wenn der Boden als Speicher ausgebildet ist, die leichte Regelmöglichkeit der Wärmeabgabe. Dagegen eignen sich Fußbodenheizungen zur Anwärmung kalter Fußböden, z. B. in Badezimmern, Küchen, Eingangshallen und Tresorräumen von Banken, wobei die Böden aber nicht sehr erheblich über Raumtemperatur angewärmt werden sollen.

Weiter sind Vorschläge aufgetaucht, die Gebäudemauern mit Hohlräumen zu versehen und durch diese im Winter warme Luft strömen zu lassen. Hierzu ist zu bemerken, daß derartige Heizungen bei Wohnhäusern aus verschiedenen Gründen zu sehr hohen Betriebskosten führen und auch bezüglich Regelbarkeit der Heizwirkung nicht befriedigen

[1] Hottinger, M.: Decken- und Fußbodenheizung. Gesundh.-Ing. Bd. 57 (1934) H. 24 S. 293/297. — Kämper, H.: Die Deckenstrahlungsheizung. Z. VDI Bd. 81 (1937) Nr. 36 S. 1032/1038.

[2] v. Gonzenbach, W.: Physiologische und hygienische Betrachtungen zur Strahlungsheizung. Gesundh.-Ing. Bd. 61 (1938) H. 39 S. 537/560. — Roose, H.: Bestimmungen der Wandtemperatur im Wohnungsklima. Gesundh.-Ing. Bd. 61 (1938) H. 24 S. 325/329.

würden. Immerhin kann diese Heizart in Sonderfällen, z. B. in Operationssälen, wo auch geringe Zugerscheinungen vermieden werden müssen, und in Dampfbädern, wo an den Wänden keine Kondensationserscheinungen auftreten dürfen, gute Dienste leisten.

Will man in einem Raum keine Heizkörper aufstellen, so besteht ja immer noch die Möglichkeit, sie verdeckt anzuordnen oder Luftheizung (je nachdem mit oder ohne Lüfterbetrieb) vorzusehen. Es ist aber darauf zu achten, daß die Heizkörper und Luftwege leicht gereinigt werden können und daß die Warmluftaustrittsöffnungen so angeordnet werden, daß ein Schwärzen der Wände und Decken über denselben nicht oder wenigstens nicht in störender Weise auftritt.

Durch diese wenigen Beispiele sollte nur angedeutet werden, daß auch in der Heiztechnik eine sachliche Bewertung aller Vor- und Nachteile der verschiedenen technischen Möglichkeiten notwendig ist, was jedoch nicht ausschließt, daß für Ausnahmefälle Sonderausführungen am Platze sind. Keinesfalls sollte man aber die wertvollen Erfahrungsergebnisse der letzten Jahrzehnte in dem Streben nach Neuem kurzerhand beiseite schieben. Die Wiederholung nachgewiesenermaßen unzweckmäßiger Anordnungen ist ebenso töricht und schädlich, wie die kritiklose Übertragung bewährter Ausführungen auf andere, ungeeignete Verhältnisse, z. B. andere Gebäudearten.

Besonderes Interesse im Hinblick auf Wirtschaftlichkeit und Annehmlichkeit verdienen in der modernen Heiztechnik die wärmesparenden Bauweisen, die gestatten, bei gleichen Baukosten mit kleineren Heizungen und geringerem Brennmaterialverbrauch auszukommen[1]; die Fortschritte in der Wärmeschutztechnik, die erlauben, die Wärme bei geringsten Verlusten zu speichern und auf große Entfernungen fortzuleiten[2]; die immer weitere Verbreitung annehmende Verwertung von

[1] LIMPERG, K., u. H. J. HAMAKER: Übersicht über die wärmetechnischen Eigenschaften neuerer Baustoffe und Bauausführungen. Haustechn. Rdsch. Bd. 43 (1938) H. 23 S. 343; H. 24 S. 360; H. 25; H. 26 S. 403; H. 27; H. 28 S. 450; H. 29 S. 458 und H. 30 S. 477. — CAMMERER, J. S.: Wärmeschutztechnische Untersuchungen an neueren Wandkonstruktionen. Gesund.-Ing. Bd. 54 (1931) H. 43 S. 637/642 — Die Wärmedurchgangszahlen von Bauweisen unter Verwendung von Holzwoll-Leichtbauplatten. Haustechn. Rdsch. Bd. 43 (1938) H. 19 S. 290 — Wärmeschutztechnische Untersuchungen neuzeitlicher Gas- und Schaumbeton-Bauweisen. Heizg. u. Lüftg. 1937 H. 11 S. 166/168 — Ergebnis neuerer Untersuchungen über den Wärmeschutz von Baustoffen. Heizg. u. Lüftg. 1937 H. 3 S. 33/36.

[2] DÜRHAMMER, W.: Bemessung und Bewertung der Wärmeschutzstoffe im Heizungsfach. Heizg. u. Lüftg. 1937 H. 6 S. 81/84 — Wärmeschutztechnische Untersuchungen und Berechnungen verschiedener Bauelemente. Gesundh.-Ing. Bd. 60 (1937) H. 19 S. 273/276. — CAMMERER, J. S.: Neuere Erfahrungen mit dem „Elektro-Wärmeschutzverfahren“. Gesundh.-Ing. Bd. 56 (1933) H. 15 S. 172/174. — JACOBSEN, E.: Kork als Wärmeschutz. Gesundh.-Ing. Bd. 60 (1937) H. 19 S. 277/278. — WEHLS, H.: Glasgespinst und Kieselgur als Wärmeschutz. Brennstoff- u. Wärmew. Bd. 19 (1937) H. 1 S. 1/6 [s. auch Bericht im Gesundh.-Ing. Bd. 60 (1937) H. 19 S. 278]. — BRANDT, K.: Über Wärmeschutzisolierungen unter besonderer Berücksichtigung neuerer Verfahren. Haustechn. Rdsch. Bd. 37 (1932) H. 8 S. 107/116. — Der „Telastreifen“ als Wärmeisolierung von Rohrleitungen. Haustechn. Rdsch. Bd. 37 (1932) H. 19 S. 275/276. — NIEMANN, H.: Das Alfol-Isolierverfahren. Haustechn. Rdsch. Bd. 39 (1934) H. 15 S. 215/219.

Abwärme, feinkörnigen und minderwertigen Brennstoffen, z. B. Kohlenstaub, Anthrazit und Abfallstrom, ferner von Gas, Öl und Elektrizität (s. hierzu weiter das in Abschnitt C Gesagte); die große Fortschritte aufweisende Zentralisierung der Heizanlagen, die Erstellung von Fernheizungen und Fern-Warmwasserversorgungen für große Miethäuser und Häusergruppen (wie Spital- und Fabrikanlagen, Häuserblocks, Siedlungen und ganze Stadtviertel; s. hierzu weiter das in Abschnitt C, I, Gesagte); andererseits die Fortschritte bezüglich Kleinheizung (Verbesserung der Öfen, z. B. Kochöfen[1], Erstellung von Kleinwohnungs-Zentralheizungen, vereinigten Ofen-Zentralheizungen usw.; weitere Angaben in Abschnitt C, I).

Neue interessante Aufgaben ergeben sich auch für die Beheizung neuzeitlicher Gebäude, z. B. von Hochhäusern, Großgaragen, Flugzeughallen sowie anderen Großräumen, die zeitweise durch Tore mit dem Freien in Verbindung stehen, ferner von Betonkirchen und weiteren Sonderausführungen (hierzu sei auf die folgenden, entsprechenden Abschnitte verwiesen).

Auch in der baulichen Durchbildung der Einzelteile (wie Kessel, Lufterhitzer und Heizkörper) sind zahlreiche Verbesserungen in wirtschaftlicher, schönheitlicher und hygienischer Beziehung festzustellen[2].

Ebenso hat die Lüftungstechnik gegen früher nennenswerte Fortschritte aufzuweisen[3]. So verfügt sie heute über alle Einrichtungen, die gestatten, z. B. in Theatern, Lichtspielhäusern, Gaststätten und Konzertsälen geräuschlos, zugfrei und auch sonst in jeder Hinsicht tadellos zu lüften, wenn nötig, die Luft durch Filterung, Waschen und Ozonisieren so zuzubereiten, daß sie einwandfrei in die Räume gelangt. Das dürfte in den Großstädten bei dem immer mehr zunehmenden Verkehr zu einem gesteigerten Bedürfnis werden. Auch in Fabriken, Bürogebäuden usw. können heute durch Lüftung einwandfreie hygienische Verhältnisse geschaffen werden.

Leider wird trotzdem, und obgleich fast überall elektrischer Strom zum Antrieb der Lüfter erhältlich ist, immer noch zu wenig auf mechanischem Wege gelüftet, wohl deshalb, weil ungenügende Güte der Luft bei weitem nicht so stark empfunden wird, wie z. B. zu niedrige Temperatur. Das hat denn auch zur Folge, daß selbst vorhandene, einwandfrei arbeitende Lüftungsanlagen oft nicht betrieben werden. Sogar in Krankenhäusern, wo doch sonst alle hygienischen Einrichtungen im Vordergrund des Interesses stehen, hat man Gelegenheit festzustellen, daß beispielsweise vorhandene Abluftlüfter für die Aborte nicht oder

[1] Wagener, G.: Versuche an einem neuzeitlichen Küchenherd mit oberschlesischer Steinkohle. Gesundh.-Ing. Bd. 59 (1936) H. 47 S. 681/687. — Kayser, Th.: Entwicklung der Zimmeröfen in den letzten Jahren. Arch. Wärmew. Bd. 15 (1934) H. 3 S. 77/78 [s. auch Kurzbericht Gesundh.-Ing. Bd. 57 (1934) H. 28 S. 351].

[2] Taubert, A.: Über den Stand der Normung im Heizungsfach. Heizg. u. Lüftg. 1931 H. 8 S. 155/161 — Die Normung im Heizungsfach, ihre Bedeutung und Auswirkung. DIN-Mitt. Bd. 16 (1933) H. 21/22 S. 561/562 u. 565 (Bericht Gesundh.-Ing. Bd. 56 (1933) H. 48 S. 573/574). — Rietschel-Gröber: Heiz- und Lüftungstechnik. 11. Aufl. Berlin: Julius Springer 1938.

[3] Marx, A.: Die Lüftungstechnik der letzten 50 Jahre. Heizg. u. Lüftg. 1930 H. 11 S. 211/222.

wenigstens nicht regelmäßig benutzt werden, obschon die Luft dadurch sogar in den Fluren merklich beeinträchtigt wird. Wäre keine Lüftungsanlage vorhanden, so würde das vom gleichen Personal, das sie heute nicht bedient, vielleicht als Fehler bezeichnet werden.

Wo Lüftung mit Lüfterbetrieb keinem wirklichen Bedürfnis entspricht, sollte sie keinesfalls erstellt werden, weil sich beim Nichtbetrieb Staub und Schmutz in den Kanälen sammeln, wodurch die Anlagen zu einer ungesunden, statt zu einer hygienischen Einrichtung werden können, wie sie es sein sollten (s. weitere Einzelheiten in Abschnitt C).

Zum Schluß dieser allgemeinen Betrachtungen mag noch ein kurzer Abschnitt über die für die Wirtschaftlichkeit wichtige Brennstofffrage eingeschaltet werden.

Zu den folgenden Angaben sei aber vorher bemerkt, daß bei dem Vergleich der verschiedenen Brennstoffarten im Text und in den Zahlentafeln 2 und 3 lediglich die Gegenüberstellung der benötigten Brennstoffmengen bzw. deren Kosten vorgenommen wurde. Abgesehen davon, daß durch ungenügende Bemessung der Gesamtanlage bzw. einzelner ihrer Teile der Brennstoffverbrauch einer Anlage jedoch sehr erheblich höher als rechnerisch ermittelt sein kann, müßten an sich auch die Bedienungskosten, etwaiger Stromverbrauch, höhere Anlagekosten, das Maß der Behaglichkeit usw. gebührend berücksichtigt werden. Wegen der von Fall zu Fall verschiedenen Verhältnisse ist die Bewertung dieser Nebenausgaben bzw. Gesichtspunkte jedoch bis auf die angenäherte Betriebskostenangabe in Zahlentafel 4 unterblieben.

Während früher für Raumheizzwecke fast ausschließlich Holz, Kohle, Briketts und Koks verwendet wurden, kam mit der Zeit Öl, Gas und Elektrizität hinzu.

Öl fand zu Heizzwecken zuerst in ölreichen Ländern Verwendung, erlangte dann aber auch andernorts eine gewisse Bedeutung, weil der Betrieb von Zentralheizungen mit Ölfeuerung bequemer und sauberer ist als bei Verwendung von Kohle bzw. Koks. Im Durchschnitt hat sich ergeben, daß man bei der Beheizung von Geschäfts-, Schul-, Wohn- und ähnlichen Gebäuden mit 1 kg Gasöl an Stelle von 2 kg Koks auskommt, d. h. daß sich *die reinen Brennstoffkosten* ungefähr gleich hoch stellen, wenn 100 kg Koks halb soviel kosten wie 100 kg Gasöl. Besonders in den Übergangszeiten wird verhältnismäßig wenig Öl verbraucht, weil das Abstellen und Wiederinbetriebnehmen der Ölfeuerung sehr einfach ist, so daß ohne wesentliche Mühe stoßweise geheizt werden kann, während man bei Koksfeuerung gewöhnlich durchheizt, um der Unannehmlichkeit des Ausräumens und Wiederanfeuerns der Kessel aus dem Wege zu gehen. Will man, wie schon gesagt, die gesamten Betriebskosten miteinander vergleichen, so sind bei der Ölfeuerung auch die Auslagen für den zur Erzeugung der Preßluft nötigen Strom sowie die erheblichen Aufwendungen für Verzinsung, Unterhalt und Tilgung, andererseits die Minderauslagen für Bedienung und Kaminfeger zu berücksichtigen.

In den letzten Jahren hat eine lebhafte Werbung für die Gasheizung eingesetzt, und zwar einerseits für die Befeuerung der Zentralheizkessel

mit Gas, andererseits für die Aufstellung von Einzelgasheizöfen in den zu heizenden Zimmern. Die zweite Lösung ist wirtschaftlicher, aber trotz vieler gegenteiliger Behauptungen unhygienischer und bei nicht richtiger Bedienung und widrigen Witterungsverhältnissen gefährlicher. Man kann in runden Zahlen annehmen, daß man an Stelle von 1 kg Koks bei gewöhnlicher Zentralheizung durchschnittlich braucht: bei gasbeheizten Zentralheizungskesseln 1 m³, bei Einzelöfen 0,76 m³ Leuchtgas, sofern als Koks gewöhnlicher Gaskoks mit einem Heizwert von 6500 WE/kg und als Gas hochwertiges Leuchtgas mit einem unteren Heizwert des Gases von mindestens 4500 kcal/m³ verglichen werden. Dieses Verhältnis verschiebt sich natürlich sehr zu ungunsten des Gases, wenn hochwertiger Zechenkoks und Leuchtgas mit wesentlich niedrigerem unteren Heizwert, wie es vielerorts erzeugt wird, in Vergleich gezogen werden. Für Zechenkoks mit 7000 kcal/kg und Leuchtgas von 3800 kcal/m³ ergibt sich etwa folgende Beziehung:
kg Koks : m³ Gas für Gaszentralheizung : m³ Gas bei Gaseinzelöfen = 1:1,3:0,94.

Bei elektrischer Heizung hat man zu unterscheiden zwischen in den zu heizenden Räumen aufgestellten elektrischen Einzel- (evtl. Speicher-Öfen und elektrisch betriebenen Zentralheizungen, die normalerweise ebenfalls mit Wärmespeichern versehen werden, damit der billige Nacht- und Abfallstrom ausgenutzt werden kann. Wie die Erfahrung lehrt, braucht man an Stelle von 1 kg Koks bei in den Räumen aufgestellten, unmittelbar wirkenden Einzelöfen rund 3,4 kWh, bei Speicheröfen 3,8 kWh und bei Zentralheizungen mit Wärmespeichern rund 4,5 kWh.

Vergleicht man die vorstehend genannten Zahlen miteinander und bezieht dabei noch Ofenheizung mit Anthrazit- und Koksfeuerung ein, so ergeben sich bei der Annahme mittlerer Heizwerte und Wirkungsgrade bezogen auf 1 kg Koks bei Zentralheizung für gleiche Heizwirkung folgende Brennstoffmengen:

Zahlentafel 2.

Einzelofenfeuerung				Speicheröfen	Zentralheizung			
Anthrazit	Koks	Gas	Elektrizität	Elektrizität	Koks	Öl	Gas	Elektrizität
einem Heizwert von kcal:								
7500 je kg	6500 je kg	4500 je m³	860 je kWh	860 je kWh	6500 je kg	10000 je kg	4500 je m³	860 je kWh
einem Wirkungsgrad der Heizanlage von Prozent:								
60	60	85	100	90	45	60	65	75
1 kg	1,15 kg	1,2 m³	5,3 kWh	5,8 kWh	1,55 kg	0,75 kg	1,55 m³	7,0 kWh
0,65 kg	0,75 kg	0,76 m³	3,4 kWh	3,8 kWh	1,0 kg	0,5 kg	1,0 m³	4,5 kWh

Zahlentafel 3 ermöglicht einen Vergleich der Betriebskosten dieser verschiedenen Raumheizarten bei verschiedenen Brennstoffpreisen, jedoch ebenfalls, wie bereits gesagt, ohne Berücksichtigung der Nebenausgaben für Bedienung, Kaminfeger, Stromverbrauch zum Betrieb der Kompressoren bei Ölfeuerung, Platzmiete für Kessel- und Brennmateriallagerraum usw., die in jedem Fall besonders einzusetzen sind, sowie auch ohne Berücksichtigung der in Geld nicht ausdrückbaren Werte, wie Annehmlichkeit usw.

Zahlentafel 3.

Heizart	Brennstoff	Angenommene untere Heizwerte	Angenommener mittlerer Wirkungsgrad der Heizung	Preis RM.	Somit kosten 100 000 nutzbare kcal RM.	Prozentualer Vergleich der Brennstoffkosten für gleiche Nutzwärme in Proz.
Ofenheizung	Anthrazit	7500 kcal/kg	60%	je 100 kg		
				4,00	0,89	1,00
				5,00	1,11	1,24
				6,00	1,33	1,49
Warmwasser- oder Dampf-Zentralheizung	Koks	6500 kcal/kg	der ganzen Anlage 45%	je 100 kg		
				3,00	1,03	1,16
				3,50	1,20	1,35
				4,00	1,37	1,54
	Öl	10000 kcal/kg	der ganzen Anlage 60%	je 100 kg		
				8,00	1,33	1,49
				10,00	1,66	1,87
	Gas	4500 kcal/m³	85%	je m³		
				0,03	1,03	1,16
				0,05	1,71	1,92
				0,07	2,39	2,69
Gasheizung durch Einzelöfen	Gas	4500 kcal/m³	85%	je m³		
				0,04	1,05	1,18
				0,06	1,57	1,76
				0,08	2,09	2,35
Elektrische Heizung mit Einzelöfen		860 kcal/kWh	100%	je kWh		
				0,03	3,49	3,92
				0,05	5,81	6,53
				0,15	17,44	19,60
Elektr. betriebene Zentralheizung mit Wärmespeicherung		860 kcal/kWh	der ganzen Anlage 75%	je kWh		
				0,03	4,65	5,22
				0,05	7,75	8,71

Dabei ist vorausgesetzt, daß die Gas- und Ölfeuerungen in ihrer Heizwirkung sorgfältig (womöglich durch selbsttätig wirkende Wärmefühler und Temperaturregler) geregelt und abgestellt werden, wenn die Witterungsverhältnisse es gestatten. Geschieht dies nicht, so können die angegebenen Vergleichszahlen für diese Heizarten wesentlich höher ausfallen.

Weiter ist zu beachten, daß durchweg mit den untern Heizwerten gerechnet worden ist. Nutzt man die Feuergase bezüglich ihres Wärmeinhalts so weit aus, daß die Kondensation des in den Gasen enthaltenen Wasserdampfs eintritt, so ist mit dem oberen Heizwert zu rechnen, was bei Gasheizung eine Wärmeausnutzung je Kubikmeter Gas von rund 5000 statt wie angenommen von 4500 kcal ergibt, während die Unterschiede zwischen unterem und oberem Heizwert bei den andern Brennstoffen kleiner ausfallen. Bekanntlich entsteht aber bei der Verbrennung von 1 m³ Leuchtgas 1 kg Wasserdampf, so daß bei so weitgehender

Abkühlung der Gase in den Heizeinrichtungen und Kaminen sehr starke Wasserbildung eintreten würde, deren Folge Verrostungen und Mauerdurchfeuchtungen wären, die bei der Gasfeuerung ohnehin eine Gefahr bilden und besondere Vorsichtsmaßnahmen (richtige Ableitung des Kondenswassers, wasserdichte Kamine usw.) erfordern.

Oft wird die Frage gestellt, ob Ofen- oder Zentralheizung billiger sei. Wie Zahlentafel 3 erkennen läßt, besteht bezüglich der Brennstoffkosten ungefähr Gleichgewicht, wenn der in den Öfen verfeuerte Anthrazit etwa 1,5mal soviel kostet, wie der bei Zentralheizungen verwendete Koks, und vorausgesetzt, daß in beiden Fällen gleich viel Zimmer auf gleiche Temperatur geheizt werden. Das ist aber sehr oft nicht der Fall, weil bei Ofenheizung der mühsamen Bedienung wegen häufig nur die unbedingt nötigen Räume erwärmt werden, während man bei Zentralheizung vielfach mehr Zimmer beheizt und auch die Schlafräume, Flure, Aborte usw. anwärmt. Außerdem kommt bei der Ofenheizung vielfach eine gewisse Ersparnis in den Übergangszeiten hinzu, weil dabei die Wohnräume an kühlen Abenden mit wenig Brennstoff angenehm erwärmt werden können, während die Inbetriebsetzung der Zentralheizung jedesmal eine bedeutende Brennstoffmenge erfordert. Es ist daher von Vorteil, wenn in den meistbenutzten Zimmern der Wohnhäuser neben der Zentralheizung noch eine andere Heizmöglichkeit in Form eines Ofens, eines Gaseinzelofens oder eines elektrischen Heizkörpers besteht.

Beim Vergleich sämtlicher, die Betriebskosten einer Heizung beeinflussenden Posten treten neben den Auslagen für den Brennstoff in besonderem Maße diejenigen für die Verzinsung und Abschreibung der Anlage in Erscheinung. Es ist nicht möglich, über ihre Höhe allgemeingültige Angaben zu machen, jedoch muß darauf hingewiesen werden, daß eine Ölfeuerung sehr erhebliche Aufwendungen für die Ölbehälter, Brenner, Drucklufterzeugung usw. erfordert, daß bei Gasbeheizung und bei elektrischer Heizung die Zuleitungen, Transformatoren und sonstigen Apparate so reichlich bemessen sein müssen, daß sie den selten auftretenden Höchstanforderungen zu genügen vermögen, daß bei Ofenheizung die Anlagekosten in hohem Meße durch die Wahl der Öfen bedingt sind usw.

In Zahlentafel 4 ist versucht worden, die angenäherten Gesamtbetriebskosten der Zentralheizungen verschiedener Wohngebäudearten für verschiedene Brennstoffe gegenüberzustellen. Die Tafel entstammt einer Veröffentlichung des 1. Herausgebers dieses Buches[1]. Zugrunde gelegt sind anstatt der Berliner Brennstoffpreise des Jahres 1933 die heutigen in Westdeutschland gültigen Preise für Zechenkoks, Anthrazit frei Keller, sowie Gas. Danach sind angenommen: Für Zechenkoks RM. 32,60 je to, Anthrazit V RM. 28,80 je to und folgende Gaspreisabstufung:

bis etwa 10000 m³/Jahr	6 Rpf./m³
„ „ 50000 „	5 „
darüber	4,5 „

Der Gasölpreis ist zu 10 RM./100 kg angenommen.

[1] HOTTINGER, M.: Brennmaterialverbrauch und Betriebskosten von Zentralheizungen in Wohnhäusern bei verschiedenen Feuerungsarten. Gesundh.-Ing. Bd. 56 (1933) H. 26 S. 301/306.

Zahlentafel 4.

Heiz- bzw. Gebäudeart	Angenommener Höchst-Wärmebedarf	Brennmaterial				Für Bedienung angenommen	Für elektrischen Strom bei Ölfeuerung	Verzinsung und Abschreibung der Mehranlagekosten	Insgesamt	Verhältniszahl
		Art	Einzelpreis	kg bzw. m³	Preis					
	kcal/h				RM.	RM.	ca. RM.	ca. RM.	RM.	
Etagenheizungen	10000	Koks	32,60 RM./to	2000	65,—				65,—	1,00
		Gas	6,0 Rpf./m³	2920	175,—			16,—	191,—	2,94
Mittlere Ein- und kleinere Mehrfamilienhäuser	30000	Koks	32,60 RM./to	7200	235,—				235,—	1,00
		Gas	6,00 Rpf./m³	10500	630,—			40,—	670,—	2,85
		Öl	10,00 RM./100 kg	3990	399,—		65,—	280,—	744,—	3,17
Mittelgroße Mehrfamilienhäuser	50000	Koks	32,60 RM./to	13000	424,—	400,—			824,—	1,00
		Anthrazit	28,80 RM./to	12250	352,—	400,—		35,—	787,—	0,96
		Gas	5,00 Rpf./m³	19000	950,—			80,—	1030,—	1,25
		Öl	10,00 RM./100 kg	7200	720,—		90,—	304,—	1114,—	1,35
Größere Miethäuser	100000	Koks	32,60 RM./to	28000	913,—	800,—			1713,—	1,00
		Anthrazit	28,80 RM./to	26100	752,—	800,—		70,—	1622,—	0,94
		Gas	5,00 Rpf./m³	41000	2050,—	200,—		160,—	2410,—	1,41
		Öl	10,00 RM./100 kg	15600	1560,—	200,—	170,—	480,—	2410,—	1,41
Fernheizungen von Siedlungen	500000	Koks	32,60 RM./to	145000	4727,—	2000,—			6727,—	1,00
		Anthrazit	28,80 RM./to	135000	3888,—	2000,—		320,—	6208,—	0,92
		Gas	4,5 Rpf./m³	212000	9540,—	600,—		320,—	10370,—	1,54
		Öl	10,00 RM./100 kg	80500	8050,—	800,—	600,—	1200,—	10650,—	1,58

Wenn auch diese Aufstellung nur insofern begrenzten Wert hat, als auch hierbei eine Reihe von praktisch ins Gewicht fallenden Einflüssen unberücksichtigt bleiben müssen, wie Art der Ausführung der Anlagen, des Kessels, der Bedienung usw., so erscheint sie doch als Übersicht und Anhalt für ähnliche Nachprüfungen in der Praxis wertvoll.

Die nächste Zahlentafel 5 zeigt an einem Beispiel, wie sich der Brennstoffaufwand für die Heizung in einem kleinen, mit Zentralheizung versehenen Einfamilienhaus mit 300 m³ zu heizendem und 250 m³ anzuwärmenden, einschließlich Keller und Estrich 1000 m³ umfassenden Rauminhalt in normalen Wintern etwa verteilt. Dabei sind, wie das für die tieferen Lagen Zentraleuropas üblich ist, 200 Heiztage und eine niedrigste Außentemperatur von —20° C zugrunde gelegt:

Zahlentafel 5.

Monat	Zahl der Heiztage	Prozentuale Verteilung des Koksverbrauches	Koks- bzw. Gasverbrauch bei Zentralheizung in kg bzw. m³ (1 kg Koks — 1 m³ Gas)		Ölverbrauch bei Zentralheizung in kg		Stromverbrauch bei Zentralheizung mit Wärmespeicher in kWh	
		in Proz.	je Monat	je Tag	je Monat	je Tag	je Monat	je Tag
September . . .	7	2	60	8,5	20	2,8	270	38
Oktober	25	7	210	8,5	70	2,8	950	38
November . . .	30	14	420	14,0	190	6,3	1910	64
Dezember . . .	31	19	570	18,4	330	10,6	2590	84
Januar	31	23	690	22,2	400	12,9	3130	101
Februar	28	18	540	19,3	310	11,1	2450	88
März	28	12	360	12,9	130	4,6	1630	58
April	15	4	120	8,0	40	2,7	540	36
Mai	5	1	30	6,0	10	2,0	130	26
Insgesamt	200	100	3000		1500		13600	

Es ist aber nicht außer acht zu lassen, daß die angegebenen Verbrauchszahlen je Monat bzw. Tag Mittelwerte sind, so daß an kalten Tagen mit einem Tagesbedarf, der etwa das Doppelte des mittleren Tagesbedarfes ausmacht, zu rechnen ist. An einem kalten Januartage wird das betreffende Gebäude also im Höchstfall etwa 44 kg Koks, 44 m³ Gas, 26 kg Öl oder 200 kWh erfordern.

Diese Mengen verteilen sich außerdem noch ungleichmäßig auf die 24 Tagesstunden. Zum Aufheizen der Räume am Morgen muß mit einem Höchstverbrauch von 3,5 kg Koks, 3,5 m³ Gas oder 2,1 kg Öl je Stunde gerechnet werden. Kleinere Zahlen würden sich nur bei der Aufstellung von Wärmespeichern zur Deckung der Spitzenanforderungen ergeben, was aber die Anlagekosten stark erhöhen würde. Die elektrische Speicherheizung erfordert bei 11 Ladestunden im vorliegenden Fall einen Anschlußwert von rund 20 kW; steht außer Nacht- auch Tagstrom zur Verfügung, so genügt ein kleinerer Wert.

Bei Gasheizung ist zu beachten, daß für größere Gebäude recht beträchtliche Leitungsdurchmesser erforderlich sind. Die Gaswerke haben es zwar auch mit Spitzenbelastungen während den Hauptkochzeiten zu tun, doch fallen die Spitzenleistungen bei Gasheizung außerordentlich viel größer aus, so daß es nicht überflüssig ist, wenn Gasheizung eingeführt werden soll, zu prüfen, ob die Leitungsdurchmesser reichen. Die Elektrizitätswerke sind im allgemeinen keine Freunde der elektrischen Raumheizung, weil diese, wie die vorstehenden Zahlen dartun, ihre Werke, Transformatoren, Leitungsnetze usw. im Winter übermäßig belastet, und zwar auch dann nur während kurzer Zeit, während im Sommer überhaupt kein und in den Übergangszeiten nur wenig Heizstrom abgesetzt werden kann. Den Gaswerken fällt es insofern leichter, sich dem Gebiet der Raumheizung zuzuwenden, weil sie in den Gasbehältern über Speicher verfügen, die große Belastungsschwankungen aufzunehmen vermögen, wogegen bezüglich der Rohrleitungen die Verhältnisse ähnlich liegen wie bei den Elektrizitätswerken. Gasleitungen zur Speisung der Gasherde und elektrische Leitungen für die Beleuchtung sind nicht ohne weiteres dazu geeignet, auch die unvergleichlich viel höheren Anforderungen der Raumheizung zu übernehmen.

Außerdem ist bei der Einführung der Gasheizung zu berücksichtigen, daß bei der Verbrennung von 1 m^3 Leuchtgas, wie bereits erwähnt, 1 kg Verbrennungswasser entsteht, das bei genügend hohen Temperaturen in Form von Wasserdampf mit den Verbrennungsgasen abzieht, sich bei der Abkühlung der Gase auf Kondensationstemperatur jedoch ausscheidet und Mauerdurchfeuchtungen mit ihren unliebsamen Erscheinungen zur Folge haben kann (s. hierzu auch das in Abschnitt C, I, Gesagte).

Bei Neubauten ist es möglich, diesen Übelständen ohne weiteres zu begegnen, indem man die Anschlußleitungen groß genug bemißt und die Kamine wasserdicht erstellt; bei bestehenden Bauten ist jedoch vor einer Einführung der Gasheizung sorgfältige Prüfung der betreffenden Verhältnisse am Platz.

In der neuzeitlichen Heiztechnik ist man, wie schon angedeutet, in großem Umfange dazu übergegangen, Fernheizungen für ganze Häusergruppen, ja sogar für ganze Stadtviertel (Städteheizungen) zu erstellen, um dadurch die Rauch- und Rußgefahr zu bekämpfen und den Mietern und Hausbesitzern das Einkaufen, Lagern und Verfeuern von Brennstoffen für Heizzwecke abzunehmen. In solchen Fällen werden große Kesselzentralen, oft in Verbindung mit Kraftwerken, errichtet und geschultem Heizpersonal unterstellt. In diesen Zentralen wird je nachdem Kohle, Koks, Öl, bisweilen auch Kohlenstaub verfeuert. Dieser Brennstoff eignet sich auch für Perretluftheizöfen, die man, da sie einen billigen Betrieb ergeben, häufig in dauernd beheizten katholischen Kirchen antrifft, während für die nur sonntags beheizten protestantischen Kirchen in wasserkraftreichen Ländern die elektrische Heizung große Verbreitung gefunden hat. Pumpen-Warmwasserheizungen mit Wasserspeichern, deren Inhalt über Nacht mittels Elektrizität hochgeheizt wird, trifft man ebenfalls hier und da an, insbesondere in Industriebetrieben, die über eigene Wasserkraft verfügen. Im Kantonspital zu Aarau (Schweiz) besteht sogar eine elektrisch betriebene Pumpenfernheizung für 14 Gebäude, bei der man in einem Elektrokessel von 1200 kW Stromaufnahme Dampf erzeugt, der einerseits zur Dampfversorgung der Wasch- und

Kochküche, der Desinfektions- und Sterilisationsanlage dient und andererseits in Gegenstromapparaten das Heizwasser erwärmt. Neben dem Elektrokessel sind für den strengsten Winter und als Reserve allerdings auch Kohlenkessel vorhanden (bezüglich weiterer Einzelheiten über Fernheizung wird auf das in den Abschnitten C I, III, XVI Gesagte verwiesen).

Die vorstehenden Ausführungen dürften zur Genüge gezeigt haben, daß bei der Errichtung von Heizungs- und Lüftungsanlagen bezüglich der anzuwendenden Bauart und zahlreicher Einzelfragen, z. B. der Feuerungsart, am Platze sind. Die Entscheidung darf keineswegs nur von den Anlagekosten abhängig gemacht werden. Die Gesamtauslagen werden, außer durch die Verzinsung und Abschreibung des Anlagekapitals, durch die sich alljährlich wiederholenden Betriebsauslagen für Brennmaterial, Bedienung, Instandhaltungs- und andere Nebenauslagen in hohem Maße beeinflußt. Es sind daher sorgfältige Erwägungen und in gewissen Fällen Wirtschaftlichkeitsberechnungen unerläßlich, wenn den jeweiligen Verhältnissen entsprechende, in technischer, wirtschaftlicher und hygienischer Hinsicht einwandfreie Heizungs- und Lüftungsanlagen erstellt und die Bauherren vor nachträglichen, unliebsamen Überraschungen bewahrt bleiben sollen.

B. Bemerkungen zu den unter C angegebenen Temperaturen, relativen Feuchtigkeitsgehalten und Luftmengen.

Architekten, Bauherren und selbst Heizungsfachleute sind oft im unklaren darüber, welche Temperaturen, relative Feuchtigkeitsgehalte und Luftmengen den verschiedenen Raumarten zugrunde zu legen sind. Geht man in den Forderungen zu weit, so werden die Anlagen unnötig teuer, setzt man die Werte zu niedrig an, so entstehen infolge ungenügender Wirkung Streitigkeiten und teure Nacharbeiten.

In der Literatur findet man da und dort diesbezügliche Angaben, die aber zum Teil voneinander abweichen und meist auch wenig vollständig sind.

In den einzelnen Kapiteln des Abschnittes C sind daher jeweils diese Werte an Hand der erwähnten Literaturangaben, zum größten Teil jedoch nach den Regeln DIN 4701 und auf Grund von Erfahrungen, eingehend zusammengestellt. Dazu wird noch folgendes bemerkt:

a) Temperaturen. Wo nichts Besonderes hinzugefügt ist, beziehen sich die angegebenen Temperaturen auf den Winter. Sie sollen auch bei größter Kälte und den an dem betreffenden Ort normalerweise herrschenden Windverhältnissen, ohne Anstrengung der Öfen oder Zentralheizungskessel, erreichbar sein.

Im Sommer, und bei stark besetzten Räumen (Theatern, Versammlungsräumen) auch im Winter, ist durch entsprechende Lüftung dafür zu sorgen, daß die Temperaturen nicht zu hoch steigen. Auch diesbezüglich sind Hinweise angebracht. Anzustreben ist ferner eine möglichst gleichmäßige Temperaturverteilung im Raum, vornehmlich kein zu großer Temperaturunterschied zwischen den Luftschichten am Fußboden und in Kopfhöhe, sowie zwischen der Oberflächentemperatur der Raumumschließungswände und der Raumluft. Die Wände sollten eher wärmer sein als die Raumluft.

Die Feststellung der Raumtemperaturen hat normalerweise 1,5 m über Boden, mitten im Raum[1] oder mindestens 1 m von einer Innenwand entfernt oder, wenn nebenan geheizt wird, an einer Scheidewand zu geschehen. Die Thermometer dürfen dabei weder von Türen noch Fenstern, Heizkörpern usw. unmittelbar beeinflußt werden.

Es ist indessen zu beachten, daß die Temperaturen wenig über Boden oft bedeutend niedriger sind als in 1,5 m Höhe, was zu unbefriedigenden Verhältnissen führen kann, selbst wenn der Raum im übrigen gut durchwärmt ist. Solche Zustände können z. B. in Räumen auftreten, die nur selten gebraucht werden und in der Zwischenzeit starker Abkühlung unterworfen sind (Kirchen, Erdgeschoßläden), ferner im untern Teil von Theatern, Kinos, Hörsälen usw. mit stark ansteigenden Böden.

In einem freistehenden, mit einer nicht bewährten Luftheizung versehenen Lichtspieltheater, das in der Woche nur zweimal gebraucht wird und daher starker Auskühlung unterworfen ist, konnten z. B. bei —2° C Außentemperatur 3 Stunden nach Beginn des Anheizens folgende Temperaturen festgestellt werden:

Vorn im Saal, 10 cm über Boden	9° C,
vorn im Saal, 1,5 m über Boden	14° C,
in Saalmitte 1,5 m über Boden	15,8° C,
hinten im Saal, 10 cm über Boden	12,5° C,
hinten im Saal, 1,5 m über Boden	16,5° C.

Trotzdem nach 3 Stunden Anheizzeit bei —2° C Außentemperatur in Saalmitte, 1,5 m über Boden, 15,8° C erreicht wurden, genügte diese Heizung den Anforderungen selbstverständlich nicht. Die Besucher befanden sich beim Sitzen vorn im Saal in Temperaturen von 9—14° C, im hinteren Teil des Saales von 12,5—16,5° C und beklagten sich über ungenügende Temperaturen, insbesondere kalte Füße.

In solchen Fällen muß daher außer der mittleren Raumtemperatur auch die Temperatur an der tiefstliegenden Bankreihe, nahe dem Boden, gemessen werden und durch entsprechende Maßnahmen (Warmluftaustritt oder dergleichen) für Abstellung der Fußbodenkälte gesorgt werden.

Andererseits ist zu beachten, daß in Kirchen mit Fußbankheizung, in Keller- oder Erdgeschoßräumen mit Fußbodenheizung (Tresors, Archiven, Schalterhallen) andere Verhältnisse herrschen, weil hier die Wärme unmittelbar an den Füßen frei wird, so daß sich die Besucher behaglich fühlen, auch wenn die mittlere Temperatur in 1,5 m Höhe nicht so hoch ist, wie dies bei gewöhnlicher Heizung der Fall sein muß.

Desgleichen ermöglicht die Deckenstrahlungsheizung nach den bisher vorliegenden Meßergebnissen an Versuchs- und ausgeführten Anlagen bei richtiger Betriebsweise eine gleichmäßigere Temperaturverteilung im

[1] Liese, W.: Temperaturbeobachtungen im beheizten Raum und ihre hygienische Bedeutung. Gesundh.-Ing. Bd. 56 (1933) H. 46 S. 541/542.

Raum als die Radiatorenheizung[1]. Dies wird unter Umständen auch für die weitere Verbreitung dieser Heizungsart für bestimmte Gebäudearten von Bedeutung sein können.

Da jedoch zur Zeit die Zahl der ausgeführten Fußboden- und Deckenheizungen im Verhältnis zu der Zahl von normalen Heizungsanlagen noch verhältnismäßig gering ist und die Bekanntgabe weiterer Betriebsergebnisse für die Beurteilung gerade der hygienischen Auswirkungen der Strahlungsheizung von besonderem Interesse erscheint, sind die in Abschnitt C für die verschiedenen Gebäudearten angegebenen Temperaturen auf normale Heizungsanlagen zu beziehen, haben aber im allgemeinen auch für die Fußboden- und Deckenheizung Geltung.

b) Luftfeuchtigkeit. Trockene Luft ist im allgemeinen gesünder und angenehmer als feuchte, namentlich als warmfeuchte. Wenn über trockene Luft geklagt wird, so ist daher zuerst zu untersuchen, ob die Übelstände nicht daher rühren, daß an den Heizflächen Staub versengt. Handelt es sich wirklich um ungewöhnlich große Trockenheit, so kann meist abgeholfen werden, indem man die Zentralheizung nicht Tag und Nacht weiterbetreibt, sondern die Heizkörper nachts abstellt oder wenigstens stark drosselt, so daß die Raumluft Gelegenheit hat, abzukühlen und dadurch vorübergehend einen höheren relativen Feuchtigkeitsgehalt anzunehmen, wie das bei nur zeitweise geheizten Öfen der Fall ist. Der Wert besonderer Befeuchtungseinrichtungen für normal besetzte Wohn- und Büroräume ist sehr umstritten. Im allgemeinen wird man in solchen Räumen darauf verzichten können[2].

Daneben gibt es allerdings auch Räume, in denen die Luftfeuchtigkeit gewisse Grenzen nicht unter- oder überschreiten darf. Das ist bei gewissen Krankheitsarten in Spitälern, besonders aber aus fabrikationstechnischen Gründen, in Webereien, Spinnereien, Tabakfabriken und anderen industriellen Betrieben, sowie in dichtbesetzten Räumen der Fall[3]. Hierüber enthalten die Abschnitte VII und XVI weitere Angaben.

[1] Settele, E.: Über die Auswirkung verschiedener Heizungsanordnungen auf die Temperaturverteilung im Raum. Gesundh.-Ing. Bd. 56 (1933) H. 42 S. 505/509 — Erwiderung zu vorstehendem Aufsatz durch W. Willner: Gesundh.-Ing. Bd. 57 (1934) H. 17 S. 213/214. — Kalous, Dr.: Wärme- und Temperaturverteilung in strahlungsbeheizten Räumen. Heizg. u. Lüftg. 1937 H. 8 S. 119/122.

[2] Bürgers u. Bachmann: Zur Frage der Zimmerluftbefeuchtung. Gesundh.-Ing. Bd. 54 (1931) H. 43 S. 643/644. — Über die Notwendigkeit der Luftbefeuchtung bei Zentralheizungen. Haustechn. Rdsch. Bd. 36 (1931) H. 27 S. 401. — Sittig: Die Luftfeuchtigkeit in Räumen und deren Beeinflussung durch Befeuchtungsvorrichtungen. Haustechn. Rdsch. Bd. 37 (1932) H. 13 S. 185/187. — Rybka, K. R.: Raumluftfeuchtigkeit nach amerikanischer Auffassung. Gesundh.-Ing. Bd. 55 (1932) H. 53 S. 636/638. — Hottinger, M.: Einiges über Luftfeuchtigkeit. Gesundh.-Ing. Bd. 61 (1938) H. 16 S. 213/220 — Wasserverdunstung und Luftbefeuchtung. Gesundh.-Ing. Bd. 61 (1938) H. 19 S. 253/258. — Die gesundheitliche Bedeutung von Temperatur und Luftfeuchtigkeit für Arbeit und Leben. Schweiz. Bl. Heizg. u. Lüftg. Bd. 5 (1938) H. 2 S. 40/42 [s. auch Bericht im Gesundh.-Ing. Bd. 61 (1938) H. 30 S. 420].

[3] Bradtke, F.: Temperatur und Feuchtigkeit in dicht besetzten Räumen. Gesundh.-Ing. Bd. 58 (1935) H. 26 S. 411/416. — Liese, W.: Zur Behaglichkeitsbeurteilung bei Arbeit in warmer und feuchter Luft. Gesundh.-Ing. Bd. 61 (1938) H. 30 S. 410/412. — Schmidt, A.: Feuchtigkeit in der Industrie. Gesundh.-Ing. Bd. 61 (1938) H. 7 S. 94.

c) Luftmengen. Eine gewisse Lüftung vollzieht sich bei jedem Raum ohne besondere Lüftungsanlage, da die Fenster und Türen nicht unbedingt dicht schließen und auch die Mauern, Zwischenböden und Dächer der Gebäude mehr oder weniger luftdurchlässig sind. Die Wirksamkeit der natürlichen Lüftung ändert sich mit der Art und Sorgfalt der Bauausführung, dem Temperaturunterschied zwischen innen und außen, der Höhe des Raumes und in besonderem Maße mit den Windverhältnissen. Wind kann den Luftwechsel erheblich steigern, sogar derart, daß es bedeutend schwieriger ist, die Räume bei Wind zu erwärmen, als bei großer Kälte, aber ruhiger Luft. Der Wind drückt nicht nur auf die ihm zugekehrte Gebäudeseite, sondern erzeugt gleichzeitig auf der entgegengesetzten Seite einen gewissen Unterdruck, der die Luftströmung durch das Haus noch erhöht. Selbstverständlich ist das nur der Fall bei Wohnungen mit Querlüftungsmöglichkeit, während tiefgelegene und andere Wohnungen ohne Querlüftung weniger gut gelüftet und daher weniger hygienischer sind.

Eine Faustregel besagt, daß sich der Luftinhalt von Räumen mit Backsteinmauern bei —20° C Außen- und +18° C Innentemperatur auf natürlichem Wege in der Stunde einmal erneuert. Aus dem vorstehend Gesagten ergibt sich aber, daß der Luftwechsel, je nach den in Frage kommenden Verhältnissen, kleiner (z. B. bei Stahlhäusern) oder größer sein kann. Das letztere ist namentlich der Fall bei leicht gebauten, hohen Räumen, z. B. bei Industriebauten, Ausstellungshallen usw., insbesondere wenn etwa noch undichte Oberlichter vorhanden sind oder, was bei derartigen Bauten vorkommt, gar Fensterscheiben fehlen. Auch in hohen, beheizten Kirchen tritt der natürliche Luftwechsel, namentlich bei undichten Decken, deutlich in Erscheinung. Bei offenen Türen verspürt man einen starken Lufteintritt von außen, zu dessen Abhaltung oft Windfänge angebracht werden.

Vom hygienischen Standpunkt aus ist der natürliche Luftwechsel zu begrüßen, sofern er nicht zu Zugerscheinungen Veranlassung gibt, und es ist daher von Vorteil, wenn die Mauern wohl warmhaltend, aber nicht ganz luftundurchlässig sind.

Zur Steigerung der so zustande kommenden Lufterneuerung werden bekanntlich auch Glasjalousien oder Klappflügel in die Fenster, ferner Dachreiter bzw. Dachhüte und bei Shedbauten Dachfirstklappen, aufklappbare Giebelwände oder Giebelflügel eingesetzt. Weiter findet man in den Mauern hochsteigende, im unbenutzten Dachboden oder über Dach ausmündende Abluftkanäle (bisweilen unter Erwärmung der Abluft), die bereits einen Übergang zur künstlichen Lüftung mit Lüfterbetrieb darstellen.

In den in Abschnitt C gemachten Angaben über die erforderlichen Luftmengen ist der natürliche Luftwechsel nicht mit einbezogen, sondern angegeben, welche Frischluftmengen den mit Lüfterbetrieb zu erstellenden Lüftungsanlagen zugrunde zu legen sind. Wo gleichzeitig Angaben gemacht sind je Kopf und als Vielfaches des Rauminhaltes, ist die größere der sich auf Grund der beiden Rechnungsarten ergebenden Zahlen maßgebend.

Gewöhnlich werden (an Orten mit —20° C niedrigster Temperatur) die angegebenen Frischluftmengen nur bis —5° oder höchstens —10° C zugeführt, bei tieferen Außentemperaturen dagegen derart eingeschränkt, daß der für die genannten Temperaturen berechnete Luftheizapparat zur genügenden Erwärmung noch ausreicht. Dieses Zugeständnis kann ohne weiteres gemacht werden, weil so tiefe Temperaturen äußerst selten vorkommen und dann ein erheblicher Luftwechsel auf natürlichem Wege stattfindet.

Im Sommer, wenn die Luft nicht gewärmt werden muß, kann ohne nennenswerte Kosten mit großen Luftmengen gearbeitet werden. Das ist notwendig, wenn die Anlagen (z. B. in Färbereien, Bleichereien, Milchsiedereien, Schweineschlachthallen, Kuttlereien, Naßspinnereien und -zwirnereien, Wasch- und Kochküchen) hauptsächlich als Entnebelungsanlagen dienen, aber auch erwünscht in Theatern, Lichtspielhäusern usw., nötigenfalls unter Kühlung der Zuluft. Die Lüfter sind daher für den Sommerbetrieb, die Luftheizapparate für den Winterbetrieb zu berechnen.

Außer bei Räumen, in denen die Luft durch Herstellungsvorgänge oder auf andere Weise in besonderem Maße verdorben wird, ist reichliche Lüftung namentlich bei Gaststätten erforderlich, in denen stark geraucht wird (Vereins- und Gesellschaftszimmer, gut besuchte Cafés, Theater, in denen Rauchen gestattet ist usw.). Der Tabakrauch enthält in besonderem Maße Nikotin und Kohlenoxyd. Bei längerer Einwirkung auf den menschlichen Organismus erzeugt er daher Kopfschmerzen und Magenverstimmungen. Als weiterer Nachteil ist der üble Geruch zu bezeichnen, den er nach dem Erkalten im Zimmer und in den Kleidern hinterläßt.

Bezüglich des für solche Räume erforderlichen Luftwechsels sei schon hier auf die in späteren Abschnitten wiederholten Schrifttumsangaben verwiesen[1].

Wenn die Lüftungsanlagen auch als Luftheizungen oder zum Kühlen, Befeuchten oder Entnebeln der Räume dienen sollen, so ist bei der Bestimmung der Luftmengen hierauf Rücksicht zu nehmen. In vielen Fällen kommt man aber auch für diese Bedürfnisse mit den angegebenen Mengen aus.

Für Aborte und Toiletten ist der angegebene Luftwechsel gleich dem 5—10fachen des Rauminhaltes scheinbar groß angegeben. Die Inhalte dieser Räume sind aber so gering, daß die zu fördernden Luftmengen trotzdem klein ausfallen.

In den Bädern soll die Lufterneuerung wegen der Ausdünstung der Haut und Kleider sowie wegen des entstehenden Wasserdampfes nicht

---

[1] Lüftungsgrundsätze. Für Bauherren, Architekten und Lüftungsfachleute. Aufgestellt vom Fachausschuß für Lüftungstechnik des VDI 1937. — VDI-Lüftungsregeln. Regeln zur Lüftung von Versammlungsräumen. Herausgegeben vom Fachausschuß für Lüftungstechnik des DVI 1937. — RIETSCHEL-GRÖBER: Heizungs- und Lüftungstechnik, S. 97. Berlin: Julius Springer 1938. — HOTTINGER, M.: Wegleitungen für die Ausführung von Lüftungsanlagen. Schweiz. Bl. Heizg. u. Lüftg. 1937 [s. Bericht Gesundh.-Ing. Bd. 60 (1937) H. 34 S. 532].

zu knapp angesetzt werden. Insbesondere Dusche- und Umkleideräume in Schulen, Kasernen, Fabriken müssen während der kurzen Zeit der Benutzung kräftig (jedoch durch richtige Erwärmung der Zuluft zugfrei) gelüftet werden. Bei Wannenbädern in Krankenanstalten kann man mit einer geringeren Lufterneuerung auskommen als bei denjenigen in öffentlichen Badeanstalten, weil sie seltener benutzt werden. Schwimmhallen sind ebenfalls kräftig zu lüften.

Weitere Bemerkungen, z. B. über die Lüftung von Krankenräumen in Spitälern, Schulen, Hörsälen, industriellen Betrieben, Großgaragen usw. s. unter den betreffenden Kapiteln.

Es ist zu beachten, daß die angegebenen Werte ausreichende Erwärmung, Lüftung und in den angeführten industriellen Betrieben auch Befeuchtung gewährleisten, ohne daß die Anlage- und Betriebskosten höher als notwendig ausfallen. Bisweilen werden größere Anforderungen gestellt. In Amerika setzt man die Mindestluftmengen für Raumlüftung manchmal wesentlich höher an als in Europa.

Weiteres Schrifttum über allgemein-technische Fragen und einzelne technische Sonderfragen auf dem Gebiet des Heizungs- und Lüftungswesens.

1. Geschichte.

POHLENZ, H.: Die Geschichte der Zentralheizungen. Haustechn. Rdsch. Bd. 36 (1931) H. 29 S. 421/426.

MARX, A.: Die Lüftungstechnik der letzten 50 Jahre. Heizg. u. Lüftg. 1930 H. 11 S. 211/222.

KÖRTING, J.: Vom Heizungsfach vor 55 Jahren. Haustechn. Rdsch. 1932 H. 34 S. 483/485 u. H. 35 S. 495/496.

METZKOW, K. N.: Aus der Geschichte der Zentralheizung. (Mit weiterem Schrifttumsnachweis.) Heizg. u. Lüftg. 1937 H. 5 S. 71/73.

2. Vorschriften, Verordnungen, Gesetze.

TILLY: Der Heizungsingenieur und das Strafgesetzbuch. Heizg. u. Lüftg. 1932 H. 3 S. 38.

Baupolizeiliche und ministerielle Bestimmungen, die der Heizungsingenieur bei der Anlegung von Zentralheizungen, Warmwasserversorgungen und Lüftungen kennen muß. Haustechn. Rdsch. Bd 37 (1932) H. 24 S. 341/345.

Verordnungen über die Anlegung von Niederdruckdampfkesseln vom 28. I. 1935. Haustechn. Rdsch. Bd. 40 (1935) H. 8 S. 121.

Sicherheitsvorschriften für Niederdruckdampfkessel für Raumheizungen DIN 4750. Berlin: Beuth-Verlag.

STIEGLER, L.: Die neue Niederdruckdampfkessel-Verordnung (vom 27. VIII. 1936). Heizg. u. Lüftg. 1936 H. 10 S. 166/169.

SCHULTZE: Änderung der neuen Niederdruckdampfkessel-Verordnung (vom 27. VIII. 1936). Heizg. u. Lüftg. 1937 H. 12 S. 188.

STIEGLER, L.: Allgemeine Heizungsnormen und die Niederdruckdampfkessel-Verordnung. Gesundh.-Ing. Bd. 60 (1937) H. 34 S. 523.

RATZINGER, L.: Die Anwendung der behördlichen Sicherheitsvorschriften für Niederdruck-Warmwasserheizungen auf Pumpenheizungen. Gesundh.-Ing. Bd. 58 (1935) H. 42 S. 637/640.

KÖRTING, J.: Handhabung der Sicherheitsvorschriften für Warmwasserheizungen. Haustechn. Rdsch. Bd. 41 (1936) H. 26 S. 416.

SCHULTZE: Normung der Sicherheitsvorschriften für Warmwasserheizungskessel. Heizg. u. Lüftg. 1937 H. 2 S. 27.

STIEGLER, L.: Sicherheitsvorschriften für Warmwasserkessel. Gesundh.-Ing. Bd. 60 (1937) H. 9 S. 129/131.

Die neuen Sicherheitsvorrichtungen für Warmwasserheizungen nach DIN 4751 vom März 1938. Haustechn. Rdsch. Bd. 43 (1938) H. 20 S. 306.

Zum Erlaß des Energie-Wirtschaftsgesetzes. (Das Ziel der Gesetzgebung.) Haustechn. Rdsch. Bd. 41 (1936) H. 2 S. 21.

Richtlinien für die Wärmeversorgung des Bauernhauses. Haustechn. Rdsch. Bd. 40 (1935) H. 4 S. 52.

Um die Sicherheitsleistung bei Bauausführungen. Haustechn. Rdsch. Bd. 40 (1935) H. 6 S. 87.

Das Eigentumsrecht bei Zentralheizungen und sanitären Einrichtungsgegenständen. Haustechn. Rdsch. Bd. 40 (1935) H. 14 S. 212.

Rechtsfragen der Praxis beim Maschinenkauf. Haustechn. Rdsch. Bd. 40 (1935) H. 21 S. 334.

v. Böhmer, Th.: Das neue Patentgesetz. Heizg. u. Lüftg. 1936 H. 12, S. 197/199.

Barth, E.: Inwieweit wird die Heizungs- und Lüftungstechnik vom neuen Patentgesetz berührt? Gesundh.-Ing. Bd. 59 (1936) S. 406/408.

Das neue Patentgesetz. Berlin-Steglitz: Chemisch-Technischer Verlag Dr. Bodenbender 1937. 87 S. 1.80 RM.

Werneburg, H.: Die Gewährleistungspflicht für Mängelfreiheit bei Lieferung und Einbau von Heizungsanlagen. Heizg. u. Lüftg. 1937 H. 6 S. 92/93.

Wärmewirtschaft. Sammlung wärmewirtschaftlicher Bestimmungen aus Gesetzen, Bauordnungen, amtlichen Erlassen und Richtlinien. I. Teil: Reich und Preußen. Zusammengestellt von der Reichsarbeitsgemeinschaft für Wärmewirtschaft. Berlin-Stuttgart: Franck'sche Verlagsbuchhandlung 1937. Preis 3.— RM. Sammeldecke dazu 1.80 RM. (S. auch Bericht in Heizg. u. Lüftg. 1937 H. 9 S. 142.)

Werneburg, H.: Verkaufsverträge mit Eigentumsvorbehalt und Abzahlungsklausel. Heizg. u. Lüftg. 1937 H. 11 S. 169/170.

Luftschutzraumbestimmungen (für Lüftung). Heizg. u. Lüftg. 1937 H. 11 S. 172.

Der Brandschutz bei Lüftungsanlagen. Regeln der Nat. Board of the Fire-Underwriters. Heizg. u. Lüftg. 1938 H. 3 S. 39.

Joeres, F.: Die Prüfung der an die Heizungsfirmen erfolgten Lieferungen und Leistungen und die Anzeigepflicht der Mängel. Haustechn. Rdsch. Bd. 42 (1937) H. 22 S. 320/321.

3. Wärmebedarfsrechnung.

Haase, H.: Ermittlung des Wärmebedarfs für Heizzwecke bei Kupplung der Heizung mit anderen Anlagen. Gesundh.-Ing. Bd. 53 (1930) H. 7 S. 97/99.

Hüttig: Die Abkühlung und Wiedererwärmung geheizter Räume. Gesundh.-Ing. Bd. 53 (1930) H. 40 S. 609/616.

Raiss, W.: Die Bestimmung des Wirkungsgrades von Raumheizungsanlagen auf Grund des Wärmebedarfs der Gebäude. Gesundh.-Ing. Bd. 54 (1931) H. 15 S. 225/230.

Raiss, W.: Die Wärmedurchgangsverluste bei periodisch veränderlicher Heizleistung. Gesundh.-Ing. Bd. 54 (1931) H. 17 S. 257/261. [Hierzu Erwiderung Gesundh.-Ing. Bd. 54 (1931) H. 29 S. 449/450.]

Rybka, K. R.: Beitrag zur Wärmeverlustberechnung und Kesselgrößenbestimmung von Heizungs- und Lüftungsanlagen. Gesundh.-Ing. Bd. 55 (1932) H. 14 S. 157/158.

Cammerer, J. S.: Der Wärmeverlust von Rohrleitungen im Erdreich. Arch. Wärmew. Bd. 13 (1932) Nr 2 S. 29/34 [s. auch Bericht Gesundh.-Ing. Bd. 56 (1933) H. 5 S. 59].

Cammerer, J. S.: Über die nächtliche Auskühlung von Wohnräumen bei Stillsetzen der Heizung und die Frage der Mindestspeicherwärme von Wandungen. Gesundh.-Ing. Bd. 56 (1933) H. 7 S. 73/75.

Raiss, W.: Der Einfluß des Klimas auf den Heizwärmebedarf in Deutschland. Gesundh.-Ing. Bd. 56 (1933) H. 34 S. 397/403.

Hottinger, M.: Zur Bestimmung der Heizgradtage. Gesundh.-Ing. Bd. 56 (1933) H. 47 S. 553/555. Dazu Austausch Raiss/Hottinger: Gesundh.-Ing. Bd. 57 (1934) H. 1 S. 5/7.

WILLNER, M.: Ist die Wärmeverlustberechnung nach den „DIN 4701"-Normalien reformbedürftig? Gesundh.-Ing. Bd. 57 (1934) H. 7 S. 77/80 u. H. 8 S. 86/90.
HOTTINGER, M.: Die Heizgradtage Europas. Gesundh.-Ing. Bd. 57 (1934) H. 10 S. 125/131 u. H. 11 S. 138/140.
HOTTINGER, M.: Die Heizgradtage der Erde. Gesundh.-Ing. Bd. 57 (1934) H. 21 S. 257/260.
SCHULZ, E.: Vergleich und Berechnung von Heizwärmemengen. Gesundh.-Ing. Bd. 57 (1934) H. 18 S. 221/224.
HOTTINGER, M.: Heiztechnische Klimakurven (Wärmebedarfskurven). Gesundh.-Ing. Bd. 57 (1934) H. 34 S. 413/418.
HOTTINGER, M.: Die Berechnung des angenäherten Brennstoffbedarfes von Zentralheizungen an Hand der Heizgradtage. Gesundh.-Ing. Bd. 57 (1934) H. 46 S. 613/615.
CLAUSS, E.: Zeichnerische Untersuchung von Anheiz- und Auskühlungsvorgängen in Wänden. Gesundh.-Ing. Bd. 58 (1935) H. 5 S. 57/61.
SETTELE, E.: Versuche über die Auskühlungseigenschaften von Wänden. Gesundh.-Ing. Bd. 58 (1935) H. 6 S. 73/78.
KALOUS, K.: Die Temperatur- und Wärmebewegung in der Wand bei periodischer Betriebsweise der Zentralheizung. Gesundh.-Ing. Bd. 58 (1935) H. 30 S. 465/471.
HOTTINGER, M.: Vom Einfluß des Windes und seine Folgen auf den Wärmebedarf der Gebäude. Gesundh.-Ing. Bd. 59 (1936) H. 16 S. 219/225.
WIERZ, M.: Berechnung des Anheizbedarfes für Räume mit längerer Unterbrechung des Heizbetriebes. Gesundh.-Ing. Bd. 59 (1936) H. 50 S. 734/736.
WOLF, B.: Wärmebedarfsrechnung nach DIN 4701 und tatsächlicher Wärmeaufwand. Gesundh.-Ing. Bd. 60 (1937) H. 22 S. 349/350.
RAISS, W.: Die niedrigsten Außentemperaturen für die Berechnung des Wärmebedarfs von Gebäuden. Heizg. u. Lüftg. 1936 H. 11 S. 181/187.
KRISCHER, O.: Die Anheiz- und Auskühlvorgänge und der Betriebsunterbrechungszuschlag. Heizg. u. Lüftg. 1936 H. 12 S. 191/194.
RAISS, W.: Außentemperatur und Heizgradtage. Ihre Bedeutung für die Betriebsüberwachung von Heizungsanlagen. Heizg. u. Lüftg. 1937 H. 2 S. 27/28.

4. Ausbildung und Nachwuchs.

MARX, A.: Die Ausbildung des Heizungsingenieurs. Haustechn. Rdsch. Bd. 38 (1933) H. 18 S. 235/239; H. 19 S. 249/252; H. 20 S. 268/270.
Standesfragen des Heizungsingenieurs. Druckschrift, herausgegeben anläßlich der 11. ordentlichen Vorstandssitzung am 15. II. 1935 zu Dresden vom Vorstand des Vereins Deutscher Heizungs-Ingenieure e. V.
H. BEHRENS/O. GUHL: Vorschläge für einen Lehrkursus zur Ausbildung und Fortbildung von Niederdruckkesselheizern im Zusammenhang mit praktischen Übungen und Unterweisungen. Heizg. u. Lüftg. 1935 H. 9 S. 189/201.
KÄMPER, H.: Die Ausbildung von Heizern für Niederdruckanlagen. Heizg. u. Lüftg. 1938 H. 10 S. 158/160.

5. Sonstiges bemerkenswertes Schrifttum.

SÜMING: Unfallverhütung in Zentralheizungsanlagen. (Eine Übersicht der behördlichen Bestimmungen.) Haustechn. Rdsch. Bd. 39 (1934) H. 36 S. 530/533.
PRUD'HOU, G.: Maßnahmen zur Verhütung des Erstickungstodes in Heizräumen. Chauff. et Vent. Bd. 11 (1934) Nr 12 S. 293/300 [s. Kurzbericht im Gesundh.-Ing. Bd. 58 (1935) H. 32 S. 501].
SILOMON, Dr.-Ing.: Brandgefahren bei Heizungsanlagen. Gesundh.-Ing. Bd. 56 (1933) H. 29 S. 340/341.
SEEGERS, FR.: Zentralheizungsfach gegen Nahrungsmittelverderb. (Ein Mahnruf zur Mitarbeit.) Gesundh.-Ing. Bd. 61 (1938) H. 3 S. 33/34.
Lehrtafeln über Grundbegriffe der Heiztechnik. Bearbeitet von der Fachstelle Haustechnik beim VDI. Halle a. d. S.: Verl. C. Marhold. 12 S. 1.— RM.
KLEIN, Dr.-Ing.: Einfluß der Heizung auf Grundriß und Aufbau des Hauses. Haustechn. Rdsch. Bd. 39 (1934) H. 28 S. 411/412.
RYBKA, K. R.: Beitrag zur Frage der Wahl von Heizungsanlagen. Haustechn. Rdsch. Bd. 38 (1933) H. 23 S. 305/307 u. H. 24 S. 320/322.

WENTSCHER: Ein paar Sätze zur Frage der Heizungswerbung. Haustechn. Rdsch. Bd. 39 (1934) H. 35 S. 515/518.

JOERES, FR.: Die Buchhaltung im Heizungsfach. Halle a. d. S.: Verl. C. Marhold. 63 S. 1.80 RM.

EIGEMANN, A.: Die Wärmestrahlung der Sonne und ihr Einfluß auf den Brennstoffverbrauch von Heizungsanlagen. Gesundh.-Ing. Bd. 55 (1932) H. 10 S. 109/111.

HOTTINGER, M.: Vom Einfluß der Sonne auf die Erwärmung der Räume. Gesundh.-Ing. Bd. 58 (1935) H. 52 S. 779/784.

SCHULTZE: Der Nachweis der Heizwirkung von Warmwasserheizungsanlagen. Heizg. u. Lüftg. 1938 H. 11 S. 178.

BUCERIUS, W.: Die Sichtbarmachung von Warmluftströmungen in der Heiztechnik nach der Schlierenmethode. Haustechn. Rdsch. Bd. 38 (1933) H. 11 S. 144/146 u. H. 12 S. 158/160.

WÜLFINGHOFF, M.: Störungsursachen an Heizkesseln und ihre Vermeidung. Heizg. u. Lüftg. 1936 H. 2 S. 22/25.

JUNGBLUTH, M., u. H. HEINS: Arbeitsverfahren und Werkzeuge beim Bau von Heizungsanlagen. Heizg. u. Lüftg. 1938 H. 1 S. 10.

GREMPE, M.: Moderne Werkzeuge zur Kesselsteinentfernung. Heizg. u. Lüftg. 1931 H. 3 S. 48.

ARNOLDT, O.: Abfallkraftgewinnung aus Niederdruckdampfheizungsanlagen. Heizg. u. Lüftg. 1935 H. 4 S. 92 (Bericht).

JUNGBLUTH, M.: Niederdruck-Kleindampfturbinen für Umwälzpumpen bei Warmwasserheizungen. Heizg. u. Lüftg 1936 H. 9 S. 152/156.

BENECKE, H.: Kreiselpumpen für Heizungsanlagen. Heizg. u. Lüftg. 1933 H. 4 S. 59/64.

HANIKA, R.: Kreiselpumpen für Heizungsanlagen. Gesundh.-Ing. Bd. 55 (1932) H. 1 S. 1/4.

WIERZ, M.: Die Verbesserung der Schwerkraftheizungen durch beschleunigten Umlauf unter besonderer Berücksichtigung der Schraubenpumpe. Gesundh.-Ing. Bd. 57 (1934) H. 33 S. 401/405.

PÖLITZ, G.: Der Elektromotor in der Heizungs- und Lüftungstechnik. Haustechn. Rdsch. Bd. 36 (1931) H. 8 S. 99/102 u. H. 9 S. 113/114.

ZIEHL, E.: Geräuschlos laufende Elektromotoren für Pumpen und Ventilatoren. Heizg. u. Lüftg. 1933 H. 4 S. 55/58.

SCHÄFER, P.: Die Motorschutzeinrichtungen in der Heizungs- und Lüftungstechnik. Haustechn. Rdsch. Bd. 37 (1932) H. 24 S. 349/350.

HÖNISCH, Dr.-Ing.: Die Schweißtechnik in der Heizungsindustrie. Autogene Metallbearb. 1931 H. 14 [s. Bericht Haustechn. Rdsch. Bd. 36 (1931) H. 27 S. 400/401].

SCHEEL, H.: Aus der Schweißpraxis der Heizungsinstallation. Schmelzschweißg. Bd. 10 (1931) S. 61/63. [Bericht im Gesundh.-Ing. Bd. 55 (1932) H. 20 S. 238 bis 239.]

MARX, A.: Die Einwirkung der Zentralheizung auf Holzgegenstände. Gesundh.-Ing. Bd. 53 (1930) H. 9 S. 129/131.

TILLY, H.: Zur Frage der Standrohrerhöhung der Niederdruckdampfkessel auf 10 m. Heizg. u. Lüftg. 1933 H. 4 S. 67/69.

MARX, A.: Niederdruckdampf (Standrohrerhöhung). Gesundh.-Ing. Bd. 57 (1934) H. 3 S. 25/30.

TILLY, H.: Niederdruckdampf. (Entgegnung zum Aufsatz von A. MARX.) Gesundh.-Ing. Bd. 57 (1934) H. 30 S. 370/373.

Zur Frage der Standrohrerhöhung. VDHI Bezirksverein Berlin. Heizg. u. Lüftg. 1934 H. 9 S. 170; 1935 H. 3 S. 68/70.

v. D. MAREL, A.: Heizwassermischvorrichtungen bei Schwerkraftwarmwasserheizungen. Haustechn. Rdsch. Bd. 39 (1934) H. 33 S. 481/484.

Selbsttätige Kondenswasserrückspeisung. (Ergebnis eines Ausspracheabends des VDHI-Bezirksverein Berlin.) Heizg. u. Lüftg. 1937 H. 8 S. 122/124.

SCHÄFER, D.: Lüftung auf Seeschiffen. Heizg. u. Lüftg. 1937 H. 12 S. 182/188.

SCHÄFER, D.: Heizung auf Seeschiffen. Heizg. u. Lüftg. 1938 H. 2 S. 17/23.

KOLLMAR, A.: Druckstufenbetrieb bei Niederdruckdampfkesseln. Haustechn. Rdsch. Bd. 40 (1935) H. 18 S. 269/275.
KOSCHNIEDER, H.: Die wärmetechnische Ausnutzung des städtischen Mülls. Gesundh.-Ing. Bd. 53 (1930) H. 2 S. 17/21.
HOTTINGER, M.: Ab- und Zwischendampfverwertung zu Heizzwecken bei Hochdruckanlagen. Gesundh.-Ing. Bd. 54 (1931) H. 32 S. 481/485.
KOLLMAR, A.: Einzelheiten der Niederdruckdampfheizung. Haustechn. Rdsch. Bd. 41 (1936) H. 15 S. 221; H. 17 S. 267; H. 18 S. 283; H. 19 S. 299; H. 20 S. 315; H. 21 S. 331.
SPILLHAGEN, W.: Kupplung einer Warmwasserheizung mit der Warmwasserbereitung unter Berücksichtigung des Mischverfahrens. Gesundh.-Ing. Bd. 56 (1933) H. 33 S. 385/388.
HASSE, W.: Bedeutung und Grundlagen der Dampfspeicherung. Gesundh.-Ing. Bd. 59 (1936) H. 36 S. 525/532.
GUTSCHMIDT, H.: Thermische Vorgänge und wirtschaftliche Erwägungen beim Kochen mit verschiedenen Temperaturen. Gesundh.-Ing. Bd. 59 (1936) H. 37 S. 543/546.
MEHLHOSE, H.: Hygiene im Molkereiwesen. Gesundh.-Ing. Bd. 59 (1936) H. 52 S. 773/778.
GLOY, H.: Die Mannheimer Milchzentrale AG. Ihre technischen Einrichtungen und städtehygienische Bedeutung. Gesundh.-Ing. Bd. 60 (1937) H. 20 S. 308/312.

C. Die nach Gebäudearten geordneten technischen Anforderungen.

I. Wohnhäuser einschl. Autogaragen, Verkaufsläden und Stallungen.

Von H. KÄMPER.

A. Heizung.

1. Raumtemperaturen.

Falls vom Bauherrn nicht ausdrücklich anders verlangt, gelten allgemein[1] für

Wohn-, Speise-, Herren-, Rauchzimmer, Wohndielen und andere Räume für dauernden Aufenthalt	20° C
Kinderzimmer	20° C
Badezimmer	20—22° C
Schlafzimmer, die gleichzeitig als Wohnräume dienen	20° C
Schlafzimmer, wenn ausschließlich als Schlafzimmer benutzt	12° C
Vorräume, Flure, Dielen, die als Wohn- oder Warteraum Verwendung finden	20° C
Vorräume, Flure, Dielen, Treppenhäuser, die lediglich als Verbindungsräume dienen	10—15° C
Küchen für zeitweiligen Aufenthalt	15° C

[1] DIN 4701-Regeln für die Berechnung des Wärmebedarfs von Gebäuden und für die Berechnung der Kessel- und Heizkörpergrößen von Heizungsanlagen.

Küchen als Wohnraum benutzt	20° C
Aborte	15° C
Weinkeller (Kellerräume ohne starke Temperaturschwankungen)	6—8° C
Autogaragen	5° C und mehr
Pflanzenkeller	5° C und mehr
Verkaufsläden[1]:	
bei größerer Wärmeempfindlichkeit der Ware mindestens	10° C
im übrigen mindestens	16° C
Aufenthaltsraum neben dem Laden mindestens	18° C
Metzgereien	unbeheizt
Stallungen	15° C.

Wenn feststeht, daß im Laufe der Zeit die Benutzungsart bestimmter Räume sich ändert, etwa bei vorgesehenem späteren Umbau eines Einfamilienhauses in ein Zwei- oder Mehrfamilienhaus oder bei Benutzung früherer Schlafzimmer als Wohnzimmer, so werden diese Räume zweckmäßig von vornherein für eine spätere Beheizung auf 20° C vorgesehen.

2. Heizart.

Die Anwendung der verschiedenen Heizarten ist vornehmlich im Wohnhaus von einer Reihe von Faktoren abhängig, wie Benutzungsart der Räume, Anpassungsfähigkeit an besondere Bedürfnisse oder Verhältnisse, Rücksicht auf Überlieferung und Gewohnheit, hygienische Anforderungen, Höhe der zur Beschaffung und zum Betrieb vorhandenen Mittel u. a. Die Notwendigkeit, Öfen, Kessel und Raumheizflächen entsprechend der tiefsten Außentemperatur bestimmen zu müssen, hat zur Folge, daß sie während des größten Teiles der Heizperiode nicht vollbelastet sind. Deshalb ist eine möglichst gute Anpassungsfähigkeit der jeweiligen Heizeinrichtung an den schwankenden Wärmebedarf eine Grundforderung, da von ihr der Brennstoffverbrauch vornehmlich in der Übergangszeit und für solche Räume in hohem Maße abhängt, die nur vorübergehend benutzt werden. Nicht immer läßt sich dabei die Erfüllung der Forderungen der Hygiene und des sparsamen Heizbetriebes gleichzeitig erreichen. Sie muß aber weitgehendst angestrebt werden.

a) Ofenheizung. Für die Wohn-, Eß-, Herren-, Kinderzimmer kommen in Frage Kachelöfen oder eiserne Öfen. In England, Frankreich, Italien auch Kamine.

Der *Kacheleinzelofen*[2] muß niedrig und breit gebaut sein, frei vor der Wand und auf Füßen oder Sockelkästen stehen, damit eine allseitige Wärmeabgabe der Kachelwände und eine einwandfreie Erwärmung im unteren Teil des Raumes gesichert ist. Diesen Forderungen[3] entsprechen die heutigen Ausführungsarten durchweg. Die Eigenart des

---

[1] Amtsblatt des Landespolizeibezirks Berlin 1937 S. 245.

[2] RIEDL, J.: Feuerungs- und Heiztechnik für Kachelofensetzer. Berlin: A. Lüdtke.

[3] Reichsgrundsätze für Kachelöfen- und Herdbau. 5. Aufl. Berlin: A. Lüdtke 1937.

Kachelofens besteht bekanntlich darin, daß er die beim ein- oder zweimaligen Aufheizen während des Tages erzeugte Wärmemenge speichert und erst allmählich wieder an den Raum abgibt. Die Regelung der Wärmeabgabe des normalen Kachelofens ist also nur durch Verfeuerung einer dem jeweiligen Wärmebedarf entsprechenden Brennstoffmenge möglich und erfordert deshalb aufmerksame Bedienung. Der Platzbedarf ist in der Regel größer als bei anderen Einzelöfen, außerdem sind die Anlagekosten meist höher als bei diesen. Infolge der milden Oberflächentemperaturen stellen die Öfen jedoch bei Vermeidung der Staubablagerungsmöglichkeit an glatten Wänden eine hygienisch wertvolle Heizungsart dar, ganz abgesehen von der meist guten Raumwirkung. Neuerdings werden vielfach auch sog. „Klein-Kachelöfen" vertrieben[1], die transportabel sind und heiztechnisch eine Mittelstellung zwischen dem normalen Kachelofen und dem eisernen Ofen einnehmen dürften. Sonderausführungen stellen die Kachelöfen mit zwangsläufiger Luftführung dar, die wegen der dadurch erhöhten Wärmeabgabe vornehmlich für größere Räume geeignet sind, ferner die Kachelöfen für Holz- und Torffeuerung und die Kachelöfen mit Dauerbrandeinsätzen. Die Bedienung der Kachelöfen kann entweder vom Wohnraum unmittelbar oder vom Flur oder einem sonstigen Nebenraum aus erfolgen. Auch werden Kachelöfen, die für sich heizbar sind, vielfach noch in Verbindung mit den in den Küchen stehenden Kohlenherden gebracht.

Beim *eisernen Ofen* ist vor allem auf eine sorgfältige Ausführung der Feuerung und Luftregeleinrichtungen zu achten, denn im Gegensatz zum Kachelofen besitzt der eiserne Ofen nur dünne Wandungen und dient hauptsächlich für ständigen Heizbetrieb. Die Art der Luftzuführungsregelung ist bestimmend für das Abbrennen des Ofeninhalts und somit auch für die Aufheizung des Raumes.

Die beiden Hauptbauarten eiserner Öfen für die Wohnraumheizung sind der *irische Ofen* und der *Dauerbrandofen* (Amerikaner). Der irische Ofen ist billig in der Anschaffung und anspruchslos in bezug auf den zu verfeuernden Brennstoff, also meist auch billig im Betrieb. Bei Verfeuerung von Eiformbriketts und Anthrazit kann er auch im Dauerbrand betrieben werden.

Der *amerikanische Dauerbrandofen* ist infolge seiner leichten Regelbarkeit der vollkommenste eiserne Ofen für die Dauerheizung; er ist jedoch nur für Anthrazitbrand geeignet.

In den letzten Jahren haben auch die sog. „*Allesbrenneröfen*" erhebliche Verbreitung gefunden, die eine Mittelstellung zwischen dem normalen irischen Ofen und dem amerikanischen Dauerbrandofen einnehmen. Sie stellen eine verbesserte Form der irischen Bauart dar und sind nur für beschränkten Dauerbrand geeignet, deshalb auch billiger in der Beschaffung als der Dauerbrenner.

Die eisernen Öfen ermöglichen infolge ihrer Heizkraft eine schnelle Erwärmung der Räume, sie beanspruchen wenig Platz, sind einfach aufzustellen und können beliebig umgestellt werden. Eine lästige Heiz-

[1] Wagener, G.: Untersuchungen an Klein-Kachelöfen. Heizg. u. Lüftg. Bd. 11 (1937) H. 7 S. 99/103.

wirkung (hohe Oberflächentemperatur) ist meist auf unrichtige Bedienung oder zu gering bemessene Heizfläche zurückzuführen.

Für die Wahl der eisernen Öfen sind entscheidend die Benutzungsart (Zeit- oder Dauerheizung), der zu verfeuernde Brennstoff, Art, Größe und Lage des Raumes[1].

Eine Verbindung von Kachelofen und Eisenofen stellt der heute vielfach übliche *Kachelofen mit Einsatz* dar. Er vereinigt bis zu einem gewissen Grade die milde Oberflächentemperatur und die gute Raumwirkung des Kachelofens mit der guten Regelfähigkeit, dem Dauerbrand und dem schnellen Aufheizvermögen eines Eisenofens. Die an die Stelle der einfachen Kachelofenfeuerung tretende *Einsatzfeuerung* kann als irischer oder Dauerbrandofen ausgebildet sein.

Die Entscheidung darüber, wann dem Kachelofen oder dem Eisenofen der Vorzug gegeben werden sollte, hängt hauptsächlich mit dem in einer Gegend zur Verfügung stehenden Brennstoff zusammen. Z. B. ist der Kachelofen wegen der besonderen Eignung für die Verfeuerung von Braunkohlenbriketts und Torf mehr im Osten Deutschlands heimisch, der vornehmlich für Steinkohlen geeignete eiserne Ofen oder kombinierte Kachel-Eisenofen im Westen (Rheinland und Westfalen). Hinzu kommt für die fast ausschließliche Verwendung eiserner Öfen im Westen Deutschlands wohl die dort ansässige ausgedehnte Eisenindustrie.

Die Verwendung von Heizkaminen als alleinige Heizmöglichkeit für Wohnräume ist auch bei bester baulicher Durchbildung unwirtschaftlich. Sie werden zu reinen Heizzwecken auch immer seltener gebaut. Wo sie wegen ihrer besonderen Raumwirkung vornehmlich in herrschaftlicheren Häusern heute noch oder wieder eingebaut werden, dienen sie mehr der Raumlüftung.

Eine unmittelbare Beheizung der *Schlafräume* durch Einzelöfen vorgenannter Bauart ist wegen der Gefahr des Austretens von Rauchgasen über Nacht in den Raum nicht zu empfehlen. Wo aber trotzdem, z. B. in sehr kalten Schlafzimmern Öfen, aufgestellt werden, sollten sie nur am Tage zum Anwärmen der Räume benutzt werden. Zweckmäßiger ist es, in der Diele, im Flur oder im Treppenhaus einen Dauerbrandofen zu betreiben und damit durch Öffnen der Schlafzimmer gleichzeitig eine schwache Durchwärmung dieser Räume zu ermöglichen.

Für die Beheizung der *Küche* ist die Aufstellung eines besonderen Ofens in der Regel nicht erforderlich, wenn der Kochherd fast ständig in Betrieb ist; hier muß (z. B. in Pensionsküchen) oft sogar für Lüftung und Kühlung gesorgt werden. Es ist allerdings zu beachten, daß die verschiedenen Herdarten die Küchen ungleich stark erwärmen, weil die Wärmeabgabe der Öfen und der Wärmebedarf der Küchen sehr verschieden ist. Da die gewöhnlichen Kochherde außerdem meist mit schlechtem Wirkungsgrad arbeiten, ist es hauptsächlich in größeren Wohnküchen nicht wirtschaftlich, diese zwecks gleichzeitiger Beheizung der Küche bedeutend stärker zu feuern als für den Kochbetrieb erforderlich ist.

---

[1] Der eiserne Zimmerofen. München: R. Oldenbourg. Aufklärungsschriften der Vereinigung deutscher Eisenofenfabrikanten e. V., Kassel, Parkstr. 36.

Am besten wird in solchen Fällen eine besondere Heizmöglichkeit vorgesehen. Kleinere und mittlere Küchen werden jedoch oft durch die Rückseite eingebauter Wohnzimmeröfen ausreichend erwärmt. Die dauernd warmen Grudeherde und elektrischen Speicherherde reichen ebenfalls oft für die Erwärmung der Küchen aus, während bei gewöhnlichen Gas- oder elektrischen Herden, die nur während der Kochzeit Wärme abgeben, eine Zusatzheizung erforderlich ist. In manchen Gegenden, vornehmlich dort, wo der Kochherd fest eingebaut ist, und wo es sich um Kleinwohnungen handelt, sind auch in Wohnküchen vielfach Kachelaufbauten mit dem Herd in Verbindung gebracht. Durch entsprechende Schieber- oder Klappenstellungen lassen sich die Rauchgase im Sommer umittelbar in den Kamin, im Winter zuerst in den Kachelaufbau leiten. Nach Möglichkeit sollten aber aus hygienischen und Behaglichkeitsgründen Küche und Wohnzimmer voneinander getrennt werden. Räume, die an stark benutzte Kamine anstoßen, erhalten von diesen einen Teil der erforderlichen Heizwärme. Dies ist bei der Bestimmung der Ofengröße zu berücksichtigen. Unter Umständen sind diese Räume durch Abdämmung der Kaminwände gegen zu hohe Erwärmung zu schützen.

Weiteres Schrifttum über Ofen- und Herdheizungen.

Zeitschriften.

KAYSER, TH.: Entwicklung der Zimmeröfen in den letzten Jahren. Arch. Wärmew. Bd. 15 (1934) H. 3 S. 77/78.

WIERZ, M.: Heizung und Warmwasserversorgung in Eigenheimen. Gesundh.-Ing. 1934 S. 480/487.

KAYSER, TH.: Das Braunkohlenbrikett im neuzeitlichen eisernen Ofen. Beiheft 37 Reihe I der Zeitschr. Gesundh.-Ing.

WAGENER, Dr.: Versuche an einem neuzeitlichen Dauerbrandofen. Heizg. u. Lüftg. 1936 Nr 3 S. 45/51.

Bücher.

Eingehende Darstellungen der Ofen- und Herdheizungen enthalten z. B. die Bücher:

SCHOLTZ, W.: Wärmewirtschaft im Siedlungsbau. Berlin: A. Lüdtke.

RIEDL, J.: Feuerungs- und Heizungstechnik für Kachelofensetzer. Berlin: A. Lüdtke.

Verschiedene Schriften der Hauptstelle für Wärmewirtschaft des VDI, der Bayerischen Landeskohlenstelle, München, und der Heiztechnischen Zentrale des Deutschen Ofensetzergewerbes, München.

SCHACHNER, R.: Gesundheitstechnik im Hausbau. München und Berlin: R. Oldenbourg.

HOTTINGER, M.: Heizung und Lüftung. München und Berlin: R. Oldenbourg.

SCHMIDT, M. R.: Heizfibel für häusliche Feuerstätten. Halle a. d. S.: Carl Marhold 1938.

b) Sammelheizung. Die Vorteile einer Sammelheizung für das Wohnhaus sind allgemein bekannt: Wesentliche Verringerung der Feuerstellen und damit der Schornsteine und Brandgefahr, Verringerung der Reinigung der Feuerstellen, fast gänzlicher Wegfall des Brennstofftransportes, der Schlackenbeseitigung und der damit verbundenen Raumverschmutzung, die Möglichkeit der Beheizung sonst nicht heizbarer Nebenräume, Anordnung der Heizflächen unter den Fenstern, dadurch Raumersparnis.

Vielfach wird zwar als Nachteil angeführt, daß der Betrieb der Sammelheizung teuerer sei als der der Einzelheizung. Bezogen auf die Größe des durch sie beheizten Raumes und die erzielte Heizwirkung gegenüber der Einzelheizung trifft diese Behauptung aber meist nicht zu. Eine wichtige Voraussetzung für eine wirtschaftliche Betriebsweise von Sammelheizungen ist jedoch das Vorhandensein einwandfreier Heiz- und Brennstoffräume. In den Abb. 1—5 sind deshalb einige Ausführungsbeispiele für die zweckmäßige Gestaltung derartiger Räume an Wohnungsbauten wiedergegeben, wie sie der Ausschuß für Betriebsfragen der Heizung in der Arbeitsgemeinschaft Heizungs- und Lüftungstechnik des VDI. als vorbildlich veröffentlicht hat[1]. Die Wiedergabe der Abbildungen ist mit Erlaubnis des Ausschusses erfolgt.

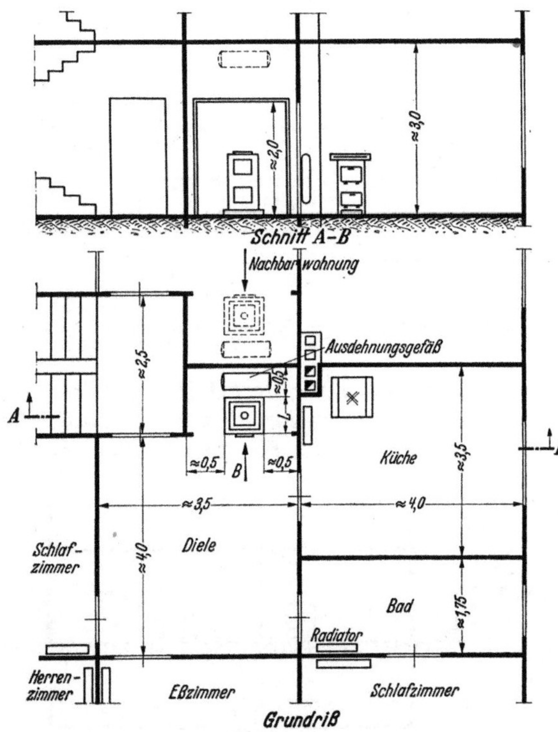

Abb. 1. Anordnung eines Kleinkessels für eine Stockwerks-Warmwasserheizung in einer Nische der Diele.

Für die Wohnhausbeheizung stellt die Schwerkraft-Warmwasserheizung die normale Sammelheizung dar. Diese kann bei Miethäusern entweder als Heizung mit gemeinsamer Kesselanlage oder als Stockwerksheizung unter Aufstellung der Kessel im Keller oder in der Wohnung ausgeführt werden.

Die *gemeinsame Kesselanlage* bringt zwar die oben angeführten Vorzüge der Sammelheizung hinsichtlich Feuerung, Bedienung, Schornsteine usw. voll zur Geltung, auch ist sie in den Anlagekosten billiger als die Beheizung durch einzelne Stockwerksheizungen. Während aber bei Stockwerksheizung jeder Mieter nach Belieben heizen kann, bringt die Bedienung der gemeinsamen Heizung und die Umlegung der Heizkosten auf die einzelnen Mieter wegen der verschiedenen Ansichten über zweckmäßiges und hygienisches Heizen und über die gerechte Verteilung der Kosten oft erhebliche Schwierigkeiten mit sich.

[1] Anforderungen an zweckmäßige Heiz- und Brennstoffräume. Aufgestellt vom Ausschuß für Betriebsfragen der Heizung im VDHI. Heizg. u. Lüftg. 1937 H. 12 S. 177/181.

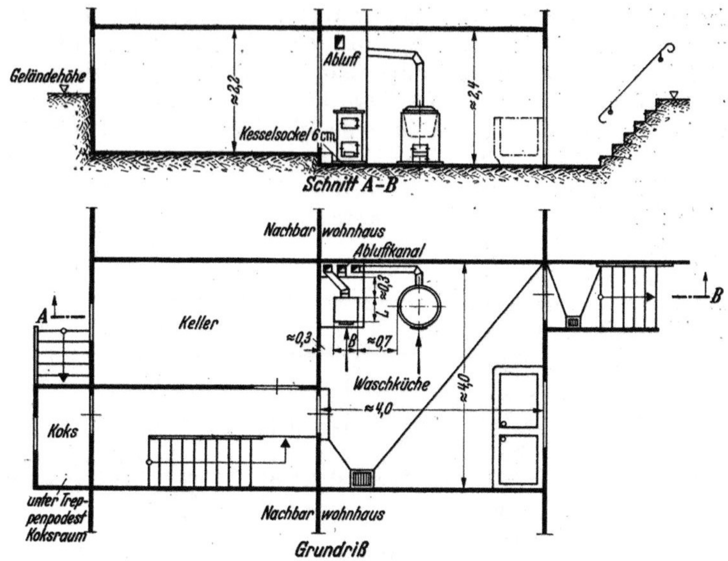

Abb. 2. Anordnung eines Kleinkessels für die Warmwasserheizung eines Reihensiedlungshauses in der Waschküche mit getrennter Brennstofflagerung.

Eine Verteilung der Heizkosten kann erfolgen:

1. *durch Einrechnung der Heizkosten in den Mietpreis.* Dieses Verfahren war vor dem Kriege fast allgemein üblich und kaum angefochten. Deshalb ist es auch heute noch zu empfehlen. Infolge der Geldentwertung Ende des Krieges und nach dem Kriege wurde eine Trennung von Miet- und Heizkosten notwendig, zumal die Mieten absichtlich niedrig gehalten wurden, während die Brennstoffpreise stiegen. Damit begannen die Streitigkeiten um die Höhe der Heizkosten bzw. die gerechte Heizkostenverteilung;

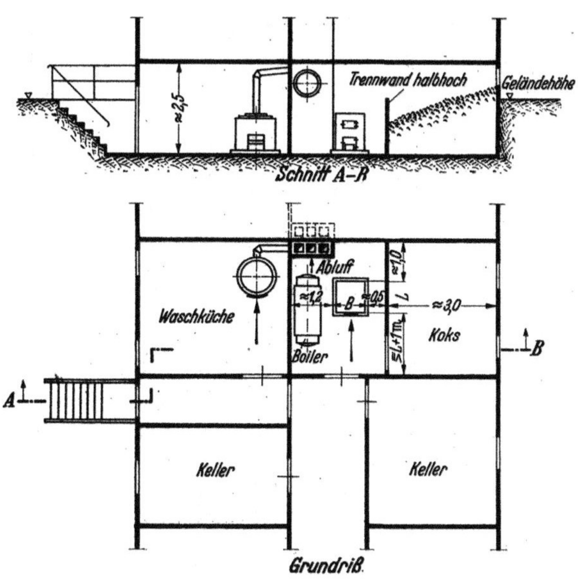

Abb. 3. Heizraum für die Zentralheizung eines Zwei- bzw. Dreifamilienwohnhauses mit Warmwasserversorgung bei getrennter Lagerung des Brennstoffs innerhalb des Heizraumes.

2. *nach beheizter Raumfläche* (Reichsmietengesetz vom 24. März 1922) *oder dem beheizten Rauminhalt.* Die Berechnung nach der be-

heizten Raumfläche berücksichtigt nicht den durch verschiedene Geschoßhöhen sich ergebenden, oft recht verschiedenen Wärmebedarf. Durch Zugrundelegung des beheizten Rauminhaltes kann dieser Mangel jedoch zum Teil wieder beseitigt werden;

3. *nach Quadratmeter Raumheizfläche.* Wenn bei Anwendung dieses Maßstabes noch die zu der betreffenden Raumtemperatur gehörige Wärmeabgabe je Quadratmeter Heizkörperoberfläche in Betracht gezogen wird, so erscheint diese Berechnung für den Heizungstechniker die befriedigendste. Aber auch sie ist nicht ganz einwandfrei; denn zweifellos liegt bei ihrer Anwendung insofern eine ungerechte Verteilung vor, als die Erdgeschoßwohnungen infolge der kalten Fußböden und die Ober- und Dachgeschoßwohnungen wegen der kalten Decken oft weit größere Heizkörper-Heizflächen erfordern als die wärmetechnisch günstig gelegenen Wohnungen der dazwischenliegenden Geschosse. Die Bewohner der Erdgeschoß- und Ober- bzw. Dachgeschoßwohnungen sind aber in der Regel wirtschaftlich schlechter gestellt als die übrigen Mieter. Es müßte also zugunsten dieser Mieter eine zusätzliche Belastung der übrigen Wohnungsinhaber etwa entsprechend der unterschiedlichen Mietpreisbewertung eintreten;

4. *nach Quadratmeter Wohnfläche*[1]. Diese Vertei-

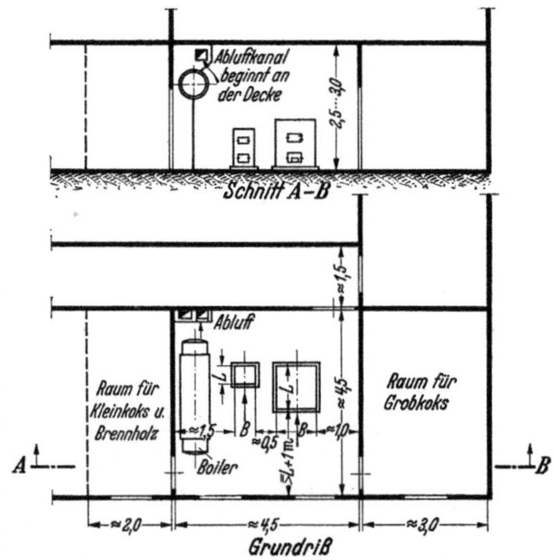

Abb. 4. Heiz- und Koksraum für ein größeres Wohnhaus mit Zentralheizung und Warmwasserbereitung.

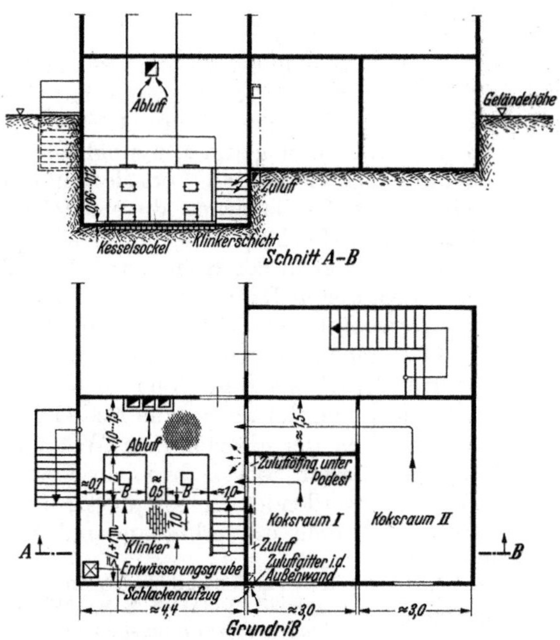

Abb. 5. Heizraum für *obere* Beschickung und zugehörige Brennstoffräume für ein Wohngebäude mit einem beheizten Rauminhalt von etwa 5000 m³.

[1] Frietzsche, A.: Die Verteilung der Heizkosten in Miethäusern. Haustechn. Rdsch. Bd. 36 (1931) H. 33 S. 486/489. — Ritter, J.: Die Verteilung der Heizkosten in Miethäusern. Haustechn. Rdsch. Bd. 37 (1932) H. 11 S. 158/160.

lung der Heizkosten hat insofern einen gewissen Vorzug, als nach diesem Maßstab auch die Mietberechnung erfolgt und sich so eine einfache und einheitliche Berechnungsgrundlage ergibt. Andererseits bleibt hierbei aber die günstige oder ungünstige Lage der Wohnung unberücksichtigt;

5. *nach den durch Wärmezähler ermittelten Wärmemengen.* Die meist nach dem thermoelektrischen Verfahren arbeitenden Wärmezähler wurden infolge der Errichtung von großen Sammelheizungen für Häuserblocks mit außerordentlich zahlreichen Wohnungen entwickelt. Der Meinungsstreit der Fachwelt um die Richtigkeit der Heizkostenverteilung nach Wärmezählern ist zeitweise sehr heftig geführt worden. Der Vorteil der Wärmezähler besteht zweifellos in einer verhältnismäßig einwandfreien Wärmemengenmessung und in der daraus sich ergebenden Erziehung zur Sparsamkeit für den Wohnungsinhaber. Leider ist aber erfahrungsgemäß vielfach ein übertriebener Sparsinn die Folge und kann so zu einer nicht mehr zu vertretenden Benachteiligung der Nachbarmieter führen.

Um diesen Nachteil auszuschalten, ist schon verschiedentlich vorgeschlagen worden[1], zu der technisch brauchbaren Wärmezählermessung einen praktischen Tarif mit Grundgebühr einzuführen. Dabei wird einerseits der Verschwendung, zum andern dem zu weit getriebenen Sparsinn gesteuert.

In dieser Richtung liegt sicherlich eine gesunde Entwicklung, wenn nicht, wie schon oben gesagt, wieder in größerem Maße, zum mindesten im kleineren Miethaus, zur Einbeziehung der Heizkosten in die Miete übergegangen wird.

Zur Vermeidung der vorbezeichneten Schwierigkeiten hinsichtlich der Heizkostenverrechnung usw. hat sich, wie bereits gesagt, in großem Umfang in Miethäusern die Etagen- oder Stockwerksheizung in den letzten Jahren eingeführt, wenngleich durch ihre Anwendung auf einige der anfangs erwähnten Vorteile der Sammelheizung wieder verzichtet wird. Das Bezeichnende dieser Heizungsart besteht darin, daß sich Kessel und Heizkörper auf der gleichen Höhe befinden. Der Heizkessel wird entweder in der Küche, auf der Diele, im Treppenflur oder einem untergeordneten Raum aufgestellt, bisweilen aber auch, wie bei den sog. Kleinstwohnungen (Zwei- und Dreizimmerwohnungen), im Wohnzimmer. In letzterem Falle wird er oft auch mit einem Kachelmantel umgeben oder äußerlich als Kachelofen ausgebildet. Aus hygienischen und Annehmlichkeitsgründen soll die Bedienung aber nicht vom Wohnzimmer, sondern von der Küche, vom Wohnungsflur oder von der Diele aus erfolgen können, was zudem den Vorteil hat, daß diese Räume durch die warm werdenden Vorsetzplatten miterwärmt werden. Oft wird der Heizkessel auch in Verbindung mit dem Kochherd[2] gebracht. Diese

---

[1] Hager, G.: Die Zentralheizung im Mietwohnhaus und ihre Kosten. Haustechn. Rdsch. Bd. 36 (1931) H. 8 S. 103/105. — Gröber, H.: Über den Wert der Wärmezählung bei Wohnungsheizungen. Gesundh.-Ing. Bd. 55 (1932) Nr 49 S. 583/585.

[2] Jäger, W.: Die Ausführung von Stockwerksheizungen, insbesondere vom Küchenherd aus. Haustechn. Rdsch. Bd. 40 (1935) H. 18 S. 275/280.

Anordnungsart ist aber aus verschiedenen Gründen *nicht* zu empfehlen, vornehmlich deshalb nicht, weil der Wärmebedarf für die Heizung und der für das Kochen weder der Zeit, noch der Menge, noch der Temperaturhöhe nach übereinstimmen und die Herdkessel deshalb normalerweise mit ungünstigen Wirkungsgraden arbeiten.

Nicht selten werden auch die Kessel der einzelnen Stockwerksheizungen eines Miethauses im Keller aufgestellt und bedient. Hierdurch lassen sich die wesentlichen Vorzüge der gemeinsamen Sammelheizung mit denen der Stockwerksheizung vereinigen und die mit der Stockwerksheizung noch verbundenen Nachteile, wie Schmutz- und Geräuschbildung in der Wohnung, Verlegung sämtlicher Verteilungsleitungen in der Wohnung usw. vermeiden[1]. Immerhin haften aber auch dieser Ausführungsart einige Unvollkommenheiten an, die hauptsächlich in der etwas umständlicheren Überwachung, in der Schaffung mehrerer abschließbarer Kessel- und Brennstoffräume im Keller, im höheren Anschaffungspreis und dem größeren Eisenbedarf zu sehen sind.

Eine weitere Besonderheit in der Ausführung der *Stockwerksheizungen* stellen die Anlagen mit hochliegenden Rückläufen dar[2]. Diese kommen in solchen Fällen in Frage, wo die Rücklaufleitungen wegen der geringen Fußbodenstärke und nicht zu umgehender Unterzüge nicht im Fußboden oder an der Decke des darunterliegenden Geschosses verlegt werden können und wo eine Belästigung des darunter wohnenden Mieters vermieden und schließlich die gesamte Wärmeabgabe der Leitungen der eigenen Wohnung nutzbar gemacht werden soll. Besondere Bedeutung besitzt diese Ausführung auch für den Einbau von Stockwerksheizungen in vorhandene Gebäude, wenn die baulichen Nebenarbeiten weitgehendst vermieden werden müssen (z. B. das Offenlegen des Fußbodens), zumal bei einwandfreier Ausführung derartige Anlagen sich schnell und sicher erwärmen, auch wenn es sich um umfangreichere Anlagen handelt[3].

Es muß aber darauf hingewiesen werden, daß die einwandfreie Berechnung und sachgemäße Errichtung sowohl der normalen Stockwerksheizung wie der zuletzt erwähnten Sonderausführungen ganz besondere Sachkenntnis erfordert. Es ist deshalb unrichtig anzunehmen, daß der Bau solcher Anlagen ohne weiteres jeder Firma übertragen werden könnte.

Dampfheizung kommt für normale Wohnhäuser wegen der geringen Anpassungsfähigkeit an die jeweilige Außentemperatur heute kaum

---

[1] Keller, Erich: Stockwerks-Warmwasserheizung vom Kellergeschoß aus. Haustechn. Rdsch. Bd. 36 (1931) H. 27 S. 393/394.

[2] Popp, A.: Stockwerks-Warmwasserheizungen mit hochgeführten Rücklaufleitungen. Gesundh.-Ing. Bd. 54 (1931) H. 11 S. 173. — Spörri, R.: Syphon-Warmwasserheizungen. Gesundh.-Ing. Bd. 54 (1931) H. 20 S. 307/309. — v. d. Marel, A.: Stockwerks-Warmwasserheizungen mit hochgeführten Rücklaufleitungen. Gesundh.-Ing. Bd. 55 (1932) Nr 8 S. 92 — Haustechn. Rdsch. Bd. 41 (1936) H. 35 S. 55. — Grellert, M.: Stockwerksheizungen mit hochliegenden Rücklaufleitungen. Haustechn. Rdsch. Bd. 39 (1934) H. 5 S. 63; H. 6 S. 77; H. 8 S. 116; H. 9 S. 127.

[3] Wierz, M.: Die Entwicklung der Kräfte in Schwerkraft-Warmwasserheizungen auf thermodynamischer Grundlage. Gesundh.-Ing. Bd. 56 (1933) Nr 44 S. 517/521.

mehr in Frage, wenigstens nicht als Überdruckheizung, wohl aber wird sie z. B. in Amerika für Wohnhochhäuser in der Form als Vakuum-(Unterdruck-)Heizung und in der verbesserten Form als Hochhaus-Differential-Vakuumheizung[1] ausgeführt. Letztere ermöglicht eine weitgehende zentrale Regelung der Dampftemperatur durch entsprechende Veränderung des Vakuums in der Anlage.

Wegen einiger unzweifelhafter Vorzüge der Niederdruckdampfheizung gegenüber der Warmwasserheizung, die hauptsächlich in der Eisenersparnis, in der geringen Einfriergefahr und der kurzen Anheizzeit bestehen, ist immer wieder versucht worden, auf einfachere Weise als die der amerikanischen Vakuumdampfheizungen die Frage der Regelbarkeit der Heizung, vornehmlich auch der generellen Regelung vom Kessel aus[2] entsprechend der Außentemperatur zu lösen und sie dadurch in ihrer Wirkung der Warmwasserheizung möglichst weitgehend anzugleichen. Ein Verfahren zur örtlichen Regelung der einzelnen Dampfheizkörper, d. h. zur Herabsetzung der Heizkörpertemperatur derselben stellt das früher vielfach angewandte Dampf-Luft-Umwälzungsverfahren[3] (Milddampfheizung nach Körting) und Käferle dar. Mit der steigenden Anwendung der Warmwasserheizung ist jedoch diese Anordnung fast ganz in den Hintergrund getreten.

Zur Erzielung einer gewissen generellen Regelung findet man des öfteren Einrichtungen zur Erzeugung eines leichten Unterdruckes, bei denen der Luftinhalt der Anlage beim ersten Anheizen über eine Zentralentlüftung und ein Gefäß mit Wasserabschluß aus der Anlage entfernt wird[4]. Auch die Kaminzugwirkung, die noch durch Einbau eines Dampfinjektors verstärkt werden kann, wird zur Erzielung des Unterdruckes benutzt[5].

Wenn sich auch bei diesen Einrichtungen der erzielbare Unterdruck nur in bescheidenen Grenzen hält, so läßt sich damit doch bei geringem Betriebsdruck eine bessere Wärmeverteilung erzielen als beim normalen Niederdruckdampfbetrieb. Oft sollen vorhandene Dampfheizungen in Wohnungen ohne Gesamtumbau der alten Anlage in Warmwasserheizung umgewandelt werden. Dies ist möglich:

1. durch Vergrößerung der Heizkörper entsprechend der verringerten Wärmeabgabe bei Warmwasser und Einbau von sog. Dampfpatronen[6]

---

[1] Schulze, A.: Die Vakuum-Dampfheizung. Mitt. Wärmestelle Ver. dtsch. Eisenhüttenleute 1923 H. 52; 1926 S. 37; Auszüge im Gesundh.-Ing. 1924 S. 89; 1927 S. 16. — Schmitz, J.: Unterdruckheizungen (Vakuum-Dampfheizungen), Gesundh.-Ing. 1924 S. 358. — Gesundh.-Ing. 1924 S. 89; 1925 S. 60. — Willner, M.: Die Vakuum-Dampfheizung. Gesundh.-Ing. Bd. 54 (1931) S. 465/471.

[2] Wierz, M.: Die allgemeine Regelung der verschiedenen Heizungsanlagen. Haustechn. Rdsch. 1936 S. 47.

[3] Körting: Niederdruckdampfheizung (Milddampfheizung). Gesundh.-Ing. 1924 S. 444.

[4] Wierz, M.: Niederdruckdampfheizungen mit leichtem Unterdruck. Heizg. u. Lüftg. Bd. 11 (1937) H 7 S. 107. — Bohm, A.: Die regelbare Niederdruckdampfheizung (Klostermann). Gesundh.-Ing. Bd. 60 (1937) S. 757.

[5] Kämper, H.: Versuche zur Verbesserung der Niederdruckdampfheizung. Gesundh.-Ing. Bd. 61 (1938) H. 39 S. 566/574.

[6] Gesundh.-Ing. 1926 S. 122, 129 u. 315.

in die untere Nippelreihe der Heizkörper nach A. SCHULTZE, Dresden. Kesselanlage und Leitungsnetz bleiben bestehen. Die Heizkörper sind in diesem Fall nicht ganz mit Wasser zu füllen, damit Ausdehnungsmöglichkeit besteht. Infolge des geringen statischen Druckes, unter dem jeder Warmwasserheizkörper für sich steht, eignet sich diese Anordnung auch im besonderen für Hochhäuser;

2. durch Füllung der vorhandenen Anlage mit Wasser und Unterdrucksetzen der Heizanlage mittels belasteter Ventile. Dabei ist durchweg die Änderung des Leitungsnetzes und die Verwendung von Pumpen erforderlich, nicht aber die Vergrößerung der Heizkörper, weil es infolge des durch die Einführung des belasteten Ventils erzielbaren Überdruckes nach wie vor möglich ist, mit 100° C mittlerer Heizkörpertemperatur zu heizen. Einen hygienischen Fortschritt bedeutet diese Anordnung jedoch nicht.

Ausgesprochene *Luftheizungsanlagen* für Wohnhäuser sind in europäischen Ländern seltener. Wenn man jedoch die sog. Kachelofenzentralheizungen für Kleinhäuser mit einbezieht, so ist ihr Vorkommen häufiger. Dabei ist jene Heizungsart gemeint, bei der der Wohnraum durch einen von den Rauchgasen des Küchenherdes durchzogenen Kachelofen geheizt wird, der in sehr kalten Tagen auch für sich betrieben werden kann und bei der die im Obergeschoß gelegenen Räume, die meist als Schlafräume benutzt werden, durch Luft erwärmt werden, die an dem eisernen Einsatz des Kachelofens erwärmt wurde und durch Luftkanäle und Luftaustrittsöffnungen den betreffenden Räumen zuströmt. Dem Vorteil der Einfachheit, der geringen Anlagekosten, des Wegfalls der Einfriergefahr und des geringen Eisenbedarfes solcher Anlagen steht die bei rauhem Klima und bei Windanfall eintretende oft unzureichende und ungleichmäßige Erwärmung nachteilig gegenüber. Hinzu kommt die durch die Luftkanäle bedingte Möglichkeit der Geräuschübertragung. Auch ist die Reinigung der Kanäle meist kaum möglich, so daß unhygienische Zustände entstehen. Die den oberen Räumen zuströmende Warmluft wird bei dieser Heizungsart meist dem unteren Wohnraum unmittelbar entnommen. Das führt dann natürlich zu Zugerscheinungen durch die an den Undichtigkeiten des unteren Raumes nachströmende kühlere Frischluft und zu hohe Betriebskosten.

Unter bestimmten Umständen[1], d. h. in Gegenden mit mildem Klima, bei guter Bauweise, dichtschließenden Doppelfenstern, Aufstellung eines besonderen Luftheizofens zwischen den zu erwärmenden Zimmern oder im Keller, Bedienung des Ofens von der Diele oder dem Flur aus, möglichste Anwendung des Umluftbetriebes durch Entnahme der Heizungsluft aus der Diele oder dem Hausflur, Vermeidung horizontaler Luftkanäle, getrennte Warmluftzuführung zu den einzelnen Räumen u. a., läßt sich der Einbau einer Luftheizung vertreten. Auf alle Fälle muß sie aber den besonderen baulichen Verhältnissen von Fall

---

[1] WIERZ, M.: Heizung und Warmwasserversorgung in Eigenheimen. Gesundh.-Ing. Bd. 57 (1934) S. 483/484.

zu Fall angepaßt werden, wozu es praktischer Erfahrung bedarf, wenn Mißerfolge vermieden werden sollen[1].

Wenn sich auch im allgemeinen Luftheizungen mit Lüfterbetrieb, die sich in zahlreichen anderen Gebäudearten gut bewährt haben, und mit denen man auch dem ungünstigen Einfluß des Windes mit Erfolg begegnen kann, für Wohnhäuser naturgemäß wenig eignen, so sind doch

Abb. 6. Ausgeführte Strahlungsheizung für ein Einfamilienwohnhaus (Erdgeschoß).

auch einzelne derartige Anlagen in Verbindung mit Klimatisierung bei vorbildlicher Zusammenarbeit zwischen Architekt, Ingenieur und Bauherr in den letzten Jahren errichtet worden und sollen sich im Betrieb durchaus bewährt haben[2].

In Sonderfällen findet die Luftheizung auch für die Beheizung von einzelnen architektonisch besonders schönen Räumen in palastartigen Wohngebäuden Anwendung, wenn die Aufstellung von Heizkörpern aus ästhetischen Gründen unterbleiben muß, während das übrige Gebäude mit Warmwasserheizung versehen ist. Auf die gute Reinigungsfähigkeit der Luftkanäle ist hier besonders zu achten. Ebenso muß durch eine

[1] Siehe die Ausführungen von KORI: Wärmewirtschaft im Hausbrand 1924 Nr 3; ferner G. WEGENER: Frischluft-Zentralheizung für Wohnhäuser. Wärme- u. Kältetechn. 1926 S. 112; H. GAUMITZ: Erfahrungen mit einer einfachen Luftheizungsanlage. Gesundh.-Ing. 1924 S. 313, sowie H. KORI: Feuerluftheizung für Kleinhäuser. Gesundh.-Ing. 1924 S. 387.

[2] HAPPEL, O.: Klima-Warmluftheizung für Wohnhäuser. Gesundh.-Ing. Bd. 61 (1938) H. 28 S. 381/386.

Vorreinigung der Luft und Sauberhaltung der Räume das Schwärzen der Wände und Decken über den Luftaustrittsgittern vermieden werden.

In den letzten Jahren ist auch *Deckenstrahlungsheizung* in Wohnhäusern wegen der ihr eigenen Vorteile, wie Wegfall des Platzbedarfes für die Heizkörper, stark verringerte Luftbewegung und gute Wärmeverteilung im Raum, Möglichkeit der Raumkühlung, Eisenersparnis u. a.

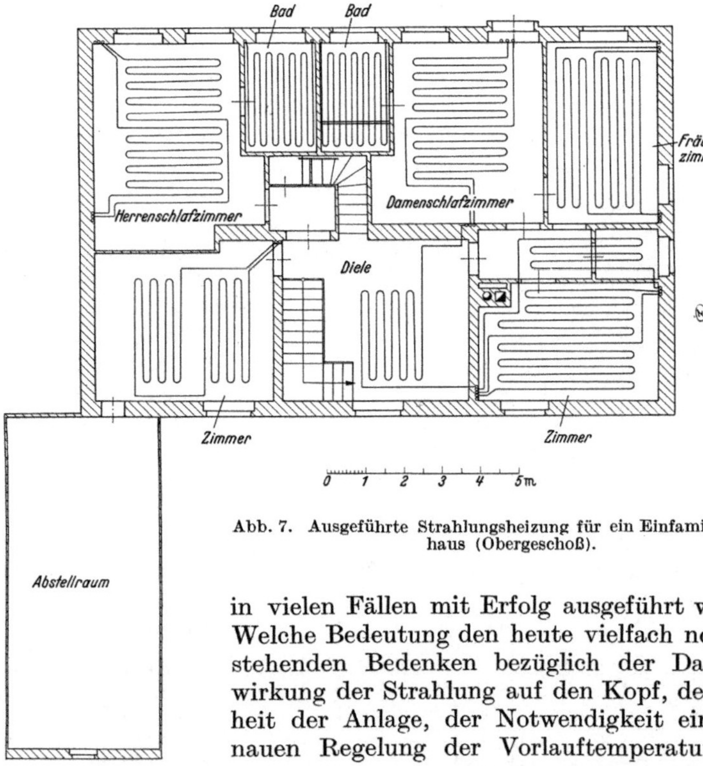

Abb. 7. Ausgeführte Strahlungsheizung für ein Einfamilienwohnhaus (Obergeschoß).

in vielen Fällen mit Erfolg ausgeführt worden. Welche Bedeutung den heute vielfach noch bestehenden Bedenken bezüglich der Dauereinwirkung der Strahlung auf den Kopf, der Trägheit der Anlage, der Notwendigkeit einer genauen Regelung der Vorlauftemperatur nach oben hin usw. wirklich zukommt, kann nur durch Bekanntgabe möglichst zahlreicher einwandfreier Betriebsergebnisse an ausgeführten Anlagen festgestellt werden[1]. Abb. 6 und 7 zeigen eine ausgeführte Deckenstrahlungsheizung für ein Einfamilienwohnhaus, Abb. 8 eine solche für ein Mehrfamilienwohnhaus.

c) Fernheizung. Für die Beheizung ganzer Wohnblocks und Wohnungssiedlungen sind in den letzten Jahren in großem Umfange zentrale Heizanlagen, durchweg als Warmwasserpumpenheizungen, angelegt worden. Zum Ausgleich der Belastungsschwankungen werden

[1] Gröber, W.: Gesichtspunkte für die Bewertung der Deckenheizung. Gesundh.-Ing. Bd. 61 (1938) H. 5 S. 57. — Hottinger, M.: Beitrag zur Berechnung und Beurteilung der Strahlungsheizung. Gesundh.-Ing. Bd. 61 (1938) H. 33 S. 449/454 u. H. 34 S. 465/472. — v. Gonzenbach, W.: Physiologische und hygienische Betrachtungen zur Strahlungsheizung. Gesundh.-Ing. Bd. 61 (1938) H. 39 S. 557/560.

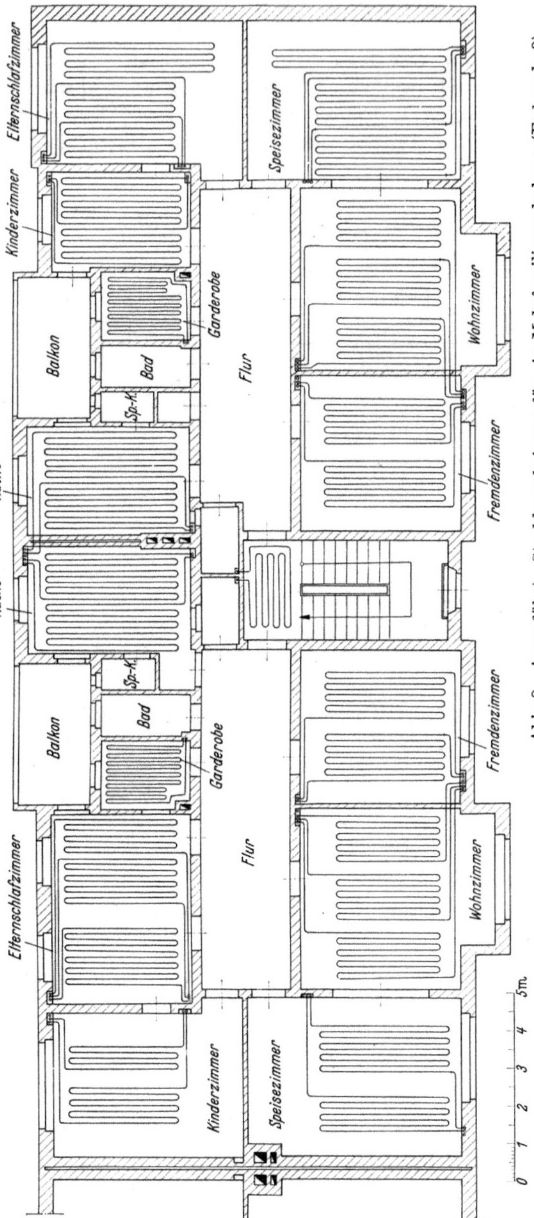

Abb. 8. Ausgeführte Strahlungsheizung für ein Mehrfamilienwohnhaus (Erdgeschoß).

bisweilen auch Wärmespeicher eingeschaltet[1]. Die Vorzüge dieser zentralen Beheizung von einer Stelle aus sind zweifellos beachtlich. Sie bestehen hauptsächlich in der besseren Brennstoffausnutzung, in der Verwendung billigerer und minderwertigerer Brennstoffe, in der Ersparnis durch den Großeinkauf der Kohle, in der Verringerung der Rauch- und Rußplage, in dem Freiwerden vieler Einzelräume für Brennstoffe und Kessel, in dem Wegfall des Kohlen- und Aschentransportes für die einzelnen Wohnungen und damit in der besseren Sauberhaltung der Wohnung, in der Verringerung der Feuersgefahr u. a. m. Trotzdem wird die Entscheidung darüber, ob Wohn-

[1] Berlitt: Zentralheizung und Warmwasserversorgung für Klein- und Mittelwohnungen in Wiesbaden. Bericht über den XII. Kongreß für Heizung und Lüftung 1927. — Sinn, H.: Verbesserung des Gesamtwirkungsgrades von Warmwasserheizungsanlagen durch Kupplung der Kessel mit Wärmespeichern. Gesundh.-Ing. 1927 S. 225. — Schmidt, K.: Zur Wahl des Heizungssystems. Werk, Januar 1928. — Lier, H.: Wärmetechnische und heiztechnische Fragen im Wohnungsbau. Wohnen, offizielles Organ des Schweiz. Verbandes für Wohnungswesen u. Wohnungsreform, März 1928. — Schulz: Städteheizung in Amerika. Z. VDI 1926 S. 1511. — Ferner die Notiz: Ein neues Heizkraftwerk in New York. Arch. Wärmewirtsch. 1927 S. 238.

blocks oder Siedlungen eine zentralisierte oder dezentralisierte Beheizung erfahren sollen, nicht unbedingt zugunsten der zentralen Beheizung ausfallen müssen. Denn je nach der Bauweise der Gebäude, ob Reihen- oder Ringbau, Anzahl der Geschosse, Lage der Heizzentrale, Art der Kesselanlage, Stellung der Heizkörper usw. sind sowohl die Anschaffungs- wie die Betriebskosten der Anlage sehr unterschiedliche[1]. Der zu zahlende Wärmepreis darf nicht höher sein, als die Wärmeerzeugungskosten der Abnehmer bei Eigenheizung sich stellen würden. Die finanzielle Leistungsfähigkeit, vornehmlich der Bewohner mit mittlerem und kleinerem Einkommen, muß deshalb vorbedacht werden, wenn Rückschläge vermieden werden sollen. Dabei kommt besonders hier der Frage der einwandfreien Wärmezählung und der Tarifbildung erhebliche Bedeutung für die Weiterentwicklung der Siedlungsheizung zu. Praktisch brauchbare Wärmemeßgeräte sind jedoch heute vorhanden, außerdem liegen entsprechende Erfahrungen über die Auswirkung der Anwendung von Meßgeräten und die zweckmäßigste Verrechnung der Wärmekosten vor[2]. Über den Betrieb mit Wohnungsblockheizungen sind in den letzten Jahren die verschiedensten aufschlußreichen Erfahrungen veröffentlicht worden[3].

Eine noch weitergehende Stufe der Entwicklung in der Wohnhausbeheizung stellt die zentrale Beheizung ganzer Stadtteile dar, die sog. *Städteheizung*. Diese erfolgt in der Ausführung als Fern-Warmwasser- oder -Heißwasserpumpenheizung oder Ferndampfheizung.

Amerika besitzt heute etwa 300—400 solcher Anlagen[4]. Dort wurde auch die erste Ferndampfversorgung im Jahre 1878 in Lockport, N. *Y.*, errichtet. Die Stadtheizwerke New Yorks erzeugten im Jahre 1924 rund 2,3 Milliarden kg Dampf. Die erste deutsche Städteheizung wurde 1900 in Dresden erbaut. Dieser sind eine große Zahl von Heizwerken in Hamburg, Barmen, Kiel, Berlin, Braunschweig, Schwerin usw. gefolgt. Beachtenswert ist, daß entgegen der herrschenden Ansicht gerade die Wohnhäuser die gegebenen Abnehmer der Fernheizwärme sind und nicht etwa in der Hauptsache Großabnehmer, wie Behörden, Büro-,

---

[1] Drexler, P.: Sammelheizung für Siedlungswohnung. Gesundh.-Ing. 1931 H. 41 S. 609/616.

[2] Neugebauer, F.: Kosten der Wärmelieferung. Bericht über den XIV. Kongreß für Heizung und Lüftung 1935. München und Berlin: R. Oldenbourg. — Faltin, H.: Wärmemeßgeräte in Zentralheizungsanlagen. Haustechn. Rdsch. Bd. 39 (1934) S. 451/455 u. 465/469. — Faltin, H.: Entwicklung der Wärmezählung in Zentralheizungen in den Jahren 1934 und 1935. Gesundh.-Ing. Bd. 59 (1936) S. 273. — Raiss, W.: Der Einfluß der Wärmemengenmessung auf Wärmeentnahme und Brennstoffverbrauch bei Wohnungsblockheizungen. Heizg. u. Lüftg. 1939 H. 5 S. 65/73.

[3] Berlit: Betriebsergebnisse der Blockheizung am Loreleyring in Wiesbaden. Gesundh.-Ing. Bd. 53 (1930) S. 785; Bd. 59 (1936) S. 1. — Schulze, R.: Die Wirtschaftlichkeit von Heizungszentralen für größere Siedlungsbauten. Gesundh.-Ing. Bd. 55 (1932) S. 511 u. 525. — Raiss, W.: Untersuchungen über die Wirtschaftlichkeit zentraler Heizanlagen in Wohnungsbauten. Gesundh.-Ing. Bd. 57 (1934) S. 473/480; Bd. 58 (1935) S. 389 u. 757/761.

[4] Die Städteheizung. Bericht über die vom Verein deutscher Heizungsingenieure e. V. einberufene Tagung 1925 in Berlin. München und Berlin: R. Oldenbourg.

Geschäftshäuser und Industrie[1]. In der Regel sind von letzteren keine guten Wärmepreise zu erzielen, da sie infolge ihrer Größe eigene Sammelheizungen mit wirtschaftlichem Erfolg betreiben können. Ihr Anschluß an die Städteheizung bedingt aber meist sehr lange kostspielige Rohrnetze. Wohnhäuser hingegen besitzen sehr oft die für eine Wirtschaftlichkeit notwendige „Wärmedichte". Die Vorteile der Städteheizwerke gegenüber der Einzelheizung sind die gleichen wie die bereits bei Besprechung der Wohnsiedlungsheizungen erwähnten.

Den Ausgangspunkt für den Entwurf einer Städteheizung bilden entweder die Zahl der vorhandenen und später noch hinzukommenden Wärmeverbraucher sowie die Größe des daraus sich ergebenden Anschlußwertes oder die Nutzbarmachung einer vorhandenen oder neu zu erschließenden Wärmequelle[2]. Die Wahl des Heizsystems hängt dabei im wesentlichen von der Art der in den Gebäuden vorhandenen Einzelheizungen ab. Je nach dem Vorherrschen von Einzelwarmwasser- oder Einzeldampfheizungen wird Warmwasser-, Heißwasser- oder Dampffernheizung zu wählen sein. Vielfach wird der Dampf deshalb zur Fernübertragung vorgezogen, weil dabei neben Dampf- und Warmwasserheizungen auch andere Dampfverbraucher angeschlossen werden können und die den einzelnen Gebäuden gelieferte Wärme mittels Dampf- und Kondenswassermessern sich leicht feststellen läßt. Es sind aber auch brauchbare Wärmezähler für Warmwasserheizung auf dem Markt[3]. Beide Fernheizarten haben aber ihre Vor- und Nachteile, deren Auswirkung im Einzelfall genau geprüft werden muß.

Die Städteheizungen können in der Form reiner Heizwerke oder als Heizkraftwerke gebaut werden. In Amerika herrscht das reine Heizwerk vor, in Europa mehr das Heizkraftwerk. Das reine Heizwerk wird dort am Platze sein, wo auf engem Raum große „Wärmedichte" besteht. Das Heizkraftwerk wird in der Regel dort erstehen, wo durch Einbeziehung eines Heizwerkes in eine Stromerzeugungsanlage bei Verwendung von Zwischendampf oder Abdampf der Wärmewirkungsgrad[4] der Gesamtanlage sich wesentlich verbessern läßt. Während sich das reine Heizwerk dem schwankenden Wärmebedarf auf verschiedene Weise (Änderung der Dampfspannung oder Stoßbetrieb) anpassen kann, treffen im Heizkraftwerk die Spitzen des Kraft- und des Heizbetriebes nur selten zusammen. Diesem Umstand kann durch Wahl der Dampfantriebsmaschine oder durch Einschaltung von sog. Wärmespeichern Rechnung

---

[1] Faltin, H.: Wirtschaftliche und technische Grundlagen der Städteheizung. Haustechn. Rdsch. Bd. 38 (1933) H. 20 S. 266/267. — Pölitz, G.: Die Aufteilung der Kosten bei Heizkraftwerken. Haustechn. Rdsch. Bd. 36 (1931) H. 14 S. 196/200.

[2] Die Städteheizung. Bericht über die vom Verein deutscher Heizungsingenieure e. V. einberufene Tagung 1925 in Berlin. München und Berlin: R. Oldenbourg.

[3] Schilling: Messung der Nutzwärme und Meßinstrumente. Bericht über den XII. Kongreß für Heizung und Lüftung 1927. München und Berlin: R. Oldenbourg. — Moeller, M.: Meßtechnische Überwachung von Städteheizungen. Bericht über den XIII. Kongreß für Heizung und Lüftung 1930 in Dortmund. München und Berlin: R. Oldenbourg.

[4] Reisner: Die Städteheizung in der Energiewirtschaft. Bericht über den XIV. Kongreß für Heizung und Lüftung 1935 in Berlin. München und Berlin: R. Oldenbourg.

getragen werden[1]. Wenn nicht alle bisher erstellten Städteheizungen den Erwartungen hinsichtlich der Wirtschaftlichkeit entsprochen haben, so ist dies zurückzuführen auf zu kostspielige Ausführungsarten (sowohl hinsichtlich der Ausbildung der Zentralen wie der Kanäle), geringe Jahresbelastungsfaktoren, hohe Netzverluste[2], Überschätzung der möglichen Ersparnisse und nicht genügende Berücksichtigung der geschaffenen Bequemlichkeit.

Die bereits erwähnte Fernleitung der Wärme mittels Heißwasser über 100° C nach verschiedenen Verfahren, die gerade in den letzten Jahren vielfach Anwendung gefunden hat, entstand aus dem Bestreben, eine Ermäßigung der Anlage- und Betriebskosten herbeizuführen durch Erhöhung der Temperaturen und des Temperaturunterschiedes und damit Verringerung der umzuwälzenden Wassermenge[3]. Auch bei ihr bestehen der Warmwasser- und Dampfheizung gegenüber Vor- und Nachteile, die bei der Systemwahl bedacht sein müssen[4]. Bei Anwendung der Heißwasserheizung für Gebäude können zur Herabminderung der Temperatur entweder wie bei Dampf Gegenstromapparate Verwendung finden, oder es wird Rücklaufwasserbeimischung erforderlich.

In kohlearmen, wasserkraftreichen Ländern, wie z. B. der Schweiz, haben die Städteheizungen keine Verbreitung gefunden, weil hier die Elektrizität durch hydraulische Kraftwerke erzeugt wird und daher kein Abdampf zur Verfügung steht. Dagegen entstehen an solchen Orten gelegentlich Fernheizungen für Wohngebäude infolge der Abwärmeausnutzung von Müllverbrennungsanstalten, Gaswerken und ähnlichen Betrieben.

Bei dem Einbau einer Heizzentrale für die Fernheizung von Wohnungssiedlungen wird meist auch eine *Fern-Warmwasserversorgung* vorgesehen, auf die beim Abschnitt Warmwasserversorgung noch näher eingegangen wird. Ferner werden neuzeitliche Wohnsiedlungen oft mit einer zentralen Wäschereianlage zum maschinellen Reinigen, Trocknen, Bügeln und Mangeln der Wäsche versehen[5].

Der Wegfall der einzelnen Trockenböden, Waschküchen, Waschherde usw. ist zweifellos ein Vorzug, der auch dem äußeren Bild der Siedlung zugute kommt.

In Abb. 9 ist die Kesselzentrale einer ausgeführten Wohnungsblockheizung dargestellt.

---

[1] MARGOLIS, A.: Wärmespeicherung für Städteheizung. Bericht über den XIII. Kongreß für Heizung und Lüftung 1930 in Dortmund. München und Berlin: R. Oldenbourg.

[2] SCHULZ, E.: Betriebs- und Wirtschaftsergebnisse von Städteheizungen. Bericht zum XIII. Kongreß für Heizung und Lüftung 1930 in Dortmund. München und Berlin: R. Oldenbourg.

[3] ALMENRÖDER, E.: Heißwasserheizung und Wärmespeicherung. Bericht über den XIV. Kongreß für Heizung und Lüftung in Berlin. München und Berlin: R. Oldenbourg. — WIERZ, M.: Die Heißwasserheizung. Gesundh.-Ing. Bd. 59 (1936) Nr 18 S. 245/248.

[4] KAISER, F.: Dampf oder Heißwasser als Wärmeträger. Heizg. u. Lüftg. 1936 Nr 6 S. 95/98.

[5] GIOVANNINI, G.: Die wärmetechnischen Einrichtungen der Wohnhaussiedlung Neudorf. Gesundh.-Ing. Bd. 53 (1930) H. 1 S. 1/8.

Die Zentralisierung der wärmetechnischen Einrichtungen einer Siedlung bedingt meist eine entsprechende Aufteilung der Kesselanlage nach einem Warmwasserteil für die Heizung und einem Dampfteil für die Wäscherei, Warmwasserversorgung evtl. auch für die Kesselspeisepumpen und die Antriebsturbinen der Umwälzpumpen.

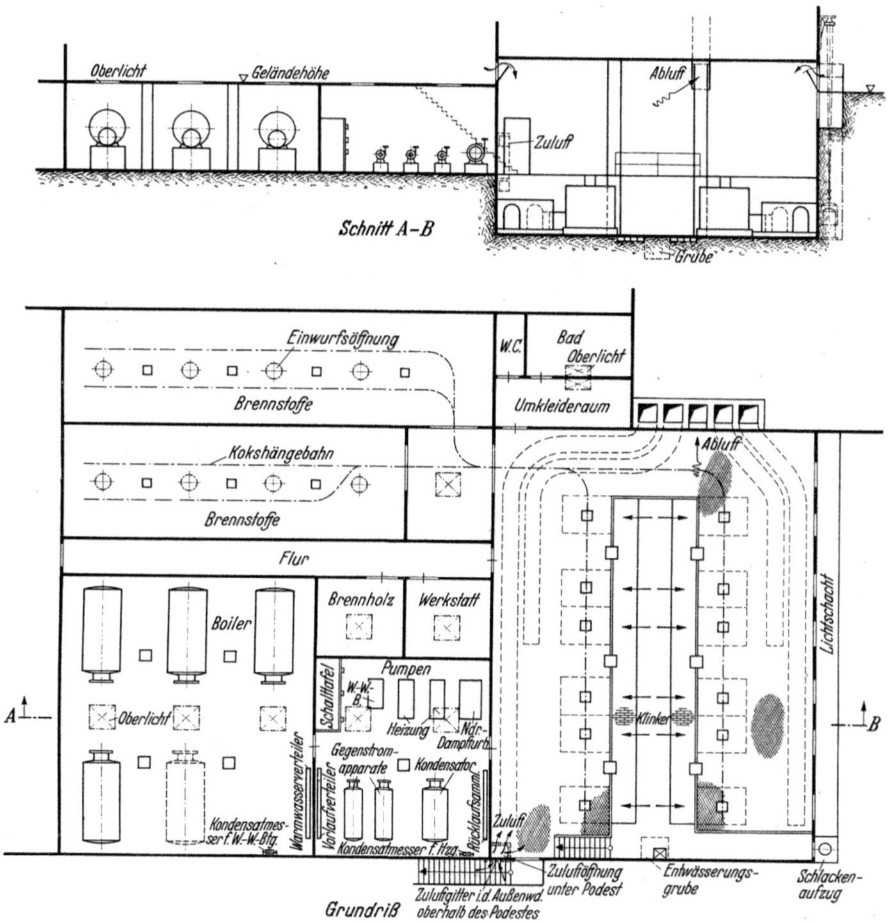

Abb. 9. Heizzentrale mit einer Niederdruck-Dampfkesselanlage und Gegenstromvorwärmern für die Warmwasser-Pp.-Heizung eines Wohnblocks von 500 Wohnungen.

Weiteres Schrifttum über Städte- u. Wohnblockheizungen:

Über amerikanische Städteheizung siehe u. a.:

SCHULZ, E.: Städteheizungen in Amerika. Z. VDI 1926 S. 1511. — Ferner: Gesundh.-Ing. 1925 S. 45 u. 46, 239, 260.

Zahlreiche Literaturangaben über Städteheizungen sind zu finden im Gesundh.-Ing. 1925 S. 60.

SCHILLING, H.: Die Städteheizung. Gesundh.-Ing. 1925 S. 239, 357.

Die Städteheizung. Bericht über die vom Verein deutscher Heizungsingenieure e. V., Bezirk Berlin, einberufene Tagung vom 23. und 24. Oktober 1925. München und Berlin: R. Oldenbourg.

SCHILLING, H.: Kranke Fernheizanschlüsse. Gesundh.-Ing. 1935 S. 677; 1936 S. 21.
Bauvorschriften für Fernheizwerke. Gesundh.-Ing. 1936 S. 761/765.
Technische Richtlinien für den Bau von Fernheizleitungen. Gesundh.-Ing. 1937 S. 270.
Fernheizkanäle. Gesundh.-Ing. 1938 S. 189.
RAMSPECK: Das Fernheizwerk der Stadt Schwerin unter Verwertung der Abwärme von 5 Dieselmaschinen von zusammen 2070 PS. Zbl. Bauverw. 1925 S. 521 — Notiz im Gesundh.-Ing. 1925 S. 636.
HOTTINGER: Heizung und Lüftung. Abschnitt Fernheizung. München und Berlin: R. Oldenbourg.
REINECK, K.: Das Heizkraftwerk Barmen. Gesundh.-Ing. 1926 S. 469 (s. a. Gesundh.-Ing. 1924 S. 115).
Baugenossenschaftliche Fernheizung und zentrale Warmwasserbereitung in Salzwedel. Gesundh.-Ing. 1927 S. 219.
SCHIEL, J.: Die Fernheizung der Stadt Zittau in Mähren. VDI-Mitt. 1927 S. 123.
MARGOLIS: Grundlagen der Städteheizung. Bericht über den XII. Kongreß für Heizung und Lüftung 1927. München und Berlin: R. Oldenbourg.
SCHULZ, E.: Städteheizungen im Anschluß an Kraftwerke. Bericht über den XII. Kongreß für Heizung und Lüftung 1927. München und Berlin: R. Oldenbourg.
SCHULZ, E.: Öffentliche Heizkraftwerke und elektrische Wirtschaft in Städten. Berlin: Julius Springer.
VÉRON, M.: Technik und Wirtschaft der Städteheizung. Techn. mod. 1927 S. 385 — Génie civ. 1927 S. 179.
BAUDOT, M.: Die Stadtheizung von Paris. Génie civ. 1927 S. 618.
ROSE, H.: Die Wirtschaftlichkeit ausgeführter Städteheizungen und Heizungskraftwerke in kritischer Beleuchtung. Gesundh.-Ing. 1930 S. 817. — Erwiderungen. Gesundh.-Ing. 1931 S. 283/285.
JOST: Fernheizwerk Halle. Gesundh.-Ing. 1931 S. 33.
RESCHKE: Die Dresdner Stadtheizung. Gesundh.-Ing. 1935 S. 261.
GOERKE, H.: Die Entwicklungsmöglichkeiten der Großstadtbeheizung. Heizg. u. Lüftg. 1936 H. 4 S. 65.
GOERKE, H.: Amerikanische Stadtheizwerke. Z. VDI Bd. 80 (1936) S. 1519.
Vorträge der Fachsitzung „Fernleitung der Wärme" des Vereins deutscher Heizungsingenieure, gehalten auf der Hauptversammlung 1936 in Darmstadt. Erweiterter Sonderdruck aus dem Berichtswerk der 74. VDI-Hauptversammlung in Darmstadt 1936. Berlin: VDI-Verlag.
SCHULT: Heizdampflieferung durch öffentliche Fernheizwerke. Z. VDI Bd. 80 (1936) S. 1027.
GRAF, R.: Das Brünner Kraftheizwerk der westfälischen Elektrizitätswerke. Gesundh.-Ing. Bd. 59 (1936) H. 8 S. 101/103.
BERLIT: Zentralheizung und Warmwasserversorgung für Klein- und Mittelwohnungen in Wiesbaden. Bericht über den XII. Kongreß für Heizung und Lüftung 1927. München und Berlin: R. Oldenbourg.
ARNOLDT: Heizung, Warmwasser-, Luft-, Gas-, Wasser- und Stromversorgung der neuen Klein- und Mittelwohnung und ihre Wirtschaftlichkeit. Gesundh.-Ing. 1928 S. 353.
SMOLINSKI, H.: Städteheizung mittels Gas oder Wasser? Gesundh.-Ing. 1928 S. 506.
SCHMIDT, O.: Betriebskosten und Verteilung der Betriebskosten für Heizung und Warmwasserversorgung in einem größeren Baublock. Haustechn. Rdsch. 1931 H. 1 S. 2/5; H. 2 S. 15/17.
SCHMIDT, O.: Kurze kritische Betrachtung der wärmetechnischen Einrichtungen jetzt üblicher Bauart in großen Siedlungen. Haustechn. Rdsch. 1933 H. 14 S. 179.
BIRKNER: Wärmewirtschaft im Siedlungsbau. Haustechn. Rdsch. 1931 H. 24 S. 345.

d) Gasheizung. Gasheizung kommt für Wohnräume in Form von Gaseinzelöfen und Gaszentralheizung in Frage.

Wenn auch ganz allgemein die Vorteile der Gasheizung, wie Sauberkeit des Betriebes, einfache und bequeme Handhabung, jederzeitige Betriebsbereitschaft, hohe Brennstoffausnutzung, große Anpassungsfähigkeit an den jeweiligen Wärmebedarf usw. die weiteste Ausbreitung dieser Heizart für Wohnräume rechtfertigen würden, so stehen ihrer Anwendung in vielen Fällen, vornehmlich bei Dauerheizung und als alleinige Heizmöglichkeit die verhältnismäßig hohen Gaskosten entgegen, es sei denn, daß die genannten Vorteile im Einzelfall von besonderer oder gar ausschlaggebender Bedeutung sind (s. auch Preisvergleich unter Abschnitt „A. Allgemeines").

Der heutige Gaseinzelofen kann aber zweifellos wirtschaftlich betrieben werden als Aushilfsheizung in der Übergangszeit, als Gelegenheitsheizung zur schnellen Aufheizung vorübergehend benutzter Räume oder als Zusatzheizung zur Deckung von Spitzenwärmebedarfen bei normalerweise mit Koks betriebenen Zentralheizungen. In Badezimmern dienen bisweilen entsprechend gebaute Gasbadeöfen auch zum Heizen der Räume, oder es werden besondere kleine Wandgasheizkörper aufgestellt. Trotz des besonderen Vorteils der Gaseinzelheizung bei Wohnungsbeheizung, der, wie oben gesagt, in der guten Anpassung an die für die verschiedenen Räume zu verschiedenen Tageszeiten notwendigen verschiedenen Wärmebedarf besteht, darf aber nicht unbeachtet bleiben, daß die einwandfreie Abführung der Abgase sowohl im Neubau wie auch im Altbau erhebliche Schwierigkeiten bereiten kann, ganz abgesehen davon, daß der Einzelheizkörper trotz der geschlossenen Verbrennungskammer eine aufmerksamere Beobachtung notwendig macht als ein normaler Zentralheizungskörper[1]. Durch Anwendung von besonderen Baumaterialien, z. B. Asbestzement für die Abgaskamine und sonstige einwandfreie Ausführung und Lage des Kamins kann der gefürchteten Durchfeuchtung der Kaminwände und dem Rücktritt von Abgasen in den Raum insbesondere bei kalt liegenden Kaminen wirkungsvoll begegnet werden. Die Kosten für einwandfreie Abgaskamine können oftmals einen bestimmenden Einfluß beim Vergleich der Anlagekosten einer Gaseinzelheizung mit denen einer Kokszentralheizung ausüben. Sie dürfen demnach nicht vernachlässigt werden. Wo aus architektonischen Gründen die Unterbringung von Einzelkaminen für die Einzelgasheizkörper unmöglich ist, können mehrere Kamine in einem Block zusammengefaßt und die Abgase mittels Lüfter ins Freie befördert werden. Die Anwendung des Lüfterbetriebes bedeutet allerdings wieder eine Erhöhung der Betriebskosten und eine Betriebserschwernis infolge der Abhängigkeit von dem Betrieb des Lüfters.

Die Gaszentralheizung, darunter versteht man eine Warmwasser- oder Dampfheizung, deren Kessel mit Gas betrieben werden, hat auch für Wohngebäude Anwendung gefunden. Dabei benutzt man entweder gußeiserne Koksgliederkessel und versieht sie mit Gasbrennern[2], oder aber man verwendet Sonderkessel für Gas, die im Laufe der vergangenen Jahre in großer Zahl entwickelt worden sind. Für den Umbau von Kokskesseln in Gaskessel kommen nur größere Kessel in Frage, nicht

[1] Marx, W.: Zentralheizung mit Gasfeuerung. Gesundh.-Ing. 1930 H. 3 S. 34.

[2] Jantzen, W., u. G. Klatte: Die Umstellung gußeiserner Gliederkessel auf Gasheizung. Gesundh.-Ing. 1933 Nr. 48 S. 565.

die Kleinkessel[1]. Wenn auch die größere Wirtschaftlichkeit in der Ausnutzung des Gases in der Regel beim Sonderkessel liegt, so ist der Brennereinbau in Kokskessel billiger und ermöglicht die jederzeitige verhältnismäßig einfache Umstellung auf Koksbetrieb.

Die Vollbeheizung von Wohnungsgebäuden durch Gaszentralheizung ist in größerem Umfange nur dort zu verwirklichen, wo eine entsprechende Tarifgestaltung und eine laufende Überwachung der Anlagen dies ermöglicht[2].

Dagegen bietet die Aufstellung von Gaszusatzkesseln für die Übergangszeit und zur Deckung von Heizspitzen in Einfamilienhäusern mit Vollheizung durch Kokszentralheizung ein Feld wirtschaftlicher Verwendung von Heizgas. Denn bekanntlich sind gerade die Klagen bezüglich Unter- bzw. Überheizungen bei Koksheizungen in der Übergangszeit am größten.

Es empfiehlt sich, den Gaszusatzkessel in seiner Wärmeleistung auf etwa ein Drittel der Hauptkesselanlage für Koks festzulegen[3].

Ein besonderes Gebiet stellen auch die gasbeheizten Stockwerkszentralheizungen dar. Sie gleichen den Nachteil der Koks-Stockwerks heizung wieder aus, d. h. sie vermeiden die der Koksheizung eigene Staub- und Aschebildung in der Wohnung. Verschiedentlich sind auch zentrale Gaswarmwasserheizungen für Kleinwohnungen erstellt, bei denen der im meistbenutzten Zimmer stehende Radiator als Kessel ausgebildet ist (Darmstädter Radiator: „Dariator“)[4].

Hinsichtlich der Abgaskaminfrage gilt bei der Gaszentralheizung das gleiche wie bei der Gaseinzelofenheizung ausgeführte.

Zur Vervollständigung kann kurz noch die verschiedentlich erhobene Frage berührt werden, ob nicht die immer mehr um sich greifende Gasfernversorgung in scharfen Wettbewerb zu der üblichen Städteheizung mittels Dampf oder Warmwasser treten wird. Da die Preise je m^3 Gas oder Tonne Dampf bei dieser Entscheidung von erheblichem Einfluß sind, läßt sich diese Frage nicht allgemein, sondern nur für den jeweiligen Fall beantworten. Vorläufig herrscht die Ansicht vor, daß das Ferngas nicht in scharfen Wettbewerb mit der Fernheizung treten, sondern daß eine wünschenswerte Ergänzung an solchen Stellen ermöglicht wird, wo eine weitere Ausbreitung eines vorhandenen Fernheiznetzes unwirtschaftlich erscheint[5].

Ganz allgemein muß nochmals gesagt werden, daß die Zweckmäßigkeit und Wirtschaftlichkeit der Gasheizung von zahlreichen Gesichts-

---

[1] DIETRICH, H.: Neuzeitliche Gasheizungsanlagen. Gesundh.-Ing. 1937 Nr 45 S. 677.

[2] BAUSER: Gaszentralheizungen. Mitt. der Abteilung „Kundendienst“ der Technischen Werke der Stadt Stuttgart. Gesundh.-Ing. 1937 Nr 36 S. 554/557.

[3] KÖRTING, J.: Gasheizung. Bericht über den XIV. Kongreß für Heizung und Lüftung 1935 in Berlin. München und Berlin: R. Oldenbourg.

[4] BUNTE, K., u. A. SCHNEIDER: Untersuchungen über den Darmstädter Radiatorgasheizofen „Dariator“. Gas- u. Wasserfach 1928 S. 59. Notiz im Gesundh.-Ing. 1928 S. 313.

[5] ALBRECHT, A.: Gasheizung. Bericht über den XIII. Kongreß für Heizung und Lüftung 1930 in Berlin. München und Berlin: R. Oldenbourg.

punkten, wie Güte der Ausführung, Dauer der täglichen Volleistung, Anordnung von Raumtemperaturfühlern, mittlerer Wintertemperatur usw., abhängt und daß die Bedingungen für die Zweckmäßigkeit an verschiedenen Orten sehr verschieden liegen.

In Amerika z. B. bildet die in Öfen und Zentralheizkesseln allgemein verwendete backende, schlackenbildende, stark rauchende „Softcoal“ ein sehr unangenehmes Brennmaterial, von dem sich der Amerikaner mit allen Mitteln zu befreien sucht. Die bei uns verbreitete angenehme Koksfeuerung ist dort verhältnismäßig selten anzutreffen. Das ist ein Hauptgrund, warum Öl- und Gasfeuerung sowie auch die Städteheizungen im Lade der unbegrenzten Möglichkeiten einen so außerordentlich großen Aufschwung genommen haben. Zudem ist der Amerikaner gern bereit, für jede Art Annehmlichkeit höhere Preise zu bezahlen. In dieser Hinsicht ist die Mentalität wesentlich anders als in Europa. Und schließlich verfügt Amerika an gewissen Orten über bedeutende Erdgasquellen, die die Gasfeuerung für Heizzwecke dort geratener erscheinen lassen.

Weiteres Schrifttum über Gasheizung:

Strache, H.: Die Verwendung von Gas für Beheizung von Gebäuderäumen. Gesundh.-Ing. 1925 S. 73. Auch erschienen im Bericht über den XI. Kongreß für Heizung und Lüftung 1924.

Vocke, W.: Die heutige Stellung des Zentralheizungsfachmannes zur Gasheizung. Gesundh.-Ing. 1925 S. 78.

Mirbach, A.: Zentralheizkessel mit Gasfeuerung. Gesundh.-Ing. 1926 S. 555.

Nuss: Die Raumheizung mit Gas. Besprechung des „Darmstädter Radiators“. Gas- u. Wasserfach 1926 S. 625. Referat im Gesundh.-Ing. 1926 S. 722.

Kaiser: Über die Betriebskosten der Dauerheizung mit Gas. Gas- u. Wasserfach 1929 H. 29 S. 725 [s. auch Gesundh.-Ing. Bd. 53 (1930) S. 127].

Gas-Sonderheft der Haustechn. Rdsch. 1932 H. 4 S. 49ff.

Hottinger, M.: Raumheizung mittels Einzel-Gasheizofen. Gesundh.-Ing. Bd. 56 (1933) S. 434.

Barsch: Sammelheizung mit Gasfeuerung. Z. VDI Bd. 79 (1935) S. 1565.

Heft, Fr.: Gasgefeuerte Kessel für Sammelheizung. Gesundh.-Ing. 1937 H. 36 S. 549.

e) Elektrische Heizung. Die Vorzüge der elektrischen Wohnraumheizung sind zweifellos nicht gering. Die Bedienungsersparnis, die Rauchlosigkeit, die Bequemlichkeit und der Fortfall von besonderen Brennstoffräumen einerseits, sowie der architektonisch wertvolle Wegfall der Schornsteine, die wirtschaftlich wichtige, leichte, selbsttätige Regelung und die bei Heizstromentnahme mögliche Verbilligung des sonstigen Stromverbrauchs andererseits lassen diese Heizungsart als geradezu ideal erscheinen.

Jedoch gilt das, was bei der Besprechung der Gasheizung für Wohngebäude bezüglich der begrenzten Verwendbarkeit gesagt wurde, in noch höherem Maße für die elektrische Raumheizung.

Der hohe Wärmepreis für die elektrische Heizung, der auch unter günstig gelagerten Verhältnissen noch das 2,5—9fache des Wärmepreises von Kokszentralheizungen ausmacht, berechtigt zu der Ansicht, daß die elektrische Vollbeheizung für Wohnungen und Wohnhäuser in absehbarer Zeit die üblichen Heizungsarten kaum verdrängen wird, auch nicht in wasserkraftreichen Ländern[1]. Das ist weiterhin für diese Länder auch dadurch begründet, daß nachgewiesenermaßen der Bedarf an Raumwärme bei weitem nicht durch die aus der Wasserkraft gewinnbaren Strommengen befriedigt werden kann.

Wie im Abschnitt ,,A. Allgemeines" gezeigt wurde, erfordert elektrische Heizung, wenn sie als ausschließliche Heizart verwendet wird, hohe Anschlußwerte. Zudem weist sie stark schwankenden Strombedarf auf und stellt die größten Anforderungen im Winter, wenn die Wasserkräfte am kleinsten sind, weshalb die Elektrizitätswerke kein Interesse daran haben, ihre Verbreitung stark zu fördern.

Eine Ausnahme machen evtl. nur elektrische Heizungen in solchen Gebäuden, denen eigene Wasserkräfte zur Ausnutzung zur Verfügung stehen.

Im allgemeinen aber wird die elektrische Heizung, wirtschaftlich betrachtet, nur als zusätzliche Wohnraumheizung, z. B. für Übergangszeiten, in Frage kommen. Hier kann sie gute Dienste leisten.

Als Heizarten kommen dabei in Betracht: Heizöfen mit unmittelbarer Wärmestrahlung elektrisch geheizter Widerstände, sog. Stecköfen, elektrisch beheizte Wärmespeicher, gewöhnliche Warmwasserspeicher an Stelle der sonst üblichen Heizkessel und neuerdings auch die sog. elektrischen ,,Flächenheizungen". Die erste Heizart eignet sich wegen des hohen Anschlußwertes und der Kosten nicht für die Beheizung großer Räume, wenn nicht die besonderen Vorteile, wie leichte Versetzbarkeit und Auf- und Abheizen ohne Wärmeverlust usw., ausschlaggebend sind[2]. Die Wärmespeicherung kann entweder in örtlichen elektrisch geheizten Warmwasserheizkörpern oder besonderen Speicheröfen, die mit Schaltuhr ausgerüstet sein müssen, erfolgen, oder bei zentraler Warmwasserheizung in Großspeichern. Letztere Heizart erfordert jedoch höhere Anlagekosten und mehr Raum[3].

Die Wärmespeicherung kann auf wirtschaftliche Weise nur erfolgen, wenn die Heizstromlieferung des Elektrizitätswerkes außerhalb der Hauptbelastungszeiten, also hauptsächlich zur Nachtzeit, erfolgt.

Eine Schwierigkeit bei den in einzelnen Räumen aufgestellten Speicheröfen liegt in der geringen Regelfähigkeit der Wärmeabgabe und in den meist hohen Installationskosten. Um mit Speicheröfen einwandfreie Verhältnisse erzielen zu können, ist wichtig, daß sie außer nachts auch tagsüber während 1 oder $1^1/_2$ Stunden mit billigem Strom nachgeheizt werden können, weil sonst die Raumtemperatur bis zum späteren Abend zu tief sinkt oder sich bei Verwendung von Hochtarifstrom die Kosten übermäßig hoch stellen.

Als elektrische ,,Flächenheizungen" werden die vereinzelt installierten elektrischen Decken- und Fußbodenheizungen bezeichnet. Für diese

---

[1] Hottinger, M.: Elektrische Heizung. Gesundh.-Ing. Bd. 53 (1930) H. 13 S. 193/194.

[2] Rahm, Lucien: Die Anwendung der Elektrizität für die häusliche Heizung. Chauff. et Vent. Bd. 10 (1933) Nr 4 S. 92/94.

[3] Rhodes, F., u. P. Reed: Elektrische Wärmespeicherung. I. Inst. Heat. a. Ventil. Engr. Bd. 4 (1936) H. 42 S. 258/268.

Heizungsart sind technisch bereits durchaus brauchbare Lösungen gefunden worden. Besonders bemerkenswert ist die Verwendung elektrisch beheizter Sperrholzplatten (sog. Stuwaplatten) für Decken- und Wandvertäfelung, sowie der Gebrauch von Leichtbauplatten mit Bleimantelheizkabeln, die an der Decke angebracht und verputzt werden[1]. Als Ausführungsart für die Fußbodenheizung werden z. B. dünne Heizgewebe verwendet, die unmittelbar unter dem Linoleum liegen und über einen Umspanner Strom mit niedriger, ungefährlicher Spannung erhalten[2].

Gewisse Vorzüge dieser elektrischen Flächenheizungen, wie keine Korrosionsgefahr, einfache Montage usw., lassen sie aussichtsreich erscheinen. Auch hier sind jedoch die Höhe der Anlage- und Stromkosten meist von ausschlaggebender Bedeutung. Die zur Zeit vorliegenden Angaben über Wärmeersparnisse usw. bedürfen noch weiterer Bestätigung durch Ergebnisse an ausgeführten Anlagen.

In diesem Zusammenhang ist der Hinweis erforderlich, daß für die Wirtschaftlichkeit der elektrischen Wohnraumbeheizung bei den hohen Wärmekosten eine wärmetechnisch günstige Ausbildung der Raumbegrenzungswände und Fenster von besonderer Bedeutung ist. Durch zweckentsprechende Isolierung der Außenwände und Verwendung von Doppelfenstern lassen sich erhebliche Stromeinsparungen erzielen[3].

In der Schweiz und in anderen Ländern mit bedeutenden hydraulischen Kraftanlagen hat die elektrische Warmwasserbereitung große Verbreitung erlangt (s. den nachfolgenden Unterabschnitt B), und auch die elektrischen Kochherde machen rasche weitgehende Fortschritte; bezüglich der Kosten des Kochens mit Gas und Elektrizität sind weitergehende Untersuchungen angestellt worden. Gleichheit hat sich ergeben, wenn die Kilowattstunde etwa ein Drittel soviel kostet wie 1 m³ Gas. Ferner haben Erhebungen bei über 1100 schweizerischen Familien des Mittelstandes während eines ganzen Jahres bezüglich elektrischen Kochens ohne Warmwasserapparat zu folgenden mittleren Zahlen geführt:

Für Familien von	2	3	4	5	6 Personen
ist der mittlere monatl. Stromverbrauch	84	104	117	128	138 kWh

Wird das warme Wasser statt auf dem Kochherd in einem Warmwasserapparat erzeugt, so verringert sich der Kochstromverbrauch um etwa 10—20%.

[1] KIND, W.: Elektrische Raumheizung. Bericht über die 3. Zusammenkunft der technischen Sachbearbeiter für industrielle Elektrowärme der Wirtschaftsgruppe Elektrizitätsversorgung. Heizg. u. Lüftg. Bd. 12 (1938) H. 1 S. 13 — Elektrowärme Bd. 7 (1937) H. 8 — Elektrizitätswirtsch. Bd. 36 (1937) Nr 23.

[2] JASPERS, B.: Elektrische Raumheizung durch milde Wärmestrahlen. Gesundh.-Ing. Bd. 61 (1938) H. 6 S. 73/78 — Ein neues elektrisches Raumheizverfahren. Gesundh.-Ing. Bd. 61 (1938) H. 12 S. 157/160.

[3] CAMMERER, J. S., u. H. KRAUSE: Die Wirtschaftlichkeit elektrischer Raumheizung — eine Frage der Wandkonstruktion. ETZ Bd. 54 (1933) H. 27 S. 652/653.

Weiteres Schrifttum über elektrische Heizung:

HOTTINGER, M., u. A. IMHOF: Elektrische Raumheizung. Zürich, Staufacherquai: Fachschriftenverlag u. Buchdruckerei AG. Auszug im Bericht über den XI. Kongreß für Heizung und Lüftung 1924. Gesundh.-Ing. 1924 S. 549.

HEEPKE, W.: Die elektrische Raumheizung. Halle a. d. S.: C. Marhold.

WIEDEMANN, T.: Möglichkeiten der elektrischen Raumheizung in Deutschland. Bericht über den XI. Kongreß für Heizung und Lüftung 1924. Gesundh.-Ing 1925 S. 227.

LIER, H.: Über die Möglichkeiten der Verwendung von Elektrizität zu Heizzwecken in der Schweiz. Schweiz. Bl. Heizg. u. Luftg. 1936 Nr 2 S. 19.

SCHULZ, W.: Was soll der Heizungsfachmann von der elektrischen Heizung wissen? Haustechn. Rdsch. Bd. 41 (1936) H. 12 S. 171.

f) Ölfeuerung. Diese hat ganz allgemein und im besonderen auch für die Wohnungsheizungen in Amerika starke Verbreitung gefunden[1]. Die außerordentlich großen Ölvorkommen und die dadurch ohne weiteres erzielbare Wirtschaftlichkeit begründen diese umfangreiche Verwendung. Auch in Holland und in der Schweiz kommen Ölfeuerungen zahlreicher vor, da dort sowohl Öl wie Koks Einfuhrerzeugnisse sind und eine Wettbewerbsfähigkeit dadurch möglich ist. In Deutschland waren trotz der Entwicklung brauchbarer Teerölbrennerkonstruktionen[2] der Einführung der Ölfeuerung von vornherein Grenzen gezogen durch die hohe Kokserzeugung und den verhältnismäßig geringen Umfang der Ölgewinnung sowie durch die hohen Einfuhrzölle. Eine wirtschaftliche Verfeuerung selbst unter Verwendung der Teeröle ist hier kaum zu erreichen oder nur dann, wenn die Kosten für Bedienung ganz oder größtenteils entfallen. Da sich trotzdem auch in Deutschland die Anwendung der Ölheizung aus Gründen der Sauberkeit, Bequemlichkeit und Anpassungsfähigkeit einführte, wurden von der Stadt Berlin Richtlinien über Zentralheizungen mit Ölfeuerung herausgegeben. Auch die Stadt Wien hat derartige Bestimmungen aufgestellt[3].

Soweit es sich um die Wohnungsbeheizung handelt, muß jedoch beachtet werden, daß die Brenner, Regler und Preßlufterzeuger auf die Dauer aufmerksame und sachgemäße Unterhaltung bedingen, was bei großen Anlagen, z. B. Zentralanlagen von Häuserblocks und Siedlungen mit entsprechendem Bedienungspersonal von untergeordneter Bedeutung ist, für den Hausgebrauch jedoch zu Schwierigkeiten führen kann. Zudem erfordern die Preßluftverdichter meist einen ziemlich hohen Stromverbrauch, auch macht sich bei manchen Ölfeuerungsarten ein störendes

[1] Gesundh.-Ing. 1927 S. 740; ferner die Notiz: Die neue Ölfeuerung „Oil-O-Matic“ für Gebäudeheizung. Gesundh.-Ing. 1927 S. 710. — MENGERINGHAUSEN: Amerikanische Ölfeuerungen für Wohnungsheizungen. Z. VDI Bd. 74 (1930) S. 604. — WILKE, W.: Die Ölfeuerung in Zentralheizungen. Bericht über den XIII. Kongreß für Heizung und Lüftung 1930 in Dortmund. München und Berlin: R. Oldenbourg. — Neue Amerikanische Haushaltölfeuerung. Gesundh.-Ing. Bd. 56 (1933) Nr 30 S. 356/358.

[2] SCHÜLE, W.: Versuche mit Steinkohlenteeröl an Heizungskesseln. Gesundh.-Ing. Bd. 53 (1930) H. 46 S. 738.

[3] Richtlinien für Zentralheizungen mit Ölfeuerung der Stadt Berlin vom 25. I. 1932. Heizg. u. Lüftg. 1932 Nr 3 S. 38, sowie Kalender für Gesundheits- und Wärmetechnik, Ausgabe 1939, S. 354. — Auszug aus den Bestimmungen der Stadt Wien über Errichtung und Betrieb von Ölfeuerungsanlagen.

Geräusch und ein unangenehmer Geruch bemerkbar. Man hoffte, die Lösung für Kleinfeuerungen in den sehr einfachen, motorlosen Verdampfungsbrennern (z. B. System BECKER[1]) gefunden zu haben, doch haben sich diese Einrichtungen der zeitweilig auftretenden starken Rauchentwicklung sowie der sich bildenden Ölkoksrückstände wegen ebenfalls nicht bewährt (Erfahrungen mit zahlreichen solchen Anlagen sind namentlich in St. Gallen, Schweiz, gemacht worden).

Weiteres Schrifttum über Ölfeuerung:

WRIGHT, E. W.: Ölheizung im Westen der Vereinigten Staaten von Nordamerika. Heat. a. Ventilat. Mag. 1924 S. 41. Kurze Notiz im Gesundh.-Ing. 1925 S. 166.

HORNUNG, C. J.: Untersuchungen an einer ölbeheizten Zentralheizung für ein Einzelhaus. Heat. a. Ventilat. Mag. 1924 S. 56. Kurze Notiz im Gesundh.-Ing. 1925 S. 166.

Gebr. Sulzer, AG.: Ölfeuerung für Zentralheizungen. Gesundh.-Ing. 1924 S. 439.

KÖRTING, J.: Ölfeuerung für Zentralheizungen in Deutschland. Gesundh.-Ing. 1926 S. 348.

Ehlers u. Plambeck. G. m. b. H.: Ölfeuerungsanlagen für Zentralheizungen und Industrie. Gesundh.-Ing. 1926 S. 525.

LANG, A.: Über Ölfeuerungen und Beschreibung einiger Anlagen in Holland. Gesundh.-Ing. 1926 S. 550.

HEIMANN, H.: Eignet sich die Ölfeuerung in ihrer jetzigen Ausführung zum Einbau in Zentralheizungs- und Dampfkessel? Rauch u. Staub 1930 Nr 7 S. 70/71.

GREBEL: Ölfeuerungen im Zentralheizungsbetrieb. Chal. et Ind. vom 22. I. 1931.

QUAPPE, E.: Automatische Ölfeuerung für Zentralheizungsanlagen. Gesundh.-Ing. Bd. 55 (1932) Nr 48 S. 571/573, sowie Erwiderung hierzu: Gesundh.-Ing. Bd. 56 (1933) Nr 8 S. 90/91.

VOIGT, H.: Ölfeuerungen zur Raumheizung. Arch. Wärmew. Bd. 13 (1932) Nr 3 S. 75/76.

DZUAU, M. J.: Technische Betrachtungen über Zentralheizung mit Schwerölen. Chauff. et Vent. Bd. 9 (1932) Nr 2 S. 21/27 [s. auch Gesundh.-Ing. Bd. 56 (1933) Nr 6 S. 70].

HÖHNER, C.: Neue amerikanische Haushaltölfeuerung. Gesundh.-Ing. Bd. 56 (1933) Nr 30 S. 357.

SCHMIDT, R.: Was muß beim Einbau von Ölfeuerungen in Heizungskessel berücksichtigt werden? Haustechn. Rdsch. Bd. 40 (1935) H. 7 S. 97/100.

RATHKE, H.: Zentralheizung mit Ölfeuerung. Haustechn. Rdsch. Bo. 40 (1935) H. 11 S. 159/162.

SETZ, M.: Ölfeuerung für Gebäudeheizung. Gesundh.-Ing. Bd. 61 (1938) H. 21 S. 281.

g) Garagen- und Tankstellenheizung. Die Notwendigkeit der Beheizung der Garage bedeutet für den privaten Autobesitzer in der Regel eine starke finanzielle Belastung und bringt manche Unannehmlichkeit mit sich. Es wird deshalb vielfach versucht, die Gesamtbeheizung dadurch zu vermeiden, daß man entweder Kühler und Zylinder durch Decken einhüllt oder daß man das Kühlwasser aus Kühler und Zylinder abläßt oder daß man dem Kühlwasser irgendwelche Mittel zur Herabminderung des Gefrierpunktes zusetzt (Glyzerin, Alkohol, „Reinhartin") oder daß man schließlich mittels gewisser einfachster Heizeinrichtungen nur die empfindlichen Teile des Motors gegen Einfrieren schützt[2].

---

[1] HOTTINGER: Ölfeuerung bei Dampfkesseln und Zentralheizungen. Schweiz. Bauztg. 1924 S. 44.

[2] FICHTL: Heizung, Lüftung und Warmwasserversorgung in Garagen. Heizg. u. Lüftg. Bd. 30 (1931) H. 9 S. 176/181.

Diese Maßnahmen sind jedoch durchweg Hilfslösungen, die einen restlosen Schutz nicht gewähren, wohl aber zu oft nicht genügend vorbedachten Störungen und Schädigungen führen können. Das Einhüllen schützt je nach Art der Decken nur für kurze Zeit, das Ablassen des Kühlwassers ist oft nicht vollkommen möglich, auch kann beim späteren Wiederauffüllen des kalt gewordenen Kühlers mittels Kaltwasser Eisbildung eintreten und bei Verwendung heißen Wassers Rißbildung. Der Zusatz von Unterkühlungsmitteln zum Wasser kann je nach Art der angewendeten Mittel zu Korrosionserscheinungen oder Verkrustungen führen.

Aus diesen Gründen sind zweifellos Sonderheizeinrichtungen für das Kühlwasser bzw. den Motor, die am Kühler oder unter der Motorhaube angebracht werden, bei nicht zu großer Kälte erfolgversprechender. Dabei wird die Wärme entweder auf chemischem Wege oder mittels explosionssicherer Benzinlampen oder auf elektrischem Wege erzeugt. Mit Erfolg ist auch für die nach dem Thermosyphonprinzip arbeitenden Motorkühlungen, der Anschluß des Kühlers an die Vor- und Rücklaufleitungen der Wohnhauswarmwasserheizung mittels absperrbarer Metallschläuche, versucht worden.

Zu beachten ist in diesem Zusammenhang, daß auch die luftgekühlten Motore mit Rücksicht auf das bei tieferen Temperaturen beginnende Verdicken des Schmieröles ohne eine zusätzliche Erwärmung an sehr kalten Tagen nicht auskommen.

Alle bisher genannten Heizeinrichtungen können jedoch nicht als wirklich ausreichend bezeichnet werden. Bei längerem Verbleiben der Wagen in der ungeheizten Garage leiden auch durch Feuchtigkeitseinflüsse die hierfür empfindlichen Teile der Wagen. Auf eine Gesamtbeheizung der Garage kann deshalb auf die Dauer im Interesse des Wagenbesitzers kaum verzichtet werden.

Hierfür sind ausschließlich feuersichere Heizarten zu verwenden, wobei zu beachten ist, daß in der Garage keine Feuerstellen und auch keine Heizkörper mit so hohen Oberflächentemperaturen vorhanden sein dürfen, daß Selbstzündungsgefahr für die Dämpfe der Betriebsstoffe besteht. Die Bestimmungen über die zulässigen Heizungsarten waren bis vor wenigen Jahren noch sehr uneinheitlich. In Deutschland sind jedoch im Jahre 1932 vom Reichsverkehrsministerium im Einvernehmen mit den Ländern, maßgebenden Instituten und Verbänden einheitliche Richtlinien herausgegeben worden, die auch heute noch in Geltung sind[1].

Danach dürfen *Einzelheizungen* (Kachelofen oder Eisenofen) nur Verwendung finden, wenn die Heizöffnungen der Öfen in Räumen liegen, die mit den Einstellräumen in keinerlei Verbindung stehen. Feuerdichte Kachelöfen müssen an den Heizflächen innerhalb der Einstellräume frei

[1] Bestimmungen über Heizungs- und Lüftungsanlagen in Räumen, welche zur Einstellung von Kraftfahrzeugen dienen (Garagen). Kalender für Heizungs-, Lüftungs- und Badetechniker 1939. Ebenso: Haustechn. Rdsch. Bd. 37 (1932) H. 15 S. 220/221 (s. a. Polizeiverordnung des Oberbürgermeisters Berlin vom 7. IV. 1932 über die Einstellung von Kraftfahrzeugen. A. Allgemeines. §§ 1—3. B. Bauvorschriften. §§ 21—22). — Kalender für Gesundheits- und Wärmetechnik 1939 S. 358/359.

von Metallteilen sein. Öfen anderer Bauart müssen dicht, feuerbeständig und so aufgestellt sein, daß die erwärmte Luft erst in einer Höhe von 1,5 m in die Einstellräume eintreten kann. Die Räume dürfen also nicht durch Umluft, sondern nur durch Frischluft aus Räumen erwärmt werden, wo keine entzündlichen Dämpfe auftreten können.

Bei Gasbeheizung in Form von Gaseinzelheizkörpern muß besondere Sorgfalt auf die vollkommene Gasdichtheit der Frischluft- und Abzugs-

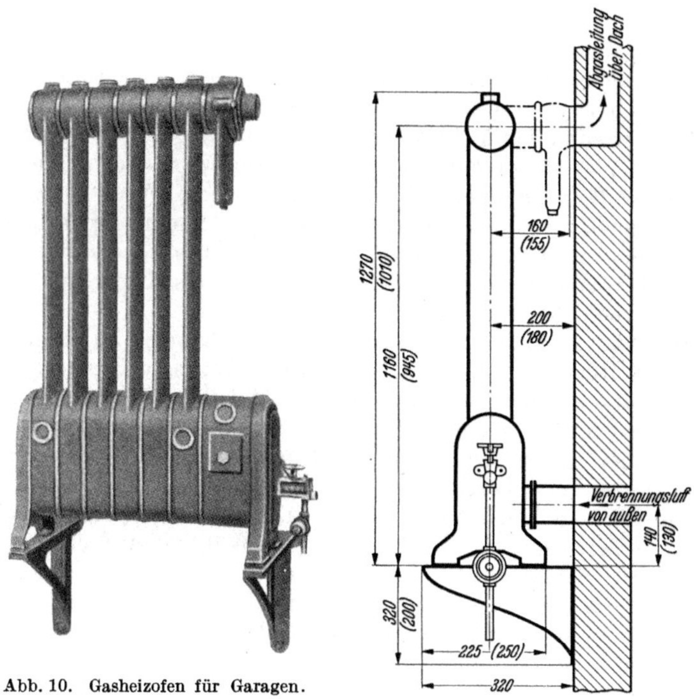

Abb. 10. Gasheizofen für Garagen.

leitung gelegt werden. Über die Art der Abdichtung enthalten die Bestimmungen noch besondere Angaben. Heizkörper und Frischluftzuleitung müssen, wenn die Heizflächentemperatur 200° C übersteigt, in mindestens 1,5 m angebracht werden. Sonderöfen der Meurer-Werke, Dresden[1], für diese Zwecke sind die von außen bedienbaren „Prometheus"-Gasheizkörper (s. Abb. 10). Ebenso müssen *elektrische* Heizgeräte bei höheren Heizflächentemperaturen als 200° C mindestens 1,50 m hoch liegen.

Erwähnt seien auch noch die von der „Deutschen Wagenbeheizungs- und Glühstoff-Gesellschaft" in Charlottenburg hergestellten Dauerbrandöfen für rauchlosen Brennstoff zum Einsetzen in eine Außenwand bzw. Außentür („Dewag"-Autogarageheizvorrichtung). Der Heizkörper ist durch einen Mantel vom Garageninnern abgeschlossen und wird von

[1] Die Heizkosten der Garagenheizung mit Gas. Bericht des Städtischen Gas-, Wasser- und Elektrizitätswerkes Mannheim. Heizg. u. Lüftg. 1930 H. 4 S. 80/81.

außen her bedient. Ein Überhitzen der Mantelheizfläche ist ausgeschlossen, da ihre Erwärmung durch Luftumwälzung erfolgt. Ein Kamin ist nicht erforderlich, weil als Heizmaterial sog. „Dewag“-Glühsteine verwendet werden. Nach Angabe der Gesellschaft belaufen sich bei einem Preise von RM. 30.— je 100 kg Brennstoff die Betriebskosten in 24 Stunden auf RM. 1.50.

Selbstverständlich sind bei der Anwendung aller dieser Einrichtungen die örtlichen feuer- und baupolizeilichen Vorschriften, Ministerialerlasse usw. zu berücksichtigen.

Werden Sammelheizungen in Form von Dampf-, Warmwasser- oder Warmluftheizung verwendet, so muß die Feuerungsanlage in Räumen liegen, die mit den Einstellräumen keinerlei Verbindung haben. Wenn auch in den angeführten neuesten Bestimmungen die Forderung auf Hochstellen oder Verkleiden der Heizkörper von Sammelheizungen nicht mehr ausdrücklich verlangt ist, so empfiehlt sich, bei Aufstellen der Heizkörper vornehmlich bei Dampfheizkörpern unmittelbar über Fußboden diese in 20 cm Abstand mit Drahtgittern oder gelochten Eisenblechen zu umschließen. Zur Begründung hierfür wird gesagt:

„Wenn auch die Oberflächentemperaturen dieser Art Heizkörper die Selbstzündungstemperatur von Benzin lange nicht erreichen, so wird doch durch diese Temperaturen, wenn benzingetränkte Putzlappen oder Benzinkannen direkt auf die Heizkörper gelegt werden oder gestellt werden, die Verdunstung des Benzins beschleunigt, wodurch eine erhebliche Anreicherung des Benzin-Luft-Gemisches im Kraftwagenraum eintritt. Ein unglücklicher Zufall kann leicht die Explosion herbeiführen.“

Um freistehende Garagen normaler Größe an beispielsweise 50 Wintertagen auf +5 bis +10° C zu heizen, werden an Orten mit —20° C niedrigster Temperatur in runden Zahlen etwa 1000 m³ Gas oder 4000 kWh benötigt. Bei Anschluß der Garage an die Gebäudewarmwasserheizung geht man gewöhnlich weniger sparsam mit der Wärme um, so daß hierfür mit einem Verbrauch von etwa 1000—1500 kg Koks zu rechnen ist. Trotzdem stellt sich diese Heizart gewöhnlich billiger, da Gas und Elektrizität im Vergleich zu Koks meist teurer sind. Bei an- oder eingebauten Garagen ist der Brennmaterialverbrauch geringer.

Bezüglich der *Lüftung* von Garagen wird zwar in den Bestimmungen nach § 22 für normale Fälle nur eine natürliche, bei ungünstigen Verhältnissen eine künstliche Entlüftung gefordert. Mit Rücksicht auf die am Boden lagernden schweren Benzindämpfe und die an der Decke sich sammelnden leichteren Abgase ist jedoch eine sog. Querbelüftungsmöglichkeit das Empfehlenswerteste. Man versieht deshalb zweckmäßigerweise die Tür der Garage — wie auch meist üblich — mit unteren Zuluftöffnungen und die gegenüberliegende Außenwand mit Abluftöffnungen (s. auch FICHTL: Heizg. u. Lüftg., 1931. S. 181). Man muß bedenken, daß von den in Preußen festgestellten Todesfällen in Automobilgaragen über 85% auf das Auftreten der Giftgase (Kohlenoxyd) zurückzuführen sind[1].

Großgaragen s. Abschnitt XVI.

[1] SCHMIDT-LAMBERG, H.: Giftgase im Automobilbetrieb. Zbl. Gew.-Hyg., N. F. Bd. 6 (1929) H. 10 S. 304.

Für die Beheizung von Tankstellen, deren Errichtung in immer größerem Maße mit der Steigerung des Kraftwagenverkehrs vor sich geht, gelten im großen und ganzen die gleichen Bedingungen wie für die Gargen. Für freistehende Tankstellen wird vielfach die Gaseinzelbeheizung zweckmäßig sein, während für Tankstellen, die in unmittelbarer Verbindung mit bewohnten, zentralbeheizten Gebäuden errichtet werden, der Anschluß an die Sammelheizung der Gebäude in Frage kommen kann[1].

3. Heizkörper.

In Wohnhäusern kommen hauptsächlich Gliederheizkörper in Frage. Der deutsche Normalausschuß hat in den letzten Jahren eine Vereinheitlichung der Nabenabstände auf 300, 500, 600 und 1000 mm Höhe vorgenommen (Normenblätter DIN 4720 und 4722). Dabei sind die Heizkörper mit 300 mm Nabenabstand hauptsächlich für sehr niedrige Fensterbrüstungen, z. B. in Veranden, Schaufenstern usw., gedacht, die Heizkörper mit 500 mm Nabenabstand für normale Fensterbrüstungen von etwa 800 mm Höhe, die Heizkörper mit 600 mm Nabenabstand für höhere Fensterbrüstungen und Innenwände, die Heizkörper mit 1000 mm Nabenabstand lediglich für Aufstellung an den Innenwänden. Ferner wird zukünftig von allen Lieferanten nur noch ein Heizkörpermodell geliefert, das sog. „glatte Normalmodell mit 1—3 wasserführenden Kanälen“[2]. Die Aufstellung der Heizkörper erfolgt im Wohnraum am zweckmäßigsten unter den Fenstern, selbst wenn diese Anordnung etwas teurer als die Anordnung an Innenwänden ist. Dafür hat die letztere Aufstellungsart den Nachteil, daß sie platzraubender ist und eine ungleichmäßigere Wärmeverteilung ergibt. In jedem Falle ist dabei auf gute Reinigungsmöglichkeit zu achten, d. h. es muß hinter, über und unter dem Heizkörper genügend Raum vorhanden sein. Mindestmaße für diese Abstände, die jedoch nach Möglichkeit überschritten werden sollen, sind ebenfalls in den Normenblättern angegeben. Die Verwendung von Konsolen anstatt der Aufstellung auf Füßen erleichtert die Reinigung ebenfalls. Durch die Aufstellung unter den Fenstern kann auch Zugerscheinungen mit Erfolg begegnet werden, wenn dafür gesorgt wird, daß die niedersinkende kalte Luft hinter den Heizkörpern hinunterströmt, während davor ein warmer Luftschleier hochsteigt. Besondere Bedeutung erlangt diese Maßnahme bei einfachen Fenstern (namentlich wenn sie dazu noch undicht schließen)[3], ferner bei freier, dem Wind ausgesetzter Lage der Gebäude. Es ist bekannt, daß Wind von stärkerem Einfluß auf Zugerscheinungen und Auskühlung der Gebäude sein kann als große Kälte.

Wenn eben möglich, sind Verkleidungen von Heizkörpern zu vermeiden (s. auch das in Abschnitt „A. Allgemeines“ Gesagte). Wie viele

---

[1] Die Beheizung von Tankstellen. Heizg. u. Lüftg. 1935 H. 11 S. 231/232.

[2] RIETSCHEL-GRÖBER: Leitfaden der Heiz- und Lüftungstechnik, Ausg. 1938 S. 29/33. Berlin: Julius Springer.

[3] EBERLE: Versuche über die Luftdurchlässigkeit und den Wärmeverlust von Fenstern. Gesundh.-Ing. 1928 S. 566.

Untersuchungen ergeben haben[1], beträgt die durch Verkleidung verursachte Verringerung der Wärmeabgabe zwischen 10 und 30%, so daß dies in der Regel bei der Bemessung durch entsprechende Vergrößerungen der Heizflächen berücksichtigt werden muß. Ganz abgesehen von der Verteuerung, die hierdurch und durch die Verkleidung selbst herbeigeführt wird, führt die Verkleidung meist zu unhygienischen Zuständen.

Kann aus zwingenden Gründen aber auf eine Verkleidung nicht verzichtet werden, so muß diese, um bequeme Reinigung der Heizkörper zu ermöglichen, leicht aufschließbar bzw. wegnehmbar ausgebildet werden und eine gute Luftbewegung ermöglichen (s. hierzu auch die Richtlinien über Bemessung der Luftein- und -austrittsöffnungen bei Verkleidungen, RIETSCHEL-GRÖBER, 11. Aufl. 1938, S. 32/33. Anregungen über architektonisch ansprechende und wärmetechnisch günstige Verkleidungen sind im Schrifttum mehrfach angegeben)[2].

Des geringeren Eisengewichtes wegen sind schon früher in amerikanischen Hochhäusern und neuerdings auch in Europa Stahlblechheizkörper an Stelle von gußeisernen Radiatoren eingeführt worden. In Deutschland sind sie genormt (s. Normenblatt 4722: ,,Stahlgliederheizkörper").

In Verkaufsläden sind die Heizkörper, unter Rücksichtnahme auf die häufig aufgehenden Türen, reichlich groß zu bemessen, ferner so anzuordnen, daß sie möglichst wenig Raum wegnehmen und die Wärmeabgabe nicht durch Gestelle usw. behindert wird (s. auch das hierfür unter Abschnitt VIII Gesagte).

Aborte, Autogaragen, Weinkeller, Läger, Stallungen usw. können bisweilen durch Heizrohre oder hindurchgezogene, nicht isolierte Leitungen angewärmt werden. Wenn nötig, sind außerdem Heizkörper aufzustellen. Ferner werden auch in Küchen und Badezimmern oft senkrecht stehende Heizrohre angebracht, in den Badezimmern namentlich dann, wenn sie auch als Wasch- und Ankleideräume benutzt werden und daher ständig zu heizen sind.

Zu beachten ist noch, daß die hinter den Heizkörpern gelegenen Wandflächen, vornehmlich in den kalten Außenwandnischen zur Vermeidung eines zu hohen Wärmeverlustes isoliert werden sollten. Um sie sauber halten zu können, sollten sie außerdem einen Gipsglätteputz erhalten.

In diesem Zusammenhang muß gerade für die Wohnraumheizflächen auch auf den Einfluß des Heizkörperanstriches auf die Wärmeabgabe hingewiesen werden. Vielfach besteht die Ansicht, daß je nach dem Farbton des Heizkörperlackes die Wärmeabgabe verschieden hoch sei.

---

[1] Einfluß von Heizkörperverkleidungen auf die Wärmeabgabe von Radiatoren. Mitt. Prüfanstalt Heizungs- u. Lüftungseinrichtungen, Berlin H. 4. München und Berlin: R. Oldenbourg 1913. — RAISS, W.: Neuere amerikanische Untersuchungen über die Heizleistung von Radiatoren. Gesundh.-Ing. Bd. 55 (1932) H. 4 S. 37/40. — HAMAKER, H. J.: Einfluß der Aufstellung auf die Wärmeabgabe von Warmwasserradiatoren. Gesundh.-Ing. Bd. 58 (1935) H. 48 S. 719.

[2] HEINZE, W.: Heizkörperverkleidungen. Baugilde Bd. 20 (1938) H. 6 S. 167 bis 169 [s. auch Notiz im Gesundh.-Ing. Bd. 61 (1938) H. 22 S. 306/307].

Dies ist jedoch nicht der Fall. Die gebräuchlichsten Heizkörperlacke besitzen durchweg verhältnismäßig recht hohe Strahlzahlen. Lediglich Metallbronzenanstrich (z. B. Aluminiumbronze) haben geringere Strahlzahlen. Sie sind also möglichst nicht als Heizkörperanstriche zu verwenden.

In den vergangenen Jahren sind auch immer wieder Klagen darüber geführt worden, daß die Anstriche von Heizkörpern schon kurz nach Inbetriebnahme platzten. Wegen der sich daraus ergebenden unangenehmen Auseinandersetzungen der Bauherren mit den Heizungsfirmen haben die in Frage kommenden Verbände eine allgemeine Erklärung veröffentlicht[1]. Danach stellt der von den Lieferwerken aufgebrachte Anstrich nur einen Rostschutz für die Zeit des Transportes und der Lagerung dar, der vor Aufbringen des eigentlichen Grundanstriches restlos entfernt werden muß, wenn Gewähr für die Haltbarkeit des Grundanstriches und des Heizkörperlackes übernommen werden soll.

4. Heizkessel.

Für die Wohnraumheizung werden normalerweise gußeiserne Gliederkessel für Koksfeuerung verwendet, jedoch in neuerer Zeit vielfach auch Sonderbauarten für Anthrazit-[2], Magernuß- und Braunkohlenbrikettverfeuerung[3]. Zahlreich sind auch die unter der etwas übertriebenen Bezeichnung „Allesbrenner" auf dem Markt erschienenen besonderen Kesselbauarten, die die Verfeuerung einer Reihe verschiedenartiger Brennstoffe gestatten[4]. Diese bieten dem Benutzer den Vorteil, daß er den Brennstoff bei Bedarf ohne große geldliche Belastung wechseln kann. Leider aber wurde durch die große Mannigfaltigkeit an Kesseln die bereits eingeleitete Beschränkung der Kesselbauarten ins Gegenteil verkehrt und die Kesselauswahl dadurch oft schwierig gemacht. In letzter Zeit zeigt sich glücklicherweise wieder das Bestreben nach größerer Vereinheitlichung[5].

Für die Beheizung mit Gas sind ebenfalls eine Anzahl feuerungstechnisch einwandfreier und äußerlich ansprechender Kesselarten von den einschlägigen Firmen entwickelt worden (s. hierzu Schrifttum im Abschnitt „Gasheizung"). In Ländern mit billigen Stromerzeugungsquellen und umfangreicher Ölgewinnung sind naturgemäß entsprechende Kesselarten entwickelt worden. Bei Wahl geeigneter Gas- und Ölbrenner-

[1] Heizkörperanstrich. Gesundh.-Ing. Bd. 60 (1937) H. 8 S. 124.

[2] Busse, A.: Grobkörniger Anthrazit als Brennstoff für Zentralheizungen. Heizg. u. Lüftg. Bd. 11 (1937) S. 151/157.

[3] Weimann, O.: Neuere Erkenntnisse in der Verwendung von Braunkohle in Zentralheizungen. Braunkohle Bd. 36 (1937) H. 39.

[4] Timmerbeil, H.: Brennstoffe und Feuerführung in Allesbrennerkessel. Heizg. u. Lüftg. Bd. 12 (1938) H. 6 S. 81/86. — Pieper, P.: Die Verfeuerung gasreicher Steinkohlen in Zentralheizungskesseln Gesundh.-Ing. Bd. 58 (1935) S. 289 u. 441. — Maschlanka, G.: Die Entwicklung der gußeisernen Zentralheizungs- (Allesbrenner-) Gliederkessel in den Jahren 1934/35. Gesundh.-Ing. Bd. 59 (1936) S. 549/556.

[5] Stiegler, L.: Einschränkung der Bauarten gußeiserner Heizkessel. Heizg. u. Lüftg. 1938 H. 2 S. 28.

bauarten lassen sich diese Brennstoffe auch in normalen Gliederkesseln ohne besondere Schwierigkeiten verfeuern.

Auf die Aufstellungsmöglichkeit der Wohnraumheizkessel im Keller oder irgendeinem Raum der Wohnung (z. B. Küche, Diele) wurde bereits hingewiesen.

Neuerdings werden vielfach auch aus Eisenersparnis- und sonstigen Gründen an Stelle gußeiserner Klein- und Mittelkessel schmiedeeiserne geschweißte Kessel verwendet. Die Erfahrungen mit diesen Kesseln sind sehr verschieden je nach Bauart. Der zweifellos bestehende Vorteil, daß sie sich bei vorkommenden Reparaturen leicht schweißen lassen, kann auch infolge der beim Schweißen auftretenden Spannungen oft zu neuen Kesselschäden führen, wenn die Spannungen nicht z. B. durch Ausglühen beseitigt werden können.

Für die Fernheizungen von Siedlungen und großen Häuserblocks werden an Stelle größerer Gußkesselbatterien heute oft liegende, nicht eingemauerte schmiedeeiserne Flammrohr-Rauchrohrkessel verschiedener Bauart angewendet, die mit einem Planrost ausgerüstet sind und die Verfeuerung billiger Fettkohlen und ähnlicher Brennstoffe kleinerer Körnung von Hand oder mit mechanischer Beschickung ermöglichen[1]. Unter Zugrundelegung der bisher vorliegenden Betriebsergebnisse hinsichtlich Anlage, Betriebs-, Bedienungs- und Brennstoffkosten werden zur Zeit Gußkesselanlagen unterhalb einer Leistung von $3 \cdot 10^6$ kcal/h und neuzeitliche schmiedeeiserne Großkesselanlagen oberhalb einer Leistung von $5 \cdot 10^6$ kcal/h als wirtschaftlich vorteilhafter angesehen. Bei Leistungen zwischen diesen Werten müssen die einzelnen Vor- und Nachteile genau geprüft und eine einwandfreie Nachrechnung der Wirtschaftlichkeit vorgenommen werden[2]. Gas- oder Ölfeuerung kann bei entsprechenden Brennstoffpreisen natürlich auch für diese Kessel zur Anwendung gelangen.

Bei zentralisierten Anlagen ist bequeme Zufahrtsmöglichkeit zum Kohlenlagerraum sowie auch zum Wegtransport der Asche erforderlich. Ferner soll das Kesselhaus möglichst zentral und zudem so gelegen sein, daß es nicht stört, die Wärmeabgabe der Kessel nutzbar gemacht und der Rauch vom vorherrschenden Wind von den Gebäuden weggetrieben wird. Bei ansteigendem Gelände ist es zweckmäßig, wenn seine Unterbringung am tiefgelegensten Geländepunkt erfolgen kann. Daß die restlose Erfüllung aller dieser Forderungen nicht immer möglich ist, ist selbstverständlich, aber es soll bei der Planung wenigstens versucht werden, soweit wie möglich den Forderungen zu entsprechen.

Bei Aufstellung der Kessel in den Kellern der einzelnen Gebäude ist darauf zu achten, daß die Kesselräume möglichst zentral und in den betreffenden Gebäuden untergebracht werden, Kessel- und Kohlenraum

---

[1] Schulze, R.: Fortschritte im Kesselbau für kleine und mittlere Kessel. Wärme 1930 Nr 39. — Elliesen, W.: Der Hollandkessel. Haustechn. Rdsch. Bd. 37 (1932) H. 10 S. 137.

[2] Guß- oder schmiedeeiserne Niederdruckkessel für große Heizungsanlagen. Bericht über einen Sprechabend des Berliner Bezirksvereins im VDHI. Heizg. u. Lüftg. 1936 H. 5 S. 83/85.

mit Rücksicht auf die Bedienung nebeneinander zu liegen kommen und das Einbringen des Brennmaterials durch ein Kellerfenster oder einen Schacht bequem erfolgen kann.

Die zahlreichen Anlagen mit völlig unzulänglichen Heizräumen haben dem Verein Deutscher Heizungsingenieure Veranlassung zur Aufstellung besonderer Anforderungen an Heizräume gegeben, die dem Bauherrn und Architekten schon beim Entwurf Unterlagen für die Lage, Größe und bauliche Ausführung der Heiz- und Brennstoffräume geben[1].

Weiteres Schrifttum über Kessel und Brennstoffe:

SCHMIDT, H.: Die Verwendung von Braunkohlenbriketts in Zentralheizungskesseln. Haustechn. Rdsch. 1931 H. 10.

SCHILLING, H.: Über die Verfeuerung billiger Brennstoffe. Gesundheits-Ing. Bd. 57 (1934) S. 149 u. 445.

MASCHLANKA, G.: Fortschritte aus den letzten drei Jahren auf dem Gebiete des Baues von gußeisernen Zentralheizungsgliederkesseln. Gesundh.-Ing. Bd. 57 (1934) S. 149 u. 428.

Bericht über den XIV. Kongreß für Heizung und Lüftung, Berlin. München und Berlin: R. Oldenbourg 1935 [s. auch Gesundh.-Ing. Bd. 58 (1935) S. 349] Darin Vorträge von:

MARCARD, Prof.: Natürliche Brennstoffe, ihre Bewirtschaftung und Verfeuerung.

DRAWE, Prof.: Künstliche Brennstoffe und ihre Erzeugung.

Ferner:

WAGFNER, Prof.: Das Braunkohlenbrikett im Hausbrand. Gesundh.-Ing. Bd. 61 (1938) S. 225.

5. Leitungen.

Am gebräuchlichsten ist das Zweirohrsystem mit unterer Verteilung. Einrohrsystem ergibt billigere Rohrleitungsnetze, erfordert aber teilweise größere Heizkörper, so daß der Preis der Anlagen ungefähr derselbe ist. Obere Verteilung empfiehlt sich in bestehenden Gebäuden mit sehr dicken Fundamentenmauern (Gewölben), bei Nichtunterkellerung der Bauten oder wenn das Verlegen der Verteilleitungen im unteren Gebäudeteil aus anderen Gründen Schwierigkeiten bereitet. Bei den Stockwerksheizungen werden die Verteilleitungen gewöhnlich in dem betreffenden Stockwerk, die Sammelleitungen in dem darunterliegenden oder im Zwischenboden angeordnet[2].

Die Rohrführung, -verlegung, -lagerung und -befestigung erfordert besondere Sorgfalt[3]. In der Vergangenheit ist dies nicht immer genügend beachtet worden. Die Rohrleitungen dürfen ebenso wie die übrigen technischen Einrichtungen nicht als Fremdkörper im Hause empfunden und deshalb in ihrer Ausbildung, Zugänglichkeit usw. nicht vernachlässigt werden. Sie sind ein wichtiger und notwendiger Bestandteil des Hauses, der organisch eingefügt werden muß. Dies gilt vornehmlich auch für

---

[1] Anforderungen an zweckmäßige Heiz- und Brennstoffräume. Aufgestellt vom Ausschuß für Betriebsfragen der Heizung im VDHI. Heizg. u. Lüftg. Bd. 11 (1937) Nr 12 S. 177/181.

[2] Ausführliche Behandlung dieser Fragen in: HOTTINGER: Heizung und Lüftung, Aufl. 1926, S. 26f.

[3] MENGERINGHAUSEN, M.: Installation — ein wissenschaftliches Problem. Haustechn. Rdsch. Bd. 44 (1939) H. 6 S. 77/83.

umfangreiche und weitverzweigte Rohrnetze. Um unnötige Unkosten und Überschneidungen mit anderen Installationen im Hause zu vermeiden, muß die Rohrführung schon frühzeitig und in dem notwendigen Umfange festgelegt werden. Die erforderlichen Wand- und Deckendurchbrüche, sowie die senkrechten und waagerechten Rohrschlitze müssen im Neubau vor Fertigstellung des Rohbaues angegeben und die entsprechenden Aussparungen von vornherein vorgesehen werden.

Allgemein ist hinsichtlich der Planung zur Erzielung gesteigerter Wirtschaftlichkeit zu fordern[1], daß die Leitungen übersichtlich und kurzwegig geführt, möglichst günstig gelagert und leicht zugänglich sind. Auch ist für ausreichende Ausdehnungs- und Entlüftungsmöglichkeit, sowie geringen Druckverlust und guten Wärmeschutz Sorge zu tragen. Wenn eben tragbar, sollte auch durch entsprechende Anordnung, Unterteilung und Abschaltungsmöglichkeit vermieden werden, daß bei Teilschäden an einer Stelle der Heizung die Gesamtanlage zum Erliegen kommt.

Die heute zur Verwendung gelangenden Heizungsrohre sind genormt. In Frage kommen dafür zwei Normenblätter, und zwar a) das Normenblatt DIN 2441 (Flußstahlrohre, Dampfrohre, auch „verstärkte Gewinderohre" genannt), welche Rohre stumpf geschweißt oder nahtlos hergestellt und hauptsächlich in den Nennweiten von 10—50 mm im Heizungsfach verwendet werden, und b) das Normenblatt DIN 2449 (nahtlose Flußstahlrohre). Die üblichen Nennweiten dieser Rohre für Heizungsanlagen liegen zwischen 50 und 400 mm.

Die Verteilungs- und Sammelleitungen über 50 mm l. W. werden gewöhnlich geschweißt. Bei Rohren mit kleineren Durchmessern als 50 mm l. W. wird die Verbindung heute noch nicht einheitlich hergestellt. Vielfach werden auch diese Rohre heute geschweißt. Eine Reihe von Firmen hat aber die früher allgemein übliche Verbindung durch sog. „Fittings" in Steige- und Falleitungen nicht ganz ohne Begründung beibehalten. Zweifellos ist beim Schweißen von Rohrleitungen geringen Querschnittes besonders sorgfältige Schweißarbeit erforderlich, damit unangenehme Rohrverengungen vermieden werden[2].

Guter Wärmeschutz ist überall da erforderlich, wo Wärmeabgabe nicht erwünscht ist oder Einfriergefahr besteht[3].

---

[1] ZIMMERMANN, W.: Rohrleitungen, deren Planung und Ausführung. Haustechn. Rdsch. Bd. 44 (1939) H. 6 S. 77/83.

[2] HOTTINGER, M.: Von den Rohrnetzen bei Warmwasser- und Dampf-Zentralheizungen, Brauchdampfanlagen und Warmwasserversorgungen. Gesundh.-Ing. Bd. 50 (1927) S. 677/680, 713/715 u. 779/783. — HÖNISCH, H.: Die Schweißtechnik in der Heizungsindustrie. Autogene Metallbearb. 1931 H. 14 [s. auch Haustechn. Rdsch. Bd. 36 (1931) H. 27 S. 400/401]. — GRÖBER, H.: Heiz- und Lüftungstechnik. 11. Aufl. Berlin: Julius Springer. — JOHAG, W.: Schweißtechnik im Installationsgewerbe. Haustechn. Rdsch. Bd. 37 (1932) H. 18 S. 255/258. — HUDEL: Die Rohrbefestigung und Rohrlagerung. Heizg. u. Lüftg. 1932 H. 7 S. 96/99; H. 8 S. 103/105.

[3] Hierüber s. CRAMMERER: Der Wärme- und Kälteschutz in der Industrie. Berlin: Julius Springer 1928. Weiter die eingehenden Arbeiten desselben Verfassers in den Mitteilungen der Fa. Reinhold & Co., Berlin; ferner den Aufsatz: Auswahl, Bemessung und Berechnung des Wärmeschutzes bei Heizungsanlagen nach neuzeitlichen Gesichtspunkten, Gesundh.-Ing. 1927 S. 680.

In Neubauten ist es, wie schon unter dem Abschnitt „Allgemeines“ betont wurde, angezeigt, die senkrechten Stränge und die Verbindungsleitungen nach den Heizkörpern in Mauernischen zu verlegen. Hierbei sind die Leitungen vor dem Schließen der Schlitze besonders sorgfältig durchgeführten Dichtigkeitsproben zu unterziehen.

Die offene Verlegung der Leitungen in den Wohnungen ist vorteilhaft wegen der guten Zugänglichkeit und der Nutzbarmachung der Wärmeabgabe. In einzelnen Räumen können die Heizkörper deswegen unter Umständen kleiner gehalten werden. Beim Einbau der Anlagen in bestehende Bauten kann außerdem das Ausspitzen von Mauerschlitzen wegfallen.

Unangenehm ist dagegen, daß über und hinter freiliegenden Leitungen sich Wände und Decken mit der Zeit schwärzen.

Offen verlegte Leitungen sollen daher nach Möglichkeit in untergeordneten Räumen, wie Küchen, Badezimmern, Aborten, Toiletten, Gängen usw. angeordnet werden. In Wohn- und Schlafzimmern lassen sie sich bei Verlegung neben den Fensternischen durch die Vorhänge verdecken.

Um die Kellerräume vor zu hoher Erwärmung zu bewahren, sind dort die Leitungen besonders gut gegen Wärmeverluste zu schützen und in der Hauptsache in Vor- und Pflanzenkellern, Waschküchen, Plättzimmern, Brennmateriallagerräumen usw. zu verlegen.

Bezüglich der Einzelheiten über Kessel, Heizkörper usw. s. auch HOTTINGER: Die Beheizung, Warmwasserversorgung und Entstäubung unserer Wohnhäuser, Gesundh.-Ing. 1911, Festnummer, S. 4.

6. Befeuchtungseinrichtungen.

Zur Befeuchtung der Raumluft werden auf Öfen und Radiatoren oft Gefäße mit Wasser (Verdunstungsschalen) gestellt. Von Laienseite wird die Notwendigkeit der künstlichen Luftbefeuchtung mit der die Atmungsorgane ungünstig beeinflussenden Austrocknung der Raumluft begründet. Dabei werden jedoch oft die Wirkung des an hocherhitzten Heizflächen versengenden Staubes und die dadurch verursachten Reizerscheinungen an den Schleimhäuten irrtümlicherweise für Trockenheit der Luft gehalten. Von fachlicher Seite wird festgestellt, daß ein sicherer Beweis für die Beeinträchtigung des Wohlbefindens durch warme, verhältnismäßig trockene Luft bisher nicht angetreten werden konnte.

Unangefochten bleibt die nachteilige Einwirkung einer Heizung infolge der Austrocknung von Möbeln und hölzernen Vertäfelungen. Diese läßt eine Luftbefeuchtung als wünschenswert erscheinen.

Über die Wirksamkeit der verschiedenen Luftbefeuchtungsgeräte gehen die Meinungen auch heute noch vielfach auseinander. Zweifellos ist die Verdunstungswirkung der meisten einfachen Einzelluftbefeuchter, vornehmlich bei Aufstellung auf Warmwasserheizkörper mit verhältnismäßig geringen Oberflächentemperaturen, eine sehr beschränkte. Mit Sonderausführungen (in Wasser eintauchende hygroskopische Körper in einer oder mehreren Lagen) läßt sich die Verdunstungsleistung steigern, vornehmlich wenn die Geräte mit besonderen Lüftern ausgerüstet sind (Lucagragerät, Bandventilator) und die Heizkörpertemperatur hoch liegt. Praktisch bleibt die Anwendung solcher Geräte auf kleine und mittelgroße Räume begrenzt. Für größere Räume würde die Instandhaltung der aus mehreren Befeuchtern bestehenden Einrichtung mit erheblichem Zeitverlust und Kostenaufwand verknüpft sein. In solchen Fällen wird man zur Erzielung großer Verdunstungsleistungen besondere Zerstäubungsanlagen einrichten.

Die meist vorzufindenden porösen Tongefäße, die zwischen den Heizkörpergliedern aufgehängt werden, taugen wenig oder gar nicht. Solche Einrichtungen können bei Benutzung als Ablagerungsplatz von Zigarrenresten, Apfelkernen, Nußschalen, Staub und Schmutz aller Art sogar zu einem Übelstand werden, weil diese Dinge oft lange Zeit darin liegen. bleiben und bei Inbetriebnahme der Heizung im Herbst geröstet werden.

Bei vielen Behörden gelangt aus diesen Gründen die Aufstellung von Luftbefeuchtungsapparaten bei Zentralheizung nicht zur Anwendung (Runderlaß des Preuß. Ministers für öffentl. Arbeiten vom 29. April 1909).

Die Staubversengung kann durch Befeuchtung der Luft nicht vermieden, höchstens etwas vermindert werden. Ihre nachteiligen Wirkungen treten in besonderem Maße an Heizflächen auf, deren Temperatur 70° C übersteigt, und zwar handelt es sich dabei nicht nur um Staub, der auf den Heizflächen liegt, sondern auch um denjenigen, der sich in der Luft befindet. Reinlichkeit, nicht zu hohe Heizkörpertemperaturen und starke Drosselung der Heizwirkung über Nacht sind daher von Wichtigkeit, so daß die Raumluft vorübergehend wieder einen höheren Sättigungsgrad annehmen kann.

Schrifttum (s. auch Abschnitt „A. Allgemeines").

HABS, H.: Experimentelle Untersuchungen über die hygienische Wirksamkeit von Luftbefeuchtungsanlagen. Gesundh.-Ing. Bd. 53 (1930) H. 39 S. 593/596.

HABS, H.: Über die Notwendigkeit der Luftbefeuchtung bei Zentralheizungen. Haustechn. Rdsch. Bd. 36 (1931) H. 27 S. 401/402.

BÜRGERS u. BACHMANN: Zur Frage der Zimmerluftbefeuchtung. Gesundh.-Ing. Bd. 54 (1931) H. 43 S. 643/644.

SITTIG: Die Luftfeuchtigkeit in Räumen und deren Beeinflussung durch Befeuchtungsvorrichtungen. Haustechn. Rdsch. Bd. 37 (1932) H. 13 S. 185/187.

BÜRGERS u. BACHMANN: Luftbefeuchtung durch Lucagragerät. Gesundh.-Ing. Bd. 55 (1932) H. 40 S. 478/479.

RYBKA, K. R.: Raumluftfeuchtigkeit nach amerikanischer Auffassung. Gesundh.-Ing. Bd. 55 (1932) H. 53 S. 636/638.

BACHMANN, W.: Über Luftbefeuchtungsversuche mit verbessertem Lucagragerät. Gesundh.-Ing. Bd. 56 (1933) H. 42 S. 497/498.

HÜBNER, M.: Untersuchung von Einzelluftbefeuchtern zur Raumluftbefeuchtung. Gesundh.-Ing. Bd. 61 (1938) H. 7 S. 89/93.

HOTTINGER, M.: Wasserverdunstung und Luftbefeuchtung. Gesundh.-Ing. Bd. 61 (1938) H. 19 S. 253/258.

B. Warmwasserversorgung.

Für die Warmwasserversorgung der Wohnungen usw. kommen je nach den Ansprüchen, der Zahl der zu versorgenden Zapfstellen und der Bauart der Wohnung — ob Einzelwohnung, Miethaus mit mehreren

Wohnungen oder Siedlung — die verschiedensten Ausführungsarten in Frage, von der einfachsten Einzelwarmwasserbereitung auf dem Küchenherd oder im Kohlebadeofen bis zur Fern-Warmwasserversorgung großer Gebäude oder Siedlungsblocks. Die Wahl der Versorgungsart wird bestimmt durch Zahl und Art der angeschlossenen Zapfstellen (Warmwassermenge und Temperatur), die preisgünstigste Brennstoffart, die an die Schnelligkeit der Bereitung gestellten Ansprüche und die Möglichkeit der Verbindung mit der Wohnung oder dem Gebäude.

Zu beachten ist, daß für das Warmwasser der Bäder, Waschtische und zu Reinigungszwecken eine Wassertemperatur von 40—45° C genügt. Für Küchen wird heißes Spülwasser von 55—60° C, vornehmlich für das Abwaschen fettiger Geschirre, verlangt. Bei 40grädigem Wasser tritt eine Lösung der Speisefette nur durch Beigabe von Soda oder sodahaltigen Reinigungsmitteln ein. Die Temperatur des für Waschzwecke benötigten Warmwassers muß 70—80° C betragen.

Im Klein- oder mittelgroßen Haushalt mit verhältnismäßig geringem Warmwasserverbrauch wird in der Regel ein Kleinwarmwasserbereiter für feste Brennstoffe ausreichen, am einfachsten in der Form des Wasserschiffes eines Kohlenherdes, gelegentlich auch ein Rauchrohr-Warmwasserbereiter oder Waschkesselöfen (in verbesserter Form mit Betonuntersatz und Vorwärmer). Etwas größere Warmwassermengen lassen sich auch durch Einbau von Herdeinsätzen (Heizschlangen oder -kästen) in den Feuerraum und unter gleichzeitiger Anwendung eines Warmwasserspeichers erzeugen. Im großen Umfange hat sich für Wohnungen die Warmwasserbereitung mittels kohlegefeuerter Standbadeöfen eingeführt, insbesondere weil die heutigen Bauarten dieser Öfen durchweg einfach, formschön, anpassungsfähig und billig in Anlage und Betrieb sind. Derartige Öfen vermögen 100—300 Liter Wasser in etwa 30 Minuten von 10 auf 60° C zu erwärmen. Sie sind oftmals auch für die Versorgung mehrerer Warmwasserzapfstellen eingerichtet (s. Abb. 11).

Die Einzelwarmwasserbereitung mit Gas oder Elektrizität ist zwar meist teurer als diejenige mit Kohle. Für viele Haushaltungen, auch für Kleinhaushalte, ist dies wegen des geringen Wasserbedarfes und gemessen an den sonstigen Annehmlichkeiten (Sauberkeit, Schnelligkeit der Bereitung) aber nicht allein ausschlaggebend. Die heute vielerorts eingerichteten Gassondertarife ermöglichen auch eine finanziell tragbare Warmwasserbereitung durch Gasbadeöfen, Gasautomaten, Gasschnellerhitzer. Besondere Sorgfalt ist aber auf die einwandfreie Fortleitung der Abgase zu verwenden.

Bei günstigen Nachtstromtarifen findet heute in gesteigertem Maße auch die elektrische Warmwasserbereitung in größeren Wohnungen Anwendung. Daß der Vorratsspeicher dabei dem Tagesbedarf entsprechend bemessen sein muß, verteuert die Anlage und erschwert die Ausbreitung. Andererseits stellt die elektrische Bereitung bezüglich der Einfachheit der Bedienung und Sauberkeit die beste Warmwassererzeugung dar. Ihr Einbau in vorhandene Gebäude bereitet außerdem deshalb die geringsten baulichen Schwierigkeiten, weil Abzugs- und Luftkanäle unnötig sind.

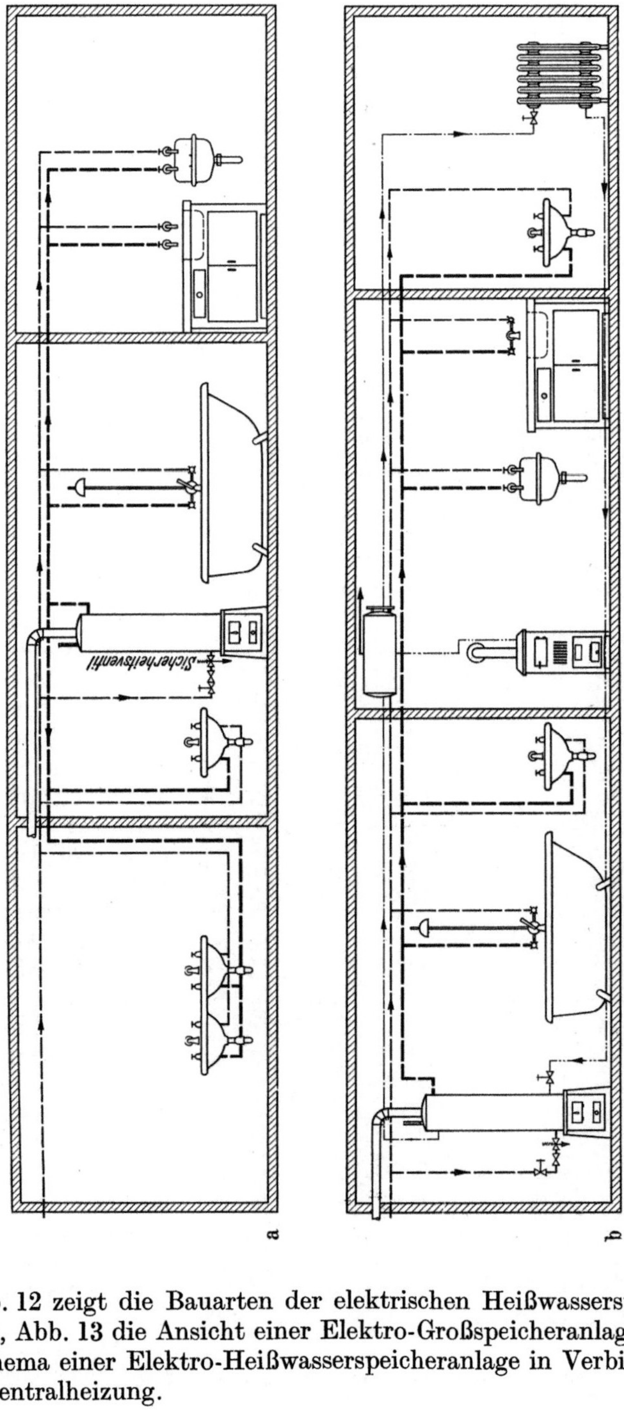

Abb. 11. *a* Kohlenbadeofen für Wohnungen mit Anschluß mehrerer Zapfstellen. *b* Kohlenbadeofen mit mehreren Zapfstellen in Verbindung mit einer Zentralheizung.

Abb. 12 zeigt die Bauarten der elektrischen Heißwasserspeicher im Schnitt, Abb. 13 die Ansicht einer Elektro-Großspeicheranlage, Abb. 14 das Schema einer Elektro-Heißwasserspeicheranlage in Verbindung mit einer Zentralheizung.

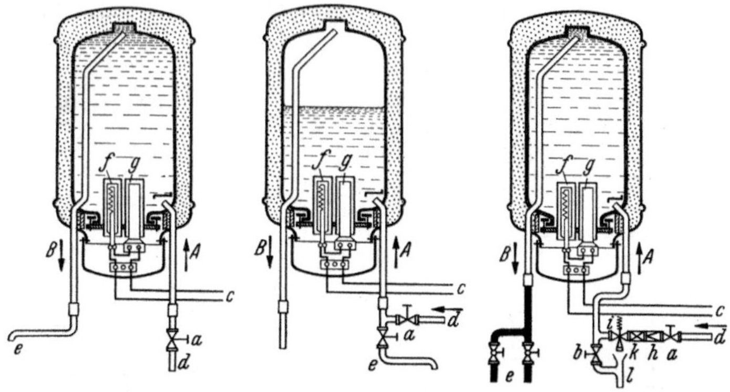

Überlaufspeicher

A Zulaufrohr
B Überlaufrohr
a Absperrhahn
b Ablaßhahn

Entleerungsspeicher

c Elektrische Zuleitung
d Wasserzuleitung
e Heißwasserentnahme
f Heizkörper
g Temperaturregler

Hochdruckspeicher

h Rückschlagventil
i Sicherheitsventil
k Druckminderventil
l Abwasserleitung

Abb. 12. Bauarten der elektrischen Heißwasserspeicher.

Bei Anlage oder Vorhandensein einer Zentralheizung wird mit dieser oft auch die Warmwasserbereitung verbunden. Da die Betriebsweise der Heizung und Warmwasserversorgung stark voneinander abweichen, bereitet diese Verbindung nur dann keine Schwierigkeiten, wenn für die Warmwassererzeugung in der Übergangszeit und in den Sommermonaten ein besonderer Kleinkessel aufgestellt wird. Durch Einführung von Sonderschaltungen zwischen Heizungskessel und Boiler läßt sich der Kleinkessel unter bestimmten Voraussetzungen auch vermeiden[1].

Abb. 13. Ansicht einer Elektro-Heißwasserspeicheranlage, bestehend aus 4 Speichern je 2000 l.

Vorteilhaft sind die sog. Gasnachwärmer, die eine Nachwärmung

[1] Wierz, M.: Gesundh.-Ing. Bd. 56 (1933) Nr 44 S. 521.

des in der zentralen Warmwasserversorgung während der Übergangszeit erzeugten, nur gering erwärmten Warmwassers auf jede gewünschte Temperatur zu ermöglichen (s. Abb. 15 und 16).

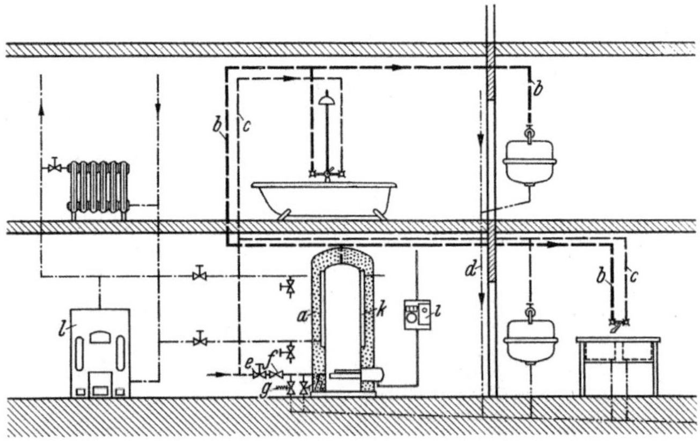

Abb. 14. Schema einer Hochdruck-Heißwasserspeicheranlage in Verbindung mit einer Zentralheizung.

Bewährt hat sich in den meisten Fällen die zentrale Warmwassererzeugung durch Heizungswasser in den kalten Wintermonaten und die Verwendung von Gas oder Elektroeinzelgeräten für die Übergangs- und Sommerzeit.

Abb. 15. Gasnachwärmer für Warmwasserversorgungsanlagen.

Besondere Beachtung verdient eine neuere Bauart der Warmwasserbehälter für zentrale Warmwasserversorgungen, der sog. Durchlauferhitzer. Während in den Warmwasserbehältern der früheren Bauarten, die als Gebrauchswasserspeicher ausgebildet sind, das Gebrauchswasser die vom Heizungswasser oder Dampf durchflossene Heizschlange umspülte, steht bei den Durchlauferhitzern der Behälterinhalt mit dem Heizkessel in unmittelbarer Verbindung. Das Gebrauchswasser durchfließt ein im oberen Teil angebrachtes Rohrbündel mit großer Heizfläche. Der Vorteil der letzteren Bauarten liegt hauptsächlich in der Vermeidung der Wassersteinausscheidungen und Korrosionsbildungen im Behälter, in der Druckentlastung der Behälter, in der Erzeugung jederzeit frischen Warmwassers[1]. Die Durchflußerhitzer sind jedoch nicht unerheblich

[1] Marx, A.: Neuere Warmwasserbereiter. Haustechn. Rdsch. Bd. 38 (1938) H. 32 S. 427/435.

teurer als die Warmwasserspeicher. Auch tritt bei höheren Temperaturen über 60° C die Wassersteinausscheidung und -ablagerung in dem schwierig zu reinigenden Heizrohrbündel auf. Vor Verwendung der Durchflußerwärmer muß die Auswirkung dieser Erscheinungen auf den Betrieb der Gesamtanlage deshalb in jedem Fall ernstlich überlegt werden.

Die zentrale Warmwasserversorgung großer Wohngebäude oder Siedlungsblocks bedarf ebenso wie die zentrale Beheizung eingehender wirtschaftlicher Überlegungen. Die Vorzüge der zentralen Versorgung gegenüber der Einzelwarmwasserbereitung bestehen bekanntlich vornehmlich in der Verringerung der Feuerstellen, der Verfeuerung billiger Brennstoffe und in der Bequemlichkeit. Nachteilig dagegen sind die hohen Wärmeverluste der Leitungen sowie die Höhe der Heizerkosten, die insbesondere in den Sommermonaten ins Gewicht fallen. Es ist nachgewiesen[1], daß die Gesamtanschaffungskosten einer zentralen Warmwasserversorgung annähernd den Kosten für den Einbau von Gaseinzelgeräten entsprechen. Der Vergleich der Betriebskosten zwischen Koks und Gas ergibt dagegen einen wirtschaftlichen Vorteil für Gas bei geringem Warmwasserverbrauch und einem solchen für Koks bei normalem und größerem Verbrauch.

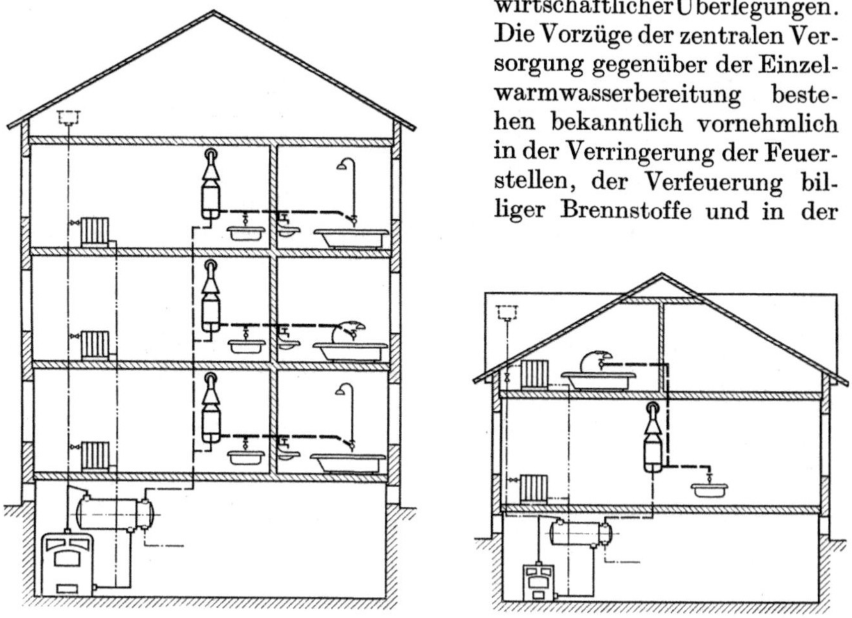

Abb. 16. Einbauplan von Nachwärmern in einem Ein- bzw. Mehrfamilienhaus. (Katalog der Askania-Werke.)

Für die zentrale Warmwasserversorgung großer Gebäude und Siedlungen sind Umlaufleitungen, bei sehr ausgedehnten Anlagen unter Einbau von Pumpen, vorzusehen, damit das warme Wasser bis in die Nähe der Zapfstellen sich in ständigem Kreislauf befindet.

[1] Drexler, P.: Zentrale Warmwasserversorgung für die Siedlungswohnung. Gesundh.-Ing. Bd. 55 (1932) Nr 3 S. 25/31.

Wie bei der Heizkostenberechnung bereitet auch die einwandfreie und allerseits befriedigende Berechnung der Warmwasserkosten für Zentralanlagen Schwierigkeiten[1], obwohl an sich eine Messung des verbrauchten Wassers durch besondere Heißwassermesser möglich ist und deshalb auch zulässig erscheint, weil der Mieter die Menge des verbrauchten Wassers wie beim Kaltwasserbezug beliebig einstellen kann. Die Genauigkeit der normalen Heißwassermessung wird aber dadurch beeinträchtigt, daß nur die Wassermenge, nicht aber die Temperatur gemessen wird. Letztere kann aber innerhalb der Anlage und zu verschiedenen Zeiten sehr verschieden sein. Je nach der Wasserbeschaffenheit ist aber auch mit baldigen starken Ablagerungen in den Messern zu rechnen, wenn sie nicht in kurzen Abständen gereinigt werden. Es wird deshalb auch die Verrechnung nach einer Pauschale unter Zugrundelegung der Wohnfläche in Vorschlag gebracht. Einer Warmwasserverschwendung kann in solchen Fällen durch Begrenzung der Warmwassertemperaturen und Stillsetzen der Warmwasserversorgung während der Nacht vorgebeugt werden.

In neuerer Zeit macht die Notwendigkeit der Wasserentgasung und -enthärtung nicht nur bei großen Anlagen, sondern auch für den Hausbedarf viel von sich reden. Die vorzeitige Zerstörung vieler Warmwasserbereiter und der angeschlossenen Leitungsnetze vornehmlich in den letzten beiden Jahrzehnten hat zu der Auffassung geführt, daß dies hauptsächlich auf das durch hygienische und wirtschaftliche Gesichtspunkte veranlaßte fast allgemeine Übergehen vom sog. Niederdruck- oder offenen System zum Hochdruck- oder geschlossenen System, d. h. auf den unmittelbaren Anschluß des Warmwasserbereiters an das Kaltwasserleitungsnetz, zurückzuführen sei[2]. Wenn dies auch ohne Zweifel eine gewisse Berechtigung hat, so ist sicherlich von besonderer Bedeutung, daß aus mancherlei Gründen sowohl die Warmwasserbereiter wie die Rohrquerschnitte oft nicht ausreichend bemessen sind, so daß die Wassertemperatur unzulässig hoch gesteigert werden muß, wodurch die Ausscheidungen vermehrt werden.

Für Großanlagen sind in den letzten Jahren zur Abwendung dieser Korrosionsgefahr eine Reihe brauchbarer Schutzverfahren entwickelt worden. Genannt seien hier z. B. das Desoxygenverfahren, das Natriumphosphatverfahren, das Magnofilterverfahren, das Elektroschutzverfahren u. a. Die Anwendung der einzelnen Verfahren hängt von der Art und Ursache der Zerstörungsform ab. Diese wird am zweckmäßigsten vor Entscheidung über die Verfahrensart an Hand der Wassereinwirkung auf besondere Kontrollrohre, die in das betreffende Leitungsnetz eingebaut werden, längere Zeit geprüft.

Bei Warmwasserbereitungen von Wohnungen oder Einzelhäusern kommt der Einbau solcher Schutzanlagen der Kosten wegen meist nicht in Frage. Hier genügt es zur Verhinderung größerer Zerstörungen in

[1] MARX, A.: Der Verkauf des warmen Wassers in Mietshäusern mit Warmwasserversorgung. Heizg. u. Lüftg. 1932 Nr. 9 S. 115/117.

[2] STURSBERG, E.: Die Verhütung von Korrosionsschäden in Warmwasserversorgungen. Heizg. u. Lüftg. Bd. 12 (1938) H. 4 S. 49/57.

der Regel auch, wenn Warmwasserbereiter und Leitungen reichlich groß bemessen werden, so daß die Warmwassertemperatur entsprechend niedrig gehalten werden kann. Überzüge der Innenwand der Warmwasserbereiter aus Brauerlack, Zementmilch und sonstigen Anstrichen können bei fachmännischer Auftragung vorübergehenden Schutz gewähren, sie müssen aber des öfteren erneuert werden. Gummiüberzüge sind meist zu teuer, Kunstharzüberzüge hingegen haben sich nicht bewährt (s. hierzu STURSBERG).

Weiteres Schrifttum:

HEEPKE, W.: Die Warmwasserversorgung in Siedlungsbauten. Gesundh.-Ing. Bd. 53 (1930) H. 23 S. 357/361 u. H. 38 S. 577/582.

MARX, W.: Gas- Warmwasserbereiter. Gesundh.-Ing. Bd. 53 (1930) H. 41 S. 625/630.

WIERZ, M.: Fortschritte an Warmwasserbereitungs- und Wärmespeicheranlagen. Gesundh.-Ing. Bd. 54 (1931) H. 49 S. 717/721.

SCHMIDT, O.: Betriebskosten und Verteilung der Betriebskosten für Heizung und Warmwasserversorgung in einem größeren Baublock. Haustechn. Rdsch. Bd. 36 (1931) H. 1 S. 2/5 u. H. 2 S. 15/17.

MARX, A.: Der Brennstoffverbrauch in Mietswohnungen und Warmwasserversorgung. Heizg. u. Lüftg. Bd. 30 (1931) H. 9 S. 171/176.

HÜNLOCH, FR.: Kleinwohnbau-Heizung und -Warmwasserversorgung. Heizg. u Lüftg. 1932 H. 2 S. 17/22.

MARX, A.: Die Frage der Verrostung von zentralen Warmwasseranlagen. Gesundh.-Ing. Bd. 56 (1933) H. 41 S. 481/483; Bd. 58 (1935) S. 765.

HOLLERT, M.: Warmwasser-Sammelspeicher und Warmwasser-Durchlauferhitzer. Haustechn. Rdsch. Bd. 39 (1934) H. 26 S. 377/379; H. 27 S. 391/394; H. 28 S. 407/410. Dazu Erwiderung: Haustechn. Rdsch. Bd. 40 (1935) H. 7 S. 100 bis 105.

STENNINGER, W. G.: Umlage der Betriebskosten für Heizung- und Warmwasserversorgung in einem Großsiedlungsbaublock. Heizg. u. Lüftg. 1933 H. 5 S. 78/81.

NACHTWEH, H.: Zentrale Warmwasserversorgung mit Gas- oder Einzelgeräte. Bauztg. 1936 H. 29 S. 412.

SCHULTZE, K.: Der Gleichzeitigkeitsfaktor in Warmwasserversorgungsanlagen. Heizg. u. Lüftg. 1936 H. 10 S. 159/161.

KRÖHNKE, Dr.: Die Korrosionsfragen bei Zentralheizungs- und Warmwasserbereitungsanlagen. XIII. Kongreß für Heizung und Lüftung 1930 in Dortmund. Berlin und München: R. Oldenbourg. [S. auch Gesundh.-Ing. Bd. 53 (1930) H. 25 S. 387.]

NAUMANN, E.: Korrosionsschutz bei Warmwasserversorgungsanlagen. Z. VDI Bd. 78 (1934) S. 473.

NAUMANN, E.: Wassereigenschaften und Korrosion. Heizg. u. Lüftg. 1934 S. 89.

C. Lüftung, Kühlung und Vermeidung des Beschlagens der Schaufenster von Verkaufsläden.

In Wohnhäusern genügt für normale europäische Verhältnisse meist Fensterlüftung. Dabei empfiehlt sich die Verwendung einfach zu öffnender Doppelfenster, die innerhalb der Wohnung so angeordnet sein sollten, daß eine Querlüftung möglich ist; denn abgesehen von Zeiten völliger Windstille und Temperaturgleichheit ist diese Lüftung schon in kurzer Zeit wirksam, besonders an kälteren Tagen[1]. Ein solches regelmäßiges

[1] LIESE, W.: Küchen- und Abortlüftung in Wohnungen. Gesundh.-Ing. Bd. 59 (1936) H. 51 S. 745/747.

Lüften müßte sogar als Verpflichtung Bestandteil jeder Hausordnung sein[1]. Küchenfenster, besonders in Wohnküchen und Kochnischen, sollten mindestens auch einen einstellbaren, nach innen aufzuschlagenden Kippflügel besitzen. Die Fenster bzw. Flügel müssen bis unter die Decke reichen, weil sonst im oberen Teil der Küche ruhende, verdorbene Luft und Wasserdampf sich ansammeln können. Eine zusätzliche Schachtlüftung, wie sie für Küchen vorgeschlagen wird[2], ist zwar in sachgemäßer Ausführung durchaus empfehlenswert, sie verteuert jedoch vornehmlich bei Kleinwohnungen und Siedlungshäusern die Anlagekosten, ohne jederzeit eine gewünschte Wirksamkeit zu gewährleisten. Für größere Küchen leisten zur kürzesten Abführung der aus den Kochtöpfen aufsteigenden Dämpfe und Gerüche über den Herd angebrachte Dunsthauben gute Dienste. Sie müssen mit wasserdichten, normalerweise über Dach mündenden Abzugskanälen verbunden sein. Bei Kohlenherden können die Abzugskanäle auch unter den Rost der Feuerung geleitet werden, so daß die abgesaugte, mit Wasserdämpfen und Gerüchen geschwängerte Luft dann durch den Kamin entweicht.

Bisweilen werden die Mantelkanäle der Formsteinkamine (Schoferkamine usw.) als Luftabzugskanäle benutzt, wobei der Auftrieb infolge des Wärmeübergangs von den Rauchgasen an die hochsteigende Luft gesteigert, aber auch die Glanzrußbildung in den Kaminen erhöht und evtl. der Kaminzug beeinträchtigt wird.

Umstritten ist die Frage, ob jeder Abort und jedes Badezimmer zur Lüftung ins Freie führende Fenster haben muß oder ob es in gewissen Fällen zweckmäßiger ist, hierzu über Dach mündende Abzugsrohre zu verwenden[3]. Dabei ist jedoch nicht nur an den Winter, sondern auch an die warme Jahreszeit zu denken, wenn solche Abzugskanäle versagen, sofern die Luft nicht erwärmt oder auf eine andere Weise für Auftrieb gesorgt wird.

Bei eingebauten Badezimmern ist ganz besondere Sorgfalt auf gute Abzugsmöglichkeit der Wasserdämpfe und zugfreie Zuführung von Luft aus den Nebenräumen zu verwenden, weil sonst Durchfeuchtungen der Wohnungen und sogar Schimmelbildungen die Folge sein können. Ganz allgemein sollten Aborte und Baderäume deshalb, wenn eben möglich, eigene Fenster erhalten.

Vorratskammern und Speiseschränke sind mit Entlüftungsmöglichkeit nach außen zu versehen. Sofern sie in unmittelbarer Verbindung mit der Küche stehen, eignen sie sich wegen der eindringenden feuchtwarmen Küchenluft nicht zur längeren Aufbewahrung von Eingemachtem.

In Amerika hat, bedingt durch die besonderen klimatischen Verhältnisse, die sog. Luftveredelung vielfach auch schon in Wohnungen

---

[1] Vorschlag für eine „Musterhausordnung für gemeindliche Siedlungen". Gemeindetag Bd. 29 (1936) S. 480.

[2] MENGERINGHAUSEN, M.: Die Entlüftung der Küche. Mitt. Reichsforsch.-Anst. Wirtschaftlichkeit im Bau- u. Wohnungswesen Nr 46, Juli 1929, Gruppe 116 Nr 5. — „*Lüftungsgrundsätze*"; für Bauherren, Architekten und Lüftungsfachleute aufgestellt vom Fachausschuß für Lüftungstechnik des VDI. Berlin NW 7: VDI-Verlag G. m. b. H.

[3] Gesundh.-Ing. 1926 S. 591.

Eingang gefunden[1]. Im wesentlichen ist die Entwicklung in bezug auf die Wohngebäude, aber auch durch die große Zahl der vorhandenen oder heute noch errichteten Wohnungs-Warmluftheizungen, die billig in der Anschaffung, sicher im Betrieb und einfach in der Bedienung sind, gefördert worden.

Bisweilen wird auch nach einfachen Kühleinrichtungen für die Sommermonate verlangt; hierfür kann, wenn nicht das Vorhandensein einer Deckenheizung eine gewisse Raumkühlung im Sommer gestattet, eine gute Durchlüftung der Räume während der kühlen Nacht- und Morgenstunden empfohlen werden, so daß sich die Mauern auskühlen und tagsüber als Wärmespeicher dienen. Auch Tischlüfter leisten gute Dienste, weil die Hautoberfläche infolge der Luftbewegung stärker gekühlt wird und auch die Verdunstung in erhöhtem Maße vor sich geht. Künstliche Lüftungsanlagen für die Zuführung gekühlter Luft oder Aufstellung von Kältemaschinen, wie sie in Spitälern, Theatern und in Gegenden mit sehr warmem Klima, auch in Geschäftshäusern mehr und mehr eingerichtet werden, kommen für Privathäuser der hohen Kosten wegen kaum in Frage.

Unmöglich zu verwirklichen ist der immer wieder auftauchende Vorschlag, die Warmwasserheizanlagen im Sommer von kaltem Wasser durchströmen zu lassen, die Heizkörper also als Kühlkörper zu benutzen, weil dabei unter Umständen starke Kondensationserscheinungen (Tropfenbildungen) an den Heizkörpern und Leitungen auftreten können, wie das im Sommer an nicht isolierten Kaltwasserleitungen vielfach beobachtet werden kann. Zudem ist die auf diese Weise erreichbare Kühlwirkung wegen des geringen Temperaturunterschiedes zwischen Luft und Heizkörpern nur sehr gering.

Bei den Gebläseheizkörpern von Lüftungsanlagen wird die Kühlart bisweilen angewendet, weil dort die Verhältnisse insofern anders liegen, als sich das bildende Schwitzwasser leicht aus dem Luftweg in die Kanalisation abgeleitet werden kann und die Wärmedurchgangszahl der Kühlflächen infolge der hohen Luftgeschwindigkeit eine größere ist als beim normalen Heizkörper.

Die Vorkehrungen zur Vermeidung des Beschlagens von Verkaufsläden sind in einem Aufsatz von O. Ginsberg[2] besprochen. Danach ist die Freihaltung der Schaufenster von Niederschlägen und die Bildung von Eis bei Auslagen, die von den Verkaufsräumen nicht abgetrennt sind, nur mit Doppelfenstern durchführbar. Dagegen genügt ein dichter Abschluß des Schaufensterkastens durch eine Trennungswand gegen den Ladenraum meist auch bei einfachen Fenstern. Wird außerdem Luftbewegung zwischen dem Schaufensterraum und dem Freien durch Anordnung entsprechender Öffnungen herbeigeführt, so läßt sich die gewünschte Wirkung mit Sicherheit erreichen. Ist mit Rücksicht auf die ausgelegten Waren eine mäßige Erwärmung der Luft erforderlich, so

[1] Gesundh.-Ing. 1925 S. 435. — Rybka, K. R.: Die amerikanische Luftveredlung im Wohngebäude. Gesundh.-Ing. Bd. 58 (1935) H. 36 S. 549. — Tarok, E.: Klimatisierung von Wohnhäusern. (Besprechung: Heizg. u. Lüftg. 1938 H. 9 S. 150.)

[2] Gesundh.-Ing. 1925 S. 435.

genügt eine Temperatur von 5—10° C. Als Heizkörper können glatte Warmwasser- oder Dampfheizrohre, elektrische Heizkörper oder, im Notfall, in Luftheizkammern aufgestellte Öfen dienen. Bei Warmwasserheizung sind Maßnahmen gegen das Einfrieren zu treffen. Offene Gasflammen in den Auslagen sind der Wasserbildung wegen zu vermeiden.

Schrifttum:

OFFNER, A. J.: Lüftung von Ställen. J. Mer. Soc. Heat. Vent. Engr. 1933 Nr 1 [s. auch Besprechung Gesundh.-Ing. Bd. 56 (1933) H 11 S. 130/131].

MATCHINSKY, Prof.: Lüftung von Speichern und Viehställen. Gesundh.-Ing. Bd. 56 (1933) H. 49 S. 582/583.

SCHWEIGHÄUSER, FR.: Lüftung und Belichtung von Stallungen. Heizg. u. Lüftg. 1938 H. 11 S. 177.

v. SYBEL, H., u. J. OBER: Lüftung in Viehställen. Z. VDI Bd. 81 (1937) H. 14 S. 414/415 [s. auch Besprechung Gesundh.-Ing. Bd. 60 (1937) H. 42 S. 647].

Richtlinien zum Bau von Stallüftungsanlagen. RKTL-Flugschrift. Berlin: Paul Parey 1937.

OVERTON, L. J.: Beheizung und Lüftung von Läden. Heat. a. Vent. Engineer, Lond. Bd 7 (1933) Nr 78 S. 206 [s. auch Besprechung Gesundh.-Ing. Bd. 57 (1934) H 6 S. 71].

KAUFMANN, A. C.: Klimaanlagen kennzeichnen das fortschrittliche Ladengeschäft. Heat. Pip. Air Condit. März 1938 S. 45 (s. auch Besprechung Heizg. u. Lüftg. 1938 H. 5 S. 77).

II. Die Beheizung und Lüftung von Gewächshäusern, Vermehrungen, Treib- und Frühbeeten, Blumenfenstern usw.

Von **M. HOTTINGER.**

A. Heizung.

1. Temperaturen in Grad Celsius.

Kalthäuser (Frigidarien)	3—6°
Temperierte Häuser (Tepidarien)	10—15°
Warmhäuser (Kaldarien)	18—25° u. m.
Gurkenhäuser	20°
Traubengewächshäuser	20—25° u. m.
Vermehrungen	18—22°
Treibbeete: Temperieren, damit Frostgefahr ausgeschlossen ist. Wenn als Frühbeete zum Treiben von Gemüsen usw. benutzt, je nach Pflanzenart	12—15° u. m.
Wintergärten	18°
Pflanzenkeller	nicht unter 5°
Blumenfenster	10—15°

Beheizte, im Freien liegende Teiche: Wassertemperatur zum Ziehen tropischer Seerosen (Victoria regia) usw. 30°. Im Winter entleert. Bei der Berechnung des Wärmebedarfes ist zu berücksichtigen, daß Wärme erforderlich ist: 1. zur Deckung des Wärmeentzuges zufolge Wasserverdunstung, 2. des Wärmeverlustes durch Leitung ans Erdreich und an die Luft, 3. zur Anwärmung des nachfließenden Wassers. Hiervon ergibt 1. den weitaus größten Betrag.

Beheizte Freilandkulturen: Temperieren des Bodens durch in die Erde gelegte Heizrohre[1] oder Wärmebestrahlung von oben. Nur wirtschaftlich, wenn die Heizwärme in Form von Abwärme kostenlos zur Verfügung steht. Dampfzuführung in den Boden hat sich nicht bewährt. Wenn Nachtfröste drohen, werden Weinberge bisweilen durch kleine Feuer oder in Abständen von 4—5 m angeordnete glühende Briketts bzw. Sonderöfen des Braunkohlensyndikats Köln geheizt. Zur Verminderung der Wärmeabstrahlung erzeugt man bisweilen auch starken Rauch oder bedeckt die einzelnen Rebstöcke mit Schutzhüllen aus Stroh.

Im Wallis (Schweiz), insbesondere zwischen *Martigny* und *Sitten*, sind zur Bekämpfung der Frostgefahr auf Anraten der Landwirtschaftlichen Schule Château-Neuf durch Aufstellung sog. „Chauffrettes“ in den Obst-, Erdbeer- und Spargelkulturen Versuche im großen durchgeführt worden. Es handelt sich dabei um kleine Blechöfen von 30 bis 40 cm Durchmesser und 20 cm Höhe. Die Seitenwände sind oben mit Luftlöchern versehen, und der Deckel trägt meist einen als Kamin dienenden Aufsatz. Als Brennstoff dient Rohöl (Mazout). Dadurch wird nicht nur die Luft erwärmt, sondern auch dicker Qualm erzeugt, der das ganze Tal erfüllt und die Abstrahlung nach dem Weltraum vermindert, allerdings auch eine erhebliche Belästigung der Talbewohner darstellt. Der Schutz soll bei Abständen der Öfen von 10 m (150 Öfen je Hektar) bis zu Temperaturen von —5° genügen. Im Frühjahr 1938, als im April nochmals eine von Schneefall begleitete Kältewelle auftrat, wobei die Temperatur stellenweise bis auf —9° sank, versagte die Einrichtung allerdings fast gänzlich. Zum Schutz gegen so große Kälte soll es erforderlich sein, die Dichte der Chauffrettes zu verdoppeln.

2. Heizart.

a) Gewächshäuser. Die geeignetste Heizart für kleine Gewächshäuser ist Schwerkraft-, für ausgedehnte Gewächshausanlagen Pumpen-Warmwasserheizung, wobei die in Durchschnittswintern anzuwendende Höchstvorlauftemperatur 60° nicht übersteigen sollte. Die Heizfläche ist dementsprechend reichlich zu bemessen. Das Urteil erfahrener Gärtner lautet: „Lieber ein Heizrohr mehr, auch wenn dadurch die Anlagekosten etwas höher ausfallen.“ Bei Pumpenheizung muß Gewähr dafür bestehen, daß die Pflanzen nicht durch Unterbrechungen in der Heizwirkung, z. B. infolge Aussetzen des elektrischen Stromes, gefährdet werden. Über die Feuerungsarten vgl. Abschnitt A 3.

Dampfheizung eignet sich, der hohen Heizkörpertemperaturen und ungenügenden Regelbarkeit wegen, für Gewächshäuser nicht, und die früher oft erstellten gemauerten Kanalheizungen sind erst recht über-

[1] Freilandbeheizung im Gartenbau. Gesundh.-Ing. Bd. 59 (1936) S. 110. — CHRISTIAN, W.: Die Wärmeverluste von unmittelbar im Erdreich verlegten Rohrleitungen. Wärme- u. Kälte-Techn. Bd. 39 (1937) Heft 3 S. 1/6. — Kurze Besprechung im Gesundh.-Ing. Bd. 61 (1938) S. 237.

holt. Ist dagegen elektrische Energie billig erhältlich, so kommt elektrische Bodenheizung, unter Umständen auch Elektro-Warmwasserheizung in Frage.

Bei Warmwasserheizung sind als Heizkörper ausschließlich glatte Rohre zu verwenden, Rippenrohre, ihrer schweren Reinigungsmöglichkeit wegen, dagegen zu vermeiden. Aus dem gleichen Grunde ist auch davon abzuraten, Heizrohre in mit Gittern überdeckte Fußbodenkanäle zu legen.

Für auf 10—15° zu heizende, in den Boden hinabreichende, nicht sehr hohe Gewächshäuser von 3 m Breite genügt es in unserem Klima meist, wenn auf die ganze Länge nur 1 Heizrohr mit 45 bzw. 60 mm Dmr. unmittelbar über den Pflanzentischen und bei Eisenbauweise unter Umständen auch eines im Giebel angeordnet wird. Gewächshäuser mit Pultdach sind meist breiter und erfordern mehr Heizfläche. Die in den Boden hinabreichenden Teile der Gewächshäuser brauchen nicht mit Heizrohren versehen zu werden. Die den Fenstern entlang laufenden Rohre nennt man „Taurohre", da sie, abgesehen vom Heizzweck, die Aufgabe haben, Schwitzwasserbildungen zu verhindern und dadurch die Pflanzen gegen Tropfenfall zu schützen. Sie sind so zu verteilen, daß sich die Pflanzen möglichst überall in der gleichen Temperatur befinden, nicht einzelne Teile zu starker Wärmeeinwirkung ausgesetzt sind. Einzelabstellbarkeit der Heizstränge ist empfehlenswert. Unter den Pflanzentischen sind Heizrohre nur erforderlich, wenn auch die unteren Raumteile über Boden liegen.

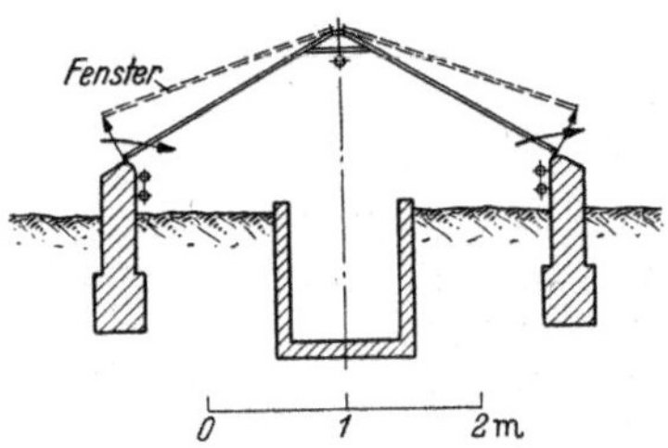

Abb. 17. Kulturhaus mit auflegbaren Fenstern, sog. Fensterhaus.

Die Abb. 17—20 zeigen beispielsweise einige Gewächshausquerschnitte mit den eingezeichneten Heizrohren und Lüftungsmöglichkeiten.

Abb. 17 betrifft ein Kulturhaus mit auflegbaren Fenstern. Wie ersichtlich, sind seitlich 2 Heizrohre und ein weiteres im Giebel angeordnet. Es gibt Gärtner, die statt fester Verglasung aufgelegte Fenster (von z. B. etwa 1,8 auf rd. 1,0 m) bevorzugen, weil sich die Instandhaltungsarbeiten, der Einzelabnehm- und Auswechselbarkeit der Fenster wegen, dabei bedeutend einfacher gestalten und besonders gute Lüftungsmöglichkeit besteht, indem die Fenster beliebig gehoben, gewünschtenfalls zeitweise sogar ganz weggenommen werden können. Allerdings bedingen lose Fenster höhere Erstellungskosten, insbesondere wenn Doppelfenster vorgesehen werden müssen. Für krautartige Gewächse genügt einfaches Glas, für empfindlichere Pflanzen, die höhere Raumtemperaturen verlangen, sind Doppelfenster dagegen empfehlenswert. Auflegbare Fenster haben wegen der Fugen größere Luftdurchlässigkeit zur Folge als feste Verglasung und daher auch größeren Brennstoffverbrauch, was jedoch durch Doppelfenster mehr als ausgeglichen wird. Zudem lassen sich Doppelfenster zeitweise für andere

Zwecke, beispielsweise wenn es im Freien bereits wärmer wird, zum Auflegen auf Frühbeetkasten verwenden.

Abb. 18 bezieht sich auf ein vollständig über dem Gelände liegendes Blumenhaus, weshalb außer den Taurohren, entsprechend der Darstellung rechts, Heizrohre auch unter den Blumentischen, den Seitenwänden entlang, angeordnet sind. Links ist die Vermehrung eingezeichnet. (Vgl. Abschnitt 1b, S. 105.)

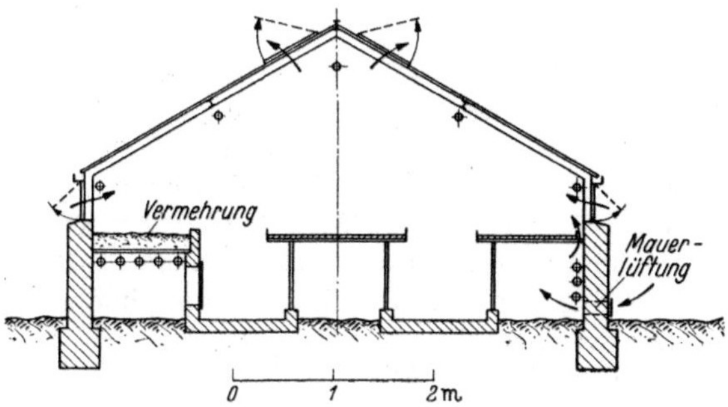

Abb. 18. Blumenhaus.

Beim Gemüseblock Abb. 19 und dem Gurkenhaus Abb. 20 ist die Heizfläche gleichartig angeordnet, der Unterschied besteht nur darin, daß das Gurkenhaus auch in der Mitte, längs dem Durchgang, 2 Heizrohre aufweist.

Bisweilen findet man die Einteilung in ein Vor-, ein Warm-, ein Temperiert- und ein Kalthaus. In den beiden letzteren oder zum mindesten im letztgenannten soll die Heizung ganz abstellbar sein. Für mittlere und große Anlagen auf ebenem Gelände ist gleichlaufende

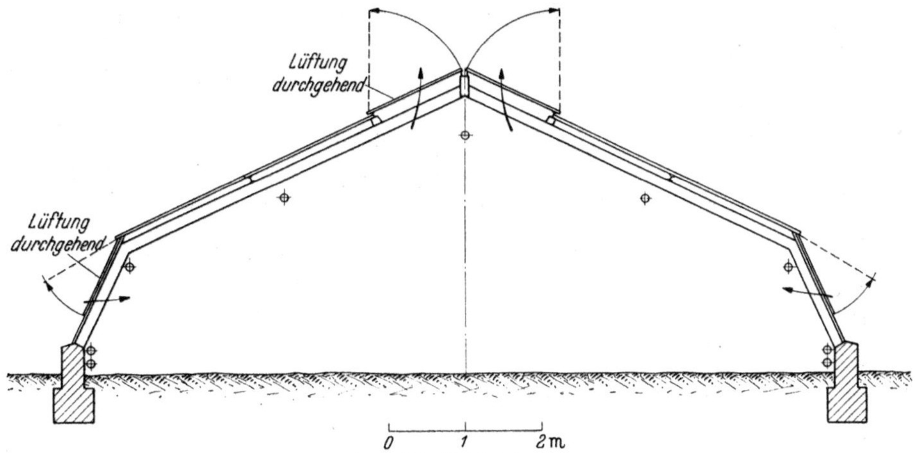

Abb. 19. Gemüseblock.

Anordnung der verschiedenen Pflanzenhäuser mit einem Vorhaus auf der ganzen Länge der Giebelseite zweckmäßig. Das Vorhaus sollte die Giebel der Gewächshäuser um etwa 1 m überragen, damit das Ausdehnungsgefäß der Heizung und die selbsttätige Entlüftung gut untergebracht werden können. Der oder die Heizkessel lassen sich dann ebenfalls günstig, gewünschtenfalls in einem besonderen Heiz- oder Kohlenkeller, aufstellen. Der gemauerte Schornstein soll im Gebäudeinnern hochgeführt werden. Bei derart erstellten Anlagen hat man die Wärmeverteilung gut in der Hand[1].

Werden niedrige Erdbeerhäuser auf geneigtem Gelände beiderseits einer Treppe gleichlaufend übereinander erstellt, so legt man die Heizrohre meist ebenfalls an die Dachflächen. Die Heizungen der einzelnen Häuser sind hierbei für sich abstell- und entleerbar anzuordnen. Gewünschtenfalls können sie auch mit Rücklaufbeimischung versehen werden, sofern der Pflanzenbestand wechselt und die Temperatur der jeweiligen Pflanzenart angepaßt werden soll. Bei der Erstellung derartiger Anlagen ist rechtzeitige Zusammenarbeit zwischen Bauherr und Heizungsfachmann ganz besonders am Platz.

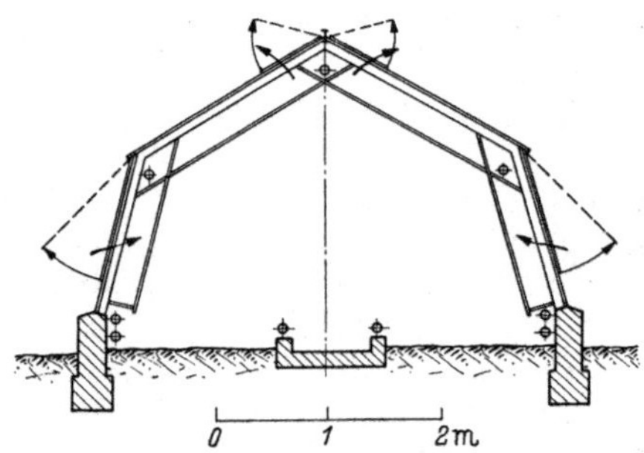

Abb. 20. Gurkenhaus.

Bei der elektrischen Beheizung von Gewächshäusern werden abgedämmte Heizwiderstände in nahtlosen Bleirohren, in Abständen von etwa 40 cm und einer Tiefe von rd. 30 cm, in den Erdboden gelegt[2]. In den Grenzbeeten wird die Verlegungsdichte der Heizkabel nach den Glaswänden zu vorteilhaft auf 2,5—3,0 m je Quadratmeter Bodenfläche erhöht zwecks Deckung der seitlichen Wärmeverluste. Wenn die Beheizung auf die ganze Nutzlänge der Gewächshäuser geschieht, so wird das Erdreich überall gleich warm und beheizt bis zu einem gewissen Grade auch den Luftraum. Werden auch im kältesten Winter hohe Lufttemperaturen verlangt, z. B. weil hochragende Pflanzen wie Gurken oder Tomaten gezogen werden sollen, oder weil es sich um Frühgemüse usw. handelt, so ist allerdings noch eine weitere Heizmöglichkeit erforderlich. Anderseits ist zu begrüßen, daß man für die Bodenheizung gewöhnlich mit Nachtstrom allein auskommt, weil der Boden einen Wärmespeicher darstellt. Je Quadratmeter Bodenfläche hat man mit einem Anschlußwert von mindestens 70 W, unter Umständen jedoch mit wesentlich mehr, zu rechnen.

Wird zusätzliche Belichtung der Kulturen durch Metalldrahtlampen angewendet, so findet auch dadurch eine gewisse Beheizung des Luftraumes statt.

Zum Schutz der Kabel gegen Spatenstiche werden sie mit weitmaschigem Drahtgeflecht oder, zur Warnung für den Gärtner, mit einer etwa 2 cm dicken Lehmschicht überdeckt. Damit der Boden nicht

---

[1] Über die für den Gärtner wissenswerten Angaben betr. Heizkessel, Rohrheizflächen, Schornsteine usw. vgl. z. B. das von der Nationalen Radiatorgesellschaft Berlin herausgegebene reichbebilderte Büchlein „Gewinnbringende Heizungsanlagen für Gewächshäuser".

[2] Das von der AEG entwickelte Heizkabel mit einer Normallänge von 50 m bei 220 V Netzspannung nimmt auf dem laufenden Meter 30 W auf, das Einheitskabel also 1,5 kW. Vgl. W. Neubert: Elektrische Bodenbeheizung im Treibhaus. AEG-Mitt. 1931 S. 383/388.

zu stark austrocknet, kann es sich empfehlen, Bodenfeuchtigkeit in Form von Regenwasser durch unter den Kabeln liegende Tonröhren zuzuführen. Über die damit gemachten Erfahrungen ist mir Näheres nicht bekannt.

Elektrische Bodenheizung in Gewächshäusern hat namentlich in *Schweden* und *Norwegen* große Verbreitung erlangt. So konnte A. Ekström schon im Jahre 1929 berichten, daß in Schweden 21000 m² Bodenfläche in rd. 100 Gärten mit 3000 kW Anschlußwert elektrisch geheizt werden, was unter Berücksichtigung, daß es sich um Verwendung von Nachtstrom allein handelt, 140 W/m² ergibt[1]. Das Elektrizitätswerk der Stadt *Stockholm* soll im Jahre 1927 bereits 500 kW für Gewächshausheizungen abgegeben haben.

Außer auf elektrischem Wege ist Bodenheizung selbstverständlich auch durch Warmwasserheizung möglich. Daß ein Unterschied zwischen den beiden Heizarten in bezug auf das Wachstum der Pflanzen besteht, ist nicht nachgewiesen. Dagegen sind die in den Boden gelegten Heizrohre der Zerstörung durch Rosten ausgesetzt, was bei den Bleikabeln der elektrischen Heizungen dahinfällt. Bester Schutz der Heizrohre ist daher unbedingtes Erfordernis. Auch muß durch geeignete Verteilung der Rohre für möglichst gleichmäßige Erwärmung des Bodens gesorgt werden. Bisweilen wird außer Bodenheizung auch Strahlungsheizung zur Anwendung gebracht, indem die Kulturen durch beheizte Flächen von oben her bestrahlt werden, was aber nach den gemachten Erfahrungen wenig wirksam ist.

Zum Schutz gegen hohe Wärmeverluste deckt man die zum Überwintern von Orangen, Lorbeer, Granatäpfeln, Myrten usw. dienenden Kalthäuser bisweilen mit Brettern ab. Warmhäuser mit lichtbedürftigen Kulturen dürfen dagegen nicht beschattet werden. Über Nacht angebrachte Abdeckungen müssen daher am Morgen jeweils weggenommen werden. Einfacher, aber teurer ist das Anbringen von Doppelfenstern.

Die Gewächshäuser erfordern wegen der großen Wärmedurchlässigkeit der Glaswände und der dadurch notwendigen Berücksichtigung der *tiefstmöglichen* Außentemperaturen (im Gegensatz zu den *mittleren* Tiefsttemperaturen, wie sie den Wärmebedarfsberechnungen bei den vollwandig erstellten Gebäuden zugrunde gelegt werden) kräftige Heizungen[2]. Daß bei den gemauerten Gebäuden mit weniger tiefen Außentemperaturen gerechnet werden darf, ist im Hinblick auf das Wärmespeichervermögen der Umfassungswände und des Gebäudeinnern leicht verständlich. Bei den nichtspeichernden Glaswänden und -dächern der Gewächshäuser bleibt nichts übrig, als mit den *tiefstmöglichen* Temperaturen, also z.B. —20° statt —15° zu rechnen, wenn man gegen Überraschungen geschützt sein will. Anderseits ist zu beachten, daß die Innentemperatur längs den Fenstern unter derjenigen des Raum-

---

[1] Electr. Rev. vom 24. Mai 1929 und Génie civ. vom 17. August 1929 S. 162 — Gesundh.-Ing. Bd. 52 (1929) S. 800.

[2] Vgl. M. Hottinger: Klima und Gradtage, S. 58. Berlin: Julius Springer 1938. Ferner: Der Nutzwert der Heizanlagen. Wärme- u. Kälte-Techn. Bd. 40 (1938) S. 49—52.

innern liegt, und ferner, daß bei fester Verglasung die Fenster, mit Ausnahme der Lüftungsflügel, fugenlos und bei in die Erde eingebetteten Gewächshäusern die untern Raumteile der starken Abkühlung nicht ausgesetzt sind, sondern im Gegenteil innerhalb gewisser Grenzen temperaturausgleichend wirken[1]. Bei loser Verglasung und einfachen Fenstern sind der Fugen wegen jedoch höhere Wärmedurchgangszahlen einzusetzen als bei fester Verglasung. Man kann etwa annehmen:

Bei fester Verglasung in Holzrahmen für einfache Glasscheiben $k = 5$
Bei fester Verglasung in Eisenrahmen für einfache Glasscheiben $k = 6$
Bei loser Verglasung für einfache Glasfenster . . . . $k = 7$
Bei loser Verglasung für Doppelfenster . . . . $k = 3{,}5$
Durch die Mauersockel an die Außenluft je nach Mauerdicke . $k = 2-3$
Durch die Mauersockel und den Boden ans Erdreich . . . . . $k = 2$

b) Vermehrungen. Die Vermehrungen zum Ziehen von Stecklingen und zum Überwintern von Veredelungen bis zum ersten Austreiben, ferner zum Treiben von Maiblumen und andern Blumenzwiebeln im Winter werden gewöhnlich in den Warmhäusern untergebracht, indem dazu je nach Bedarf einige Meter vom Pflanzentisch benutzt werden. Der Raum unter dem Tisch wird (entsprechend Abb. 18 links) durch Mauerwerk abgeschlossen und mit Türen oder Schiebern, ferner mit nebeneinander liegenden Heizrohren versehen, durch die eine Lufttemperatur von 30—40° erreicht werden kann. Die obere Abdeckung, auf welche der Vermehrungssand zu liegen kommt, wird verschieden ausgeführt. Bisweilen wird Moos auf galvanisiertem Drahtgeflecht verwendet, andere Gärtner ziehen Ton- oder Eternitplatten vor. Statt dieser Ausführungsart können die Vermehrungsbeete auch über beheizten Wasserbehältern angeordnet werden, deren Temperaturen durch selbsttätige Regler auf der gewünschten Höhe gehalten werden. Ferner erstellt man über den Vermehrungsbeeten zur Innehaltung der erforderlichen Lufttemperatur bisweilen besondere Glaskasten.

Großgärtnereien verfügen oft über besondere Vermehrungshäuser, die in gleicher Weise wie gewöhnliche Gewächshäuser durch unter den Fenstern liegende Heizrohre, jedoch bis auf 20 und 22°, beheizt werden.

c) Wassererwärmung. Zur Erwärmung des Wassers in den mit Regen- und nötigenfalls Leitungswasser gespeisten Behältern der Gewächshäuser werden oft Heizrohre durch dieselben hindurch verlegt, wobei auf gute Dehnungsmöglichkeit der Rohre beim Warmwerden und trotzdem vollständiges Dichthalten der Behälterwände Rücksicht zu nehmen ist. Ferner sind die Rohre möglichst tief ins Wasser zu legen, weil sich nur die *über* ihnen liegende Wasserschicht richtig erwärmt. Ihre Anordnung hat so zu erfolgen, daß die Reinigung der Behälter nicht beeinträchtigt wird. Künstliche Erwärmung des Wassers ist jedoch nur erforderlich, wenn die Behälter an den Außenwänden liegen, während bei ihrer Anordnung im Innern der Häuser und ge-

[1] Krischer, O.: Der Einfluß von Feuchtigkeit, Körnung und Temperatur auf die Wärmeleitfähigkeit körniger Stoffe. Beiheft 33 zum Gesundh.-Ing., Reihe I, 1934. S. auch Gesundh.-Ing. Bd. 57 (1934) S. 401.

nügender Größe auf den Einbau von Heizrohren in der Regel verzichtet wird, weil das zufließende Wasser Gelegenheit hat, bis zu seiner Verwendung lange genug zu verbleiben. Die Art der Lösung dieser Frage hängt auch mit dem Zweck, dem das Gewächshaus zu dienen hat, zusammen.

d) Treib- und Frühbeete. Eine einfache Art des Warmhaltens von Treibbeeten besteht darin, daß der Boden ausgehoben, die Grube zuunterst mit Laub, dann mit frischem Pferdemist versehen und schließlich mit Erde wieder aufgefüllt wird. Die dadurch erzielbaren Temperaturen sind allerdings nicht gleichmäßig; sie nehmen mit der fortschreitenden Verwesung des Pferdemistes erheblich ab. Seit der starken Verbreitung der Kraftwagen ist zudem die Beschaffung von Pferdemist nicht mehr überall leicht möglich, und überdies verursacht dieses Verfahren alljährlich viel Arbeit.

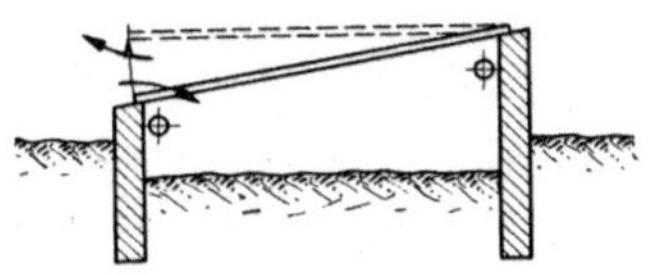

Abb. 21. Einfacher Frühbeetkasten.

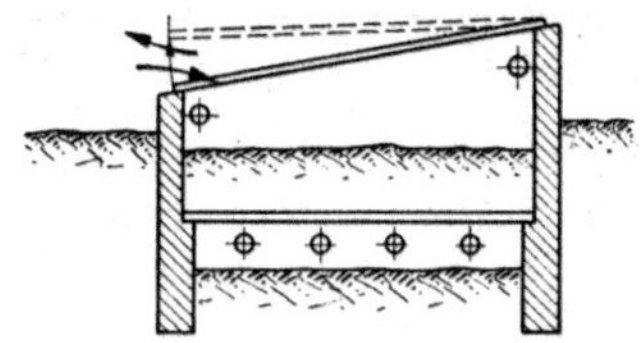

Abb. 22. Treibkasten mit Unterheizung.

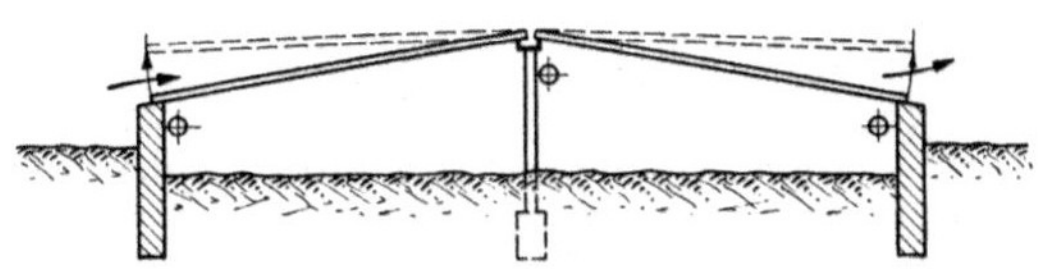

Abb. 23. Doppel-Frühbeetkasten.

In neuerer Zeit versieht man daher die Treibbeete meist ebenfalls mit Warmwasser- oder elektrischer Heizung. Es empfiehlt sich dabei, zur Innehaltung der gewünschten Temperaturen Regler vorzusehen. Man hat zu unterscheiden zwischen eigentlichen *Treibbeeten*, die während des ganzen Winters benutzt werden, und *Frühbeeten*, die am Anfang des Winters nicht benötigt werden, weshalb man die Heizung während dieser Zeit abstellt. Zur Vermeidung des Einfrierens muß die Heizung dann aber auch entleert werden, was umständlich, und auch schädlich ist, weil die öfteren Füllungen vermehrten Kalkabsatz bedingen. Statt dessen kann man sie auch mit einer frostfreien Flüssigkeit füllen.

Bei den Früh- und Treibbeeten sind die Heizrohre der Warmwasserheizungen nicht in den Boden zu legen, sondern entsprechend Abb. 21 an die Außenseiten der Kasten. Bei Doppelfrühbeetkasten wird nach Abb. 23 meist auch ein Rohr an höchster Stelle im Innern verlegt. Kann der Heizkessel tief genug aufgestellt werden oder handelt es sich um Pumpenheizung, so werden die Treibkasten entsprechend Abb. 22 bisweilen auch von einem unter der Erde liegenden, mit Heizrohren versehenen Hohlraum aus beheizt, in welchem Falle sie auch als Vermehrungen dienen können.

Elektrische Heizung wird gleich ausgeführt wie in den Gewächshäusern. Man legt die Heizkabel am besten unabhängig von den Beeteinfassungen gut verteilt in den Boden und deckt sie zum Schutz gegen Beschädigungen durch Spatenstiche auch hier mit grobmaschigem Drahtgeflecht ab. Darüber kommt eine mindestens 25 cm dicke Erdschicht zu liegen. Wird der Boden mit der Bodenfräse bearbeitet, so ist es jedoch angezeigt, die Heizkabel zum Schutz in Tonkanäle zu legen. Werden die Anschlüsse unter Boden angeordnet, so können die Treibbeeteinfassungen im Sommer weggenommen werden. Die Heizwirkung soll in zwei Stufen regelbar sein.

Bisweilen werden auch in Speichermassen eingebettete Heizkörper aus blankem Widerstandsdraht verwendet und an die ungefährliche Spannung von nur 20—40 V angeschlossen. Dabei werden zur Abdämmung nach unten zuerst etwa 20 cm Schlacke in das ausgehobene Wärmbeet eingefüllt. Hierauf folgt die 15—20 cm hohe Speicherschicht, wozu sich Torfmull oder dürre Blätter eignen. In der Mitte dieser Schicht liegt der z. B. auf hölzerne Latten befestigte Widerstandsdraht. Über der Speicherschicht folgt die Erde. Besondere Aufmerksamkeit ist der Wärmeabdämmung der Kästen zur möglichsten Vermeidung von Wärmeabströmungen nach den Seiten zu schenken. Bei sorgfältiger Ausführung dieser Anlagen kann je Fenster und Tag bei einer mittleren Außentemperatur von 0° während der Nacht und 10° während des Tages 15° Lufttemperatur im Kasten und durchschnittlich 20° Erdtemperatur mit etwa 1,2—1,4 kWh Energieverbrauch gerechnet werden. Die genannten Temperaturen werden bei selbsttätiger Regelung mit Sicherheit auf 2—3° gleichgehalten.

Nach andern Angaben beträgt der Wärmeverbrauch der Treibbeete in unsern Breiten je 1° Temperaturerhöhung rd. 50 Wh/Tag/m². Bei einer Temperaturerhöhung von 0 auf 20° hat man also je Tag mit rd. 1 kWh je Quadratmeter Bodenfläche zu rechnen. Zufolge der Speicherfähigkeit des Bodens kann die Stromzufuhr meist auf die Nacht allein beschränkt bleiben. In Skandinavien sind, der kälteren Außentemperatur wegen, bedeutend größere Mengen erforderlich. Dort werden auch die Lufträume heizbar gemacht.

Nach STROBEL[1] bewegen sich zur Überwindung der üblichen Temperaturunterschiede die Anschlußwerte bei Treibbeeten mit durchschnittlich 8stündiger Nachtenergiespeicherung zwischen 110 und 160 W/m²[2]. Dazu kommen, wenn auch der Luftraum beheizt wird, noch 15—50% hinzu. Bei der Verlegung der Heizkabel unmittelbar in die Erde kann die Belastung je laufenden Meter mit 30 W/m angesetzt werden. Befinden sich die Kabel in Rohren oder in ruhender Luft, so geht die Belastbarkeit jedoch auf 20—25 W/m zurück.

[1] STROBEL, C.: Elektrische Bodenheizung in Gewächshaustreibanlagen. Bull. schweiz. elektrotechn. Ver. Bd. 26 (1935) S. 638/651.

[2] Nach andern Angaben zwischen 160—180 W/m² für Frühbeete und zwischen 80—100 W/m² für Gewächshäuser.

Solche Warmbeetheizungen gestatten Frühgemüse wie Salate, Spinat, Suppengemüse, ferner Gurken, Melonen, Zierpflanzen und Blumen, wie Begonien, Zyklamen usw., besonders früh und mit wenig Umständen zu ziehen. Die Oberheizung darf dabei aber nicht fehlen, und der Boden sollte nicht über etwa 20° erwärmt werden. Die anzuwendenden Luft- und Bodentemperaturen sind in jedem Fall vom Gärtnereifachmann der Pflanzenart entsprechend festzulegen, wobei nicht außer acht zu lassen ist, daß Unterschreitungen um wenige Grade Stillstand im Wachstum bedingen, während überhöhte Temperaturen zu Mißbildungen und Vermehrung der Schädlinge führen. Heizbare Treib- und Frühbeete leisten auch wertvolle Dienste zur Überwinterung von Pflanzen, die in der Zeit ihres Entwicklungsstillstands eine Temperatur von nur wenigen Graden über dem Nullpunkt beanspruchen. Ihre Unterbringung in den Treibbeeten statt in unnötig großen Gewächshäusern erfordert bedeutend weniger Heizwärme.

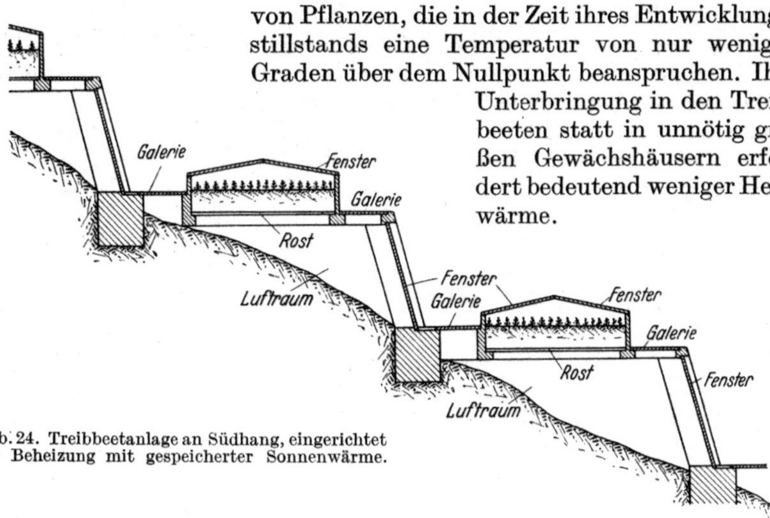

Abb. 24. Treibbeetanlage an Südhang, eingerichtet zur Beheizung mit gespeicherter Sonnenwärme.

Beim Erstellen von Gewächshäusern, Treib- und Frühbeeten sollen selbstverständlich in erster Linie die von der Natur kostenlos gebotenen Wachstumsbedingungen ausgenutzt werden. Dazu gehört u. a., daß die Hauptachse der Gewächshäuser nahezu in die West-Ost-Richtung gelegt wird, weil dadurch der Einfluß der Sonne auf die Erwärmung des Rauminnern besonders groß ist. Bekannt ist, daß zur Nutzbarmachung der Sonne für das Wachstum der Pflanzen und ihren Schutz gegen große Temperaturschwankungen in Gärten und Rebbergen gelegentlich Steine ins Erdreich eingegraben werden, die sich tagsüber zufolge der Sonneneinwirkung erwärmen und dadurch nachts den Boden warmhalten. In Abb. 24 kommt dieser Gedanke in verbesserter Form zum Ausdruck. Es handelt sich dabei um Frühbeetanlagen, die an stark nach Süden geneigten Berghängen, selbst in Höhenlagen bis zu 2000 m ü. M., zu bemerkenswerten Erfolgen im Gemüsebau geführt haben sollen. Wie ersichtlich, sind unter den Frühbeeten durch Glasfenster abgeschlossene Lufträume vorhanden. Nun ist bekannt, daß Glasscheiben für die kurzwelligen, leuchtenden Sonnenstrahlen in hohem Maße durchlässig sind. Erst bei ihrem Auftreffen auf undurchsichtige

Gegenstände setzen sie sich in Wärme um, die nun aber nicht mehr so leicht durch die Glaswände hinausgelangt, wie sie hereingekommen ist. Man hat diesen Vorgang schon mit einer Mausefalle verglichen. Die Frühbeete werden bei der in Abb. 24 dargestellten Ausführungsart durch die Sonne also auch von unten beheizt, und da der felsige oder steinige Geländeboden zudem als Wärmespeicher wirkt, der durch die Glasfenster gut gegen starke Abkühlung durch den Wind geschützt ist, so hält diese Erwärmung auch während der Nacht an. Dadurch wird das Wachstum befördert und das Pflanzengut außerdem gegen schädliche Nachtfröste geschützt. Um die Temperatur in den Hohlräumen regeln zu können, sollen sie lüftbar sein. Natürlich sind solche Anlagen nur an Orten mit großer Sonnenscheindauer von Wert, dort aber besonders nützlich, wenn gleichzeitig erhebliche Temperaturunterschiede zwischen Tag und Nacht bestehen, wie sie z. B. in größeren Höhenlagen in besonderem Maße auftreten.

Während Frühbeete in Hochtälern vielfach anzutreffen sind, haben sich eigentliche Gewächshäuser, z. B. an hochgelegenen Orten der Schweiz, trotz der daselbst wirkenden kräftigen Sonnenbestrahlung nicht als wirtschaftlich erwiesen, was begreiflich ist, wenn man an die tiefen Wintertemperaturen denkt, wogegen beispielsweise Belgien und Holland, ihres Meerklimas wegen, viel ausgeglichenere Temperaturen aufweisen[1]. Dazu kommen die an hochgelegenen Orten in der Regel weit höheren Anlage- und Brennstoffkosten hinzu, so daß die Verzinsungs-, Abschreibungs- und Betriebsauslagen derart hoch ausfallen, daß z. B. mit Frühgemüsebau kein Gewinn mehr zu erzielen ist. Auch die Absatzverhältnisse sind daselbst vielfach unbefriedigend. Trotz zahlreicher Versuche ist es daher bis jetzt nicht gelungen, die im Tiefland mancherorts recht wirtschaftlichen und stellenweise sehr bedeutenden Gewächshauskulturen auch auf Hochtäler zu übertragen.

e) Beheizte Blumenfenster. Neuzeitliche Gebäude werden vielfach mit Blumenfenstern versehen, die zu heizen sind, sofern sie auch im Winter als Standort für die Gewächse dienen sollen. Ragen sie über die Außenmauern hinaus, so sind die Wärmeverluste des vorstehenden Bodens durch gute Abdämmung möglichst zu vermindern.

Zur Beheizung von Blumenfenstern z. B. in einfachen Wohnhäusern ist Warmwasserheizung ungeeignet, weil nicht alle Mieter von den Blumenfenstern Gebrauch zu machen und daher die Auslagen für die Beheizung derselben zu sparen wünschen. Wird Warmwasserheizung aber ganz abgestellt, so entsteht Einfriergefahr. Zweckmäßiger sind in solchen Fällen elektrische Heizkabel oder -röhren, die vom anstoßenden Raum her einschaltbar sind, gewünschtenfalls aber auch unbenutzt bleiben können.

Bei den gewöhnlichen klimatischen Verhältnissen der gemäßigten Zone hat man zur Aufrechterhaltung von 15° zwischen den Fenstern mit einem Anschlußwert von etwa 150 W je Quadratmeter Fensterfläche zu rechnen, sofern die Temperatur des anstoßenden Zimmers ebenfalls

[1] Vgl. M. Hottinger: Klima und Gradtage in ihren Beziehungen zur Heiz- und Lüftungstechnik. Berlin: Julius Springer 1938.

mindestens 15° beträgt. Der elektrische Heizkörper wird am besten möglichst nahe vom Außenfenster angebracht und oben in einem Abstand von etwa 3 cm mit einer zur Aufnahme der Pflanzen dienenden Holzbank überdeckt. Die Regelung der Temperatur erfolgt entweder von Hand unter Beobachtung eines Thermometers oder, was einfacher und zuverlässiger ist, unter Benutzung selbsttätiger Temperaturregler.

Anders liegen die Verhältnisse, wenn mit Sicherheit damit gerechnet werden kann, daß die Blumenfenster ständig benutzt werden. Dann leistet Warmwasserheizung gute Dienste.

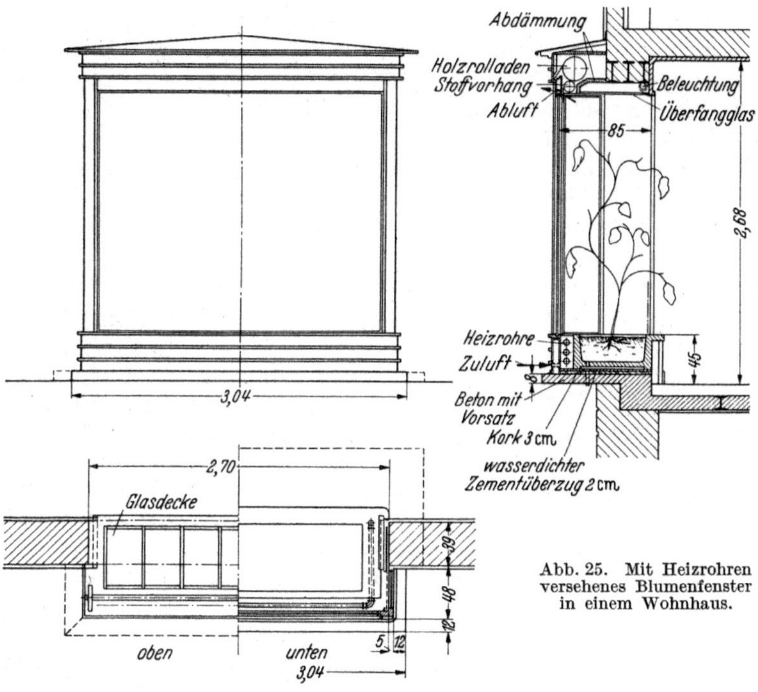

Abb. 25. Mit Heizrohren versehenes Blumenfenster in einem Wohnhaus.

Abb. 25 zeigt beispielsweise die Ausführung eines Blumenfensters in einem Wohnhaus. Dabei sind 3 Heizrohre unter dem Fenster angebracht. Ein Glasabschluß zwischen Fenster und Raum besteht nicht. Nach unten ist eine 3 cm starke Korkabdämmung vorgesehen. Unter den Heizrohren kann Zuluft von außen her eintreten, während oben unter dem Rolladenkasten Abluft abströmt. Außer dem Holzrolladen ist auch ein Stoffvorhang zum Schutz der Pflanzen gegen starke Sonnenbestrahlung vorgesehen.

Abb. 26 veranschaulicht das Blumenfenster in der Halle eines mit Strahlungsheizung versehenen Krankenhauses. Die Deckenheizung dient auch zur Beheizung des Blumenfensters. Im Gegensatz zu der Ausführung Abb. 25 bestehen hier gegen den Raum zu Glasschiebefenster, die nötigenfalls zur weiteren Beheizung des Blumenfensters geöffnet werden können. Ein Sonnenvorhang wurde hier nicht vorgesehen, weil das Fenster in diesem Fall der unmittelbaren Sonneneinstrahlung nicht ausgesetzt ist. Zur Lüftung sind die seitlichen Felder des dreiteiligen Fensters unten und oben mit leicht bedienbaren Klappflügeln versehen.

Die beiden beschriebenen Ausführungen haben sich gut bewährt.

3. Heizkessel, Feuerungsart usw.

Sofern die Gewächshausheizungen nicht an Gebäude- oder Fernheizungen angeschlossen werden, stellt man in einem abschließbaren

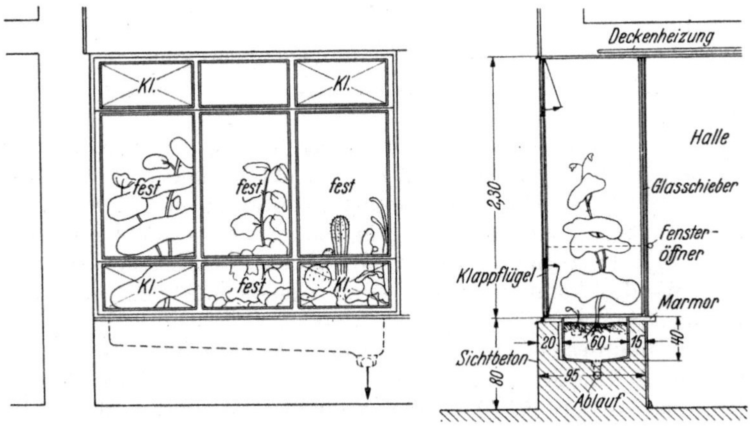

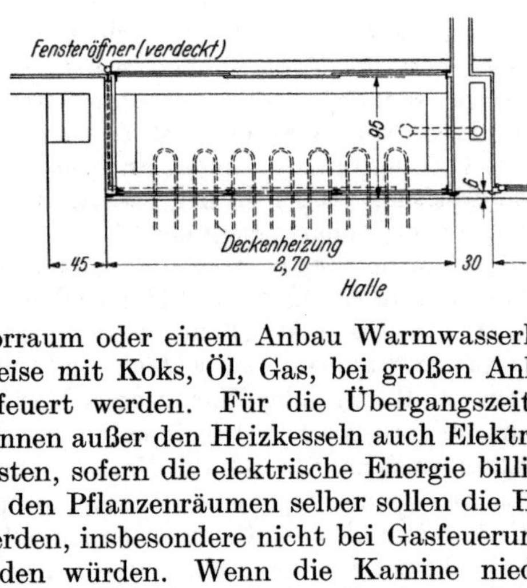

Abb. 26. Mit Deckenheizung versehenes Blumenfenster in der Halle eines Krankenhauses.

Vorraum oder einem Anbau Warmwasserheizkessel auf, die in üblicher Weise mit Koks, Öl, Gas, bei großen Anlagen auch mit Feinanthrazit gefeuert werden. Für die Übergangszeiten und kühlen Sommertage können außer den Heizkesseln auch Elektrodurchlaufkessel gute Dienste leisten, sofern die elektrische Energie billig genug zur Verfügung steht. In den Pflanzenräumen selber sollen die Heizkessel nicht untergebracht werden, insbesondere nicht bei Gasfeuerung, weil die Pflanzen darunter leiden würden. Wenn die Kamine niedrig und starker Abkühlung ausgesetzt sind, so kann die Anwendung zwangsläufigen Saugzuges angezeigt sein.

Für die Verbrennung von Gartenabfällen gibt es Sonderkessel, die aber nicht für Dauerbetrieb geeignet sind. Bis zu einem gewissen Maß lassen sich Gartenabfälle übrigens auch in den gewöhnlichen Heizkesseln verbrennen.

Beim Anschluß an andere Heizungen ist darauf Bedacht zu nehmen, daß die Gewächshäuser bei sinkenden Außentemperaturen, ihrer großen Glasflächen und manchmal auch Eisensprossen (die die Wärme weit besser leiten als Holzsprossen und zudem zu Tropfwasserbildung neigen) sowie der meist geringen Mauermassen wegen, besonders starker Abkühlung unterworfen sind und daher auch an kühlen Tagen (bzw. Nächten) der Übergangszeiten heizbar sein müssen. Es ist deshalb unter Umständen erforderlich, trotz der Heizmöglichkeit von außen her, beim Gewächshaus selber noch einen Heizkessel aber sonst eine (z. B. elektrische) Aushilfsheizung vorzusehen. Wie weit hierin zu gehen ist, hängt von der Lage und Bauart des Gewächshauses sowie von der Art der darin zu ziehenden Pflanzen ab. Die eigentlichen Kulturhäuser für tropische Pflanzen (Palmenhäuser usw.) müssen nötigenfalls auch im Sommer heizbar sein.

Bei den Gewächshäusern haben das erwähnte geringe Wärmespeichervermögen und die große Wärmedurchlässigkeit der Umfassungswände zur Folge, daß sich Temperaturschwankungen im Freien auch im Innern außerordentlich rasch und zudem weit stärker als bei vollwandigen Bauten bemerkbar machen. Auch die Einflüsse der Sonne und des Windes kommen, der großen Glasflächen wegen, in hohem Maße zur Auswirkung[1]. Diese Umstände verlangen ganz besondere Beachtung, wenn es sich um Pflanzenarten handelt, die gleichbleibende Temperaturen benötigen. Dann ist auf rascheste Anpassungsfähigkeit der Heizung an den Wärmebedarf größtes Gewicht zu legen. Außer selbsttätiger Regelung sind hierfür rasch und in weiten Grenzen verstellbare Feuerungsarten, wie Öl- und Gasfeuerung, zu empfehlen. Auch die Anwendung von Wärmespeichern in Form großer Warmwasserbehälter kann gute Dienste leisten[2], weil sich dadurch erhöhte Betriebssicherheit, gefahrlose Überwindung von Temperaturstürzen, gleichmäßigere Kesselbelastungen und Brennstoffeinsparungen erzielen lassen. Diesen Vorzügen stehen jedoch erheblich größere Anlagekosten und die Raumbeanspruchung für den Wärmespeicher gegenüber.

Wichtig ist, daß die Gewächshausheizungen unbedingt zuverlässig arbeiten, damit die Pflanzenbestände nicht durch zu tiefes Sinken der Temperatur gefährdet werden. Wenn Gas- oder Ölfeuerung vorgesehen wird, so sind daher vollselbsttätige Bauarten zu wählen und nicht solche, die bei zu hohem Steigen der Raum- oder Warmwasser-Vorlauftemperatur wohl abstellen, dann aber ausgeschaltet bleiben, bis man sie von Hand wieder in Betrieb setzt; sonst kann, wenn die Unterbrechung am Anfang der Nacht eintritt, die Raumtemperatur bis zum Morgen unter das zulässige Maß sinken. Aus dem gleichen Grunde ist auch selbsttätige Entlüftung der Warmwasserheizungen vorzusehen, weil sonst bei sich sammelnder Luft ebenfalls Unterbrechungen in der Heizwirkung und damit schädliche Temperaturunterschreitungen vorkommen können.

---

[1] Vgl. M. Hottinger: Klima und Gradtage. Abschnitte V und VI: „Vom Einfluß der Sonne" und „Vom Einfluß des Windes". Berlin: Julius Springer 1938.

[2] Warschat, H.: Warmwasserspeicher in Gewächshausheizungen. Gesundh.-Ing. Bd. 54 (1931) S. 177/179.

Zwecks Erzielung eines möglichst wirtschaftlichen Betriebes hat man schon Pumpenheizungen erstellt, die bis zu einem gewissen Grade auch als Schwerkraftheizungen betrieben werden können. Bei großen Anlagen sollen zum gleichen Zweck selbstverständlich auch entsprechende Kesselunterteilungen vorgenommen werden. Weiter sind im Hinblick auf bestmögliche Wirtschaftlichkeit schon Verbundheizungen, z. B. das Zusammenarbeiten einer Warmwasser- und in der kältesten Zeit einer zusätzlichen Niederdruckdampfheizung, vorgeschlagen worden[1], mit welchem Erfolg, ist mir nicht bekannt.

Ferner hat man große Gewächshausanlagen mit Dampfkraftwerken in Verbindung gebracht, so z. B. beim Kraftwerk *Wiesmoor* der *Nordwestdeutschen Kraftwerke A. G.* und beim Kraftwerk *Bleicherode* der *Überlandzentrale Südharz G. m. b. H.* Ferner hat die Berliner Städtische Elektrizitätswerke A. G. in ihrem Großkraftwerk *Klingenberg* eine Gewächshausanlage für Gurken und Tomaten mit angegliedertem Blumenhaus erstellt. Der Vollausbau soll 15000 m² bebaute Grundfläche umfassen. Bei solchen von Kraftwerken aus beheizten Gewächshausanlagen ist es üblich, Warmwasserheizung unter Erwärmung des Wassers mit Abdampf vorzusehen, wodurch sich ein äußerst billiger Betrieb, sehr einfache Bedienung und leichte Regelung der Heizwirkung ergeben. Zudem steht die Wärme auch in den Übergangsmonaten sowie an kühlen Tagen des Sommers jederzeit zur Verfügung. Mit derartigen Anlagen hat man versuchsweise auch schon Kohlensäurebeschickung der Luft unter Verwendung der gereinigten Rauchgase verbunden[2], was sich jedoch in wirtschaftlicher Beziehung nicht bewährt hat.

Als vereinzelt dastehender Sonderfall sei schließlich noch auf eine elektrisch beheizte Gewächshausanlage in der Nähe *Zürichs* hingewiesen, deren Besitzer die elektrische Energie mittels eines neben seinem Wohnhaus aufgestellten Dieselmotors selber erzeugt, um von der allgemeinen Elektrizitätsversorgung unabhängig zu sein. Dabei wird auch das warme Kühlwasser des Motors zu Heizzwecken ausgenutzt. Nachahmungen hat diese Lösung begreiflicherweise nicht gefunden.

B. Lüftung.

Gute Lüftungsmöglichkeit ist bei Gewächshäusern von größter Wichtigkeit. Meist wird sowohl Boden- als Deckenlüftung vorgesehen.

In den Abb. 17—23 sind auch diesbezüglich einige Angaben gemacht. Beim Fensterhaus Abb. 17 sowie den Frühbeeten und Treibkasten Abb. 21—23 werden zur Lüftung die Fenster gehoben bzw., wie schon erwähnt wurde, vorübergehend ganz weggenommen, wenn die Witterung dies erlaubt. Bei einseitigem Heben der Fenster strömt durch den offenen Spalt unten Luft ein, oben aus, während bei beidseitigem Heben und Luftbewegung im Freien entsprechend den in den Abb. 17 und 23 eingezeichneten Pfeilen Querlüftung zustande kommt.

---

[1] Warschat, H.: Kombinierte Heizungssysteme und ihre Wirtschaftlichkeit in Gewächshausheizungen. Gesundh.-Ing. Bd. 54 (1931) S. 632/634.

[2] Vgl. Schweiz. Wasserwirtsch. 1930 Heft 1 S. 19.

Das Blumenhaus Abb. 18 ist mit Boden- und Deckenlüftung versehen. Zur Bodenlüftung werden in den Mauersockeln durch Klappen oder Schieber leicht verschließbare und zudem mit Gittern oder Drahtgeflecht versehene Öffnungen angebracht. Die Deckenlüftung erfolgt durch an den Giebeln angebrachte Klappfenster. Bei der Anordnung und Größenbestimmung dieser Öffnungen ist darauf zu achten, daß die durchströmende Luftmenge reichlich ausfällt und allen Teilen des Gewächshauses zugute kommt, die Pflanzen dem Zug jedoch nicht ausgesetzt sind. In Abb. 18 sind auch über den Blumentischen Klappflügel vorgesehen. Ferner ist rechts durch einen Pfeil angedeutet, wie die durch die Maueröffnung einströmende und sich an den Heizrohren erwärmende Luft zum Teil durch eine Öffnung zwischen Pflanzentisch und Außenwand hochsteigt. Dadurch kommt auch daselbst eine gute Lüftung zustande, ohne daß die seitlichen Fensterflügel geöffnet werden müssen. Außerdem wird vorgewärmte Luft zugeführt, was bei empfindlichen Pflanzen und kalten Außentemperaturen, die ein Öffnen der seitlichen Klappfenster nicht gestatten, von Wichtigkeit ist.

Beim Gemüseblock Abb. 19 sind die Lüftungsflügel durchgehend, und auch das Gurkenhaus Abb. 20 ist mit besonders großen aufschließbaren Seitenfenstern versehen.

Die Klappflügel sollen so aufgehen, daß es nicht hereinregnen kann. Schieber in den oberen Teilen der Gewächshauswände und -decken anzubringen, ist aus diesem Grunde nicht zweckmäßig. Ferner soll die Bedienung der aufschließbaren Fenster, wie auch diejenige der Bodenluftschieber oder -klappen, mühelos erfolgen können, womöglich derart, daß sich sämtliche Stellvorrichtungen einer Seite auf mechanischem Wege gleichzeitig betätigen lassen.

Über die Lüftung der Blumenfenster Abb. 25 und 26 wurden Angaben bereits unter Abschnitt A 2e gemacht.

C. Befeuchtung der Erde und der Raumluft.

Außer für genügende Lüftungsmöglichkeit ist in den Gewächshäusern auch für ausreichende Feuchtigkeit der Erde und der Raumluft zu sorgen. Zu dem Zweck ist es angezeigt, einen möglichst großen Teil des Bodens auszuheben und die Grube mit Koks oder einem anderen porigen und daher viel Wasser aufnehmenden Stoff zu füllen. Bisweilen werden auch künstliche Berieselungseinrichtungen vorgesehen. Auch aus den offenen Wasserbehältern gelangt Feuchtigkeit in die Luft, besonders wenn sie beheizt werden. Auf die bisweilige Zuführung von Wasser in den Boden bei Bodenheizung wurde schon hingewiesen.

Bewetterungsanlagen mit Lüfterbetrieb und Luftaufbereitung sind bis jetzt für Gewächshäuser, wohl der Kosten wegen und weil die bisher angewendeten einfachen Mittel im allgemeinen genügen, nicht üblich geworden, obschon dadurch bei selbsttätiger Regelung der Temperatur und des Feuchtigkeitsgehaltes der Luft, vielleicht auch unter Beimengung von Gasen zur Beförderung des Pflanzenwachstums, zweifellos vollkommene Verhältnisse erzielbar wären.

D. Schutz gegen zu hohe Erwärmung und zu starke Belichtung.

Zum Schutz gegen zu hohe Erwärmung und Belichtung durch die Sonne dienen Schattenvorrichtungen (rollbare Decken aus Holzlättchen, Kokosgeflecht, Schilf- oder Strohmatten). In kalten Winternächten können diese Decken auch zum Schutz gegen zu starke Abkühlung verwendet werden. Bisweilen versieht man die Scheiben über die Sommermonate außerdem mit einem weißen oder farbigen (in dem Falle meist bläulichen) Anstrich. Dazu kann Wasserglas und Kreidepulver, vermengt mit Wasser, oder ein fertiges Anstrichmittel, wie *Indurin* usw., dienen.

Pilzkulturen haben kein Lichtbedürfnis.

Schrifttum.

Gesundh.-Ing. Bd. 49 (1926) S. 388 u. S. 675. — SCHNURBUSCH, O.: Die praktischen Kultureinrichtungen der Neuzeit. III. Teil. Leipzig: H. Voigt.

III. Kranken-, Heil- und Irrenanstalten, Kliniken, Sanatorien, Asyle.

Von **H. KÄMPER.**

A. Heizung.

1. Raumtemperaturen in Grad Celsius.

Die Ansichten darüber, welche Raumtemperaturen vornehmlich für die eigentlichen Krankenzimmer am zuträglichsten sind, gehen auch heute noch vielfach auseinander. Der Heizungsingenieur kann die Entscheidung darüber aber nicht immer von sich aus treffen, sondern hat sich nach den Wünschen und Forderungen der Ärzte und Hygieniker zu richten. Allgemeine Angaben, wie „ausreichende und einwandfreie Erwärmung" oder „Vermeidung ungünstiger Einwirkung auf die Gesundheit", wie sie in manchen behördlichen Vorschriften früher zu finden waren[1], sind praktisch wertlos, da diese Begriffe je nach dem Krankheitszustand der betreffenden Rauminsassen oder aus anderen Gründen starken Schwankungen unterworfen sind. Wenn nicht vom leitenden Arzt ausdrücklich anders verlangt, sind deshalb für die verschiedenen Räume folgende Temperaturen anzunehmen[2]:

Krankenräume, auch Kinderkrankenzimmer	20—22°
Vorbereitungsräume	20°
Untersuchungszimmer	20°
Operationsräume (je nach Forderung des Arztes)	25—30°
Röntgenräume	20°
Therapeutikum	16—18°

[1] Z. B. Berliner Polizeiverordnung über Anlage, Bau und Einrichtung öffentlicher Kranken-, Heil-, Pflege- und Entbindungsanstalten und Säuglingsheime.

[2] Vgl. hierzu DIN 4701-Regeln für die Berechnung des Wärmebedarfs von Gebäuden und für die Berechnung der Kessel und Heizkörpergrößen von Heizungsanlagen.

Sezierräume	18°
Warteräume	18°
Verwaltungsräume (Büro usw.)	20°
Privatzimmer des Personals (Ärztezimmer, Schwesternzimmer)	20°
Festsaal, Unterhaltungsräume, Bibliothek	20°
Betsaal oder Kapelle (unter Rücksichtnahme auf die Kranken)	18°
Tagesräume, Flure, Aborte	20°
Treppenhäuser	15°
Badezimmer für gewöhnliche warme Bäder	20—22°
Römisch-irische Bäder:	
Ankleide- und Nachschwitzraum	22°
erster Schwitzraum (Tepidarium)	45—50°
zweiter Schwitzraum (Sudatorium)	50—70°
Wasch- und Brauseraum (Lavacrum)	25°
Küchenräume (Hauptküche, Diätküche, Milchküche, Spülküche, Zurüsträume und Speiseausgaben)	15°
Plätterei	15°
Waschküche	15°
Garagen nicht unter	5°

2. Heizart.

An die Krankenhausheizung werden ganz besondere Anforderungen gestellt. Sie soll milde Heizkörperoberflächentemperaturen aufweisen, leicht regelbar sein, einen einfachen, geruch- und geräuschlosen Betrieb ermöglichen, sowie dauernd trotz schwankender klimatischer Verhältnisse eine gleichmäßige und behagliche Erwärmung ermöglichen[1]. Bei Berücksichtigung der bekannten Eigenschaften der gebräuchlichen Raumheizarten erweist sich für Krankenhäuser und ähnliche Anstalten die Warmwasserheizung als die geeignetste Heizart. Die Entscheidung über die Art der zu wählenden Umlaufskraft — Schwerkraft- oder Pumpenbetrieb — hängt von dem Umfang und der baulichen Gestaltung der Anlage ab. Bei einem einzelnen, in waagerechter Richtung nicht allzu weit ausgedehnten Gebäude bzw. bei mehrstöckiger Bauweise bis etwa zu 150 Betten ist die Schwerkraftheizung am Platze, während bei größeren Abmessungen Pumpenheizung zu wählen ist, da sie in Anlage und Betrieb vorteilhafter ist.

Sind mehrere Gebäude vorhanden, so wird in der Regel Fernheizung das zweckmäßigste sein. Dabei sind jedoch die örtlichen Verhältnisse sorgsam zu prüfen. Auch muß eine einwandfreie Nachrechnung aller möglichen Ausführungsarten bezüglich Anlage- und Betriebskosten durchgeführt werden. Eine derartige Überprüfung ist vornehmlich auch dann vorzunehmen, wenn etwa der Anschluß der Einzelheizungen an ein in der Nähe gelegenes Fernheizwerk geplant ist[2]. Zu diesem Zweck

[1] Fichtl: Heizung und Lüftung in Krankenanstalten. Vortrag, veröffentlicht in der Schrift „Die technischen Einrichtungen in Krankenanstalten". Hrsg. 1930 vom Verlag des Kuratoriums der Monatsblätter des Vereins Deutscher Heizungsingenieure, Bezirk Berlin.

[2] Fichtl: Wann ist der Anschluß eines Krankenhauses an ein Fernheizwerk wirtschaftlich? Z. Krankenhausw. 1938 H. 7 S. 133/136.

müssen zur Ermittlung der Wirtschaftlichkeit die genauen Kosten für Brennstoffe, Bedienung, Unterhaltung, Verzinsung und Tilgung bei Eigenbetrieb bezogen auf 1 t Dampfverbrauch oder 1 Million WE gegenübergestellt werden den Kosten für den vom Fernheizwerk zu liefernden Dampf bei Berücksichtigung der Fernleitungskosten. Eine Wirtschaftlichkeit ist in der Regel nur dann gegeben, wenn der Fernheizdampf je Tonne niedriger liegt als etwa RM. 6.—.

Die Fernleitung der Wärme kann durch Wasser oder Dampf erfolgen. Für Warmwasserfernleitung spricht die Einfachheit der Anlage und ihre zentrale Regelbarkeit entsprechend der jeweiligen Außentemperatur.

Die Fernleitung mittels Dampf kommt vornehmlich dann in Frage, wenn die anzuschließenden Gebäude entweder von früher her Dampfheizung besitzen oder wenn starkes Ansteigen des Geländes die Verlegung von Fern-Warmwasserheizung (der auftretenden hohen Drücke wegen) unmöglich macht. Für die Verwendung von Dampf zur Fernleitung ist ferner bestimmend, ob in den einzelnen Gebäuden der Krankenanstalten außer Heizwärme auch Dampf zum Kochen, Waschen, Desinfizieren, Sterilisieren und zum Betrieb von Milch- und Teekochern, evtl. auch zur örtlichen Warmwasserbereitung benötigt wird. Liegen jedoch die Wirtschaftsgebäude in unmittelbarer Nähe des Kesselhauses oder nicht sehr weit entfernt, was oft der Fall sein wird, so empfiehlt sich, die Wärmeversorgung dieser Gebäude durch besondere Dampfleitungen vorzunehmen und für die eigentliche Heizung der übrigen Gebäude Warmwasserfernheizung vorzusehen. Eine derartige Trennung ist deshalb auch besonders zu empfehlen, weil der Bedarf an Wirtschaftsdampf das ganze Jahr hindurch vorliegt, während die Heizung (an Orten mit 20° niedrigster Außentemperatur) nur an etwa 220 Tagen verfügbar sein muß. Die Inbetriebnahme hat meist erst zu erfolgen, wenn an 2—3 aufeinanderfolgenden Tagen um 21 Uhr im Freien eine Temperatur von +10—13° herrscht. Dabei ist allerdings auch die übrige Wetterlage zu berücksichtigen. Starre diesbezügliche Vorschriften können nicht aufgestellt werden.

Gewisse Räume, insbesondere die Operations- und Gebärsäle, einzelne Bäder, die Abteilungen mit besonders empfindlichen Kranken, Polikliniken und Kinderzimmer müssen jedoch auch an kühlen Sommertagen und evtl. auch jederzeit nachts rasch heizbar sein.

Wenn Warmwasserfernheizung erstellt wird, so sind für diese sog. Sommerheizung trotzdem besondere Ferndampfleitungen oder Fern-Warmwasserheizleitungen geringeren Querschnittes zu verlegen[1], sofern man nicht vorzieht, die hierfür nötige Wärme in den Krankengebäuden selbst zu erzeugen oder zu beschaffen.

Außer der Aufstellung besonderer Dampf- oder Wasserheizkörper für diese Räume können bei Vorhandensein ständig unter Druck stehender Dampfleitungen auch einzelne Warmwasserheizkörper in der unteren Nebenreihe mit sog. Dampfheizpatronen versehen werden[2]. Manchenorts

[1] Hofmann: Kraft- und Wärmezentrale in der Hebammenlehranstalt in Heerlen. Gesundh.-Ing. 1926 S. 183.

[2] Gesundh.-Ing. 1926 S. 122, 299; 1927 S. 315.

sind sogar sämtliche Heizkörper der Krankenanstaltsgebäude, also auch die Krankenraumheizkörper in dieser Weise als Dampf-Warmwasserheizkörper ausgebildet. Als Vorzug der Verwendung von Dampfheizpatronen werden die Ersparnisse im Rohrnetz und die Möglichkeit eines wärmesparenden Stoßheizbetriebes angegeben. Abgesehen davon, daß der Stoßbetrieb eine sehr aufmerksame Bedienung erfordert, die zum mindesten in mittleren und kleineren Krankenanstalten nur selten gesichert ist, ist die generelle Regelbarkeit dieser Anlage nach der Außentemperatur verglichen mit derjenigen einer normalen Warmwasserheizung nur gering. Es muß durchweg mit unnötig hohen Oberflächentemperaturen gerechnet werden. Ebenso besteht wie bei normalen Dampfheizungen die Möglichkeit der Geräuschbildung.

Zum schnellen Hochheizen plötzlich zu benutzender Räume kommen außerdem evtl. elektrische Stecköfen in Frage, nicht aber Gas- oder sonstige unmittelbar gefeuerte Öfen.

Auch die Milch- und Teekocher, Sterilisationsapparate usw. werden bei nicht verfügbarem Dampfanschluß meist elektrisch betrieben, wogegen sich Gas auch für diese Zwecke weniger eignet. In seinem interessanten, von viel Erfahrung zeugenden Aufsatz: „Baufragen in Krankenhäusern“ im Gesundh.-Ing. vom 27. August 1927 sagt Dr. Alter:

„In sämtlichen Räumen eines Operationstraktes gehören ausgiebige Installationen für Kalt- und Warmwasser, Dampf-, Licht- und Kraftstrom. Gas soll dagegen nur zugeführt werden, wenn das aus irgendeinem Grunde unbedingt notwendig ist; jede Gasleitung und Gasbenutzung ergibt zu all den anderen Ansprüchen an die Lüftung im Operationstrakt eine weitere Luftverschlechterung. Auch in den Laboratorien soll man das Gas, soweit das irgend möglich ist, durch Elektrizität zu ersetzen suchen, um die Luftverschlechterung nach Möglichkeit zu vermindern. Es gilt für Lufthygiene im Krankenhaus das gleiche wie für die Schallhygiene: Vorbeugen. Ein Verhüten von störenden Geräuschen und unangenehmen Gerüchen ist immer zweckmäßiger und im Betrieb meist sehr viel billiger als jeder Versuch zu einer architektonischen Schallsicherung oder einer maschinellen desodorisierenden Lüftung.“

An Stelle der normalen Pumpen-Fernwarmwasserheizung kann in manchen Fällen bei z. B. sehr ausgedehntem Gelände auch eine solche mit überhitztem Wasser in der Form als sog. offene Überdruckheizung in Betracht kommen, wobei das Heizwasser entsprechend der Höhenlage des Ausdehnungsgefäßes bei tiefster Außentemperatur Temperaturen von 120—125° aufweist. Auch diese Heizungsart läßt sich durch Anpassung der Vorlauftemperaturen an die Außentemperatur regeln.

Die sog. Hochdruck-Heißwasserheizung im unmittelbaren Anschluß an Hochdruckkessel kann für Krankenanstalten ebenfalls nur in Ausnahmefällen Anwendung finden. Eine generelle Regelung dieser Fernheizungsart ist kaum möglich, da die Heizwassertemperatur durch die Abhängigkeit vom Kesseldruck sich kaum regeln läßt. Die Regelung entsprechend der Außentemperatur muß also von Hand bei den Reglern der einzelnen Gebäude durch Gegenstromapparate vorgenommen werden.

In den letzten Jahren sind auch vielfach die Fußbodenheizung und die Deckenheizung als neue Heizarten für Krankenhäuser in Vorschlag gebracht worden[1]. Die Erfahrungen, die mit den früheren Bauarten der Fußbodenheizung in Kranken- und Operationssälen gemacht wurden, sind nicht besonders gute gewesen. Als nachteilig erwies sich neben den hohen Anlagekosten die meist zu hohe Fußbodenwärme, die nicht nur zur Ermüdung und Schwellung der Füße des Personals, sondern auch zur allmählichen Rißbildung und zur Zerstörung des Linoleumbelags führte. Bei einer neueren Ausführungsart der Fußbodenheizung, dem sog. System DÉRIAZ[2] sollen diese Schwierigkeiten behoben sein. Erreicht wird dies durch Niedrighalten der Fußbodenwärmegrade und Verringerung der Rohrheizfläche durch Einführung sog. Wärmezerstreuer.

Bei der Anwendung der Deckenheizung im Krankenhaus, die sich allerdings vorläufig auf Operationssäle zu beschränken scheint, ist ganz besonders auf eine geringe Deckentemperatur und damit milde Wärmestrahlung für die Krankenräume zu achten mit Rücksicht auf das körperliche Befinden der Patienten. In jedem Falle ist aber bei Einbau dieser Heizung ein guter Wärmeschutz der Raumumschließungswände empfehlenswert, weil infolge der gering zu haltenden Deckentemperatur die Heizwirkung der Decke beschränkt ist.

Einen Sonderfall stellen die Zellen der Tobsüchtigen und Unreinlichen dar, die mit verdeckt aufgestellten Heizkörpern und außerdem Lüftung oder mit Luftheizung unter Zuführung erwärmter Frischluft mittels Lüfter zu versehen sind. Die Lufterneuerung soll in der Stunde mindestens das 3—5fache des Rauminhaltes betragen. Die Erwärmung der Zuluft kann durch an die Fernheizung angeschlossene Gebläseheizkörper erfolgen. Eine restlos befriedigende Lösung stellt diese Art der Beheizung jedoch nicht dar. Denn bei Warmwasserheizkörpern hindert die notwendige engmaschige Heizkörperverkleidung die Warmluftströmung und damit die Heizwirkung der Heizkörper erheblich. Die frühere Art der Luftheizung dagegen ist nicht nur hygienisch, sondern auch wirtschaftlich unzureichend. Beiden Heizarten gemeinsam ist die ungenügende Erwärmung des Fußbodens und der unteren Raumzone, obwohl die Kranken oft lange auf dem ungeschützten Fußboden liegen. Für diesen Fall ist die bereits oben erwähnte Fußbodenheizung, System DÉRIAZ, mit recht gutem Erfolge angewendet worden[3].

In kohlereichen, wasserkraftarmen Ländern werden in Krankenanstalten oft Kraft- und Heizanlagen miteinander verbunden, indem Hochdruckdampf erzeugt und dessen Spannung zuerst in Dampfturbinen oder Dampfmaschinen zwecks Erzeugung von elektrischem Strom ausgenutzt wird. Der Strom dient dabei entweder ausschließlich Eigenzwecken der Krankenanstalt oder wird zum Teil nach auswärts, beispiels-

---

[1] SETZ, M.: Die Decken- und Fußbodenheizung im Krankenhaus. Gesundh.-Ing. Bd. 59 (1936) H. 34 S. 501/504. — LEHMANN, R.: Neues auf dem Gebiet der Heizung in Krankenhäusern und ähnlichen Anstalten. Gesundh.-Ing. Bd. 55 (1932) H. 35 S. 415/417.

[2] DÉRIAZ, W.: Fußbodenheizung System Dériaz. Schweiz. Bauztg. Bd. 101 (1933) S. 233/236. — Ferner: Gesundh.-Ing. Bd. 56 (1933) S. 105; 1934 S. 293 — Z. Krankenhausw. Bd. 30 (1934) H. 18.

[3] OHAUS, H.: Fußbodenheizung in einer Heilanstalt. Heizg. u. Lüftg. 1936 H. 7 S. 111/113.

weise ins städtische Netz, geliefert[1]. Der Abdampf findet mit Vorteil zum Betriebe der Pumpen-Warmwasserheizung und evtl. der Fern-Warmwasserversorgung Verwendung. Vielfach beschränkt sich die Eigenstromerzeugung mittels Dampfturbinen nur auf die Erzeugung von Gleichstrom für ärztliche Zwecke, wenn, wie dies oft der Fall sein wird, das städtische Versorgungsnetz nur Drehstrom liefert. Für die Ferndampfversorgung wird des erforderlichen Druckes wegen dagegen meist Frischdampf benutzt, sofern man es nicht vorzieht, den Dampfdruck in der Maschine bis etwa 2 atü hinunter auszunutzen[2]. Solche Verbindungen von Kraft- und Heizbetrieben sind im allgemeinen gut durchführbar, weil zu Zeiten geringen Strombedarfs auch das Heizbedürfnis klein ist und zeitliche Verschiebungen innerhalb gewisser Grenzen durch Speicherung entweder der Abdampfwärme, z. B. in den Boilern der Fern-Warmwasserversorgung, oder des zuviel erzeugten elektrischen Stromes in Akkumulatoren ausgeglichen werden können.

Zur Ermittlung des jeweils günstigsten Falles sind die örtlichen Verhältnisse genau zu prüfen und eingehende Wirtschaftlichkeitsberechnungen durchzuführen. Im allgemeinen kann aber gesagt werden, daß, wenn nicht besondere Gründe dagegen sprechen, am besten erstellt werden: Pumpen-Fernwarmwasserheizung (wobei die Fernleitung der Wärme, wie angedeutet, öfter durch Dampf, bisweilen auch durch überhitztes Wasser geschieht), Ferndampf- und ins Kesselhaus zurückführende Kondenswasserleitungen zur Versorgung der Dampfverbrauchsstellen sowie zur Erzeugung des Warmwassers. Das letztere ist besonders am Platze, wenn in der Zentrale Abwärme irgendwelcher Art in größerer Menge zur Verfügung steht.

Der für eine geplante oder bestehende Anlage zu erwartende normale Kohlenverbrauch kann vom Fachmann unter Berücksichtigung der Bettenzahl, Bauart, Bauausführung, Lage und Benutzung der betreffenden Krankenanstalt angenähert berechnet bzw. nach den in ähnlichen Anstalten gemachten Erfahrungen angegeben werden. Dadurch ist die Anstaltsleitung in der Lage, die Zweckmäßigkeit der Vorschläge bzw. ihrer bestehenden Anlagen in wirtschaftlicher Beziehung zu beurteilen. Nach den interessanten Erhebungen von A. Schultze[3] haben die allgemeinen Krankenhäuser den größten Wärmeverbrauch, während derjenige der Irrenanstalten nur etwa halb so groß ist. Auffallend hoch ist derjenige der Spezialkrankenhäuser unter 200 Betten.

Durch die Zentralisation der Heizung, Warmwasser- und Dampfversorgung ergeben sich folgende Vorteile:

1. Beseitigung oder wenigstens Verminderung der Rauch- und Rußplage. Mit Rücksicht hierauf ist es auch günstig, Koksfeuerung vorzusehen und das Kesselhaus so zu legen, daß die Rauchgase durch die

[1] Alter: Technische Verbesserungen und Neuerungen im Krankenhaus. Gesundh.-Ing. 1927 S. 21.

[2] Fernheizung für die große Krankenanstalt des Staates Bremen. Gesundh.-Ing. 1927 S. 594. Ferner ist ein gutes Beispiel die Abdampfheizung im Krankenhaus Halifax, Nordengland, s. Engineering 1925 S. 287; Notiz im Gesundh.-Ing. 1925 S. 414.

[3] Gesundh.-Ing. 1928 S. 176.

vorherrschenden Winde von der Krankenanstalt weggetrieben werden. Allerdings ist das letztere nicht immer durchführbar, weil noch andere Rücksichten, z. B. auf bequeme Zufahrtsmöglichkeiten der Kohlen- und Aschetransportwagen, die Geländeverhältnisse, die Nachbarn u. a. m. zu nehmen sind.

2. Das Gelände der Krankenanstalt wird nicht durch den Transport von Kohle, Asche und Schlacken belästigt, weil dieser sich vollständig auf die Zentrale beschränkt. Das führt zu nennenswerten wirtschaftlichen und hygienischen Vorteilen, namentlich wenn gute Zufahrtsmöglichkeit oder gar Geleiseanschluß zum Kohlenraum besteht.

3. Der Kaminfeger hat die Wohngebäude nicht mehr zu betreten, was vom hygienischen Standpunkt aus ebenfalls begrüßenswert ist und Ersparnisse bedingt.

4. Der zentralisierte Betrieb erfordert weniger Bedienungspersonal, was aus wirtschaftlichen und Sicherheitsgründen von Vorteil ist.

5. In den Gebäuden werden wertvolle Kellerräume, die sonst für die dezentralisierten Kessel- und Brennmaterialräume beansprucht werden, frei. Auch die nebenan gelegenen Räume gewinnen dadurch an Wert.

6. Geräusche in den Gebäuden durch Schüren und Abschlacken der Kessel fallen fort.

7. Das bei dezentralisierten Betrieben oft lästige Sinken der Heizwassertemperatur oder des Dampfdruckes beim Abschlacken ist vermieden.

8. Die Betriebsüberwachung ist vereinfacht, die Übersichtlichkeit über die Anlage erhöht.

9. Die zentrale Kesselanlage, bedient durch geübte Heizer und versehen mit modernen Einrichtungen, arbeitet mit höherem Wirkungsgrad als viele dezentralisiert aufgestellte Kessel, denen oft nicht die nötige Aufmerksamkeit geschenkt wird. Die dadurch erzielbaren Wärmeersparnisse sind in der Regel größer als die Wärmeverluste infolge der Fernleitung, die, bei richtiger Bemessung der Leitungsdurchmesser und sachgemäßer Wärmedämmung, verhältnismäßig wenig, gewöhnlich nicht über 5% der im höchsten Fall ferngeleiteten Wärme ausmachen.

10. Der Brennmaterialeinkauf im großen und nur für eine einzige Kesselanlage erfolgt günstiger, als wenn für viele Feuerstellen, die vielleicht sogar verschiedenartige Brennstoffe (z. B. Koksgrieß oder Kohlenstaub) verwerten.

11. In gewissen Fällen bringt die bei der Zentralisation mögliche Vereinigung von Kraft- und Heizbetrieben wirtschaftliche Vorteile.

12. Zweckmäßig ist es, wenn Dampfkochküche, Dampfwäscherei, Plätterei, Desinfektion usw. mit dem Kessel- und Regelraum im gleichen Gebäude oder doch in nicht zu weiter Entfernung untergebracht werden können, damit die für diese Betriebe benötigten großen Wärmemengen nicht weit geleitet werden müssen und alle Wirtschaftsgebäude an einer Stelle vereinigt sind.

13. Im Vergleich zu Einzelbetrieben kommt man bei Zentralisation mit einer kleineren Gesamtkesselheizfläche aus, weil Höchstdampf-

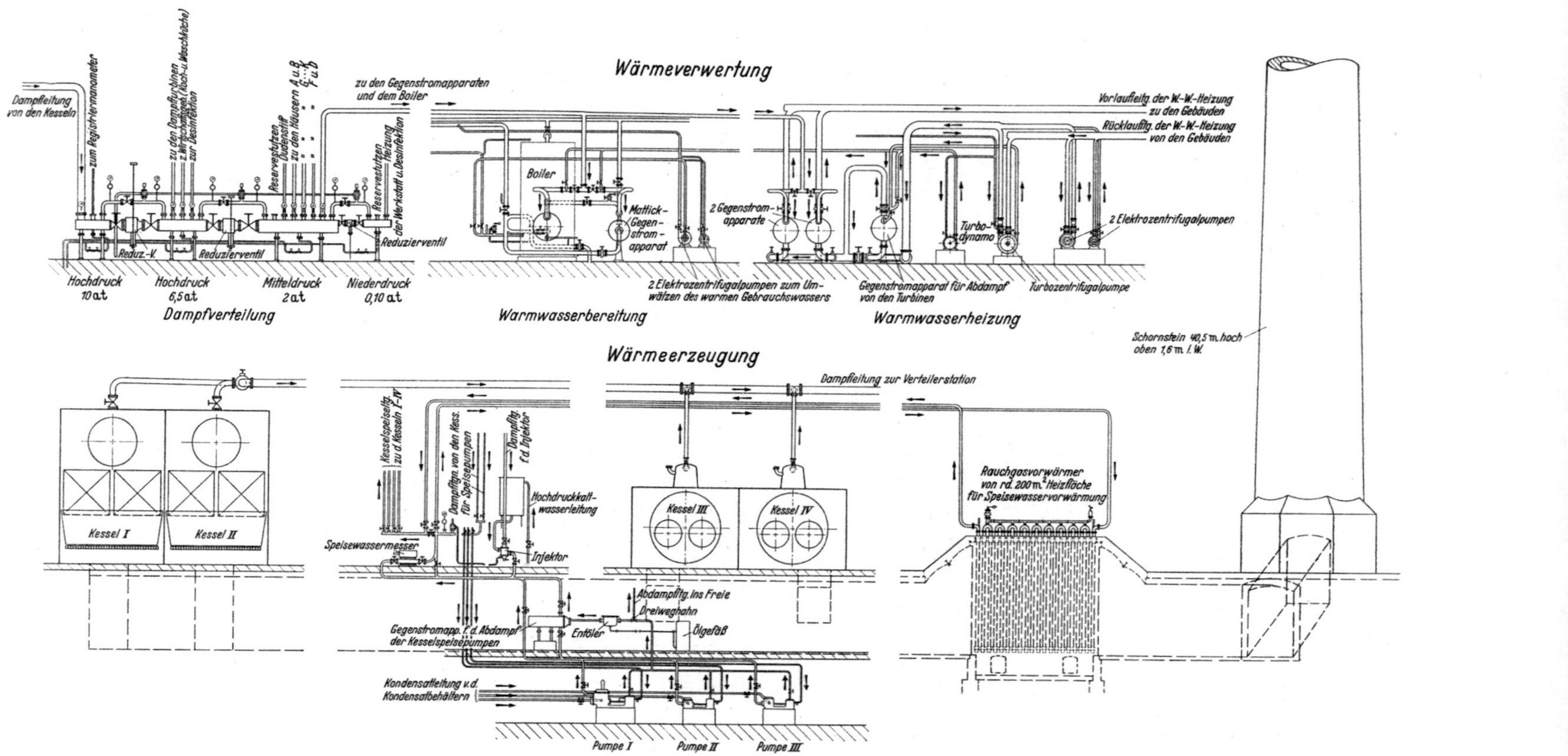

Abb. 27. Ausführungsplan der in Abb. 28 im Schema dargestellten Wärmeerzeugungs- und -versorgungsanlage für eine große Krankenanstalt.

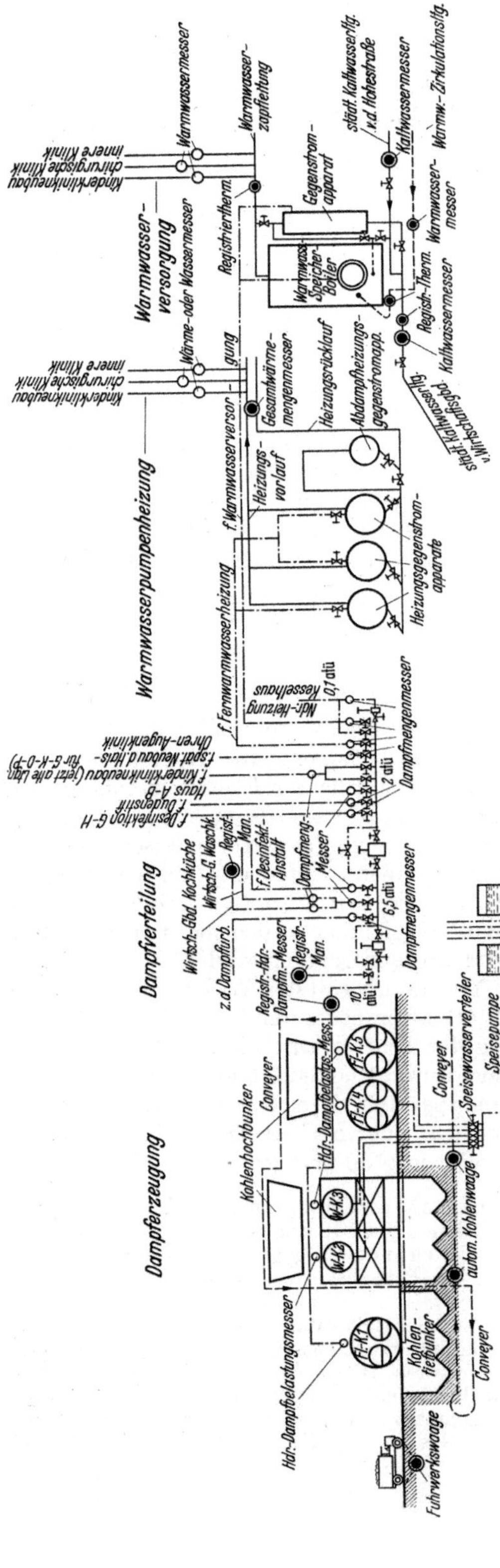

Abb. 28. Schema einer ausgeführten Wärmeerzeugungs- und -versorgungsanlage mit eingetragenen Meßstellen für eine große Krankenanstalt.

verbräuche in den einzelnen Anlagen (Koch- und Waschküche, Desinfektion, Warmwasserbereitung) nicht zusammenfallen, wodurch ein Ausgleich stattfindet. Auch kommt dabei die in den Großkesseln liegende Dampfreserve zur Geltung.

14. Außerdem spielen ideelle, in Form von Geldbeträgen nicht ausdrückbare Werte für jeden Krankenanstaltsbetrieb eine nicht zu unterschätzende Rolle.

Andererseits sind bei den Wirtschaftlichkeitsberechnungen die Auslagen für die Fernleitungskanäle, Fernleitungen, Unterstationen in den einzelnen Gebäuden, die baulichen Arbeiten, die Wärmeverluste usw. sehr gewissenhaft zu berücksichtigen.

Die Wärme- und Energiewirtschaft ist in Krankenanstalten von großem Einfluß auf die Gesamtbetriebsauslagen und verdient daher sorgfältigste Prüfung sowie die Aufmerksamkeit der technischen Aufsichtsstellen und der Anstaltsverwaltungen. Abb. 27 zeigt das Beispiel einer ausgeführten Wärmeversorgung einer großen Krankenanstalt.

Die Überlegung beginnt schon mit der Planung sowohl der Gebäude wie der wärmetechnischen Einrichtungen. Die zweckmäßige Anordnung der Gesamtanlage einer Krankenanstalt hat erhebliche Rückwirkungen auf die spätere wirtschaftliche Betriebsführung[1]. Aber auch die neuzeitlichste Anlage ist verfehlt, wenn sie nicht sorgfältig betrieben wird. Die ständige Beobachtung des Betriebes durch den Betriebsführer muß ergänzt werden durch eine Nachprüfung des Betriebsganges unter Benutzung der Anschreibungen ausreichender Meßgeräte und ihrer Auswertung. In Abb. 28 ist das Schema der ausgeführten Wärmeversorgungsanlage einer größeren Krankenanstalt mit besonderer Eintragung der vorhandenen Meßstellen dargestellt. Wenn sich auch für die wärmewirtschaftliche Beurteilung einer Krankenanstalt wegen der verschiedenen Eigenarten nur schwer allgemeingültige Richtlinien aufstellen lassen und wenn auch in der Regel in behördlichen Anstalten zum Abschluß des Rechnungsjahres keine Gewinn- und Verlustrechnung im üblichen kaufmännischen Sinne verlangt wird, so ist die Aufstellung einer möglichst genauen Selbstkostenberechnung für die Wärme- und Energieerzeugung, deren Verteilung und Verbrauch — etwa bezogen auf einen Krankenpflegetag — eine wichtige und aufschlußreiche Vergleichsgrundlage zwischen mehreren Anstalten ein und desselben Eigentümers[2].

3. Heizwassertemperaturen und Dampfdrücke.

Die höchste Vorlauftemperatur des Heizwassers soll in den Gebäuden keinesfalls über 90°, besser nur 80° betragen. Die Hygieniker haben festgestellt, daß die Staubversengung auf heißen Flächen besonders von 70° an einsetzt, so daß es angezeigt wäre, diese Temperatur in den Leitungen und Heizkörpern nicht zu überschreiten. Da indessen die höchsten Heizwassertemperaturen nur äußerst selten erforderlich sind und ihr weiteres Herabsetzen die Anlagekosten wesentlich erhöht, erklären sich die maßgebenden Ärzte und Hygieniker in den meisten Fällen mit der genannten oberen Temperaturgrenze einverstanden.

Wird zur Fernleitung der Wärme überhitztes Wasser verwendet, so werden in den Fernleitungen Vorlauftemperaturen bis zu 140° und mehr gewählt. Die Herabminderung der Temperaturen in den Gebäuden hat in der bereits angegebenen Weise durch Rücklaufbeimischung oder durch Einschaltung von Gegenstromapparaten zu erfolgen.

In den Dampfkesselanlagen kann der höchste Druck 12, ja 20, und bei vereinigtem Kraftheizbetrieb sogar 60 und 100 atü je nach den zur

---

[1] Ohaus, H.: Wärmewirtschaft und Betriebsführung in Krankenanstalten Mbl. Ver. dtsch. Heiz.-Ing. Berl. 1930 H. 4 S. 69/78 u. H. 5 S. 89/94. — Schilling: Voraussetzungen bei der Anlage, bei Neu- und Umbauten von Krankenanstalten zwecks nachhaltiger Verminderung der Betriebskosten. Z. Krankenhausw. 1937 H. 18 S. 381 u. H. 19 S. 401.

[2] Aufgaben des Betriebsingenieurs in Heilanstalten. Z. VDI Bd. 73 (1929) S. 753. — Gehrenbeck, K.: Betriebsüberwachung und Selbstkostenberechnung der Heizungsanlagen in Krankenanstalten. Gesundh.-Ing. Bd. 58 (1935) Nr 38 S. 577/582. — Wolfer, H.: Die heiztechnischen Neuanlagen des Städtischen Krankenhauses Bad Cannstatt (Ergebnis von Betriebsversuchen über Verbrauch und Verteilung von Dampf, Wasser, Gas und Strom). Beiheft 36 zum Gesundh.-Ing. Reihe I 1937.

Verwendung gelangenden Dampfkraft- oder -antriebsmaschinen betragen. In die Gebäude läßt man den Dampf jedoch gewöhnlich nicht mit mehr als etwa $1^1/_2$—2, unter Umständen bis 6 atü eintreten und vermindert seine Spannung in örtlichen Druckminderstationen oder an den Verwendungsstellen, z. B. für die Desinfektions- und Sterilisationsapparate, Dampfkochküche, Teekocher, Dampfwäscherei und Dampfmangel auf 0,5—0,8 atü. Für einzelne dieser Apparate wird jedoch oft Dampf von höherer Spannung zur Anwendung gebracht, z. B. von $2^1/_2$ atü für Sterilisation und 4—6 atü für Dampfmangeln. Die verfügbaren Dampfdrücke sind den Lieferanten der Apparate anzugeben.

Für die Heizung der Kulissenapparate oder Luftplätttrockner wie auch für die Gebläseheizkörper der Lüftungs-, Luftheizungs- und Entnebelungsanlagen, zur örtlichen Warmwasserbereitung sowie für die vorhandenen Dampfheizkörper und in einzelne Warmwasserheizkörper eingebaute Heizpatronen für den Sommerbetrieb genügt ein Druck von beispielsweise 0,05—0,1 atü.

4. Heizkörper.

Die Forderung der Hygiene nach möglichst gleichmäßiger gesunder Raumerwärmung bestimmt gerade in Krankenanstalten Wahl und Anordnung des Heizkörpers. Zur Vermeidung von Zugluft darf die Raumluft sich nur in kleinen Stromkreisen bewegen. Da sich kühlere Luftströmungen in der Hauptsache an den Fenstern und kalten Außenflächen einstellen, soll die Aufstellung der Heizkörper möglichst unter den Fenstern auf Konsolen erfolgen, jedoch so, daß die gute Reinigungs- und Desinfektionsmöglichkeit sowohl des Heizkörpers wie der dahinterliegenden Wand gewährleistet ist[1]. Diesen Forderungen und einer recht guten Wärmeverteilung werden neben Radiatoren auch bis zu einem gewissen Grade glatte Rohrschlangen gerecht, die auch der niedrigen Bauhöhe wegen den untern Teil der Räume besser als andere Heizflächen erwärmen. Gliederheizkörper sollen vollständig glatte senkrechte Oberflächen, großen Gliederabstand und geringe Bautiefe besitzen und die Wandfläche unter den Fenstern möglichst in voller Länge ausfüllen. Der Abstand der Heizkörper von Wand und Fußboden muß reichlich groß gehalten werden, von der Wand etwa 10 cm, vom Fußboden mindestens 12 cm. Auf die Ausbildung von Heizkörpernischen sollte der besseren Reinigung wegen zur Vermeidung hoher Wärmeverluste im Krankenhaus möglichst ganz verzichtet werden. Werden sie jedoch ausgeführt, so ist für ausreichenden Wärmeschutz mittels Korkstein oder Holzfaserplatten Sorge zu tragen. Zur Verringerung der Wärmeabstrahlung nach außen und zugleich zur besseren Reinhaltung ist die Wandfläche hinter den Heizkörpern auch bei an den Innenwänden stehenden Heizkörpern zweckmäßig mit glasierten Fliesen oder Asbestzementplatten auszukleiden. Anstriche durch Ölfarben haben sich nicht bewährt. Die anhaltende Wärmewirkung führt leicht zur allmählichen Zerstörung des Anstriches. Heizkörperverkleidungen sollten bei Kran-

[1] SETZ, M.: Die Aufstellung der Heizkörper im Krankenhaus. Gesundh.-Ing. Bd. 59 (1936) Nr 33 S. 489/492.

kenraumheizkörpern, sofern es sich nicht, wie oben beschrieben, um Heizflächen in Tobsuchtszellen handelt, unter allen Umständen vermieden werden.

In den Operationsräumen werden mit Vorteil glatte, an den Außenwänden bzw. Fensterbrüstungen aufgestellte Heizkörper oder Rohre bzw. Platten- und andere leicht zu reinigende Sonderheizkörper verwendet. Es ist hier besonders angezeigt, den Wandplattenbelag hinter denselben durchgehen zu lassen, so daß die Reinigung durch Abspritzen mit dem Wasserschlauch erfolgen kann.

Bisweilen kommt auch Fußboden- und Wandbeheizung zur Ausführung, wobei aber unmittelbar wirkende Heizkörper unter den Fenstern zwecks Verhinderung von Zugerscheinungen nicht in Wegfall kommen dürfen (evtl. auch Oberlichtheizung erforderlich).

Ferner ist es möglich, die Umluft- bzw. die sog. Mantelheizung anzuwenden, bei welcher der Operationssaal fat vollständig von einem durch Warmluftumlauf beheizten Hohlraum umgeben ist (wobei auch doppelte Oberlichter und Fenster vorhanden sind). Zur Erwärmung der umlaufenden Heizluft können in dem Hohlraum unter dem Fußboden Dampf- oder Warmwasserheizkörper aufgestellt werden. Durch diese gleichmäßige Erwärmung des Bodens, der Wände, Decke, Oberlichter und Fenster gelingt es, selbst große, besonders kalt gelegene Operationsräume gleichmäßig zu erwärmen. Trotzdem ist es auch bei dieser Ausführungsart angezeigt, unter den Fenstern Heizkörper im Raum aufzustellen. (Ausführungen z. B. im kantonalen Frauenspital zu Bern)[1].

Bei mittelbarer Heizung, d. h. wenn verdeckt aufgestellte Heizkörper durch Luftkanäle mit den Operationsräumen in Verbindung stehen, müssen die Luftwege und Heizflächen leicht gereinigt werden können und auch wirklich gereinigt werden. In dem Fall soll die zuströmende warme Luft möglichst den Hauptabkühlungsflächen, d. h. den Glaswänden, entlang aufsteigen[2].

In Irrenanstalten müssen die Heizkörper und Leitungen so angeordnet werden, daß sie von den Kranken nicht beschädigt werden und sich dieselben an ihnen auch nicht schädigen (erhängen usw.) können.

Ob zur Regelung der Wärmeabgabe Radiatorventile bzw. -hähne mit Handrädern oder Steckschlüsseln verwendet werden sollen, ist von Fall zu Fall zu entscheiden.

5. Heizkessel.

Ob besser guß- oder schmiedeeiserne Kessel, solche mit Handbeschikkung, Füll- oder Unterschubfeuerung verwendet werden, ferner ob bei Pumpenfernheizung das Heizwasser direkt in den Kesseln oder besser indirekt mittels Dampf in Dampfwarmwasserapparaten erwärmt wird, hängt von den örtlichen Verhältnissen ab. Es können jedoch folgende Richtlinien als allgemeingültig bezeichnet werden.

---

[1] Heizung, Ventilation und Luftkühlung in Spitälern von Gebr. Sulzer AG., Winterthur. Im Handbuch der modernen Krankenhauseinrichtungen, hrsg. von der M. Schaerer AG., Bern.

[2] RUPPEL, F.: Der Bau moderner Operationssäle. Schweiz. Bauztg. 1924 Nr. 19/20. Ref. im Gesundh.-Ing. 1925 S. 234.

Gußeiserne Kessel kommen hauptsächlich für kleinere und mittlere Verhältnisse in Frage. Sie beanspruchen verhältnismäßig wenig Platz, sind billig und einfach in der Bedienung. Für die Heizung werden Warmwasserkessel, für den Wirtschaftsdampf Niederdruckdampfkessel für 0,5 atü Betriebsdruck aufgestellt. Für entsprechende Reserve bei Ausfall eines oder mehrerer Kessel ist im Interesse der Betriebssicherheit zu sorgen.

Bei großem Wärmebedarf sind jedoch schmiedeeiserne Großkessel in Einheiten von 50—250 qm am Platze. Für den Krankenhausbetrieb eignen sich im besonderen *Flammrohrkessel* in der Form als Zweiflammrohrkessel oder als Zweiflammrohrdoppelkessel. Jedoch finden auch — allerdings seltener — Siederohr-, Wasserrohr- und Steilrohrkessel Verwendung. Die häufigere Anwendung von Flammrohrkesseln ist vornehmlich zurückzuführen auf die infolge großer Wärmereserven erzielbare Leistungssteigerung, sowie dem selbst bei erheblichen Wärmebedarfsschwankungen ruhigen, gleichmäßigen und wirtschaftlichen Betrieb. Weitere Vorteile bestehen in der großen Betriebssicherheit, der langen Lebensdauer und der weitgehenden Unempfindlichkeit bezüglich des zu verfeuernden Brennstoffes. Ferner besteht infolge der Wärmereserve auch bei Kesseln, die keinen Füllschacht besitzen, die Möglichkeit, den verringerten Nachtbetrieb je nach der Witterung während 6—8 Nachtstunden ohne besondere Bedienung der Kessel durchzuführen, indem der Kesseldruck etwa gegen 22 Uhr auf das zulässige Höchstmaß, beispielsweise 12 atü, gesteigert wird, worauf er bis morgens 4 oder 5 Uhr in den kältesten Zeiten auf vielleicht 1—2 atü sinkt. Selbstverständlich ist in jedem Falle nachzuprüfen, ob die in den Dampfkesseln, im kreisenden Heizwasser und im Mauerwerk der Gebäude enthaltene Wärme genügt, um die Räume vor allzu großer Abkühlung zu bewahren. Ist dies nicht der Fall, so müssen weitere Wärmespeicher vorgesehen werden, wenn man nicht vorzieht, Kessel mit Füllfeuerung (d. h. für Dauerbrand) aufzustellen. Unter dem Abschnitt „Heizart“ wurde bereits erwähnt, daß die Operations- und Gebärräume, Polikliniken usw. jederzeit benutzbar und daher rasch aufheizbar sein müssen, worauf bei der Kesselwahl und -aufteilung Bedacht zu nehmen ist, wenn nicht besondere örtliche Heizmöglichkeiten vorgesehen werden.

Der Flammrohr-Siederohrkessel erfordert eine häufigere Reinigung und Auswechselung der Rauchrohre, also höhere Unterhaltungskosten, und ist schwerer überlastbar. Wasserrohr- und Steilrohrkessel werden meist nur bei besonders großen Einheiten und dort, wo Mangel an Grundfläche besteht, verwendet. Sie bedingen zur Vermeidung zu starker Kesselstein- und Schlammsammlung in den Rohren eine einwandfreie Speisewasserreinigung und besonders sorgsame Bedienung. Die Unterhaltung ist schwieriger und erfordert oft zeitraubendere Instandsetzungsarbeiten als beim Flammrohrkessel.

Zu der des öfteren gestellten Frage, ob in großen Anstalten für den eigentlichen Heizbetrieb Großwasserraum-Warmwasserkessel und für die Erzeugung des Wirtschaftsdampfes Dampfkessel eingebaut werden sollen oder ob besser für die gesamte Wärmelieferung nur Dampfkessel in Frage kommen und das Heizungswasser in Gegenstromapparaten erzeugt wird, ist zu sagen[1], daß Großraum-Warmwasserkessel zwar gute Warmwasserspeicher darstellen und durch ihren Einbau der sonst bei der Umformung von Dampf in Warmwasser entstehende allerdings geringe Wärmeverlust vermieden wird, daß aber andererseits durch die Anwendung zweier Kesselarten die Bedienung schwieriger gestaltet wird, daß auch für beide Kesselarten die notwendigen Reserven geschaffen werden müssen, daß beim Warmwasserkessel infolge seines großen Wasserinhaltes die Ausdehnungsgefäße größer ausfallen und die Regelung der Heizwassertemperaturen träger ist als bei den Gegenstromapparaten mit geringem Wasserinhalt.

Für Krankenanstalten und ähnliche Gebäudearten muß aus hygienischen Gründen eine Rauchentwicklung weitgehendst vermieden werden. Aber selbst, wenn das Kesselhaus so gelegen ist, daß eine gelegentliche Rauchentwicklung nichts ausmacht, soll sie aus brennstoffwirtschaftlichen Gründen unterbleiben, da sie stets von unvollkommener Verbrennung zeugt. Bei handbeschickter Planrostfeuerung ist man nicht nur hinsichtlich der Gleichmäßigkeit der Beschickung vom Heizer abhängig, durch das vielfache Öffnen der Feuertüren dringen auch erhebliche Kaltluftmengen in das Kesselinnere ein und kühlen dieses unnötig aus. Gleichzeitig tritt aber auch während der Öffnungszeiten der Feuertüren ein großer Strahlungswärmeverlust ein. Eine technisch rauchfreie Verbrennung ist nur bei selbsttätiger Rostbeschickung und geeigneten Brennstoffen möglich. Für Flammrohrkessel werden sog. Wurffeuerungen verwendet, die, für verschiedene Wurfweiten eingerichtet, die Kohle verhältnismäßig gleichmäßig über den Rost verteilen[2]. Der diesen Einrichtungen noch anhaftende Nachteil, daß die Kohle geschleudert wird und dabei der feinkörnige Brennstoff weiter vorn und der grobkörnigere weiter hinten niederfällt, läßt sich durch Anwendung der bewährten sog. Stocker- oder Unterschubfeuerungen praktisch vermeiden.

Für die selbsttätige Beschickung der sog. Hochleistungskessel (Wasserrohr- und Steilrohrkessel) werden sog. Wander- oder Kettenrostfeuerungen verwendet. Auch diese ermöglichen infolge ihrer Bauart eine technisch rauchfreie Verbrennung. Sie sind besonders auch für größte Kesseleinheiten geeignet, bedingen jedoch einen in nicht zu hohen Grenzen schwankenden Betrieb.

Von wesentlichem Einfluß auf die Wirtschaftlichkeit des Betriebes kann die Art des verwendeten *Brennstoffes* sein. Seine Auswahl muß so getroffen werden, daß unter Beachtung der vorhandenen Feuerungsart, der Anfuhrverhältnisse und der ortsüblichen Preise der erzielbare Wärmepreis eine Höchstgrenze erreicht. Hauptsächlich kommen als

---

[1] Siehe nochmals H. Ohaus: Wärmewirtschaft und Betriebsführung in Krankenanstalten. Mbl. Ver. dtsch. Heiz.-Ing. Berl. 1930 H. 4 S. 69/78.

[2] Schubert, R.: Mechanische Feuerungen für Kesselanlagen unter besonderer Berücksichtigung der Kesselanlagen der Berliner Krankenhäuser. „Die technischen Einrichtungen in Krankenanstalten", Vorträge und Aussprachen, Berlin 1930, hrsg. vom Vorstand des VDHI, Berlin.

Brennstoffe, wenn man von den nicht sehr zahlreichen gas- oder ölbefeuerten Kesseln absieht, Steinkohlen in Betracht, besonders in West- und Mitteldeutschland, aber auch Braunkohlenbriketts (meist sog. Industriebriketts) und in der Nähe von Braunkohlengruben auch die Rohbraunkohle. Dabei können fast sämtliche Kohlenkörnungen von Nuß I bis zur Feinkohle je nach den Umständen Verwendung finden. Voraussetzung ist durchweg, daß der Gasgehalt der Kohle, der ein Maß für ihre Zündfähigkeit ist, nicht zu gering, d. h. möglichst nicht unter 10% liegt. Dies ist gewährleistet bei den Fett- und Eßkohlenarten. Koksfeuerung kommt seltener in Frage, insbesondere nicht für selbsttätige Feuerungen, da er zu wenig flüchtige Bestandteile aufweist und meist zu teuer und zu sperrig in der Lagerung ist. Bei kleineren Anlagen und dort, wo auf die Rauchentwicklung ganz besonderer Wert gelegt wird, erfährt er jedoch manchmal den Vorzug.

Wärmespeicherung für Heizzwecke ist in Krankenanstalten meist nicht angebracht, da der Heizbetrieb sich verhältnismäßig gleichmäßig gestaltet mit Ausnahme in einigen kalten Nächten. Einen erhöhten Heizwärmebedarf kann man aber durch frühzeitige Inbetriebnahme mehrerer Kessel weitgehend ausgleichen.

Die Abgase der Kessel sollen bei Aufstellung von Großkesseln oder im Anschluß an Kesselbatterien durch Einzelekonomiser- oder Zentralekonomiseranlagen zur Kesselspeisewasservorwärmung weiter ausgenutzt werden. Der vorhandene Schornsteinzug muß jedoch zur Überwindung des durch den Ekonomiser eintretenden erhöhten Widerstandes ausreichen. Zur Anwendung gelangen sowohl Glattrohr- wie Rippenrohrekonomiser. Den letzteren wird neuerdings wegen der erzielbaren Raumersparnis meist der Vorzug gegeben[1].

Wenn manchmal geraten wird, die Abgaswärme im Ekonomiser zur Warmwasserbereitung auszunutzen und das Wasser unmittelbar oder durch in Warmwasserbereiter eingebaute, von den Ekonomisern aus betriebene Heizschlangen zu erwärmen, so ist diese Art der Abwärmeverwertung deshalb nicht besonders empfehlenswert, weil die Zeiten höchsten Warmwasserbedarfes zeitlich nicht mit denen der höchsten Kesselbelastung zusammenfallen. In Kranken- und ähnlichen Anstalten kann dann auf eine besondere Kesselwasserreinigungsanlage verzichtet werden, wenn, wie dies oft der Fall ist, der größte Teil des Speisewassers in Form von Kondenswasser aus der Anlage zurückgewonnen wird. Eine solche Sammlung des Kondensates muß deshalb, wo sie noch nicht durchgeführt wird, zur Erhöhung der Wirtschaftlichkeit unbedingt angestrebt werden. Bezüglich der evtl. trotzdem notwendig werdenden Enthärtungsanlagen zur Befreiung des Kesselfrischwassers von seinem Kalk-, Magnesium- und Sauerstoffgehalt wird auf das unter Abschnitt I B Gesagte verwiesen.

Von sonstigen betriebswirtschaftlich wichtigen Einrichtungen, mit denen die Kessel ausgerüstet sein müssen, gehören Meßgeräte für die Rauchgaszusammensetzung und die Rauchgastemperatur, evtl. auto-

[1] Matthes, R.: Die Rauchgasekonomiser und Lufterhitzer und ihre Verwendung für Heizzwecke. Haustechn. Rdsch. Bd. 35 (1930) H. 24 S. 367/372.

matische Wasserstandsregler und die sog. Zugsperre. Letztere hat den Zweck, eine zu starke Auskühlung und ein Absinken der Dampfspannung über Nacht stillgelegter Kessel weitgehend zu vermeiden.

In Krankenanstalten sind stets mehrere Kessel mit zusammen so viel Heizfläche aufzustellen, daß bei einem evtl. auftretenden Kesselschaden genügend Sicherheit und außerdem die Möglichkeit besteht, im Sommer nur einen und einige wenige den Anforderungen entsprechend im Betrieb zu halten, während im Winter nach Bedarf weitere Einheiten zugeschaltet werden. Die Sicherheit verlangt auch die Aufstellung von zwei Speisepumpen, z. B. einer elektrisch angetriebenen Zentrifugal- und einer Dampfspeisepumpe.

Verbandgaze, Watte und ähnliche Abfälle sollen nicht in den Kesseln, sondern, auch bei kleinen Verhältnissen, in besonderen Abfallverbrennungsöfen verbrannt werden[1].

6. Fern- und Warmwasserversorgung.

Warmwasserversorgung kommt praktisch für sämtliche Gebäude und die Mehrzahl der Räume eines Krankenhauses in Frage. Mit Warmwasserzapfstellen sind zu versehen: alle Untersuchungs-, Operationszimmer, die Laboratorien, Leichen- und Sezierräume, ferner die Bäder, Toiletten, Tee-, Koch-, Wasch- und Spülküchen, dazu eine große Zahl von Krankenräumen vornehmlich auf Privatstationen. In den Operations- und Gebärräumen muß auch nachts jederzeit genügend heißes Wasser zur Verfügung stehen, weshalb die Warmwasserversorgung ständig voll aufrechterhalten werden muß.

Bei *Ferndampf*versorgung wird dabei das für Bade-, Wasch- und Spülzwecke erforderliche Warmwasser in Dampf-Warmwasserapparaten (Gegenstromapparaten) in den einzelnen Gebäuden erzeugt werden, während bei Anwendung von ausschließlich *Fern-Warm*wasserheizung auch Fern-Warmwasserversorgung angezeigt ist.

Mit Rücksicht auf den während des Tages außerordentlich stark schwankenden Warmwasserverbrauch ist der Einbau großer Warmwasserspeicher wichtig. Ihre Aufladung wird zu den Tageszeiten vorgenommen, in denen Dampf für Wirtschaftszwecke kaum oder gar nicht benötigt wird. Das ist in der Hauptsache am Nachmittag und abends der Fall.

Die Temperatur des benötigten Warmwassers ist je nach dem Verwendungszweck verschieden hoch. Für Operationsräume und zum Füllen von Bettflaschen muß die Temperatur 80—85° betragen, in der Wäscherei 70—80°, zum Reinigen fettigen Geschirrs in den Spülküchen 55—60°, für Bäder und die Zapfstellen der Handwaschbecken 40—50°.

Für Dauerbäder wird die erforderliche Temperatur vom Arzt bestimmt. Zu ihrer Innehaltung ist fortlaufend so viel Warmwasser an

---

[1] Gesundh.-Ing. 1927 S. 863. — Kori, H.: Abfallverbrennung in Krankenanstalten. „Die technischen Einrichtungen in Krankenanstalten.“ Vorträge und Aussprachen. Veröffentlicht vom Vorstand des Berliner Bezirksvereins des VDHI Berlin 1930.

die Badewanne abzugeben, daß dadurch die Wärmeverluste gedeckt werden (Verwendung selbsttätiger Temperaturregler).

Die verfügbare Warmwassermenge ist reichlich anzusetzen. Der durchschnittliche Verbrauch je Kopf und Tag kann leicht über 300 Liter betragen, und zudem sind die augenblicklichen Anforderungen oft sehr große, z. B. wenn gleichzeitig gewaschen und gebadet wird. Die Warmwasserspeicher sind daher derart zu bemessen und so ausgiebig mit Heizfläche zu versehen, daß sie auch den höchstfalls auftretenden Spitzenbelastungen zu genügen vermögen.

Zentral aufgestellte Warmwasserboiler erhalten außer der bereits erwähnten Ekonomiserheizung mit Vorteil auch eine Heizschlange, in der die Wasserdämpfe aus dem Kondenswassersammelreservoir, die sonst verlorengehen, niedergeschlagen werden. Zur endgültigen Erwärmung auf die verlangte Temperatur ist außerdem eine dritte, mit Frischdampf gespeiste Heizschlange einzubauen, deren Dampfventil durch einen von der Warmwassertemperatur beeinflußten Temperaturregler bestätigt wird. Bisweilen zieht man es jedoch vor, die Erwärmung des Wassers mit Frischdampf, Gas oder Elektrizität außerhalb der Speicher in Gegenstromapparaten (evtl. in den einzelnen Gebäuden) vorzunehmen.

In Irren- und Pflegeanstalten erweist es sich unter Umständen als wirtschaftlich, die Fern-Warmwasserversorgungen für die Bäder und Zapfstellen der Handwaschbecken usw. nur mit 45—50grädigem Wasser zu betreiben und das in der Wasch- und Kochküche benötigte Wasser in einem örtlich aufgestellten Boiler mit genügend großem Inhalt und entsprechend reichlich bemessener Dampfschlange auf die erforderlichen 70—80° nachzuwärmen, weil dadurch einer Verschwendung hoch erwärmten Wassers und unnötigen Leitungsverlusten vorgebeugt wird. Auch die Kalkausscheidung in den Boilern und Leitungen ist bei weniger hoher Erwärmung geringer. Die Temperaturgrenze, bei welcher die Ausscheidung in besonderem Maße einsetzt, ist von der chemischen Beschaffenheit des Wassers abhängig. Bei der kürzlichen Untersuchung eines Wassers von 0,1574 g Kalkgehalt und einer Alkalität von 30,5 wurden z. B. aus 100 Liter ausgefällt: bei Erwärmung auf 60° 9,5 g Kalziumoxyd = 16,952 Karbonat, d. h. 60,5%; bei Erwärmung auf 94° 14,4 g Kalziumoxyd = 25,806 Karbonat, d. h. 91,8% der im Wasser vorhandenen Kalkmenge.

Bei der genannten Anordnung sind Umlaufleitungen nur nach den Bädern und Handwaschbecken, dagegen nicht nach dem Boiler in der Waschküche erforderlich, weil hier fast ständig heißes Wasser abgezapft wird.

Sind mit Rücksicht auf hohen Kalkgehalt des Wassers besondere Maßnahmen erforderlich, so werden bisweilen die unter Abschnitt IB erwähnten Enthärtungsapparate zur Anwendung gebracht oder, um die Leitungen einigermaßen zu schützen, Holzwollfilter hinter die Boiler eingebaut (z. B. angewendet in der Krankenanstalt Glarus[1] und der Schweizer Volksbank Zürich[2]). Dabei ist die sich mit Kalk überziehende

[1] Gesundh.-Ing. 1927 S. 858. [2] Gesundh.-Ing. 1926 S. 702.

Holzwolle in entsprechenden Zeitabschnitten auszuwechseln. Trotz dieser Vorkehrungen ist es aber angezeigt, die Boiler, insbesondere die eingebauten Heizflächen, zu Reinigungszwecken leicht zugänglich zu halten und auch die Leitungsdurchmesser reichlich groß zu bemessen.

Ferner empfiehlt sich die Aufstellung von zwei oder mehreren Boilereinheiten, damit bei der Reinigung der einen die anderen im Betrieb gehalten werden können.

In den Niederlanden sind vielfach mit Erfolg für Krankenhäuser Warmwasserbereitungsanlagen ausgeführt worden, bei denen zur Vermeidung von Anfressungen eine Entgasung des warmen Rücklaufwassers, nicht des kalten Wassers, in einem offenen Gefäß vorgenommen wird[1]. Eine Veränderung der Wasserbeschaffenheit darf hierdurch jedoch keinesfalls eintreten. Schließlich müssen die Boiler, Fernwarmwasser- und Umlaufleitungen wie die Heizleitungen aufs beste isoliert werden. Unzweckmäßig ist es, die Kalt- und Warmwasserleitungen unmittelbar nebeneinander zu legen (evtl. sogar gemeinsam zu isolieren), weil dadurch ein unerwünschter Wärmeübergang stattfindet.

Aus Gründen der Reinerhaltung des Warmwassers von der Erzeugungsstelle bis zu den Zapfstellen wird am besten als Leitungsmaterial innen verzinntes Kupferrohr verwendet, ebenso für die Heizschlangen der Warmwasserbereiter. Wo dieses jedoch wegen des zu hohen Preises oder aus anderen Gründen nicht zur Anwendung gelangen kann, sollte zum mindesten feuerverzinktes schmiedeeisernes Rohr eingebaut werden.

Weiteres Schrifttum:

SETZ, M.: Die Kalt- und Warmwasserversorgung des Krankenhauses. Gesundh.-Ing. Bd. 58 (1935) Nr 24 S. 353/357.

QUEHL, V.: Über Dampf- und Warmwasserbereitungsanlagen in Krankenanstalten. Z. Krankenhausw. 1936 H. 24 S. 568/570. Kurzer Bericht Gesundh.-Ing. Bd. 60 (1937) H. 28 S. 450.

7. Apparate- und Regelraum.

Zur vereinfachten Bedienung wird für die Unterbringung der Verteiler, Pumpen, Gegenstromapparate, Warmwasserspeicher und der Schalttafeln ein besonderer Apparate- und Regelraum geschaffen. In diesem Raum sind unterzubringen:

1. die Dampfverteiler für verschieden hohe Dampfdrücke mit den einzelnen für sich abstellbaren Leitungen, z. B. nach der Wäscherei einschließlich Dampfmangel und den Trockeneinrichtungen, der Dampfkochküche, der Desinfektion, den Gegenstromapparaten, der Warmwasserheizung, den Boilern der Fern-Warmwasserversorgung und der evtl. Sommerheizung;
2. Verteiler und Sammler der Fern-Warmwasserheizung mit Regel-, Abstell- und Entleerungsvorrichtungen für jeden Abzweig;
3. Verteiler und Sammler der Fern-Warmwasserversorgung mit Abstell- und Entleerungsvorrichtungen für jeden Abzweig;

[1] HOFMANN, R.: Einrichtung und Erfahrungen von Warmwasserbereitungsanlagen in Krankenhäusern. Gesundh.-Ing. Bd. 58 (1935) Nr 12 S. 157/160.

4. Gegenstromapparate für die Warmwasserheizung und evtl. auch für die Warmwasserversorgung, sofern die Heizfläche nicht in den Warmwasserspeichern untergebracht ist;

5. zentrale Warmwasserspeicher für die Fern-Warmwasserversorgung, nötigenfalls auch solche für die Pumpenheizung;

6. Umwälzpumpen der Pumpenheizung nebst Motoren bzw. Dampfturbinenantrieb;

7. Umwälzpumpe der Fern-Warmwasserversorgung nebst Motor;

8. evtl. Umwälzpumpe der Ekonomiserheizung nebst Motor;

9. Schalttafel umfassend:

a) die Handräder der Dampf-, Heizwasser- und Brauchwasserverteiler, sofern sich dieselben ohne zu große Leitungskosten hinter der Schalttafel anbringen lassen,

b) Thermometer zur Anzeige der Temperaturen in den Vor- und Rücklaufleitungen der Warmwasserheizung sowie der Vorlaufleitung der Warmwasserversorgung. Statt Einzelthermometer vorzusehen kann es sich empfehlen, diese Temperaturen oder wenigstens einzelne derselben durch die Fernthermometeranlage nachprüfbar zu machen. Bei Fernheizung sind die Temperaturen der Gruppenheizungen in den Unterstationen der einzelnen Gebäude dagegen durch daselbst angebrachte Thermometer ablesbar zu machen,

c) außer den örtlich angebrachten Manometern zur Ablesung der Dampfdrücke in den Kesseln, Verteilern usw. werden solche auch bisweilen auf den Schalttafeln vorgesehen,

d) Manometer zum Ablesen der Drücke in der Vor- und in der Rücklaufleitung (evtl. ein Differentialmanometer zur Anzeige sowohl des Gesamt- als des Pumpendruckes),

e) Hydrometer zur Kontrolle des Wasserstandes in der Pumpenheizung,

f) Schalter mit Sicherungen, Amperemeter und, soweit erforderlich, Regelanlasser für die Motoren zum Antrieb der Umwälzpumpen der Heizung, Warmwasserversorgung usw. (evtl. nur ein Amperemeter mit Umschaltung),

g) ein gemeinsames Voltmeter, sofern ein solches nicht schon auf die übrigen elektrischen Installationen vorgesehen ist,

h) Anzeigeinstrument und Tastenschalter für die Fernthermometeranlage zur Kontrolle der Temperaturen: im Freien, in verschiedenen Krankensälen, den Operations- und anderen wichtigen Räumen, sowie evtl. in den unter b) angegebenen Leitungen,

i) evtl. Zugmesser, zur Kontrolle des Kaminzuges,

k) bisweilen kommen noch Tafeln mit elektrischen Lämpchen hinzu, die selbsttätig aufleuchten, wenn an den Meldeorten (z. B. in den Unterstationen der Gebäude) gewisse Temperaturen oder Drücke über- oder unterschritten werden, ferner Alarmglocken für verschiedene Zwecke, Telephonanschluß nach den verschiedenen Gebäuden, eine evtl. zentral geregelte Uhr usw.

Je nach den Umständen können einzelne dieser Apparate und Instrumente weggelassen oder örtlich, nicht auf der gemeinsamen Schalttafel, angebracht werden. Bisweilen kommen weitere hinzu, insbesondere ist es oft zweckmäßig, mit der Schalttafel für die Heizung auch diejenige für die elektrischen Installationen zu verbinden (s. auch die Angaben über die Apparate- und Regelräume unter Abschnitt VII und XII).

Im Hinblick auf eine möglichst einwandfreie Wärmewirtschaft soll an Meßinstrumenten (nötigenfalls fern- und selbsttätig aufzeichnenden Apparaten) nicht gespart werden, und die Heizer sind anzuhalten, diese Instrumente regelmäßig abzulesen und dadurch die Anlagen unter steter Kontrolle zu halten. Dieses Vorgehen ist zweckmäßiger, als wenn man ihnen das Verantwortlichkeitsgefühl durch selbsttätige Einrichtungen (Rohrbruchventile, verwickelte Meldeapparate usw.), die versagen können, in zu weitgehendem Maße abnimmt. Es ist von Fall zu Fall zu überlegen, was an diesen Dingen unbedingt notwendig, nur wünschenswert bzw. entbehrlich ist.

Wie bereits erwähnt, sind z. B. die Frischdampfheizungen der Warmwasserboiler mit selbsttätigen Reglern zu versehen, damit die gewünschte Wassertemperatur auch bei stark schwankendem Abwärmeanfall und ungleichmäßigem Warmwasserentzug gleichbleibt und Vergeudung von Frischdampf vermieden wird, während es sich wiederholt gezeigt hat, daß an den Gegenstromapparaten ausgedehnter Pumpenfernheizungen die Regelung der Heizwassertemperatur mittels den Dampfventilen von Hand möglich ist, da die Schwankungen des Wärmebedarfs hier nicht so plötzlich auftreten wie bei der Warmwasserversorgung und das Steigen und Fallen der Heizwassertemperatur wegen des bedeutenden Speichervermögens solcher Heizungen nur allmählich erfolgt.

Keinesfalls darf das Weglassen von Einrichtungen aus Sparsamkeitsgründen so weit gehen, daß die Wärmeversorgung der Anstalt beim Schadhaftwerden irgendeines Teiles gänzlich versagt. Es geht nicht an, daß im Winter ein Spital, auch nur auf Stunden, ohne Wärmeversorgung ist. Sämtliche Teile der Heizungsanlagen müssen daher eine derartige Sicherheit aufweisen, daß länger dauernde Betriebsunterbrechungen ausgeschlossen sind. Unter dem Abschnitt „Heizkessel“ wurde z. B. schon darauf hingewiesen, daß genügend viele Kessel aufzustellen sind, damit, wenn einer ausgeschaltet werden muß, die anderen den Betrieb voll aufrechterhalten können. Aus demselben Grunde sind für die Heizung auch mindestens zwei Pumpen aufzustellen. Die weitgehendste Sicherheit besteht, wenn jede derselben die volle Höchstleistung zu übernehmen vermag. Um bei geringeren Anforderungen an Strom sparen zu können, sind die Antriebsmotoren mit Drehzahlregelung zu versehen. Bisweilen treibt man auch die Reservepumpe mit einem Elektromotor, die ständig laufende dagegen mit einer Dampfturbine an, weil dadurch die Sicherheit weiter gesteigert und zudem die Wirtschaftlichkeit erhöht wird, weil der Dampfturbinenantrieb bei Verwendung des Abdampfes zur Erwärmung des Heiz- und Brauchwassers nahezu kostenlos ist. Für die Übergangszeiten und den Nachtbetrieb stellt man ebenfalls aus Wirtschaftlichkeitsgründen bisweilen eine kleinere, für den Tagesbetrieb im strengen Winter eine größere Pumpe auf. Hierbei besteht allerdings keine so weitgehende Sicherheit mehr, indem beim Schadhaftwerden der großen Pumpe in den kältesten Tagen die Heizung nicht in vollem Umfange aufrechterhalten werden kann. Derselbe Nachteil besteht auch, wenn die Pumpen so gewählt werden, daß beispielsweise von — 5° Außentemperatur an beide Pumpen laufen müssen, indem die kleinere den Anforderungen bis etwa + 5°, die größere bis — 5° genügt. Immerhin ist die Gefahr nicht groß, weil derart kalte Tage selten auftreten, die Wahrscheinlichkeit einer lange dauernden Reparatur gering ist und der Betrieb unter Anwendung höherer Heizwassertemperaturen vorübergehend auch so aufrechterhalten werden kann.

Wichtig ist, daß die Heizungs-, Warmwasser- sowie Dampfversorgungs- und Lüftungsanlagen in allen Teilen übersichtlich angeordnet werden und einfach zu handhaben sind, so daß sie auch von mittelmäßig begabten Heizern leicht verstanden und einwandfrei bedient werden können.

8. Leitungen.

Als Rohrleitungen für die Heizung und Dampfversorgung kommen, wie auch sonst heute üblich, praktisch nur Rohre nach DIN 2441 (starkwandige Gasrohre, Heizungsrohre) und DIN 2449 (nahtlose Flußstahlrohre) in Frage[1].

Für die Warmwasserversorgung wird, wie schon unter III 6 erwähnt, am zweckmäßigsten innen verzinntes Kupferrohr verwendet, da dieses einer Zerstörung durch aggressive Wässer nicht ausgesetzt ist. Kann dieses jedoch aus bestimmten Gründen nicht eingebaut werden, so sind am besten feuerverzinkte Rohre und Fittings zu verwenden.

Der Verlegung der Leitungen, vornehmlich der senkrechten Rohrstränge, ist im Krankenhaus ganz besondere Aufmerksamkeit zuzuwenden. Hier stehen sich die Ansichten darüber in Fachkreisen vielfach gegenüber, ob in Krankenhäusern die offene oder verdeckte Anordnung der Heiz-, Dampf-, Warmwasser- und Kaltwasserleitungen empfehlenswerter ist. Beide Anordnungen haben Vor- und Nachteile. Klar ist, daß in hygienischer und ästhetischer Hinsicht die verdeckte Verlegung vorzuziehen ist, denn die offene Verlegung begünstigt die Staubablagerung, die Verbreitung des Ungeziefers und die Geruchsausbreitung. Sie führt auch zu einer verstärkten Geräuschübertragung. Im allgemeinen bietet heute auch die Ausführung durch bewährte Firmen die Gewähr, daß unter Putz verlegte Rohrleitungen auf die Dauer dicht halten, wenn sie vor dem Schließen der Rohrschlitze scharfen Dichtigkeitsproben unterzogen wurden. Um aber die immerhin mögliche und mühselige Arbeit, die Rohrschlitze bei Rohrschäden infolge innerer Zerstörung öffnen zu müssen, auf das geringste Maß zu beschränken, muß die Abdeckung der Rohrschlitze leicht zu entfernen sein. Wo die Schlitze fest zugemauert sind, ergibt sich zweifellos durch ein später notwendig werdendes Aufstemmen eine außerordentliche Verschmutzung der Räume und damit Belästigung der Patienten und des gesamten Betriebes, zumal die un-

---

[1] Hottinger, M.: Von den Rohrnetzen bei Warmwasser- und Dampfheizungen, Brauchdampfanlagen und Warmwasserversorgungen. Gesundh.-Ing. Bd. 50 (1927) S. 677/680, 713/715 u. 779/783.

dichte Stelle im Rohr oft nicht dort liegt, wo die Feuchtigkeit nach außen tritt, so daß man gezwungen ist, wegen einer etwa in den unteren Stockwerken zutage tretenden Undichtigkeit die Rohrschlitze durch mehrere Geschosse hindurch freizulegen.

Im besonderen Maße dürfte sich der Wunsch nach freier Verlegung der Rohre auf die Leitungen für das warme Gebrauchswasser beziehen, da diese erhöhter Korrosion ausgesetzt sind. Aus diesem Grunde wird auch von manchen Fachleuten die verdeckte Anordnung für die Heizungsleitungen und die offene Verlegung für die Warmwasserversorgungsleitungen besonders befürwortet. Diese Ausführungsart stellt natürlich keine restlos befriedigende Lösung dar.

Die Entscheidung in dieser Frage allein der zuständigen Bauleitung zu überlassen, ist nicht anzuraten. Heizungsfachmann und Hygieniker haben letzten Endes zu entscheiden.

Wo aber Rohrleitungen im Krankenhaus frei vor der Wand verlegt werden, sollen sie genügenden Abstand voneinander und von den Wandflächen haben, damit eine einwandfreie Reinigung der Rohre und Wände möglich ist.

Auch über die Art der Rohrabdämmung in den Mauerschlitzen herrscht keine einheitliche Meinung. Empfehlenswert ist aber die bewährte Methode, die Schlitze mit Strohlehm auszufüllen. Der oftmals gemachte Vorschlag, die Rohre in den Schlitzen mit einer der üblichen plastischen Wärmeschutzmassen abzudämmen und den Schlitz im übrigen hohl zu lassen und nach außen abzudecken, ist deshalb nicht zu empfehlen, weil in den Hohlräumen Ungeziefer sich ansammeln kann. Manchmal werden Rohrschlitze nach der Rohrverlegung auch mit loser, trockener Kieselgurmasse vollgefüllt. Daß diese Isolierungsart im Falle einer notwendig werdenden Öffnung der Schlitze durch die Staubverbreitung ihre Nachteile hat, liegt auf der Hand.

Bezüglich der Verlegung der waagerechten Verteilungsleitungen in den Gebäuden ist zu sagen, daß die untere Verteilung die gebräuchlichste ist. Oberer Verteilung steht aber bei zwingenden Gründen ebenfalls nichts im Wege.

Wichtig ist ferner, daß die einzelnen Steige- und Fallstränge der Heiz- und Warmwasserversorgungsanlagen für sich abschließ- und entleerbar gemacht werden, damit bei Reparaturen kleine Teile ausschaltbar sind und nicht die ganze Anlage stillgelegt werden muß.

Wie schon unter dem Abschnitt Fern-Warmwasserversorgung erwähnt, ist es unzweckmäßig, die Kalt- und Warmwasserleitungen unmittelbar nebeneinanderzulegen, evtl. sogar gemeinsam abzudämmen, weil dadurch ein unerwünschter Wärmeübergang stattfindet.

Abflußleitungen sind mit Reinigungsflanschen zum Durchstoßen der Leitungen zu versehen.

Sämtliche Fernleitungen der Heizung, Warmwasser- und Dampfversorgung sind im übrigen zur Vermeidung der sonst beträchtlichen Wärmeverluste besonders gut abzudämmen. Ferner ist auf gute Ausdehnungsmöglichkeit beim Warmwerden zu achten.

9. Fernleitungskanäle und Unterstationen in den Gebäuden.

Die Verlegung der Fernleitungen von der Heizzentrale aus erfolgt, wie bei Fernheizungen allgemein üblich, zum Teil in den Gebäudekellern, zum Teil in Bodenkanälen. Kommen Dampfleitungen in Frage, so verdienen trotz des höheren Preises begehbare Kanäle den Vorzug, weil die Dampfleitungen und die damit zusammenhängenden Apparate ständiger Aufsicht bedürfen. Bei Fern-Warmwasserheizung und -versorgung und geschweißter Ausführung, oder wenn es sich bei Dampfheizung nur um kurze Strecken handelt, genügen nichtbegehbare Kanäle. Begehbare Kanäle sollten aus wirtschaftlichen und betriebstechnischen Gründen (so z. B. den vorstehend erwähnten Aufsatz von Dr. ALTER, „Baufragen in Krankenhäusern") nur erstellt werden, wenn sie unbedingt erforderlich sind. In ihnen können dann auch andere Leitungen, Kabel usw. untergebracht werden.

In den Gebäuden endigen die Fernleitungen in Unterstationen, wo von besonderen Verteilern die Gruppenheiz- und Warmwasserversorgungsleitungen abzweigen und alle erforderlichen Apparate, wie Rücklaufbeimischungen, Druckminder- und Sicherheitsventile angebracht sind. Sämtliche Vorrichtungen sollen durch Emailleschilder deutlich bezeichnet und die Leitungen durch verschiedene Farbanstriche auseinandergehalten werden.

Gruppenunterteilung der Heizung in den einzelnen Gebäuden, evtl. unter Rücklaufbeimischung, kann aus wirtschaftlichen Gründen angezeigt sein, weil es dadurch möglich ist, gewisse Gebäudeteile zeitweise unbeheizt zu lassen bzw. mit niedrigeren Heizwassertemperaturen zu betreiben. So können z. B. bei Sonnenschein alle nach Süden gelegenen Heizkörper durch Bedienung eines einzigen Ventils in der Unterstation abgestellt werden, was eher geschieht, als wenn hierfür die einzelnen Regelventile an den Heizkörpern betätigt werden müssen.

Allerdings soll man in solchen Regelmöglichkeiten nicht zu weit gehen, weil sie erfahrungsgemäß nur bei geringen an das Personal gestellten Anforderungen, und auch dann nicht immer, bedient werden.

B. Lüftung und Kühlung.

Das Gebiet der Krankenhauslüftung ist eines der umstrittensten der vergangenen Jahre. Dies wäre vielleicht nicht in dem wirklich vorhandenen Maße der Fall, wenn der Standort und die Bauart der Gebäude überall den heutigen Erkenntnissen der Hygiene entsprächen oder wenn nicht vielfach durch die außerordentliche Entwicklung und Ausdehnung der Großstädte die älteren Krankenhausbauten mehr und mehr von Wohn- und Industriestätten umgeben worden wären. Daß die Außenluft in solchen Gegenden keinesfalls frei von Ruß, Staub- oder Gasverunreinigungen ist, unterliegt keinem Zweifel.

Für Krankenzimmer muß aber mehr als für sonstige Aufenthaltsräume gefordert werden, daß die einströmende Frischluft nicht nur keine nachteiligen Beimengungen enthält, sondern daß sie anregend ist und in stets ausreichender Menge Sommer und Winter zugfrei und mit einem angemessenen Feuchtigkeitsgehalt eingeführt wird. Ferner soll möglichst eine milde Dauerlüftung bei allen denkbaren äußeren Luftverhältnissen erfolgen, also keine zeitweise Lüftung, da nur durch die Dauerlüftung die allmähliche Verschlechterung der Zimmerluft infolge der Ansammlung von Staub, Riechstoffen, Kohlensäure und Feuchtigkeit auf das zulässige Maß beschränkt werden kann. Diese Forderungen sind auch in den neuen „Richtlinien für die Lüftung im Krankenhaus“ niedergelegt[1].

Trotzdem die Fülle dieser Forderungen sich nur durch eine mechanische Lüftung in ausreichendem Maße erfüllen läßt, lehnen die Ärzte auch heute noch durchweg die künstliche Lüftung ab und befürworten lebhaft die Fensterlüftung[2]. Aber auch eine große Zahl von Architekten nimmt den gleichen Standpunkt ein[3]. Begründet wird diese Ansicht weniger mit der Höhe der Anlagekosten, die bei den hohen Baukosten eines modernen Krankenhausbaues nicht sehr ins Gewicht fallen. Wohl aber werden gewisse technische Mängel, die einer Reihe von bestehenden Lüftungen anhaften sollen, wie Geräuschbildung, Zuggefahr und Verstaubung der Zu- und Abluftkanäle dagegen ins Feld geführt. Im Grunde ist diese Art der Beanstandungen, sofern eine Luftvorwärmung und eine bequeme Reinigung der Kanäle vorgesehen ist, auf eine mangelhafte Bedienung zurückzuführen. In der Hauptsache wird jedoch der zu kostspielige Betrieb als die Ursache der Stillegung der größten Zahl von Krankenhauslüftungen bezeichnet.

Es ist nicht zu leugnen, daß im Gegensatz zu der starken Verbreitung der künstlichen Lüftung für andere Gebäudearten die Krankenhauslüftung mehr und mehr zurückgegangen ist, obwohl die früheren Übelstände sich mit den heutigen Mitteln der Technik und bei sachgemäßer Handhabung der Anlagen restlos vermeiden lassen.

Demnach bleibt der Einbau künstlicher Lüftungsanlagen davon abhängig, ob von vornherein die zum Dauerbetrieb der Anlagen erforderlichen Mittel sichergestellt sind. Sofern dies nicht gewährleistet ist, muß von der Ausführung einer Ventilatorlüftung Abstand genommen werden[4]. Fensterlüftung kann verantwortet werden für mäßig besetzte

[1] „Richtlinien für die Lüftung im Krankenhaus.“ Hrsg. vom Gutachterausschuß für das öffentliche Krankenhauswesen. Z. Krankenhausw. 1936 H. 10 — Heizg. u. Lüftg. 1936 H. 10 S. 169/170. — Ferner: Dr.-Ing. Petrick: Die neuen Richtlinien über die Lüftung im Krankenhaus. Gesundh.-Ing. Bd. 59 (1936) H. 35 S. 513/516.

[2] Wirth, J.: Lüftung von Krankenhäusern und Schulen vom medizinischen und betrieblichen Standpunkt. Bericht über den XIII. Kongreß für Heizung und Lüftung 1930 in Dortmund, S. 153/166. Dazu Aussprache im gleichen Berichtsheft S. 260/277. München und Berlin: R. Oldenbourg. — Dosquet, Dr.: Heizg. u. Lüftg. Bd. 30 (1931) H. 2 S. 27/28.

[3] Schnieden, H.: Lüftung von Krankenhäusern und Schulen vom bautechnischen Standpunkt. Bericht über den XIII. Kongreß für Heizung und Lüftung 1930 in Dortmund. — Petrick, Dr.-Ing.: Die Lüftung im Krankenhaus vom Standpunkt des Architekten. Heizg. u. Lüftg. Bd. 30 (1931) H. 1 S. 3/9; H. 2 S. 17/25.

[4] Kretschmer, M.: Lüftung von Krankenhäusern und Schulen vom lüftungstechnischen Standpunkt. Bericht über den XIII. Kongreß für Heizung und Lüftung 1930 in Dortmund, S. 167/175. München und Berlin: R. Oldenbourg.

Krankenräume. Dabei ist zu beachten, daß die Fenster bis unter die Decke geführt werden, weil sich sonst im oberen Teil der Räume ruhende Luftschichten bilden, oder es sind obere leicht aufschließbare Fensterflügel anzuordnen. Handelt es sich um Isolierzellen in Absonderungshäusern, so kann die Stellvorrichtung der Klappflügel auch in die Flure verlegt werden (z. B. ausgeführt im Absonderungshaus des Kinderspitals Zürich, wo die Innenwände bis auf etwa 1 m herunter vollständig in Glas ausgeführt sind, so daß die Stellung der Flügel vom Flur aus auch beobachtet werden kann).

Im Tuberkulose-Krankenhaus der Stadt Stettin zu Hohenkrug sind, nach der Beschreibung von R. LANG in der Zeitschrift „Bauamt und Gemeindebau" vom 16. Juli 1926[1]), Lüftungsklappen auch über den Flurtüren der Krankenzimmer angebracht, wodurch es möglich ist, an heißen Tagen und Nächten trotz geschlossener Türen eine gute Querlüftung zu erzielen.

Die Heizkörper müssen in Räumen mit Fensterlüftung so groß bemessen werden, daß sie auch den Wärmebedarf des entstehenden Luftwechsels decken. Bei starkem Windanfall, Kälte, Straßenlärm und staubiger Luft ist Fensterlüftung jedoch nicht anwendbar. Durch Fenster-Sonderausführungen, wie etwa das O.-S.-Fenster, lassen sich diese nachteiligen Einwirkungen zwar etwas mildern, aber nicht beseitigen.

In diesem Zusammenhang sei auch kurz auf die Krankenräume mit Dosquet-Fenstern hingewiesen[2], die in Verbindung mit der Frischluftbehandlung entwickelt wurden. Die über die ganze Raumhöhe und -breite reichenden Dosquet-Schiebefenster stellen in guter Ausführung zweifellos einen Fortschritt gegenüber dem Normalfenster dar. Sie gestatten eine vollkommene Durchlüftung des Krankenzimmers in der vollen Raumhöhe. Vom Standpunkt des Heizungs- und Lüftungsingenieurs ist jedoch die mit dieser Art der Freiluftbehandlung, die eine fast ständige Lüftung bei Tag und Nacht vorsieht, verbundene Wärmeverschwendung zu verurteilen, denn zur Vermeidung des Einfrierens müssen an kalten Tagen die Heizkörper während des Lüftens angestellt bleiben. Die Freiluftbehandlung sollte deshalb auf wenige Sonderräume beschränkt bleiben.

Bei größeren, stark belegten Krankenräumen und -sälen, wie sie allerdings in neuzeitlichen Anstalten kaum mehr ausgeführt werden, genügt die Fensterlüftung keinesfalls, da die Empfindlichkeit der einzelnen Kranken bezüglich Luftzug, Straßenlärm usw. unterschiedlich ist. Ebenso muß die Fensterlüftung als Dauerlüftung für Untersuchungs-, Behandlungs-, Röntgenzimmer usw. ausscheiden.

Unzureichend für Krankenzimmer sind auch die hin und wieder anzutreffenden reinen Abluftkanalanlagen ohne und mit Lüfter. Sofern sie überhaupt wirksam sind, erzeugen sie im Raum einen Unterdruck,

---

[1] Notiz im Gesundh.-Ing. 1926 S. 622.

[2] SETZ, M.: Freiluft-Krankenhäuser. Gesundh.-Ing. Bd. 54 (1931) H. 23 S. 359/362. (Außerdem sei auf den vorgenannten Aufsatz von Dr.-Ing. PETRICK verwiesen.)

wodurch ein Nachsaugen von Zuluft durch die Raumundichtigkeiten erfolgt. Dabei handelt es sich meist um kalte Außenluft oder übelriechende Luft aus Nebenräumen (Küchen, Aborten usw.). Es ist also bei solchen Räumen für die Zufuhr einer dem Bedarf entsprechenden aufbereitenden (d. h. gereinigten vorgewärmten usw.) Frischluftmenge Sorge zu tragen.

In seinem Aufsatz: „Baufragen in Krankenhäusern" schreibt Dr. ALTER:

„*Wir brauchen eine nicht maschinell geregelte, fortwährend strömende Frischluftzuführung und Abluftabführung für jeden Raum des Krankenhauses, aber es dürfen dabei keine Kanalnetze entstehen, die Staub ansammeln und Ungeziefer verbreiten: die Lüftung darf nicht auf den Bau, sondern muß auf den einzelnen Raum abgestellt sein.*"

Die Erfüllung dieser an sich berechtigten Forderungen ist nicht einfach. Vielfach hat man hinter den Fensterheizkörpern im Außenmauerwerk verschließbare Öffnungen angebracht, durch die Frischluft einströmen und sich an den Heizkörpern erwärmen soll. Erfahrungsgemäß ist aber die Luftvorwärmung hierbei nur mangelhaft, so daß die Zugbelästigungen bleiben, ganz abgesehen von der damit verbundenen Verschmutzung der Räume und der möglichen Einfriergefahr für die Heizkörper. Die große Zahl der Wanddurchbrüche in den Außenwänden stellt außerdem keine Zierde für das Gebäude dar. Wenn diese Art der Frischluftzuführung, die also auf den einzelnen Raum abgestellt ist, trotzdem gewählt wird, so muß durch besondere Vorrichtungen (Ablenkbleche usw.) am Heizkörper für eine einwandfreie Erwärmung der Frischluft und durch Einzelfiltereinrichtungen für eine Staubbindung gesorgt werden. Die Abluft wird in solchen Fällen zweckmäßig gegenüber der Außenwand an der Flurwand abgeführt.

Verhältnismäßig einfach kann der Forderung nach Wegfall langer waagerechter Kanalnetze und zugfreier Einführung von Frischluft auch dadurch entsprochen werden, daß vorgewärmte und entstaubte Frischluft in der erforderlichen Menge den Fluren und Treppenhäusern zugeleitet wird, von wo sie infolge der Unterdruckwirkung der Abluftschächte in den einzelnen Räumen durch verschließbare Öffnungen in den Türen oder der Wand in diese gelangt[1].

Beruhen diese Anlagen auf reiner Auftriebswirkung, so sind sie natürlich abhängig von dem Temperaturunterschied zwischen Innen- und Außenluft. Auch hier kann ein erfolgreicher Dauerbetrieb nur sichergestellt werden durch Einbau von Lüftern in die Zu- und Abluftwege oder in beiden.

Wo die bei diesen Anlagen bestehende Verbindung zwischen Flur und Krankenraum wegen der Geräuschübertragung als störend empfunden wird, muß die vorbereitete Zuluft dem einzelnen Raum unmittelbar zugeführt werden. Um dabei lange Kanalnetze zu vermeiden, müssen Einzelanlagen für bestimmte, möglichst zusammenliegende Krankenraumgruppen geschaffen werden.

[1] Siehe hierzu den bereits erwähnten Vortrag von M. KRETSCHMER auf dem XIII. Kongreß für Heizung und Lüftung 1930 in Dortmund.

Nach RIETSCHEL hat die den Krankenräumen mittels Lüftern zugeführte Luftmenge je Kopf mindestens 75 m^3/st für Erwachsene und 35 m^3/st für Kinder zu betragen, nach anderen Angaben soll sie in Krankenzimmern für Erwachsene das 2—2$^1/_2$fache, in Kinderkrankenräumen das 1$^1/_2$fache und in Operationssälen das 3—5fache betragen. NEISSER stellt den Satz auf:

„Alle Lüftungseinrichtungen, welche die Luft nicht nachweisbar mindestens 1$^1/_2$mal in der Stunde erneuern, können allein nicht als ausreichend angesehen werden und bedürfen noch der Fensterlüftung.“

Für die *Heilbehandlung im Krankenhaus* sind neuerdings an verschiedenen Stellen bereits mit Erfolg besondere Klimaanlagen eingebaut, die die Erzeugung der für die Behandlung bestimmter Krankheitserscheinungen notwendigen (gereinigten, vorgewärmten und befeuchteten oder gekühlten und getrockneten) Luft ermöglichen[1].

Öfter als für die Krankenzimmer wird künstliche Lüftung von den Ärzten für die Betriebsräume, das sind die Untersuchungs-, Operations-, Röntgen- und ähnliche Räume, befürwortet. Hierbei ist zugrunde zu legen: Für Vorbereitungsräume ein 1—2maliger, für Untersuchungszimmer ein 2maliger und für Operationsräume ein 3—5maliger Luftwechsel in der Stunde.

Es ist hierbei streng darauf zu achten, daß sämtliche Luftwege leicht gereinigt werden können, bzw. wo dies nicht gut möglich ist, infolge starker Luftströmung Selbstreinigung stattfindet, ferner daß durch die Kanäle keine direkten Verbindungen zwischen den einzelnen Räumen entstehen. Zweckmäßig werden sowohl Zu- als Abluftlüfter vorgesehen[2].

Die Operationssaallüftung stellt eine besonders schwierige Aufgabe dar. Hier ist völlig unabhängig von den Außenluftverhältnissen und denen der übrigen Krankenhausräume ein Luftzustand anzustreben, bei dem Lufttemperatur, -feuchtigkeit und -bewegung sich in bestimmten engen Grenzen halten und gleichzeitig eine Ansammlung von Gasen vermieden wird. In den bereits erwähnten „Richtlinien für die Lüftung im Krankenhaus“ wird empfohlen, wegen der schwer zu erfüllenden Bedingungen von der Lüftung der Operationsräume während des Betriebes ganz abzusehen und statt eines großen Operationssaales mehrere kleinere vorzusehen und wechselweise zu benutzen. Die Pausenlüftung wird heute noch meistens angewendet. Man sieht in solchen Fällen vielfach für die Operationssäle etwa nur Abluftlüfter vor, die eine gründliche und rasche Durchlüftung in den Pausen zwischen zwei Operationen

---

[1] Dazu Bericht: Klimatechnik und Heilbehandlung. Heizg. u. Lüftg. Bd. 12 (1938) S. 134. — MILLS, C. A.: Bewetterung von Krankenhäusern. Heat. Pip. Air Condit. April 1932 [s. auch Gesundh.-Ing. 1932 H. 27 S. 329]. — SETZ, M.: Die Lüftung und künstliche Bewetterung des Krankenhauses. Gesundh.-Ing. Bd. 58 (1935) H. 21 S. 305/309. — BRANDI, O. H.: Klimaanlagen im Krankenhausneubau. Nosokomeion. Vjschr. Krankenhausw. Bd. 7 (1936) H. 1 S. 46/49 [s. auch Gesundh.-Ing. Bd. 59 (1936) H. 35 S. 523]. — WOLFER, H.: Die Klimaanlagen für den Neubau der Hals-, Nasen- und Ohrenklinik des Katharinenhospitals in Stuttgart. Z. VDI Bd. 82 (1938) S. 603/609.

[2] RUPPEL, Dr. F.: Der Bau moderner Operationssäle. Schweiz. Bauztg. 1924 Nr 19/20. Ref. im Gesundh.-Ing. 1925 S. 234.

vorzunehmen erlauben. Dabei muß auf Zugerscheinungen keine Rücksicht genommen werden, so daß man die Zuluft durch geöffnete Fenster und die Vorbereitungsräume zuströmen lassen kann. Auch in dem Falle sind die Abluftkanäle von septischen und aseptischen Operationsräumen zur Verhinderung der Übertragung von Krankheitserregern und Schall getrennt zu halten, also auch mit besonderen Lüftern zu versehen. Die Luftkanäle müssen bei Nichtbetrieb der Lüfter durch Klappen oder Schieber bequem sowohl nach außen als auch nach innen abschließbar sein, so daß sie möglichst staubfrei bleiben und keine starke Auskühlung der Räume, sowie keine Zugerscheinungen im Gefolge haben. Die Lüfter dürfen kein die Umgebung belästigendes Geräusch machen, sollten im Gegenteil derart laufen, daß ihr Betrieb gewünschtenfalls (z. B. im Sommer) auch während der Operationen möglich ist.

Für kleinere Operationssäle sind schon Apparate zum Absaugen der Narkosegase (nach Prof. PERTHES, Tübingen, Zentralblatt für Chirurgie, 1925 Nr. 16) angewendet worden.

Alle diese Ent- und Belüftungsarten von Operationssälen stellen aber zweifellos nur Behelfslösungen dar. Für den Kranken wie für den operierenden Arzt wäre eine einwandfreie Dauerlüftung in jeder Richtung erstrebenswert. Daß diese mit den heutigen technischen Mitteln lösbar ist, beweisen eine Reihe von ausgeführten und mit Erfolg betriebenen Anlagen[1]. *Röntgenräume* müssen außer einem großen Luftraum ebenfalls eine Dauerzu- und -ablüftung zur Entfernung der auftretenden Riechstoffe und der bei älteren Anlagen über dem Fußboden sich ansammelnden nitrosen Gase erhalten. Die künstliche Dauerlüftung dieser Räume wird zweckmäßigerweise jedoch durch zeitweises kräftiges Durchlüften ergänzt, um starke Ansammlungen von Riechstoffen schnell zu entfernen.

Ferner empfiehlt es sich, in Sterilisationsräumen Luftabzugsrohre in die Mauer einzulassen (glasierte Tonrohre mit glatten Wandungen und abgerundeten Ecken bzw. von rundem Querschnitt)[2].

Zur Vermeidung von starkem Dampfaustritt werden auch Sterilisationsapparate mit Kühlringen (zur Kondensation der Dämpfe) hergestellt.

Auf alle Fälle sollen in neuzeitlichen Krankenanstalten Aborte, Bäder, Laboratorien, vornehmlich chemische usw., mit Abluft-, Koch- und Waschküchen mit kombinierter Zu- und Abluftlüftung versehen werden, die gestatten, den Luftinhalt der Aborte 5—10 mal, der Wannenbadräume mindestens $2^1/_2$ mal, der Laboratorien, je nach Bestimmungszweck, unter Umständen bis 10 und mehrmal, der Koch- und Waschküchen mindestens 15—20 mal in der Stunde zu erneuern. Die aus diesen Räumen abgesaugte Luft muß unmittelbar über Dach geblasen werden.

Das In- und Außerbetriebsetzen der Lüfter soll an Stellen, die dem Bedienungspersonal bequem zugänglich sind, außerdem aber auch am

[1] BRANDI, O. H.: Klimaanlagen für Operationssäle. Heizg. u. Lüftg. Bd. 12 (1938) H. 5 S. 71/73. — WOLFER, H.: Die Klimaanlagen für den Neubau der Hals-, Nasen- und Ohrenklinik des Katharinenhospitals in Stuttgart. Z. VDI Bd. 82 (1938) S. 603/609.

[2] Gesundh.-Ing. 1926 S. 311.

Aufstellungsort selber (also z. B. im Dachboden) vorgenommen werden können, damit das Aufsichtspersonal zum Anlassen und Abstellen nicht gezwungen ist, viele Treppen zu steigen. Ferner muß die Umlaufzahl so niedrig gehalten und die Lagerung der Lüfter und Motoren so sorgfältig vorgenommen werden, daß in keinem der benutzten Räume ein störendes Geräusch vernommen wird. Wenn es sich machen läßt, so sind die Zu- und Abluftlüfter im Keller aufzustellen. In den meisten Fällen ergeben sich allerdings bauliche Vorteile durch Unterbringung der Abluftlüfter im Dachboden. Dabei ist auf niedrige Drehzahl und sorgfältige Lagerung (Kork- oder sontigen Isolierplatten und evtl. Betonsockel) ganz besonderes Gewicht zu legen und trotzdem dafür zu sorgen, daß die Lüfter über Treppenhäuser und andere Räumlichkeiten zu stehen kommen, in denen evtl. doch vorkommende Geräuschübertragungen möglichst belanglos sind.

Das Zuströmen der frischen Luft kann bei den Aborten, Bädern und Laboratorien von den Nebenräumen, z. B. Gängen, her erfolgen, indem etwa im unteren Teil der Türen Öffnungen angebracht werden (betreffend Koch- und Waschküchen s. die folgenden Abschnitte).

Statt in die Abluftkanäle Lüfter einzubauen, wird bisweilen der natürliche Auftrieb durch Erwärmung der Abluft an den unteren Kanalenden gesteigert, indem z. B. in die Abzüge aus den Abzugsschränken chemischer Laboratorien Gasflammen eingesetzt werden oder indem man Dampf- oder Warmwasserheizkörper zur Anwendung bringt. Gewöhnlich sind aber Lüfter zweckmäßiger und im Betriebe billiger. Soll bei abgestellten Lüftern der natürliche Auftrieb möglichst kräftig weiter wirken oder aber gänzlich unterbunden werden, so können ausgeglichene Klappen in Frage kommen, die im ersten Fall in einen Umführungskanal, im zweiten in den Druckstutzen des Lüfters eingebaut werden und sich beim Abstellen des Lüfters im ersten Falle öffnen, im zweiten schließen.

Für Krankenhäuser, Kliniken, Sanatorien, Heil- und Pflegeanstalten usw. sind *Kälteerzeugungsanlagen* nicht nur in den Tropen, sondern auch in den Ländern mit gemäßigtem Klima heute unentbehrlich geworden. Sie dienen nicht nur der Frischerhaltung von Lebensmitteln, wie Milcherzeugnissen, Obst, Gemüse, Fleisch, sondern auch der Erzeugung hygienisch einwandfreien Tafeleises und der Kühlhaltung gewisser Kranken- und Operationsräume sowie für pathologische Zwecke (Kühlung und Einfrieren von Leichen sowie Erhaltung bestimmter Präparate)[1]. Dabei genügen für kleinere Anstalten selbsttätige Kühlschränke, größere Anstalten haben eigene Kühlmaschinen.

---

[1] Bronsch, Ing.: Kälteerzeugungsanlagen für Krankenhäuser, Heil- und Pflegeanstalten. Z. Krankenhausw. 1935 Nr 15 S. 346 [s. auch Bericht Gesundh.-Ing. Bd. 58 (1935) Nr 38 S. 590/591]. — Gehrenbeck, K.: Fernkühlanlage des Pathologischen Institutes im Rudolf-Virchow-Krankenhaus der Stadt Berlin. Gesundh.-Ing. Bd. 58 (1935) Nr 16 S. 237/240. — Hüttner, A.: Aufgaben der Stadt Berlin auf dem Gebiet der Heizung, Lüftung und Kühlung. Gesundh.-Ing. Bd. 58 (1935) Nr 26 S. 373/381. — Flock, R. Lyman: Luftkühlung für Operationsräume. Heat. Pip. Air. Condit. März 1938 S. 182/184 [s. auch Bericht Heizg. u. Lüftg. Bd. 12 (1938) H. 5 S. 75].

Die Kühlung der Räume erfolgt in der Regel durch Kühlen der Ventilationsluft, indem man entweder das künstlich gekühlte Wasser durch in den Luftweg eingebaute Kühlschlangen leitet, mittels Streudüsen zerstäubt oder über Steinfilter rieseln läßt.

Bei der Erstellung derartiger Kühlanlagen ist ganz besonders darauf zu achten, daß Zugerscheinungen in den Aufenthaltsräumen vermieden werden. Das erwärmte Kühlwasser der Kältemaschinen kann nutzbar gemacht werden[1].

Bei genügender Abkühlung der Luft scheidet sie zudem Wasser aus und wird bei der Wiedererwärmung in den Kanälen und beim Austritt in die Räume verhältnismäßig trocken, was einen weiteren Vorteil bedeutet, weil warme und gleichzeitig feuchte Luft schon für Gesunde fast unerträglich ist. Für Schwerkranke sind daher solche Anlagen in heißen Klimaten eine große Wohltat, und es hat sich sogar gezeigt, daß schwere chirurgische Eingriffe, die daselbst im Sommer fast nicht durchführbar waren, dank der künstlichen Erneuerung, Kühlung und Trocknung der Raumluft nun ohne Bedenken vorgenommen werden können.

In ihrem Aufsatz „Heizung, Ventilation und Luftkühlung in Spitälern" (erschienen 1928 im Handbuch der modernen Krankenhauseinrichtungen) schreibt z. B. die Firma Gebrüder Sulzer A.-G., Winterthur, über eine von ihr im Country Hospital in Schanghai ausgeführte derartige Anlage folgendes:

„Die Stadt Schanghai liegt ungefähr auf dem 32. Breitegrad, d. h. in ähnlicher Lage wie Casablanca oder Kairo. Im Sommer ist es daselbst außerordentlich heiß; die durchschnittliche Tagestemperatur steigt bis auf 32,6° C, während die höchste gemessene Tagestemperatur rd. 40° C beträgt. Da Schanghai in der Nähe der Mündung des Yang-Tsé-Kiang liegt, ist der relative Feuchtigkeitsgrad sehr hoch. In den Monaten Juni, Juli und August rechnet man mit einem Durchschnitt von 80%, während das Maximum 90% beträgt. Eine kombinierte Luftkühlungs- und Trocknungsanlage ist daher dort von besonderer Wichtigkeit. Die Kühlanlage im Country Hospital ist letzten Sommer in Betrieb genommen worden und funktioniert zur vollen Zufriedenheit der Spitalleitung.

Die Trocknung und Kühlung der Luft in bewohnten Räumen ist bekanntlich ein heikles Problem, da Feuchtigkeitsniederschläge vermieden werden müssen und unter keinen Umständen Zugerscheinungen auftreten dürfen. In dem genannten Spital ist die Aufgabe in der Weise gelöst, daß die in die Räume eingeführte Luft mit Wasser gekühlt wird, welches durch eine Kälteanlage vorher auf die erforderliche tiefe Temperatur gebracht wird. Die gekühlte Luft wird in die Räume durch schmale, unter der Decke angeordnete Schlitze eingeblasen, wobei der Luftstrahl nach oben gegen die Decke gerichtet ist. Diese Lufteinblaseschlitze sind gleichmäßig im ganzen Raum verteilt. Die Kühlung hat sich nicht nur sehr gut bewährt, die Spitalleitung vertritt sogar die Ansicht, daß der günstige Ausgang einiger besonders schwerer Fälle auf die ausgezeichnete Wirkung der Raumkühlung zurückzuführen ist. Die Kühlung und Trocknung der Luft in Kranken- und Operationssälen ist auch in den Gängen deutlich wahrnehmbar. Wie intensiv die Lufttrocknung ist, geht daraus hervor, daß selbst an sehr feuchten Tagen sich keine Niederschläge bilden; Zugerscheinungen lassen sich auch bei ganz offenen Luftschiebern in den Räumen nicht nachweisen. Die nötige Kälteleistung wird von einem vertikalen Sulzer-Ammoniakkompressor aufgebracht und beträgt 49000 kcal/h bei einer Verdichtungstemperatur von —3° C und einer Kondensationstemperatur von +28° C. Der Kompressor wird durch einen Elektromotor von 11,5 PS angetrieben

[1] HOFMANN: Kraft- und Wärmezentrale in der Hebammenlehranstalt in Heerlen. Gesundh.-Ing. 1926 S. 186.

und dient ausschließlich zur Kühlung des Süßwassers, das für die Raumkühlung verwendet wird. Der Kompressor ist gewöhnlich von 9—12 und von 14—16 Uhr im Betrieb, ausnahmsweise aber auch bis 18 Uhr, wenn Operationen vorgenommen werden. Die Kaltwasserpumpe für die Luftkühlung läuft ununterbrochen von 9—17 oder 18 Uhr. Ein weiterer Kompressor ist zur Eiserzeugung und für die Nahrungsmittel-Kühlkammern bestimmt."

In Buenos Aires ist im Spital für fieberkranke Kinder seit Jahren eine ebenfalls von Gebr. Sulzer ausgeführte Luftkühlungsanlage im Betrieb[1].

Eine geringe Kühlwirkung kann in gemäßigten Klimaten auch durch Zerstäubung von kaltem Leitungswasser oder Steinfilter mit Kaltwasserberieselung bzw. Einlagerung von Eis in den Luftweg und Berieselung der Oberlicht- und Fensterflächen der Operationsräume mit kaltem Leitungswasser erzielt werden. Auch langsames Laufenlassen der Ventilatoren während der kühlen Nachtstunden und dadurch Auskühlung des Mauerwerkes hat sich schon oft als zweckmäßig und ausreichend erwiesen, um tagsüber angenehme Temperaturen aufrechtzuerhalten.

C. Kochküchen.

Kochküchen in Krankenhäusern wie auch Restaurants, Hotels usw. werden gewöhnlich durch die in ihnen untergebrachten Kochapparate und die Entnebelungsanlagen genügend geheizt, so daß die Aufstellung von Heizkörpern nur in den Nebenräumen, wie Abwaschküchen und Speiseausgaben usw., erforderlich ist.

Dagegen muß für die Lüftung und Entnebelung eine Lüftungsanlage für sämtliche Küchenräume erstellt werden. Dabei saugt man gewöhnlich nicht nur Luft ab, sondern bläst mittels Lüfter auch vorgewärmte Frischluft ein. Die abgesaugte Menge wird jedoch in der Regel größer als die zugeführte zu wählen sein, damit in der Küche Unterdruck entsteht und das Austreten von Gerüchen und Dämpfen nach den Nebenräumen vermieden wird. Nur in solchen Fällen, wo das Eindringen kalter Außenluft besonders gefahrvoll ist, wird ein leichter Überdruck anzuwenden sein.

Der Luftinhalt soll durch diese Anlagen mindestens 15—20, im Sommer womöglich 25mal in der Stunde erneuert werden können. Bei — 10° Außentemperatur soll die Anwärmung der Zuluft auf etwa 30° erfolgen. Sinkt die Außentemperatur unter — 10° (an Orten mit — 20° niedrigster Außentemperatur), so ist der Luftwechsel derart einzuschränken, daß die erforderliche Erwärmung im Gebläseheizkörper dennoch zustande kommt, weil sonst die Anlage- und Betriebsauslagen unnötig hoch ausfallen.

Die Zuluft ist dem Raum nach Möglichkeit in der Nähe der Dampfentstehungsstellen, d. h. des Kochherdes bzw. der Dampfkochkessel, zuzuführen, während die Abluftstellen im oberen Teil der gegenüberliegenden Wand oder in der Decke anzuordnen sind, damit die Luft auf ihrem Wege den Raum in richtiger Weise durchströmt.

Nicht selten findet man, daß die Decken der Kochküchen in gleicher Weise wie die Wände gekachelt oder mit einem Lackfarbenanstrich ver-

[1] Siehe auch die Rev. techn. der Firma Gebrüder Sulzer AG. 1927 Nr 1: Installations Frigorifiques dans les Hopitaux pour le Rafraichissement des Locaux.

sehen sind. Wegen der dadurch während des Kochbetriebes bei nicht ganz einwandfreier Be- und Entlüftung bedingten Tropfwasserbildung an der Decke ist eine solche Deckenbehandlung zu verwerfen. Die Decken sollten lediglich mit einem Kalk- oder Leimfarbenanstrich versehen werden. Außerdem empfiehlt sich besonders bei kalten Decken zur Verhinderung der verstärkten Kondensationserscheinungen die Anordnung einer beheizten Zwischendecke (s. Abb. 29).

Bei kleinen Verhältnissen sieht man bisweilen von der Aufstellung eines Zuluftlüfters ab und überläßt es der Frischluft, durch einen Kanal mit eingebauten Dampfheizkörpern oder aus den Nebenräumen zu-

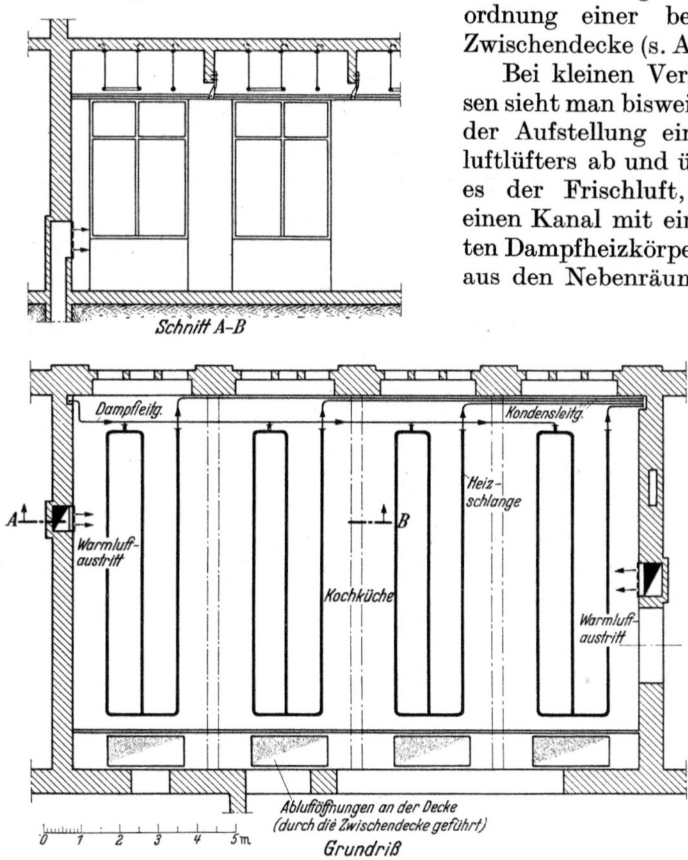

Abb. 29. Ausgeführte Beheizung der Zwischendecke der Kochküche für eine große Krankenanstalt.

zuströmen. Selbstverständlich bedingt die letztgenannte Lösung entsprechend große Bemessung der in diesen Räumen aufgestellten Heizkörper. Hier und da werden auch in den Fensternischen Dampfheizkörper vorgesehen und dahinter in den Mauern Öffnungen mit Gittern und Klappen angebracht. Beim Durchströmen der Heizkörper soll sich die Luft erwärmen. Da dies aber oft in ungenügender Weise geschieht und daher Zugerscheinungen auftreten, sind die Öffnungen meist geschlossen. Ihre Erstellung hat daher nur einen geringen Wert. Auf alle Fälle dürfen nicht etwa abschließbare Warmwasserheizkörper davorgestellt werden, weil hierbei Einfriergefahr besteht.

Die Luftkanäle werden am besten in galvanisiertem Eisenblech ausgeführt und mit zahlreichen, leicht aufschließbaren Putzdeckeln für die Reinigung versehen. Hierauf ist bei Küchenlüftungen, der starken Bildung von fettigen Ablagerungen wegen, besonders zu achten. In den Mauern ist wasserdichte Ausführung der Kanäle empfehlenswert, weil sonst Mauerdurchfeuchtungen vorkommen können.

Die wirtschaftlichste Art der Wärmeversorgung der Krankenhausküche sowie ihre zweckmäßige Gliederung und Einrichtung sind besonders wichtige Aufgaben im Krankenhausbau. Wenn auch die Kohlenfeuerung für Großküchenapparate ohne Zweifel, selbst unter Berücksichtigung der ihr meist eigenen schlechten Wirkungsgrade, die wirtschaftlichste ist, so tritt sie wegen der mit ihr verbundenen unangenehmen Begleiterscheinungen (Brennstoff- und Aschetransport, Rauchfuchsanlage, allgemeine Unsauberkeit) gegenüber der zunehmenden Verwendung von Dampf, Gas und Elektrizität immer mehr in den Hintergrund. Die Art der zur Verwendung gelangenden Betriebsstoffe hängt jedoch von den örtlichen Verhältnissen ab, läßt sich also nicht eindeutig festlegen. Die Feststellung der im gegebenen Fall wirtschaftlichsten Wärmeversorgung bildet die Grundlage für jede weitere Planung der Kochküche.

Die Ausstattung der Küchen und die Größe bzw. Zahl der vorzusehenden Apparate richtet sich nach der zu versorgenden Personenzahl, sowie den sonstigen Anforderungen. Es werden beispielsweise aufgestellt:

1. Kippbare Dampfkochkessel für Suppe;
2. kippbare Dampfkochkessel für Obst, Reis und andere Speisen;
3. desgleichen für Milch;
4. desgleichen für Kaffee und Gemüse;
5. Kartoffelsieder;
6. Kohlen-, Gas- oder elektrische Herde mit durchgehenden Bratöfen und evtl. ein Backofen;
7. Wärmeschränke;
8. Wärmtische;
9. Spültröge;
10. Schwenkhähne für Kalt- und Warmwasser;
11. evtl. eine mechanisch angetriebene Kaffeemühle und eine Kaffeemaschine;
12. Küchengeräte, wie Aluminiumlöffel, Aluminiumabschäumer, Fleischgabeln, Rührhölzer usw.;
13. Warmwasserboiler, sofern nicht Fern-Warmwasserversorgung besteht (werden Kohlenherde aufgestellt, so kann die Erwärmung des Wassers teilweise von diesen aus, durch Einbauen von Schlangen in die Herde und Boiler, vorgenommen werden);
14. bei großen Betrieben Geschirrabwaschmaschinen, in denen das Geschirr auf automatischem Wege mittels heißer Sodalauge reingewaschen und hierauf durch Heißwasser abgebrüht wird. Diesen auch in Hotels, Restaurants usw. zweckdienlichen Maschinen wird in Spitälern mit Vorteil noch eine Sterilisiermaschine beigegeben, in der das Geschirr

nach Verlassen der Waschmaschine kurze Zeit in klares kochendes Wasser eingetaucht wird, wobei es gleichzeitig eine so hohe Temperatur annimmt, daß es nach Verlassen des Apparates trocknet, ohne daß Abtrockentücher zuhilfe genommen werden müssen[1].

Schrifttum über Kochküchen:

BRANDSTÄTER, Dr.-Ing.: Die Verwendung von Dampf, Kohle, Gas, Öl und Elektrizität in der modernen Großküche. Haustechn. Rdsch. Bd. 35 (1930) H. 32, S. 481/484; H. 33 S. 495/498; H. 34 S. 514/518.

DRAGENDORF, Ing.: Großkücheneinrichtungen und ihre Nebenanlagen. Haustechn. Rdsch. Bd. 36 (1930) H. 25 S. 359/364.

ZILL, Bremen: Entnebelung von Kochküchen. Gesund.-Ing. Bd. 54 (1931) H. 14 S. 219/220.

HELLWIG, FR.: Die Milchkühe im Kaiser- und Kaiserin-Friedrich-Kinderkrankenhaus in Berlin N. Gesundh.-Ing. Bd. 54 (1931) H. 45 S. 670/673.

OTTO, H.: Einrichtung von Großküchen. Gesundh.-Ing. Bd. 55 (1932) H. 46 S. 552/557.

SCHMIEDEN, H.: Entwurf zu einer Großküche für Krankenanstalten. Z. Krankenhausw. 1932 S. 502 [s. auch Bericht Gesundh.-Ing. Bd. 56 (1933) H. 8, S. 96].

HÜTTNER, A.: Aufgaben der Stadt Berlin auf dem Gebiet der Heizung, Lüftung und Kühlung. Gesundh.-Ing. Bd. 58 (1935) H. 26 S. 373/381.

LINKE, F.: Großküchenprobleme im Krankenhauswesen unter besonderer Berücksichtigung der elektrischen Küche. Z. Krankenhausw. 1935 H. 21 S. 485 [s. auch Bericht Gesundh.-Ing. Bd. 59 (1936) H. 13 S. 187].

SETZ, M.: Neuzeitliche Krankenhaus-Großküchen. Z. Krankenhausw. 1935 H. 21 S. 488 [s. auch Bericht Gesundh.-Ing. Bd. 59 (1936) H. 13 S. 188].

SETZ, M.: Die Krankenhaus-Großküche. Gesundh.-Ing. Bd. 59 (1936) H. 46 S. 669/675.

MÖRTZSCH: Elektrisches Kochen. Erfahrungen über Auswahl und Betrieb elektrischer Kochgeräte für Haushalt- und Großküchen. Berlin: Julius Springer 1932. 172 S., 167 Abb. RM. 8.50.

D. Waschküche und Plätterei.

Die Waschküchen und Dampfmangelräume sind in genau gleicher Weise mit Lüftungs- und Entnebelungsanlagen zu versehen wie die Kochküchen. Es kann daher in allen Teilen auf das unter Abschnitt C hierüber Gesagte verwiesen werden. In Abb. 30 ist die Be- und Entlüftungsanlage der Wäscherei einer großen Krankenanstalt dargestellt.

Bezüglich des Plättraums ist hinzuzufügen, daß die von den Dampfmangeln abgegebenen Dämpfe bei Maschinen neuer Konstruktion (sog. Absaugemangeln) mittels Lüfter durch die Zylinder abgesaugt und ins Freie befördert werden. Treten sie in den Raum aus, so sind Luftabzugsschächte erforderlich, die am besten mit Lüftern versehen werden. Statt dessen wird zur Erhöhung des Auftriebes die Luft bisweilen erwärmt, was aber weniger wirksam und im Betrieb in der Regel teurer ist als die Zuhilfenahme eines Lüfters.

Mit Rücksicht auf das Vermögen, das die Wäsche einer Krankenanstalt darstellt, ist die richtige Naß- und Trockenbehandlung der Wäsche ein besonders wichtiges Aufgabengebiet.

---

[1] HOTTINGER: Die Heiz-, Lüftungs- und elektrotechnischen Anlagen in der Krankenanstalt Glarus. Gesundh.-Ing. 1927 S. 861. — VOGES: Neuzeitliche Großkücheneinrichtungen. Gesundh.-Ing. v. 8. IX. 1927.

In neuzeitlichen Waschküchen und Plättereien sind beispielsweise vorhanden:

1. *Einweichtröge* (evtl. aus armiertem Beton), in welche die schmutzige Wäsche eingelegt wird.

2. *Handwaschtröge* (z. B. aus Holz, mit Zinkblech ausgeschlagen), in denen stark schmutzige Wäsche von Hand gewaschen wird. Bisweilen

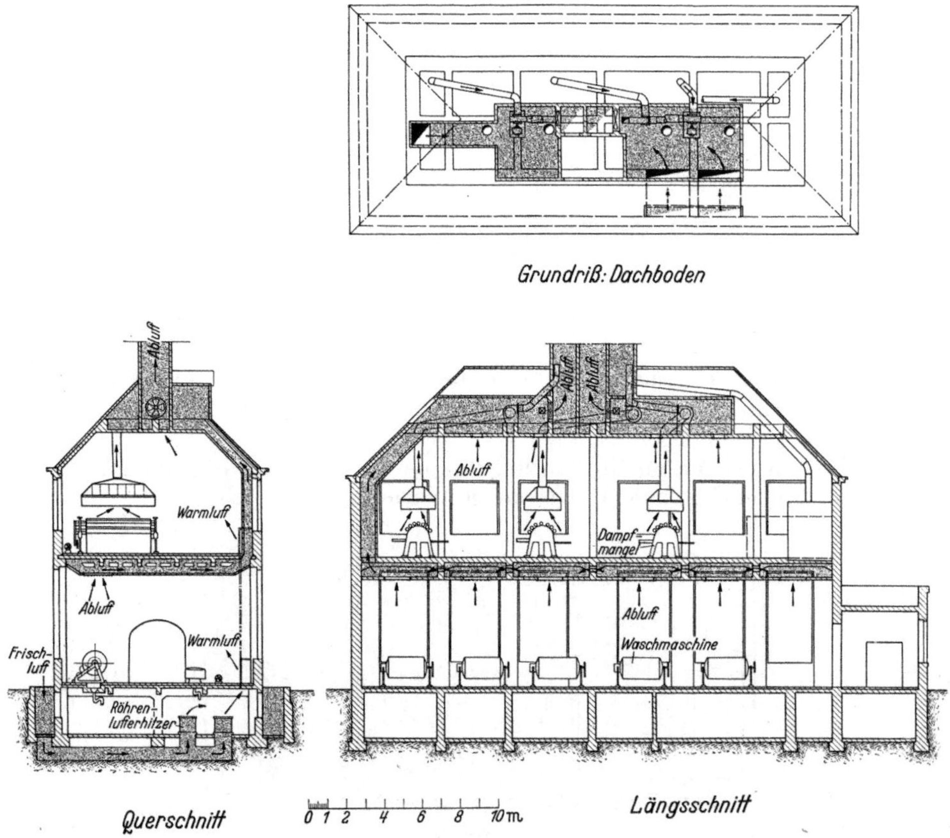

Abb. 30. Ausgeführte Be- und Entlüftungsanlage der Wäschereianlage einer großen Krankenanstalt.

werden zum Auswaschen von Stuhl auch schräg liegende Waschbretter mit darüber angebrachten Brausen verwendet.

3. *Kippbare Kochfässer* (Bäuchekessel) zum Kochen der Wäsche in Lauge. (Zur Zubereitung der Lauge löst man Soda, Schmierseife und Seifenspäne in Wasser auf.)

4. *Wasch- und Spülmaschinen,* in denen die Wäsche zuerst in Lauge gewaschen, dann in heißem und nachher in kaltem Wasser gespült wird. Der Waschprozeß, umfassend Einfüllen der Wäsche in die Maschinen, Waschen mit Lauge, Spülen mit heißem, nachher mit kaltem Wasser und Entleeren, dauert rd. 1 Stunde.

5. *Zentrifugen* (Schleuder) mit Kupfertrommeln. Durch das Schleudern verlieren die Wäschestücke den größten Teil des Wassers, so daß sie, sofern sie sich dazu eignen, auf der Dampfmangel direkt geplättet werden können, während die übrigen Stücke zur weiteren Trocknung in die Kulissentrockenapparate, Luftplätttrockner oder

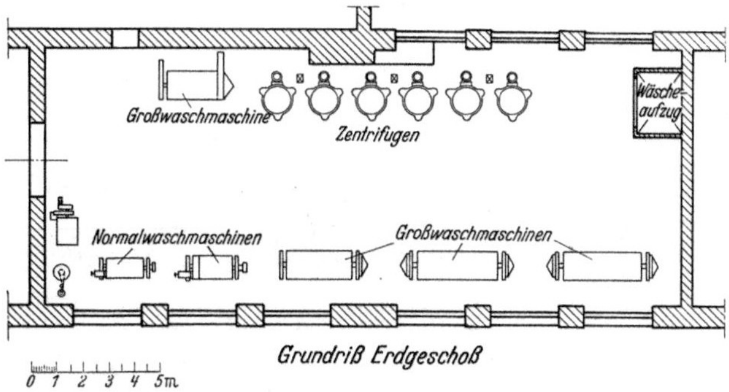

Abb. 31. Ausgeführte Wäschereimaschinenanlage für eine große Krankenanstalt.

in eine heizbare, meist auf natürlichem Wege gut gelüftete Wäschehänge verbracht und hierauf, soweit erforderlich, von Hand geglättet werden.

Zu den genannten Einrichtungen kommen noch Behälter für Laugesammlung (Laugefässer), evtl. auch Warmwasserbehälter hinzu.

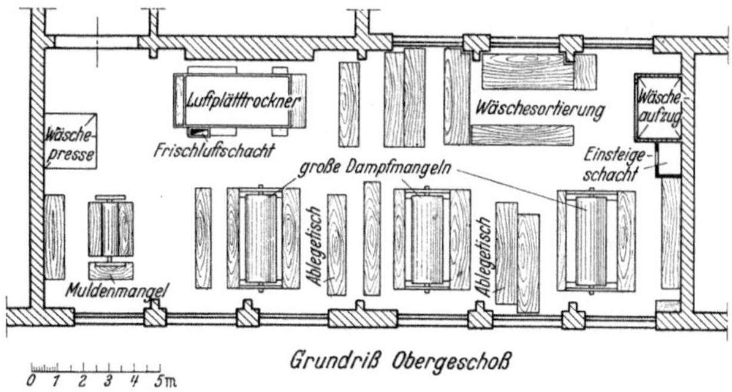

Abb. 32. Ausgeführte Mangel- und Plättmaschinenanlage für eine große Krankenanstalt.

6. Dampfmangeln, Gas- und elektrische Heißmangeln.
7. Trockenapparate und Trockenmaschinen.
8. Kaltmangeln.
9. Wäschepressen.

Abb. 31 und 32 zeigen die Wäscherei-, Mangel- und Plättmaschinenanlage einer großen Krankenanstalt.

Gerade in den letzten Jahren sind auf dem Gebiet des Wäschereimaschinenbaues erhebliche Fortschritte gemacht worden. In diesem

Zusammenhang kann nur auf das einschlägige Schrifttum verwiesen werden[1].

Einzelne für die Wärme- und Energieversorgung der Wäscherei wichtige Gesichtspunkte sollen jedoch noch besonders herausgestellt werden.

Bevor an die völlige, sehr kostspielige Erneuerung oder Erweiterung einer vorhandenen Wäscherei herangetreten wird, ist zu prüfen, ob nicht durch andere Raumgestaltung, Vereinfachung des Arbeitsganges und Verbesserungen an der bestehenden maschinen- und wärmetechnischen Einrichtung eine Steigerung der Wirtschaftlichkeit ohne zu hohe Kosten erreicht werden kann[2]. In vielen Fällen wird eine solche verhältnismäßig einfache Umgestaltung erfolgreich durchzuführen sein. Normale Waschmaschinen, Wäschefässer lassen sich mit einem Dampfdruck von 0,3 bis 0,5 atü betreiben, nur bei den Großwaschmaschinen ist für Niederdruckheizflächen meist nicht ausreichend Platz.

In kleineren Anstalten, die überhaupt nur mit einem Dampfdruck von höchstens 0,5 atü arbeiten und bei denen die Waschmaschinen nur eine geringe Höhenlage über den Dampfkesseln haben, läßt sich die Kondensatrückführung mittels Pumpe, die immer unangenehm ist, unter bestimmten Verhältnissen vermeiden[3].

Die Beheizung der Waschmaschinen großer Anstalten erfolgt fast ausschließlich durch Dampf, und zwar heute durchweg *mittelbar* durch Dampfkästen oder Dampfschlangen. Dadurch wird nicht nur eine größere Gleichmäßigkeit in der Laugenerwärmung erreicht und eine Verdünnung der Lauge, wie dies bei Sprühdampf der Fall ist, vermieden, sondern vornehmlich auch das wertvolle Kondenswasser für die Kesselspeisung zurückgewonnen.

Von wesentlichem Einfluß auf die zu erstrebende Verkürzung des Waschvorganges ist auch eine nicht zu geringe Bemessung der Dampf-, Warmwasser-, Kaltwasser- und Abflußrohrleitungen.

Bei Großwaschmaschinen ist die Anordnung von Selbstabschlußhähnen für die Warm- und Kaltwasserzuführung eine wirtschaftliche

---

[1] Krischer, F.: Die Maschinen in der Krankenhauswäscherei. Nosokomeion 1932 S. 436/446. — Schilling, E.: Die Einrichtung der Anstaltswäscherei von H. Grober, S. 624/636. Jena 1932. — Gerling, W.: Koch- und Waschküchen im Krankenhaus. „Die technischen Einrichtungen in Krankenanstalten." Vorträge und Aussprachen, gehalten im Bezirksverein Berlin des Vereins Deutscher Heizungsingenieure 1930, S. 49/54. — Setz, M.: Der Wäschereibetrieb des Krankenhauses. Gesundh.-Ing. Bd. 60 (1937) H. 14 S. 204/207. — Gehrenbeck, K.: Die technischen Einrichtungen der Anstaltswäscherei. Die Naßbehandlung der Wäsche. Gesundh.-Ing. Bd. 60 (1937) H. 41 S. 629/634 — Die Trocknung der Wäsche. Gesundh.-Ing. Bd. 60 (1937) H. 43 S. 656/661. — Neumann, O.: Handbuch der gesamten *Dampfwäscherei* für Textilstoffe. Halle a. d. S.: Carl Marhold. 262 S., 89 Abb. RM. 4,50. — Leistungsprüfung von Waschmaschinen, Waschverfahren, Waschmitteln. Untersuchungen der Fachstelle Haustechnik bei VDI. Berlin: VDI-Verlag G. m. b. H. RM. 3,80. [Siehe Bericht Haustechn. Rdsch. Bd. 39 (1934) H. 31 S. 464.]

[2] Krecke: Grundsätzliches zur Umgestaltung veralteter Waschanstalten in Kranken-, Heil- und Pflegeanstalten. Gesundh.-Ing. Bd. 57 (1934) H. 10 S. 131/134.

[3] Tilly, H.: Niederdruckdampf-Waschmaschinen innerhalb der Druckzone ohne Kondenstöpfe und Speisepumpe. Gesundh.-Ing. Bd. 56 (1933) H. 31 S. 363/364.

Notwendigkeit, da nur so ein Überlaufen der Maschinen verhindert wird und eine den einzelnen Waschprozessen entsprechende Zumessung von Warm- und Kaltwasser erfolgen kann (s. den bereits genannten Aufsatz von M. Setz: Der Wäschereibetrieb des Krankenhauses).

An Stelle der bisher gebräuchlichen Kulissen- und älteren Kettentrockenapparate mit ihrem großen Platzbedarf und trotzdem geringer Leistung, die durch Dampfrohre beheizt und mit natürlicher oder künstlicher Zu- und Ablüftung versehen waren, werden heute bereits vielfach sog. Luftplätttrockner oder Trommeltrockenmaschinen verwendet. Die Trockenwirkung dieser Apparate ist infolge der darin erzeugten starken Kalt- und Warmluftströme sehr groß, bedingt jedoch einen höheren Dampf- und Kraftverbrauch. Da jedoch die Wäschebeschaffenheit nach Trocknung in diesen Apparaten eine bessere ist als in den früheren Trockeneinrichtungen, so wird sich ihre Anwendung zweifellos immer mehr einführen.

Die angewendeten Waschverfahren sind sehr verschieden. Durch ein einwandfreies Verfahren muß eine sachgemäße Enthärtung des Wassers, eine milde Bleiche und eine nicht zu hohe Alkalikonzentration erreicht werden[1] (1 Härtegrad vernichtet in 1 m^3 Wasser 165 g Kernseife).

Zur Ersparung von Seife und Verminderung der Kesselsteinbildung sind für Orte mit stark kalkhaltigem Wasser schon die Vorschläge gemacht worden, Regenwasser von den Dächern in entsprechend großen Behältern zu sammeln oder Wasserenthärtungsapparate, wie sie vorstehend unter Abschnitt I B erwähnt worden sind, aufzustellen. Hierzu ist jedoch zu bemerken, daß bei dem sehr großen Heißwasserverbrauch der Spitalwäschereien das gesammelte Regenwasser meist nicht weit reicht und Wasserenthärtungsapparate eine Verteuerung der Anlagen und auch eine gewisse Komplikation bedingen. Wenn, wie unter Abschnitt III A 6 vorgeschlagen wurde, das Wasser an zentraler Stelle auf 50—60° erwärmt und in einem in der Waschküche aufgestellten Boiler auf 70—80° nachgewärmt wird, so findet hier die Kalkausscheidung nur noch teilweise statt. Es genügt meist, wenn Boiler und Heizschlangen reichlich bemessen und so angeordnet sind, daß sie leicht gereinigt werden können. Auch die Leitungen sollen nicht zu eng gemacht und so erstellt werden, daß mit der Zeit verkalkte Teilstücke leicht erneuert werden können.

Zur Vorbehandlung verseuchter Wäsche muß diese eine besondere Wäscheentkeimungsanlage mit besonderen Desinfektionskochfässern durchlaufen, bevor sie in den Wäschesortierraum und von dort in die eigentliche Wäscherei gelangt[2].

Für die Planung der Warmwasserversorgungsanlagen von Wäschereien ist erforderlich zu wissen, wieviel Kilogramm trocken gewogene

[1] Uhl: Faserschonung in der Krankenhauswäscherei. Z. Krankenhausw. 1936 H. 24 S. 561/562.

[2] Setz, M.: Die Wiener Kriegsepidemiespitäler. Z. Krankenhausw. 1933 S. 513/519. — Nielsen, K. M.: Über Waschverfahren für Krankenhauswäsche, einschl. der Behandlung infizierter Wäsche. Nosokomeion 1932 S. 423/436. — Flasdiek, F. H.: Die Entkeimungseinrichtung der Städt. Krankenanstalt zu Maastricht. Haustechn. Rdsch. Bd. 40 (1935) H. 35 S. 545/547.

Wäsche je Woche oder Tag zu reinigen sind. Ist das Gewicht nicht bekannt, so genügen auch Angaben betreffs Personen- bzw. Bettenzahl oder die Anzahl der zu reinigenden Wäschestücke.

Für sparsamen Betrieb macht RYBKA im Gesundheits-Ingenieur vom 25. Sept. 1926 folgende Betriebsangaben:

Das Trockengewicht der pro Woche zu reinigenden Wäsche kann pro Kopf (bzw. Bettstelle) angenommen werden für

Krankenhäuser	zu 5—7 kg
Militärspitäler	„ 3—6 „
Siechenhäuser	„ 3—4 „
Privatsanatorien	„ 7—10 „
gute Hotels	„ 4—6 „
Erholungsheime	„ 3 „
Internate von Schulen usw.	„ 2—3 „
Kasernen	„ 1—1,5 „
Bedienungspersonal im Mittel	„ 2—3 „

Pro 100 kg Durchschnittswäsche sind an Maschinentrommel-Fassungsraum 0,6 m³ plus 30—35% erforderlich. Die Trommeln sollen nicht über 1 m Durchmesser, nicht über 2—2,5 m Länge und eine bequeme Arbeitshöhe aufweisen.

Der Dampfverbrauch ist in guten Anlagen mit Einweichkufen, Kochfaß, Laugefaß, Wasch-, Spül- und dampfbeheizter Muldenplättmaschine pro 100 kg Waschgut, inkl. Warmwasserbereitung: 250—300 kg Dampf von 4 atü, sofern die Wäsche gut ausgeschleudert und in Kulissentrockenkammern getrocknet wird und die Leitungen gut isoliert sind.

Der Gesamtwärmebedarf ist somit (ohne Heizung und Lüftung) etwa 160000 bis 200000 kcal für 100 kg fertig gewaschenes Gut.

E. Desinfektion und Abfallverbrennung.

Der Zweck der Desinfektionseinrichtungen in Krankenhäusern besteht in der Unschädlichmachung von Krankheitserregern. Diese ist nicht nur in den Infektionskrankenhäusern oder -abteilungen erforderlich, sondern wegen der Übertragungsgefahr auch in allgemeinen öffentlichen Krankenhäusern. Man benutzt zur Desinfektion *chemische* Desinfektionsmittel, wie Sublimat, Kresol, Chlorpräparate, schwelige Säure, Formaldehyd u. a., und physikalische Verfahren, wie Verbrennen, Auskochen und Dampf[1].

Bei der üblichen Desinfektion werden die zu desinfizierenden Gegenstände in die meist als Zylinder oder in ähnlicher Form ausgebildeten, gut isolierten und beiderseits mit leicht lösbaren Deckeln versehenen Desinfektionsapparate von der sog. unreinen oder infizierten Seite her eingeschoben und nach erfolgtem Prozeß in einem vollständig getrennt angeordneten Raum, auf der reinen oder desinfizierten Seite, wieder herausgenommen. In den Apparaten[2] werden sie zuerst mit Dampf (evtl. Formalindämpfen) behandelt und dann zur Abkühlung und Trock-

[1] SELIGMANN, E.: Desinfektion in Krankenanstalten. „Die technischen Einrichtungen in Krankenanstalten." Vorträge und Aussprachen, gehalten im Bezirksverein Berlin des Vereins Deutscher Heizungsingenieure 1930, S. 40/42.

[2] DITTHORN: Über Neuerungen auf dem Gebiete der Desinfektionsapparate. Gesundh.-Ing. 1927 S. 707. — Ferner vom gleichen Verfasser: Bericht über den Stand der Arbeiten der Gruppe „Desinfektion und Reinigung des Fachnormenausschusses Krankenhaus" (Fanok) vom März 1930. Gesundh.-Ing. Bd. 53 (1930) H. 28 S. 444/447.

nung einem Luftstrom ausgesetzt. Der gesamte Desinfektionsprozeß (einschließlich Aufgeben und Herausnehmen) erfordert $2^1/_2$—3 Stunden.

Abb. 33. Ansicht der Desinfektionsapparate (reine Seite) mit Dampfverteiler für eine ausgeführte Desinfektionsanstalt.

Abb. 34. Ansicht der Desinfektionsapparate (unreine Seite) mit Dampfverteiler für eine ausgeführte Desinfektionsanstalt.

In den Abb. 33—35 ist eine ausgeführte größere Desinfektionsanlage dargestellt.

Der in Frage kommende Dampfdruck beträgt 0,5—0,3 atü.

Da bestimmte Gegenstände, wie Federn, Pelze, Leder, geleimte Sachen u. a., unter der Einwirkung von Dampf mit obengenannter Spannung leiden, benutzt man zur Desinfektion solcher Gegenstände Vakuumdampfapparate. Zum Ausgleich der bei den niedrigen Dampftemperaturen nicht mehr ausreichenden Dampfdesinfektion wird in diesen Apparaten zugleich Formaldehyd verpaßt. Man bezeichnet solche Apparate als Universalapparate. Die erforderliche Größe der Apparate in Abhängigkeit von der Krankenbettenzahl ist in der vorerwähnten Veröffentlichung von SELIGMANN angegeben.

Abb. 35. Desinfektionsapparat mit ausgezogenem Wagen (reine Seite).

Zweckmäßig ist es, wenn die Desinfektionsapparate mit Schreibkontrollapparaten versehen sind, die jederzeitige Nachprüfung der Leistung ermöglichen.

Zwischen infiziertem und desinfiziertem Raum wird oft eine Bade- und Klosettanlage errichtet.

Außer den genannten Desinfektionsapparaten kommen für die Operationssäle auch Sterilisierapparate, Instrumenten- und Tupferkocher, Waschbeckenkocher usw. in Frage. Ferner können an die Dampfversorgung Wasserdestillierapparate und Sputumkocher angeschlossen werden[1].

Zur Sterilisation reicht der oben für die Desinfektion genannte Dampfdruck jedoch nicht aus. Die Sterilisation wird erst bei einem Überdruck von 1 atü (etwa 120°) erzielt, denn durch sie sollen nicht nur die pathogenen Keime, sondern auch die außerordentlich lebensfähigen Sporen aller Art vernichtet werden. Das bedeutet, daß in Anstalten, bei denen sonst mit einem Überdruck von 0,5 atü auszukommen ist, entweder der Druck der ganzen Kesselanlage der Sterilisationsapparate wegen auf 1,1 atü eingestellt oder für die Sterilisationseinrich-

[1] SETZ, M.: Apparate zur Desinfektion der Fäkalien und Sputa im Krankenhaus. Gesundh.-Ing. Bd. 55 (1932) H. 30 S. 363/365.

tungen ein besonderer Hochdruckkessel aufgestellt wird. Auch lassen sich die erforderlichen Temperaturen durch Gas oder Elektrizität erreichen. Seit Jahren ist man aus dem gleichen Grunde von seiten des Heizungsfachs bestrebt, die genehmigungsfreie Grenze für Niederdruckdampf-Kesselanlagen von 0,5 atü auf 1 atü heraufzusetzen, ohne daß jedoch bis jetzt die zuständigen Behörden hierzu die Genehmigung erteilt haben[1].

Bei der Aufzählung der physikalischen Mittel zur Desinfektion wurde bereits das Verbrennen erwähnt. Die in Krankenanstalten durchzuführende Abfallverbrennung ist also ebenfalls eine Art der Desinfektion, nur mit dem Unterschied, daß durch die Desinfektion irgendwelche verseuchten Stoffe oder Gegenstände wieder verwendungsfähig gemacht werden sollen, während den Abfallverbrennungsöfen die Aufgabe zufällt, nutz- und wertlose Abfälle schnell, sicher und auf einfachste und billigste Art zu beseitigen[2].

Trotzdem angenommen werden dürfte, daß zum mindesten in mittleren und größeren Krankenanstalten die Abfallverbrennung von verbrauchtem Verbandmaterial, Operationsresten, Leichenteilen usw. in besonderen Öfen überall durchgeführt würde, ist dies vielfach noch nicht der Fall.

Da die Abfallart und -menge in einer Krankenanstalt stark von ihrer Benutzungsart abhängt, richtet sich die Größe und Bauart der Öfen wesentlich danach. Zweckmäßigerweise werden sog. Doppelkammeröfen eingebaut, die die gleichzeitige Verbrennung von Küchen- und Operationsabfällen in zwei getrennten Verbrennungskammern ermöglichen.

Die Abwärme der Abfallverbrennungsöfen kann vielfach nutzbar gemacht werden, z. B. für die Erzeugung von Warmwasser zur Eimerspülung oder zum Betrieb von Heizungsanlagen oder zu sonstigen Zwecken.

F. Allgemeines.

Bei Neuerstellungen, Erweiterungen und Umbauten von Krankenanstalten sind in bezug auf die Installation und die Behandlung aller Sonderfragen in erster Linie der bauleitende Architekt, der Chefarzt und die übrigen Mitglieder der Baukommission maßgebend. Bei allen großen Neu- und Umbauten und bei Krankenanstalten im besonderen ist es wichtig, daß die betreffenden Persönlichkeiten mit dem Heizungsingenieur (evtl. einem sachverständigen Zivilingenieur) rechtzeitig Fühlung nehmen und für die Ausarbeitung der Projekte (den Wettbewerb) ein sachgemäßes Programm aufstellen lassen. Unterbleibt dies, so ist es nachträglich oft schwierig und teuer, wenn nicht unmöglich, die Anlagen noch so zu gestalten, wie es am zweckmäßigsten und wünschenswertesten gewesen wäre. Die Baukommissionen sollten nicht versäumen,

[1] Kummer, R.: Niederdruckdampf und Desinfektion. Gesundh.-Ing. Bd. 58 (1935) H. 3 S. 33/35. [Beitrag zu den Aufsätzen „Niederdruckdampf" von Dr. Marx: Gesundh.-Ing. Bd. 57 (1934) H. 3 S. 25/30, und Tilly: Gesundh.-Ing. Bd. 57 (1934) H. 30 S. 370/373.]

[2] Kori, H.: Abfallverbrennung in Krankenanstalten. „Die technischen Einrichtungen in Krankenanstalten." Vorträge und Aussprachen, gehalten im Bezirksverein Berlin des Vereins Deutscher Heizungsingenieure 1930 S. 43/48.

durch Besichtigung ähnlicher im Betrieb stehenden Anlagen sich ein Bild von dem zu machen, was die Technik zu bieten vermag und was sich andernorts als zweckmäßig oder, trotz sorgfältiger Bedienung, als ungeeignet erwiesen hat. Da es sich um Kranke handelt, die auf Genesung hoffen, soll an allen Einrichtungen, die dazu beitragen können, dieses Ziel zu erreichen, nicht gespart, andererseits aber auch kein Luxus getrieben und nichts zur Ausführung gebracht werden, was später doch nicht benutzt wird. Es wurde beispielsweise darauf hingewiesen, daß außer Betrieb befindliche Lüftungsanlagen, denen keine Beachtung geschenkt wird, durch ihre zahlreichen Staubecken zum Übel werden können. Andererseits aber ist auch zu sagen, daß nützliche Einrichtungen, die bei der Erstellung mit Umsicht behandelt, von den maßgebenden Hygienikern gefordert wurden und bei sachgemäßer Bedienung gute Dienste leisten würden, aus Unkenntnis, Bequemlichkeit, Gleichgültigkeit oder Sparsamkeitsrücksichten bisweilen nicht im Betrieb gehalten werden. In dieser Beziehung hängt viel vom Interesse und Verständnis ab, das der leitende Arzt und die Spitalverwaltung diesen Einrichtungen entgegenbringen. Auch ist wichtig, daß die Anlagen geschultem Personal unterstellt werden, das Freude an ihrer Bedienung hat. Einrichtungen, die zu ständigen Klagen Anlaß geben, arbeiten unter einem anderen Heizer oft mit einem Schlage einwandfrei, und außerdem können durch sachverständige und gewissenhafte Wartung jährlich erhebliche Beträge gespart, durch nachlässige Bedienung dagegen vergeudet werden. Nützlich ist die Führung praktisch angelegter Betriebsbücher, in denen die Außen- und einzelne Raumtemperaturen, sowie diejenigen des Heiz- und Warmwassers, ferner Dampfdrücke, der Speisewasser-, Kohlen- und Warmwasserverbrauch, evtl. auch die Amperezahlen der Pumpen, ferner Bemerkungen über Störungen, Reklamationen u. a. m. regelmäßig und gewissenhaft eingetragen, vom technischen Leiter überwacht und wissenschaftlich verwertet werden.

Ist beabsichtigt, die Anlagen mit der Zeit zu vergrößern, so empfiehlt es sich, von Anfang an ein Vorprojekt für den vollen Umfang und auf Grund desselben Programms für die einzelnen Bauperioden auszuarbeiten. Nur bei einem derart planmäßigen Vorgehen besteht Gewähr dafür, daß nichts unterlassen wird, was den späteren Ausbau unnötig verteuert und behindert.

Bei jeder Neuplanung ist auch auf die Forderungen Rücksicht zu nehmen, die sich für den Krankenhausbau aus der Gefährdung durch Luftangriffe ergeben. Diese beziehen sich sowohl auf die Lage der Gebäude, ihre Bauart, Formgebung, Raumanordnung, Verdunkelung wie auch auf die Versorgung mit Wasser, elektrischem Strom, Gas und Heizwärme. Auch die Erfüllung dieser Forderungen ist nur bei verständnisvoller Zusammenarbeit von Architekt, Ingenieur, Arzt, Verwaltung und Polizei möglich[1].

---

[1] Plaetke, W.: Luftschutz im Krankenhaus. Z. Krankenhausw. 1935 H. 24 S. 364. — Alter: Krankenhaus und Luftkrieg. Z. Krankenhausw. 1936 H. 11 S. 254/256. — Distel, H.: Krankenhaus und Luftkrieg. Z. Krankenhausw. 1936 H. 11 S. 252/254.

Sonstiges Schrifttum, insbesondere über ausgeführte Anlagen:

LOMMEL, A.: Beschreibung der technischen Einrichtungen im Staatlichen Luitpold-Krankenhaus in Würzburg. Gesundh.-Ing. 1926 S. 340.

ALTER: Technische Verbesserungen und Neuerungen im Krankenhaus. Gesundh.-Ing. 1927 S. 21.

Die Warmwasserheizungsanlage der Universitätsklinik in London. Engineering 1927 S. 1. Notiz im Gesundh.-Ing. 1927 S. 384.

HOTTINGER: Die Heiz-, Lüftungs- und elektrotechnischen Anlagen in der Krankenanstalt Glarus. Gesundh.-Ing. 1927 S. 690.

Siehe auch das Buch: Das deutsche Krankenhaus. Berlin: Julius Springer. (Auszug aus den von A. SCHULZE bearbeiteten Kapiteln betr. Beleuchtung, Wärme- und Energiewirtschaft sowie Lüftung, mit ausführlichen Mitteilungen über die Ergebnisse einer in vielen Krankenhäusern veranstalteten Rundfrage im Gesundh.-Ing. 1928 S. 175.)

BESCHOREN, A.: Die Heilstätte Müncheberg für Hauttuberkulose. Gesundh.-Ing. Bd. 54 (1931) H. 10 S. 150/158.

BRONSCH: Das Heizkraftwerk der pommerschen Provinzial-Heilanstalt Lauenburg. Borsig-Ztg. Bd. 8 Nr 5 u. 6 (1931) S. 23/26 [s. auch Bericht Gesundh.-Ing. Bd. 55 (1932) H. 13 S. 154].

HECK, J.: Die Heizungs-, Lüftungs-, Warmwasserbereitungs- und Dampfversorgungs-Anlage in dem neuen Knappschaftskrankenhaus zu Bottrop. Gesundh.-Ing. Bd. 55 (1932) H. 33 S. 399/400.

Heizung und Lüftung des neuen Krankenhauses in Lyon. Génie civ. Bd. 103 (1933) Nr 3 S. 53/59 [s. auch Bericht Gesundh.-Ing. Bd. 56 (1933) H. 45 S. 538].

ZÜBLIN: Die wärme- und lüftungstechnischen Anlagen der Privatklinik Hirslanden, Zürich. Gesundh.-Ing. Bd. 57 (1934) H. 48 S. 648.

LOMMEL, A.: Das Heiz- und Kraftwerk der Würzburger Universitätskliniken. Gesundh.-Ing. Bd. 59 (1936) H. 28 S. 425/429.

LOMMEL, A.: Die gesundheitstechnischen Einrichtungen der neuen Universitäts-Frauenklinik in Würzburg. Gesundh.-Ing. Bd. 59 (1936) H. 44 S. 637/640.

ALTER: Krankenhaus und Gesundheitsingenieur. Gesundh.-Ing. Bd. 53 (1930) H. 27 S. 417/425.

SCHNIEDEN, H.: Krankenhausbau in neuer Zeit. Kirchhain N.L.: Brücke Verlag Kurt Schmersow 1930. RM. 36,— — Die Schallisolierung im Neubau des Krankenhauses Zwenken. Schalltechn. Bd. 3 (1930) S. 77/78.

LINKE, F.: Ein neuerer wirksamer Erschütterungsschutz für Krankenhausbauten. Z. Krankenhausw. 1933 S. 277.

FREY, H.: Meine Eindrücke vom nordamerikanischen Krankenhauswesen. Z. Krankenhausw. 1930 H. 18 [s. auch Bericht Gesundh.-Ing. Bd. 54 (1931) H. 39 S. 590/591].

GROBER, J.: Das deutsche Krankenhaus. (Handbuch für Bau, Einrichtung, Betrieb der Krankenanstalten.) Jena: Gustav Fischer 1932. 1002 S. geb. RM. 53,—. (Darin ein größerer Abschnitt über die technische Versorgung der Krankenanstalten von HÜTTNER und OHAUS.)

LANG: Der Krankenhausneubau im Dritten Reich. Z. Krankenhausw. 1934 H. 2 S. 25 [s. auch bes. Bericht Gesundh.-Ing. Bd. 57 (1934) H. 25 S. 439].

v. MIRMAN: Angleich der Belastungsspitzen in einem gekoppelten Kraftheizwerk. Gesundh.-Ing. Bd. 58 (1935) H. 48 S. 717/719.

HOTTINGER, M.: Die neue Elektro-Heißwasserheizung im Kantonsspital Olten. Schweiz. techn. Z. (1934) H. 19 S. 281/289.

IV. Die Beheizung und Lüftung von Unterrichtsgebäuden.

Von **M. Hottinger.**

A. Heizung.

1. Raumtemperaturen in Grad Celsius.

Unterrichtszimmer, Hörsäle usw. vor Unterrichtsbeginn:	
bei zu erwartender starker Besetzung	15°
bei zu erwartender schwacher Besetzung	18°
während des Unterrichts:	
im Winter womöglich nicht über	20°
im Sommer womöglich nicht über	23°
Gänge, Treppenaufgänge und Aborte	15°
Lehrer- und Amtszimmer	18—20°
Hauswartwohnung wie Wohnungen im allgemeinen.	
Turnhallen bei ausschließlicher Verwendung zum Turnen	12—15°
wenn auch als Versammlungs-, Vortrags- und Theatersäle benutzt, vor Beginn der Veranstaltung je nach der zu erwartenden Besetzung	15—18°
Bade- und Ankleideräume	20—22°
Handfertigkeitsräume, Lehrwerkstätten, Laboratorien usw., je nach Art der Beschäftigung	15—18°
Schulküchen	15°
Sammlungen	10—15°

In Unterrichtszimmern, Versammlungssälen usw. steigt die Temperatur nach dem Eintreffen der Besucher bei starker Besetzung der Räume rasch an, sofern die Fenster wegen Schallübertragung oder Zugerscheinungen geschlossen gehalten werden müssen und keine Lüftungsanlage besteht, mit der die überschüssige Wärme beseitigt werden kann. In derartigen Fällen soll die Anfangstemperatur nicht über etwa 15° betragen, damit die Umfassungswände die Möglichkeit besitzen, Wärme aufzunehmen. Zu hohe Temperaturen vermindern die körperliche und geistige Leistungsfähigkeit der Rauminsassen.

Die Gänge sollen gegenüber den Unterrichtszimmern keine allzu großen Temperaturunterschiede aufweisen, insbesondere dann nicht, wenn sie bei schlechtem Wetter den Schülern während den Pausen als Aufenthaltsräume dienen müssen. In ländlichen Schulhäusern mit Ofenheizung sind sie allerdings meist unbeheizt und dann oft sehr kalt.

2. Heizart.

In kleinen ländlichen Schulhäusern ist noch bisweilen *Ofenheizung* anzutreffen, manchmal deswegen, weil sie von früher her besteht und die Mittel für den Einbau von Sammelheizung nicht zur Verfügung stehen oder weil Gemeindeholz, das sich in Öfen leichter als in Heizkesseln verfeuern läßt, als Brennstoff verwendet werden soll. In neuerer

Zeit gibt es allerdings auch Kessel für Holzfeuerung, die sich gut zu bewähren scheinen[1].

Bei Ofenheizung kann es sich um Kachel- oder eiserne Öfen handeln. Manchmal werden auch sog. *Lüftungsöfen* aufgestellt, die mit Kanälen versehen sind, denen von außen her Frischluft zuströmt. Sie erwärmt sich in den Öfen, steigt auf und tritt oben in die Räume aus. Die verbrauchte Raumluft entweicht durch Abluftöffnungen, die für den Winterbetrieb am besten in den unteren Raumteilen angebracht werden und mit über Dach oder in den unbenutzten Dachboden hinaufführenden Schächten in Verbindung stehen. Die Größe der auf diese Weise bewirkten Lufterneuerung ist von der Witterung (dem Temperaturunterschied zwischen innen und außen, der Windrichtung, Windstärke und andern Einflüssen) abhängig. Von Nachteil ist die meist ungenügende Reinigungsmöglichkeit der Luftwege.

Die *Hauswartwohnung* erhält, auch wenn das Gebäude mit Sammelheizung versehen ist, bisweilen doch einen oder mehrere Öfen, damit bei eingestelltem Schulbetrieb der Heizkessel nicht gefeuert zu werden braucht. Sind außer der Hauswartwohnung noch andere Räume ständig zu heizen und muß an Samstagnachmittagen und in den Ferien Warmwasser zu Reinigungszwecken bereitet werden, so ist es angezeigt, mindestens 2 Kessel aufzustellen und die Größe eines derselben so zu bemessen, daß die genannten Verbrauchsstellen von ihm aus mit Wärme versorgt werden können, ohne daß deswegen die übrige Anlage mit beheizt werden muß. Das hierfür in Frage kommende Leitungsnetz ist für Schwerkraftumlauf auszubilden, auch wenn es sich im übrigen um Pumpenheizung handelt. Liegt die Hauswartwohnung weit von den Kesseln entfernt, so versieht man sie bisweilen mit einer eigenen Sammelheizung unter Aufstellung des Kessels in der Wohnung selber bzw. im Wohnungskeller.

Man hat die Heizkörper der Hauswartwohnung auch schon besonders groß bemessen, damit genügend Heizwirkung besteht, selbst wenn die Schulhausheizung während der Winterferien sowie an Sonn- und Feiertagen mit niedrigeren Vorlauftemperaturen, als wie sie entsprechend den Außentemperaturen zur vollen Beheizung der Schulzimmer erforderlich wären, betrieben wird. Diese Lösung ist aber weniger zweckmäßig als die vorstehend genannten, weil die Wohnräume bisweilen auch während der Herbst- und Frühjahrsferien beheizt werden müssen, wenn für das übrige Schulhaus überhaupt kein Heizbedürfnis besteht, und außerdem weil dadurch während der Heizzeit, bei nicht ganz sorgfältiger Bedienung der Heizkörper, die Wohnräume überwärmt werden.

Hat der Hauswart die Kosten der Beheizung seiner Wohnung ganz oder teilweise selber zu tragen, wie das z. B. in Westdeutschland meist der Fall ist, so wird er der hohen Auslagen wegen in der Regel weder den Anschluß an die Schulheizung, noch die Erstellung einer besonderen Wohnungssammelheizung wünschen, sondern sich mit Öfen begnügen.

[1] Eigenmann, A., u. J. P. Wild: Holzfeuerungen für Zentralheizungen. Schweiz. Bl. Heizg. u. Lüftg. Bd. 4 (1937) S. 29/40.

In dem Fall ist für die Anordnung einer genügenden Zahl von Kaminen zu sorgen.

In frei stehenden *Turnhallen* trifft man, selbst wenn das Schulhaus mit Sammelheizung versehen ist, ebenfalls bisweilen Öfen an, weil die Halle dadurch benutzt werden kann, auch wenn das Schulhaus nicht beheizt wird und zudem Einfriergefahr ausgeschlossen ist. Das ist auch bei Niederdruckdampf- und Feuerluftheizung der Fall. Meist wird indessen Anschluß an die gemeinsame Warmwasser- oder Dampfheizung vorgesehen, insbesondere wenn die Turnhalle ans Hauptgebäude an- oder in dasselbe eingebaut ist[1].

Auf dem Lande werden die Turnhallen bisweilen auch als Versammlungs-, Vortrags- und Theatersäle benutzt. In dem Fall wird mit Vorteil *Luftheizung* mit Lüfterbetrieb angewendet, die rasches Aufheizen der Halle ermöglicht und auch zur Lüftung benutzt werden kann. Der Lufterhitzer läßt sich ebenfalls an die gemeinsame Kesselanlage anschließen. Lüftungsmöglichkeit ist besonders wertvoll, wenn die Fenster bei Lichtbildvorführungen infolge dicht schließender Verdunklungsvorrichtungen nicht geöffnet werden können. Bisweilen wird die Lösung auch so getroffen, daß zur dauernden Erwärmung der Halle auf beispielsweise 8° unmittelbar wirkende Heizkörper vorgesehen werden und die Luftheizung nur auf die Benutzungszeiten hin in Tätigkeit gesetzt wird. Auf diese Weise erreicht man bei größter Wirtschaftlichkeit rasche Aufheizmöglichkeit und eine angenehme Durchwärmung der Wände. Dasselbe gilt auch für große *Hör-, Sing- und Festsäle* (vgl. auch das unter Abschnitt C2 Gesagte).

Die für Unterrichtsgebäude geeignetste Sammelheizung ist die *Warmwasserheizung*. Handelt es sich um ausgedehnte Bauten, um die Mitbeheizung frei stehender Turnhallen und anderer Nebengebäude oder um auf gleicher Höhe mit dem Kesselraum gelegene Kellerräume, die Badezwecken, dem Handfertigkeitsunterricht usw. dienen sollen, so ist *Pumpenheizung* vorzusehen, sofern man eine unter Umständen recht teure Vertiefung des Kesselraumes vermeiden will.

Für große Schulen kann der Einbau von Wärmespeichern zur Verkürzung der Anheizzeit und zur Kleinhaltung der Kesselanlage gute Dienste leisten. Derartige Speicher sind mit Erfolg z. B. im sog. Bürgmannschulblock mit 100000 m^3 beheiztem Rauminhalt, in der großen Marie Reinders-Mädchenmittelschule und in mehreren größeren Verwaltungsgebäuden Dortmunds eingebaut worden.

Der geringeren Anlagekosten wegen läßt man sich bisweilen verleiten, *Niederdruckdampfheizung* anzuwenden. Dabei wird aber gewöhnlich übersehen, daß sie sich im Betrieb teurer als Warmwasserheizung stellt, weil die Schulzimmer leicht überheizt werden, die Leitungsverluste größer sind und die Dampf- gegenüber den Warmwasserkesseln mit niedrigeren Wirkungsgraden arbeiten. Wärmevergeudung infolge überheizter Räume kann zwar durch Anwendung selbsttätiger Temperatur-

[1] Gelegentlich kommen beachtliche Sonderfälle vor. Vgl. KAYSER: Die Verwertung der Erzeugungsstätten eines stillgelegten Gaswerks für die Turnhalle und eine Badeanstalt. Gesundh.-Ing. Bd. 49 (1926) S. 364/366.

regler vermieden werden, doch bedingen diese wieder erhebliche Mehrkosten, wodurch der Vorteil gegenüber Warmwasserheizung unter Umständen mehr als ausgeglichen wird. Und zudem erfordern solche Regler aufmerksame Wartung, wenn sie dauernd befriedigen sollen.

Außerdem empfiehlt sich Dampfheizung aus gesundheitlichen Gründen nicht. In Schulhäusern ist viel Staub vorhanden, der an den hocherhitzten Dampfheizflächen weit stärker verschwelt als an den Warmwasserheizkörpern, was zu unangenehmen und ungesunden Luftverhältnissen führt. Die oft laut werdenden Klagen der Lehrer über Unbehagen, Heiserkeit usw. während der Heizzeit sind bei Dampfheizung besonders berechtigt. Aber auch im Hinblick auf die Schüler ist an die Forderungen der Gesundheitslehre zu denken. Den in voller körperlicher und geistiger Entwicklung begriffenen jungen Menschen, die einen großen Teil der Tageszeit in den Schulräumen verbringen müssen, sollte nach bester Möglichkeit ein gesundes Innenklima geboten werden[1].

Ausnahmefälle bilden *Elektrowarmwasserheizungen*, wie sie in der Schweiz, z. B. in einigen Schulhäusern Aaraus[2], unter Verwendung großer Wasserwärmespeicher zur Ausnutzung von Nachtstrom, erstellt worden sind. Noch seltener ist *unmittelbar wirkende elektrische Heizung* mittels in den Schulräumen aufgestellter Heizöfen. Ein Beispiel hierfür ist das Schulhaus in Schuls im Engadin, wo die Gemeinde über ein eigenes, im Winter nicht voll ausgenutztes Elektrizitätswerk verfügt.

Gasheizung hat in Schulhäusern ebenfalls Eingang gefunden, und zwar sowohl unter Verwendung von in den Räumen aufgestellten Einzelgasheizöfen als in Form von gasbefeuerten Warmwasserheizungen. Einzelgasheizöfen werden hie und da auch neben Warmwasserheizung zu Aushilfszwecken in der Hauswartwohnung oder in ähnlichen Räumen aufgestellt. Der einwandfreien Ausführung der Abzugskamine (Einbau von Zugunterbrechern usw.) ist dabei größte Aufmerksamkeit zu schenken. Unter Umständen kann sich auch die Verbindung von Elektroheißwasserspeichern mit ölbefeuerten Kesseln oder von öl- bzw. gasbefeuerten mit Kokskesseln als zweckmäßig erweisen.

3. Heizkörper.

In den *Schul-* und *Lehrerzimmern*, *Sammlungen* usw. werden am besten leicht zu reinigende Heizkörper unter den Fenstern, oder den Außenwänden entlang Heizrohre angebracht. Die Regelventile sind mit Steckschlüsseln zu versehen, damit nur der Hauswart bzw. Heizer und vielleicht die Lehrer, keineswegs aber die Schüler, in der Lage sind, dieselben zu verstellen.

In *Baderäumen* ist der Anordnung der Heizkörper besondere Auf-

---

[1] Wenn bisweilen immer noch die Ansicht vertreten wird, daß sich Dampfheizung für Schulen besser eigne als Warmwasserheizung [vgl. z. B. O. SCHMIDT: Betriebskosten der Heizungs- und Lüftungsanlagen in zwei Schulgebäuden. Gesundh.-Ing. Bd. 61 (1938) S. 185/189], so dürfte es sich dabei um Ausnahmefälle handeln.

[2] Vgl. M. HOTTINGER u. A. IMHOF: Elektrische Raumheizung. Zürich: Fachschriftenverlag u. Buchdruckerei A.G. 1924.

merksamkeit zu schenken, weil hier Zugerscheinungen von kalten Fenstern und Wänden herunter unbedingt vermieden werden müssen. Liegen die betreffenden Räume, wie auch Handfertigkeits- und andere benutzte Kellerräume, auf gleicher Höhe mit der Kesselanlage, so ist, wie schon bemerkt, Pumpenheizung anzuordnen oder der Boden des Kesselraumes tiefer zu legen. Statt dessen können bei kleinen Verhältnissen, und daher Anordnung von Schwerkraftheizung, auch die Heizkörper etwa 1 m über Boden an den Wänden befestigt werden. Dabei erwärmen sich die untersten Raumteile allerdings weniger als die obern, weil der Umlauf der an den Heizkörpern hochsteigenden Luft nicht bis auf den Boden herunter reicht. Um dies zu bewirken, können vor den Heizkörpern Wände derart aufgestellt werden, daß die ihnen zuströmende Luft vom Boden her angesaugt wird.

In den *Turnhallen* werden die Heizkörper meist ebenfalls unter den Fenstern aufgestellt.

Verdunstungsschalen zur Befeuchtung der Luft haben in Schulhäusern (namentlich bei Warmwasserheizung) keinen Zweck. Zahlreiche Messungen haben ergeben, daß die Luft in den Schulzimmern reichlich feucht ist. Es wurde auch bereits erwähnt, daß die von den Lehrern laut werdenden Klagen über Trockenheit meist auf die Wirkungen des an den Heizflächen versengenden Staubes und nicht auf zu trockene Luft zurückzuführen sind.

Fußbodenheizung ist bei Schulhäusern, der starken Verschmutzung der Fußböden wegen, nicht zu empfehlen. *Deckenheizung* kommt eher in Frage, namentlich wenn sie gleichzeitig als schwache Fußbodenheizung wirkt, so daß die Böden, ohne stark erwärmt zu werden, doch nicht fußkalt sind. In Erdgeschoßräumen wird außer Deckenheizung daher oft gleichzeitig, insbesondere den Außenwänden entlang, auch eine schwach wirkende Fußbodenheizung eingebaut. In Verbindung mit dem Heizamt der Stadt Zürich habe ich im Winter 1938/39 in zwei fast genau gleich erstellten Schulgebäuden, von denen das eine mit Decken-, das andere mit Heizkörperheizung versehen ist, Vergleichsversuche durchgeführt. Die Ergebnisse sind in den Schweiz. Bl. f. Heizg. u. Lüftg. Bd. 6 (1939), H. 2, S. 34/44 u. H. 3, S. 55/67 veröffentlicht. Die Anlagskosten sind bei Deckenheizung höher als bei Heizkörperheizung, der Brennstoffverbrauch dürfte dagegen meist etwas kleiner sein, ferner sind die Luftverhältnisse bei Deckenheizung angenehmer. Im übrigen haben sich keine nennenswerten Unterschiede ergeben.

In Schulen sind auch schon Flächenheizkörper an den Decken und Seitenwänden angebracht worden, so z. B. in den Klassenräumen und der Aula der für 1000 Kinder bestimmten Halbfreiluftschule Northumberland Heath Senior School in *Erith*[1] unter Verwendung der flachen Rayrad-Heizkörper. Sie reichen fast vom Boden bis zur Decke und erwecken das Aussehen von flachen Pfeilern. Die 4 Garderoberäume sind mit heizbaren Kleiderstangen aus verzinkten Rohren versehen.

[1] Evans, F.: Neuzeitliche Zentralheizungsanlage einer Schule. Engng. & Boiler House Rev. Bd. 47 (1934) S. 588, 590 u. 592. Kurzer Bericht im Gesundh.-Ing. Bd. 57 (1934) S. 690.

Weiter sind Flachheizkörper auch schon an den Decken der Krankenzimmer von Krankenhäusern angeordnet worden, so z. B. im Tuberkulosesanatorium Paimiona in Finnland[1].

4. Gruppenunterteilung und Kesselanlage.

An Gruppen werden in Schulhäusern etwa vorgesehen:

I. Schulzimmer, unterteilt in Untergruppen nach Himmelsrichtungen, so daß z. B. die ganze Südfront des Gebäudes bei Sonnenschein abgestellt oder mit niedrigerer Temperatur betrieben werden kann.

II. Korridore und Aborte, die in den Übergangszeiten, bis ziemlich tief in den Winter hinein, unbeheizt bleiben können.

III. Hauswartwohnung, die auch in den Winter- und nötigenfalls den Frühjahrsferien sowie an Sonntagen, wenn das übrige Gebäude nicht geheizt zu werden braucht, Heizung erfordert.

IV. Warmwasserbereitung für Bade- und Reinigungszwecke.

V. Bade- und Ankleideräume, die nur zeitweise gebraucht werden (unter Umständen mit Gruppe IV verbunden).

VI. Turnhalle, namentlich wenn sie auch außer der Schulzeit, abends, sonntags und während der Schulferien, sei es als Turn-, Versammlungs-, Vortrags- oder Festsaal, gebraucht wird.

VII. Räume im Unterrichtsgebäude, die außerhalb der gewöhnlichen Schulzeit benutzt werden, z. B. Handfertigkeitslokale, Schulküchen usw.

VIII. Säle, die nur bei festlichen Anlässen benutzt werden.

Die Kesselanlagen sind gleich auszuführen wie in andern, ähnlichen Gebäuden, so daß hierüber nicht viel zu sagen ist. Erwähnt sei nur, daß bei Verwendung gußeiserner Gliederkessel auf eine zweckmäßige Unterteilung der Kesselanlage zur Bereitstellung der notwendigen Reserve bei Ausfall eines Kessels zu achten ist (vgl. hierzu die Richtlinien des Betriebsausschusses des Vereins Deutscher Heizungsingenieure [VDHI], veröffentlicht in der Dezembernummer 1937 der Zeitschrift Heizg. u. Lüftg.).

In Hochschulen (besonders technischen) werden bisweilen Kraftwerke zur Erzeugung der benötigten Energie erstellt, die außerdem zu Lehr- und Versuchszwecken dienen und deren Abwärme zu Heiz- und Warmwasserbereitungszwecken verwendet wird. Das bedingt selbstverständlich entsprechend große Hochdruckkessel. Daraus können umfangreiche Anlagen entstehen, die nicht nur den verschiedenen Hochschulgebäuden dienen, sondern zu eigentlichen Fern- und Stadtheizwerken werden. Stromüberschuß wird in solchen Fällen gewöhnlich ins städtische Netz geliefert[2]. Da diese Werke in der Regel inmitten

[1] Roth, A.: Die Paneel- oder Deckenheizung. Schweiz. Bauztg. 1933 S. 153/157.

[2] Josse, E.: Das Kraft- und Heizwerk bei der Technischen Hochschule Berlin-Charlottenburg. Beilage „Kraft und Stoff“ der Deutschen Allgemeinen Zeitung vom 8. Februar 1925. Kurze Notiz im Gesundh.-Ing. Bd. 48 (1925) S. 187 — Ein neues Heizkraftwerk in Danzig. Gesundh.-Ing. Bd. 49 (1926) S. 170. — Kuhberg: Das Kraftfernheizwerk der Techn. Hochschule Berlin. Zbl. Bauverw. 1926 S. 217 bis 221. Notiz im Gesundh.-Ing. Bd. 49 (1926) S. 352. — Ruegg, F.: Bau und Betrieb des Fernheizkraftwerkes der Eidgen. Techn. Hochschule Zürich. Gesundh.-Ing. Bd. 57 (1934) Heft 26 S. 317/322 u. Heft 27 S. 330/333 — Die Heißwasserübertragungsanlage des Fernheizkraftwerkes in Zürich für die Wärmebelieferung von Großabnehmern. Gesundh.-Ing. Bd. 58 (1935) S. 729/736.

der Städte liegen, sind besondere Vorkehrungen zu treffen, um die Nachbarschaft gegen Rauch- und Kohlenstaubbelästigung zu schützen[1].

B. Warmwasserversorgung.

In neuzeitlichen Schulhäusern wird gewöhnlich Warmwasserbereitung für Bade- und Reinigungszwecke vorgesehen.

Die in den verschiedenen Stockwerken, meist in den Aborten, angebrachten Zapfstellen erhalten in der Regel Abschließungen mit Steckschlüsseln, damit sie nur vom Hauswart bzw. dem Reinigungspersonal bedient werden können. Außerdem sind Warmwasserzuleitungen nach dem Bad und einer unter Umständen vorhandenen Schulküche vorzusehen, während ein Anschluß der Hauswartwohnung nur geringen Wert hat, weil die Warmwasserversorgung doch nur an den Bade- und Reinigungstagen im Betrieb steht. Umlaufleitungen sind in Schulhäusern nicht erforderlich.

Die *Schulbäder* werden meist als Fuß- und Brausebäder ausgebildet. Dabei soll auch eine Einzelbrause benutzt werden können, ohne daß deswegen die ganze Brausenreihe mitlaufen muß. Ferner sind, wenn die Verhältnisse dies wünschbar erscheinen lassen, Wannenbäder vorzusehen (für die Familie des Hauswartes; in Seminarien, Kollegien und Lyzeen mit Internaten auch für die Schüler).

Zur Einstellung der gewünschten Wassertemperatur für die Brausen ist eine Mischbatterie (zur Mischung von heißem und kaltem Wasser) mit Thermometer anzubringen. Verteiler und Mischbatterie werden zweckmäßig unmittelbar im Baderaum angeordnet, und zwar möglichst so, daß sowohl der Baderaum wie auch die Umkleideräume von der betreffenden Stelle aus überblickt werden können.

Die Warmwasserbehälter und ihre Heizflächen sind so reichlich zu bemessen, daß sie den Spitzenanforderungen genügen. Angaben über den Wasserverbrauch, ferner ein Beispiel für die Berechnung der erforderlichen Behälter- und Kesselheizflächen sind in meinem Buche: Heizung und Lüftung, Verlag R. Oldenbourg, München und Berlin, Auflage 1926, S. 226/230 zu finden.

Die Badewassertemperatur soll bei Brausebädern im Winter 30 bis 40°, im Sommer 25—30° C betragen. Für Reinigungszwecke muß das Wasser, wie in Wohnhäusern, mit mindestens 40—45° zur Verfügung stehen.

Schrifttum.

Heepke, W.: Warmwasser, Erzeugung und Verteilung. München u. Berlin: R. Oldenbourg.

Kämper, H.: Schulbrausebadanlagen der Stadtverwaltung Dortmund. Gesundh.-Ing. Bd. 60 (1937) S. 357/362.

---

[1] Bauer, B., u. F. Ruegg: Die meßtechnische Erfassung und die Abscheidung der Flugstaubmengen im Rauchgasabzug des Fernheizkraftwerkes der Eidgen. Techn. Hochschule in Zürich. Gesundh.-Ing. Bd. 59 (1936) Heft 50 S. 729/734 u. Heft 51 S. 747/753. — Ruegg, F.: Kohlenförderanlage für das Fernheizwerk der Eidgen. Techn. Hochschule Zürich. Z. VDI Bd. 78 (1934) S. 422/423.

C. Lüftung.

1. Schulzimmer.

Ist der Luftraum der Schulzimmer im Verhältnis zur Besetzung reichlich groß, und werden die Kinder von den Lehrern und Eltern zur Reinlichkeit angehalten (und zwar nicht nur hinsichtlich des Körpers, sondern auch der Kleider und Leibwäsche, worauf die Schulbäder erfahrungsgemäß von günstigem Einfluß sind), so genügt meist das Öffnen der Fenster in den Pausen, nötigenfalls unterstützt durch eine mäßige Fensterlüftung während des Unterrichtes. Gut ist dabei die Verwendung von Glasjalousien, Klappflügeln usw., die so gebaut sind, daß die Rauminsassen von der einströmenden Luft nicht unmittelbar getroffen werden. Trotzdem sollten sich keine Sitzplätze dicht neben diesen Stellen befinden. Besonders zu empfehlen sind Anordnungen nach Abb. 36. Keinesfalls dürfen während des Unterrichtes die Fenster bei nassem, kaltem und windigem Wetter rücksichtslos geöffnet werden, weil dabei die einströmende kalte Luft nicht nur in unmittelbarer Nähe Zugerscheinungen hervorruft, sondern sich über den ganzen Boden ergießt, so daß die Füße der Insassen frieren. Das trifft auch bei Deckenheizung zu. Die Lehrer, die sich Bewegung machen und gewöhnlich weniger empfindlich gegen Erkältungen sind als die Kinder, sind diesen Einflüssen natürlich in vermindertem Maße ausgesetzt.

Die Bestrebungen, die Lüftung zu steigern und gleichzeitig die unangenehmen Erscheinungen zu beseitigen, sind zahlreich. Z. B. werden vielfach nach dem Dachboden hinaufführende Abluftkanäle erstellt, deren Wirkung, je nach den Temperaturverhältnissen, aber sehr ungleich ist. Zudem erzeugen sie in den Räumen im Winter Unterdruck und daher in vermehrtem Maße Zugerscheinungen. Durch die schon unter Abschnitt A 2 erwähnten, bei einfachen Verhältnissen etwa verwendeten Lüftungsöfen, welche gestatten, die Luft vorgewärmt in die Räume eintreten zu lassen, kann dem begegnet werden. Das ist jedoch eine recht dürftige Einrichtung. Bei Sammelheizung sind früher oft hinter einzelnen der Fensternischenheizkörper unmittelbar ins Freie führende, mit Gittern und Klappen versehene Öffnungen in den Mauern erstellt worden, was sich indessen der Schallübertragung sowie des Eindringens von Staub und Insekten wegen nicht bewährt hat. Außerdem sind solche Heizkörper, wenn es sich um Warmwasserheizung handelt, in hohem Maße der Einfriergefahr ausgesetzt. Auch erwärmt sich die Luft, namentlich bei Windanfall, beim Durchströmen der Heizkörper oft ungenügend, so daß trotzdem Zugerscheinungen auftreten und sich die Raumluft über dem Boden stark abkühlt. Um dies zu vermeiden, können Heizkörperverkleidungen angebracht werden, welche die Luft nötigen, am Heizkörper hochzusteigen, sich dabei richtig zu erwärmen und oben auszuströmen. Ebenso ist bei den Anordnungen nach Abb. 36 die Gefahr der Zugbelästigung geringer. Zudem wird hierbei nicht nur der Zuluft, sondern auch der Abluft der Weg gewiesen. Seit längerer Zeit werden in Amerika in Schulen auch die sog. „Unit Vents“ verwendet. Sie bestehen aus einem in die Fensternische eingebauten Kasten mit Lufterhitzer und Lüfter, der die Luft von außen her über ein Filter ansaugt und vorgewärmt lotrecht nach oben ausbläst, so daß die Rauminsassen vom Luftstrom nicht getroffen werden. Diese Geräte haben die Vorteile, daß eine genügende Lüftung gesichert ist, lange Kanäle gespart werden können und jeder Raum nach Belieben für sich lüftbar ist. In den Vereinigten Staaten sollen sie außer in Schulen auch in Hochhäusern große Verbreitung gefunden haben, weil es dort so gut wie ausgeschlossen ist, Lüftungsanlagen mit Luftkanälen zu erstellen.

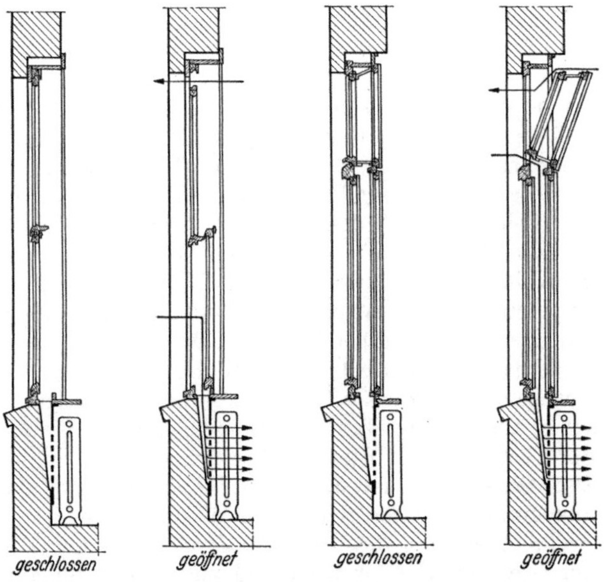

Abb. 36. Stumpf O-S Sonderfenster. (Entnommen aus W. Wietefeldt: Die Be- und Entlüftung des Normalarbeitsraumes. Berlin: Julius Springer 1937.)

Auch in Europa werden sie bei einfachen Verhältnissen, namentlich in bestehenden Gebäuden, bisweilen zur Anwendung gebracht, in Schulhäusern ist dies meines Wissens bis jetzt jedoch nicht der Fall.

Zu beachten ist, daß die Frischluft bei allen Lüftungseinrichtungen auf Raumtemperatur anzuwärmen ist. Geschieht dies nicht durch besondere Lufterhitzer oder Heizkörper *vor* ihrem Eintritt, so erfolgt die Anwärmung nachträglich im Raum selber, allerdings oft erst nachdem die Luft belästigende Zugerscheinungen hervorgerufen hat. Gespart kann dadurch nicht viel werden, denn im letztgenannten Fall sind die Raumheizkörper und Rohrleitungen entsprechend größer zu bemessen, damit sie in der Lage sind, den Mehrbedarf an Wärme zu decken.

Wünscht man Lüftung mit Lüfterbetrieb zur Anwendung zu bringen, so ist es angezeigt, durch einen meist im Keller untergebrachten Lüfter den Schulzimmern auf etwa 20° erwärmte, nötigenfalls gereinigte Frischluft zuzuführen. Die stündliche Frischluftmenge hat etwa zu betragen: für Schüler im Alter bis zu 10 Jahren 15 m^3, für ältere 20 m^3/h bzw. das 2—3fache des Rauminhaltes.

Dabei ist es zur Erzielung eines kleinen Überdruckes, der dem Einströmen kalter Außenluft entgegenwirkt, zweckmäßig, die Abluftschächte im Querschnitt nur $^1/_3$—$^1/_2$ so groß zu machen wie die Zuluftkanäle. Abluftlüfter sind nicht erforderlich. Die Zuluftöffnungen werden gewöhnlich unter der Decke, die Abluftöffnungen über Boden angeordnet. Die Abluftschächte sind im Dachboden durch einen über Dach führenden feuersicheren Sammelkanal zusammenzufassen. Läßt man sie frei ausmünden, so soll das nicht am Boden, sondern etwa 50 cm darüber geschehen. An einzelnen Orten bestehen feuerpolizeiliche Vorschriften, daß solche Kanäle durch von unten her bedienbare Klappen abschließbar sein müssen, weil bei offenem Ausmünden die Gefahr der Feuerübertragung von unten auf den Dachstuhl besteht.

Nicht zu empfehlen ist das gänzliche Weglassen von Abluftschächten, weil es dabei der Abluft überlassen ist, sich ihren Weg durch die Umfassungswände selber zu suchen. Die Lüftung ist dabei meist ungenügend, sofern während der Pausen die Fenster nicht geöffnet werden, was bei einer vollwertigen Lüftungsanlage nicht erforderlich sein sollte. Allerdings weist diese Bauart größere Wirtschaftlichkeit auf, weil die Wärme der Abluft zur Hauptsache den Mauern, durch deren Poren sie abströmt, den Korridoren, und bei Winterfenstern den Hohlräumen zwischen den Fenstern, zugute kommt. Das Durchströmen der Umfassungswände hat aber den Nachteil, daß die in der Abluft enthaltenen Verunreinigungen und Riechstoffe die Mauern durchsetzen, weshalb sich mit der Zeit unangenehme Geruchbildungen bemerkbar machen. Auch die Korridore erhalten auf diese Weise verbrauchte Schulzimmerluft. Eine gewisse Steigerung der Lufterneuerung läßt sich herbeiführen, wenn von den Zimmern S-förmige Maueröffnungen nach den Korridoren erstellt werden, wodurch die Luftverhältnisse in den letzteren aber noch stärker beeinträchtigt werden und zudem der Schallübertragung Tür und Tor geöffnet ist. Wenn schon eine Lüftungsanlage vorgesehen wird, so sollte daher von sachgemäß erstellten Abluftschächten nicht Abstand genommen werden.

In stark verrauchten und vergasten Industriestadtbezirken oder an Orten mit großem Straßenlärm empfiehlt es sich, Schulen mit nicht zu öffnenden Fenstern, dafür unter Verwendung von Klimaanlagen zu erstellen. Hindernd steht dem nur der Kostenpunkt entgegen, im übrigen lassen sich dadurch sehr angenehme Verhältnisse erzielen.

2. Hör-, Sing- und Festsäle.

Sollen große Hör-, Sing- und Festsäle mit Lüftungsanlagen versehen werden, so ist sowohl eine Zu- als eine Abluftanlage zu erstellen. Die Zuluft wird zweckmäßig oben in die Räume eingeblasen. Ob die Abluftöffnungen am besten oben, unten oder oben und unten bzw. bei ansteigendem Boden in den lotrechten Teilen der Stufen angebracht werden, ist von Fall zu Fall zu untersuchen.

In Abb. 37 ist beispielsweise die Lüftungsanlage im neuen Teil des Physikgebäudes der E. T. H. in Zürich dargestellt. Die von außen entnommene Luft wird gefiltert, im Winter erwärmt und befeuchtet, im Sommer gekühlt und von einem Lüfter durch Kanäle und Anemostaten von oben her in den eingebauten, d. h. fensterlosen Hörsaal eingeblasen. Ein anderer Zuluftkanal führt nach dem Hochspannungs-

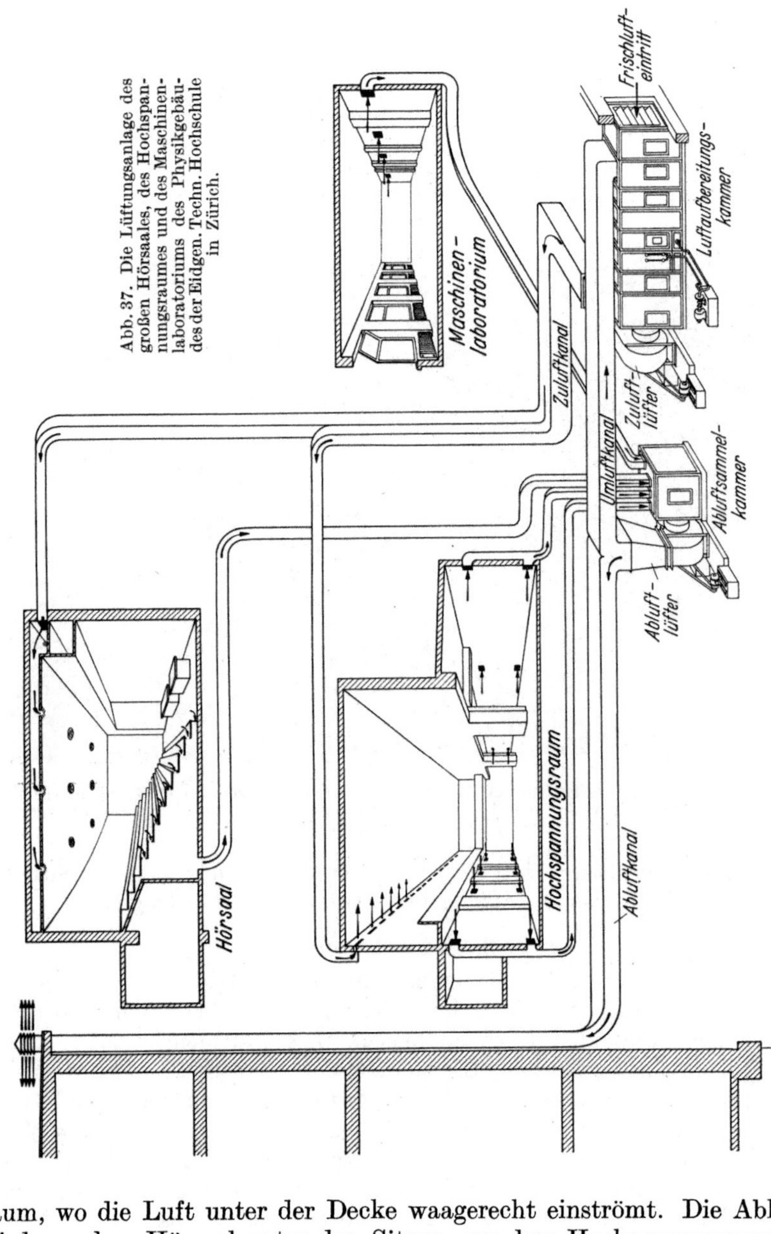

Abb. 37. Die Lüftungsanlage des großen Hörsaales, des Hochspannungsraumes und des Maschinenlaboratoriums des Physikgebäudes der Eidgen. Techn. Hochschule in Zürich.

raum, wo die Luft unter der Decke waagerecht einströmt. Die Abluft wird aus dem Hörsaal unter den Sitzen, aus dem Hochspannungsraum durch oben und unten in den Wänden und aus dem Maschinenlaboratorium durch in halber Höhe an der Innenwand angebrachte Öffnungen nach einer Abluftsammelkammer abgesaugt und von da mittels eines Lüfters über Dach bzw. zum Teil als Umluft zur Luftaufweitungskammer zurückgeblasen. Abb. 38 zeigt, wie die Anemostaten in unauffälliger Weise rings um die Deckenlampen angeordnet sind. Sie gestatten auch *kühle* Luft einzublasen, ohne daß Zugerscheinungen auftreten, was bei gewöhnlichen Deckenöffnungen ausgeschlossen wäre. Dadurch lassen sich auch bei vollbesetztem Saal angenehme Luftzustände erreichen.

Werden nur hie und da gebrauchte Säle mit Luftheizung (bzw. teilweise mit Heizkörper-, teilweise mit Luftheizung) versehen, so lassen sich Luftheizung und Lüftung in einfachster Weise miteinander verbinden.

Abb. 38. Der große, fensterlose Hörsaal des Physikgebäudes der Eidgen. Techn. Hochschule in Zürich. Die aufbereitete Zuluft wird durch die um die Decklampen angeordneten Anemostaten eingeblasen, die Abluft unter den Sitzen abgesaugt.

Für solche Räume soll die stündliche Frischluftmenge je Sitzplatz 20—30 m^3 bzw. das 3—5fache des Rauminhaltes betragen.

3. Schulküchen.

Stark benutzte Schulküchen sind in gleicher Weise zu lüften wie die Küchen von Gaststätten, d. h. es ist möglichst über dem Herd Luft abzusaugen und über Dach zu blasen. Die Luftmenge muß von Fall zu Fall bestimmt werden. Sie richtet sich nach der Feuerungsart des Herdes sowie nach der Belastung, Raumgröße und Lage der Küche. Bei Schulküchen genügt es in der Regel, wenn die abgesaugte Menge das 15—20fache des Rauminhaltes beträgt, Zuluftanlagen mit Lüfterbetrieb sind nicht erforderlich, dagegen ist es angezeigt, Einströmmöglichkeit vorgewärmter Frischluft vorzusehen, sei es aus den Nebenräumen, indem in den Türen unten über die ganze Breite Schlitze von einigen Zentimetern Höhe offen gelassen bzw. Gitter in die unteren

Türfüllungen eingesetzt werden oder aus dem Freien, indem man hinter vorhandenen Fensternischenheizkörpern Öffnungen mit Gittern und Klappen in den Mauern anbringt. Dabei sind die Heizkörper, wie schon erwähnt, so zu verkleiden, daß die einströmende Luft gezwungen ist, sie richtig zu bestreichen und sich dabei zu erwärmen. Befindet sich der Luftaustritt oben, so werden daselbst mit Vorteil Gitter in schiefer Lage angebracht, so daß die Öffnungen nicht mit Tellern, Schüsseln usw. verstellt werden können. Die Frischluft ungewärmt durch geöffnete Fenster, Klappflügel usw. einströmen zu lassen, ist der dabei auftretenden Zugerscheinungen und Nebelbildungen wegen nicht zweckmäßig. Wird die Luft von den Nebenräumen her angesaugt, so sind daselbst die Heizflächen entsprechend reichlich vorzusehen. Selbstverständlich darf der in den Küchen erzeugte Unterdruck nicht so groß sein, daß durch die Abzugsrohre der Herde Luft heruntergesaugt wird und die Verbrennungsgase dadurch, statt richtig abzuziehen, in die Küche austreten. Werden bei Gasherden die Verbrennungsgase nicht unmittelbar ins Freie geleitet, sondern in die Küche austreten gelassen, so sind sie wenigstens nach bester Möglichkeit bis in die Nähe der Absaugstellen der Abluftanlage zu leiten.

Auf die leichte Reinigungsmöglichkeit der Abluftkanäle ist bei Küchenlüftungen ganz besonders zu achten, weil die abströmende Luft erfahrungsgemäß fettige Ablagerungen hinterläßt. Aus diesem Grunde müssen sie auch feuersicher erstellt werden. Die waagerechten Teilstücke werden mit Vorteil so ausgebildet und befestigt, daß sie leicht heruntergenommen und im Freien gereinigt werden können. Ferner ist wasserdichte Ausführung empfehlenswert, weil sonst Durchfeuchtungen der Kanalwände vorkommen können[1].

4. Schulbäder und Umkleideräume.

Zur Lüftung der Schulbäder kann Luft aus den Baderäumen abgesaugt werden, wobei es angezeigt ist, die Zuluft aus den danebenliegenden Umkleideräumen zuströmen zu lassen und dadurch gleichzeitig auch diese mit zu lüften. Ihnen kann die Zuluft meist von den warmen Korridoren her zugeleitet werden. Der Mehrbedarf an Wärme zufolge der Lüftung ist natürlich auch in diesen Fällen durch entsprechend große Bemessung der Heizkörper zu decken. Daß in den Baderäumen auf die Vermeidung von Zugerscheinungen ganz besonders zu achten ist, wurde bereits erwähnt. Die Abluftöffnungen sind im oberen Teil der Räume anzubringen und die feuchte Abluft ist unmittelbar über Dach, keinesfalls in den Dachboden, auszublasen. Die stündlich abgesaugte Luftmenge soll etwa das 10fache des Rauminhaltes betragen.

5. Aborte.

Zur Lüftung der Aborte begnügt man sich vielfach mit Fensterlüftung. Besser ist es, wenn über Dach führende, nötigenfalls mit Lüftern versehene Abluftschächte vorgesehen werden. Bei großen

[1] Vgl. auch die VDI-Richtlinien zur Lüftung von großen Küchen, VDI-Verlag G. m. b. H., Berlin NW 7, 1939.

Gebäuden faßt man sie oft im Dachboden in Sammelkanälen zusammen und bringt die Lüfter an diesen an. Die Zuluft kann den Aborten durch Öffnungen in den unteren Türhälften von den Vorräumen her zugeführt werden. Bei Lüftung mit Lüfterbetrieb hat die stündlich abgesaugte Luftmenge je nach den Ansprüchen das 5—10fache des Rauminhaltes zu betragen.

6. Laboratorien.

Laboratorien (z. B. chemische in Hoch- und Mittelschulen) sind in gleicher Weise wie die Aborte zu lüften, wobei es jedoch angezeigt ist, vorgewärmte Zuluft in die betreffenden Räume einzuführen. Ob dies durch Einsaugen der Luft durch mit Heizkörpern versehene Kanäle geschehen kann, oder ob dazu Lüfter mit Lufterhitzern erforderlich sind, muß von Fall zu Fall entschieden werden. Die Größe der stündlichen Lufterneuerung hat sich nach dem Zweck, dem das Laboratorium dient, zu richten. Bisweilen kommt man mit dem 5fachen des Rauminhaltes aus, während bei chemischen Laboratorien die Menge auf das 10- und noch mehrfache zu steigern ist.

Wichtig ist, daß aus den Kapellen der chemischen Laboratorien kräftig Luft abgesaugt wird; unter Umständen kann dadurch sogar die Lüftung der Laboratoriumsräume selber bewirkt werden, indem man die Schiebefenster der Kapellen unten nur bis auf etwa 5 cm schließbar macht. Keinesfalls darf in den Laboratorien durch Absaugen von Luft ein größerer Unterdruck erzeugt werden als in den Kapellen, weil sonst beim Öffnen der Schiebetüren Gase und Dämpfe austreten. In älteren Chemiegebäuden sind zwar immer noch bisweilen nur Abluftschächte vorhanden, an deren unteren Enden zur Erhöhung des Luftauftriebes Gasflammen entzündet werden. Diese Einrichtung ist aber wenig wirksam und zudem teuer im Betrieb. Die Verwendung von Lüftern ist daher auch für diesen Fall vorzuziehen, wobei aber sowohl die Lüfter als die Kanäle aus säurefesten Stoffen bestehen müssen. Schwefelwasserstoffkapellen sind besonders wirksam zu lüften. Bisweilen werden sie ins Freie verlegt.

Ist es angezeigt, daß bei derartigen Abluftanlagen, selbst bei abgestellten Lüftern, eine merkliche Luftabströmung stattfindet oder umgekehrt, daß dieselbe ganz unterbunden wird, so sind durch Gewichte ausgeglichene, selbsttätig wirkende Klappen, im ersten Fall in einen Umführungskanal, im zweiten in den Druckstutzen der Lüfter, derart einzusetzen, daß sie sich beim Abstellen der Lüfter selbsttätig öffnen bzw. schließen.

Schrifttum.

Schmidt, O.: Lüftung der Städtischen Schulhäuser in Berlin-Charlottenburg. Gesundh.-Ing. Bd. 52 (1929) Heft 33 S. 581/583 u. Heft 34 S. 595/600.

Wahl, L.: Lüftung der Dresdener Schulen. Gesundh.-Ing. Bd. 52 (1929) S. 673/678.

Mangold, H.: Die Heizungs- und Lüftungsanlagen im Hause der Technik und im Neubau der Städtischen Sparkasse zu Essen. Gesundh.-Ing. Bd. 53 (1930) S. 616/618.

Eberle-Raiss: Die Heizung von Schulgebäuden. 29. Beiheft zum Gesundh.-Ing., Reihe I, 1931.

Reif: Schullüftungsanlagen. 30. Beiheft zum Gesundh.-Ing., Reihe I, 1931.

Graf, R.: Die Heizungs- und Lüftungsanlage der städt. Technischen Lehranstalt und der städt. Handelsakademie in Bodenbach. Gesundh.-Ing. Bd. 57 (1934) S. 441/445.
Handels-Hochschule Königsberg i. Pr. Zbl. Bauverw. Bd. 55 (1935) S. 1/10. Kurzer Bericht im Gesundh.-Ing. Bd. 58 (1935) S. 330.
Physikalisch-Chemisches und Zoologisches Institut der Universität München. Zbl. Bauverw. Bd. 55 (1935) S. 341. Kurzer Bericht im Gesundh.-Ing. Bd. 58 (1935) S. 487.
Sagebiel: Die Heizungs- und Lüftungsanlagen des neuen Universitätsgebäudes in Köln. Gesundh.-Ing. Bd. 58 (1935) S. 521/526.
Die Luftaufbereitungsanlage im „Haus der Chemie“ in Paris. Chauff. et Vent. Bd. 12 (1935) S. 118. Kurzer Bericht im Gesundh.-Ing. Bd. 58 (1935) S. 546.
Rendschmidt: Neue Großstadtschulen. Zbl. Bauverw. Bd. 55 (1935) S. 393. Kurzer Bericht im Gesundh.-Ing. Bd. 58 (1935) S. 560.
Kussmann, A.: Die Heizungs-, Lüftungs- und sonstigen technischen Anlagen der Horst-Wessel-Schule (Knabenberufsschule) Dresden und ihre Bedeutung für den Anschauungsunterricht. Gesundh.-Ing. Bd. 58 (1935) S. 633/637.
Derigs, F.: Vereinigte Pumpenwarmwasser- und Luftheizung für Hörsäle. Heizung und Lüftung beim Neubau des Münchener Zoologischen und botanischen Universitäts-Institutes. Gesundh.-Ing. Bd. 58 (1935) S. 773/779.
Petersen: Die Heizungs- und Lüftungsanlage der Hochschule für Lehrerbildung. Gesundh.-Ing. Bd. 59 (1936) S. 113/118.
Daiber: Die Heizungs- und Lüftungsanlage des Universitätsgebäudes in Tübingen. Gesundh.-Ing. Bd. 59 (1936) S. 145/148.
Schmidt, O.: Heizung und Lüftung in Schulen. Gesundh.-Ing. Bd. 59 (1936) S. 325/331.
Lommel, A.: Das Heiz- und Kraftwerk der Würzburger Universitäts-Kliniken. Gesundh.-Ing. Bd. 59 (1936) S. 425/429.
Mensing, P.: Die gesundheitlichen Anlagen der Ordensburg Vogelsang. Gesundh.-Ing. Bd. 60 (1937) S. 299/300.
Kussmann, A.: Betriebserfahrungen mit einer Gas-Einzelofenheizanlage in einer Dresdener Volksschule. Gesundh.-Ing. Bd. 60 (1937) S. 637/639.

V. Die Beheizung und Lüftung von Kirchen.

Von **M. Hottinger.**

A. Heizung.

1. Raumtemperaturen in Grad Celsius.

In *dauernd* beheizten Kirchen begnügt man sich zur Erzielung kleiner Betriebskosten meist mit z. B. 8° Raumtemperatur und steigert sie nur auf die Gottesdienste hin auf etwa 12°.

In *nicht dauernd* beheizten Kirchen kommen zur Anwendung:

Bei Fußbankheizung und außerdem Heizkörpern unter den Fenstern zur Abhaltung von Zugerscheinungen 12—15°.

Bei Öfen und verteilt im Raum aufgestellten Heizkörpern sowie bei Luftheizung 16—18°.

Sollen nicht dauernd beheizte Kirchen außer für die sonntäglichen Gottesdienste auch zu Proben, Konzerten und Vorträgen während der Woche dienen, so sind Temperaturen von 16—18° erforderlich, schon deswegen, weil die Vortragenden in der Regel die Überkleider ablegen.

Häufig benutzte Kirchen, Kapellen und religiösen Zwecken dienende Versammlungssäle werden bisweilen durch ständig im Betrieb gehaltene Warmwasserheizkörper dauernd auf z. B. 8° temperiert und vor Benutzung unter Anwendung höherer Vorlauftemperaturen des Heizwassers, durch das Einschalten weiterer Heizkörper oder durch die Inbetriebnahme einer Luftheizung auf 16—18° hochgeheizt.

Ebenso wichtig wie die Innehaltung bestimmter Raumtemperaturen sind die Umstände, daß die Besucher warme Füße haben und keine Zugerscheinungen von den Fenstern, Decken und Pfeilern herunter sowie durch die Eingänge auftreten. Dem Verlangen nach warmen Füßen entspricht in besonderem Maße Fußbankheizung, ebenso ist es zweckmäßig, wenn die Steinfußböden unter den Bänken mit Holzbelägen versehen werden.

2. Heizart.

Es besteht kaum eine Heizart, die in Kirchen nicht schon zur Anwendung gekommen wäre. In jedem besondern Fall sind aber sorgfältige Überlegungen erforderlich, wenn man in baulicher, heiztechnischer und wirtschaftlicher Beziehung die geeignetste Lösung zur Ausführung bringen will. Für Stadtkirchen werden sowohl hinsichtlich der innezuhaltenden Raumtemperatur als der zu wählenden Heizart gewöhnlich höhere Anforderungen gestellt als für Landkirchen. Immerhin darf man sich auch bei diesen nicht durch anfänglich bescheidene Forderungen der Gemeindeglieder verleiten lassen, allzu knappe oder im Betrieb zu teure Heizanlagen zu erstellen. Wenn von einer Landgemeinde Geld für die Beheizung der Kirche ausgegeben wird, so lehrt die Erfahrung, daß später eine für ländliche Verhältnisse genügend warme Kirche und ein nicht zu teurer Betrieb verlangt werden.

Weiter kommt es darauf an, ob es sich um dauernd oder um selten und nur für kurze Zeit zu heizende Kirchen, ferner um Neu- oder bestehende Bauten handelt. Auch ist zu beachten, ob das Kircheninnere Saalform oder verwickelte Grundrißgestaltung mit Seitenschiffen, Emporen usw. aufweist, und ob die Kirche klein, groß, niedrig, hoch, in massivem Mauerwerk mit gut abgedichteter Decke oder aber für Wärme und Luft leicht durchlässig gebaut ist. Weiter spielt eine Rolle, ob sie feste oder lose Bestuhlung aufweist, unterkellert ist, wie sich die baulichen Verhältnisse hinsichtlich Kesselraum, Schornstein usw. gestalten, ferner wie die Kohlen-, Elektrizitäts-, Gas- und vielleicht auch die Holzpreise an dem betreffenden Orte sich zueinander verhalten und, wenn elektrische Heizung in Frage kommt, ob die elektrischen Leitungen, Transformatoren usw. den Anforderungen genügen. In die wirtschaftlichen Überlegungen ist auch die Bedienungsfrage mit einzubeziehen, d. h. zu beachten, daß elektrischer Betrieb, Gas- und Ölfeuerung sehr wenig Arbeit erfordern und daher vom Küster ohne weiteres im Nebenamt besorgt werden können, während die Verfeuerung fester Brennstoffe erheblich mehr Arbeit verursacht, so daß hierfür bei großen Anlagen unter Umständen ein besonderer Betrag für Heizerlohn in den Kostenvergleich einzusetzen ist.

Bei der Wahl der Heizart kann es sich z. B. um Öfen bzw. im Raum verteilt aufgestellte elektrische, Warmwasser- oder Dampfheizkörper handeln. Dabei geht jedoch der größte Teil der frei werdenden Wärme mit der aufsteigenden Luft zuerst an die Decke hinauf, weshalb die Kirche langsam von oben nach unten aufgeheizt wird. Das bedingt lange Anheizzeiten und dementsprechend großen Brennstoffaufwand, weil dabei mehr Wärme durch die Fenster ins Freie verloren geht und sich die Mauern, Decken, Böden, Pfeiler usw. unnötig tief erwärmen[1]. Ähnlich liegen die Verhältnisse bei Schwerkraftluftheizung mit ihrem schleichenden Luftumlauf, während bei Luftheizung mit Lüfterbetrieb, der kräftigen Luftumwälzung wegen, das Anheizen bedeutend rascher vor sich geht und zudem eine gleichmäßigere Temperaturverteilung erzielt wird. Zur möglichsten Verminderung des Eindringens von Wärme in die Wände leisten auf der Innenseite der Mauern angebrachte Abdämmschichten gute Dienste[2].

Gut eignet sich ferner Fußbankheizung, weil dabei die Wärme über der ganzen Bodenfläche zugeführt wird und in erster Linie der Aufenthaltszone der Besucher zugute kommt. Unter Abschnitt A 1 „Raumtemperaturen" wurde darauf hingewiesen, daß sich dadurch zwei Vorteile ergeben, nämlich die Annehmlichkeit, warme Füße zu haben, und größte Wirtschaftlichkeit, weil dabei die mittlere Raumtemperatur niedriger als bei an den Wänden aufgestellten Heizkörpern oder Luftheizung gehalten werden kann.

Wie bereits erwähnt wurde, sollen durch die Kirchenheizungen aber nicht nur die erforderlichen Lufttemperaturen herbeigeführt, sondern, was ebenso wichtig ist, auch Zugerscheinungen vermieden werden. Dabei ist von der Überlegung auszugehen, daß im Innern der Kirche von den Besuchern ein Warmluftstrom hochsteigt, der bei Fußbankheizung besonders stark in Erscheinung tritt, während an den Außenwänden, insbesondere den Fenstern entlang, kalte Luft niedersinkt (vgl. Abb. 39c und 39d). Auch hohe Pfeiler bilden Abkühlungsflächen, namentlich wenn sie hohl sind und ihr Inneres mit dem Dachraum in offener Verbindung steht, was vermieden werden sollte. Weiter treten bei starkem Luftauftrieb im untern Teil der Kirche erhebliche Lufteinströmungen, z. B. durch offene Türen, auf. Diese Erscheinung wird durch Undichtigkeiten in den oberen Raumteilen, beispielsweise in der Decke oder in den Fenstern, noch begünstigt. Bei der Planung von Kirchenheizungen ist daher stets zu untersuchen, ob und wo solche Zugerscheinungen zu befürchten sind und was zu ihrer Verhütung geschehen kann. Hierfür stehen *bauliche* und *heiztechnische* Maßnahmen zur Verfügung.

Die *baulichen* Vorkehrungen bestehen in bestmöglicher Vermeidung allzu kalter Abkühlungsflächen, wodurch auch Schwitzwasserbildungen

---

[1] GRÖBER u. SIELER: Wärmebedarfsbestimmung von Kirchen. Beiheft 35 zum Gesundh.-Ing. Reihe I 1935.

[2] Vgl. M. HOTTINGER: Das wirtschaftliche Anheizen großer Räume, die selten und nur kurze Zeit benutzt werden (Kirchen, Hallen u. dgl.). Gesundh.-Ing. Bd. 48 (1935) S. 593/594.

entgegengewirkt wird, und in guter Abdichtung der Decken zur Verhütung starker Luftabströmungen, ferner im Anbringen von Doppel- oder Drehtüren (Windfängen), um dem Einströmen kalter Luft möglichst zu begegnen. Auch Doppelverglasung oder Doppelfenster sind natürlich von Nutzen. Bei dauernd beheizten Kirchen sind diese außerdem zur Herabminderung des Brennstoffverbrauches von nicht zu unterschätzendem Vorteil, während bei nur von Zeit zu Zeit aufgeheizten Kirchen der dadurch erzielbare Gewinn die Verzinsung und Abschreibung der hohen Anschaffungskosten nur in seltenen Ausnahmefällen zu decken vermag[1].

Und *heiztechnische* Maßnahmen können durch das Aufstellen von Heizkörpern unter den Fenstern, unter besonders kalten Mauerteilen,

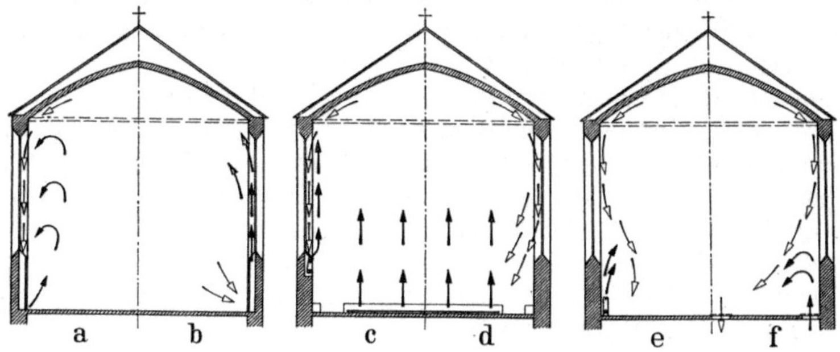

Abb. 39. Darstellung verschiedener Kirchenheizarten.

Richtige Lösungen:

a Luftabsaugung unmittelbar unter den Fenstern, damit keine Kaltluftströmungen in die Kirche hinausgelangen.

b Kräftiges Einblasen warmer Luft unter den Fenstern, um die Entstehung von Kaltluftströmungen zu verhindern.

c Fußbankheizung unter gleichzeitiger Aufstellung von Heizkörpern in den Fensternischen zwecks Vermeidung von Kaltluftströmungen.

Unrichtige Lösungen:

d Fußbankheizung ohne Fensternischenheizkörper, wodurch von den Fenstern her starke Kaltluftströmungen auftreten.

e und *f* Ungenügende Warmluftzufuhr unter den Fenstern, links durch Heizkörper, rechts durch Warmlufteinströmung, z. B. einer Schwerkraft-Warmluftheizung. Die von oben kommenden Kaltluftströmungen werden dadurch nicht aufgehoben, sondern erst recht ins Kircheninnere hinausgedrängt; bei *f* um so mehr, als die Umluft mitten in der Kirche durch den Fußboden abströmt, was auch aus Sauberkeitsgründen vermieden werden sollte.

bei den Eingängen und ferner durch das Ableiten niedersinkender Kaltluftströme, bzw. die Verhinderung ihrer Entstehung, getroffen werden. Sind hohe einfache Fenster vorhanden, so ist ganz besonders dafür zu sorgen, daß die an ihnen niedersinkende kalte Luft unschädlich gemacht wird, sei es durch unmittelbares Absaugen am untern Ende (Abb. 39a) oder indem in den Fensternischen Heizkörper derart aufgestellt werden, daß die niedersinkende Luft hinter dieselben hinunterströmen kann, während davor ein Warmluftschleier hochsteigt (Abb. 39c). Statt dessen kann an solchen Fenstern auch warme Luft kräftig von unten oder von den Seiten her eingeblasen und dadurch die Entstehung von Kaltluftströmungen überhaupt verhindert werden (Abb. 39b). Derartige Vor-

[1] Vgl. z. B. W. Mehl: Der Wert der Doppelfenster in erwärmten Kirchen. Haustechn. Rdsch. Bd. 41 (1936) H. 3 S. 31/32. — Kurzer Hinweis im Gesundh.-Ing. Bd. 59 (1936) S. 434.

kehrungen sind ganz besonders am Platz, wenn es sich um Kirchen handelt, die zur Hauptsache aus Glas und dünnen Betonwänden bestehen. Rechtzeitige Zusammenarbeit von Architekt und Heizungsfachmann ist in solchen Fällen unbedingtes Erfordernis, wenn nachträglich schwierig und mit großen Kosten durchzuführende Bauarbeiten, und vielleicht trotzdem technisch unbefriedigende Lösungen, vermieden werden sollen.

Im Gegensatz zu den sachgemäßen Ausführungen Abb. 39a—c veranschaulichen die Abb. 39d—f unbefriedigende Lösungen. Abb. 39d bezieht sich auf Fußbankheizung ohne Fensternischenheizkörper, wobei die von den Fenstern niedersinkenden Kaltluftströme starke Zugerscheinungen hervorrufen. Auch bei den Ausführungsarten 39e und 39f ist dies der Fall, wenn die aufgestellten Heizkörper oder die z. B. durch Schwerkraftluftheizung bewirkte Warmluftzufuhr ungenügend ist, um den Kaltluftströmungen entgegenzuwirken, sondern sie dadurch vielleicht erst recht ins Kircheninnere hinausgedrängt werden[1]. Das ist besonders bei Ausführung 39f der Fall, weil hier die Umluft mitten aus der Kirche abgenommen wird. Diese Ausführung ist außerdem zu beanstanden, wenn die Luftgitter an stark begangenen Stellen des Bodens liegen.

Um dem Eindringen kalter Außenluft durch Türen, undichte Fenster usw. möglichst zu begegnen, wird bei Luftheizung mit Lüfterbetrieb oft auch vorgewärmte Frischluft in die Kirchen eingeblasen und dadurch Überdruck erzeugt. Bei starkem Windanfall ist dieses Mittel allerdings unzulänglich, weil der Winddruck größer ist als der im Kircheninnern erzielbare Überdruck. Die Möglichkeit, Frischluft einblasen zu können, ist übrigens auch im Sommer zur Lüftung oft willkommen, insbesondere bei den eben erwähnten neuzeitlichen Kirchen (vgl. Abschnitt C. Lüftung).

Eine unangenehme Erscheinung ist das *Verstimmen der Orgeln,* das in nur sonntags beheizten Kirchen in stärkerem Maße auftritt als in den ständig und daher gleichmäßiger erwärmten. Am günstigsten liegen die Verhältnisse in unbeheizten Kirchen. Auch sonst machen sich daselbst am wenigsten Störungen bemerkbar, vorausgesetzt, daß das Kircheninnere nicht feucht ist. Im Gegensatz dazu ist die Luft in ständig beheizten Kirchen meist zu trocken, wodurch Veränderungen der aus Holz bestehenden Orgelteile und dadurch Störungen herbeigeführt werden. Man kann dieser Erscheinung etwas begegnen durch Aufstellen von Verdunstungsgeräten in den Orgelgehäusen oder durch Befeuchtung der Zuluft bei Luftheizung. Auch sind im Kircheninnern schon z. B. elektrisch betätigte Befeuchtungsgeräte verwendet worden, was insbesondere am Platze sein kann, wenn außer der Orgel noch andere Teile, z. B. wertvolle alte Holzschnitzereien usw., gegen zu große Trockenheit geschützt werden sollen. In den nur sonntags benutzten Kirchen liegen die Verhältnisse anders. Hier haben Befeuchtungseinrichtungen keinen Zweck, können bei den großen auftretenden Temperaturunterschieden sogar zu sehr unliebsamen Feuchtigkeitserscheinungen führen. Das starke Ver-

[1] Daß die Luft manchmal andere Wege geht, als bei der Aufstellung von Heizkörpern angenommen wurde, ist schon wiederholt beobachtet worden. Vgl. z. B. HOFFMANN: Luftbewegungen über Heizkörpern, beobachtet im Dom zu Berlin. Gesundh.-Ing. Bd. 59 (1936) S. 384/385.

stimmen der Orgeln in diesen Kirchen ist zur Hauptsache darauf zurückzuführen, daß sich die im Orgelgehäuse eingeschlossene Luft während der verhältnismäßig kurzen Aufheizzeiten bedeutend weniger erwärmt als diejenige im Kirchenraum. Dadurch werden die Orgelpfeifen im „Schwellkasten" langsamer warm als die offenstehenden, wodurch die beiden Manuale nicht bzw. erst nach Stunden zusammenstimmen. Es sind schon Unterschiede bis zu 10° zwischen Kirchen- und Orgelinnerm festgestellt worden. Zur bestmöglichen Behebung dieser Übelstände ist es zweckmäßig, an geeigneten Stellen Öffnungen zwischen Kirchenraum und Orgelgehäuse vorzusehen, um Luftumlauf und dadurch eine raschere Beheizung des Orgelgehäuses zu erzielen. Ferner ist bei Luftheizung, wenn immer möglich, Umluft aus dem Orgelgehäuse abzusaugen, wodurch der Temperaturausgleich besonders beschleunigt wird.

Zufolge der erwähnten großen Temperaturunterschiede treten oft auch unangenehme Zugerscheinungen in der Nähe der Orgeln auf. Das ist in noch vermehrtem Maße der Fall, wenn das Orgelgebläse die Luft aus einem unbeheizten Nebenraum ansaugt und daher den Pfeifen kalte Luft entströmt. Zur Abhilfe empfiehlt es sich, die Gebläseluft aus dem Kircheninnern anzusaugen oder sie (z. B. auf elektrischem Wege) entsprechend zu erwärmen. Diese Maßnahme trägt außerdem dazu bei, die unwillkommenen Temperaturunterschiede im Orgelinnern weiter ausgleichen zu helfen.

Betreffend Kesselanlage und Feuerungsart sind keine besondern Bemerkungen zu machen. Es kommen in üblicher Weise je nachdem Dampf- oder Warmwasserkessel, Feuerluftöfen, mit Dampf oder Warmwasser beheizte Lufterhitzer usw. zur Aufstellung. Bemerkt sei jedoch, daß man sich keinesfalls, wie das schon geschehen ist, verleiten lassen sollte, Nebengebäude, wie z. B. Kirchgemeindehäuser, mit Dampfheizung zu versehen, nur weil die Kirche Dampfheizung oder Dampf-Luft-Heizung erhalten soll. Das schließt selbstverständlich nicht aus, daß neben den Dampfkesseln für die Kirche auch Warmwasserkessel für die Nebengebäude aufgestellt[1] oder unter Umständen Dampf-Warmwasser-Apparate zur Anwendung gebracht werden.

Zu den einzelnen Heizarten sei noch folgendes bemerkt:

a) Kanal- und Bodenheizung. Die einst in Kirchen verbreitet gewesene Kanalheizung[2], bei der die Feuergase Bodenkanäle durchzogen und die darüberliegenden Bodenflächen erwärmten, sind, ihrer mancherlei Übelstände wegen, verlassen worden. Desgleichen ist man mit Recht davon abgekommen, gußeiserne, von den Feuergasen durchstrichene Rohre in mit Gittern überdeckte Bodenkanäle zu legen. Auch die z. B. in der Markuskirche in Plauen i. V.[3] angewendete Ausführungsart, bei der zur Erwärmung des Bodens hocherhitzte Luft mittels eines Lüfters

[1] Beispiel: Beheizung der Pauluskirche und des Kirchgemeindehauses Zürich-Unterstraß, Schweiz. Bauztg. Bd. 105 (1935) S. 6/10. — Kurzer Hinweis im Gesundh.-Ing. Bd. 58 (1935) S. 69.

[2] Hottinger, M.: Die geschichtliche Entwicklung der Raumheizung bis zur Mitte des XIX. Jahrhunderts. Jubiläumsschrift zum 25jährigen Bestehen des Vereins Schweiz. Zentralheizungsindustrieller. Zürich 1932.

[3] Gesundh.-Ing. vom 27. Juli 1912.

in Fußbodenkanälen umgewälzt wird, ist, der Wärmeverluste nach dem Boden, der langsamen Heizwirkung und anderer Nachteile wegen, nicht zweckmäßig. Noch weniger zu empfehlen ist elektrische Fußbodenheizung, wobei der Boden als Speicher ausgebildet und mit billigem Nachtstrom hochgeheizt wird, weil man am Abend nicht weiß, wie sich das Wetter anderntags gestalten wird, d. h. wie hoch der Speicher aufzuladen ist. Dagegen kann Fußbodenheizung mittels Warmwasser, Niederdruckdampf oder billig erhältlicher elektrischer Energie (z. B. Bauart DÉRIAZ[1]) unter Umständen für dauernd zu heizende Dome mit loser Bestuhlung in Frage kommen[2], während für nur sonntags beheizte Kirchen auch sie sich nicht eignet, weil die Heizwirkung sehr träge ist, was lange Anheizzeiten und dadurch große Brennstoffverbrauche zur Folge hat. Zudem entstehen, des gesteigerten Luftauftriebes wegen, unangenehme Zugerscheinungen, wenn nicht unter den Fenstern außerdem Heizkörper aufgestellt werden. Das ist natürlich auch bei dauernd benutzten, mit Fußbodenheizung versehenen Kirchen zu berücksichtigen, obgleich hier, der niedrigeren Bodentemperaturen wegen, der Auftrieb geringer ausfällt. Außerdem ist bei allen Fußbodenheizungen auch lästig, daß der von den Besuchern an den Schuhen hereingebrachte Staub, Schmutz und Schnee mit der beheizten Bodenfläche in Berührung kommt und dadurch wenig erfreuliche Luftverhältnisse entstehen, die auch zu einer rascheren Schwärzung der Wände und Decken Veranlassung geben. Ferner stellen sich die Baukosten verhältnismäßig hoch, nicht nur des Unterbringens der Heizrohre wegen, sondern weil zur Vermeidung großer Wärmeverluste bester Wärmeschutz nach unten erforderlich ist.

Aus all diesen Gründen ist von Kanal- und Bodenheizung (im Gegensatz zu der unter Abschnitt 2d besprochenen Fußbankheizung) für Kirchen in der Regel abzuraten, und noch weniger kommt bei großen Raumhöhen Deckenheizung in Frage.

b) Ofenheizung. Ofenheizung ist in einfachen, ländlichen Kirchen, meist unter Verwendung gußeiserner Öfen, in denen Koks, Kohle oder Holz verfeuert werden kann, oft anzutreffen. Bei günstigen Bauverhältnissen und mäßigen Ansprüchen lassen sich mit einem einzigen Ofen Rauminhalte bis zu etwa 2500 m^3 beheizen.

Ofenheizung ergibt einen billigen Betrieb, namentlich wenn Gemeindeholz zur Verfügung steht. Andererseits hat man sich dabei mit den bekannten Übelständen abzufinden, deren hauptsächlichte sind: Platzinanspruchnahme im Kircheninnern, Beeinträchtigung des Raumbildes, Abhängigkeit der Ofenstellung vom Schornstein, sofern lange, unschön wirkende Ofenrohre vermieden werden sollen, Beschmutzung des Fußbodens durch Asche usw., Austritt von Rauchgasen ins Kircheninnere bei schlechten Zugverhältnissen oder Windstößen, lästig wirkende Wärmebestrahlung von in der Nähe der Öfen sitzenden Personen, Ein-

---

[1] HOTTINGER, M.: Decken- und Fußbodenheizung. Gesundh.-Ing. Bd. 57 (1934) S. 293/297.

[2] Die Beheizungsanlage der Kathedrale von Reims. Z. öst. Ing.- u. Arch.-Ver. Bd. 87 (1935) H. 17/18 S. 110, nach Génie civ. Nr. 10. — Kurzer Hinweis im Gesundh.-Ing. Bd. 58 (1935) S. 330.

saugen der erforderlichen Verbrennungsluft durch die Undichtigkeiten der Umfassungswände, Türen usw., wodurch Kaltluftströmungen, besonders über dem Fußboden, entstehen.

Einzelne der genannten Nachteile fallen weg, wenn elektrische oder mit Gas beheizte Öfen zur Anwendung gelangen, was aber nur möglich ist, wenn elektrische Energie und Gas billig genug zur Verfügung stehen. Bei Gasöfen sind die Verbrennungsgase durch mit Zugunterbrechern versehene wasserdichte Abzugsrohre ins Freie zu leiten, was bisweilen bauliche Schwierigkeiten verursacht. Um in der Rohrführung unabhängig zu sein und kleinere Rohrdurchmesser zu erhalten, sind zum Absaugen der Gase schon Lüfter verwendet worden[1].

Selbstverständlich soll das Kircheninnere ebensowenig durch unpassende Öfen wie durch auffallende Heizkörper oder Luftgitter verunstaltet werden. Auch ist durch geeignete Maßnahmen ein unschönes Schwärzen der Wände möglichst zu vermeiden. Werden Ofenschirme oder andere Verkleidungen angebracht, so sind sie der Raumgestaltung anzupassen und so auszubilden, daß die Luftbewegung an den Heizflächen vorbei nicht unterbunden wird und die letzteren zu Reinigungszwecken leicht zugänglich sind.

Eine Mittelstellung zwischen gewöhnlicher Ofen- und Warmluftheizung nehmen die *Kachelofen-Warmluftheizungen* ein, die in kleinen Kirchen und Kapellen schon wiederholt erstellt worden sind (beispielsweise in der Kirche Wohlen [Schweiz] und in der Münsterkapelle Bern). Dabei wird der der Raumgestaltung anzupassende Kachelofen mit einem gußeisernen Feuerungseinsatz versehen, der leicht herausnehmbar sein soll, ohne daß der Kachelaufbau deswegen abgebrochen werden muß. Selbstverständlich ist auch auf vollständige Dichtigkeit und leichte Reinigungsmöglichkeit der Feuereinsätze zu achten. Die Bedienung kann je nachdem von dem zu heizenden oder einem Nebenraum aus erfolgen. Die unten in den Ofen eintretende Luft steigt zwischen Feuerungseinsatz und Kachelummantelung hoch und tritt oben wieder in den Raum aus. Gewünschtenfalls kann ihm durch Kanäle auch die von nahegelegenen Fenstern niedersinkeude kalte Luft zugeleitet und dadurch Zugerscheinungen entgegengewirkt werden. Solche Feuerungseinsätze werden für Wärmeleistungen bis zu 70000 kcal/h hergestellt. Es kann sich dabei um ununterbrochenen oder Dauerbetrieb handeln.

c) Sammelheizung mit an den Wänden aufgestellten Heizkörpern. Bei Anwendung von Warmwasser- oder Niederdruckdampfheizung können Heizkörper verteilt im Raum aufgestellt werden, wobei jedoch das hinsichtlich geringer Wirtschaftlichkeit bereits Gesagte gilt. Wenn es möglich ist, so werden die Heizkörper dabei am besten an den Außenwänden, z. B. unter den Fenstern und in Türnähe, untergebracht. Trotzdem können entsprechend Abb. 39e Zugerscheinungen auftreten, wenn nicht dafür gesorgt wird, daß die von den Fenstern niedersinkende Luft richtig hinter die Heizkörper hinunterströmen kann.

[1] Vgl. z. B. F. KAISER: Die Gasheizungsanlage der Stadtpfarrkirche in Rothenburg o. d. Tbr., mit Schrifttumverzeichnis. Gesundh.-Ing. Bd. 60 (1937) S. 345/348.

Warmwasserheizungen sind zur Vermeidung der Einfriergefahr bei großer Kälte auch bei nur sonntags benutzen Kirchen dauernd schwach zu betreiben, was jedoch keine große Auslage bedeutet, weil scharfe Kälte meist nur kurze Zeit anhält. Bei oft benutzten Kapellen oder religiösen Zwecken dienenden Versammlungssälen, die mit bewohnten Gebäuden, z. B. dem Pfarrhaus oder einem Kirchgemeindehaus, von einer gemeinsamen Kesselanlage aus beheizt werden, kann man die Kirchenheizung auch als besondere, nicht ganz abstellbare Gruppe ausbilden (Beispiel: Großmünsterkapelle in Zürich), wodurch die Einfriergefahr sowieso ausgeschlossen ist.

Wenn Sammelheizung zur Beheizung von Kirchen in Frage kommt, so bevorzugt man jedoch aus wirtschaftlichen, Behaglichkeits- und Raumgestaltungsgründen meist Fußbank- oder Luftheizung, diese vielfach mit Lüfterbetrieb.

d) Fußbankheizung. Bei Fußbankheizung liegen die mittels Warmwassers, Niederdruckdampfes oder auf elektrischem Wege erwärmten Heizrohre unter den Fußschemeln der Sitzbänke, sind gegen Verschmutzung also einigermaßen geschützt. Da eine Reinigung aber dennoch von Zeit zu Zeit erforderlich ist, müssen die Fußbänke leicht wegnehm- oder umlegbar sein. Zur Abhaltung von Zugerscheinungen sind nach den Abb. 39c und 40 unbedingt auch Heizkörper unter den Fenstern anzubringen.

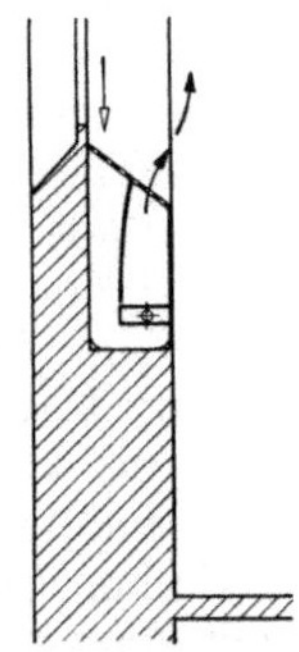

Abb. 40. Einzelheit zu Abb. 39c. Heizkörperaufstellung in den Fensternischen.

Das Aufheizen der Kirchen soll in Hinsicht auf den Brennstoffverbrauch, wie schon erwähnt, rasch erfolgen können. Bei Warmwasserheizung bringt man zu dem Zweck hohe Vorlauftemperaturen zur Anwendung, die zu Beginn des Gottesdienstes vermindert werden. Niederdruckdampfheizung stellt man alsdann ganz ab, wobei die Heizrohre trotzdem noch längere Zeit warm bleiben, und elektrische Heizung wird in mehreren Stufen regelbar gemacht. Die Höchstenergieaufnahme beträgt je laufenden Meter meist 300—400, ausnahmsweise 600 Watt. Dabei sind die Oberflächentemperaturen der Heizrohre bei voller Stromaufnahme 100—120°, nach der Umstellung etwa 50—60°. Die Umschaltung auf verminderte Heizwirkung kann bei Drehstrom in einfachster Weise durch den Übergang von Dreieck- auf Sternschaltung erfolgen. Werden mehrere Stromkreise vorgesehen, so ist eine Unterteilung in drei Stufen möglich, was aber nur in täglich benutzten Kirchen Vorteile bietet. während bei den ausschließlich sonntags benutzten der Regelmöglichkeit durch Unterteilung der Anlagen in mehrere Gruppen und zweifache Abstufung jeder Gruppe genügend Rechnung getragen ist. Bei Verwendung von Dreiphasenwechselstrom muß die Belastung in jedem Fall und bei jeder Schaltung gleichmäßig auf die drei Phasen verteilt sein.

Die Gruppenunterteilung erfolgt z. B. in folgender Weise: 1. Vordere Bankreihen des Mittelschiffs. 2. Hintere Bankreihen und vielleicht Seitenplätze des Schiffs. 3. Chor. 4. Fensternischen und weitere zur

Abhaltung von Zugerscheinungen aufgestellte Heizkörper. Es ist angezeigt, die letztgenannte Gruppe mit mechanischer Verriegelung zu versehen, so daß sie nur während des Gottesdienstes in Betrieb genommen werden kann. Auf diese Weise steht während des Aufheizens der Kirche der oft nicht allzu reichlich bemessene Anschlußwert in vollem Maße für die Fußbankheizung zur Verfügung.

Zufolge einer derartigen Gruppenunterteilung ist es möglich, die vordersten Bankreihen des Schiffes für sich in Betrieb zu nehmen und dadurch bei Hochzeiten, Beerdigungen usw. mit sehr wenig Energie auszukommen. Bei kleinen, nicht übermäßig stark ausgekühlten Kirchen bewährt sich diese Maßnahme erfahrungsgemäß gut. Anderseits ist nicht außer acht zu lassen, daß solche Teilbeheizungen die Luft der ganzen Kirche in Bewegung versetzen und daher, namentlich in großen Kirchen, zu erheblichen Zugerscheinungen führen können.

Besondere Heizgelegenheiten werden meist auch für die Kanzel und den Organistenplatz vorgesehen (Stecköfen, Fußwärmplatten, Spieltischheizungen in Form von Strahlern usw.).

Die Emporen kleinerer Kirchen macht man oft nicht besonders heizbar, weil der obere Teil des Kircheninnern auch sonst warm genug wird. Wenn sie dagegen zu Proben während der Woche benutzt werden sollen, so ist eine Emporenheizung, ebenfalls als besondere Gruppe, am Platz, wobei beachtet werden muß, daß das Aufheizen der Emporen ausgekühlter Kirchen kräftige Heizkörper und viel Energie erfordert, weil offene Verbindung mit dem Kircheninnern besteht und daher nicht nur die Empore, sondern der ganze obere Kirchenteil hochgeheizt werden muß. Soll die Benutzung an Werktagen stattfinden, so können sich auch Schwierigkeiten ergeben, wenn die zum Aufheizen erforderliche Energie tagsüber nicht oder nur zu hohen Preisen zur Verfügung steht.

Vor der Erstellung elektrischer Kirchenheizungen hat man sich überhaupt zu vergewissern, ob genügend Strom erhältlich und seine Benutzung zu den gewünschten Zeiten möglich ist. Ist der erforderliche Anschlußwert, etwa infolge zu knapper Bemessung der Transformatoranlage des betreffenden Ortes, nicht vorhanden, und kommt eine Vergrößerung der Kosten wegen nicht in Frage, so empfiehlt sich die Anwendung einer anderen Heizart. Keinesfalls sollte man in solchen Fällen Notbehelfe wie Wärmespeicher, lange Anheizzeiten und ähnliche unbefriedigende Hilfsmittel heranziehen.

Zum Ein- und Ausschalten der Heizgruppen sind die nötigen Schalter auf einer übersichtlichen Schalttafel anzubringen. Bei größeren Anlagen enthält sie gewöhnlich auch ein gemeinsames Volt- und für jede Gruppe ein Amperemeter bzw. ein solches mit Umschalter. Bisweilen wird auch ein Zeitschalter angebracht, der die Heizung selbsttätig zu jeder gewünschten Zeit ein- und ausschaltet. Namentlich das nächtliche Einschalten ist vom bedienungstechnischen Standpunkt aus wertvoll, weil dadurch der Küster nicht genötigt ist, mitten in der Nacht in die Kirche zu gehen. Die Sperrschalter sind so eingerichtet, daß der Zeitpunkt des selbsttätigen Einschaltens und damit die Dauer der Anheizzeit der Witterung angepaßt werden kann.

Wenn bei elektrischer Heizung auf diese Weise alles getan wird, um die meist dennoch ziemlich hohen Betriebskosten zu vermindern, geht man bei Warmwasser- und Niederdruckdampf-Fußbankheizung mit diesen Maßnahmen gewöhnlich nicht so weit. Zum Beispiel wird hierbei die Gruppenunterteilung einfacher gestaltet, namentlich wenn für kleine Anlässe noch eine besondere Kapelle oder ein Saal zur Verfügung steht.

Selbstverständlich können die Heizkessel bei Warmwasser- und Dampf-Fußbankheizung in beliebiger Weise, gewünschtenfalls auch auf elektrischem Wege beheizt werden. Elektro-Niederdruckdampfheizung mit unter den Fußbänken angeordneten Heizrohren besteht z. B. in der Stadtkirche *Winterthur* (Inhalt 10500 m^3)[1]. Der Energieverbrauch solcher Heizungen ist größer als derjenige unmittelbar wirkender elektrischer Fußbankheizungen. Trotzdem stellen sich die Betriebskosten bei Verwendung von Hochspannungsstrom unter Umständen nicht höher. Bei Niederspannungsstrom (bis 500 V) kommt Elektroden- oder Widerstandsheizung, bei Hochspannungsstrom nur Elektrodenheizung in Frage. Die Elektrokessel solcher Heizungen können gewünschtenfalls auch mit feuerbeheizten Kesseln in Verbindung gebracht werden, die im strengsten Winter und bei Stromunterbrechungen heranzuziehen sind.

e) **Luftheizung.** Die heute für größere Kirchen beliebteste Heizart ist die Luftheizung unter Verwendung von Zu- und Umluftkanälen. Ob ein Lüfter eingebaut werden soll, ist von Fall zu Fall zu entscheiden. In dauernd benutzten Kirchen ist das Bedürfnis danach nicht groß, sofern die Luftkanäle mit genügenden Querschnitten ausgeführt und die Heizräume tief genug gelegt werden können, so daß zur Erzielung des natürlichen Luftauftriebes keine zu hohen Lufttemperaturen angewendet werden müssen. Luftheizungen, die mit Warmlufttemperaturen von 60° und sogar bis 80° betrieben werden müssen, führen zu ungleichen Temperaturen im Raum, hohen Wärmeverlusten, Schwärzen der Wände, Zugerscheinungen und unangenehmen Luftverhältnissen. Aber auch bei Luftheizungen, die im Höchstfall Zulufttemperaturen von nicht über 50—55° aufweisen, kann eine zeitweilige Beschleunigung des Luftumlaufes durch einen Lüfter und damit eine Steigerung der Heizwirkung erwünscht sein. Besonders kommen die dadurch erzielbaren Vorteile in nur sonntags beheizten Kirchen zur Geltung, weshalb in solchen wiederholt sogar nachträglich noch Lüfter in Schwerkraftanlagen eingebaut worden sind. Außer einer wesentlichen Verkürzung der Anheizzeit und dadurch einer günstigen Beeinflussung des Brennstoffverbrauches erreicht man dadurch, wie schon bemerkt, auch eine gleichmäßigere Verteilung der Temperatur im Raum und kann beim Einblasen von erwärmter Frischluft bis zu einem gewissen Grade Zugerscheinungen durch die Undichtigkeiten in den Umfassungswänden, durch aufgehende Türen usw. entgegenwirken.

Zur Erwärmung der Luft dienen sowohl Feuerluftöfen[2], als mit

---

[1] Hottinger, M.: Elektrische Heizung in Kirchen. Gesundh.-Ing. Bd. 50 (1927), S. 353/359.

[2] Vgl. z. B. die Schriften der Fa. H. Kori G. m. b. H., Berlin W 57, über Kirchenheizungen.

Warmwasser oder Dampf betriebene Lufterhitzer, wie sie bei Lüftungsanlagen und Luftheizungen allgemein gebräuchlich sind. Die Feuerluftöfen werden meist mit Koks, in der Schweiz auch mit Öl und bisweilen mit Holz befeuert[1]. Außerdem verwendet man für dauernd beheizte Kirchen die seit langem gebräuchlichen *Perretöfen*[2] oder ähnliche Bauarten zur Verfeuerung von Kohlenstaub, Koksgrieß usw. Da diese Brennstoffe billig erhältlich sind, stellen sich die Heizkosten unter Verwendung solcher Öfen besonders niedrig. Die Perretöfen eignen sich jedoch nur für Dauerbrand, d. h. ständig benutzte Kirchen, weil das Anfeuern jedesmal viel Holz und Mühe erfordert. Gewöhnlich werden sie im Spätherbst angeheizt und bis zum Frühjahr ununterbrochen weiterbetrieben. Sie bestehen aus mehreren übereinanderliegenden Rosten aus Schamotte. Der feinkörnige Brennstoff wird auf den obersten Rost eingefüllt und fällt beim Schüren allmählich auf die unteren, bis zuunterst nur noch Asche ankommt. Ein solcher Ofen von beispielsweise 50 m² Heizfläche, weist eine Leistung von rd. 120000 kcal/h auf und genügt zur Beheizung eines Kircheninhaltes von 8000—9000 m³. Der durchschnittliche Verbrauch an Feinanthrazit beträgt für Orte mit mittleren Tiefsttemperaturen von —15° rd. 2 t je 1000 m³ Rauminhalt. Zum Anfeuern sind je nach der Größe des Ofens außerdem 1,5 bis 3 Raummeter (rd. 500—1000 kg) trockenes Weichholz und 1 Tag Arbeit erforderlich. Nachteilig ist, daß beim Abladen von Feinkohle viel Kohlenstaub entsteht und die Öfen beim Schüren eine große Hitze ausstrahlen, wodurch sich diese Arbeit ziemlich mühsam gestaltet.

Außer durch feste Brennstoffe wird die Luft bei Luftheizungen bisweilen auch durch elektrische Energie oder Gas erwärmt, sei es, daß elektrische Widerstandsheizkörper in die Zuluftwege eingebaut bzw. in elektrisch oder mit Gas betriebenen Kesseln Warmwasser oder Dampf zur Lufterwärmung erzeugt wird. Hinsichtlich des Betriebes der Elektrokessel sei auf das unter dem Abschnitt 2 d „Fußbankheizung" Gesagte verwiesen. Weiter stehen mit Gas zu heizende Feuerluftöfen zur Verfügung.

In neuester Zeit sind auch elektrisch bis auf 1000° aufheizbare feste Wärmespeicher erhältlich. Sie bestehen aus einem Bündel keramischer Rohre, in die Heizspiralen eingelegt sind und durch die zur Entladung ein kleiner Teil der Heizluft mittels Lüfter hindurchgeblasen wird. Nach außen sind sie aufs beste abgedämmt. Über ihre Bewährung ist mir nichts bekannt. Dem Vorteil, daß mit kleinen Anschlußwerten ausgekommen wird, stehen verschiedene Nachteile, insbesondere derjenige hoher Anlagekosten gegenüber.

Eine Anlage mit in den Luftweg eingebautem Widerstandsheizkörper stand z. B. während vielen Jahren in der katholischen Herz-Jesu-Kirche in *Zürich-Wiedikon* im Betrieb. Die Höchstenergieaufnahme des elektrischen Lufterhitzers betrug 200 kW, die Stromspannung 500 V. Die Anlage wurde jedoch der hohen Betriebskosten wegen nur an ganz kalten

[1] Vgl. A. EIGENMANN u. J. P. WILD: Holzfeuerung für Zentralheizungen. Schweiz. Bl. f. Hzg. u. Lftg. Bd. 4 (1937) S. 29/40.

[2] Gesundh.-Ing. Bd. 36 (1913) S. 797.

Tagen benutzt. Ferner besitzt die Friedenskirche in *Bern* (Inhalt 4100 m^3) eine Elektro-Luftheizung mit Lüfterbetrieb. Um die Spannung von 3000 V unmittelbar ausnutzen zu können, ist ein Elektro-Warmwasserkessel mit einer Höchstleistungsaufnahme von 150 kW aufgestellt. Das in ihm erzeugte Heizwasser gelangt durch den natürlichen Auftrieb nach einem Gebläseheizkörper, wo es die durch den Lüfter in Umlauf versetzte Luft erwärmt. Außer auf elektrischem Wege kann auch mit Kohle geheizt werden, was abwechslungsweise geschieht. Die Kirche in *Clarens* wie auch das Theater in *Vevey* besitzen Gas-Luftheizungen, Bauart STRACK.

Wird Warmwasser- oder Dampf-Luftheizung erstellt, so kann natürlich jede für Heizkessel in Frage kommende Feuerungsart, zwecks Verminderung der Bedienungsarbeit also auch Ölfeuerung, verwendet werden. Handelt es sich um Anlagen zur Beheizung großer Kirchen und Dome oder um die gleichzeitige Mitbeheizung anderer Gebäude, so kommen auch Kessel für Feinanthrazitfeuerung in Betracht. Bisweilen wird die gleiche Kesselanlage während der Woche zur Beheizung anderer Gebäude, am Sonntag zum Betrieb der Kirchenheizung, benutzt (Beispiel: Großmünster in *Zürich*).

Der Anordnung und Ausbildung der Luftheizungen in Kirchen ist, wie schon angedeutet wurde, größte Aufmerksamkeit zu schenken, wenn sie hinsichtlich Zugfreiheit, Geräuschlosigkeit, Wirtschaftlichkeit usw. befriedigen sollen. In *dauernd* beheizte Kirchen läßt man die Warmluft bei Anlagen ohne Lüfterbetrieb vielfach durch den Boden des Chors (wo kein Verkehr herrscht) oder durch die Stirnseiten der nach dem Chor führenden Stufen eintreten und nimmt die Umluft über Boden des Schiffes zurück. Wird die Luft mittels Lüfter eingeblasen, so geschieht dies auch oft waagerecht in einer Höhe, die ausschließt, daß die anwesenden Personen vom Luftstrom unmittelbar getroffen werden, während auch hierbei die Umluft möglichst über dem Boden des tiefstliegenden Teiles der Kirche abgesaugt wird. Will man gleichzeitig Kaltluftströmungen von den Fenstern herunter entgegenwirken, so kann, wie bereits erwähnt, entweder Raumluft unter den Fenstern abgesaugt (Abb. 39a) oder ebendaselbst kräftig warme Heißluft eingeblasen werden (Abb. 39b). Die Zu- und Umluftöffnungen sind, wenn immer möglich, an den Seitenwänden, der vordersten Abschlußwand des Gestühles oder anderen senkrecht stehenden Flächen anzuordnen bzw. nur an Stellen in den Boden zu legen, wo kein Verkehr herrscht und auch keine Gefahr besteht, daß beim Kehren des Bodens Schmutz in die Kanäle hinunterfällt. Bei in den Boden des Chores verlegten Zuluftöffnungen werden die Gitterstäbe mit Vorteil schiefliegend angeordnet, damit die Luft nicht senkrecht nach oben, sondern nach der Seite zu ausgeblasen wird. Bei katholischen Kirchen ist u. a. auch darauf zu achten, daß durch die Luftbewegung kein Flackern der Altarkerzen herbeigeführt wird.

Ferner ist es angezeigt, die Kanalführung so kurz wie möglich zu halten. Sind, um die Luft an bestimmten, der Wärmeverteilung besonders günstigen Orten austreten zu lassen, lange Kanäle erwünscht, so müssen sie zum mindesten so angeordnet und nötigenfalls abgedämmt werden, daß möglichst wenig Wärme nach dem Erdboden oder dem Freien verloren geht. Insbesondere sind der Kanalboden und die Seitenwände gut gegen Wärmeverluste zu schützen, während die durch die Kanaldecke abströmende Wärme nicht verloren ist, sondern dem Kirchenboden zugute kommt, was nicht nur keinen wirtschaftlichen Nachteil, sondern für die darübersitzenden Kirchenbesucher eine willkommene Annehmlichkeit bedeutet.

Die Erfahrung lehrt, daß bei Luftheizung, insbesondere bei Erzeugung von Überdruck im Kircheninnern weit weniger Zugerscheinungen auftreten als bei Fußbankheizung mit ihrem starken Luftauftrieb im Kern der Kirche. Trotzdem ist bei hohen Fenstern auch bei Luftheizung Vor-

Abb. 41. Die Herz-Jesu-Kirche in Winterthur mit Pfarrhaus und Verbindungsbau.

sicht geboten. Eine unzweckmäßige Lösung der Luftführung ist beispielsweise in Abb. 39f angedeutet. Auch kommt es bei Kirchen mit Seitenemporen vor, daß es auf den letzteren zieht, wenn die warme Luft nur ins Mittelschiff ausgeblasen wird und in diesem hochsteigt. weil dabei kalte Luft an den Außenwänden niedersinkt und durch die unteren Teile der Emporen dem Mittelschiff zuströmt. Wird die warme Luft unter den Fußschemeln der Sitzbänke ausgeblasen (Beispiel: deutschprotestantische Kirche *Murten*, Schweiz), so gestalten sich die Verhältnisse, einerseits in bezug auf die Annehmlichkeit, warme Füße zu haben, andererseits aber auch auf die lästigen Zugerscheinungen von den Seitenwänden, insbesondere den Fenstern herunter, ganz ähnlich wie bei Fußbankheizung unter Verwendung von Heizrohren, es sei denn, man nehme die Umluft z. B. nach Abb. 39a unter den Fenstern zurück oder blase daselbst nach Abb. 39b ebenfalls kräftig warme Luft ein oder sehe nach den Abb. 39c bzw. 40 besondere Fensterheizkörper vor. Bisweilen läßt man die Heizluft möglichst nahe den Eingängen eintreten, wie das in Abb. 42 an einem Beispiel gezeigt ist. Heizraum und Lüfter befinden sich, wie ersichtlich, unter dem Chor. Von da bläst der Lüfter die in einem Lufterhitzer mittels Warmwasserheizung erwärmte Luft zur Hauptsache durch einen in der Längsachse unter dem Boden des Kirchenschiffes liegenden betonierten Kanal bis in die Nähe des Einganges. Die Seitenwände und der Boden des Kanals haben zur Verminderung der Wärmeverluste 2,5 cm starke Korkabdämmung erhalten. Am hinteren Ende verzweigt sich der Kanal und steigt die Luft durch zwei lotrechte, in die Mauern des Windfanges eingelassene Schächte hoch, um durch die Brüstung, die Stufen und zwei Gitter in der Rückwand der Empore und außerdem durch zwei rechts und links vom Eingang in den beiden Seitennischen angeordnete Gitter in die Kirche auszuströmen. Auch in den Windfang wird, um Zugerscheinungen entgegenzuwirken, ein Teil der Luft ausgeblasen. Zur Erwärmung des Chores wurde, wie Abb. 42 ebenfalls zeigt, hinter dem Altar ein Bodengitter angeordnet, dem die warme Luft vom Lufterhitzer aus unmittelbar durch einen an der Kellerdecke liegenden Kanal aus galvanisiertem Eisenblech zugeleitet wird. Wie aus dem Längsschnitt weiter hervorgeht, wird die Umluft durch die vordere Abschlußwand des Gestühles nach einer im Keller gelegenen, mit dem Saugstutzen des Lüfters in Verbindung stehenden Umluftkammer gesaugt. Statt Umluft kann dem Lüfter zur Erzeugung von Überdruck im Kircheninnern sowie zur Lüftung auch Frischluft von außen zugeführt werden. Eine Mischklappe, die von der im Kesselraum angeordneten Schalttafel aus mittels Drahtseilzug betätigt wird, erlaubt jedes beliebige Mischungsverhältnis von reinem Umluft- bis zu reinem Frischluftbetrieb einzustellen.

Soll die Kesselanlage von Kirchen gleichzeitig zur Beheizung von Nebengebäuden dienen, so ist zu untersuchen, ob sie besser in diese oder in die Kirche verlegt wird. Es muß bequeme Zufahrtsmöglichkeit für Brennstoff-, Asche- und Schlackenbeförderung bestehen, ferner sind die räumlichen Verhältnisse der Keller sowie die Schornsteinfrage zu prüfen.

In dem angeführten Beispiel ist die Kesselanlage, wie erwähnt, im Kirchenkeller untergebracht, wobei außer der Kirche auch das Pfarrhaus und der Verbindungsbau mit Sakristei, Raum für die Ministranten, Unterrichtszimmer und Abort beheizt werden. Hierfür kam Schwerkraft-Warmwasserheizung zur Ausführung. Diese ist von der Kirchen-Luftheizung vollständig getrennt. Für die beiden Anlagen wurden zwei Anthrakessel für Feinanthrazitfeuerung aufgestellt. Derjenige der Kirchenheizung weist eine Heizfläche von 26,5 m^2, entsprechend einer Leistung von 185500 kcal/h, derjenige der Pfarrhausheizung eine solche von 8,0 m^2 mit einer Leistung von 56000 kcal/h auf. In Hinsicht auf ein später vielleicht noch zu erstellendes Kirchgemeindehaus wurde zwischen den beiden Kesseln Platz für einen dritten frei gelassen. Über die Kirchenheizung seien noch folgende technische Angaben gemacht: Der Rauminhalt der Kirche beträgt 8100 m^3, die vom Lüfter bei 175 U/min gelieferte Höchstluftmenge ist 17400 m^3/h, so daß eine etwas über zweimalige Luftumwälzung in der Stunde zustande kommt und bei einer Abkühlung der Heizluft in der Kirche von 40 auf 12° eine nutzbare Wärmemenge von rd. 150000 kcal/h frei wird. Da der Lüfterflügel einen

Durchmesser von 1,05 m aufweist, ist die größte Flügelumfangsgeschwindigkeit nicht ganz 10 m/s, was ruhigen Gang sichert. Um während des Gottesdienstes vollständige Geräuschlosigkeit erzielen zu können, wurde

Abb. 42a.

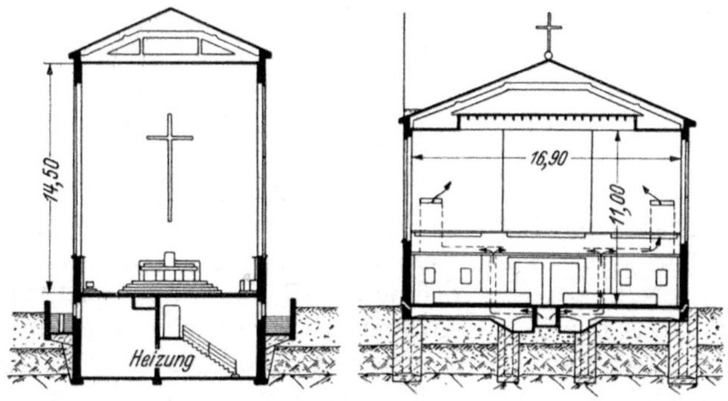

Abb. 42a u. b. Längsschnitt, Querschnitte und Kellergrundriß der Herz-Jesu-Kirche in Winterthur.

der Antriebsmotor mit 50% Drehzahlregelung nach unten versehen. Druckknopfschalter zum Anlassen und Abstellen des Lüfters, Handrad zur Drehzahlregelung und Amperemeter befinden sich auf der schon erwähnten, im Heizraum untergebrachten Schalttafel, ebenso das Fernthermometer, an dem die im Warmluftkanal herrschenden Temperaturen abgelesen werden können. Die Stärke des Lüftermotors beträgt 2,2 PS, der Kraftbedarf 1,7 PS. Die erforderlichen Vorlauftemperaturen des Heizwassers sind die üblichen, nämlich 46° bei +5° Außentemperatur, 55° bei ±0°, 74° bei −10° und 90° bei −20°. In Abb. 43 sind einige Meßergebnisse wiedergegeben. Sie beweisen, daß die Temperaturen in der Kirche nur geringe Unterschiede aufweisen, die Zulufttemperaturen in mäßigen Grenzen gehalten werden können und die Kesselheizfläche reichlich bemessen ist. Der plötzliche Abfall der Heizwassertemperatur bei *H* trat infolge des Einschaltens des Lüfters auf. Wie aus Abb. 43 hervorgeht, fiel die Temperatur dabei von 60° auf etwas unter

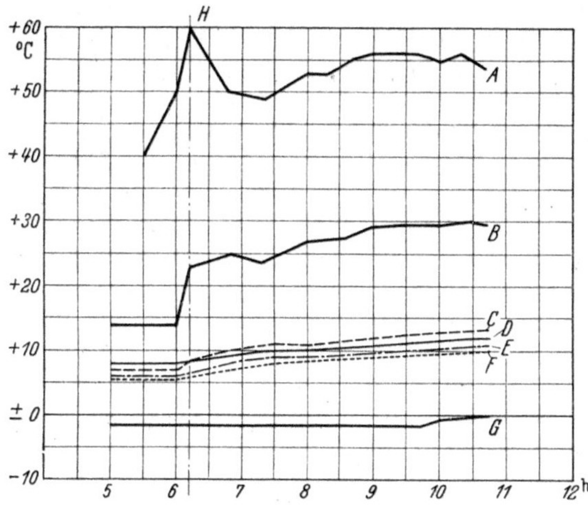

Abb. 43. Meßergebnisse.
A Heißwassertemperatur am Kessel. *B* Warmlufttemperatur im Hauptkanal hinter dem Lufterhitzer. *C* Lufttemperatur auf der Kanzel und der Empore. *D* Lufttemperatur beim Altar. *E* Lufttemperatur in der Mitte des Kirchenschiffes. *F* Lufttemperatur in einer der Seitenkapellen. *G* Außentemperatur. *H* Zeitpunkt der Inbetriebsetzung des Lüfters.

50°, um später bei ungefähr 55° gleichzubleiben. Nach den Aufzeichnungen des die Heizung bedienenden Küsters hat im Winter 1935/36 der Kessel für die dauernde Beheizung der Kirche (nach Karren bzw.

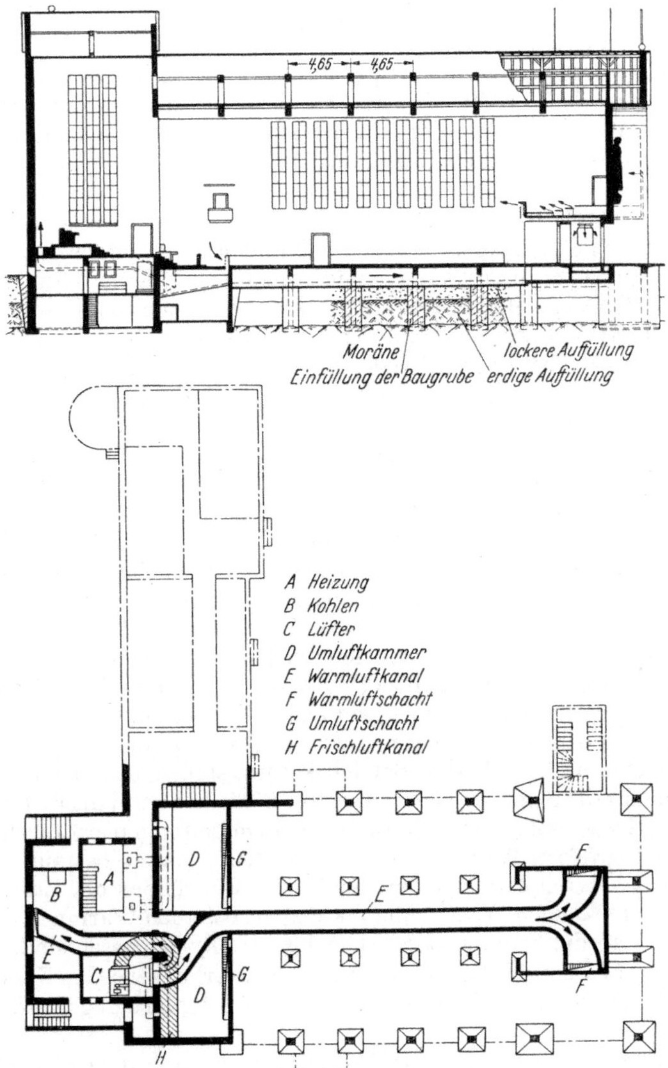

Abb. 42 b.

Schaufeln gemessen) etwa 12700 kg Feinanthrazit verbraucht. Nach den Gradtagen ermittelt war der Brennstoffverbrauch im Winter 1935/36 für auf 12° beheizte Räume um 20%, bezogen auf tiefere Raumtemperaturen sogar noch um höhere Beträge geringer als im Durchschnitt. Trotzdem beweist der angegebene Betrag, daß richtig geheizt worden ist, denn bei 8100 m³ Inhalt hätte die Kirche nach Zahlentafel 6 in einem Durchschnittswinter 8,10 · 2000 = 16200 kg, im Winter 1935/36 unter Abzug von 20% also 12960 kg verbrauchen dürfen, womit der tatsächliche Verbrauch fast genau übereinstimmt. Nach Mitteilung des Küsters stand der Lüfter nur an den Sonntagen für kurze Zeit im Betrieb und verbrauchte je Monat für rd. 4 Fr. Energie. Im übrigen erfolgte der Warmluftumlauf auf natürlichem Wege[1].

Werden derartige Heizanlagen dauernd beheizter Kirchen mit Ölfeuerung versehen, so ist es angezeigt, die Vorlauftemperatur des Heizwassers in üblicher Weise der Außentemperatur entsprechend zu regeln, außerdem aber auch einen Regler anzubringen, der die Raumtemperatur auf der gewünschten Höhe hält. Die Einrichtung kann bei vollselbsttätigen Anlagen auch so erfolgen, daß auf die Gottesdienste hin höher geheizt wird, ohne daß der Küster mit der Bedienung irgend etwas zu tun hat.

Im Gegensatz zu so weitgehenden Ausführungsarten kann man bei beschränkten Geld- und Platzverhältnissen aber auch sehr einfache Luftheizungen, etwa unter Anwendung von Einzelheizgeräten, zur Anwendung bringen[2]. Da diese entweder in oder doch unmittelbar neben dem Kirchenraum untergebracht werden, so ist auf geräuschlosen Gang der Lüfter besonderes Gewicht zu legen, sofern sie auch während des Gottesdienstes betrieben werden sollen. Werden keine großen Ansprüche an die Temperatur gestellt, so können sie bei nicht dauernd beheizten Kirchen auch nur zum Aufheizen benutzt und vor Beginn des Gottesdienstes abgestellt werden. Wiederholt gemachte Beobachtungen haben allerdings ergeben, daß die Temperatur in derart hochgeheizten Räumen nach dem Abstellen der Luftheizung rasch wieder sinkt.

Warmwasser-Luftheizungen weisen den Feuer-Luftheizungen gegenüber verschiedene Vorzüge auf, wie niedrigere Heizflächentemperaturen und daher angenehmere Luftverhältnisse, die Sicherheit, daß keine Rauchgase in die Kirche gelangen, wie das bei undicht gewordenen Feuerluftöfen der Fall sein kann usw. Andererseits sind sie teurer in der Anschaffung, und auch die Betriebskosten stellen sich nach den gemachten Erfahrungen vielfach um 10—20% höher, namentlich wenn zwischen Heizkesseln und Lufterhitzern lange Leitungen erforderlich sind oder sonst größere Wärmeverluste auftreten. Ferner besteht in nicht dauernd benutzten Kirchen die Gefahr des Einfrierens der Lufterhitzer und, des sehr kleinen Wasserinhaltes wegen, bei allen Warmwasser-Luftheizungen, an die keine weiteren Heizkörper angeschlossen sind, bei unachtsamer Bedienung die Möglichkeit des Leerkochens der Kessel, wodurch schon wiederholt Kesselauswechslungen erforderlich geworden sind.

3. Anheizzeit, Zahl der jährlichen Heiztage und durchschnittlicher Brennstoffverbrauch.

In nicht dauernd beheizten Kirchen kommt man bei entsprechend wirksamen Heizanlagen auch bei größter Kälte mit 5—7 Stunden *An-*

[1] Die ausführliche Beschreibung der Anlage s. im Gesundh.-Ing. Bd. 59 (1936) S. 540/543.

[2] Vgl. z. B. W. STAMMINGER: Kirchenheizung durch Luftheizapparate. Gesundh.-Ing. Bd. 55 (1932) S. 129/130.

heizzeit, bei guter Bauausführung und geschützter Lage mit weniger aus. In den Übergangszeiten genügen oft 1—2 Stunden. Unter Abschnitt A 2 wurde bereits darauf hingewiesen, daß die Anlagen um so wirtschaftlicher arbeiten, je kürzer die Anheizzeit ist. Andererseits ergeben etwas längere Anheizdauern, abgesehen von geringeren Orgelverstimmungen, angenehmere Verhältnisse infolge besserer Erwärmung der Umfassungswände, wodurch weniger Kaltluftströmungen auftreten und auch die Wärmeabstrahlung des Körpers nach den Wänden kleiner ausfällt.

Mit wieviel *Heiztagen* zu rechnen ist, hängt davon ab, wie lange an dem in Frage kommenden Ort die Heizzeit dauert. Umfaßt sie z. B. für auf 15° beheizte Räume 180 Tage, wird die Kirche jedoch wöchentlich nur einmal benutzt, so ergeben sich für diese rd. 25 Heiztage. Unter Berücksichtigung der Feiertage und gelegentlicher Veranstaltungen während der Woche fällt die Zahl aber höher aus, ebenso bei längeren Heizzeiten.

Für dauernd auf etwa 8° während der Woche und 12° während den Gottesdiensten beheizte Kirchen hat man an Orten mit mittleren Tiefsttemperaturen von —15° mit durchschnittlich 120—140 Heiztagen zu rechnen[1].

Zahlentafel 5. Durchschnittlicher jährlicher Brennstoffverbrauch von nicht dauernd beheizten Kirchen bei 25 Heiztagen je Winter, 12° Innentemperatur und im Höchstfalle 6stündiger Anheizzeit.

Beheizter Rauminhalt m³	Sammelheizung bei Aufstellung von Heizkörpern an den Wänden und bei Luftheizung. Koksverbrauch kg	Sammelheizung mit gut verteilter Heizfläche, z. B. Fußbankheizung. Koksverbrauch kg	Einzel-Gasheizöfen. Gasverbrauch m³	Elektrische Fußbankheizung. Energieverbrauch kWh	Ofenheizung oder Luftheizung unter Verwendung von Feuerluftöfen. Verbrauch an Hartholz Raummeter [2]
500	810	440	600	1700	3,8
1000	1190	690	1100	3100	5,6
2000	2030	1150	2000	5250	9,5
4000	3250	1840	3600	8500	15,2
6000	4300	2440	5000	11200	—
8000	5030	3030	6200	13500	—
10000	6150	3500	7300	15500	—
15000	8210	4670	9900	—	—
20000	9900	5620	12400	—	—

Über die *Brennstoffverbrauche* nicht dauernd beheizter Kirchen habe ich im *Gesundheits-Ingenieur* vom 16. September 1933[3] auf Grund von Erfahrungszahlen eingehende Vergleiche angestellt. Es hätte keinen Zweck, das dort Gesagte hier zu wiederholen. In Zahlentafel 5 sind nur

[1] Hinsichtlich Dauer der Heizzeiten vgl. z. B.: RAISS, W.: Der Einfluß des Klimas auf den Heizwärmebedarf in Deutschland. Gesundh.-Ing. Bd. 56 (1933) H. 34, Zahlentafel 1 S. 402. — HOTTINGER, M.: Gradtagtabellen für die Schweiz, Zahlentafel 2 und 3, S. 5 u. 6. Herausgeg. vom Ver. Schweiz. Zentralheizungsindustrieller. Zürich 1936 — Klima und Gradtage in ihren Beziehungen zur Heiz- und Lüftungstechnik, Zahlentafel 16, S. 33. Berlin: Julius Springer 1938.

[2] 1 Raummeter trockenes Buchenholz wiegt 500—600 kg.

[3] HOTTINGER, M.: Raumheizung mittels Einzel-Gasheizöfen. Gesundh.-Ing. Bd. 56 (1933) S. 434/440.

einige Ergebnisse unter Beifügung weiterer Angaben über Holzfeuerung enthalten. Zu erwähnen ist, daß den Berechnungen zuverlässige Angaben erster Heiz-, Gas- und Elektrizitätsfachleute für gut gebaute und geschützt gelegene Kirchen zugrunde gelegen haben. In vielen Fällen wird der Brennstoffverbrauch jedoch bis zum Mehrfachen der angegebenen Bedarfe betragen, insbesondere wenn verlangt wird, daß die Kirche auf 15 oder gar 18°, statt wie angenommen auf 12°, erwärmt wird, wenn sie nicht nur an 25 Sonntagen, sondern auch öfter an Werktagen für Hochzeiten, Beerdigungen, Konzerte und andere Veranstaltungen geheizt wird, wenn sie starkem Windanfall ausgesetzt ist, wenn die Umfassungswände, z. B. infolge großer und vielleicht nicht dicht schließender Fenster oder undichter Decken in besonderem Maße wärmedurchlässig sind, oder wenn zufolge knapper Bemessung der Heizungen längere Anheizzeiten, als wie sie angenommen wurden, benötigt werden. Solche Umstände bedingen natürlich eine Steigerung des Brennstoffverbrauches bei allen Heizarten, nur fallen sie bei den Brennstoffen mit hohen Wärmepreisen, also in der Regel bei Verwendung von elektrischer Energie und Gas, mehr ins Gewicht als bei den anderen.

Für dauernd auf etwa 8° und während den Gottesdiensten auf 12° beheizte Kirchen an Orten mit —15° mittlerer Tiefsttemperatur, ferner bei Verwendung von Warmwasser-Luftheizung oder den schon erwähnten Perretöfen sind in Zahlentafel 6 die ungefähren durchschnittlichen Brennstoffverbrauche für je 1000 m³ beheizten Rauminhalt angegeben. Vorstehend wurde bereits darauf hingewiesen, daß diese Verbrauche bei unmittelbarer Feuerluftheizung unter Verwendung der üblichen eisernen Feuerluftöfen um vielleicht 10—20% kleiner angenommen werden können. Bei vollselbsttätiger Öl-Luftheizung sollen sogar wiederholt noch größere Minderverbrauche festgestellt worden sein.

Zahlentafel 6. Durchschnittlicher jährlicher Brennstoffverbrauch von dauernd beheizten Kirchen für je 1000 m³ beheizten Rauminhalt bei 120—140 Heiztagen sowie Innentemperaturen von rd. 8° während der Woche und 12° während den Gottesdiensten bei Warmwasser-Luftheizung und Perretöfen für Feinanthrazitfeuerung.

Feuerungsart	Verbrauch
Öl	1,4 t
Koks	2,6 t
Feinanthrazit	2,0 t
Buchenholz	9,0 Raummeter

Rechnet man auf Grund dieser Mengen, unter Einsetzung mittlerer Heizwerte und durchschnittlicher Wirkungsgrade die verfügbaren Nutzwärmen aus, so ergibt sich, daß sie bei Koks- und Feinanthrazitfeuerung etwas größer als bei Öl- und Holzfeuerung sind. Das entspricht indessen den praktischen Verhältnissen, indem bei Koks- und Anthrazitfeuerung der Einfachheit halber auch an Tagen (insbesondere der Übergangszeiten) durchgeheizt wird, an denen eigentlich kein Heizbedürfnis besteht, während sich die mühelos bedienbaren Ölfeuerungen dem Wärmebedarf besser anpassen lassen. Allerdings treten bei Ölfeuerung mit stoßweisem

Betrieb auch beträchtliche Wärmeverluste auf, indem bei abgestellter Feuerung die durchströmende Luft große Wärmemengen in den Schornstein entführt. Daß der Wärmewert bei Holzfeuerung kleiner ausfällt, ist begreiflich, weil man hierbei der Mühe wegen sowieso nicht mehr als unbedingt notwendig heizt.

Zu beachten ist auch, daß die Verbrauchszahlen bei kleinen Kirchen mit unter 1000 m^3 Inhalt in der Regel etwas höher, bei großen mit über 10000 m^3 Inhalt dagegen kleiner als wie angegeben sein werden und daß den betreffenden Werten ebensowenig Allgemeingültigkeit zukommt wie denjenigen der Zahlentafel 5. Bei den dauernd beheizten Kirchen fallen Bauweise, Lage usw. sogar noch stärker ins Gewicht als bei den nur sonntags beheizten, und zudem kommt dabei der Verlauf der Außentemperatur in weit höherem Maße zur Geltung. Wird z. B. während der Woche eine Innentemperatur von 8° und während den Gottesdiensten von etwa 12° verlangt, so weicht der Brennstoffbedarf solcher Kirchen nach Feststellungen, die ich an Hand der Gradtage für die Schweiz durchgeführt habe, in den verschiedenen Wintern leicht bis zu $\pm 50\%$ und mehr vom Durchschnitt ab[1].

B. Warmwasserbereitung.

In großen Kirchen werden zu Reinigungszwecken ausnahmsweise Warmwasserbereitungsanlagen erstellt, wobei das warme Wasser auch in die Emporen hinaufzuleiten ist. Die Wassererwärmung kann vom Heizkessel bzw. einem besonderen kleinen Kessel aus oder auf elektrischem Wege erfolgen.

C. Lüftung.

Im Winter ist künstliche Lüftung der Kirchen ihres im Verhältnis zur Besucherzahl großen Rauminhaltes sowie des beträchtlichen natürlichen Luftwechsels wegen nicht erforderlich, namentlich wenn aufschließbare Fensterflügel vorhanden sind, die in jedem Falle, auch bei Ausführung von Pulsionsluftheizung mit Frischluftzufuhrmöglichkeit, ausgeführt werden sollten. Im Sommer kann dagegen eine Durchlüftung mittels Lüfters oft nichts schaden, insbesondere wenn es sich um Bauweisen handelt, die zufolge großer Fenster und dünner Betonwände zu hohen Raumtemperaturen Veranlassung geben. Wird Luftheizung mit Lüfterbetrieb erstellt, so können die gleichen Anlagen auch zur Zuführung der Frischluft dienen. Außerdem ist es aber unter Umständen erwünscht durch Deckenöffnungen, die im Winter, der sonst auftretenden Wärmeverluste wegen allerdings gut verschließbar sein müssen, Luft absaugen zu können. Soll außerdem eine gewisse Kühlung des Rauminnern erzielt werden, so ist es angezeigt, die Lüfter hierzu mit kleinen Umlaufzahlen während der kühlen Nachtstunden zu betreiben. Groß ist die dadurch erzielbare Kühlwirkung allerdings nicht, um so weniger, als derart neu-

[1] Vgl. M. Hottinger: Klima und Gradtage. Berlin: Julius Springer 1938. Ferner die alljährlich in den Oktobernummern der Schweiz. Bl. f. Hzg. u. Lftg. erscheinenden Angaben über das heiztechnische Klima der Schweiz in den vorangegangenen Wintern.

zeitliche Kirchen keine bedeutenden Mauermassen, die speichernd wirken würden, mehr besitzen. Andererseits lassen sie sich im Frühjahr, wenn es im Freien wärmer als in der Kirche ist, auch zum Heizen verwenden, ohne daß die angesaugte Frischluft besonders erwärmt wird. Dabei ist allerdings Vorsicht am Platz. Wenn sich die eingeblasene Luft in der Kirche unter den Taupunkt abkühlt, so scheidet sie Wasser aus, wodurch Feuchtigkeitserscheinungen auftreten, während sich im Winter durch Einblasen vorgewärmter Frischluft umgekehrt feuchte Kirchen austrocknen lassen. Daß es mit solchen Anlagen, die gestatten, Frischluft einzublasen und dadurch Überdruck im Kircheninnern zu erzeugen, zudem möglich ist, bis zu einem gewissen Grade Zugerscheinungen entgegenzuwirken, wurde bereits erwähnt.

VI. Klosteranlagen.

Von **H. KÄMPER.**

Größere Klosteranlagen umfassen außer den eigentlichen Wohngebäuden mit Zellen, Kapitel- und Speisesälen, Gastzimmern, Kreuzgängen, evtl. Bibliotheken, Sammlungen und der Kirche mit Sakristei meist auch Wirtschaftsgebäude, Werkstätten usw., sowie oft Kollegien zu Unterrichts- und Wohnzwecken, Turnhallen, Baderäume, Gewächshäuser. Sie schließen also fast alle in den Abschnitten I—V behandelten Gebäudearten mit ein, so daß im folgenden bezüglich der Einzelheiten auf das in diesen Abschnitten Ausgeführte verwiesen werden kann.

1. Heizart.

Früher war in Klöstern Ofenheizung das allgemein gebräuchliche Heizsystem, und zwar, wie zahlreiche Dokumente und Funde beweisen, im Mittelalter zuerst sog. Steinofenheizung. Dabei erstellte man unter den zu heizenden Räumen dickwandige Kammern, in welche bisweilen noch Findlinge, z. B. aus Basalt oder Granit, gelegt wurden. Von den Kammern führten einerseits Rauchabzüge ins Freie, andererseits Kanäle nach den zu heizenden Räumen. Zuerst öffnete man die ersteren, schloß die letzteren und erhitzte die Kammern mittels eines kräftigen Holzfeuers. Nach dem Erlöschen des Feuers wurden die Rauchabzüge zu-, die Heizkanäle aufgemacht, so daß die nun hindurchstreichende frische, sich in den Kammern hoch erwärmende Luft in die Räume austrat und dieselben heizte. Später ersetzte man diese primitiven Luftheizeinrichtungen durch in die Zellen und Säle eingebaute, oft sehr kunstreich ausgeführte Kachelöfen, die in der Regel von den Kreuzgängen her mit Holz befeuert wurden. In neuerer Zeit sind dann oft einzelne Teile (Abtei, Priorat, Kirche) oder auch sämtliche zu heizenden Räume mit Zentralheizung versehen worden, allerdings oft mit Dampfheizung, während heute für Wohngebäude Warmwasserheizung allgemein üblich ist (s. Abschnitt I). Handelt es sich um ausgedehnte Klosteranlagen, so kann auch Pumpenfernheizung und daneben, zur Heizung der Kirche sowie zum Anschluß der Wasch- und Kochküche, evtl. Ferndampfversorgung angezeigt sein (wie bei Krankenanstalten, Abschnitt III). Für die Kirche können jedoch auch die anderen der unter Abschnitt V für dauernd beheizte Kirchen erwähnten Heizarten in Frage kommen. Bleibt die Kirche unbeheizt, so sollte doch wenigstens die Sakristei an die Zentralheizung angeschlossen werden. Weiter sei verwiesen bezüglich evtl. Wohn- und Unterrichtsgebäude der Schüler (Lyzeen, Kollegien) auf die Abschnitte I und IV, für evtl. Gewächshäuser auf Abschnitt II. Enthalten die Kollegiumsbauten Turnhallen und Badeanlagen, so gilt hierfür ebenfalls das unter Abschnitt IV Gesagte. Bei Erstellung von Fern-Warmwasserheizung ist zu beachten, daß der Boiler der Warmwasserbereitung für Bade- und Reinigungszwecke sowie die Heizung der Baderäume außer an die Fernheizung auch an einen besonderen Heizkessel anzuschließen oder mit Gas oder elektrischer Heizmöglichkeit zu versehen sind, damit sie zur Verfügung stehen, auch wenn sich die Fernheizung nicht im Betrieb befindet.

2. Kesselanlage.

Bei der Unterbringung des zentralen Kesselraumes und des Schornsteins ist darauf Bedacht zu nehmen, daß die Klosteranlage nicht verunstaltet und während des Betriebes der Heizung nicht durch Geräusche, Rauch usw. belästigt wird. Es ist daher für gute Zufahrtsmöglichkeit zur Herbeischaffung des Brennmaterials und zum Wegtransport von Asche und Schlacken und außerdem dafür zu sorgen, daß die vorherrschenden Winde die Rauchgase möglichst von den Gebäuden wegtreiben. Kann außerdem das Kesselhaus am tiefstgelegenen Geländepunkt aufgestellt werden, so ist das von Vorteil. In den meisten Fällen wird die

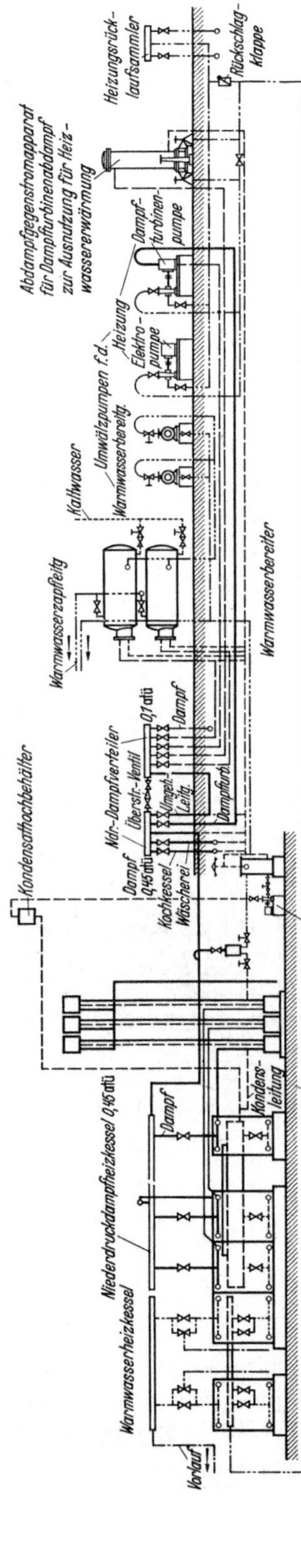

Abb. 44. Schema der ausgeführten Wärmezentrale für eine Klosteranlage.

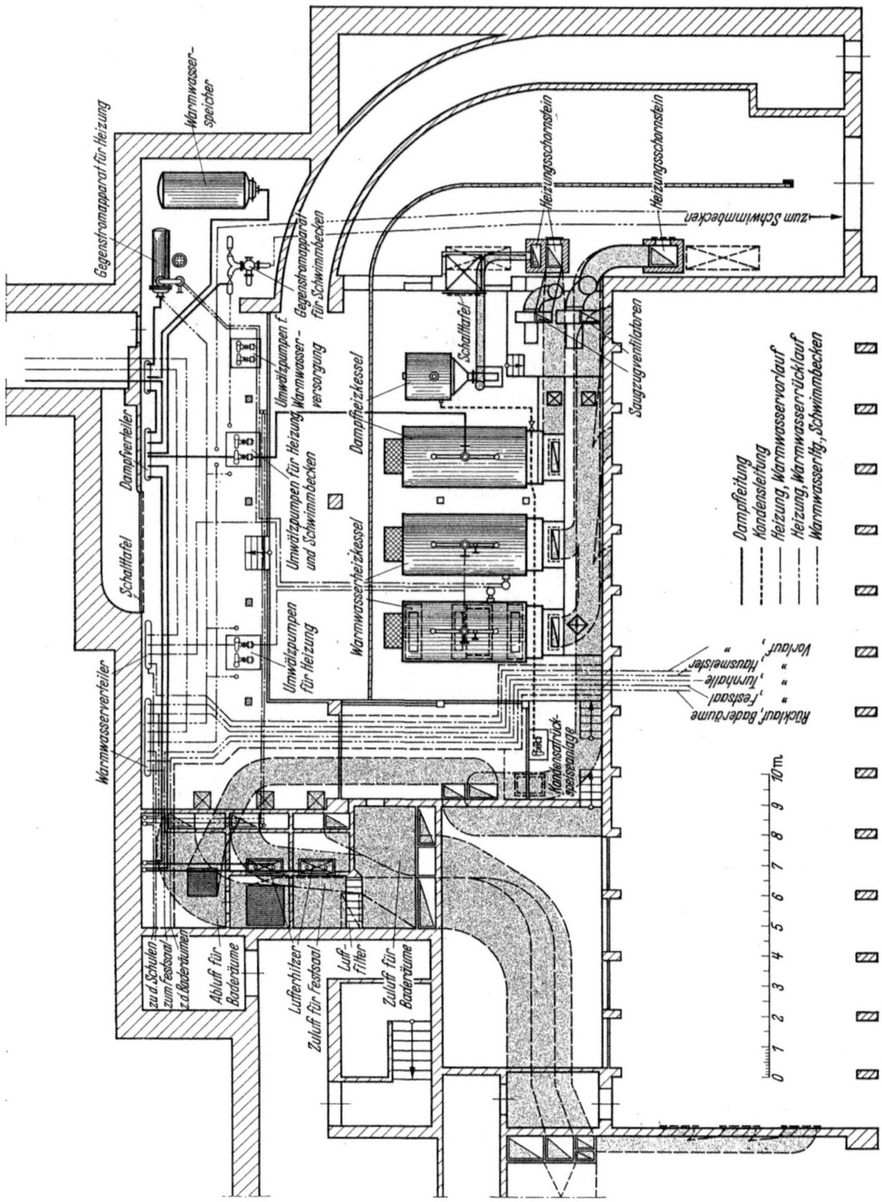

Abb. 45. Ausgeführte Kesselanlage und Apparateraum für eine Klosteranlage.

Unterbringung der Zentrale in den Wirtschaftsgebäulichkeiten am zweckmäßigsten sein (s. im übrigen das unter Abschnitt III über die Zentralisation der Heizungsanlagen Gesagte). Abb. 44 zeigt das Schema der

Wärmezentrale einer Klosteranlage, Abb. 45 die Kesselanlage und den Apparateraum einer weiteren Klosteranlage.

Die Wahl des Brennstoffes ist im wesentlichen abhängig vom Wärmepreis, der in jedem Fall festgestellt werden muß, wenngleich auch andere Gründe ausschlaggebend sein können.

Wegen der geringen Rauchentwicklung ist Koksfeuerung wie bei Wohnkolonien, Krankenanstalten und ähnlichen Gebäudegruppen am empfehlenswertesten. Hierfür werden wie üblich guß- oder schmiedeeiserne Kessel mit Füllschächten verwendet. Jedoch können auch gasarme kleinkörnige Steinkohlen vielerorts besonders wirtschaftlich etwa in freistehenden Flammrohr-Rauchröhrenkesseln verfeuert werden.

Nachtbedienung muß auf das geringste Maß beschränkt werden, da sie in Klöstern nicht erwünscht ist. Andererseits dürfen die Kessel nicht ausgehen, da sonst eine sehr ungleichmäßige Auskühlung der Gebäude stattfindet, wenn neben den alten Klosterbauten mit ihren dicken Mauern neuere, leichter gebaute Gebäude in Frage kommen.

Verfügt das Kloster über Waldungen und daher größere Mengen Brennholz, das in den Übergangszeiten mit Vorteil im eigenen Betrieb verfeuert wird, so ist bei der Wahl der Kesselart auch hierauf Rücksicht zu nehmen.

Pumpen, Schalttafel usw. werden am besten in üblicher Weise in einem besonderen Apparate- und Regelraum (s. die Abschnitte III und VII) untergebracht.

3. Leitungen.

Bezüglich der Fernleitung gilt das bei Fernheizung Allgemeinübliche. In den Gebäuden sind die Leitungen in Kellerräumen, Bodenkanälen (z. B. unter den Kreuzgängen), in den Hohlräumen der Kreuzgewölbe ausnahmsweise auch sichtbar, beispielsweise in wenig benutzten Gängen oder auf den Dachböden unterzubringen. Der in den alten Gebäuden sehr dicken und gewöhnlich aus Rundsteinen hergestellten Mauern wegen hat die Verlegung so zu geschehen, daß möglichst wenig Mauerdurchbrüche erforderlich sind.

Die Steige- und Falleitungen werden in den bestehenden Gebäuden am besten offen, in Neubauten dagegen in Mauerschlitzen verlegt. Im übrigen sei bezüglich der Leitungen, evtl. Gruppenunterteilung usw. auf die Abschnitte I, III und IV verwiesen.

Schrifttum:

Hottinger: Die Fernheizung im Kloster Engelberg. Gesundh.-Ing. 1928 S. 545.

Bilden, H.: Die wärmetechnischen Einrichtungen in den Neuanlagen der Congregatio B. M. V. Essen/Ruhr. Gesundh.-Ing. Bd. 56 (1933) H. 16 S. 181/185.

Walensky, B.: Die Heizungsanlage in der Vatikanischen Stadt. Gesundh.-Ing. Bd. 57 (1934) H. 11 S. 137/138.

VII. Geschäfts-, Büro-, Verwaltungs-, Gerichts-, Bank-, sowie Post- und andere Verkehrsgebäude.

(Verkaufsläden s. Abschnitt I. Warenhäuser Abschnitt VIII. Großgaragen Abschnitt XVI)

Von **H. Kämper.**

A. Heizung.

1. Raumtemperaturen in Grad Celsius[1].

Büros, Sitzungs-, Warte-, Empfangszimmer usw.	20°
Mit den Büroräumen in offener Verbindung stehende Schalterhallen	20°
Von den Büroräumen abgetrennte Schalterhallen	15°
Kassen- und Tresorräume	20°
Oft benutzte Registraturen, Archivräume usw., in denen sich Angestellte bisweilen tagelang aufzuhalten haben	20°
Wenig benutzte Registraturen, Archivräume usw.	12°
Korridore bei ausschließlicher Benutzung als Verbindungsräume	15°
Korridore bei Benutzung als Warteräume	20°
Aborte, Toiletten, Garderoben, Waschräume	15°
Verkaufsläden	20°
Autogaragen	nicht unter 5°

Die Temperaturen von Magazinen, Lagerräumen usw. sind der Bestimmung der Lokale entsprechend zu wählen.

Betreffend Hauswartwohnung s. die Abschnitte I (Wohnhäuser) und IV (Unterrichtsgebäude).

2. Heizart.

Je nach der Bauweise und der Benutzungsart des in Frage stehenden Gebäudes können praktisch sowohl Warmwasser- wie auch Dampf- oder Luftheizung in Frage kommen.

In vielen Fällen werden sogar im gleichen Gebäude mehrere Heizarten nebeneinander zur Anwendung gelangen, z. B. Warmwasserheizung für die Büros und Korridore, Niederdruckdampfheizung für Läden, Aborte, Lufterhitzer, Oberlichtheizschlangen, Warmwasserbereitung; Luftheizung für Säle, Schalterhallen usw.[2]

Die heute gebräuchlichste Heizart für Verwaltungs- und ähnliche Gebäude obengenannter Art ist allerdings die Schwerkraft- oder — bei ausgedehnteren Anlagen — die Pumpen-Warmwasserheizung. Bei normal hohen Gebäuden mit angegliedertem Hochhausteil wird auch eine Verbindung von Schwerkraft- und Pumpen-Warmwasserheizung gewählt, und zwar derart, daß der ausgedehnte Flachbau mit Pumpenheizung versehen wird, während der über den Flachbau hinausragende Hochhaus-

---

[1] Vgl. hierzu DIN 4701-Regeln für die Berechnung des Wärmebedarfs von Gebäuden und für die Berechnung der Kessel und Heizkörpergrößen von Heizungsanlagen.

[2] Jacobi, H.: Die heizungs- und gesundheitstechnischen Einrichtungen zweier Hochhäuser in Siemensstadt. Gesundh.-Ing. Bd. 56 (1933) H. 35 S. 409/413.

turm wegen der großen zur Verfügung stehenden Druckhöhe eine Schwerkraftheizung mit besonderer Zuleitung vom Heizraum aus erhält.

Die Pumpen-Warmwasserheizungen werden dabei vielfach so bemessen, daß sie bis zu einer bestimmten Außentemperatur, etwa $\pm 0°$, auch als Schwerkraftheizungen betrieben werden können. Das bedeutet zwar eine Verteuerung der Anlagekosten des Rohrnetzes, aber eine Verringerung der Betriebskosten und eine Erhöhung der Betriebssicherheit der Anlage. Um zu verhindern, daß in reinen Pumpen-Warmwasserheizungen bei plötzlichem Ausfall der elektrisch betriebenen Pumpen infolge Aussetzens der Stromzufuhr der Wasserumlauf unterbunden wird und die Kessel zum Überkochen kommen, ist die Anordnung von Umgehungsleitungen für die Pumpen mit eingebautem Rückschlagventil notwendig. Eine weitere Sicherung im Pumpenbetrieb stellt die Schaffung der notwendigen Reservepumpen mit unabhängigem Antrieb (Turbo- oder Benzinmotorenantrieb) dar.

Für ausgesprochene Hochhäuser kommt in der Regel Warmwasserheizung wegen des auftretenden hohen statischen Druckes auf die unteren Heizkörper und auf die Kessel nicht in Betracht, es sei denn, daß besonders druckfeste Heizflächen Verwendung finden[1] oder eine entsprechende Unterteilung der Anlage in senkrechter Richtung vorgenommen wird.

Aber auch bei solchen Verwaltungs- und Wohnhochhäusern, bei denen aus statischen Gründen die Warmwasserheizung noch ohne besondere Bedenken anwendbar ist, ergeben sich oft Schwierigkeiten dadurch, daß bei unterer Verteilung die Heizkörperanschlüsse in den oberen Geschossen sehr klein bemessen oder die Ventilatoreinstellungen sehr erheblich gedrosselt werden müssen, wenn ein Temperaturunterschied von 20° eingehalten werden soll. Hier kann man sich, wenn die Bauart des Gebäudes es zuläßt, mit Erfolg durch Anwendung des Einrohrnetzes an Stelle des üblichen Zweirohrnetzes helfen. Voraussetzung ist allerdings eine einwandfreie Nachrechnung und Ausführung der Anlage durch namhafte Fachfirmen[2]. Als Vorteile solcher Anlagen sind außerdem ihre meist größere Billigkeit, ihr geringerer Platzbedarf für die Stränge und die gute Ausdehnungsmöglichkeit zu nennen.

Aus den vorgenannten Gründen und des geringen Gewichtes wegen kommt als Hochhausheizung meist Niederdruckdampfheizung in der Form als Vakuumdampfheizung zur Ausführung[3]. Die amerikanischen Wolkenkratzer sind durchweg mit Vakuumdampfheizungen ausgerüstet,

---

[1] Tenney, T. S.: Warmwasserbeheizte Wolkenkratzer. Heat. Pip. Air Condit. 1933 Nr 2 [s. Bericht Gesundh.-Ing. Bd. 56 (1933) H. 16 S. 118/119].

[2] Keller, E.: Warmwasser-Einrohrheizung in Hochbauten. Haustechn. Rdsch. Bd. 37 (1932) H. 3 S. 29/31. — Hugel, Fr.: Eignung der verschiedenen Warmwasserheizungsanlagen für die neuzeitliche Hochhausbauweise. Gesundh.-Ing. Bd. 59 (1936) H 9 S. 118/120.

[3] Brabbée: Neues aus der amerikanischen Heiz- und Lüftungstechnik. Bericht über den XII. Kongreß für Heizung und Lüftung 1927. — Meyer, C. Henry: Heizung und Lüftung des Empire State Building. Heat. a. Ventilat. Okt. 1930 S. 62.

jedoch sind auch in Deutschland einige Anlagen errichtet worden[1]. Durch Anordnung einer Luftpumpe kann man in solchen Anlagen ein Vakuum verschiedener Größe und dadurch niedrige Dampf- und Heizkörpertemperaturen erzielen, also eine der Warmwasserheizung ähnliche generelle Regelung entsprechend der jeweiligen Außentemperatur. Wegen des immerhin recht verwickelten Aufbaues solcher Anlagen ist wohl ihre Anwendung in Deutschland bisher beschränkt geblieben.

Beim Anschluß an Dampffernleitungen (Fabrikheizungen, Städteheizungen) können Dampfwarmwasser-, Dampfluft-, Niederdruckdampf- oder Vakuumheizungen ausgeführt werden.

Bisweilen ist Dampf auch für eine Dampfkochküche (s. Abschnitt III C) oder andere technischen Zwecke erforderlich.

Unter Umständen können Wärmespeicher zur Deckung der Wärmebedarfsspitzen, vor allem derjenigen beim Aufheizen am Morgen, gute Dienste leisten und damit zu einer wesentlichen Verkürzung der sonst notwendigen Zeit zum Anheizen beitragen. Sie tragen zu einer gleichmäßigeren Belastung der Kessel und einer Vereinfachung des Betriebes bei und ermöglichen, die Bemessung der Kessel für die Normalbelastung vorzusehen. Abb. 46 zeigt eine derartige Speicheranlage in Verbindung mit einer Pumpen-Warmwasserheizung.

Für die Tresorräume in großen, städtischen Bankgebäuden ist Luftheizung gebräuchlich, weil man es aus Sicherheitsgründen gern vermeidet, Warmwasser- oder Dampfleitungen in dieselben hineinzuführen und die Räume bei Luftheizung gleichzeitig gut gelüftet und trocken gehalten werden können.

Gewöhnlich wird durch den Zuluftlüfter auf höchstens 30—35° vorgewärmte Luft eingeblasen und die verbrauchte, ebenfalls durch Lüfter, abgesaugt. Selbsttätige Temperaturregelung zur Einstellung und Einhaltung der gewünschten Zulufttemperatur ist angezeigt. Durch Bedienung von Klappen oder Schiebern soll es möglich sein, die Anlagen ganz oder teilweise mit Umluft zu betreiben. Die stündlich geförderte Menge braucht bei voller Umlaufzahl der Lüfter das 3—5fache des Rauminhaltes nicht zu übersteigen. Der Abluftlüfter kann gleich groß wie der Zuluftlüfter gehalten werden.

Um die Tresorlüftung und -heizung auch an kühlen Sommertagen benutzen zu können, ist der Gebläseheizkörper zweckmäßig vom Sommerheizkessel aus, der zum Betriebe der Warmwasserbereitung dient, heizbar zu machen, oder es ist außer dem Dampf- bzw. Warmwasserheizkörper auch ein jederzeit betriebsbereiter, in mindestens 2 Gruppen unterteilter elektrischer Heizkörper in den Luftweg einzuschalten.

Der Einbruchssicherheit wegen verwendet man zur Leitung der Luft durch die gut armierten Betonwände der Tresorräume meist S-förmig gebogene Stahlrohre und bringt die Ein- und Austrittsstellen der Luft möglichst unauffälig an. Im übrigen hat die Ausführung der Anlagen in üblicher Weise zu geschehen.

[1] Heinemann, F.: Die Heizungsanlage in der Kleinmarkthalle zu Frankfurt a. M. Gesundh.-Ing. Bd. 53 (1930) S. 427/429. — Willner, M.: Die Vakuumdampfheizung. Gesundh.-Ing. Bd. 54 (1931) H. 31 S. 465/471.

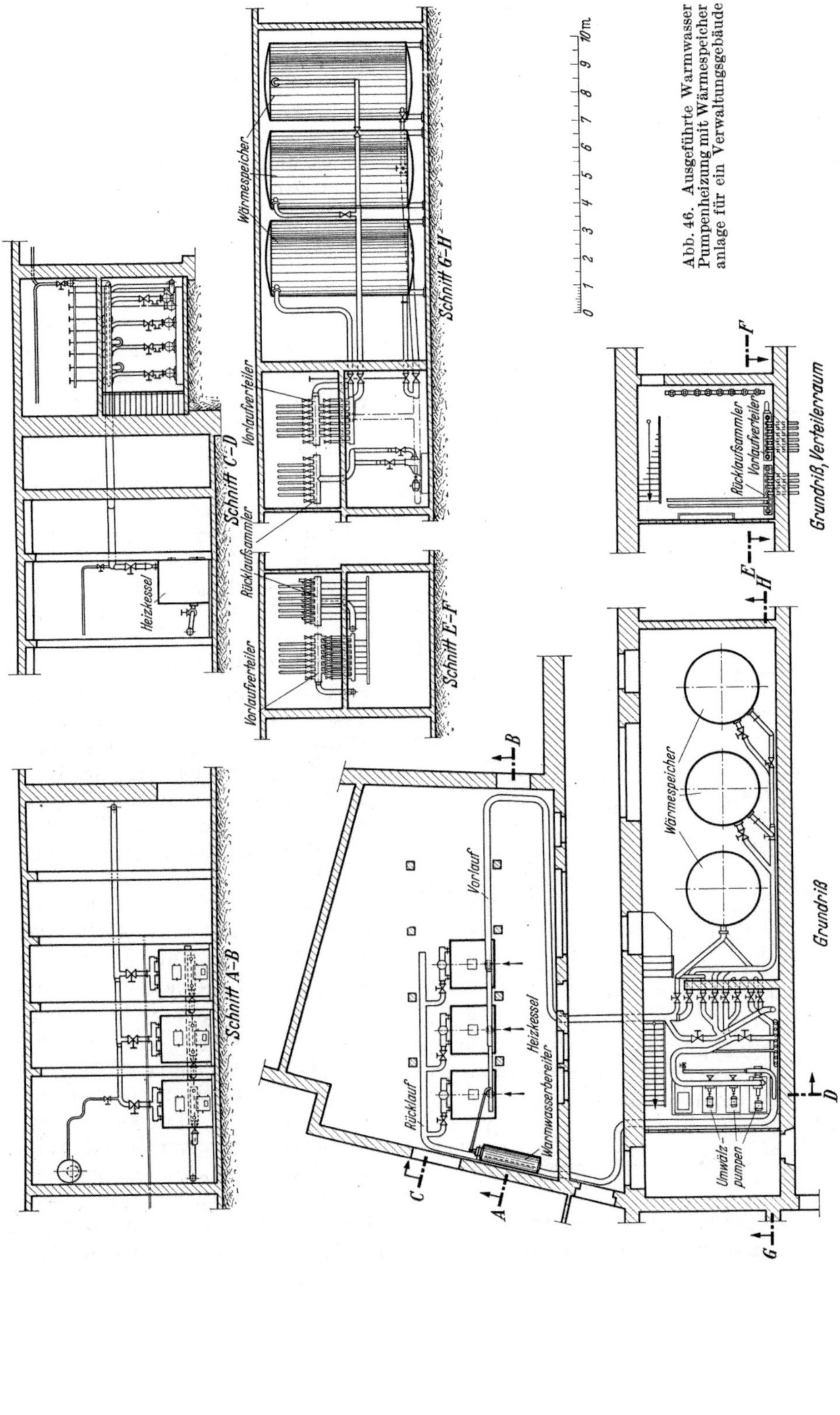

Abb. 46. Ausgeführte Warmwasser Pumpenheizung mit Wärmespeicher anlage für ein Verwaltungsgebäude

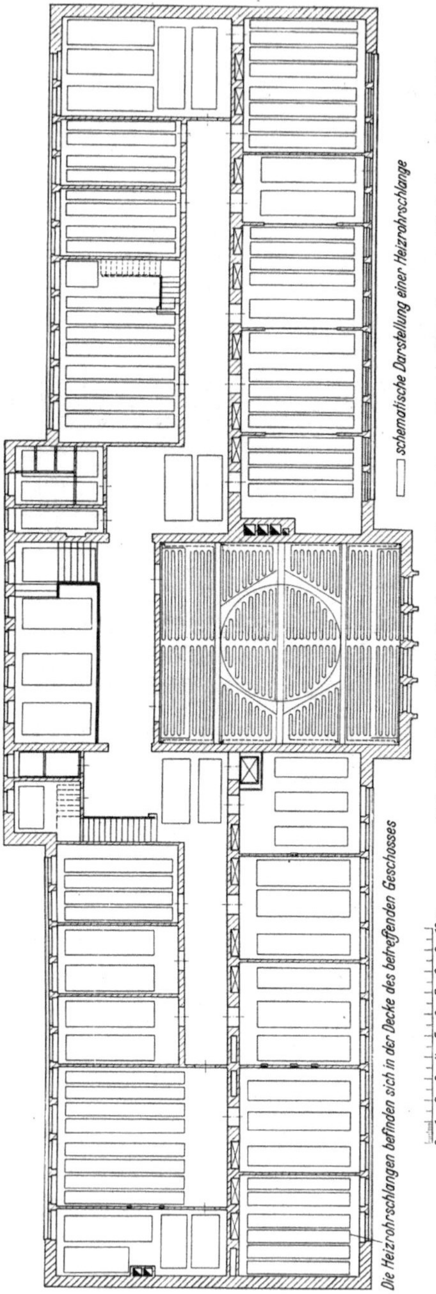

Abb. 47. Ausgeführte Deckenstrahlungsheizung für das Forschungsinstitut eines industriellen Großbetriebes. Grundriß des 1. Obergeschosses.

Beim Umbau von bereits bestehenden (namentlich kleineren, ländlichen) Bankgebäuden werden allerdings auch bisweilen Radiatoren in den Tresorräumen aufgestellt und außerdem Lüftungsanlagen vorgesehen, beispielsweise derart, daß durch einen Abluftlüfter Luft abgesaugt wird und die Zuluft durch (z. B. hinter den Heizkörpern angebrachte) Luftgitter vom Vorraum her zuströmt. Auch sind bei großen Neubauten schon Anlagen ohne Lüfter ausgeführt worden, indem im Tresorrundgang Heizkörper in Kasten eingebaut und diese unten und oben durch die bereits erwähnten S-förmig gebogenen Rohre mit dem Tresorraum verbunden werden, wobei es gleichzeitig möglich ist, diesen Heizkammern durch Kanäle Frischluft von außen her zuzuführen.

Gewöhnliche, für Geschäftszwecke benutzte Kellerräume lassen sich ohne weiteres mit Warmwasser- oder Dampfheizung und Lüftung oder wie die Tresorräume (wobei die erwähnten Sicherheitsmaßnahmen selbstverständlich nicht erforderlich sind) mit Luftheizung versehen.

Handelt es sich um Kellerräume, in denen Beamte oft oder gar ständig zu tun haben, so kann *Fußbodenheizung* erwünscht sein. Bei billigen Strompreisen läßt sie sich (wie z. B. in der Schweizer Volksbank in Zürich) elektrisch betreiben, es können jedoch auch Warmwasser- bzw. Dampfheizrohre verwendet werden. Fußbodenheizung sollte aber in Arbeitsräumen nur zum Warmhalten der Böden, nicht auch zum Heizen der Räume dienen, weil die notwendige Regelbarkeit fehlt und die Angestellten bei über Raumtemperatur erwärmten Böden erfahrungsgemäß über Fußbeschwerden klagen.

In ähnlicher Weise wird Fußbodenheizung bisweilen auch als Voll- oder Teilheizung bei Schalter- oder Eingangshallen, Vestibülen, Kundentresoren und sogar Ehrenhallen und Festsälen usw. mit Erfolg angewendet[1], wenn aus bestimmten Gründen, z. B. architektonischer Art, die Anordnung von freistehenden oder auch verkleideten Heizkörpern Schwierigkeiten bereitet. In solchen Fällen muß ganz besonders durch entsprechende Regeleinrichtungen dafür gesorgt werden, daß die Fußbodentemperaturen in erträglichen Grenzen gehalten werden. Bezüglich der Montage der Fußbodenheizrohre ist mit Rücksicht auf evtl. später vorkommende Instandsetzungsarbeiten die gleiche Sorgfalt zu verwenden wie bei den in den früheren Abschnitten erwähnten Deckenheizungen (Unterteilung in einzeln absperrbare Heizgruppen, Vermeidung von Schraub- und Schweißverbindungen in den Fußböden).

Vereinzelt kommen heute auch bereits *Deckenheizungen* zur Vollbeheizung von Verwaltungs- und ähnlichen Gebäuden zur Ausführung[2] (s. Abb. 47 und 48).

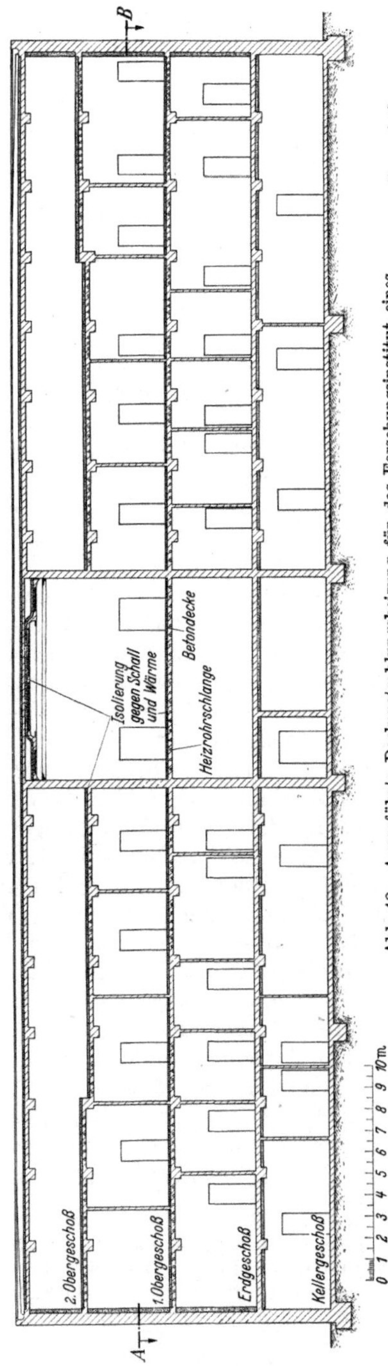

Längsschnitt

Abb. 48. Ausgeführte Deckenstrahlungsheizung für das Forschungsinstitut eines industriellen Großbetriebes. Längsschnitt.

[1] Luban, K.: Die wärmetechnischen Anlagen im Reichsluftfahrtministerium Berlin. Heizg. u. Lüftg. 1936 H. 11 S. 175/180.

[2] Schneckenberg, E.: Die Deckenheizung in der britischen Botschaft in Washington. Gesundh.-Ing. Bd. 54 (1931) S. 65. — Brandt, M.: Grundlagen und technische Einzelheiten der Strahlungsheizung. Sondermitt.-Heft der Ver. Stahlwerke, Düsseldorf 1936 (Hauptwärmestelle). — Kämper, H.: Die Deckenstrahlungsheizung. Z. VDI

Häufiger sind jedoch die Fälle, in denen bestimmte Räume solcher Gebäude, die im übrigen mit normalen Warmwasserheizungen ausgerüstet sind, mit Deckenheizung versehen werden, und zwar aus ähnlichen Gründen, wie sie für die Anwendung der Fußbodenheizung in Frage kommen. So haben z. B. einige Räume des Verwaltungsgebäudes der I. G.-Farbenindustrie, der Vereinigten Stahlwerke A.G. Düsseldorf, des Gebäudes für Technische Konstruktionsabteilungen der Friedr. Krupp A.G., Essen, des Braunen Hauses und des Führerbaues in München, der neuen Reichskanzlei in Berlin sowie das gesamte neue Gebäude der Gelsenkirchener Bergwerks-A.G. in Dortmund Deckenheizung erhalten. Die in solchen Fällen erforderlichen niedrigeren Heizwassertemperaturen für die Deckenheizung gegenüber der Heizkörperheizung werden entweder durch Rücklaufwasserbeimischung zum Vorlauf oder durch Verwendung des Rücklaufwassers von Heizkörperheizgruppen für die Deckenheizschlagen erzielt (stufenweise Schaltung)[1].

In den letzten Jahren sind in Deutschland nur vereinzelt, in anderen Staaten, vornehmlich in außereuropäischen, in großer Zahl auch Voll- oder Teil*klimaanlagen* für die Beheizung und gleichzeitige Belüftung von Verwaltungs- und Behördenbauten ausgeführt. Die Gründe für die Zurückhaltung gegenüber solchen Anlagen in Deutschland sind wohl einmal in den ausgeglicheneren Lufttemperatur- und Luftfeuchtigkeitsverhältnissen gegenüber anderen Ländern zu suchen, zum anderen in der bis vor wenigen Jahren außerordentlich schlechten wirtschaftlichen Lage Deutschlands, die die Aufbringung der immerhin nicht geringen Mittel für die Anlage und den Betrieb derartiger Anlagen ausschloß[2]. In dem Maße jedoch, wie gefordert wird, den gesundheitlichen Anforderungen in Arbeitsräumen mehr als bisher gerecht zu werden, wird die Verbreitung der Klimaanlagen zunehmen, zumal wenn damit außer einer Verbesserung der Arbeitsbedingungen eine Steigerung der Arbeitsleistung und -freudigkeit verbunden ist, was fast immer, wenn auch nicht in Zahlen ausdrückbar, der Fall sein wird. Die Entscheidung über den Einbau einer Klimaanlage zur Vollbeheizung eines öffentlichen Gebäudes wird auch noch davon abhängen, ob neben einer Heizung eine künstliche Lüftung unter allen Umständen eingebaut werden muß oder ob mit Fensterlüftung auszukommen ist. Wenn die vorhandenen Luftverunreinigungen durch Staub, Ruß und Gase oder der Straßenlärm ein Geschlossenhalten der Fenster erforderlich machen, so kann auf eine künstliche Lüftung nicht verzichtet werden. Diese gestattet nicht nur neben der Beseitigung obengenannter Übelstände die Einhaltung eines bestimmten Luftwechsels, sondern in der Form der Klimaanlage auch im Sommer die so oft wünschenswerte Kühlung der Büroräume. Dies

Bd. 81 (1937) S. 1032/1038. — NYSSEN, M. H.: Deckenstrahlungsheizung im Verwaltungsgebäude eines niederländischen Stromversorgungsunternehmens. Elektrizitätswirtsch. Bd. 37 (1938) S. 444. — BRANN-ANGOTT: Betriebsergebnisse einer elektrischen Deckenwarmwasserheizung. Heizg. u. Lüftg. 1938 H. 9 S. 146.

[1] KALOUS, K.: Grundsätzliches zur Berechnung der Deckenheizung. Heizg. u. Lüftg. 1937 H. 7 S. 97/98.

[2] WOLFER, A.: Verwendung von Klimaanlagen für öffentliche Bauten. Gesundh.-Ing. Bd. 59 (1936) H. 14 S. 189/195; H. 15 S. 205/210.

ist besonders wichtig bei Vorhandensein großer Fensterflächen in den Räumen. Der Einbau einer Voll-Klimaanlage zur Beheizung und Belüftung ist im allgemeinen auch billiger als der einer Heizkörperheizung und einer Lüftungsanlage. Großanlagen dieser Art sollen sich bereits an manchen Orten gut bewährt haben[1]. Ob auf die Aufstellung von örtlichen Zusatzheizkörpern oder auf sonstige Wärmezufuhr (etwa durch Warmluft) unter den Fenstern für Fensterarbeitsplätze wegen der Abstrahlung der Fenster und kalten Außenwände in jedem Fall ganz verzichtet werden kann, hängt wohl wesentlich von der Lage des Gebäudes und den in der betreffenden Gegend vorherrschenden klimatischen Verhältnissen ab. Für europäische Verhältnisse soll sich nach den Erfahrungen örtliche Zusatzheizfläche nicht als notwendig erwiesen haben[2]. Um den störenden Einfluß der Fenster auszuschalten und den der Außenwände einzudämmen, ist man in einem amerikanischen Bürohaus sogar dazu übergegangen, die Fenster überhaupt fehlen zu lassen und die Außenwände besonders gut zu isolieren[3]. Aus architektonischen Gründen wird eine solche Ausführungsart der Gebäude nur auf Sonderfälle beschränkt bleiben.

3. Heizkörper.

Am empfehlenswertesten ist die Aufstellung unverkleideter Radiatoren auf Konsolen unter den Fenstern (in Hochhäusern des geringen Gewichtes wegen evtl. solcher aus Stahlblech). Bei einfachen Räumen können an den Außenwänden entlang auch Heizrohre in Frage kommen. Befinden sich Sitzplätze neben hohen Fenstern, so ist zur Vermeidung von Zugerscheinungen darauf zu achten, daß die niedersinkende kalte Luft hinter die Heizkörper hinunterströmen, die erwärmte davor hochsteigen kann.

Aufstellung der Heizkörper an den Innenwänden ergibt billigere, der Platzinanspruchnahme und gleichmäßigeren Temperaturverteilung wegen aber weniger zweckmäßige Anlagen.

Werden in Empfangs-, Sitzungs-, Direktorenzimmern und Vestibülen unbedingt Heizkörperverkleidungen verlangt, so gilt für dieselben das unter Abschnitt I (Wohnhäuser) Gesagte.

Um ein Beschlagen der Oberlichter mit Schwitzwasser zu verhindern und den Schnee abzuschmelzen, ist es angezeigt, zwischen Oberlicht und äußerer Verglasung Heizröhren einzubauen. Hierbei muß aber für eine gute Zugangsmöglichkeit zu den Heizröhren gesorgt werden, damit

---

[1] Kleschka, J.: Über die Klimaanlage im Zentralgebäude der Elektrischen Unternehmungen der Hauptstadt Prag. Gesundh.-Ing. Bd. 59 (1936) H. 10 S. 129/138. — Klein, A.: Warum wurde im Neubau der Pensionsanstalt in Prag eine Klimaanlage zur Beheizung und Belüftung der Büroräume eingebaut? Gesundh.-Ing. Bd. 59 (1936) H. 23 S. 322. — Herbst, W.: Klimatechnik in amerikanischen Bürogebäuden. Heizg. u. Lüftg. Bd. 12 (1938) H. 7 S. 97/104.

[2] Aussprache auf der Fachsitzung „Klimatechnik" (Hauptversammlung des VDI am 27. Mai 1938 in Stuttgart). Heizg. u. Lüftg. Bd. 12 (1938) H. 11 S. 175/177.

[3] Siehe den bereits genannten Aufsatz von W. Herbst: Klimatechnik in amerikanischen Bürogebäuden. Heizg. u. Lüftg. Bd. 12 (1938) H. 7 S. 102. — Ferner Pohlmann, W.: Ein fensterloses Bürohaus, das klimatisierte Bett und der klimatisierte Arbeitsplatz. Kälte-Ind. Bd. 33 (1936) S. 37.

Schäden ohne zu große Schwierigkeiten beseitigt werden können. Ferner kann es zur Verminderung der Sonneneinstrahlung im Sommer angezeigt sein, die Oberlichter mit Farbe (z. B. blau) zu streichen und sie evtl. außerdem mit Kaltwasser zu berieseln (s. das unter den Abschnitten XI und XVI hierüber Gesagte).

Als Sonderfall sei die elektrische Schneeschmelzheizung über der Schalterhalle der Schweizer Volksbank in Zürich erwähnt, die den Zweck hat, Schnee und Eis abzutauen, damit die Abläufe sich nicht verstopfen. Diese Vorkehrung war erforderlich, weil es nicht möglich ist, den Schnee herunterzuschaufeln. Der Anschlußwert für diese Einrichtung beträgt 25 kVAmp.

4. Heizkessel.

Gewöhnlich werden für sich absperr- oder wenigstens leicht abflanschbare gußeiserne Warmwasserheizkessel mit Koks-, evtl. teilweise

Abb. 49. Teilansicht der Groß-Gaskesselanlage einer Heizung des Verwaltungsgebäudes einer Allgemeinen Ortskrankenkasse.

mit Gas- oder Ölfeuerung (wie bei Wohnhäusern, Abschnitt I) aufgestellt, nötigenfalls auch gußeiserne Dampfkessel. Letztere finden auch dann Anwendung, wenn, wie bereits gesagt, außer der Warmwasserheizung für die Büroräume, Niederdruckdampfheizung für die Läden, Flure, Aborte Warmwasserbereitung usw. vorgesehen ist oder wenn es sich um Hochhauswarmwasserheizungen mit hohem statischem Druck handelt. Die Erzeugung des Heizungswassers geschieht dann in Gegenstromapparaten, die auch den hohen Drücken gewachsen sind. Abb. 49 stellt die Großgaskesselanlage für ein Krankenkassengebäude dar.

Große Annehmlichkeiten bietet der Anschluß an eine Städteheizung. Wird bei derselben die Wärme durch Dampf zugeleitet, so sind zum

Betriebe von Warmwasserheizungen Gegenstromapparate, evtl. auch Druckminder- und Sicherheitsventile erforderlich, ferner können zur Feststellung der gelieferten Wärmemengen Dampf- oder Kondenswassermesser vorgesehen werden.

Geschäftshäuser größten Umfanges erhalten bisweilen Hochdruckkessel und eigene Kraftzentralen mit Abdampfverwertung (ähnlich wie in Krankenanstalten, Abschnitt III).

Für den Sommer kann es zur Warmwasserbereitung und Erwärmung einzelner Räume an kühlen Tagen zweckmäßig sein, einen Kessel für Gas- bzw. Ölfeuerung vorzusehen oder, wenn elektrischer Strom in genügender Menge und zu annehmbarem Preise zur Verfügung steht, in den Warmwasserboiler einen elektrischen Heizeinsatz und, wie schon erwähnt, in die Luftheizungen elektrische Heizkörper einzusetzen.

5. Leitungen.

In Geschäfts- und Bürogebäuden ist es zur besseren Anpassung des Betriebes an den jeweiligen, zeitlich evtl. verschiedenen Heizbedarf angezeigt, Gruppenunterteilung vorzunehmen. Z. B. kann in einem Bankgebäude, das ausschließlich mit Warmwasserheizkesseln versehen ist, folgende Einteilung in Frage kommen:

I. Büros sowie die unmittelbare Heizung in den dem Publikum zugänglichen Räumen, unterteilt in Untergruppen nach den Himmelsrichtungen, so daß z. B. eine von der Sonne getroffene Hausfront abgestellt, bzw. wenn Rücklaufbeimischung vorhanden ist, mit niedrigeren Heizwassertemperaturen betrieben werden kann.

II. Korridore und Aborte, die in den Übergangszeiten oft längere Zeit unbeheizt bleiben können.

III. Luftheizung der dem Publikum zugänglichen Räume, wie Schalterhallen, Kundentresor, Tresorkabinenhalle, Kassaräume, Vestibüls usw.

IV. Luftheizung der Banktresorräume.

V. Hausmeisterwohnung.

VI. Oberlichtheizungen.

VII. Warmwasserbereitung.

Jede Gruppe muß im Vor- und Rücklauf für sich absperr- und entleerbar sein. Auch empfiehlt sich die Anordnung von Thermometern in den einzelnen Vor- und Rücklaufgruppen, zum mindesten aber in den Rücklaufgruppen, um den Erfolg der Gruppenbeeinflussung durch die Schieber bzw. Rücklaufwasserbeimischung beobachten zu können.

Wird Pumpenheizung ausgeführt, so sind die Gruppen V—VII dennoch für Schwerkraftbetrieb einzurichten; diejenigen der Wohnungen und Warmwasserbereitung, damit sie bei abgestellter Pumpe die volle Heizwirkung ergeben, und die Oberlichtheizungen, damit Einfriergefahr mit Sicherheit ausgeschlossen ist. Daher bleibt dieser letztgenannte Strang bei Warmwasserheizung gewöhnlich auch unabstellbar. Es ist aber auch angezeigt, die Leitungen der Gruppen I und II so zu bemessen, daß sie infolge der Schwerkraftwirkung genügen, um aushilfsweise den Heizbetrieb bei eingeschränkter Wärmelieferung aufrechtzuerhalten.

Die Pumpen sind daher mit einer Umführungsleitung mit Rückschlagklappe zu versehen (s. das unter Abschnitt VII 2 Gesagte).

Die Warmwasser- und Dampfheizungen werden normalerweise mit unterer Verteilung versehen, sofern man nicht aus den bereits weiter oben genannten Gründen obere Verteilung (Einrohrheizung) vorzieht und die Steige- und Fallstränge sowie auch die Verbindungsleitungen nach den Radiatoren bei Neubauten in Mauerschlitzen verlegt wie in Wohnhäusern. Auch sonst gilt betreffs der Leitungen das unter Abschnitt I Gesagte.

In Turmhochhäusern sollten möglichst besondere besteigbare Rohrschächte für die Verlegung der Hauptsteige- und -falleitungen zwecks jederzeitiger Zugänglichkeit in Schadensfällen vorgesehen werden. In diesen Schächten können gleichzeitig auch andere Hausleitungen untergebracht werden. Oft müssen auch zur Unterbringung der Rohrverteilungsnetze der verschiedenen Heizzonen in Hochhäusern besondere Zwischengeschosse oder durch Zwischendecken geschaffene, begehbare Zwischenräume angeordnet werden[1]. Die Zwischengeschosse können gleichzeitig zur Aufnahme der verschiedenen Lüfter und Luftverteilungskanäle dienen.

6. Apparate- und Regelraum.

Sofern es sich um große Bauten mit Pumpenwarmwasser-, Luft-, Dampf- oder Vakuumheizung, Warmwasserversorgung und Lüftungsanlagen (für große Büros, Sitzungs-, Gerichtssäle usw.) handelt, ist es zur bequemen Bedienung und Überwachung der Anlagen am Platz, alle Instrumente und Apparate in einem zentralen Regelraum unterzubringen[2]. Er enthält beispielsweise:

1. Verteiler und Sammler für die Warmwasserheizung mit Regel-, Abstell- und Entleerungseinrichtungen für jede einzelne Gruppe sowie bei Warmwasserheizung oft auch mit Rücklaufbeimischung zur Erzielung beliebiger Vorlauftemperaturen.
2. Verteiler und erforderlichenfalls einen Kondenswassersammelbehälter für die Dampfheizung.
3. Verteiler und Sammler für die Warmwasserversorgung mit Abstell- und Entleerungsvorrichtungen für jeden Strang.
4. Warmwasserbereiter für die Warmwasserversorgung, angeschlossen an die Zentralheizung und evtl. außerdem an einen besonderen kleinen Heizkessel oder versehen mit einem elektrischen Heizeinsatz für die Sommermonate.
5. Bei Pumpenheizung eine Umwälzpumpe, evtl. mit 50% Drehzahlregelung. Bei ausgedehnten Anlagen kann es aus Sicherheits- und wirtschaftlichen Gründen zweckmäßig sein, 2 Pumpenaggregate in gleicher Größe evtl. mit verschiedenen Antrieben aufzustellen. Werden sie un-

---

[1] Müller, W. R.: Heizungs- und Lüftungsanlagen in Wolkenkratzern. Haustechn. Rdsch. Bd. 36 (1931) H. 23 S. 332/334.

[2] Siehe hierzu den bereits erwähnten Aufsatz von H. Jacobi: Die heizungs- und gesundheitstechnischen Einrichtungen zweier Hochhäuser in Siemensstadt. Gesundh.-Ing. Bd. 56 (1933) H. 35 S. 411/413.

gleich groß gemacht, so ist Drehzahlregelung nicht oder nur bei der größeren Pumpe erforderlich.

6. Evtl. eine Umwälzpumpe für die Warmwasserversorgung.

7. Eine Schalttafel, umfassend:

a) die Handräder der Absperrorgane für jede Heizgruppe, sofern die Verteiler ohne zu große Kosten hinter der Schalttafel angebracht werden können;

b) die Handräder zur Regelung der Heizwassertemperatur der einzelnen Gruppen durch Beimischung von Rücklaufwasser;

c) Thermometer zur Anzeige der Temperaturen in der Haupt-, Vor- und Rücklaufleitung der Warmwasserheizung, in den Vor- und Rücklaufleitungen der einzelnen Heizgruppen und der Vorlaufleitung der Warmwasserversorgung. An Stelle von Einzelthermometern können diese Temperaturen oder wenigstens einzelne derselben auch durch die Fernthermometeranlage gemessen werden;

d) bei Dampfheizung Manometer, bei Vakuumheizung Vakuummesser;

e) bei Pumpenheizung zum Ablesen der Drücke in der Vor- und in der Rücklaufleitung (evtl. ein Differentialmanometer zur Anzeige sowohl des Gesamt- als des Pumpendruckes);

f) ein auf jede Warmwasserheizgruppe umschaltbares Hydrometer zur Kontrolle des Wasserstandes;

g) Schalter mit Sicherungen, Amperemeter und, soweit erforderlich, Regelanlassern für die Motoren zum Antrieb der Umwälzpumpen der Heizung und der Warmwasserversorgung (evtl. der Naßluftpumpe bei Vakuumheizung) und der Lüfter der Luftheizungen und Lüftungsanlagen;

h) Schalter mit Sicherungen und Amperemeter für die elektrischen Sommerheizkörper in den Luftheizungen und im Warmwasserboiler. Bisweilen wird nur ein Amperemeter mit Umschaltung vorgesehen;

i) ein gemeinsames Voltmeter, sofern ein solches nicht schon für die übrigen elektrischen Installationen vorhanden ist;

k) die Klappensteller für die Luftheizungen und Lüftungsanlagen (Frisch-, Um- und Abluftklappen);

l) Anzeigeinstrument und Tastenschalter für die Fernthermometeranlage zur Messung der Temperaturen im Freien, in verschiedenen Räumen, in den Warmluftkanälen der Luftheizungs- und Lüftungsanlagen und evtl. in allen oder einzelnen der unter c) angeführten Leitungen;

m) evtl. Zugmesser zur Messung des Kaminzuges;

n) evtl. Mikromanometer zur Feststellung der Drücke in den Luftkanälen der Lüftungsanlagen.

Abb. 50 zeigt den Apparate- und Verteilerraum der Heizung der in Abb. 49 dargestellten Kesselanlage.

Je nach den Umständen werden verschiedene der aufgezählten Apparate und Instrumente weggelassen oder örtlich, nicht auf der gemeinsamen Schalttafel angebracht. Manchmal kommen indessen auch weitere hinzu, insbesondere ist es oft zweckmäßig, mit der Schalttafel für die Heizung und Lüftung auch diejenige für die elektrischen Installationen zu verbinden (s. auch die Angaben über die Apparate- und Regelräume unter den Abschnitten III und XII).

Außer den genannten Apparaten und Einrichtungen kommen manchmal auch Warmwasserbereiter, Gegenstromapparate, einzelne der Zuluftlüfter mit Motoren und Gebläseheizkörpern in dem Regelraum zu stehen, während die Abluftlüfter in der Regel in den Dachboden hinauf verlegt werden. Abb. 51 veranschaulicht die Gegenstromapparate und Warmwasserbereiter für die Heizung und Warmwasserversorgung eines Verwaltungsgebäudes (s. hierzu auch Abb. 49 und 50).

Abb. 50. Verteiler, Umwälzpumpen und Schalttafelanlage zu der in Abb. 49 dargestellten Kesselanlage des Verwaltungsgebäudes einer Allgemeinen Ortskrankenkasse.

B. Warmwasserversorgung für Toiletten und Reinigungszwecke.

Die Ausführung dieser Anlagen erfolgt in der in den früheren Kapiteln geschilderten Weise. Sollten die Toiletten mit Warmwasser versorgt werden, was nur selten erforderlich sein wird, so ist die Verlegung von Umlaufleitungen bei ausgedehnten Anlagen unter Anwendung von Umwälzpumpen erforderlich. Wird das warme Wasser dagegen nur zu Reinigungszwecken benutzt, so genügen eine oder wenige Zapfstellen in den einzelnen Geschossen. Ein Umlauf ist dann nicht nötig. Wie in Unterrichtsgebäuden sind die Zapfstellen (Abschnitt IV) mit Steckschlüsseln zu versehen. Der Boilerinhalt und dessen Heizfläche sind genügend groß zu machen, damit sie den Spitzenbelastungen gewachsen sind und die Aufwärmung des Wassers in der Hauptsache erfolgen kann, wenn wenig Heizwärme gebraucht wird. Die Wassertemperatur soll mindestens 40—50° betragen. Bei stark kalkhaltigem Wasser empfiehlt sich die Einschaltung eines Holzwollfilters bzw. einer Wasserenthärtungsanlage (s. Abschnitt IB), und bei elektrischer Anwärmung des Wassers im Sommer ist eine selbsttätige Mischvorrichtung wertvoll, damit das Aufheizen mit billigem Nachtstrom erfolgen und der Boiler als Speicher benutzt werden kann. In der Mischvorrichtung wird das aus dem Boiler kommende, bis zu 90° aufweisende Wasser selbsttätig derart mit kaltem gemischt, daß die Temperatur des wegfließenden stets die oben angegebenen 40—45° besitzt. Durch eine von Hand zu bedienende Umführungsleitung soll dem Boiler jedoch auch heißes Wasser entnommen werden können.

Abb. 51. Gegenstromapparate für die Heizung und Warmwasserbereitung des Verwaltungsgebäudes einer Allgemeinen Ortskrankenkasse.

C. Lüftung und Kühlung.

Bei Büros, Sprechzimmern usw. mit schwacher Besetzung begnügt man sich in der Regel mit Fensterlüftung, evtl. werden in die Fenster Glasjalousien oder Kippflügel eingesetzt. Müssen wegen starker Besetzung künstliche Lüftungseinrichtungen vorgesehen werden, so geschieht das am besten wie bei Unterrichtsgebäuden, großen Versammlungsräumen, Hör- und anderen Sälen (Abschnitt IV und XI). Daher kann auf das dort Gesagte verwiesen werden. Die Lufterneuerung soll je Kopf und Stunde etwa 20 m³ oder das 2—3fache des Rauminhaltes betragen. In Abb. 52 ist die einfache Lüftungsanlage eines Besprechungszimmers in einem Verwaltungsgebäude dargestellt.

An Orten mit sehr hohen Sommertemperaturen oder bei Bauten mit sehr großen Fensterflächen kommt für die Sommerzeit evtl. Kühlung der Zuluft unter Verwendung von kaltem Leitungswasser, Eis oder Kältemaschinen zur Anwendung, indem man das kalte oder künstlich gekühlte Wasser durch in den Luftweg eingeschaltete Kühlschlangen leitet oder mittels Streudüsen zerstäubt oder auch über Steinfilter rieseln[1] läßt. Bei Vorhandensein einer Deckenheizung läßt sich diese im Sommer zur Raumkühlung mit Erfolg heranziehen[2]. Wenn, wie bereits in Abschnitt VII 2 (Heizart) gesagt, besondere Verhältnisse, wie starke Verunreinigungen der Außenluft oder ähnliches, das Öffnen der Fenster während des Betriebes ausschließen oder wenn es sich um die Belüftung und Beheizung von fensterlosen Innenräumen handelt, so wird man evtl. zur Vollklimatisierung eines Gebäudes übergehen.

Nicht selten versieht man z. B. in neuzeitlichen Bankgebäuden die dem Publikum zugänglichen Räume mit Drucklüftung, die den Luftinhalt gewöhnlich 2—3mal in der Stunde erneuert und auch die Heizung

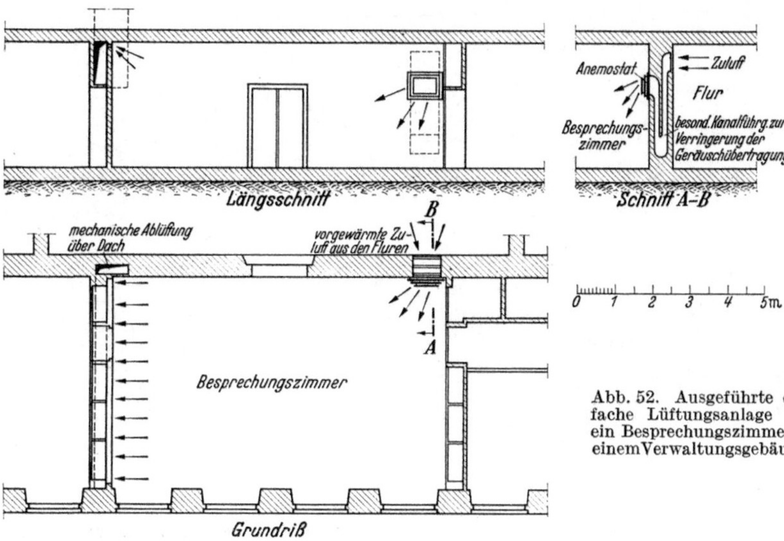

Abb. 52. Ausgeführte einfache Lüftungsanlage für ein Besprechungszimmer in einem Verwaltungsgebäude.

wenigstens in der Hauptsache bestreitet, so daß nur wenig Heizkörper aufgestellt werden müssen. Der architektonisch und gleichzeitig technisch einwandfreien Ausgestaltung der Luftgitter ist Beachtung zu schenken. In den Schalterhallen können die Zuluftöffnungen z. B. in Form von Schlitzen längs den Schaltertischen angebracht werden. Aus Abb. 53 ist die vorbildliche Be- und Entlüftungsanlage der großen Kassenhalle eines Sparkassengebäudes zu ersehen.

Zur Einstellung und Erhaltung der gewünschten Zulufttemperaturen wird der Lufterhitzer zweckmäßig mit selbsttätiger Temperaturregelung versehen. Dient die Anlage nur zur Lüftung, so soll die Zulufttemperatur etwa 20° betragen, handelt es sich auch um Luftheizung, so braucht sie gewöhnlich 30—35° nicht zu übersteigen. Die Heizfläche muß so bemessen sein, daß an Orten mit —20° niedrigster Außentemperatur der

[1] RIETSCHEL-BRABÉE: Heiz- und Lüftungstechnik. 6. Aufl. — Ferner BRABÉE: Neues aus der amerikanischen Heiz- und Lüftungstechnik. Bericht über den XII. Kongreß für Heizung und Lüftung 1927.

[2] WIRTH, E.: Umkehrung der Deckenheizung zur Raumkühlung. Schweiz. Bauztg. Bd. 112 Nr 20.

volle Frischluftwechsel beispielsweise bis — 5° aufrechterhalten werden kann, während bei tieferen Temperaturen die Zuluft entweder durch Verminderung der Umlaufzahl der Lüfter derart eingeschränkt oder durch Klappen- bzw. Schieberumstellung in dem Maße mit Umluft gemischt wird, daß die erforderliche Erwärmung gleichwohl zustande kommt.

Über die Lüftung der Tresorräume wurde das Notwendige bereits in dem Unterabschnitt „Heizart" gesagt. Zur Lüftung der Tresorkabinen wird mit Vorteil Luft (z. B. durch Deckenrosetten) abgesaugt, während die Zuluft durch kleine, beispielsweise in den unteren Türhälften angebrachte Öffnungen von der mit Frischluft versorgten Kabinenhalle her zuströmt.

Für Aborte, Toiletten und Garderoben ist wie in Unterrichtsgebäuden (Abschnitt IV) mechanische Ablüftung mit 5—10facher stündlicher Lufterneuerung empfehlenswert. Lüfterbetrieb ist jedoch nur während der Bürostunden erforderlich, in den Zwischenpausen genügt der Auftrieb in den Abluftkanälen (evtl. unter Verwendung selbsttätiger Umschaltklappen, s. Abschnitt IV) bzw. im Sommer Fensterlüftung. Sind die Aborte um einen Lichtschacht gruppiert und stehen durch die Fenster oder evtl. besondere, mit Klappen verschließbare Öffnungen mit demselben in Verbindung, so genügt es, diesen Schacht zu entlüften, so daß besondere Abluftkanäle gespart werden können.

Die Zuführung der Luft erfolgt in der Regel von den Fluren bzw. Vorräumen her, beispielsweise durch in den unteren Türhälften angebrachte Öffnungen.

Einer besonderen Erwähnung bedürfen in diesem Zusammenhang noch die Luftverhältnisse in den Wählerräumen von Post-Fernsprechämtern und Fernsprechzentralen großer Verwaltungsgebäude[1]. Ähnliches gilt im übrigen auch für manche Meß-Prüfapparate, Rundfunksenderäume u. dgl. Die sehr verwickelten und empfindlichen Apparaturen können Störungen erleiden, wenn sie stark schwankenden Temperatur- und Feuchtigkeitsverhältnissen ausgesetzt sind. An die Luftbeschaffenheit in solchen Räumen werden deshalb besondere Anforderungen gestellt, vornehmlich an sicher arbeitende Befeuchtungseinrichtungen. Von einer Wasserzerstäubung ist im allgemeinen abzuraten, da sie eine nur genügende Staubreinigung und unter Umständen sogar eine zusätzliche Staubbildung ergeben. Verdunstungsapparate bekannter Bauart (z. B. Lucagra für Aufbau auf Heizkörper sind zur Grundbefeuchtung und in kleineren Anlagen verwendbar, aber abhängig von der Aufstellung und Aufnahmefähigkeit der Heizkörper. Wo eine Verbindung mit Raumheizkörpern nicht möglich ist und für Räume bis etwa 2500 m³ kommen nur maschinelle Kleinanlagen (lüfterbetriebene Verdunstungsapparate) in Frage. Für sehr große Räume erfüllen nur Klimaanlagen einwandfrei die gestellten Forderungen. Die an sich hohen Kosten für diese Anlagen lassen sich dadurch vertretbar gestalten, daß auch die Zentralbeheizung der Räume mit übertragen wird.

[1] Führer, R.: Luftbefeuchtung in Wählerräumen. Telegr.- u. Fernspr.-Techn. 1934 H. 7/8. [S. auch ausführlicher Bericht Haustechn. Rdsch. 40 (1935) H. 3 S. 33/39.]

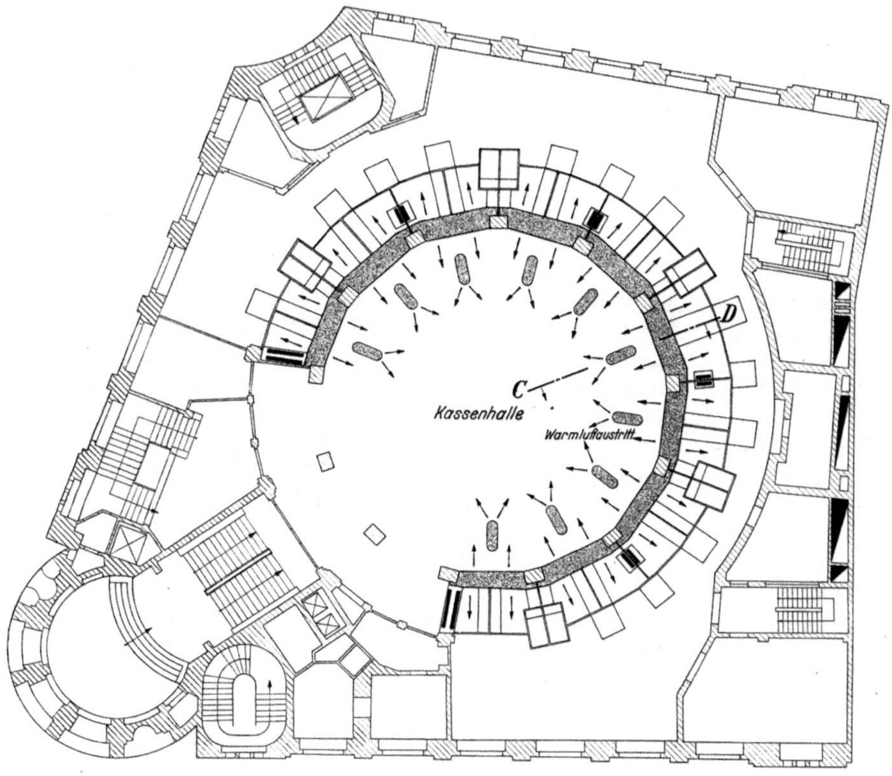

Erdgeschoß

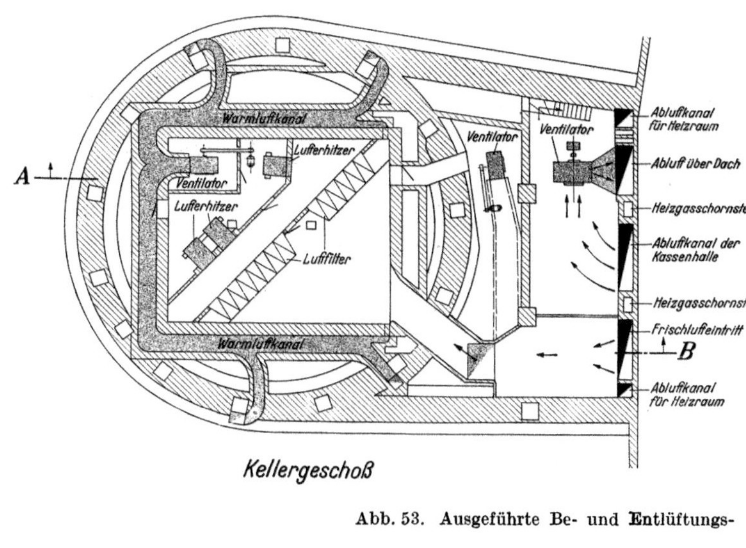

Kellergeschoß

Abb. 53. Ausgeführte Be- und Entlüftungs-

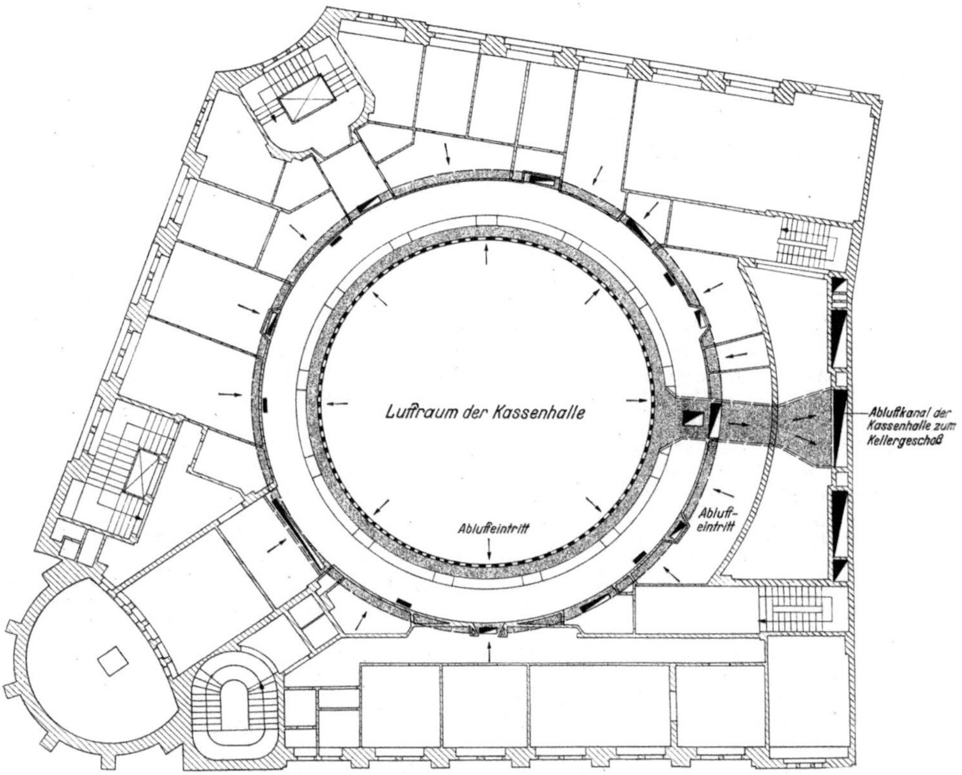

1. Obergeschoß

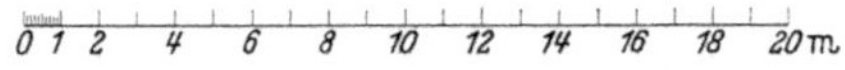

Schnitt C–D

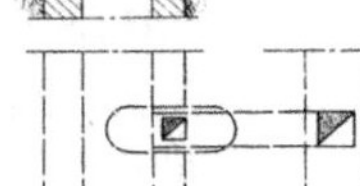

Grundriß

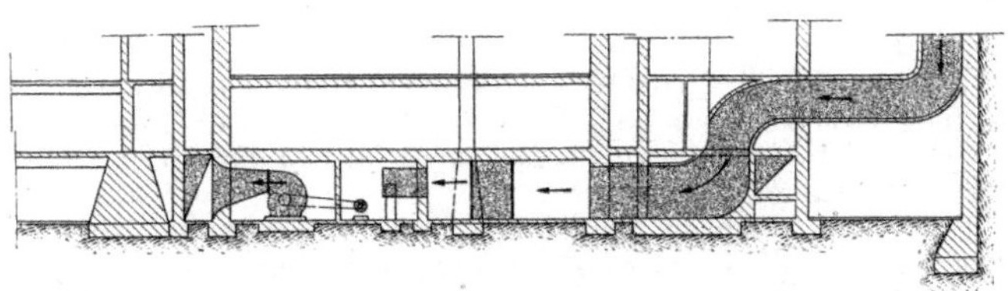

Schnitt A–B

anlage für ein Sparkassengebäude.

Schrifttum:

ORTEL: Moderne Heizungs- und Lüftungsanlagen für Banktresore. Geundh.-Ing. vom 1. III. 1924.

HOTTINGER: Heizung und Lüftung. München und Berlin: R. Oldenbourg.

HOTTINGER: Monographie des Neubaues der Schweiz. Volksbank in Zürich. Lüftungs- und Warmwasserversorgungsanlage auch im Gesundh.-Ing. vom 6. XI. 1926.

HOLLIGER, P. R.: Die Heizungs-, Lüftungs- und gesundheitstechnischen Anlagen im neuen Bankgebäude der „Nederlandsche Handel Maatschappij", Amsterdam. Gesundh.-Ing. vom 8. IX. 1927.

RUBLIC, R.: Die Heizungs- und Lüftungsanlage im Neubau des Verwaltungsgebäudes der Skodawerke in Prag. Gesundh.-Ing. 1927 S. 879.

RORDORF, G.: Luftverbesserung in öffentlichen und gewerblichen Räumen. Haustechn. Rdsch. Bd. 35 (1930) H. 22 S. 341/343.

BEHRENS, H.: Die Heizungs- und Lüftungsanlage im Neubau „Haus des Rundfunks" in Berlin-Charlottenburg. Haustechn. Rdsch. Bd. 36 (1931) H. 14 S. 189/196; H. 15 S. 209/212.

Die Heizungsanlage eines Wolkenkratzers (Chrysler-Gebäude). Haustechn. Rdsch. Bd. 36 (1931) H. 21 S. 298 [s. auch Z. VDI Bd. 74 (1930) S. 125].

MICHAELIS: Die heiz- und gesundheitstechnischen Einrichtungen des Hochhauses am Ring in Breslau. Heizg. u. Lüftg. Bd. 30 (1931) H. 12 S. 238/240; sowie Haustechn. Rdsch. Bd. 37 (1932) H. 7 S. 93/95.

OHMES, A. K.: Die Heizungs-, Lüftungs- und Luftkühlanlagen des Mitsui-Bankgebäudes in Tokio, Japan. Gesundh.-Ing. Bd. 53 (1930) H. 29 S. 458/460.

ZORN, G.: Die heizungs-, Lüftungs- und gesundheitstechnischen Einrichtungen im Shell-Haus, Berlin. Gesundh.-Ing. Bd. 56 (1933) H. 17 S. 193/195.

ZÜBLIN, C.: Die Heizungs- und Warmwasserversorgungsanlage im „Bel-Air-Metropole" in Lausanne. Gesundh.-Ing. Bd. 56 (1933) H. 27 S. 322/323.

JACOBI, H.: Die heizungs- und gesundheitstechnischen Einrichtungen zweier Hochhäuser in Siemensstadt. II. Teil (Lüftung). Gesundh.-Ing. Bd. 56 (1933) H. 36 S. 422/425.

PARKER, E. C.: Bewetterung und Lüftung eines 31stöckigen Geschäftshauses. Heat. a. Ventilat. Bd. 30 (1933) Nr 8 S. 14 [s. auch Bericht Gesundh.-Ing. Bd. 56 (1933) H. 38 S. 454].

STRATEMEYER, E. PH.: Heizung und Lüftung des Allianzhauses zu Köln a. Rh. Gesundh.-Ing. Bd. 57 (1934) H. 17 S. 209/213.

WIEGAND, K.: Kühlanlagen für Komfort in Japan. Gesundh.-Ing. Bd. 57 (1934) H. 32 S. 389/392.

LION, A.: Grundlagen der Raumklimatisierung in den Vereinigten Staaten und deren Anwendung im Rockefeller-Center. Heizg. u. Lüftg. 1935 H. 3 S. 54/61.

DICKERSON, G.: Luftbehandlung im Postverwaltungsgebäude in Washington. Refrig. Engng. Bd. 30 Nr 1 (s. auch Bericht Heizg. u. Lüftg. 1936 H. 2 S. 31).

GUT, A.: Klimaanlage im alten Rathaus in München. Gesundh.-Ing. Bd. 59 (1936) H. 3 S. 29/33.

POPP, A.: Die gesundheitstechnischen Einrichtungen in den Staatsbauten der Türkei. Gesundh.-Ing. Bd. 59 (1936) H. 22 S. 301/307.

WIETFELDT, W.: Die Lüftung von Büroräumen. Reichsarb.-Bl. Bd. 16 (1936) H. 8 III S. 81/86 [s. auch Kurzbericht Gesundh.-Ing. Bd. 59 (1936) H. 31 S. 474].

HEROLD. F.: Heizungs- und Lüftungsanlage des Erweiterungsbaues des Verwaltungsgebäudes der Hamburgischen Elektrizitäts-Werke. Gesundh.-Ing. Bd. 59 (1936) H. 33 S. 492/493.

WILLNER, M.: Das Fernheizwerk der NSDAP. „Braunes Haus" in München. Gesundh.-Ing. Bd. 60 (1937) H. 20 S. 287/295.

BRANDI, O. H.: Lüftungs- und Klimaanlagen im Reichsluftfahrtministerium. Gesundh.-Ing. Bd. 60 (1937) H. 20 S. 295/298.

HOTTINGER, M.: Die Lüftungsanlagen im neuen Brandwachegebäude der Stadt Zürich. Schweiz. techn. Z. 1937 H. 44 S. 649/652 [s. auch Bericht Gesundh.-Ing. Bd. 61 (1938) H. 12 S. 166/167].

EGLI, M.: Die Wärmepumpenheizung des Rathauses in Zürich. Bull. schweiz. elektrotechn. Ver. Bd. 29 (1938) H. 11 S. 261/272 [s. auch Bericht Heizg. u. Lüftg. Bd. 12 (1938) H. 8 S. 146].

VIII. Warenhäuser und Markthallen.

(Verkaufsläden s. Abschnitt I.)

Von **H. KÄMPER.**

A. Heizung.

1. Raumtemperaturen in Grad Celsius.

Verkaufsräume	18°
Büros, Pförtner, Ateliers	20°
Erfrischungsräume	18°
Eß- und sonstige Gemeinschaftsräume für Angestellte	18°
Nebentreppenhäuser	10°
Garderoben, Toiletten, Waschräume, Aborte	15°
Versandraum	15°
Lagerräume, Magazine je nach Art der Benutzung und der gelagerten Ware	4—15°
Eingänge zur Verhinderung des Kaltlufteinfalls evtl. Überheizen	
Markthallen	5— 8°

2. Heizart.

Es kommen Warmwasser-, Niederdruckdampf- oder Luftheizung mit Ventilatorbetrieb, bisweilen im gleichen Gebäude auch zwei oder alle drei Heizarten zur Anwendung.

Die Auswahl der Heizung muß im *Warenhaus* besonders sorgfältig erfolgen. Es muß vor allem vermieden werden, daß zu schnell Übertemperaturen entstehen oder die Temperaturen bei abgestellter Heizung zu schnell sinken. Im allgemeinen wird man deshalb der Warmwasserheizung als Schwerkraft- oder Pumpenheizung heute den Vorzug geben. Sie ist zwar in den Anlagekosten teurer als Niederdruckdampfheizung, im Betrieb aber in der Regel wirtschaftlicher als diese und in der Bedienung einfacher. Demnach kann evtl. für die Beheizung von Nebenräumen, sowie für die Warmwasserbereitung und den Betrieb von Lufterhitzern auch Niederdruckdampferzeugung in Frage kommen. Ob in solchen Fällen Warmwasser- *und* Niederdruckdampfkessel oder *nur* Niederdruckdampfkessel aufgestellt werden, hängt von der Bauweise des Gebäudes (Höhe des statischen Wasserdrucks in der Warmwasserheizung) und von dem Verhältnis der zu erzeugenden Dampf- und Warmwassermenge ab.

Bereitet die Aufstellung von örtlichen Heizflächen ganz besondere Schwierigkeiten, so wird man Luftheizung vorziehen.

Dabei ist die warme Luft gut verteilt in die verschiedenen um den Lichthof des Verkaufsraumes gruppierten Stockwerken einzuführen. Die Um- bzw. Abluftgitter sind derart anzuordnen, daß unter dem Einfluß der entstehenden Luftströmung alle Räume gleichmäßig warm werden. Aus Reinlichkeitsgründen sollen sie aber keinesfalls in den Fußboden gelegt, sondern senkrecht an den Seitenwänden, Pfeilern oder feststehenden Gestellen angebracht werden. Gewöhnlich wird die Luftmenge so groß bemessen, daß die Temperatur der Zuluft zur Deckung der Wärmeverluste des Raumes 30—35° nicht zu übersteigen braucht. Bei teilweiser Frischluftzuführung können diese Anlagen gleichzeitig zur Lüftung dienen (s. Abschnitt C).

In bestimmten Abteilungen des Warenhauses, wie z. B. in den Lebensmittelabteilungen, bei denen auf die Zuführung besonders reiner, staubfreier und einwandfrei erwärmter evtl. gekühlter Luft Wert gelegt werden muß, wird der Einbau einer Klimaanlage sich in vielen Fällen als notwendig erweisen. Man wird dann die Heizung und Lüftung der betreffenden Räume durch diese Anlagen gleichzeitig vornehmen. Durch den Fortfall besonderer örtlicher Heizflächen lassen sich sowohl die Anlage- wie die Betriebskosten der Klimaanlagen in wirtschaftlich tragbaren Grenzen halten.

Im übrigen ist Luftbeheizung insbesondere auch für die Eingänge zu empfehlen. Hier genügt wegen des durch den dauernden Verkehr bedingten starken Kaltlufteinfalls eine normale Beheizung meist nicht. Wenn man auch durch Anwendung von Drehtüren und Luftschleusen die unangenehmen Verhältnisse an den Eingängen erheblich verbessern kann, so ist einer zu starken Abkühlung der Raumluft in der Nähe der Eingänge nicht nur durch große örtliche Heizflächen, sondern auch durch Entgegenblasen eines kräftigen Warmluftstromes abzuhelfen.

In den letzten Jahren ist anscheinend mit gutem Erfolg zur Warenhausbeheizung, zum mindesten zur Teilbeheizung solcher Gebäude, auch die *Deckenstrahlungsheizung* verwendet worden[1]. Die Bedenken bezüglich dieser Heizungsart scheinen zunächst in besonderem Maße gegen ihre Anwendung im Warenhaus zu sprechen. Durch die meist großen Fensterflächen ist ein solches Gebäude stark der Sonneneinwirkung ausgesetzt, wodurch auch im Winter eine erhebliche Beeinflussung der Innentemperatur entsteht. Die zeitweise große Zahl der Besucher kann weiter zu einem unerwünschten Temperaturanstieg führen. Die Deckenheizung mit den in den Decken aufgespeicherten Wärmemengen erscheint solchen Verhältnissen gegenüber nicht anpassungsfähig genug. Die sonstigen Bedenken gegen die Deckenheizung, wie mögliche Strahlungsbelästigung, Schwierigkeit der Änderung und Erweiterung der Heizung, höhere Anlagekosten u. a. sind zwar beachtenswert und fordern eine gewissenhafte Vorprüfung. Andererseits sind aber bei der bisherigen Ausführung dieser Heizungsart in Warenhäusern die betriebstechnischen Vorteile bestimmend gewesen, die vornehmlich in der Möglichkeit der Verwendung des Heizrohrsystems zur Raumkühlung in dem Fortfall örtlicher Heizkörper und in der gleichmäßigeren Temperaturverteilung zu erblicken sind[2].

Schließlich kann für Kellerräume von Warenhäusern, in denen Angestellte ständig beschäftigt sind, wie in den Tresorräumen von Banken, Fußbodenheizung in Frage kommen.

---

[1] Hottinger, M.: Strahlungsheizung, Lüftung und Kühlung eines großen Warenhauses. Gesundh.-Ing. Bd. 61 (1938) H. 9 S. 117/121; H. 10 S. 129/134.

[2] Wirth, E.: Umkehrung der Deckenheizung zur Raumkühlung. Schweiz. Bauztg. Bd. 112 Nr 20.

Für die Beheizung von *Markthallen* kommt in der Regel Dampf- oder Luftheizung in Frage. Da unter bestimmten Umständen, z. B. bei dicht besetzten Hallen, die hohe Oberflächentemperatur der Dampfheizkörper für die in der Nähe gelagerten Waren nachteilig ist, hat man mit Erfolg auch Vakuumdampfheizung ausgeführt[1]. Desgleichen können auch die angegliederten Büroräume mit Vakuumdampfheizung versehen werden[2].

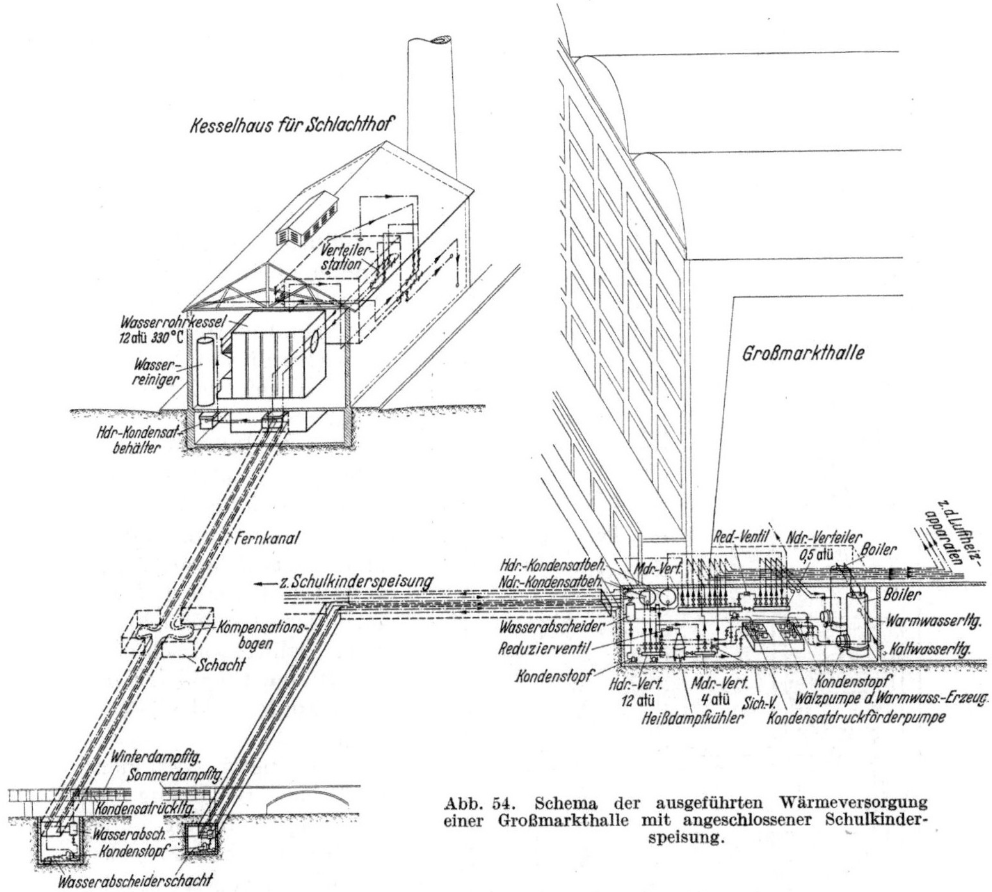

Abb. 54. Schema der ausgeführten Wärmeversorgung einer Großmarkthalle mit angeschlossener Schulkinderspeisung.

In der Regel wird man jedoch die Büroräume mit Warmwasserheizung ausrüsten. Ist eine Dampfkesselanlage oder ein Ferndampfanschluß vorhanden, so geschieht die Warmwassererzeugung wie üblich mittels Gegenstromapparaten. In den Abb. 54 und 55 ist die Fernwärmeversorgung der Großmarkthalle einer südwestdeutschen Großstadt vom Schlachthof aus dargestellt.

[1] Heinemann, Ferd.: Die Heizungsanlage in der Kleinmarkthalle zu Frankfurt a. M. Gesundh.-Ing. Bd. 53 (1930) H. 27 S. 427/429.

[2] Ausgeführt für die Büroräume der Großmarkthalle zu Frankfurt a. M.

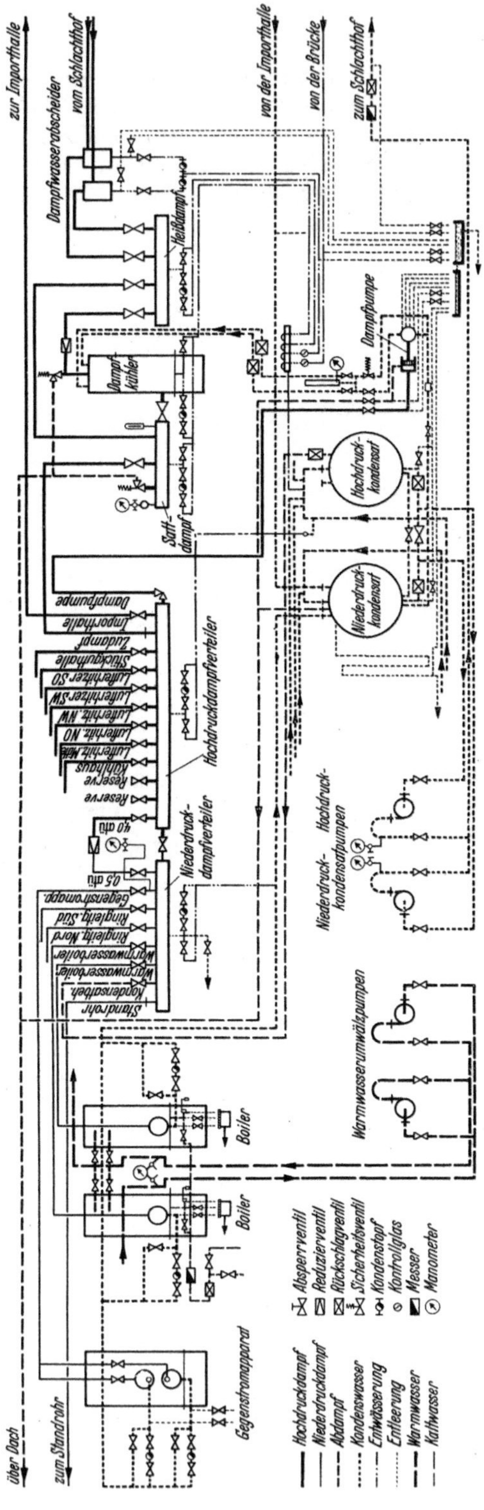

Abb. 55. Schema der ausgeführten Wärmezentrale für eine Großmarkthalle.

Große Hallen erhalten heute fast ausnahmslos Luftheizung, da sich mit dieser gleichzeitig der notwendige, wenn auch geringe künstliche Luftwechsel verbinden läßt. Je nach den vorliegenden Verhältnissen ist evtl. an den Hauptabkühlungsflächen zusätzlich örtliche Heizfläche anzuordnen (z. B. unter den Fenstern von Umgängen usw.). Stark abkühlende Dächer (Wellblech, Beton, Glas) sind möglichst zu vermeiden oder aus Gründen der späteren Heizkostenersparnis einwandfrei gegen Wärmeverluste zu schützen.

Die Ausführung einer zentralen Luftheizungsanlage verbietet sich meist wegen der umfangreichen und kostspieligen Luftverteilungskanäle und wegen der Unmöglichkeit einer architektonisch einwandfreien Eingliederung der Kanäle in den Baukörper.

Aus diesen Gründen wird die Beheizung in der Regel durch eine größere Anzahl von elektrisch betriebenen Dampflufterhitzern vorgenommen, die entweder an den Wänden oder an Stützpfeilern oder auch frei stehend in der Mitte der Halle verteilt sind[1]. Da-

[1] Heinemann, Ferd.: Die Heizungs- und lüftungstechnischen Einrichtungen der Frankfurter Großmarktanla-

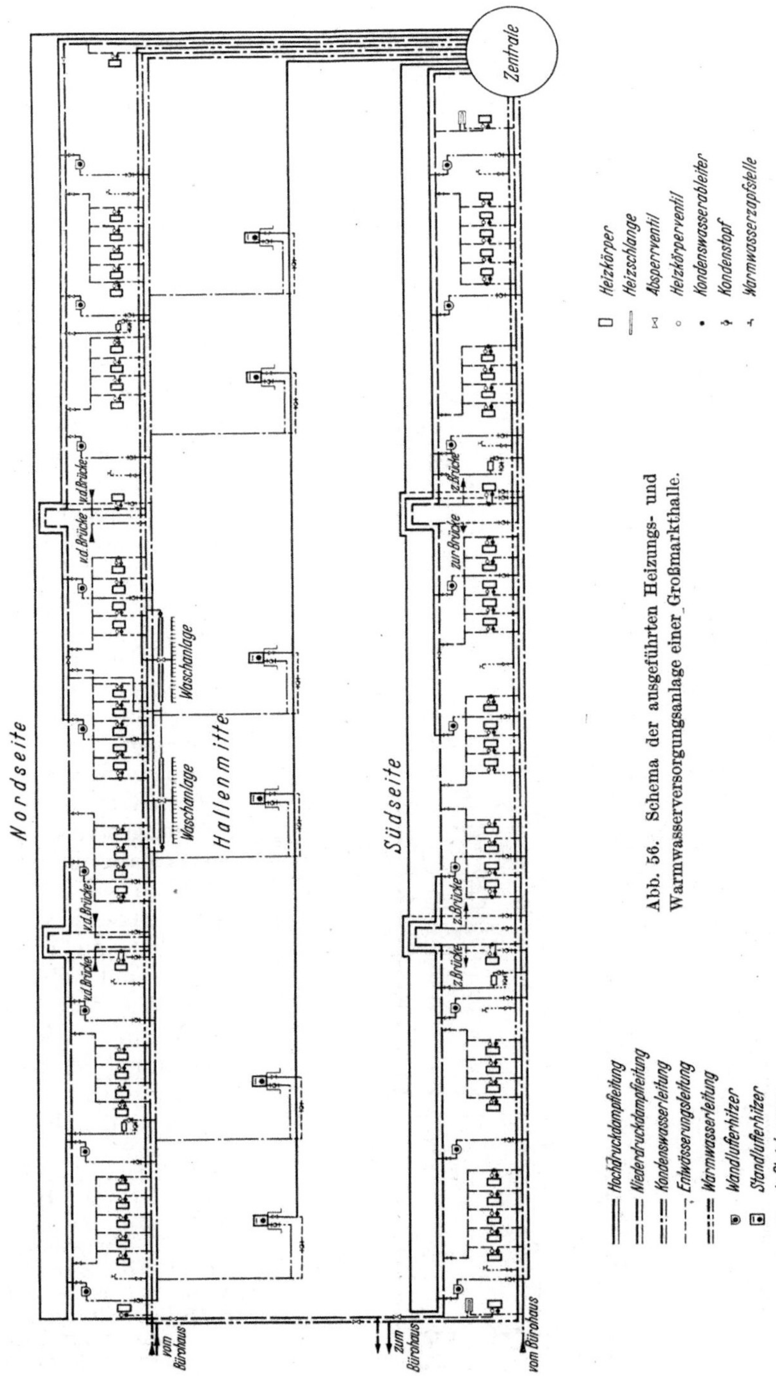

Abb. 56. Schema der ausgeführten Heizungs- und Warmwasserversorgungsanlage einer Großmarkthalle.

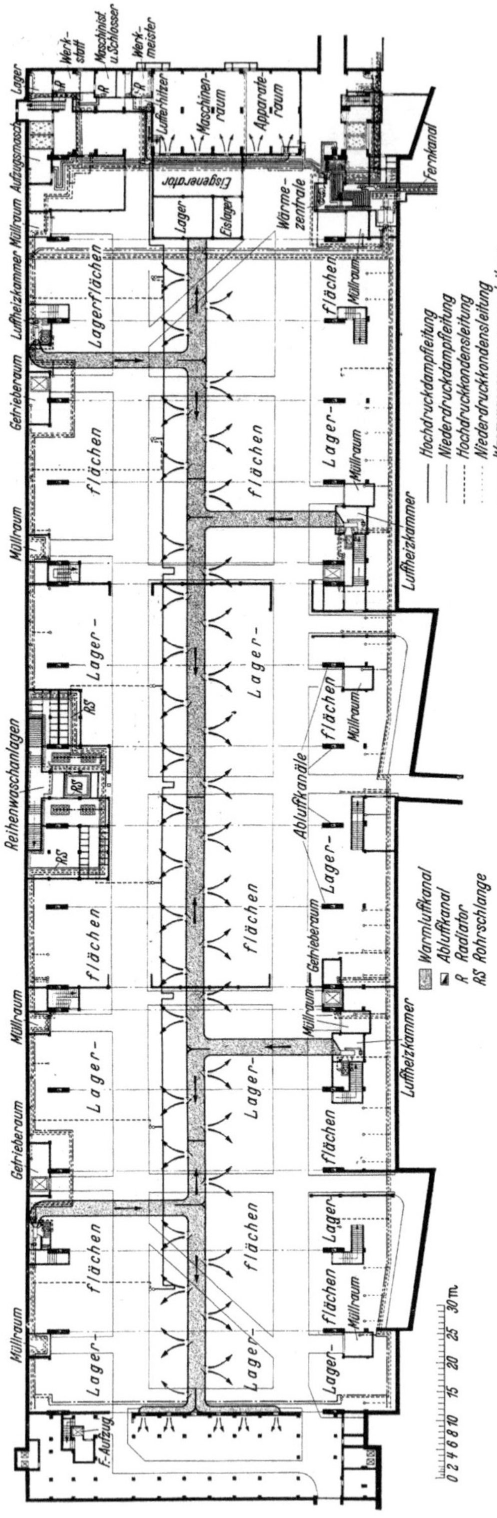

Abb. 57. Ausgeführte Heizungs-, Lüftungs- und Warmwasserversorgungsanlage einer Großmarkthalle, Kellergeschoß.

durch wird nicht nur eine verhältnismäßig gute Wärmeverteilung, sondern auch eine bessere Anpassung an den jeweiligen Wärmebedarf erreicht. Steht Gas zu billigen Preisen zur Verfügung, so kann auch die Verwendung von Gaskesseln[1] oder von Gaslufterhitzern in Frage kommen, sofern die Möglichkeit einer einwandfreien Abgasführung gesichert ist. Befinden sich innerhalb der Halle auf den verschiedenen Lagerplätzen feststehende Händlerbüros, so ist für besondere Beheizung dieser Räume durch Dampf- oder Gaseinzelheizkörper zu sorgen. Abb. 56 zeigt das Schema des Heizungs- und Warmwasserversorgungs-Rohrnetzes der in Abb. 57 dargestellten Großmarkthalle; in den Abb. 58 und 59 sind die Grundrisse dieser Halle mit Eintragung der Heizungs- und Lüftungsanlage wiedergegeben.

Wenn, wie dies manchmal der Fall sein wird, größere Kühlanlagen mit der Markthalle

---

gen. Haustechn. Rdsch. Bd. 34 (1929) H. 15. — Vogt, H.: Die Heizungs- und Lüftungsanlage der Markthalle in Karlsruhe i. B. Gesundh.-Ing. Bd. 59 (1936) H. 5 S. 57/60.

[1] Ausgeführt z. B. in der Großmarkthalle zu Leipzig.

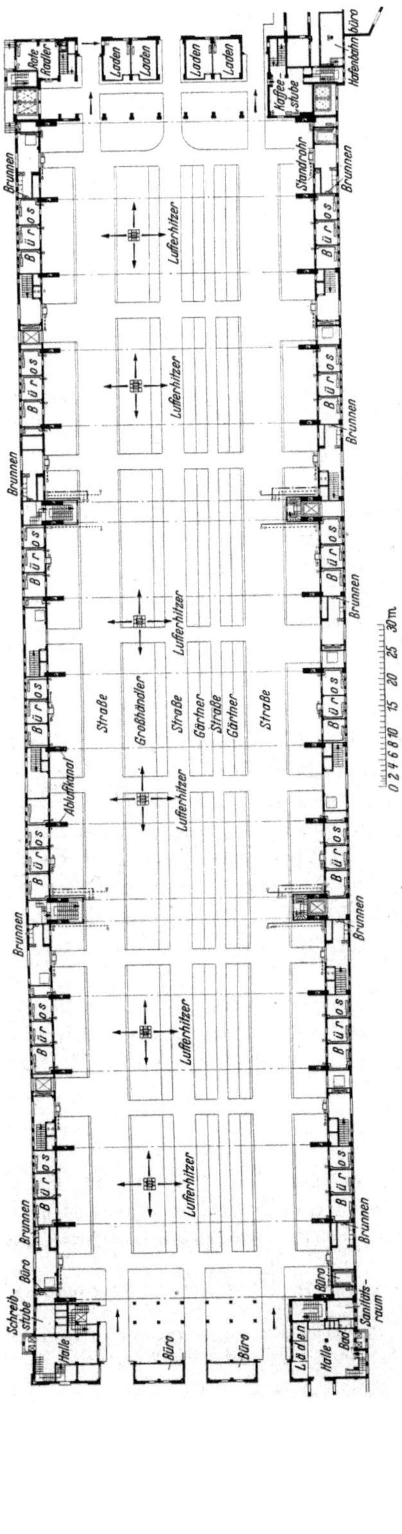

Abb. 58. Ausgeführte Heizungs-, Lüftungs- und Warmwasserversorgungsanlage einer Großmarkthalle, Erdgeschoß.

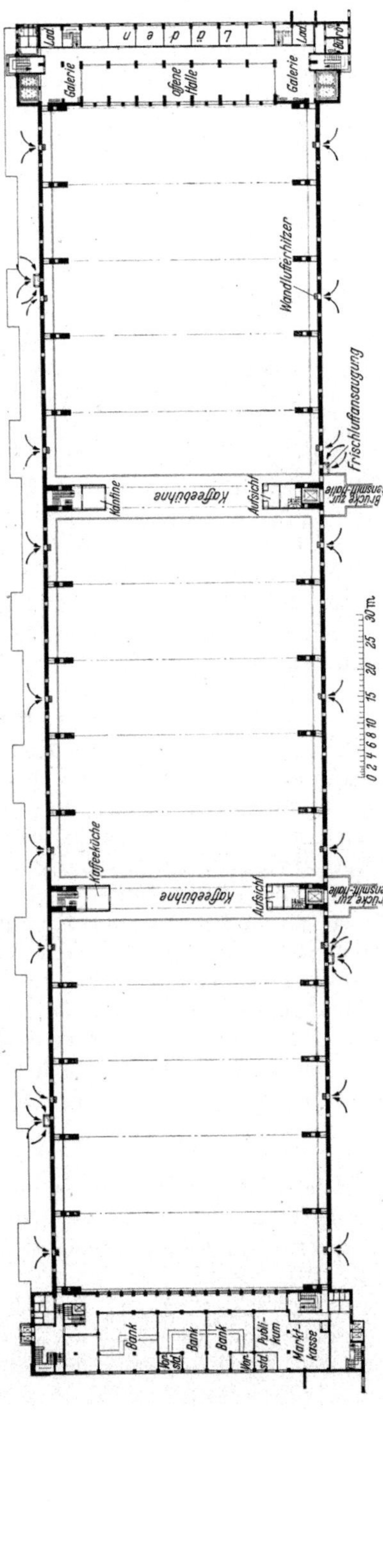

Abb. 59. Ausgeführte Heizungs-, Lüftungs- und Warmwasserversorgungsanlage einer Großmarkthalle, Galeriegeschoß.

verbunden sind, so steht evtl. zu Heizzwecken Abdampf aus den Dampfantriebsmaschinen der Kältekompressoren zur Verfügung. Es ist im Einzelfall dann zu prüfen, ob der Abdampf für die Heizung im Winter ausreicht oder in welchem Maße er zur Verfügung steht, da der Wärmebedarf im Winter, der Kältebedarf aber im Sommer (also zu Zeiten des größten Abdampfanfalles) am größten ist.

3. Heizkörper.

Die Aufstellung der Heizkörper bereitet in Warenhäusern (wie in Verkaufsläden) der beschränkten Platzverhältnisse wegen Schwierigkeiten und ist deshalb mit Umsicht vorzunehmen, um so mehr, als die Gefahr naheliegt, daß sie mit Waren umstellt werden, wodurch Wärmeabgabe und Reinigungsmöglichkeit leiden. Die gewünschte gleichmäßige Temperaturverteilung wird außerdem noch durch zeitweise starke Menschenansammlungen beeinträchtigt. Bisweilen ordnet man die Heizkörper an den Gebäudesäulen[1] an oder bringt glatte Rohre unter den Gestellen an. Werden davor Gitter vorgesehen, so ist dafür zu sorgen, daß sie leicht aufgeschlossen bzw. weggenommen werden können und gute Luftumwälzungsmöglichkeit besteht. Wie in anderen Räumen sollen die Heizflächen nach Möglichkeit da angeordnet werden, wo die größte Abkühlung stattfindet, d. h. unter den Fenstern, bei den Eingängen und längs den Außenwänden. Das letztere ist namentlich wünschenswert, wenn die Wände die Wärme gut leiten (z. B. in der Hauptsache aus Eisen, Beton und Glas bestehen).

4. Heizkessel.

Es werden die bei großen Heiz- und Lüftungsanlagen üblichen Kessel verwendet. Für eine entsprechende Unterteilung der Kesselanlage zur Sicherstellung der Reserve in Schadensfällen sowie für einfache Bedienung durch Anordnung von Kesselbedienungsbühnen usw. ist besondere Sorge zu tragen. Steht der Heizraum durch Türen mit Lagerräumen in Verbindung, oder befindet er sich in nicht allzu großer Entfernung von diesen, so sind wegen der Feuergefährlichkeit des Lagergutes die entsprechenden feuerpolizeilichen Vorschriften (feuersichere Türen usw.) besonders zu beachten[2].

Bei Dampfheizung ist der Dampfdruck so niedrig als möglich zu halten. Der Anschluß an eine evtl. vorhandene Städteheizung kann aus verschiedenen Gründen (u. a. der Verminderung der Feuersgefahr, Raumersparnis wegen) vorteilhaft sein.

5. Leitungen.

Meist werden untere Verteilung und Verlegung der Steige- und Fallleitungen in Mauerschlitzen vorgesehen. Die Verteil- und Sammelleitungen sind möglichst so anzuordnen, daß nachträgliche Erweite-

---

[1] Die Ingenieurarbeiten in einem Warenhaus in Manchester. Engineering 1927 S. 42. Kurze Notiz im Gesundh.-Ing. 1927 S. 821.

[2] Vgl. auch: Anforderungen an zweckmäßige Heiz- und Brennstoffräume. Aufgestellt vom Betriebsausschuß des VDHI. Heizg. u. Lüftg. 1937 H. 12 S. 177.

rungen bzw. Abänderungen an den Anlagen leicht vorgenommen werden können.

Auch muß durch eine geschickte Anordnung vermieden werden, daß zuviel Nutzfläche für die Rohrleitung in Anspruch genommen wird und eine unerwünschte Erwärmung von Lagerräumen eintritt. Eine besonders gute Isolierung der Kellerleitungen ist deshalb wünschenswert. In vielen Fällen ist sie in den Lagerräumen gegen Beschädigung durch Blechleitungen zu schützen.

Es empfiehlt sich, Gruppeneinteilungen nach den Himmelsrichtungen vorzusehen und besondere Heizstränge anzuordnen nach den Büros, der Pförtnerloge (evtl. -wohnung), den Oberlichtheizungen, den Hallen, den Lagerräumen, der Warmwasserbereitung und den Heizapparaten der Lüftungsanlagen, ganz ähnlich wie das im vorstehenden Abschnitt für Bankgebäude dargelegt wurde. Zur Sicherung des Betriebes bei großen Hallen werden zweckmäßig Ringdampfleitungen verlegt.

Bei großen Bauten ist auch die Anordnung eines zentralen Verteiler- und Regelraumes mit Schalttafeln usw. angezeigt (s. die Abschnitte III, VII und XII).

Mit Rücksicht auf die verschiedenen Wärmeverbräuche bei Markthallen und zur Erleichterung der Heizkostenabrechnung werden in diesem Raum evtl. auch Wärmemengen- oder Kondenswassermesser aufgestellt.

B. Warmwasserversorgung.

Hierfür gilt im allgemeinen das unter Abschnitt VII für Geschäftshäuser Gesagte.

Im Warenhaus ist bei Anlage und Bemessung der Warmwasserversorgung (Boiler und Leitungen) vornehmlich auf den Warmwasserbedarf der etwa vorhandenen Küchen, Spülküchen, Angestelltenerfrischungsräume u. a. Rücksicht zu nehmen. Wird Warmwasser verschiedener Temperatur verlangt, z. B. 90- und 60grädiges Wasser, so empfiehlt sich bei großer Zapfstellenzahl zur Vermeidung von unnötigen Wärmeverlusten und Verschwendung von Wasser von 90° eine Aufteilung der Warmwasserversorgung in ein Netz für 90grädiges Wasser und ein solches für Wasser von 60°. Die Wassertemperatur von 90° kann durch Nachwärmen von Wasser von 60° z. B. mittels sog. Nachwärme-Durchlauferhitzer erreicht werden.

C. Lüftung und Kühlung.

Bei Warenhäusern in staubfreier und ruhiger Geschäftslage mit sehr hohen Räumen und guter Querlüftungsmöglichkeit ist evtl. mit Fensterzulüftung und Ablüftung durch Abluftschächte auszukommen. Meist werden derartige Gebäude jedoch mitten im Stadtzentrum, also auch mitten im Verkehr liegen, so daß einwandfreie Frischluft nicht oder nur selten zur Verfügung steht. Trotzdem findet man häufig, daß selbst mehrstöckige Warenhäuser keine mechanische Lüftung besitzen. Dem in diesen Gebäuden meist vorhandenen, durch mehrere Stockwerke sich ziehenden Lichthof fällt vielmehr die Aufgabe zu, für den natürlichen Luftwechsel in allen Räumen zu sorgen, indem man Öffnungen in der Decke anordnet und den dadurch entstehenden Auftrieb zur Luftnachsaugung an Türen, Fenstern in den einzelnen Geschossen ausnutzt[1]. Dadurch treten aber nicht nur an den Türen und Fenstern der unteren Geschosse erhebliche Zugbelästigungen für die Angestellten und das Publikum auf, sondern es wird auch durch die Zugwirkung der Ausbreitung eines etwa entstehenden Brandes Vorschub geleistet. Dabei ist keinesfalls die Entlüftung weiter zurückliegender Räume durch diese Lüftungsart sichergestellt. Bei großen Menschenansammlungen, insbesondere vor hohen Festtagen usw. tritt eine zusätzliche erhebliche Luftverschlechterung ein. Eine fühlbare Abhilfe kann nur durch mechanische Lüftung erzielt werden. Diese darf sich wegen der sonst verstärkten Zugerscheinungen nicht auf reine mechanische Ablüftung beschränken. Die notwendige Zuluft muß je nach dem Zustand der Außenluft gereinigt, vorgewärmt und evtl. gekühlt werden, bevor sie in die Verkaufsräume eingeführt wird. Müssen die Waren vor zu großer Trockenheit bewahrt werden, so kann für die Verkaufsräume zeitweise Befeuchtung der zugeführten Luft erwünscht sein (insbesondere bei Luftheizung), während man die Luft in die Kellerlokale möglichst trocken einführt, damit sie gleichzeitig die Trockenhaltung dieser Räume bewirkt.

Um dem Eindringen kalter Luft durch die Eingänge vorzubeugen, werden, wie schon beim Abschnitt „Heizart" erwähnt, Drehtüren, Windfänge (bisweilen doppelte) erstellt. Außerdem soll im Verkaufsraum durch die Lüftung bzw. Luftheizung Überdruck herbeigeführt werden, bei Luftheizung, indem mehr Warmluft eingeblasen als Umluft zum Heizapparat zurückgenommen wird, und bei Lüftung, indem man die Abluftkanäle kleiner als die Zuluftkanäle hält bzw. die ersteren in Hinsicht auf die zahlreichen natürlichen Undichtigkeiten in den Umfassungswänden ganz wegläßt.

Die Lüftungsanlage des Verkaufsraumes soll so ausgebildet sein, daß sie in den Übergangszeiten bei abgestellter unmittelbarer Heizung auch zum Heizen und bei großen Menschenansammlungen während der Weihnachtszeit und Ausverkäufen sowie bei hohen Außentemperaturen zur Kühlung dienen kann. Maschinelle Vorrichtungen zur Kühlung der Luft werden in unserem Klima der großen Auslagen und des seltenen Bedarfs wegen bei Warenhäusern indessen gewöhnlich nicht vorgesehen.

Noch unerträglicher als in den Verkaufsräumen sind die Luftverhältnisse vielfach in den verschiedenen Nebenräumen bestehender Warenhäuser, z. B. in Speiseräumen, Küchen, Gefolgschaftsräumen, Warenannahmen usw. Diese liegen an sich meist schon ungünstig unter dem Dach oder im Keller. Reine Ablüftung kommt gewöhnlich nur für Aborte und Garderoben in Frage (s. das hierzu unter IVC und VIIC Gesagte). Erfrischungs-, Angestellten-Eß- und ständig benutzte Kellerräume sonstiger Art sollen mit Zu- und Abluftlüftern versehen werden. Bei Erfrischungsräumen im besonderen ist die Lüftung entsprechend Abschnitt IX vorzusehen, jedoch muß in diesem Fall mindestens soviel Luft abgesaugt wie zugeführt werden, damit der Tabakrauch nicht in den Verkaufsraum hinausdringt.

[1] Wietfeldt, W.: Die Lüftung in Geschäfts- und Warenhäusern. Gesundh.-Ing. Bd. 59 (1936) H. 29 S. 437/440.

Betreffend Vermeidung des Beschlagens der Schaufenster s. die Angaben am Schluß von Abschnitt 1.

Die Lüftung von Markthallen ist in der Regel dort einfach zu lösen, wo ohnehin eine Luftheizung vorgesehen ist, da sie dann ohne großen Mehraufwand mit dieser verbunden werden kann. Bei Großmarkthallen wird dies in der Regel der Fall sein. Hier genügt ein schwacher, etwa $^1/_2$—2facher Luftwechsel/st je nach Raumgröße und -höhe. Bei Kleinmarkthallen mit nur örtlicher Heizfläche ist ohne besondere Zu- und Ablüftung nicht auszukommen. Empfehlenswert ist aber, auch für solche Räume nur einen Teil des Heizwärmebedarfs durch örtliche Heizfläche und den Rest durch Luftheizaggregate zu decken und mit den letzteren gleichzeitig die notwendige Lüftung vorzunehmen.

Eine einwandfreie Ent- und Belüftung müssen auch die Lagerkeller von Großmarktanlagen erhalten, insbesondere dann, wenn sie durch Autos befahren werden. Für die kältere Jahreszeit genügt für die Entlüftung oft schon die Wirkung einer ausreichenden Zahl von Abluftkanälen, die vom Keller durch den Markthallenverkaufsraum über Dach geführt werden. Sie muß jedoch an warmen Sommertagen und bei regem Autoverkehr zur Beseitigung der Auspuffgase durch mechanische Lüftung unterstützt werden.

Besondere Einrichtungen zur Luftkühlung der Markthallenverkaufsräume sind meist nicht notwendig. Zur Kühlhaltung empfindlichen Verkaufsgutes, wie Fische, Geflügel, Milcherzeugnisse, Eier usw., werden mit den Markthallen heute durchweg große Kühlräume verbunden, die sowohl Verkäufern wie Käufern zur Verfügung stehen und nicht nur dem Eigenbedarf der Städte dienen, sondern auch zur vorübergehenden Lagerung von auf dem Transport begriffenen, leicht verderblichen Lebensmitteln[1]. Ein großes Kühlhaus ist z. B. in Frankfurt a. M. errichtet worden, ferner ein solches von der Société des Gares frigorifiques auf dem Gebiete des neuen Bahnhofes Cornavin in Genf[2]. Sehr bedeutende Kühlhäuser besitzen auch der Fischhafen von Lorient[3] und die Dock- und Lagerhausgesellschaft in Marseille[4]. Für solche Anlagen sind ähnlich wie in Schlachthöfen (s. Abschnitt XIX) bedeutende Kältemaschinenanlagen erforderlich.

Sonstiges Schrifttum:

Wiegand, K.: Kühlanlagen für Komfort in Japan. Gesundh.-Ing. Bd. 57 (1934) H. 32 S. 389/393 (insbesondere Warenhauskühlung S. 391).

Fleischer, W. L.: Luftveredelung im Kaufhaus. Architect. Forum Bd. 58 (1933) Nr 5 [s. auch Kurzbericht Gesundh.-Ing. Bd. 56 (1933) H. 29 S. 346/347].

Stahl, W. A.: Das größte Gebäude der Welt beginnt sein Luftbewetterungsprogramm. Heat. a. Ventilat. Bd. 34 (1937) H. 9 S. 65/68 [s. auch Kurzbericht Gesundh.-Ing. Bd. 61 (1938) H. 18 S. 250].

[1] Génie civ. 1925 S. 571. Notiz im Gesundh.-Ing. 1925 S. 612.

[2] La Gare frigorifique de Genève-Cornavin. Rev. techn. Sulzer 1928 Nr 2 S. 21.

[3] Pawlowski, A.: Der Fischhafen von Lorient und sein Kühlhaus. Génie civ. 1928 S. 201. Notiz im Gesundh.-Ing. 1928 S. 398.

[4] Bidault des Chaumes: Das Kühlhaus der Dock- und Lagerhaus-Gesellschaft in Marseille. Génie civ. 1928 S. 453. Notiz im Gesundh.-Ing. 1928 S. 607. — Jäger, A.: Das Kühlhaus der Großmarkthalle zu Frankfurt a. M. Z. ges. Kälteind. Bd. 36 (1929) H. 9.

IX. Restaurants, Kaffeehäuser, Teeräume in Konditoreien, Tanzsäle, Gesellschafts- und Vereinszimmer, Klublokale usw.

(Hotels s. Abschnitt X.)

Von **H. KÄMPER.**

1. Raumtemperaturen in Grad Celsius.

Restaurants, Kaffeehäuser, Teeräume usw.	18°
Gesellschaftsräume, Versammlungslokale vor Beginn der Veranstaltung:	
Wenn starke Besetzung zu erwarten ist	15°
Wenn schwache Besetzung zu erwarten ist	18°
Während der Benutzung nicht über	23°
Personaleßräume	18°
Korridore und Aborte	15°
Küchenräume (Küche, Abwaschküche, Speiseausgabe usw.)	15°
Weinkeller	6—8°

2. Heizart, Heizkörper, Heizkessel, Leitungen und Warmwasserversorgung.

Es kommen in Frage bei einfachen Verhältnissen Ofenheizung, bei höheren Ansprüchen Schwerkraft- oder Pumpen-Warmwasserheizung in Ausnahmefällen, zum Hochheizen von nur kurze Zeit benutzten Räumlichkeiten (z. B. Klublokalen) Niederdruckdampfheizung. Die Heizung kann schließlich auch durch eine auch für die Lüftung vorgesehene Klimaanlage übernommen werden. Für die Übergangszeiten erweist sich unter Umständen Gas- oder elektrische Heizung als vorteilhaft. Als alleinige Heizung stellt sie sich aber meist zu teuer. Die Verhältnisse liegen bezüglich der Heizung ähnlich wie in Wohnhäusern (Abschnitt I). Daher kann auf das dort über die Heizkörper, Heizkessel, Leitungen sowie auch die Warmwasserversorgung Gesagte verwiesen werden.

Sind Kohlenherde in Benutzung, so kann die Warmwasserbereitung teilweise durch den Einbau von Heizschlangen in den Herd und den Boiler erfolgen. Andernfalls sind hierfür, wie auch zum Betrieb von Dampfkochapparaten, besondere Dampfkessel aufzustellen, die, wie auch die Warmwasserboiler, reichlich groß gewählt werden müssen, um die Spitzenanforderungen mit Sicherheit decken zu können. Der Dampfdruck ist so niedrig wie möglich zu halten. Für Heizung allein genügen meist 0,05—0,1 atü, zum Betrieb von Kochapparaten und evtl. Wascheeinrichtungen sind dagegen mindestens 0,5—0,8 atü erforderlich. Große Unternehmungen erhalten hier und da eigene Kraftzentralen mit Abdampfverwertung. Wenn möglich, ist Anschluß an eine Dampfstädteheizung angezeigt.

3. Kochküche.

Hinsichtlich Heizung, Lüftung, Entnebelung und sonstiger Ausstattung der Kochküche kann im allgemeinen auf Abschnitt IIIC verwiesen werden. Während jedoch Anstaltsküchen in ihren Abmessungen und in ihrem Luftraum oft noch erträglich sind, liegen die Verhältnisse für die Küchen von Restaurants usw. meist viel ungünstiger. Hier sind Herdküche, Kaffeeküche, Geschirrspülraum und die sonstigen Nebenräume oft in kleinen Räumen mit niedriger Höhe zusammengedrängt. Wenn auch bis jetzt noch keine anerkannten Regeln über Mindestanforderungen an die Gestaltung und Lüftung derartiger Küchen bestehen (der Lüftungsausschuß des Vereins Deutscher Ingenieure bereitet sie vor), so sind aus Fachkreisen doch immer wieder aus der Erfahrung heraus Vorschläge zur Behebung der bestehenden Mängel und zur Beachtung bei Neubauten gemacht worden. So fordert MARX[1]: Die Herdküchen sollen von vornherein eine möglichst große Grundfläche und möglichst große Höhe erhalten. Über dem Herd ist ein Dunstabzug, aber möglichst aus Stoffen mit kleiner Strahlungszahl, anzubringen (also nicht aus Blech mit Eisenbeschlag). Der erzielbare Luftwechsel soll bei größeren Küchen mindestens 40fach, bei kleinen Räumen mindestens 80fach sein, wobei eine angemessene Vorwärmung der Luft möglich sein muß.

Die Zahl der Ein- und Abströmungsöffnungen muß möglichst groß sein. Dabei sollen diese nach Möglichkeit durch die Köche selbst je nach Wunsch geregelt werden können. Für den Abzug soll schließlich am besten eine Doppeldecke mit mehreren abstellbaren Abzugsöffnungen vorgesehen werden.

Zweifellos ist die Erfüllung der Forderung bezüglich des Luftwechsels bei kleinen Küchen außerordentlich schwierig, wenn gleichzeitig zugfreie Einführung gewährt werden soll. Beim Neubau sollte deshalb durch größere Räume die Vorbedingung für eine praktisch einwandfreie Lösung der Lüftungsfrage geschaffen werden. Das erfordert aber die frühzeitige Einflußnahme der Lüftungsfirma auf die Baugestaltung dieser Räume.

Eigene Waschküchen und Plättereien findet man fast nur in größeren Restaurantbetrieben. Werden sie verlangt, so gilt hierfür das unter Abschnitt IIID Gesagte.

4. Lüftung der Restaurationsräume, Tanzsäle, Gesellschaftszimmer usw.

Eine einwandfreie Erneuerung der durch Speisegerüche, Tabakrauch, Ausatmungs- und Ausdünstungsprodukte verunreinigten bzw. zu hoch erwärmten und befeuchteten Luft ist besonders wichtig, weil die Bekämpfung dieser Verunreinigungen bzw. der unzulässig hohen Erwärmung und Befeuchtung nicht nur einen wirtschaftlichen Vorteil durch den zu erwartenden stärkeren Besuch mit sich bringt, sondern auch, weil sie bei der außerordentlich großen Zahl der in diesen Betrieben Beschäftigten (für Deutschland etwa eine Viertelmillion Menschen) als Maßnahme zur hygienischen Verbesserung der Arbeitsstätte dringend notwendig ist[2].

---

[1] MARX, A.: Die Lüftung der Gast- und Vergnügungsstätten. Heizg. u. Lüftg. 1931 H. 11 S. 211.

[2] WIETFELDT, W.: Die Lüftung in Gast- und Vergnügungsstätten. Reichsarb.-Bl. Bd. 16 (1936) H. 29 III S. 251/257.

Bei einfachen Verhältnissen, aber auch häufig in Gaststätten, die sich eine bessere Einrichtung leisten dürfen, findet man oft in die Wände oder Fenster eingesetzte Lüfter, welche Luft absaugen und unmittelbar ins Freie blasen. Die Zuluft strömt dabei durch die Undichtigkeiten der Umfassungswände, die Aufzugsschächte bzw. Durchsichten, aus der Küche und bei aufgehenden Türen aus dem Freien bzw. von den Vorräumen her zu. Eine derartige Lüftung ist höchst mangelhaft, weil die einströmende Luft Küchen-, evtl. auch Abort- und andere Gerüche mitbringt, Zugerscheinungen auftreten, die Lüfter meist unwillkommenen Lärm verursachen und nicht selten die übelriechende Abluft den Nachbarn in die Fenster blasen.

In derart ungenügend oder überhaupt nicht gelüfteten Gaststätten herrschen oft bedenkliche Luftverhältnisse, und zudem beschlagen im Winter die Fenster und Wände leicht mit Feuchtigkeit, was die Behaglichkeit nicht steigert.

Daß solche Zustände weithin zur Zeit noch vorherrschen, ist nicht nur auf das mangelnde Verständnis des Gaststättenbesitzers bezüglich der Notwendigkeit der Lüftung zurückzuführen, sondern auch darauf, daß die Öffentlichkeit meist diese Zustände als unwandelbar in Kauf nimmt, und daß die zur Zeit in Frage kommenden Bestimmungen zu allgemein gehalten sind, als daß mit ihrer Hilfe eine baldige Verbesserung zu erwarten wäre. Aus diesen Gründen hat der Fachausschuß für Lüftungstechnik des Vereins Deutscher Ingenieure nach jahrelanger Zusammenarbeit mit Vertretern des Bauwesens, der Hygiene und der Lüftungstechnik vor kurzem „Lüftungsgrundsätze" und „Lüftungsregeln" herausgegeben[1], die sich die Aufgabe stellen, den Architekten, Bauherren und Lüftungsfachleuten Angaben über Wirksamkeit und Leistungsgrenzen der verschiedenen Lüftungseinrichtungen zu machen und Mindestanforderungen für die Lüftung von Versammlungsräumen festzulegen. Sie enthalten insbesondere auch Regeln für Abnahmeversuche, wodurch zukünftig eine klarere Beurteilung über die Minderwertigkeit von Lüftungsanlagen ermöglicht wird bzw. der Errichtung unzulänglicher Anlagen überhaupt vorgebeugt ist. Für den Auftraggeber ist damit sowohl für die Ausschreibung wie für den Vergleich der Angebote und die Vergebung eine wesentliche Erleichterung geschaffen.

Ähnliche Richtlinien sind beispielsweise auch in der Schweiz durch M. Hottinger aufgestellt worden[2]. In ihren Anforderungen gehen sie allerdings teilweise noch über die der „VDI-Regeln" hinaus.

Die Mindestanforderungen an die Lüftungseinrichtung eines Versammlungsraumes sind, wenn sie technisch einwandfrei sein soll, nach den „VDI-Regeln" kurz folgende:

1. Als Mindestzuluftmenge (Luftrate) je Kopf und Stunde gilt für Räume mit Rauchverbot 20 m³, für Räume, in denen geraucht wird, 30 m³.

---

[1] „Lüftungsgrundsätze" und „VDI-Lüftungsregeln" (Regeln zur Lüftung von Versammlungsräumen). Hrsg. vom Verein Deutscher Ingenieure. Berlin: VDI-Verlag G. m. b. H.

[2] Hottinger, M.: Wegleitungen für die Ausführung von Lüftungsanlagen. Schweiz. Bl. Heizg. u. Lüftg. Bd. 5 (1938) S. 12. Auch als Sonderdruck vom Verfasser zu beziehen. [S. auch Bericht in Heizg. u. Lüftg. Bd. 12 (1938) H. 5 S. 75.]

2. Die Zuluft soll bei Temperaturen über $\pm 0°$ in vollem Umfange aus dem Freien angesaugt werden, unter $\pm 0°$ mindestens bis zur Hälfte der festgesetzten Luftrate.

3. Die Zuluft muß zugfrei in den Raum eingeführt werden. Was als „zugfrei“ bezeichnet werden kann, ist näher in den Regeln angegeben (Nachprüfung durch Katothermometer).

4. Luftweg und Luftverteilung müssen im Raum so gewählt sein, daß tote Räume vermieden werden (Nachprüfung durch Rauchprobe).

5. Die Luftkanäle müssen gut zugänglich und reinigungsfähig sein (Ausführungseinzelheiten in den Regeln).

6. Zu- und Abluftgitter dürfen nicht an waagerechten begehbaren Stellen des Bodens liegen.

7. Zur Verringerung der Zuluftkanalverschmutzung muß die Außenluft bis auf einen Staubgehalt von 0,5 mg Staub je m^3 gereinigt werden.

8. Die Lüftungsanlage muß so ruhig arbeiten, daß ihr Betrieb weder im Saal noch im sonstigen Gebäude als störend empfunden wird. Schwingungs- und körperschalldämpfende Aufstellung des Lüfters und des Motors sind Voraussetzung hierzu. Die zulässigen Lautstärken in den verschiedenen Arten von Versammlungsräumen sind unter Zugrundelegung der deutschen Phonskala in den „Regeln“ näher angegeben.

Diese Forderungen lassen sich selbstverständlich nur durch vollwertige Lüftungsanlagen erfüllen. Die bereits beschriebene einfache Entlüftung mittels Schraubenlüfter in der Raumwand kann aber nur als *Lüftungsbehelf* bezeichnet werden, wie dies auch in den „Regeln“ geschieht, und ist als reine Abluftanlage aus den ebenfalls genannten Gründen überhaupt zu verwerfen.

Zum mindesten muß in kleineren Gaststätten und Versammlungsräumen, bei denen die Anlagekosten nicht hoch ausfallen dürfen und deshalb auf eine mechanische Zuluftanlage verzichtet werden muß, durch Aufstellung besonderer Heizkörper, z. B. über dem Windfang, dafür gesorgt werden, daß die infolge des Unterdruckes eingesaugte Frischluft vor dem Einströmen in den Raum genügend vorgewärmt wird. Man muß wissen, wo diese Luft herkommt und dafür sorgen, daß sie, ohne Zugerscheinungen hervorzurufen, die Gaststätte gut durchlüftet. Öffnungen hinter Heizkörpern in der Außenwand sind nicht angebracht. Zu empfehlen sind sog. „Gaststättenlüfter“ (Lüfter mit angebauter Luftvorwärmung).

Bei großen stark besuchten Gaststätten ist jedoch auch ein Zuluftlüfter mit Lufterhitzer (evtl. Luftreinigung) und entsprechenden Luftverteilkanälen, Luftgittern usw. erforderlich. Sollen auch Temperatur und Feuchtigkeit der Raumluft in ganz bestimmten Grenzen gehalten werden, was in vielen Fällen notwendig erscheint, so muß eine Klimaanlage zum Einbau kommen. Die für solche Anlagen zu stellenden Mindestanforderungen an die Raumtemperatur und -feuchtigkeit, abhängig von der jeweiligen Außentemperatur, sind ebenfalls in den „VDI-Lüftungsregeln“ festgelegt, soweit dies ohne Berücksichtigung der Eigenart des betreffenden Gebäudes möglich ist. Dabei ist es angezeigt, die Zuluftmenge größer zu halten als die vom Abluftlüfter beseitigte Luftmenge, damit im Raum ein gewisser Überdruck entsteht und bei sich öffnenden Außentüren sowie durch die Schächte der Speiseaufzüge Luft abströmt. Liegen neben den Restaurationsräumen Gesellschaftszimmer, in welche die Restaurationslust nicht übertreten soll, so ist von diesem Grundsatz allerdings abzugehen.

Vereinszimmer, Klublokale usw. sind zu behandeln wie Restaurants. Da in denselben geraucht wird, muß die Luftmenge ebenfalls mindestens 30 m^3 je Kopf und Stunde oder bei einem Mindestluftraum von 2,5 m^3 je Person (s. VDI-Regeln S. 3) das 12fache des Rauminhaltes betragen, sofern man die Raumluft wirklich einwandfrei zu halten wünscht.

Für Teeräume in Konditoreien sowie Tanzlokale gelten ebenfalls die in den Regeln festgelegten Werte.

Wird ein Zuluftlüfter mit Lufterhitzer vorgesehen, so ist selbsttätige Temperaturregelung zur Einhaltung der Zulufttemperatur, namentlich bei Beheizung mit Dampf, empfehlenswert. Trotzdem ist es angezeigt, die Heizfläche in mehrere für sich absperrbare Gruppen zu unterteilen. Bei Warmwasserheizung genügt unter Umständen die Regelung durch die Heizwassertemperatur. Um Einfriergefahr auszuschließen, soll bei Warmwasserheizung der Heizapparat bzw. bei Unterteilung desselben die erste nach außen liegende Elementengruppe nicht absperrbar sein, es sei denn, daß durch mechanische Verriegelung dafür gesorgt wird, daß der Lüfter nur in Betrieb genommen werden kann, wenn die Heizung angestellt ist.

Die Luftverteilkanäle müssen glatt sein und werden am besten in verzinktem Eisenblech ausgeführt oder bei Rabitz- oder Mauerwerksausführung mit lackierten oder gefliesten Innenwänden versehen. Die Austrittsstellen der Zuluft werden nach Möglichkeit unten in den Räumen angeordnet. Dabei darf die Austrittsgeschwindigkeit der Luft durch die Zuluftgitter etwa 0,3 m/sec nicht übersteigen, wenn man Zugerscheinungen vermeiden will, und auch dann dürfen sich keine Sitzplätze unmittelbar neben diesen Stellen befinden, außer wenn die Luft dicht über dem Boden eingeführt wird, was aber der Staubaufwirbelung wegen nicht empfehlenswert ist. Sind in Nischen und den Ecken der Räume feste Sitzbänke vorhanden, so kann man die Zuluft zum Teil unter diesen, bei verkleideten Heizkörpern auch tellweise durch diese Verkleidungen austreten lassen.

Lüftung von oben nach unten kann für Tanzsäle und andere Räume, in denen nicht geraucht wird, in Frage kommen; überall, wo geraucht wird, soll dagegen der Rauch durch die Luftströmung nicht in die Zone der Besucher heruntergeholt, sondern in seinem natürlichen Bestreben, aufzusteigen, unterstützt werden. Bei oberem, waagerechtem oder schwach nach oben gerichtetem Einströmen der Zuluft kann mit der Austrittsgeschwindigkeit unbedenklich auf 3 und mehr m/sek gegangen werden.

Um hohe Luftgeschwindigkeiten in den Kanälen und damit kleine Kanalquerschnitte wählen zu können und trotzdem einen belästigungsfreien Luftwechsel im Raum zu erreichen, kann man an den Lufteintrittsstellen z. B. sog. Anemostaten (Windstiller) oder andere Luftverteiler benutzen[1].

Die bei der Aufzählung der Mindestanforderungen genannte Rauchprobe zum Nachweis der Wirkung einer Lüftungsanlage kann vorgenommen werden z. B. durch Entzündung von Schwarzpulver an verschiedenen Stellen des Raumes, dann Inbetriebsetzen der Lüfter und Beobachtung des Lüftungsvorganges durch die Fenster beispielsweise vom Baugerüst aus.

Die Bauausführung der Lüftungsanlagen hat in üblicher Weise zu geschehen[2]. Besonders ist durch geringe Drehzahlen der Lüfter (nicht über 12 m/sec Umfangsgeschwindigkeit) und gute Lagerung derselben für geräuschlosen Gang und durch richtige Erwärmung der Luft sowie sachgemäße Anbringung und Bemessung der Luftgitter für Zugfreiheit und ausreichende Luftdurchspülung der Räume zu sorgen. Betreffend Aufstellung der Abluftlüfter im Dachboden gilt das unter Abschnitt III Gesagte.

Türöffnungen, die von den Restaurationsräumen unmittelbar ins Freie führen, sind mit (evtl. beheizten) Windfängen oder Drehtüren zu versehen.

Aus Aborten, Pissoiren, Toiletten und Garderoben ist es in den meisten Fällen angezeigt, Abluftkanäle über Dach zu führen, evtl. unter Einschaltung von Lüftern und selbsttätigen Umstellklappen. Werden solche Einrichtungen vorgesehen, so gilt in allen Teilen das in den früheren Abschnitten über Abortlüftung Gesagte.

Sonstiges Schrifttum:

TREBESIUS, E.: Gaststätten mit rollenden Dächern und verschiebbaren Wänden zur Lüftung im Sommer. Haustechn. Rdsch. Bd. 35 (1930) H. 24 S. 372/373.

Klimaanlage für Restaurant. Plumb. a. Heat. Contract. Trade J. N. Y. Bd. 93 (1932) Nr 7 S. 64, 66 u. 67 [s. auch Kurzbericht in Gesundh.-Ing. Bd. 56 (1933) H. 1 S. 10].

FREUDENTHAL: Die Belüftungsanlage der „Strandlust" in Vegesack. Gesundh.-Ing. Bd. 57 (1934) H. 43 S. 577/578.

HAHN, W.: Großküchenanlagen und Backöfen für Gaststätten, Hotels, Bäckereien, Konditoreien und Anstaltsbetriebe aller Art. Haustechn. Rdsch. Bd. 42 (1937) H. 7 S. 102/107.

Die dezentralisierte Großküche (elektrischer Rundherd). Gesundh.-Ing. Bd. 60 (1937) H. 7 S. 103/104.

X. Hotels.

Von **H. KÄMPER.**

1. Raumtemperaturen in Grad Celsius.

Gastzimmer	20°
Öffentliche Aufenthaltsräume (Halle, Vestibül, Schreibzimmer, Damensalon, Rauchzimmer, Speisesaal, Restaurant, Bar usw.)	20°

[1] Siehe den bereits bei Abschnitt VIII genannten Aufsatz: WIETFELDT, W.: Die Lüftung in Geschäftswarenhäusern. Gesundh.-Ing. Bd. 59 (1936) H. 29 S. 437/440.

[2] HOTTINGER: Heizung und Lüftung. München und Berlin: R. Oldenbourg.

Direktionsräume, Büro des Sekretärs usw.		20°
Personaleßräume		20°
Badezimmer		20—22°
Treppenhäuser, Flure, Aborte		15°
Küchenräume (Küche, Abwaschküche, Speiseabgabe usw.)		15°
Weinkeller		6—8°
Autogaragen	nicht unter	5°

Man findet häufig, daß Gastzimmer nur auf + 10—12° beheizt werden können. Dies ist nur vertretbar, wenn es sich um Räume handelt, die nur als Schlafräume dienen. In der Regel ist jedoch Vollbeheizung auf + 20° notwendig, da der Hotelgast sein Zimmer meist auch tagsüber als Wohnraum zu benutzen wünscht.

2. Heizart, Heizkörper, Heizkessel, Leitungen, Warmwasserversorgung.

Die Ansprüche an die Heizung, Lüftung und Warmwasserversorgung liegen sehr verschieden, je nachdem es sich handelt um einfache Gasthäuser, Hotels zweiten Ranges oder ausgesprochene Luxushotels, ferner um Hotels in Städten oder um solche an Sommerkurorten, deren Heizungsanlagen nur für kühle Sommer- und Herbsttage eingerichtet sein müssen, oder schließlich um solche an Winterkurorten, die auch während den kältesten Winterzeiten zu beheizen sind und den Ansprüchen verwöhnter Gäste genügen müssen. Ferner bestehen wesentliche Unterschiede zwischen den europäischen und vielen amerikanischen, z. B. als Hochbauten ausgebildeten Hotels, die neben dem eigentlichen Hotelbetrieb oft Unternehmungen der verschiedensten Art beherbergen. Eine Besonderheit bilden die „Appartementshotels" mit ihren kleinen Wohnungen. Die große Annehmlichkeit des amerikanischen Hotelkomforts und andererseits der teure Haushaltungsbetrieb sind die Veranlassung, daß ein immer größerer Prozentsatz der nordamerikanischen Bevölkerung dauernd in den Hotels Unterkunft oder Beköstigung sucht. Der weitgehendst maschinell eingerichtete, Personal sparende Betrieb ermöglicht diesen Unternehmungen, trotz der weitgehenden Bequemlichkeiten, die sie ihren Gästen bieten (Bad mit fließendem kalten und warmen Wasser neben jedem Schlafzimmer usw.), einen guten Gewinn. Die Raumverwertung geht so weit, daß z. B. auch fensterlose, ausschließlich auf künstliche Beleuchtung und Lüftung angewiesene Gastzimmer angetroffen werden[1].

Sieht man von diesen Ausnahmefällen ab, so läßt sich sagen, daß die Verhältnisse bezüglich der Gastzimmer gleich liegen wie für die Räume in Wohn- und Bürogebäuden (s. Abschnitte I und VII) und hinsichtlich der öffentlichen Räume wie in Restaurants (s. Abschnitt IX). Auch die Ausführung erfolgt in der gleichen Weise.

Ergänzend ist nur zu bemerken, daß meist ausschließlich Warmwasserheizung als Schwerkraft- oder Pumpenheizung oder aber für die Gastzimmer Warmwasser-, für Halle, Vestibül, Speisesaal und evtl. auch

[1] Neutra, R. J.: Wie baut man in Amerika? Stuttgart: J. Hoffmann.

andere öffentliche Räume Niederdruckdampfheizung vorgesehen wird[1]. Für die Gastzimmer sollte Dampfheizung der unangenehmen Heizwirkung und des häufig bei solchen Anlagen hörbaren Knallens wegen nicht ausgeführt werden. Dagegen ist in Hochbauten (speziell in Amerika) oft Vakuumheizung vorhanden.

In diesem Zusammenhang erscheint es erforderlich, auf die gerade für Hotels und sonstige Versammlungsräume außerordentlich störend wirkende Geräuschübertragung durch die Heizungsanlagen und sonstigen Installationen und die Möglichkeiten ihrer Abdämmung hinzuweisen[2]. Durch Anordnung elastischer Zwischenstücke (Metallschläuche) zwischen Kessel, Pumpen und Leitungen, ebenso zwischen Kühlanlagen, Hauswasserpumpen und deren Leitungen kann die Geräuschausbreitung durch Körperschall wesentlich herabgemindert werden. Die Art der Rohrbefestigung ist ebenfalls für die Schallübertragung von Bedeutung. Rohre dürfen nicht mit eisernen oder sonstigen steifen Bauteilen starr verbunden werden, auch dürfen sie nicht mit leicht schwingenden Bauteilen, wie Blechkästen, dünnen Bretterwänden, Verbindung haben. Evtl. sind zwischen den Rohren, Schellen und Wänden „schallweiche" Schichten einzufügen. Auf die Geräuschübertragung durch Wasserleitungen, die in der Regel auf die Bauart der Ablaufhähne oder auf Luftansammlungen zurückzuführen ist, sei ebenfalls nur kurz verwiesen[3].

So vorteilhaft die Schwerkraft-Warmwasserheizung wegen ihrer Betriebssicherheit ist, so hat sie doch gegenüber der Pumpen-Warmwasserheizung den Nachteil der großen Trägheit, wodurch die Anheizzeit wesentlich verlängert wird. Durch Einschalten einer Anheizpumpe für normalerweise mit Schwerkraft arbeitende Anlagen läßt sich der besonderen Eigenart des Hotelheizbetriebes Rechnung tragen. Dieser erfordert ein Aufheizen am Morgen in kürzester Zeit mit hohen Temperaturen, ein Absenken der Temperatur während der Zeit des Lüftens, ein Einregeln der Raumtemperatur nach dem Lüften und ein Abstellen der Heizung während der Nacht. Da die Einhaltung der notwendigen Raumtemperaturen wegen der verschiedenartigen Ansprüche der Hotelgäste an Heizung und Lüftung oft recht schwierig ist, muß während des Tages am Kessel eine der jeweiligen Außentemperatur entsprechende Heizwassertemperatur, die eine Erwärmung der Gastzimmer auf $+ 20°$ ermöglicht, eingehalten werden. Werden Über- oder Untertemperaturen von einzelnen Gästen verlangt, so müssen sie durch Zusatzheizung oder Lüften in den betreffenden Räumen zu erreichen versucht werden[4]. Zur Unterstützung des Heizens empfiehlt sich, bestimmte Räume in

[1] WEYRAUCH, W.: Zur Hotelhygiene. Gesundh.-Ing. Bd. 56 (1933) H. 33 S. 388/391. — KUNZ: Der Hotelbau von heute. Stuttgart: Julius Hoffmann 1930.

[2] ZELLER, W.: Geräuschvermeidung in der Heizungs- und Lüftungstechnik. Heizg. u. Lüftg. 1936 H. 3 S. 56/57. — HÄUSSLER, W.: Schallisolierung in der Heizungs- und Lüftungstechnik. Schweiz. Bl. Heizg. u. Lüftg. 1936 S. 9.

[3] MENGERINGHAUSEN, M.: Geräuschlose Wasserleitungen. Gesundh.-Ing. Bd. 56 (1933) H. 19 S. 217/220.

[4] GEIRINGER, P.: Die neuen Richtlinien für die Anlage von Heizungs- und Warmwasserbereitungsanlagen in Hotels. Gesundh.-Ing. Bd. 54 (1931) H. 20 S. 305/307.

den einzelnen Geschossen mit elektrischen Fernthermometern auszurüsten. GEIRINGER gibt in der genannten Abhandlung einen von ihm entwickelten und mit Erfolg erprobten elektrischen Regler an, der in Abhängigkeit von der Außentemperatur und den sonstigen Wetterverhältnissen vor- und nacheilbar die Heizwassertemperatur beeinflußt.

In der wasserkraftreichen Schweiz enthalten die Gastzimmer bisweilen Stecker zum Anschluß elektrischer Öfen, doch ist diese Heizart nur wirtschaftlich, wenn ausnahmsweise billiger Strom zur Verfügung steht bzw. der Hotelbesitzer über eine eigene Wasserkraft verfügt, was in Alpengegenden hier und da der Fall ist.

Die Heizkörper findet man sehr verschieden aufgestellt, in kleinen Zimmern oft in Form von flachen Radiatoren hinter den Türen. Bei dem Windanfall stark ausgesetzten Gebäuden (z. B. an Winterkurorten) sollte man sie indessen, der sonst leicht auftretenden Zugerscheinungen und ungleichmäßigen Raumerwärmung wegen, unter den Fenstern aufstellen, wo sie auch keinen anderweitig benötigten Platz wegnehmen.

Zur Feuerung der Kessel benutzt man Koks, ausnahmsweise auch Gas oder Öl. Hierüber gilt das unter Abschnitt I Gesagte. Hier und da erhalten große Hotelunternehmungen auch besondere Kraftzentralen mit Hochdruckkesseln und Abwärmeverwertung. Der erzeugte Strom dient zur Deckung des Bedarfes für Beleuchtung, Aufzüge, Lüftern, Pumpen, Küchen-, Wäscherei-, Kühlmaschinen usw., die Abwärme zu Heiz-, Koch-, Warmwasserbereitungs-, Trocken- und anderen Zwecken. Zum Ausgleich zeitlicher Verschiebungen können Wärme- oder elektrische Akkumulatoren aufgestellt werden[1].

Besondere Ansprüche an die Bemessung der Boilerinhalte, Boiler- und Kesselheizflächen, Leitungsdurchmesser usw. stellen in luxuriösen Hotels die Warmwasserversorgungen für die vielen Bäder, Toiletten, die Küche, evtl. Wäscherei usw. Im übrigen sind jedoch auch diese Anlagen in normaler Weise auszuführen, so daß dem früher hierüber Erwähnten nichts hinzuzufügen ist.

Wenn auch die Bedürfnisse der einzelnen Hotels bezüglich der Warmwasserversorgung (Warmwassermenge) je nach ihrem Rang verschieden sind, so lassen sich aus der Erfahrung bestimmte Grundforderungen (s. GEIRINGER) für die Höhe der notwendigen Warmwassertemperaturen erheben, die für Hotels jeder Art gelten können: Warmwasser für Waschtische und Badeeinrichtungen sollte an den Verbraucherstellen eine Temperatur von höchstens 45—50° und an den Boilern von höchstens 55—60° besitzen. Die Einhaltung dieser Temperaturen empfiehlt sich auch deshalb, weil die Kesselsteinbildung in der Anlage bei höheren Temperaturen steigt. Ferner zeigt sich, daß bei Gebrauch heißeren Wassers die gezapfte Heißwassermenge nicht oder nur unwesentlich sinkt, d. h. aber, daß der Wärmeverbrauch ein höherer ist. Es liegt also im wirtschaftlichen Interesse jedes Hotelbesitzers, wenn er durch Ein-

[1] HOTTINGER: Abwärmeverwertung, S. 14. Berlin: Julius Springer 1922. — Ferner: Bedeutendes Dampfkraftwerk für zwei amerikanische Hotels. Power 1927 S. 826. — SUTHERLAND, J. A.: Das Kraftwerk des größten Hotels der Welt. Power 1927 S. 879.

bau einwandfrei arbeitender Regler für die Einhaltung der genannten Warmwassertemperatur von 55—60° am Boiler sorgt. Ebenso sollte das im Küchenbetrieb zu Spülzwecken notwendige Warmwasser an der Auslaufstelle nicht höher temperiert sein als 60—65°, am Boiler etwa 70—75°. Im übrigen gilt für die Warmwasserversorgung das in Abschnitt I und III Gesagte.

Zu begrüßen ist, daß in neuerer Zeit, auch in Hotels zweiten Ranges,

Abb. 60. Ausgeführte Klimaanlage in einem Großhotel (MAN-Kalender 1939).

in den Gastzimmern immer häufiger laufendes warmes und kaltes Wasser anzutreffen ist.

Bezüglich Küchen- und Wäschereibetrieb (Heizung, Dampfversorgung, Lüftung und Entnebelung) sei auf die Abschnitte IIIC und D verwiesen.

Große Hotels erhalten mit Vorteil Abfallverbrennungsöfen wie Spitäler (s. Abschnitt III).

3. Lüftung.

Für die Lüftung der Speisesäle, Restaurations- und anderen öffentlichen Räume gilt das unter Abschnitt IX Gesagte. Hinzuzufügen ist nur, daß die Verteilung von Über- und Unterdruck in den verschiedenen Räumen der Hotels besonders sorgfältig vorgenommen werden muß. Beispielsweise darf aus Speisesälen, Rauchzimmern, Restaurationsräumen, Bar, Küche, Angestellten-Eßräumen, Badezimmern, Toiletten und Aborten keine Luft austreten, d. h. es muß in ihnen Unterdruck herrschen, während in den Nebenräumen Überdruck erwünscht ist, ebenso in Vestibülen und Hallen zur Vermeidung von Zugerscheinungen bei offenstehenden Außentüren. Doppel- oder Drehtüren können hier wie bei den Restaurants unter Umständen gute Dienste leisten. In Abb. 60 ist die Zentrale der Klimaanlage eines Großhotels wiedergegeben.

Sonstiges Schrifttum:

SCHULTZE-NAUMBURG u. E. FULD: Das Hotel, wie es sein soll, und wie es nicht sein soll. I. Die baulichen Einrichtungen des Hotels. II. Der Hotelbetrieb. Umschau 1929 Nr 21 S. 406/411 [kurze Notiz Gesundh.-Ing. Bd. 53 (1930) H. 12 S. 190].

HAUSER, M., u. F. TAUSKY: Hotel und Kino „Urban" in Zürich. Schweiz. Bauztg. Bd. 106 (1935) S. 34 [s. Bericht Gesundh.-Ing. Bd. 58 (1935) H. 40 S. 618].

GRELLERT, M.: Wirtschaftlicher Betrieb der wärme- und kühltechnischen Anlagen für Hotels und Gaststätten. Haustechn. Rdsch. Bd. 43 (1938) H. 33 S. 517.

XI. Saalbauten mit großen Versammlungsräumen wie Konzerthäuser, Kasinos, Kirchengemeinde- und Volkshäuser, Parlamente, Rathäuser, Börsen usw.

(Theater und Lichtspielhäuser s. Abschnitt XII. Hallen Abschnitt XVI.)

Von **H. KÄMPER.**

A. Heizung.

1. Raumtemperaturen in Grad Celsius.

Saaltemperatur vor der Benutzung:	
Wenn starker Besuch zu erwarten ist	15°
Wenn schwacher Besuch zu erwarten ist	18°
Während der Benutzungszeit nicht über	23°
Garderoben und Vorräume der Säle	18°
Bühne	18°
Übungs-, Solisten-, Sitzungs-, Unterweisungszimmer, Lesesäle usw.	18°
Vorplätze, Treppenhäuser usw.	12—15°
Aborte, Toiletten	15°
Küchenräume	15°
Hauswartwohnung s. die Abschnitte I und IV.	

2. Heizart.

Es werden je nach Benutzungsart angewendet: Schwerkraft- bzw. Pumpen-Warmwasser- oder Niederdruckdampfheizung, unter Umständen im gleichen Bau für gewisse Räume die eine, für die übrigen die andere Heizart. Die Säle erhalten vielfach Luftheizung, die gleichzeitig zur Lüftung benutzt wird, wobei an Stellen besonderer Abkühlung, z. B. an Galerien, Außenwänden, gleichzeitig auch örtliche Heizflächen untergebracht werden. Auch wird Warmwasser- oder Dampfheizung ausgeführt und daneben eine Lüftungsanlage, die in den Übergangszeiten auch zum Heizen verwendbar ist. Manchmal gelangen auch schon Vollklimaanlagen für Säle zur Ausführung. Hierzu sind aus betriebswirtschaftlichen Gründen Umluftkanäle erforderlich[1]. Dienen zum Heizen des Saales besondere Kessel, so empfiehlt es sich, zur Erleichterung der Bedienung an Orten, wo billiger Strom zur Verfügung steht, in den Luftweg der Lüftungs- bzw. Luftheizungsanlage außer dem Dampf- bzw. Warmwasser- auch einen elektrischen Heizkörper einzubauen (wie bei den Banktresoren, s. Abschnitt VII). Eine solche Anlage besitzt zur Zeit das Kirchengemeindehaus Zürich-Enge. Bezüglich der Notwendigkeit und Möglichkeit der Geräuschminderung bei den Heizungsanlagen der hier behandelten Gebäudearten sei auf die Angaben in Abschnitt X verwiesen.

3. Heizkörper.

Aus architektonischen Gründen ist (für die in Frage stehenden Räume) auf die Wahl passender Heizkörpermuster besondere Sorgfalt zu verwenden. Die Auswahl ist infolge der Normalisierung der Gliederheizkörper und bei der Zweckmäßigkeit ihrer Formen verhältnismäßig leicht. In den Haupträumen kann Verkleidung in Frage kommen. Wie schon früher betont, verdient jedoch unverkleidete Aufstellung vom heiztechnischen, wirtschaftlichen und hygienischen Gesichtspunkt aus den Vorzug. Meist gelingt es auch, eine ästhetisch befriedigende Lösung zu finden. Die Unterbringung der Heizkörper soll soweit als möglich an den Außenwänden erfolgen.

4. Heizkessel.

Es werden die meist bei großen Anlagen üblichen gußeisernen Warmwasser- oder Niederdruckdampfkessel normaler Art verwendet. Daher kann auf früher Gesagtes verwiesen werden, wie auch bezüglich evtl. Gasfeuerung, die für stoßweisen Betrieb besonders geeignet ist und die Bedienung wesentlich vereinfacht.

Wird Dampf zu Kochzwecken gebracht, so ist ein Dampfdruck von mindestens 0,5—0,8 atü erforderlich, für Heizzwecke allein ist er dagegen möglichst niedrig zu halten, meist genügen 0,05—0,1 atü.

Bezüglich der Kochküchen kann auf die Abschnitte III und IX Bezug genommen werden.

5. Leitungen.

Gewöhnlich werden untere Verteilung und Verlegung der Steigerohr- und Heizkörperanschlußleitungen in Mauerschlitzen vorgesehen.

[1] Eine ausgedehnte Pumpenfernheizung sowie Lüftungsanlage enthält das neue Rathaus zu Dresden. Siehe die eingehenden Berichte über die Ausführung und die Betriebserfahrungen von OSTERMEYER: Gesundh.-Ing. 1910; von K. SCHMIDT: Gesundh.-Ing. 1911 Fest-Nr vom 12. VI. S. 37. Gesundh.-Ing. 1913; von BERNSDORF: Gesundh.-Ing. 1925 S. 545.

Gruppenunterteilung ist empfehlenswert, beispielsweise für:

I. Heizung des Saales und seiner Vorräume, Wandelgänge, Garderoben, unter Umständen mit weiterer Unterteilung nach Himmelsrichtungen.

II. Vestibül, Windfänge, Gänge, Aborte und andere Räumlichkeiten, die in den Übergangszeiten bisweilen unbeheizt bleiben können.

III. Lüftungsanlage.

IV. Büros, Wohnungen, Sitzungszimmer, Lesesäle, Unterweisungszimmer sowie evtl. Verkaufsläden, d. h. sämtliche Räume, die ständig beheizt werden müssen.

Wie bei anderen großen Bauobjekten ist auch bei Saalbauten die Anordnung eines zentralen Apparate- und Regelraumes angezeigt, in dem die Pumpen, Gruppenabsperrungen der Heizung, Motoranlasser für die Pumpen und Lüfter, elektrischen Instrumente (Volt- und Amperemeter), Klappenfernstellvorrichtungen, Tastatur und Anzeigeinstrument der Fernthermometeranlage usw. untergebracht werden können (s. das hierüber unter den Abschnitten III, VII und XII Gesagte).

B. Warmwasserversorgung.

Warmwasserversorgung wird gewöhnlich nur in Saalbauten mit Restaurationsbetrieb erstellt (s. die früheren Abschnitte), sofern nicht wenige Zapfstellen für Reinigungszwecke notwendig sind.

C. Lüftung und Kühlung.

Für die Säle sind meist sowohl Zu- als auch Abluftanlagen vorzusehen. Die Luft muß dabei in guter Verteilung eingeblasen werden und die Räume, insbesondere die Aufenthaltszone der Besucher, vollständig durchspülen.

Bezüglich der notwendigen Luftraten je Kopf und Stunde zur Schaffung wirklich einwandfreier Luftverhältnisse gelten die in Abschnitt IX bereits eingehend besprochenen Mindestanforderungen der „VDI.-Lüftungsregeln", d. h. also mindestens 20 m³ für Räume mit Rauchverbot und mindestens 30 m³ für Räume, in denen geraucht wird. Da jedoch diese Werte, wie auch in den „Regeln" ausdrücklich betont wird, nur als untere Grenzen gelten dürfen, empfiehlt sich, diese Luftwechselzahlen um etwa 10 m³ je Kopf und Stunde zu erhöhen. Die Zuluft ist auf etwa 20° vorzuwärmen. Bei kälteren Außentemperaturen soll die Frischluftmenge durch langsameres Laufenlassen der Lüfter oder Klappenumstellungen in dem Maße eingeschränkt werden können, daß die erforderliche Erwärmung trotzdem zustande kommt. Bei Dampfheizung sind die Lufterhitzer in mehrere Gruppen zu unterteilen und mit selbsttätiger Temperaturregelung zur Einhaltung der Zulufttemperatur zu versehen. Bei Warmwasserheizung kann die Heizwirkung unter Umständen allein durch die Wassertemperatur geregelt werden. Die Lüfter sind in jedem Falle mit Drehzahlregelung zu versehen und müssen zwecks Vermeidung störender Geräusche auch bei Vollbetrieb langsam, d. h. nicht mit über 12 m/sec Flügelumfangsgeschwindigkeit laufen und gut gelagert sein.

Die Wichtigkeit der Schalldämpfung bei Lüftungsanlagen für die Ermöglichung eines störungsfreien Dauerbetriebes in Versammlungsräumen zwingt zur Beseitigung *aller* nur erfaßbaren Störungsquellen. Außer den bei den Lüftern durch die Luftwirbelbildung bei zu hoher Umfangsgeschwindigkeit entstehenden Geräuschen können solche auch vom Antrieb (Lager-, Riemen- und Zahnradgeräusche) und von der Luftführung (zu scharfe Kanten und Ränder) und zu hohen Luftgeschwindigkeiten (über 7 m/sec) in den Kanälen herrühren[1]. Der Fachausschuß für Lärmminderung des VDI. hat sich in den letzten Jahren dieses wichtigen Aufgabengebietes besonders angenommen und in den unten bezeichneten „Richtlinien für die Lärmabwehr in der Lüftungstechnik" nicht nur die Ursachen, sondern auch Wege und Mittel zur Geräuschminderung angegeben.

Ob in den Sälen Über- oder Unterdruck erzeugt bzw. gleichviel Luft eingeblasen wie abgesaugt werden soll, hängt davon ab, ob bei offen stehenden Türen Luft aus- oder eintreten darf bzw. ob keines von beiden erwünscht ist. Im allgemeinen erweist es sich als zweckmäßig, dem Eindringen kalter Zugluft durch die Türen, Undichtigkeiten in den Fensterrahmen usw. mittels eines gewissen Überdruckes entgegenzuwirken. Wird geraucht, so ist von diesem Grundsatz, wie in früheren Abschnitten bemerkt, allerdings unter Umständen abzuweichen, wenn man vermeiden will, daß der Rauch in die Nebenräume hinausgedrückt wird[2]. Jeder der erwähnten Zustände ist leicht einstellbar, wenn die Zu- und Abluftlüfter gleich groß gewählt und mit Drehzahlregelung versehen werden, so daß man es in der Hand hat, jeden beliebig viel Luft fördern zu lassen.

Befindet sich unmittelbar über dem Saal der Dachboden, so kann die Abluft durch verschließbare Deckenöffnungen ohne Lüfter in diesen und weiter durch Aufsätze oder Fenster ins Freie abgeleitet werden, sofern der notwendige Überdruck im Raum vorhanden ist. Bei sehr großen hohen Sälen kann der vielen natürlichen Undichtigkeiten wegen bisweilen auf besondere Abluftöffnungen überhaupt verzichtet werden.

Dasselbe ist auch zulässig, wenn die Turnhallen ländlicher Orte gelegentlich als Vortrags- und Theatersäle benutzt werden sollen und z. B. Warmwasser- oder Dampf-Luftheizung mit Lüfterbetrieb ausgeführt wird. Dabei genügt es meist, die Anlagen zum Aufheizen der Säle mit Umluft zu betreiben, während der Benutzung dagegen den Umluftweg zu drosseln bzw. ganz abzustellen und gleichzeitig den Frischluftkanal entsprechend zu öffnen, was bei geschickter Anordnung

---

[1] Berger, Lübke, Zeller: Lärmabwehr in der Lüftungstechnik (Richtlinien des Fachausschusses für Lärmminderung des VDI). Heizg. u. Lüftg. 1937 H. 2 S. 17/22; H. 4 S. 49/55. — Lübke, E.: Geräuschminderung in Lüftungsanlagen. Gesundh.-Ing. Bd. 60 (1937) H. 38 S. 577/581. — Zeller, W.: Erfahrungen bei der Geräuschbekämpfung in Lüftungs- und Klimaanlagen. Heizg. u. Lüftg. 1938 H. 10 S. 161/163. — Zeller, G.: Lärmabwehr und Raumakustik. H. 6 der Literaturzusammenstellungen aus dem Gebiet der technischen Mechanik und Akustik. Berlin: VDI-Verlag 1938. 22 S., RM. 3,20.

[2] Mehl, W.: Die Bekämpfung des Tabakrauchs in erwärmten Versammlungsräumen. Haustechn. Rdsch. Bd. 38 (1933) H. 17 S. 221/223.

meist durch Betätigung einer einzigen Stellvorrichtung erreicht werden kann.

Sollen mit Warmwasser- oder Dampfheizung schon versehene Säle noch mit mechanischer Lüftung ausgerüstet werden, so kann entweder vorgewärmte Zuluft eingeblasen oder Luft, z. B. durch die Decke, abgesaugt oder sowohl eine Zu- als auch eine Abluftanlage vorgesehen werden. Im ersten Fall überläßt man es der Luft, ihren Weg ins Freie selber zu finden, was jedoch nur angeht, wenn der Saal genügend viele natürliche Undichtigkeiten aufweist, weil sonst die Lüftungswirkung mangelhaft ist. Im zweiten Fall ist dafür zu sorgen, daß die infolge des im Raum herrschenden Unterdruckes von außen hereingesaugte Luft vorgewärmt eintritt, beispielsweise indem ein mit Heizkörpern versehener Zuluftkanal (ohne Einbau eines Lüfters) erstellt wird (wie bei Gaststätten, Abschnitt IX, erwähnt), während vereinigte Zu- und Abluftanlagen in üblicher Weise auszuführen sind. Unumgänglich notwendig ist kräftiges Absaugen, wenn geraucht wird. Zu beachten ist, daß der Über- bzw. Unterdruck nicht groß sein darf, weil sonst die Türen je nachdem schwer aufgehen und leicht zuschlagen oder aber schwer geschlossen werden können.

Da gerade für den nachträglichen Einbau von Lüftungs- und Klimaanlagen in vorhandene Saalbauten und sonstige Räume ein Übermaß an Luftverteilungskanälen vermieden werden muß und auch für die Unterbringung der übrigen technischen Einrichtungen meist nur sehr begrenzter Raum zur Verfügung steht, sind in den letzten Jahren sog. Einzelklimageräte auf den Markt gebracht worden, deren Einfügung in vorhandene Baukörper, aber auch in Neubauten in vielen Fällen weit geringere Schwierigkeiten bereitet als die zentraler Lüftungs- und Klimaanlagen[1]. Diese nach dem Baukastensystem entwickelten Geräte lassen sich in beliebiger Form und Größe zusammenbauen. Je nach den Anforderungen können sie als Teilklimageräte, d. h. z. B. nur für Lufterwärmung oder nur für Luftkühlung mit oder ohne Umluft oder auch als Vollklimageräte zusammengestellt werden. Diese Bauart ermöglicht auch in besonders einfacher Weise den späteren Einbau in bestimmte Räume, z. B. in einzelne Sitzungszimmer usw. Ihre serienmäßige Herstellung, Auswechselbarkeit, leichte Montage und Bedienung sowie ihre Wiederverwendbarkeit bei Umbauten sind weitere Vorzüge. Die Beantwortung der Frage nach der zweckmäßigsten Lüftungsart hängt mit der Benutzungsart des Saales, seiner Bauausführung und den gestellten Ansprüchen zusammen.

Bei Anbringung der Zuluftgitter ist evtl. die Art der Saalbestuhlung von Wichtigkeit, d. h. ob sie fest oder lose ist. Im ersten Fall können die Gitter, außer an den Raumwänden, auch an den senkrechten Stützen der Bänke und bei stufenförmiger Ausbildung des Bodens längs den Tritten angeordnet werden. Sie in den Boden zu legen ist zu verwerfen, weil sonst von den Schuhen und beim Kehren des Bodens Staub und Schmutz in die Luftkanäle gelangen. Bei loser Bestuhlung sind

[1] Brandi, O. H.: Neuzeitliche Klimageräte und ihr nachträglicher Einbau in bestehende Gebäude. Heizg. u. Lüftg. Bd. 12 (1938) H. 11 S. 169/174.

sie an den Saalwänden, Pfeilern, Galerien usw. unterzubringen. Sind die Heizkörper verkleidet, so kann die Luft auch durch die Verkleidungen eingeblasen werden. Enthält der Saal Galerien, Logen usw., so sind dort ebenfalls Zuluftöffnungen vorzusehen.

Befinden sich die Austrittsstellen in der Zone der Besucher, so darf die Geschwindigkeit der austretenden Luft 0,3 m/sec nicht übersteigen, weil sonst auch bei Vorwärmung der Luft von empfindlichen Personen über Zug geklagt wird. Selbst bei kleinen Austrittsgeschwindigkeiten sollen sich möglichst keine Sitzplätze unmittelbar neben den Luftgittern befinden, außer wenn die Luft dicht über dem Boden eingeführt wird. Die Verhältnisse liegen in dieser Hinsicht ganz ähnlich wie bei Gaststätten (s. Abschnitt IX).

Es gibt auch Säle (namentlich hohe), bei denen die Luft oben zugeführt wird. Dabei soll sie, wenn immer möglich, waagerecht oder schwach nach oben gerichtet austreten, damit die Besucher nicht durch scharfe niedersinkende Luftströmungen getroffen werden. Wird hierauf die nötige Rücksicht genommen, so sind Austrittsgeschwindigkeiten bis zu 3 m/sec und mehr zulässig. Strömt die Luft dagegen durch Deckenöffnungen senkrecht nach unten, so sind gute Verteilung, kleine Geschwindigkeiten und sorgfältige Vorwärmung unerläßlich. Selbstverständlich ist die Gefahr von Belästigungen um so geringer, je höher der Saal ist. Bei kleinen Abständen zwischen den Deckenöffnungen und den sich darunter aufhaltenden Besuchern sind dagegen besondere Vorkehrungen zu treffen, z. B. die bereits früher erwähnten Leitflächen unter den Öffnungen oder sog. Anemostaten anzuordnen, damit die Luft nicht unmittelbar hinunterfallen kann, sondern nach den Seiten hin abgelenkt wird.

Nicht selten werden heute Zu- und Abluftöffnungen in einem Raum an einer Stelle an der Decke vereinigt und dann als Deckenrosette und seitlichem ringförmigen Zuluftaustritt und unterem Ablufteintritt in der Mitte der Rosette ausgebildet. Größere Räume erhalten mehrere derartige Rosetten. Tritt durch die Deckenrosetten nur Zuluft aus, so läßt sich durch Verbindung der Zuluftrosette mit der Deckenbeleuchtung oft eine schöne und doch unauffällige Anordnung gestalten.

Ferner gibt es Anlagen mit Lüftung aus mittlerer Höhe nach oben und unten und solche, bei denen die Luftströmung von oben nach oben oder von unten nach unten stattfindet. In diesem Falle ist die zweckmäßigste Anordnung ausfindig zu machen. Geschickten Architekten gelingt es bei rechtzeitiger Zusammenarbeit mit dem Heiz- und Lüftungsfachmann in der Regel Lösungen zu finden, die sowohl vom ästhetischen als auch technischen Standpunkt aus befriedigen.

Wird geraucht, so ist Lüftung von unten nach oben erforderlich, weil sonst der aufsteigende Tabakrauch wieder in die Zone der Besucher heruntergeholt wird (s. Abschnitt IX).

Besonders schwierig ist die Sicherstellung der Zugfreiheit bei Lüftungsanlagen, die zeitweilig auch zur Kühlung benutzt werden sollen. Hierbei muß mit besonderer Umsicht verhütet werden, daß die Besucher von der austretenden Luft unmittelbar getroffen werden. Auch darf die Temperatur der Zuluft diejenige der Raumluft um nicht mehr als etwa 5° unterschreiten. Die Abkühlung der Luft kann, wie das in Kap. III dargelegt wurde, durch kaltes Leitungswasser (Einbau von Kühlschlangen, Streudüsen oder wasserberieselte Steinfilter) bewirkt werden. Ist seine Temperatur nicht niedrig genug, so sind zur Abkühlung Kältemaschinen erforderlich, was aber zu teueren und verwickelten Anlagen führt und für das normale europäische Klima auch kaum in Frage kommt. Eine geringe Abkühlung kann auch durch Einlagerung von Eis in den Luftweg bewirkt werden, und in Gegenden mit kühlen Nächten ist eine gewisse Wirkung dadurch erreichbar, daß man die Lüfter während der Nachtstunden mit langsamen Drehzahlen laufen und dadurch die Mauermassen auskühlen läßt, so daß sie tagsüber wärmespeichernd wirken[1].

Bei Sälen mit großen Oberlichtern ist zu beachten, daß sich infolge der Sonneneinstrahlung unangenehme Verhältnisse ergeben können und der Wärmewirkung dieser Einstrahlung weder durch reichliche Lüftung noch Kaltwasserberieselung des Glasdaches wirksam begegnet werden kann, weil die Wärmestrahlen (auch die dunkeln) in fast unvermindertem Maße durch die bewegte Luft und die Wasserschicht hindurchgehen und die Besucher belästigen.

Als Abhilfe kommen in Frage: zwischen Oberlicht und Glasdach aufgehängte, vorziehbare Abblendvorhänge oder ein Farbanstrich des Glasdaches wie bei Fabriksägedachbauten (s. Abschnitt XVI) und Treibhäusern (s. Abschnitt II), so daß die Sonnenstrahlen am Eindringen in den Raum behindert werden.

Auf Grund neuerer Untersuchungen[2] wurde festgestellt, daß zur Abdämmung gegen die strahlende Wärme der Sonne weiße Farbe, weißer Kalk und weiße Stoffe zweckmäßig sind, da sie ein hohes Absorptionsvermögen für die langwelligen Wärmestrahlen besitzt. Daß diese Farbanstriche gleichzeitig für Lichtstrahlen sehr durchlässig sind, erhöht ihre Brauchbarkeit als Oberflächenanstrich für Glasoberlichter, da eine Verdunklung des Raumes durch den Anstrich vermieden werden muß. Auch sind Anstriche im allgemeinen Abblendvorhängen vorzuziehen, weil deren Bedienung umständlich ist und daher nicht immer einwandfrei vorgenommen wird.

Ist es außerdem erwünscht, die Saaldecke kühl zu halten, so kann Kaltwasserberieselung des Glas- und übrigen Daches in Frage kommen, wobei aber drfür zu sorgen ist, daß das Wasser nicht nur in einzelnen schmalen Wasserfäden über die Flächen hinunterläuft, sondern, z. B. durch Anwendung von Brausen, dieselben vollständig bedeckt. Besser als durch Berieselung gelingt das Kühlhalten in bestimmten Fällen jedoch, wenn man die etwa 20grädige Abluft des Saales vor dem Austritt ins Freie den zwischen Oberlicht und Glasdach befindlichen Hohlraum durchströmen läßt. Dadurch kann die Saaldecke im Winter gleichzeitig

[1] Hottinger: Die Kühlung menschlicher Aufenthaltsräume. Gesundh.-Ing. vom 30. VII. 1910.

[2] ter Linden, A. J.: Abdämmende Anstriche. Gesundh.-Ing. Bd. 61 (1938) H. 18 S. 241/243.

warm gehalten werden, so daß es oft gelingt, auf besondere Oberlichtheizung zu verzichten, d. h. nicht unwesentlich an Brennmaterial zu sparen.

Weiter ist bezüglich der Luftverhältnisse in Sälen darauf hinzuweisen, daß vorhandeen Gerüche mit der Zeit in die Umfassungswände, das Mobiliar, die Bodenbeläge usw. einziehen und dann schwer zu entfernen sind. In Schulen z. B. ist der bekannte Schulgeruch wahrnehmbar, und besonders deutlich tritt der genannte Umstand in Räumen auf, in denen geraucht wird. Handelt es sich um Räume, in denen unbedingt einwandfreie Luftverhältnisse gefordert werden, so genügt daher Lüftung während der Benutzung des Saales allein nicht, denn es macht sich bekanntlich auch in Räumen, die längere Zeit unbenutzt sind und daher nicht gelüftet werden, ein muffiger Geruch bemerkbar, der die genannte Erscheinung ebenfalls zur Folge hat. Ratssäle müssen daher, wie Theater usw., auch während der Ferien von Zeit zu Zeit, ferner zwischen den Morgen- und Nachmittagssitzungen, Mittag- und Abendvorstellungen usw. nach Bedarf gelüftet werden.

Die Lüftung der Aborte, Toiletten, Garderoben usw. ist in gleicher Weise auszuführen wie in Geschäftshäusern, Gaststätten usw., so daß in allen Teilen auf das dort Gesagte verwiesen werden kann.

Da Saalbauten (namentlich wenn es sich um Säle mit Bühnen handelt) und Theater in baulicher Beziehung viel Gemeinsames haben und auch die Benutzungsweise in mancher Hinsicht ähnlich ist, so ist sowohl bezüglich der Heizungs- als der Lüftungsanlagen auch das nächste Kapitel zu beachten. Betreffend Ausführung der Anlagen s. HOTTINGER, Heizung und Lüftung; München und Berlin, R. Oldenbourg.

Weiteres Schrifttum:

SCHIELE, E.: Die Lüftung der Säle. Bericht über den Kongreß für Heizung und Lüftung zu Frankfurt 1909.

HOTTINGER: Lüftung und Kühlung von Sälen. Schweiz. Bauztg. 1910 Nr 24—27.

SINZIG, J.: Lüftungs- und Kühlanlage der Spielsäle in Monte Carlo. Gesundh.-Ing. vom 4. X. 1924.

MANTEL, J.: Die Lüftung im Börsengebäude Leeuwaarden. Ingenieur, Haag 1924 S. 348.

LEVIS, A.: Über die Lüftung des Parlamentsgebäudes in Camberra, Australien. Heat. a. Ventilat. Mag. 1926 S. 53. Notiz im Gesundh.-Ing. 1926 S. 202.

KOSCHNIEDER, H.: Die Ozonanlage zur Unterstützung der Belüftungsanlage im Landtagsgebäude zu Dresden. Gesundh.-Ing. Bd. 53 (1930) H. 32 S. 499/500.

GIEG, A.: Die Belüftung von Aufenthaltsräumen mittels Wetterfertiger und Anemostaten. Heizg. u. Lüftg. 1932 H. 11 S. 149/152.

Lüftung und Beheizung des neuen Parlamentsgebäudes für Nordirland. Heat. Vent. Engr. Bd. 7 (1933) Nr 75 S. 109/113 [s. auch Bericht Gesundh.-Ing. Bd. 56 (1933) H. 47 S. 561/562].

Die Lüftung von Aufenthalts- und Versammlungsräumen. (Vorträge und Aussprachen, gehalten im Verein Deutscher Heizungsingenieure, Betirk Berlin e. V.) Berlin: Selbstverlag 1933. [S. Bericht im Gesundh.-Ing. Bd. 57 (1934) H. 16 S. 306/308.]

Die Lüftungseinrichtung der Festhalle im Luitpoldhain in Nürnberg. Gesundh.-Ing. Bd. 58 (1935) H. 31 S. 487.

WENDT: Mit Stadtgas betriebene Luftheizung eines Saales. Bauwelt Bd. 27 (1936) H. 33 S. 793 (s. auch Bericht Heizg. u. Lüftg. 1937 H. 1 S. 14).

GRÖBER, H.: Die Luftreinigung bei Saallüftungen. Z. VDI Bd. 80 (1936) H. 21 S. 647/648 [s. auch Bericht Gesundh.-Ing. Bd. 60 (1937) H. 1 S. 13].

XII. Theater, Lichtspieltheater (Kinos) usw.

Von **H. KÄMPER.**

1. Raumtemperaturen in Grad Celsius.

Zuschauerraum vor Beginn der Vorstellung:	
Wenn starker Besuch zu erwarten ist	15°
Wenn schwacher Besuch zu erwarten ist	18°
Während der Benutzungszeit . . . nicht über	23°
Garderoben	18°
Foyers, Umgänge, Treppenaufgänge, Übungs-, Ankleide- und Solistenzimmer sowie alle andern von den Besuchern und dem Personal während der Vorstellungen, Pausen und Proben benutzten Räume	18°
Bühnenhaus	18°
Büros	20°
Vorplätze, Treppenhäuser usw.	12—15°
Aborte, Toiletten usw.	15°
Restaurationsräume s. Abschnitt IX (Restaurants).	

Zu der während der Benutzungszeit im Zuschauerraum nicht zu überschreitenden Temperatur von 23° ist noch zu bemerken, daß sie sich ebenso wie die übrigen Temperaturangaben natürlich auf die Winterzeit bezieht. Es wäre nicht angängig, an besonders warmen Sommertagen und -abenden bei etwa 30° Außentemperatur die Temperatur des Zuschauerraumes auf 20—23° zu halten, da der zu starke Temperaturunterschied zwischen außen und innen unweigerlich Erkältungserscheinungen bei den Zuschauern zur Folge haben würde. Eine um etwa 5° gegenüber der Außentemperatur niedriger liegende Raumtemperatur kann als am zuträglichsten bezeichnet werden.

2. Heiz-, Lüftungs- und Kühlart.

Für die Auswahl der Heiz- und Lüftungsanlagen ist zu unterscheiden zwischen:

a) Opern- und Schauspielhäusern und

b) Lichtspieltheatern ohne bzw. mit nur kleinem Bühnenhaus.

Zu 2a) Bei eigentlichen Theatern ist ferner zu beachten, ob es sich um die Beheizung und Belüftung der Zuschauerraumes, des Bühnenhauses, der Nebenräume und der evtl. im Gebäude vorhandenen Restaurationsräume, Büros, Verkaufsläden, Wohnungen usw. handelt.

Zuschauerraum und Bühnenhaus. Die an diese beiden Räume in heiz- und lüftungstechnischer Hinsicht zu stellenden Anforderungen sind sehr vielseitig. Sie lassen sich etwa folgendermaßen zusammenfassen[1]:

In beiden Räumen muß zu Beginn der Vorstellung möglichst Temperaturgleichheit bestehen, damit nach dem Hochziehen keine unangeneh-

[1] Siehe hierzu auch: TAUBERT, A.: Die Heizungs- und Lüftungsanlage der Staatsoper Unter den Linden in Berlin und ihre Bewährung. Gesundh.-Ing. Bd. 58 (1935) H. 26 S. 403/411.

men Luftströmungen nach dem Zuschauerraum oder in entgegengesetzter Richtung entstehen. Der Temperaturanstieg im Zuschauerraum während der Vorstellung darf nur gering sein und möglichst nicht mehr als 3° betragen. Störende Wärmestauungen dürfen an keiner Stelle des Theaters, auch nicht unter Balkonen auftreten.

Um das Absinken kühler Luft aus der Oberbühne auf die Spielbühne zu vermeiden, muß die Oberbühne höher beheizt sein als die Spielbühne. Umgekehrt darf die Unterbühne keine Übertemperaturen gegenüber der Spielbühne aufweisen, damit nicht eine störende Warmluftströmung von unten nach oben beim Umbau oder beim Bilderwechsel eintritt. Zugluft, Geruchsbelästigung und Lüftergeräusche dürfen nicht auftreten.

Die Erfüllung dieser Forderungen setzt nicht nur einwandfreie heizungs- und lüftungstechnische Einrichtungen voraus, sondern auch eine besonders gute, fachkundige Bedienung. Trotzdem werden Klagen der Zuschauer nicht immer ganz vermieden werden können, da die Empfindlichkeit gerade der Theaterbesucher je nach Geschlecht und Bekleidung eine außerordentlich verschiedene ist.

Normalerweise wird der Zuschauerraum mit Luftheizung versehen, die gleichzeitig als Lüftungsanlage dient. Ist er vollständig eingebaut (d. h. von Umgängen und anderen beheizten Räumen umgeben), so ist es zulässig, von der Aufstellung örtlicher Heizkörper abzusehen. Dagegen ist die Anordnung von örtlicher Heizung im Bühnenhaus immer angezeigt. Auch in den Orchesterräumen werden meist einzelne Heizkörper aufgestellt, weil die Temperatur dort in der Regel niedriger ist als im übrigen Theaterraum. Es ist auch zu beachten, daß diese Räumlichkeiten nicht nur während der Vorstellung, sondern auch bei den Proben beheizt sein müssen. Die Bühnenheizkörper werden entweder an den Wänden oder, wenn sie dort stören, unter dem Bühnenfußboden angeordnet. Dabei läßt man die an den Heizkörpern erwärmte Luft der Bühne meist durch Wandgitter zuströmen. Auf leichte Reinigungsmöglichkeit der Heizkörper und evtl. Kanäle ist zu achten. Zur Unschädlichmachung der Deckenabkühlung ist es, wie bereits oben betont, außerdem erforderlich, reichliche Heizfläche im oberen Teil des Bühnenhauses, z. B. unter dem Schnürboden, den Arbeitsgalerien oder unter dem ausschiebbaren Dach, anzubringen, während über dem Zuschauerraum meist eine Doppeldecke vorhanden ist, deren Hohlraum von unten her gewärmt wird, so daß von hier aus, auch ohne örtlich angebrachte Heizkörper, Zugbelästigungen nicht zu befürchten sind.

Besondere Schwierigkeiten in der Beheizung des Bühnenhauses entstehen auch dann, wenn die sog. Schleuse zwischen Bühne und Kulissenmagazin nicht ausreichend beheizt ist, da dann bei offenstehenden Türen eine kalte Luftströmung von dem meist niedriger erwärmten Kulissenraum zur Bühne hin einsetzt. Deshalb muß diese Schleuse ähnlich wie die Eingänge von Warenhäusern mit reichlichen örtlichen Heizflächen versehen werden, oder es muß, wenn deren Anordnung nicht möglich ist, durch einen kräftigen Warmluftstrom dem Kaltlufteinfall entgegengewirkt werden.

In der Regel steht das Bühnenhaus auch durch eine große Zahl von Türen mit den Nebenräumen, vornehmlich mit den Treppenhäusern in Verbindung, die den Zugang zu den einzelnen Arbeitsgalerien ermöglichen. Sind die Nebenräume und Treppenhäuser niedriger erwärmt als das Bühnenhaus, so können ebenfalls sehr erhebliche Zugerscheinungen auf der Bühne auftreten. Es muß deshalb für möglichste Temperaturgleichheit dieser Räume mit der Bühne gesorgt werden. Die in den Zuschauerraum eingeblasene Luftmenge soll mindestens 20—30 m^3 je Kopf und Stunde betragen (vgl. die in Abschnitt IX genannten „VDI-Lüftungsregeln").

Bei eingebauten Zuschauerräumen wird die Berechnung meist ergeben, daß diese Luftmenge vollständig genügt, um bei einer Erwärmung auf etwa 20° auch den gesamten Wärmebedarf, selbst bei größter Winterkälte, zu decken, weil ja auch von den Besuchern erhebliche Wärmemengen abgegeben werden. Ist dies bei anderer Bauweise nur bis z. B. — 5 oder — 10° der Fall, so muß von dieser Außentemperatur an teilweise mit Umluft geheizt werden. Die ausführende Firma hat dem Heizer in jedem Fall ein Schema darüber auszuhändigen, wie er, je nach Außentemperatur und Besetzung des Theaters, die Anlage zu handhaben hat.

Die Bühne ist so zu heizen, daß sich zweckmäßige Temperaturverhältnisse und gleiche Luftdrücke vor und hinter dem Vorhang einstellen. Es darf nicht vorkommen, daß sich beim Heben des Vorhanges ein Luftstrom womöglich noch von sehr ungleicher Temperatur, von der Bühne nach dem Zuschauerraum, oder umgekehrt, entsteht oder in geschlossenem Zustande ein Ausbauchen des Vorhanges stattfindet. Ferner müssen die Zu- und Abluftöffnungen im Zuschauerraum so angeordnet werden, daß sich eine möglichst gleichmäßige Temperaturverteilung ergibt. Die größten Unterschiede zwischen Parkett und Galerien sollen selbst bei vollbesetzten Häusern 2° nicht übersteigen. Um nicht allzu große Luftmengen anwärmen und in die Räume einführen zu müssen, ist es wichtig, daß die Umfassungswände und Decken der Theater (namentlich auch der hohen, wie Kamine wirkenden Bühnenhäuser) luft- und wärmedicht erstellt werden. Aus demselben Grunde sollen auch die für Brandfälle gesetzlich verlangten Rauchabzugsklappen im Bühnenhaus sowie die Außentüren und Fenster dicht schließen. Die Rauchabzugsklappen müssen sich aber trotzdem leicht öffnen lassen. Ihre Größe hat den feuerpolizeilichen Vorschriften des betreffenden Ortes zu entsprechen. Die Luftheizungs- und Lüftungsanlagen für die Zuschauerräume und Bühnen werden vorteilhaft sowohl mit Zu- als auch mit Ablüftern versehen, wobei es zweckmäßig ist, daß die Abluftlüfter höchstens zwei Drittel der Luftmenge der Zuluftlüfter fördern, damit im Theaterinnern ein geringer Überdruck entsteht und bei offenstehenden Türen Luft aus- und nicht eintritt. Auf diese Weise gelingt es, Zugerscheinungen zu verhüten, auch wenn nicht, wie das jetzt bei vielen Theatern der Fall ist, zwischen dem Freien und dem Zuschauerraum bis zu vier und mehr Türabschlüsse vorgesehen werden. Bei sehr niedrigen Außentemperaturen kann der Abluftlüfter für Zuschauerraum und Bühne unter Umständen abgestellt und es der Luft überlassen werden, ihren Weg ins Freie durch die Türen und Undichtigkeiten der Umfassungswände selber zu finden. Den Abluftlüfter wegzulassen und statt dessen nur senkrecht nach oben führende Abluftkanäle zu erstellen, empfiehlt sich weniger (obschon diese Bauart wiederholt angewendet worden ist), weil in dem Falle die Abluftgitter und -kanäle bedeutend weiter zu halten sind und eine unnötig starke Auskühlung des Theaters eintreten kann, wenn die Abluftklappen nicht rechtzeitig geschlossen werden, vor allem aber, weil damit bei hohen Außentemperaturen (bei Sommerbetrieb) keine genügende Durchlüftung mehr möglich ist. Weder die Anlage- noch die Betriebskosten werden durch den Einbau von Abluftlüftern übermäßig erhöht, wie das vielfach befürchtet wird. Durch Aufstellung von Zu- und Abluftlüftern, die für sich allein betrieben werden können, hat man die Anlagen vollständig in der Hand, dagegen hat es keinen Zweck, für Zuschauerraum und Bühne besondere Lüfter aufzustellen, weil dadurch ungleiche Drücke in den beiden Räumen zustande kommen können, die Anlagen unnötigerweise verwickelt und wesentliche Vorteile nicht erreicht werden.

Unbedingtes Erfordernis ist eine kräftig wirkende mechanische Ablüftung für Theater, in denen geraucht wird (s. auch Abschnitt IX).

Zur Erzielung möglichster Geräuschlosigkeit und Übersichtlichkeit werden die Lüfter am besten im Keller untergebracht. Sie sollen so langsam laufen (wie schon früher angegeben mit höchstens 12 m/sec Umfangsgeschwindigkeit) und derartig sorgfältig gelagert werden, daß in keinem der benutzten Räume ein störendes Geräusch hörbar ist. Auch in dieser Hinsicht wird auf das in Abschnitt XI über Lärmminderung Gesagte verwiesen. Zweckmäßig wird Drehzahlregelung (wie bei Sälen, s. Abschnitt XI) vorgesehen. Sind zwingende Gründe für die Aufstellung der Lüfter im oberen Teil des Gebäudes vorhanden, so ist besondere Sorgfalt auf die Erzielung geräuschlosen Ganges und die Verhinderung der Übertragung von Erschütterungen auf das darunterliegende Stockwerk zu verwenden.

Legt man Hauptfrisch- und -abluftkanal nebeneinander, so ist es durch eine einzige Klappenstellung möglich, die Anlage von Frisch- und Umluftbetrieb sowie auf jedes beliebige Mischungsverhältnis von Frisch- und Umluft umzustellen.

Der Austritt der Zuluft in den Zuschauerraum sowie der Eintritt der Abluft in die Abluftkanäle kann auf verschiedene Weise erfolgen, hauptsächlich in der Form als sog. Aufwärtslüftung von unten nach oben oder als sog. Abwärtslüftung von oben nach unten. Welcher Art der Luftführung der Vorzug gegeben wird, hängt bis zu einem gewissen Grade von der Bauart des Zuschauerraumes ab. Jede der beiden Arten hat ihre Vor- und Nachteile. Bei der Aufwärtslüftung läßt man die Zuluft unter den Sitzen des Parketts austreten, wobei die Gitter aus hygienischen Gründen aber nicht in den Boden, sondern senkrecht, z. B. an den Bankstützen, angeordnet werden sollen. Die Abluft wird an der Decke und evtl. durch obere Öffnungen in den Seitenwänden abgezogen. Diese Zuführung hat den Vorteil, daß die Luft den Besuchern im Parkett unmittelbar zuteil wird, andernfalls sind sie aber auch den Unannehmlichkeiten zu hoher oder zu niederer Erwärmung der Zuluft sowie der Staubaufwirbelung direkt ausgesetzt[1]. Dazu sind die Zuschauer der oberen Ränge bei Fehlen von Zuluftöffnungen in diesen Rängen dem von unten aufsteigenden Strom teilweise verbrauchter Luft ausgesetzt.

Bei der Abwärtslüftung wird die Luft durch Deckenöffnungen dem Raum zugeführt, während die Ab- bzw. Umluft durch die Stufen des Parketts und der Ränge sowie an den Seitenwänden über Boden und im Orchesterraum abzieht. Hierdurch kann die Abführung der überschüssigen Wärme unter Umständen schneller erfolgen, da die Zuluft, weil sie nicht unmittelbar unter den Sitzen der Zuschauer einströmt, mit etwas geringerer Temperatur als bei der Aufwärtslüftung in den Zuschauerraum eingeführt werden kann[2]. Bei guter gleichmäßiger Durchströmung der Luft von oben nach unten ist außerdem für die Zuführung der Frischluft in die Atemzone aller Zuschauer, nicht nur der des Parketts, größere Gewähr gegeben. Allerdings sind bei Einführung zu kühler Luft die auftretenden Zugerscheinungen für die Plätze unterhalb der Deckenöffnungen recht unangenehm. Um dieser Gefahr aus dem Wege zu gehen, wird in manchen Theatern nur während der Pausen durchgelüftet. Eine wenn auch vielleicht eingeschränkte Dauerlüftung während der Vorstellung muß aber zur Vermeidung von Wärmestauungen bei besetztem Haus unter allen Umständen durchgeführt werden.

Eine andere Möglichkeit der Lufteinführung, die vornehmlich auch in Lichtspieltheatern angewendet werden kann, besteht in der Anordnung der Zuluftöffnungen an den Seitenwänden mindestens $2^1/_2$—3 m über dem Fußboden, z. B. unter der ersten Galerie.

In jedem einzelnen Falle ist von den vielen bestehenden Möglichkeiten die mit Rücksicht auf die bauliche Ausführung und die gestellten Forderungen zweckmäßigste Anordnung zu wählen, wobei vornehmlich darauf Bedacht genommen werden muß, daß die frische Luft insbesondere in die Aufenthaltszone der Besucher gelangt, damit vollkommene Lüftung und gleichmäßige Temperaturverteilung gesichert sind.

In Theatern, in denen geraucht wird, ist, wie bei der Besprechung der Gaststätten (s. Abschnitt IX) und Saalbauten (s. Abschnitt XI) erwähnt, Lüftung von unten nach oben vorzusehen unter kräftigem Absaugen der rauchgeschwängerten Luft.

---

[1] Die Heizungs-, Lüftungs- und Kühlanlage des Kinotheaters „Capitol" in Zürich. Gesundh.-Ing. vom 3. IX. 1937. — Ferner: Beck, P.: Die Lüftung und Heizung von Kino-Lichtspieltheatern. Gesund.-Ing. 1924 S. 108, sowie die Notiz Heizung und Lüftung der Kinotheater. Gesundh.-Ing. 1927 S. 75. — Fa. Rietschel & Henneberg, G. m. b. H.: Die Heizungs- und Lüftungsanlagen im Neuen Stadttheater zu Posen. Gesundh.-Ing. 1911 Festnummer S. 25.

[2] Krell: Bau und Betrieb der Heiz- und Lüftungseinrichtungen des neuen Theaters in Nürnberg. Gesundh.-Ing. 1907 S. 313 — Die Heizungs- und Lüftungsanlage im Clevelander Hippodrome. Gesundh.-Ing. vom 14. Sept. 1907 — Die Heizung und Lüftung des Deutschen Opernhauses zu Charlottenburg. Gesundh.-Ing. 1925 S. 438. — Pukowski, K., u. G. Fronhöfer: Die Heizungs- und Lüftungsanlage im Staatstheater Danzig. Gesundh.-Ing. Bd. 59 (1936) H. 40 S. 577/583.

Wenn eine Abwärtslüftung für ein Theater gewählt wird, so muß in jedem Falle auch eine einfache Umschaltung des Luftkanalsystems auf Aufwärtslüftung möglich sein. Denn nach den durchweg bestehenden feuerpolizeilichen Bestimmungen muß eine vorhandene Lüftungsanlage bei Ausbruch eines Brandes zur Bekämpfung des Rauches benutzt werden können. Das kann natürlich mit Erfolg nur durch die hierfür vorgeschriebene Aufwärtslüftung erfolgen. Durch Anordnung von Umschaltklappen in den Zu-, Ab- und Umluftkanälen, die von der Bühne und einer Stelle außerhalb des Bühnenhauses fernzusteuern sind, läßt sich diese Vorschrift erfüllen. Wenn die Lüftungsanlage keinen besonderen Abluftlüfter besitzt, so muß für den vorstehenden Zweck ein besonderer Lüfter für die Rauchabsaugung eingebaut werden.

In allen Fällen, wo nicht für Staubfreiheit der Luft Gewähr übernommen werden kann, ist die Reinigung der Luft durch Staubfilter vorzusehen. Hierfür werden heute fast ausnahmslos ölbenetzte Metallfilter benutzt.

In der Vergangenheit ist aus Wirtschaftlichkeitsgründen für Theater, Säle und andere Versammlungsräume, in denen nicht geraucht wird, hier und da empfohlen worden, ausschließlich oder fast ausschließlich Umluftlüftung anzuwenden unter entsprechender Reinigung der Luft durch Waschen, Ozonieren usw. Es ist jedoch nicht zu erwarten, daß sich auf diese Weise gleich gute Verhältnisse wie bei sachgemäßer Lüftung mit Frischluft erzielen lassen (s. Abschnitt „A. Allgemeines").

Von ebenso großer Wichtigkeit wie das Heizen ist in Theatern. Variétés, Kinos usw. das Kühlhalten des Zuschauerraumes. Besonders die hochgelegenen Raumteile (Galerien) sind der Überwärmung ausgesetzt. Daher muß hier kräftig warme Luft abgesaugt und frische zugeführt werden. In Theatern mit eingebauten Zuschauerräumen ist eine Überwärmung besonders leicht möglich, weil bei starker Besetzung von den Besuchern große Wärmemengen abgegeben werden, durch die Umfassungswände aber nur wenig Wärme abgeströmt und, wie früher bemerkt, die Zuluft zur Verhütung von Zugerscheinungen während der Anwesenheit der Besucher nicht kälter als etwa 5° unter Raumtemperatur eintreten darf. Im Winter ist das Kühlhalten der Zuluft einfach, indem die von außen entnommene Frischluft nicht höher als erforderlich erwärmt wird. Im Sommer dagegen ist das Kühlen umständlich und teuer, wie das unter Abschnitt III (Krankenanstalten) erörtert wurde. Es ist übrigens zu beachten, daß in unserem Klima für die Abendvorstellungen meist auch in den Sommermonaten genügend kühle Außenluft zur Verfügung steht, indem nach Sonnenuntergang in der Regel ein merkliches Sinken der Lufttemperatur stattfindet. Allerdings gibt es auch warme Nächte, in denen selbst kräftigste Lüftung nur wenig Erfrischung bringt. Dieser Zustand ist besonders unangenehm, wenn die Luft außerdem feucht ist. In Ländern, wo solche Verhältnisse oft auftreten, ist die Aufstellung von Kältemaschinen angezeigt (sofern die Theater über die heißeste Zeit nicht überhaupt geschlossen sind).

Ausgesprochene Vollklimaanlagen sind also für unsere Zone normalerweise in Theatern nicht erforderlich. Es ist aber wünschenswert, für besonders warme Tage eine einfache Luftkühlungsmöglichkeit etwa durch Streudüsen oder evtl. auch durch Benutzung des Lufterhitzers als Luftkühler (unter Verwendung von Leitungswasser) vorzusehen. Dabei empfiehlt es sich, eine Auskühlung des Zuschauerraumes und der ihn umgebenden Mauermassen vor Beginn der Vorstellungen vorzunehmen, und zwar bei Umluftbetrieb. Die Luft kann man in solchem Falle beliebig kalt eintreten lassen, weil man, solange keine Besucher anwesend sind, auch keine Rücksicht auf Zugerscheinungen zu nehmen hat. Anders verhält sich die Sache erst, wenn die Theaterbesucher erscheinen. Ein solches anfängliches Kühlhalten der Zuschaueräume (in unserm Klima auf z. B. 15° im Winter und 18° im Sommer) ist übrigens stets angezeigt, wenn mit starker Besetzung gerechnet werden muß. Die Mauermassen dienen auf diese Weise zur Wärmespeicherung und vermögen bei ihrer allmählichen Erwärmung während der Vorstellung beträchtliche Wärmemengen aufzunehmen, so daß die erwähnte geringe zulässige Untertemperatur der Zuluft während der Vorstellung in den meisten Fällen genügt, um erträgliche Zustände aufrechtzuerhalten. Auch dabei muß aber, wie unter den Abschnitten III, VII und XI betont wurde, sorgfältig darauf geachtet werden, daß die Besucher vom Zuluftstrom nicht in belästigender Weise getroffen werden.

Zu 2b) Wenn auch in mancher Hinsicht Lichtspieltheater ohne bzw. mit kleinen Bühnen bezüglich der Heizart und Luftführung ähnlich behandelt werden können, wie Saalbauten und Theater, so ergeben sich andererseits aus ihrer Bauweise und Benutzungsart doch wesentliche Unterschiede vor allem hinsichtlich des Grades der Luftverschlechterung und der zu ihrer Beseitigung zu ergreifenden Maßnahmen. Zunächst beträgt der auf den einzelnen Besucher beim Lichtspieltheater entfallende Luftraum in der Regel nur einen Bruchteil desjenigen der sonstigen Theater. Ferner erfolgt die Filmvorführung in der Regel pausenlos vom Frühnachmittag bis in die Nacht. Schließlich legen die meisten Besucher des Lichtspieltheaters während der Vorführungen ihre Überkleider nicht ab, auch nicht an regnerischen Tagen. Aus diesen Gründen erfordert die Lüftung des Lichtspieltheaters wenigstens bei der bisher vorherrschenden Bauweise eine besonders hochwertige Luftbehandlung, so daß für Lichtspieltheater der Einbau von Klimaanlagen insbesondere zur Erwärmung und Entfeuchtung der Luft in vielen Fällen geraten erscheint. Abb. 61 stellt die Klimaanlage eines Lichtspieltheaters schematisch dar.

In gewissen Fällen, z. B. zwischen Mittag- und Abendvorstellung, kann im Kino Ozonisierung der Luft am Platze sein (s. das hierüber unter dem Abschnitt „A. Allgemeines“ Gesagte).

Die Erzeugung der Warmluft für den Zuschauerraum wurde früher des öfteren durch Feuerluftheizungen vorgenommen. Auch in neuerer Zeit wird sie hin und wieder empfohlen[1]. Wenn auch zuzugeben ist, daß bei sachgemäßer Ausführung diese Heizungsart sich durchaus bewähren kann, und die oft gehörten Bedenken bezüglich einer ungleich-

[1] Hrauda, O.: Über Theaterheizungen. Gesundh.-Ing. Bd. 53 (1930) H. 30 S. 465/469.

mäßigeren Temperaturverteilung gegenüber anderen Luftheizungsarten nicht berechtigt sind (durch Lüfterbetrieb und gute Anordnung der Luftöffnungen lassen sich in beiden Fällen gleichgute Ergebnisse erzielen), so besteht doch die für ein Theater besonders große Gefahr des Eindringens von Rauchgasen in die Luftkanäle und den Zuschauerraum bei Defektwerden des Feuerlufterhitzers.

Praktisch kommt hauptsächlich für die Vorwärmung der Luft des Zuschauerraumes Niederdruckdampf von 0,1 atü in Frage. Ebenso eignet sich Niederdruckdampf im besonderen für die Beheizung aller derjenigen Räume des Theaters, die nur während der Vorstellung, also nur kurze Zeit am Tage, benutzt werden. Dampf ermöglicht ein schnelles

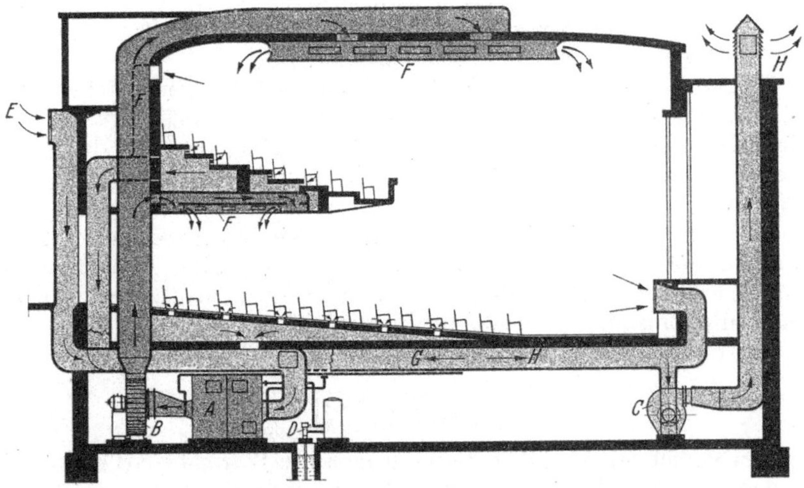

Abb. 61. Schema einer ausgeführten Klimaanlage für ein Lichtspieltheater.

A = Wetterbereiter C = Elektro-Abluftlüfter E = Frischluft G = Rückluft
B = Elektro-Zuluftlüfter D = Kühlwasserpumpe F = Bewetterte Zuluft H = Abluft

Aufheizen der Heizflächen und eine schnelle Abkühlung nach dem Abstellen. Das ist wichtig, damit man der Wärmeentwicklung der Besucher schnell und wirksam entgegenarbeiten kann.

Nebenräume (Foyer, Umgänge, Garderoben, Treppenaufgänge, Vestibüle, Übungs- und Solistenzimmer, Ankleideräume usw.). Foyers, Umgänge, Garderoben, Treppenaufgänge, Vestibüle, Aborte usw. werden, wie gesagt, ihrer kurzzeitigen Benutzung wegen oft mit Niederdruckdampf, bisweilen jedoch auch mit Warmwasserheizung versehen, während für Übungs- und Solistenzimmer, Ankleideräume, Büros, Wohnungen, Verkaufsläden usw. ausschließlich Warmwasserheizung zur Anwendung kommen soll.

Aus architektonischen Gründen ist auf die Wahl geeigneter Heizkörpermodelle zu achten. Freie Aufstellung ist auch hier, wenn immer möglich, vorzuziehen.

Die Garderoben, Aborte, Toiletten, Ankleideräume und in Lichtspieltheatern die Projektionskabinen werden mit Vorteil durch besondere über Dach mündende Abluftanlagen gelüftet, welche den Luftinhalt dieser Räume durch Absaugen 5—10mal in der Stunde erneuern. Die Zuluft soll von den Gängen, Vestibülen und anderen Vorräumen, den Projektionskabinen evtl. von dem dahinführenden Treppenhaus oder vom Freien her zuströmen. Eine direkte Verbindung zwischen Projektionskabine und Zuschauerraum darf aus feuerpolizeilichen Gründen an vielen Orten nicht hergestellt werden. Außerdem empfiehlt es sich, die Kinoapparate durch Abzugrohre mit dem Abluftkanal oder evtl. einem besonderen kleinen Lüfter zu verbinden und dadurch die entstehenden großen Wärmemengen zum Teil unmittelbar abzuleiten.

Die Abluftlüfter für diese Räume werden meist im Dachboden aufgestellt und entsprechend sorgfältig gelagert. Sie wegzulassen und nur Abluftschächte für den selbsttätigen Auftrieb der Luft zu erstellen, empfiehlt sich, wie bereits erwähnt, nicht.

In den Garderoben ist die Aufstellung örtlicher Heizflächen nicht erforderlich, wenn die Gänge, aus denen die Luft angesaugt wird, genügend beheizt sind. Meist sind jedoch mit Rücksicht auf das Bedienungspersonal besondere Heizkörper in den Garderobenischen anzuordnen.

Auch empfiehlt sich in ähnlicher Weise wie bei Warenhäusern, dem Windfang des Theaters in der Zeit von der Öffnung der Außentüren bis zum Beginn der Vorstellung vorgewärmte Luft zuzuführen, um der sonst einströmenden Kaltluft entgegenzuwirken.

Für die Restaurationsräume gilt das unter Abschnitt IX Gesagte.

3. Heizkessel.

Gewöhnlich wird bei Theatern der gesamte Wärmebedarf durch eine Niederdruckdampfkesselanlage gedeckt, wobei diese außere den örtlichen Heizkörpern auch die Lufterhitzer der Luftheizung, evtl. einen Gegenstromapparat für die Warmwasserheizung und den Boiler der Warmwasserversorgung bedient. Nimmt die Warmwasserheizung großen·Umfang an, so ist Aufstellung von Warmwasserheizkesseln neben den Dampfkesseln evtl. angezeigt.

Der Dampfdruck ist so niedrig wie möglich (z. B. 0,05—0,1 atü) zu halten und das Kondenswasser, wenn angängig, auf selbsttätigem Wege in die Kessel zurückzuleiten.

In den Fällen, wo Hochdruckdampf aus Fernleitungen zur Verfügung steht, wird dieser je nach dem vorhandenen Druck entweder unmittelbar oder auf 1,0—1,5 atü entspannt, für Bühnendampf, Lufterhitzer, Gegenstromapparate usw. verwendet. Für die örtlichen Heizflächen in den Räumen wird eine weitere Druckminderung auf 0,5—0,1 atü vorgenommen.

Als Niederdruckdampfkessel werden zweckmäßigerweise schmiedeeiserne Großwasserraumkessel (Flammrohr-Siederohrkessel) gewählt, die bei plötzlichem An- und Abstellen infolge ihrer besseren Speicherfähigkeit elastischer sind als Kessel mit geringerem Wasserinhalt.

Zur Beschaffung des Bühnendampfes in großen Theatern ist zweckmäßig ein besonderer Dampfkessel für 4—5 atü aufzustellen[1]. Um für alle Fälle gesichert zu sein, empfiehlt sich zwischen dem Niederdruckverteiler und dem Bühnendampfkessel unter Zwischenschaltung eines entsprechenden Druckminderventils eine Verbindung herzustellen. Dadurch wird ermöglicht, daß in Schadensfällen an den Niederdruckkesseln entspannter Bühnendampf verwendet werden kann, wie andererseits vorübergehend Niederdruckdampf für Bühnenzwecke zu benutzen ist.

Muß für vermietete Lokale Verrechnung des Brennmaterialverbrauches erfolgen, so werden für die betreffende Heizung bisweilen besondere Kessel- und Brennmateriallagerräume erstellt. Bei Dampf- oder Dampf-Warmwasserheizung können zur Feststellung der gelieferten Wärme auch Kondenswassermesser angewendet werden.

4. Warmwasserversorgung.

Warmwasser muß im Theater zur Verfügung stehen für die Brausebadanlagen der Künstler und des sonstigen Personals, für die Künstlergarderoben, zur Hausreinigung und evtl. für die Büroräume. Durch eine Umlaufleitung und in weit verzweigten Rohrnetzen durch Zuschaltung einer Umlaufpumpe zu Zeiten schwacher Besetzung muß dafür gesorgt werden, daß jederzeit heißes Wasser bereit ist.

5. Apparate- und Regelraum.

In einem besonderen Apparate- und Regelraum sind sämtliche zur Bedienung und Überwachung der Anlage erforderlichen Vorrichtungen und Instrumente unterzubringen. Da die einzelnen Teile eines Theatergebäudes ungleiche Ansprüche an die Heizung stellen, ist es angezeigt, Gruppenunterteilung, z. B. wie folgt, vorzusehen:

I. Lufterhitzer für die Luftheizungs- und Lüftungsanlage des Zuschauerraumes und der Bühne, unterteilt in mehrere Gruppen. Inbetriebnahme nur vor und während der Vorstellungen sowie erforderlichenfalls bei Proben.

II. Örtliche Heizflächen der übrigen Theaterheizung, die auch tagsüber betriebsbereit sein müssen, in den Übungs- und Solistenzimmern, Ankleideräumen, Büros, Wohnungen, der Kasse, Eingangshalle usw.

III. Örtliche Heizflächen der Foyers, Umgänge, Treppenaufgänge, Vestibüle, Aborte usw., die in den Übergangszeiten bei warmen Außentemperaturen abgestellt bleiben können.

IV. Heizung für die vermieteten Lokale (hierfür, wie bemerkt, evtl. Erstellung besonderer Heizungsanlagen).

V. Sonderheizung Windfang.

VI. Warmwasserbereitung.

Je nach Größe der einzelnen Heizgruppen sind evtl. noch entsprechende Unterteilungen vorzunehmen.

---

[1] Kesselanlage für Bühnendampf in einem Theater. Gesundh.-Ing. vom 6. III. 1909. — Ferner A. SCHULTZE: Bühnendampfeinrichtungen für Theater. Gesundh.-Ing. 1909 S. 206.

Werden die Nieder- und Hochdruckdampfverteiler hinter die Schalttafel verlegt, so können die Handräder der Absperrorgane auf dieser angeordnet werden. Ferner soll die Schalttafel enthalten:

a) Schalter und Regelanlasser für die Lüfter und bei Pumpenheizung auch für die Umwälzpumpe;

b) Klappenstellungen für Frischluft, Abluft und die Umstellung von Frisch- auf Umluftbetrieb;

c) Anzeigeinstrument und Tastenschalter der Fernthermometeranlage für:

α) Außentemperatur,

β) Warmluftkanal,

ϰ) verschiedene Stellen im Zuschauerraum (Parkett, Galerie usw.),

δ) Bühne,

ε) verschiedene Räume der vorstehend genannten Gruppen II—IV;

d) ein Voltmeter für die ganze Anlage, sofern nicht ein solches bei der elektrischen Installation schon vorgesehen ist;

e) je ein Amperemeter oder ein gemeinsames mit Umschalter für die Lüfter und bei Pumpenheizung für die Pumpe;

f) evtl. Mikromanometer zur Feststellung der Drücke in den Luftkanälen oder bei Aufstellung eines Venturiluftmessers ein Differentialmanometer (erstmals ausgeführt im Jahre 1913 im neuen städtischen Volksbad in Nürnberg; s. DIETZ, Lehrbuch der Lüftungs- und Heizungstechnik, E. Aufl., S. 114, München: R. Oldenbourg);

g) evtl. ein Zugmesser zur Kontrolle des Kaminzuges;

h) bei großen Theatern eine Uhr;

i) Signallampe und -glocke zum Anzeigen der Pausen;

k) Haustelephon.

Bisweilen werden auch die Apparate der elektrischen Installation auf der gleichen Schalttafel angebracht.

Weiter ist es zweckmäßig, im Regelraum ein Schreibpult mit aufliegendem Betriebsbuch und eine Wandtafel zum Anheften des Spielplanes vorzusehen.

Sonstiges Schrifttum:

HENLEY, A. T.: Lüftung von Lichtspielhäusern. Cinema etc. Construction, London, V. 1933 Nr 5, Juli [kurze Notiz Gesundh.-Ing. Bd. 56 (1933) H. 34 S. 407].

HENLEY, A. T.: Temperatur- und Feuchtigkeitsregelung im Lichtspielhaus. Cinema etc. Construction, London, V. 1934, Februar [kurze Notiz Gesundh.-Ing. Bd. 58 (1935) H. 18 S. 275].

GRAF, R.: Die Heizungs- und Lüftungsanlage im neuen Skalatheater in Cernanti (Rumänien). Gesundh.-Ing. Bd. 56 (1933) H. 11 S. 121/125.

BECHTLER: Moderne lufttechnische Anlagen und ihre Anwendungen im neuen Corso. Schweiz. Bauztg. Bd. 104 (1934) Nr 8 S. 89/91 — Die neue Heizung des Corso-Theaters. Schweiz. Bauztg. Bd. 104 (1934) Nr 8 S. 92.

MISSENARD: Die Luftaufbereitungsanlage der „Comédie Française“. Gesundh.-Ing. Bd. 59 (1936) H. 50 S. 737/738.

DESPLANCHES, A.: Die Luftaufbereitung in ihren Beziehungen zur Architektur der Theatersäle. Chauff. Vent. Condit. Bd. 14 (1937) H. 2 S. 39/43 [s. Bericht Gesundh.-Ing. Bd. 60 (1937) H. 31 S. 490].

XIII. Die Beheizung und Klimatisierung von Kunstgebäuden, Museen, Archiven usw.

Von **M. Hottinger.**

A. Heizung.

1. Raumtemperaturen in Grad Celsius.

Ausstellungs- und Museumssäle, je nach Art und Ansprüchen:	
im Winter	10—16°
im Sommer womöglich nicht über	23—25°
Lese- und Vortragssäle, Büros usw.	18—20°
Zubereitungs- und Instandstellungsräume je nach Art	15—20°
Packräume, Korridore, Treppenaufgänge, Garderoben, Aborte usw.	12—15°
Oberlichter etwas über Raumtemperatur.	

Gefährlich sind große, rasch auftretende Temperaturunterschiede (z. B. wenn durch geöffnete Fenster kalte Luft einströmt). Bei Ölgemälden kann sich dadurch die Farbe von der Leinwand lösen usw.

2. Feuchtigkeitsgehalt der Raumluft in den Ausstellungsräumen.

Für die einwandfreie Erhaltung der Gegenstände in Kunstgebäuden, Museen, Archiven usw. ist die Innehaltung entsprechender Feuchtigkeitsgehalte der Raumluft von größter Wichtigkeit, insbesondere wenn es sich um Stoffe aus tierischen oder pflanzlichen Fasern, um Ölgemälde u. dgl. handelt[1]. Zu große Trockenheit führt zu Brüchigkeit und Rißbildungen, zu feuchte Luft beeinträchtigt die Festigkeit der Gegenstände und erzeugt leicht Schimmelbildungen, Papier wird wellig usw. Für die Ausstellungsräume ist es daher angezeigt, Klimaanlagen zu erstellen, mit denen es möglich ist, der Luft sowohl im Sommer als im Winter eine den Gegenständen zuträgliche Beschaffenheit zu verleihen[2]. Werden in verschiedenen Ausstellungsräumen ungleiche Anforderungen an die Luftbeschaffenheit, beispielsweise an den Feuchtigkeitsgehalt, gestellt, so sind getrennte Zuluftwege mit besonderer Behandlung der Zuluft erforderlich, wenn man nicht vorzieht, überhaupt getrennte Anlagen zu erstellen. Beachtlich ist auch, daß in geschlossenen Schränken und Schaukasten die Luft wesentlich anders, z. B. feuchter, sein kann als in den Räumen, wodurch, trotz Klimaanlagen, Papier wellig werden oder sich sogar Schimmel bilden kann. Zur Abhilfe sind Öffnungen an-

[1] Vgl. M. Hottinger: Klima und Gradtage in ihren Beziehungen zur Heiz- und Lüftungstechnik, insbesondere Abschnitt IX 4: „Die Auswirkungen trockener und feuchter Luft, sowie die von den Klimaanlagen innezuhaltenden Feuchtigkeitsgehalte“. Berlin: Julius Springer 1938; ferner P. Beck: Heizung, Lüftung und Befeuchtung in Kunstsammlungen. Heizg. u. Lüftg. 1934 S. 108/118 mit Schrifttumsverzeichnis.

[2] Vgl. z. B. K. Rybka: Klimatechnik, Entwurf, Berechnung und Ausührung von Klimaanlagen. 2. Aufl. München u. Berlin: R. Oldenbourg 1938.

zubringen, die Luftumlauf zwischen Raum und Kasteninnerem ermöglichen. Nötigenfalls können sie mit porigen Stoffen überdeckt werden, die als Filter wirken, wodurch eine Verstaubung der aufgelegten Gegenstände vermieden wird.

Die zu gewährleistenden Temperaturen und Feuchtigkeitsgehalte sind ungefähr die gleichen, wie sie für Versammlungssäle gefordert werden. So wurde z. B. die nachfolgend beschriebene Anlage im neuen Bundesarchiv in Schwyz, in dem alte Handschriften, Fahnen usw. aufbewahrt werden, derart erstellt, daß im Sommer bei 28—30° Außentemperatur und 65—70% relativer Feuchtigkeit im Archiv 21—22° und 65—70%, im Winter bei im Freien bis zu —20° und 90—95% dagegen 16—17° und ebenfalls 65—70% relative Feuchtigkeit innegehalten werden können.

3. Heizart.

Die Beheizung der Ausstellungsräume erfolgt am besten durch die eben erwähnten Klimaanlagen, deren Lufterhitzer an die für das übrige Gebäude zu erstellende Schwerkraft- oder Pumpenwarmwasserheizung angeschlossen werden können.

Kommen Klimaanlagen nicht in Frage, so werden Heizkörper aufgestellt oder Fußboden-[1] bzw. Deckenheizung[2] angewendet. Niederdruckdampfheizung ist, der hohen Heizflächentemperaturen wegen, nicht zu empfehlen. Wird sie trotzdem ausgeführt, so sollte zum wenigsten auch selbsttätige Temperaturregelung vorgesehen werden. Dagegen findet man in großen Kunstmuseen außer Warmwasserheizung und Klimaanlagen bisweilen auch Niederdruckdampfheizung, z. B. zur Oberlichtbeheizung, weil dabei Einfriergefahr ausgeschlossen ist (Beispiel: Neues Kunstmuseum in Basel). Bei Heizkörperaufstellung in den Ausstellungsräumen, insbesondere bei Dampfheizung, ist die Anordnung von Luftbefeuchtungsgeräten angezeigt. Bisweilen werden auch Heizkörper und Klimaanlagen gleichzeitig vorgesehen (Hofumgänge im neuen Kunstmuseum Basel). Große Ausstellungshallen, in denen der Feuchtigkeitsgehalt der Luft keine wesentliche Rolle spielt, erhalten oft einfache Luftheizung, z. B. unter Verwendung von Einzellufterhitzern, wie sie für Großraumheizung üblich sind. Wenn mehrere städtische oder staatliche Gebäude, darunter auch Museen usw., nahe beisammen stehen, so kann Fernheizung zweckmäßig sein[3], bisweilen ist auch der Anschluß an eine Stadtheizung möglich. Da hierbei die Feuerstellen nicht mehr in den Gebäuden liegen, lassen sich dadurch erhebliche Verminderungen der Versicherungsgebühren erzielen. Auch die Reinlichkeit im und ums Gebäude wird erhöht, weil Brennstoff-, Asche- und Schlackenbeförderung dahinfallen. In großen Museen und Ausstellungs-

[1] Die Heizung des Kunstindustriemuseums in Kopenhagen. Stockholm: „Byggnadsvärlden" 1927 S. 242. Kurzer Vermerk im Gesundh.-Ing. Bd. 50 (1927) S. 525/526.

[2] Deckenheizung ist z. B. ausgeführt im Museum zu Allerheiligen in Schaffhausen (Schweiz).

[3] Fernheizwerk Deutsches Museum, Beilage „Konstruktion und Bauausführung" der Dtsch. Bauztg. 1925 S. 73/79 u. 82/85. Kurzer Vermerk mit Abbildungen im Gesundh.-Ing. Bd. 48 (1925) S. 576/579.

gebäuden erhalten die Hauswartwohnungen, wie manchmal in Schulhäusern, eine von der übrigen Gebäudeheizung unabhängige Sammelheizung und Warmwasserversorgung (Beispiel: Neues Kunstmuseum in Basel).

4. Heizkörper und Gruppenunterteilung.

Werden in den Ausstellungsräumen Heizkörper aufgestellt, so geschieht das am besten an den Fensterwänden, wobei auf die Wahl passender Bauarten und geeigneter Anstriche zu achten ist. Bisweilen wird allerdings verdeckte Anordnung bevorzugt, indem die Heizkörper z. B. zwischen den inmitten der Säle aufgestellten Ruhebänken oder in Wandnischen untergebracht werden. Dabei ist zwecks müheloser Reinigungsmöglichkeit größtes Gewicht auf leichte Zugänglichkeit zu legen. Wenn Staub auf den Heizkörpern verschwelt, so sind Schwärzungen der Wände und Decken die Folge, ganz besonders bei hohen Heizflächentemperaturen, also Dampfheizung. Dasselbe ist der Fall bei Luftheizung unter Verwendung von Feuerluftöfen. Wird Luftheizung vorgesehen, so müssen auch die Luftwege leicht rein gehalten werden können, und außerdem ist dafür zu sorgen, daß keine Luftgitter in den Boden zu liegen kommen, durch die Staub und Schmutz von den Schuhen und beim Kehren der Böden in die Luftkanäle hinunterfallen.

Bei vorhandenen Oberlichtern ist zur Abhaltung von Zugerscheinungen und zum Abtauen des Schnees Oberlichtheizung erforderlich. Werden dazu mit Warmwasser erwärmte Heizrohre vorgesehen, so dürfen sie der Einfriergefahr wegen nicht ganz absperrbar sein. Bisweilen erfolgt die Beheizung und im Sommer die Kühlung auch durch aus den Räumen abgesaugte Abluft. Das schließt jedoch nicht aus, daß für den Winter gleichwohl Heizschlangen zwischen Glas- und Staubdecke angebracht werden, sofern die Lüftung nicht ständig im Betrieb steht. Und für den Sommer sind, wenn Sonneneinstrahlung zu erwarten ist, trotzdem Sonnenvorhänge oder andere Schutzmaßnahmen vorzusehen, denn die Kühlluft verhindert das Eindringen der Wärme mit den leuchtenden Sonnenstrahlen ebensowenig wie Kaltwasserberieselung[1].

Eine Lösung, die gut zu befriedigen scheint, besteht darin, daß in den Oberlichthohlraum lotrechte Wände eingebaut werden, die verhindern, daß die schief einfallenden Sonnenstrahlen bis in die Räume hinuntergelangen. Erstellt man sie in festem Mauerwerk und kühlt sie während der Nacht, indem man mittels eines Lüfters kühle Nachtluft durch die Hohlräume saugt, so dienen sie bis zu einem gewissen Grade tagsüber gleichzeitig als Kältespeicher, wodurch der Schutz gegen zu starke Erwärmung der Räume noch erhöht wird. Steigt die Temperatur zufolge Sonnenbestrahlung im Hohlraum trotzdem zu hoch, so kann auch am Tage Luft hindurchgesaugt werden, die beispielsweise dem darunterliegenden Raum entnommen wird. Dieses Mittel ist im neuen Kunst- und Kongreßhaus in *Luzern* zur Anwendung gelangt mit dem Erfolg, daß die vorher in den Ausstellungsräumen bisweilen sehr

[1] Vgl. M. Hottinger: Vom Wärmedurchgang durch Glasscheiben. Gesundh.-Ing. Bd. 52 (1929) S. 705/708.

hoch angestiegenen Temperaturen (bis 35°) auf ein erträgliches Maß herabgemindert werden konnten, ohne daß dadurch die Belichtung der Räume stark beeinträchtigt worden wäre.

Es gibt auch fenster- und oberlichtlose Kunstmuseen, beispielsweise dasjenige in *Kansas City*[1], dessen Inneres ganz durch Korkplatten abgedämmt ist. Die Beleuchtung der Ausstellungsräume ist über einer Glasdecke angebracht, die den untern Abschluß des Um- bzw. Abluftkanals bildet. Dadurch wird die Lampenwärme bei Luftumwälzung für die Heizung nutzbar gemacht, im Sommer dagegen über Dach befördert. Die Kosten der Korkabdämmung betrugen 28000 $, die einmaligen Ersparnisse in den Anlagekosten der Heizung 15000 $, die laufenden sollen jährlich etwa 4000 $ ausmachen. Dazu kommen die beträchtlichen Ersparnisse durch den Wegfall der Fenster und Oberlichter. Angaben über die einmaligen und laufenden Kosten der künstlichen Beleuchtung enthält der Bericht nicht.

Hinsichtlich der vorzusehenden Heizgruppen kommt etwa folgende Unterteilung in Frage:

I. Ständig zu heizende Ausstellungsräume, unterteilt nach Himmelsrichtungen, unter Umständen auch nach den verschiedenen zur Anwendung gebrachten Heizarten wie unmittelbar wirkender Warmwasserheizung einerseits und Warmwasserluftheizung anderseits.

II. Nicht ständig benutzte Räume, z. B. für vorübergehende Ausstellungen, Vorträge usw.

III. Unter Umständen vorhandene Klubräume, Lesezimmer usw.

IV. Lufterhitzer der Lüftungsanlagen.

V. Korridore, Aborte und andere Räume, die in den Übergangszeiten zeitweise unbeheizt bleiben können.

VI. Oberlichtheizung, bisweilen unterteilt in Untergruppen.

VII. Hauswart- und Pförtnerwohnung (wie bereits erwähnt manchmal für sich allein beheizt).

VIII. Warmwasserbereitung.

Bei Pumpenheizung sind die Gruppen VI bis VIII trotzdem für Schwerkraftbetrieb auszubilden: die Oberlichtheizung zwecks Ausschluß der Einfriergefahr, die Wohnungen und die Warmwasserbereitung, damit volle Heizwirkung auch bei abgestellter Pumpe gesichert ist.

B. Warmwasserversorgung.

Wie in Geschäftshäusern, Unterrichtsgebäuden usw., so kommt auch in Kunstgebäuden und Museen die Erstellung von Warmwasserversorgungsanlagen zu Reinigungszwecken in Frage, wobei Zapfstellen (unter Umständen mit Steckschlüsseln) in jedem Stockwerk (z. B. in den Aborten) anzuordnen sind. Es kann zweckmäßig sein, dafür einen besonderen kleinen Heizkessel aufzustellen. Wird die Warmwasserversorgung nur an den Reinigungstagen in Betrieb gesetzt, so hat An-

---

[1] GILLHAM, W. E.: Besondere Aufgaben der Heizung und Lüftung beim Bau des Kunstmuseums in Kansas City. Heating & Ventilating Bd. 31 (1934) S. 41. Kurze Besprechung im Gesundh.-Ing. Bd. 57 (1934) S. 277.

schluß der Wohnungen keinen Zweck, auch sind in dem Fall keine Umlaufleitungen erforderlich.

C. Lüftung.

Bei der Erstellung von Klima- und Luftheizanlagen ist die Lüftungsmöglichkeit der Räume durch Zuführung von Frischluft ohne weiteres gegeben. Werden Heizkörper aufgestellt, so begnügt man sich meist mit natürlicher Lüftung, unterstützt durch Fensterlüftung. Für stark besuchte Lese- und Vortragssäle kommen Lüftungs- oder Klimaanlagen wie für Unterrichts- und Büchereigebäude in Frage. Ferner sind etwa Zubereitungs-, Lichtbild- und Röntgenräume, Schreinerwerkstätten und andere Arbeitsräume, z. B. Laboratorien usw., zu lüften, unter Umständen auch Vereins- und Klubzimmer, in denen geraucht wird. Dafür sind je nach Erfordernis Ab- und nötigenfalls auch Zuluftanlagen, vielleicht mit Luftaufbereitung zu erstellen. Aus Aborten, Garderoben usw. soll die Abluft in üblicher Weise durch Abluftschächte, im Bedarfsfall unter Einbau von Lüftern über Dach geführt werden.

In großen Industriestädten Amerikas hat man die Beobachtung gemacht, daß sowohl das Leinen- als das Sulfitzellulosepapier der Bücher in Büchereien zufolge der starken Verbrennung schwefelkieshaltiger Steinkohle und der dadurch entstehenden Schwefelsäure zerstört wird[1] (ähnliche Erscheinungen sind in bezug auf gelagerte Seidenstoffe auch in England schon aufgetreten). Zur Abhilfe wird Waschen der durch die Klimaanlagen eingeführten Luft mittels Ätzkali- oder Ätznatronversprühung empfohlen.

D. Ausführungsbeispiel.

Als Ausführungsbeispiel sei die Anlage im neuen Bundesarchiv in *Schwyz* beschrieben:

Aus Abb. 62 erkennt man, daß die durch Filter gereinigte und je nach den Bedürfnissen erwärmte oder gekühlte, befeuchtete oder getrocknete Luft durch 10 in der Decke angebrachte Zuluftöffnungen in das Ausstellungsarchiv ausgeblasen wird. Das Absaugen aus dem Raum erfolgt im Winter an den Längsseiten über Boden, im Sommer zur Hauptsache an den Stirnseiten unter der Decke, Abb. 63. Die dicht über dem Boden angebrachten Abluftschlitze haben mit Rücksicht auf die Ausstellungsschränke eine Höhe von nur 105 mm. Diese Art der Luftführung durch den Raum ist durchaus gerechtfertigt, weil die Luft im Winter zur gleichzeitigen Erwärmung des Saales mit über, im Sommer zur Kühlung mit unter der Raumtemperatur liegenden Temperaturen eingeblasen wird. Im Winter bleibt sie daher ihres geringeren Gewichtes wegen mehr oben und sinkt langsam nach unten, während sie im Sommer infolge ihres größeren Gewichtes in erster Linie nach unten strömt, dann zufolge ihrer Erwärmung wieder aufsteigt und mit der höchsten Temperatur oben abgesaugt wird.

[1] Vgl. Génie civ. Bd. 103 (1933) S. 622/624. Kurzer Hinweis im Gesundh.-Ing. Bd. 57 (1934) S. 255.

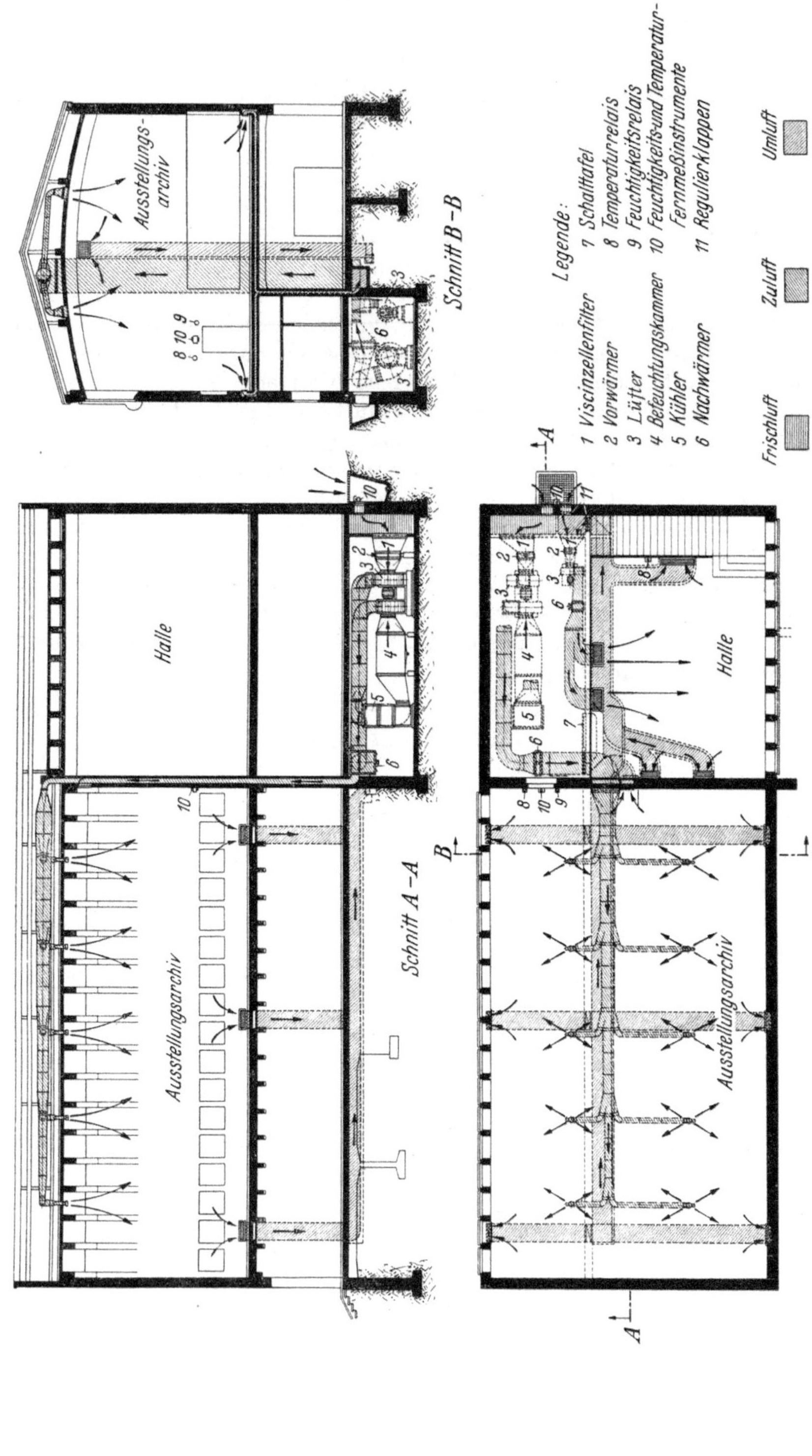

Abb. 62. Neues Bundesarchiv Schwyz. Längsschnitt, Grundriß und Querschnitt.

Die Gestaltung der 10 gut verteilt an der Raumdecke angeordneten Widerstandsgitter zeigt Abb. 64. Sie bestehen aus besonders geformten Querstäben, die bewirken, daß die Luft nicht einfach lotrecht nach unten, sondern zur Hauptsache schief nach den Seiten ausströmt

Abb. 63. Ausstellungsarchiv. An der Rückwand unter der Decke und an den Seitenwänden über dem Boden sind Umluftgitter sichtbar.

und zufolge der zwischen den Gitterstäben erfolgenden Zerstreuung und Wirbelung ihre Geschwindigkeit rasch verliert. Dadurch, sowie zufolge der beträchtlichen Raumhöhe von über 7 m, sind im untern Teil des Saales, auch bei ziemlich kühlem Einströmen der Luft, keinerlei Zugerscheinungen bemerkbar.

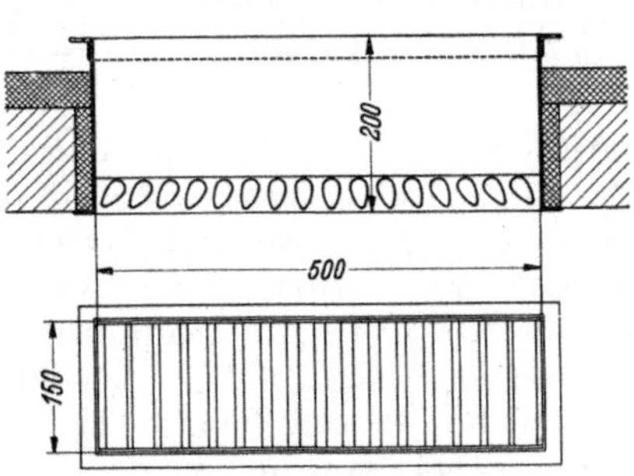

Abb. 64. Zuluftöffnung mit Widerstandsgitter an der Decke des Ausstellungsarchives. (Schweiz. Pat. 177 186.)

Der Berechnung der stündlich in das Ausstellungsarchiv eingeblasenen Frischluftmenge wurde die gleichzeitige Anwesenheit von 70 Personen zugrunde gelegt und, entsprechend ungefähr 30 m³ je Kopf, die Einführung von 2200 m³/h vorgesehen. Außerdem werden zur Erzielung gleichmäßiger Luftverhältnisse 5000 m³/h Luft im Kreise herumgeführt, so daß die Luftumwälzung im ganzen 7200 m³/h oder, bei einem Rauminhalt von 1900 m³, rd. das 3,8fache in der Stunde beträgt. Diese Menge sowie auch das Mischungsverhältnis von Frisch- und Umluft wird Sommer und Winter gleich belassen.

Der Höchstwärmebedarf der Anlage ist bei —20° Außentemperatur rd. 80000 kcal/h, wovon 25000 kcal auf das Anwärmen der Frischluft, 37000 kcal auf die Erwärmung der Gesamtluftmenge von 17 auf 32° und 18000 kcal auf die Wasserverdunstung zur Befeuchtung der Luft entfallen. Die zufolge der Abkühlung der Luft von 32 auf 17° frei werdende Wärmemenge reicht aus, um den Wärmebedarf des Saales sowie die Wärmeverluste der Kanäle bei —20° Außentemperatur zu decken.

Dadurch, daß dem Saal 2200 m^3/h Frischluft zugeführt werden, ist die erforderliche Lüftung vollständig gesichert und wird außerdem Über-

Abb. 65. Geräteraum. Links: Luftkühler, Befeuchtungskammer, darüber Luftkanal und im Hintergrund die Lüfter der Anlage für das Ausstellungsarchiv sowie die Eingangstüre in die Filterkammern. Rechts: Im Hintergrund der Lüfter für die Anlage der Halle, im Vordergrund die Schalttafel. Auf dieser sind von oben nach unten zu sehen: 2 Ampèremeter, Anzeigegerät der Temperatur- und Feuchtigkeits-Fernmeßanlage, 2 Druckknopfschalter für die Lüfter, dazwischen 3 Kippschalter für die Fernmeßanlage, 2 Handräder der Klappenfernsteller (Umschaltung von Boden- zu Deckenabsaugung im Ausstellungsarchiv und Frischluftklappe der Anlage für die Halle), dazwischen Schalter für die Meßstromquelle, die Hygrometer und die Beleuchtung.

druck erzeugt, der bewirkt, daß durch die Undichtigkeiten in den Umfassungswänden, insbesondere in den Fenstern und Türen, Luft ab- und nicht einströmt, wodurch Zugerscheinungen bei Windanfall entgegengewirkt wird. Aus dem Ausstellungsarchiv unmittelbar ins Freie führende besondere Abluftöffnungen sind nicht angebracht worden, weil bei regem Besuch, also bestehendem Lüftungsbedürfnis, genügend Luft durch die oft aufgehende Tür nach der Halle entweicht, während bei Anwesenheit von nur wenig Personen das Lüftungsbedürfnis klein ist und eine geringere Frischluftzufuhr vollständig ausreicht, bei kalten Außentemperaturen vom wirtschaftlichen Standpunkt aus sogar erwünscht ist. Eine gewisse Lufterneuerung findet übrigens selbst bei ganz geschlossener Türe statt, da die Umfassungswände nicht derart dicht sind, daß gar keine Luft entweichen kann.

Über Lage und Anordnung des Geräteraumes geben die Abb. 62 und 65 Aufschluß. Die von außen entnommene Frischluft tritt durch ein

Bodengitter sowie eine in der Außenmauer angeordnete, mit Wetterschutz und Widerstandsgitter versehene Öffnung zuerst in eine Staubkammer ein, der auch die Umluft zuströmt. Das Gitter ist so bemessen, daß dessen Luftwiderstand demjenigen der Umluftkanäle entspricht. Die Staubkammer ist durch eine Tür vom Geräteraum her zugänglich, so daß leichte Reinigungsmöglichkeit besteht. Dann folgen Filter und Vorwärmer, worauf die Luft von einem Lüfter durch den für die Kühlung und nötigenfalls Wasserausscheidung bestimmten Gegenstromkühler befördert, von einem zweiten, gleich bemessenen Lüfter durch die Befeuchtungskammer angesaugt und durch den Nachwärmelufterhitzer sowie durch die Kanäle und die bereits erwähnten Deckengitter in den Saal geblasen wird. Die beiden Lüfter stehen nebeneinander und werden durch einen dazwischen aufgestellten 3,5pferdigen Elektromotor angetrieben. Die Drehzahl ist niedrig gehalten, so daß das Geräusch, trotz des hohen erzeugten Druckes von 45 mm WS, gering ist. Die Lufterhitzer sind an die Schwerkraft-Warmwasserheizung angeschlossen. Die Höchsttemperatur des Heizwassers beträgt 85/65°. Zur Betätigung des Kühlers steht auch in der wärmsten Jahreszeit Kaltwasser von rd. 9° zur Verfügung. Die Höchstkühlleistung des Luftkühlers beträgt bei 28—30° Außentemperatur im Schatten und 65—70% relativer Sättigung rd. 35000 kcal/h. Da eine Erwärmung des Wassers auf 18—19° erzielbar ist, hat die stündliche Wassermenge dabei 3,5 bis 4 m³ zu betragen. Es ist jedoch zu beachten, daß Temperatur und Feuchtigkeit der Außenluft selten so hoch sind und daher der durchschnittliche Wasserbedarf bedeutend unter der angegebenen Menge bleibt.

Die aufbereitete Luft weist beim Verlassen der Gerätekammer im Sommer stets eine Temperatur von 16° und, da bei der Abkühlung der Taupunkt erreicht wird, eine relative Sättigung von etwa 95% auf, so daß sich bei ihrer Nachwärmung auf 22° Raumtemperatur ganz von selbst eine Sättigung von etwa 67% einstellen muß. Zur Innehaltung der 16° hinter dem Kühler dient ein vom Kaltluftkanal aus auf den Kühler wirkender Regler. Ferner ist, um im Sommer ein Sinken der Raumtemperatur unter 21—22° zu verhindern, ein selbsttätiger Temperaturregler im Raum angebracht, der nötigenfalls den alsdann an die Sommerheizung angeschlossenen Nachwärmheizapparat in Betrieb setzt. Und schließlich ist im Ausstellungsarchiv auch ein Feuchtigkeitsregler angebracht, der die Streudüsen in der Befeuchtungskammer in Tätigkeit setzt, sobald die relative Sättigung im Raum 67% unterschreitet.

Die Bedienung dieser einfachen, aber doch wirksamen Anlage, bei deren Erstellung auf möglichste Billigkeit gesehen werden mußte, beschränkt sich im Frühjahr auf das Einstellen des Temperaturreglers im Saal auf 21,5° und das Inbetriebsetzen der Kühlung, im Herbst auf das Umstellen des Reglers auf 16,5° und das Außerbetriebsetzen des Kühlers. Alles übrige besorgen die Regler selbsttätig.

Außer dem Ausstellungsarchiv hat auch die geräumige Halle eine Luftheizung, verbunden mit Frischluftzuführung, erhalten. Dagegen wurde hier, da es sich um einen untergeordneten Raum handelt, von Luftaufbereitung abgesehen.

Um im Geräteraum Temperatur und Feuchtigkeit im Freien und im Ausstellungsarchiv sowie die Lufttemperatur in der Halle mühelos ablesen zu können, ist eine elektrische Fernmeßanlage erstellt worden. Umschalter und Anzeigevorrichtung befinden sich auf einer Schalttafel, die auch sonst alle erforderlichen Geräte wie Amperemeter, Handräder der Klappenfernsteller, Schalter für die Lüfter, die Meßstromquelle, die Beleuchtung usw. aufweist.

Wenn die Anlage auch nur klein ist, so fehlt es ihr doch nicht an sorgfältiger Durchbildung, so daß sie auch für größere Verhältnisse als Vorbild dienen kann.

Schrifttum.

THUM: Die Fernheizanlage für die staatlichen Museen auf der Museumsinsel in Berlin. Gesundh.-Ing. Bd. 58 (1935) S. 382/389.

GIOVANNINI, G.: Die Klimaanlage im Nationalmuseum in Luxemburg. Gesundh.-Ing. Bd. 58 (1935) S. 661/663.

KLEIN, A.: Die Klimatisierung der Ausstellungsräume im Haus der Deutschen Kunst. Gesundh.-Ing. Bd. 61 (1938) S. 553/557.

XIV. Badehäuser, Hallenschwimmbäder, Freibäder.

Von **H. KÄMPER.**

A. Heizung.

1. Raumtemperaturen in Grad Celsius.

Warteräume	18°
Gänge vor den Badezellen und Brausebädern	18—20°
Umkleideräume	22°
Wannen- und Brauseräume	20—22°
Schwimmhallen	20—22°
Römisch-irische Bäder:	
Umkleide- und Nachschwitzraum	22°
Erster Schwitzraum (Tepidarium)	40—50°
Zweiter Schwitzraum (Sudatorium)	50—70°
Wasch- und Brauseraum (Lavacrum)	25°
Heilbadruheraum	24°
Büros	20°
Treppenhäuser, Aborte usw.	15—18°

Gymnastikräume sind wie Turnhallen (s. Abschnitt IV) zu behandeln, und bezüglich evtl. Restaurationsräumen s. Abschnitt IX.

2. Wärmequelle.

Da die Art der Wärmeversorgung von Badeanstalten nicht nur infolge der meist hohen Anlagekosten der wärmetechnischen Einrichtungen, sondern auch wegen der erheblichen Betriebskosten dieser Einrichtungen die Wirtschaftlichkeit des Gesamtbetriebes wesentlich beeinflußt, muß die Größe der zu errichtenden Badeanstalt[1] und vor allem die Auswahl der Wärmequelle sehr gewissenhaft geprüft werden.

In Betracht zu ziehen sind als Wärmeträger Hochdruckdampf, Niederdruckdampf und Abwärme. Von diesen können Hochdruck- und Niederdruckdampf in eigener Anlage erzeugt werden. Hochdruckdampf und Abwärme können aber auch aus einem fremden Betrieb bezogen werden[2]. Heizung, Lüftung und Warmwasserbereitung benötigen den größten Teil der erzeugten Wärme.

3. Eigenerzeugung und Fernwärmebezug.

In der Regel wird die Wärmeerzeugung in eigener Kesselanlage in Frage kommen, obwohl hierfür besondere Gebäude und eigenes Bedienungspersonal erforderlich sind (s. hierzu das in Abb. 66 dargestellte Schema). Denn der Fernbezug der Wärme ist an die Voraussetzung geknüpft, daß die Badeanstalt in nicht allzu großer Entfernung der Fernwärmelieferanten liegt. Da als Lieferanten meist nur öffentliche Versorgungs- oder industrielle Betriebe (Gas- oder Elektrizitätswerke) in Betracht kommen, die durchweg außerhalb des stark bebauten Stadtgebietes liegen, würde die Badeanstalt, deren Besucherkreis meist aus der nächsten Umgebung stammt, bei Anschluß an den Versorgungsbetrieb zu ungünstig liegen. Man wird also nur in besonders gelagerten Fällen (billiger Grund und Boden, besonders günstiger Wärme- und Wasserpreis, nicht allzu große Entfernung vom Stadtkern) den Fernbezug vorziehen[3]. Dies gilt vornehmlich für den Fernbezug von Hochdruckdampf. Die Ausnutzung von Abwärme für Badeanstalten ist jedoch wegen der besonderen Preisgünstigkeit und anderer Vorteile schon wiederholt vor und nach dem Kriege praktisch mit teilweise recht gutem Erfolg durchgeführt worden[4], so z. B. vor dem Kriege im Uhlandbad in Tübingen (1911), in der Hallen- und Warmbadeanstalt in Spandau, in den Badeanstalten in Remscheid und Halle, in der Badeanstalt der Stuttgarter Badegesellschaft (1909), sowie in der Badeanstalt Breslau; nach dem Kriege im Hallen- und Wannenbad Luckenwalde (1928/29), im Stadtbad in Freudenstadt (1930), im Hallenbad der Henkelwerke in Düsseldorf (1930), im Hallen- und Wannenbad Düsseldorf, Kettwiger

---

[1] Erbs, Dr.-Ing.: Kann man heute noch Hallenbadeanstalten bauen? Gesundh.-Ing. Bd. 58 (1935) H. 7 S. 92/99.

[2] Kamp, P.: Heizung und Warmwasserbereitung in Hallenbädern. Abhandlung aus dem Buch: Deutsche Hallenschwimmbäder (S. 47/57), Bau, Wärme, Wasserversorgung und Betrieb. Bearbeitet von Carl Samtleben. Herausgegeben vom Verein Deutscher Heizungsingenieure, Bezirk Berlin e. V. Berlin: Ernst Janetzke 1936. — Samtleben, C.: Wärme- und Wasserversorgung sowie Lüftung von Hallenschwimmbädern unter Berücksichtigung der Fragen, ob beim Bau eines Hallenbades medizinische Bäder und eine Wäscherei mit vorgesehen werden sollen. Gesundh.-Ing. Bd. 59 (1936) H. 23 S. 345/351.

[3] Richardt, Fr.: Wärmelieferung von Versorgungsbetrieben an Hallenbäder (Kassel). Gas- u. Wasserfach 1931 H. 33 [s. Bericht Haustechn. Rdsch. Bd. 36 (1931) H. 36 S. 533].

[4] Erbs, Dr.-Ing.: Badeanstalten mit Nutzung der Abwärme. Gesundh.-Ing. Bd. 59 (1936) H. 20 S. 279/281.

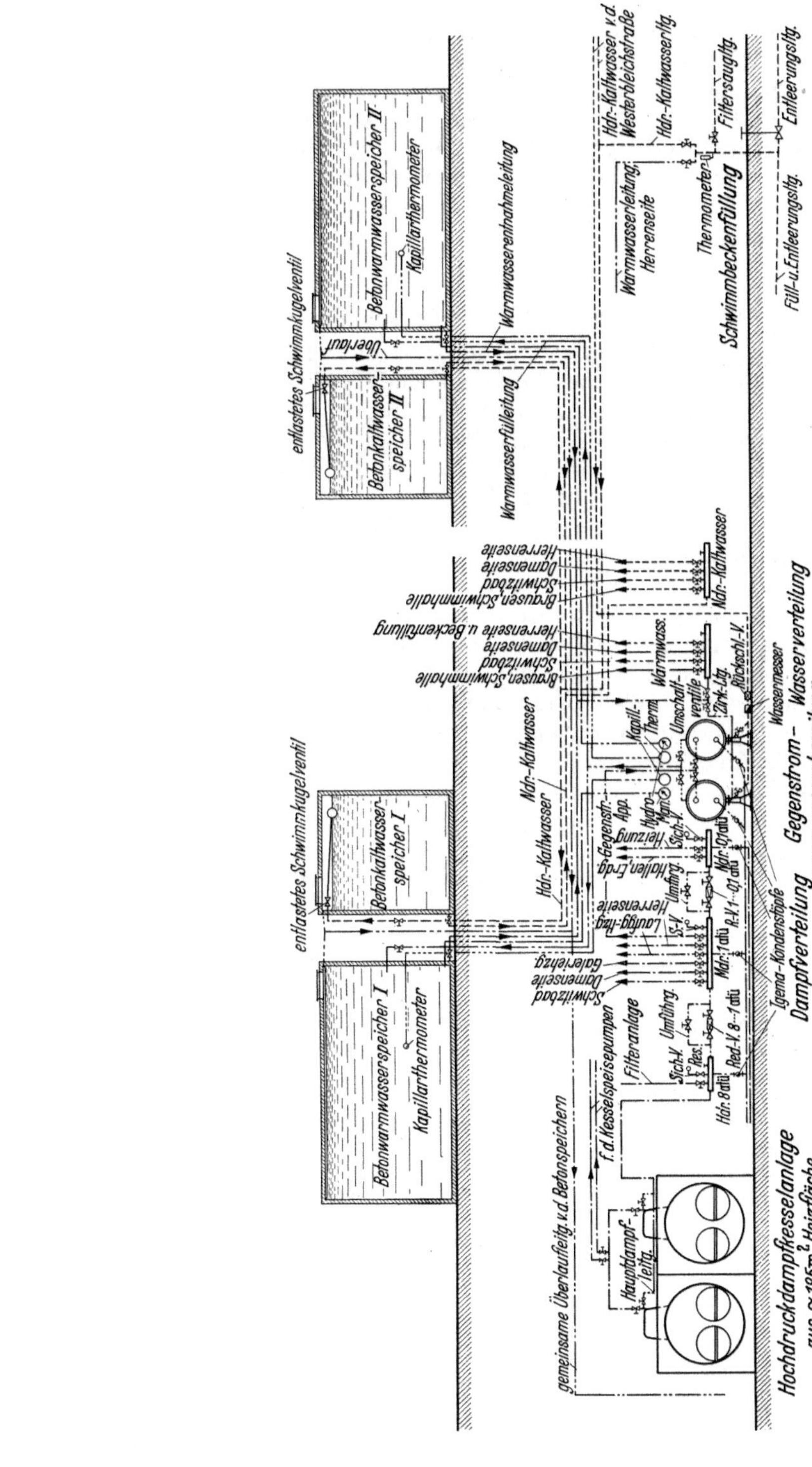

Abb. 66. Schema einer ausgeführten Wärmeerzeugungs- und -versorgungsanlage für ein Hallenschwimmbad.

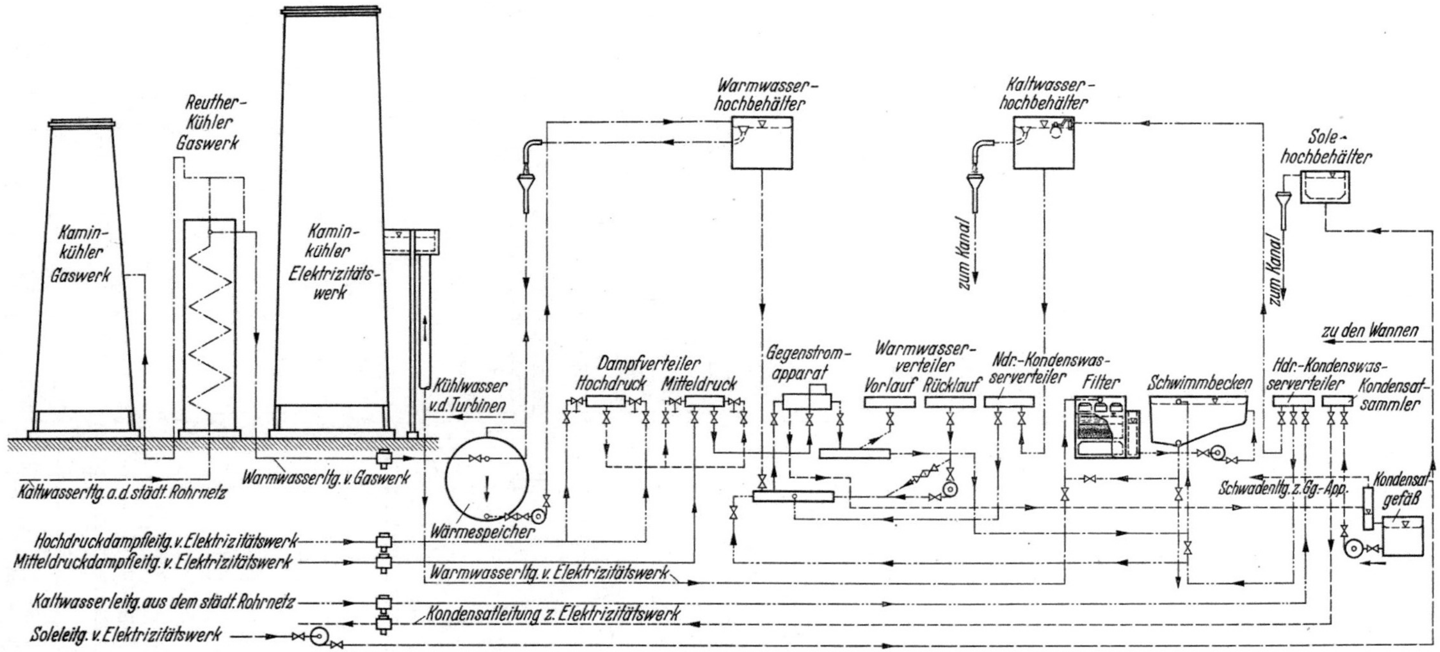

Abb. 67. Schema der Dampf-, Sole-, Kalt- und Warmwasserversorgung einer ausgeführten Großbadeanstalt mit Fernwärmebezug aus städtischen Versorgungsbetrieben.

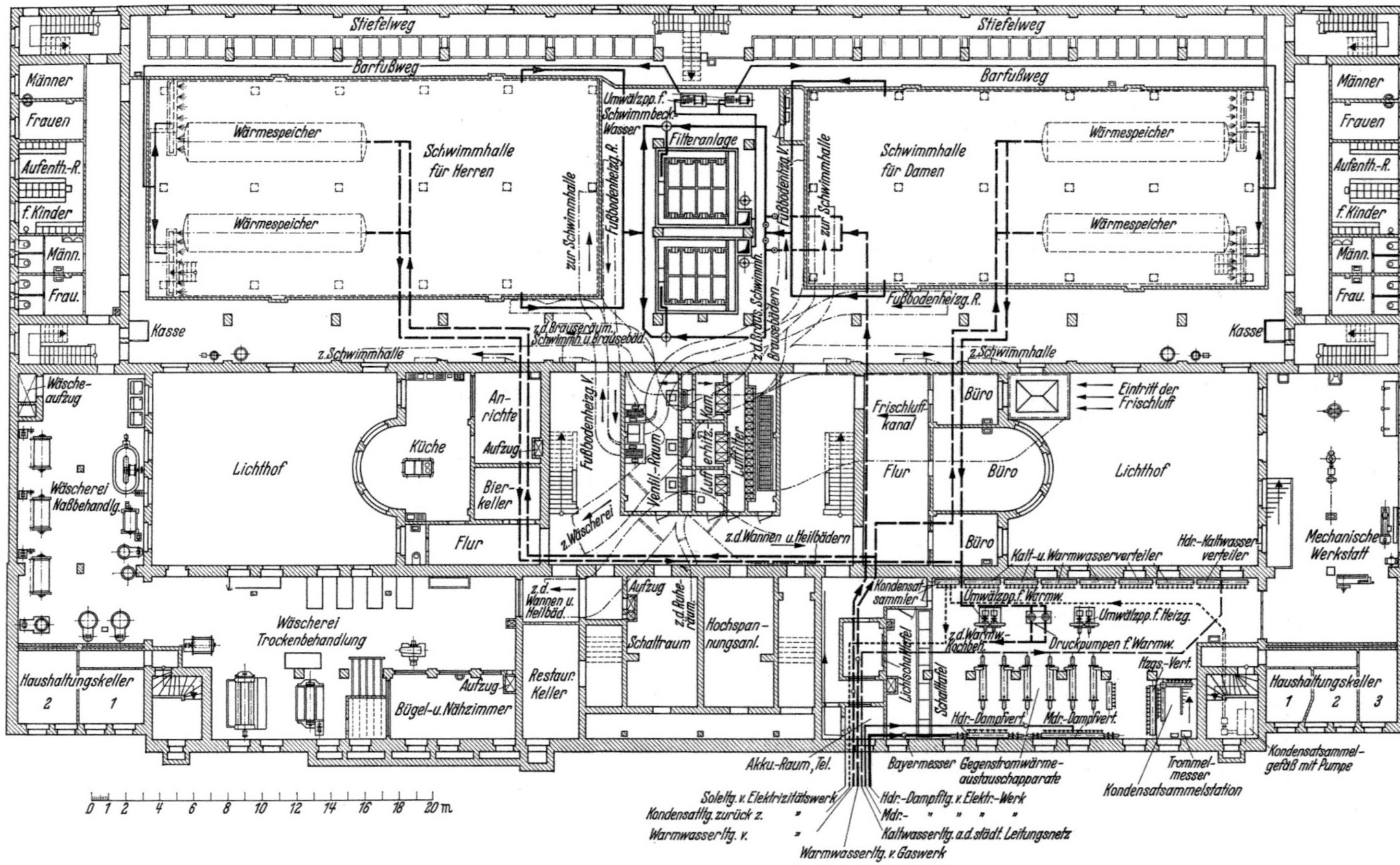

Abb. 68. Grundriß: ***Kellergeschoß*** der im Schema (Abb. 67) dargestellten Großbadeanlage.

Straße (1929)[1] (s. Abb. 67 und 68), in der Hallenbadeanlage in Schwäbisch-Gmünd, sowie schließlich im Hallenbad der Stadt Pirmasens (1933/34). Dabei sind die Wärmeversorgungsanlagen teilweise als Heizkraftwerke ausgebaut.

Da in den Badeanstalten die Wärme in der Hauptsache bei recht niederen Temperaturen erforderlich ist und sie zudem während des ganzen Jahres Wärmeabnehmer sind, stellen sie eine sehr günstige Gelegenheit zur Verwertung von Abfallwärme dar. Abdampf und heißes Wasser sind unmittelbar verwendbar, aber auch Wasser von z. B. nur 20—25°, etwa das Kühlwasser aus der Dampfturbinenanlage eines Kraftwerkes, ist wertvoll, weil man es durch eine selbstbetriebene Kesselanlage oder ebenfalls von außen bezogenen Dampf durch geringe Aufwärmung auf die erforderliche Temperatur bringen kann.

Als Abfallwärme liefernde Betriebe kommen in Frage Dampfkraftwerke, Müllverbrennungsanstalten, Gaswerke, mit Dampfkraft betriebene Wasserwerke, Pumpstationen sowie industrielle und gewerbliche Unternehmungen aller Art. Auch ist z. B. schon der Vorschlag gemacht worden, Hallenschwimmbäder mit Kunsteisbahnen zu verbinden unter Verwertung des Abdampfes und des warmen Kühlwassers der zur Kälteerzeugung dienenden Dampfkraftmaschinen[2].

4. Heizkessel.

Wenn Fernbezug von Wärme oder Abwärme nicht in Betracht kommt, so ist zu entscheiden, ob für die Eigenversorgung Hochdruckdampf oder Niederdruckdampf zweckmäßig ist. Ältere Anlagen besitzen durchweg eine Hochdruckdampfkesselanlage (Dampfdruck meist 6 atü). Diese bedingt ein eigenes Kesselhaus mit besonderem Dach, einen hohen Schornstein, eine besondere und ständige Bedienung, also hohe Anlage- und Bedienungskosten. Ihre Errichtung ist aber dann zweckmäßig, wenn Dampf von höherer Spannung für die Antriebsmaschinen von Eigenstromerzeugern, Pumpen u. a., ferner für den Betrieb einer eigenen Wäscherei (Waschmaschinen und Dampfmangeln) verlangt wird und die Dampfwärme nach der Entspannung für die Heizung und Warmwasserbereitung ausgenutzt wird.

Ein besonderer Vorteil des Hochdruckkessels vornehmlich in der meist verwendeten Form des Flammrohrkessels besteht auch in seiner Fähigkeit, starke Betriebsschwankungen ohne Schwierigkeiten ausgleichen zu können. Auch ermöglicht er die Verfeuerung billiger Brennstoffe. Deshalb wird unter bestimmten Umständen der Hochdruckbetrieb auch heute noch in Frage kommen[3].

Vielfach liegt jedoch heute keine zwingende Notwendigkeit für die

---

[1] Mack, K.: Wärmeversorgung des Hallenbades Kettwiger Straße in Düsseldorf. Gas- u. Wasserfach 1932 S. 125/131.

[2] Krecke, H.: Denkschrift betr. Humboldt-Bad in Berlin-Reinickendorf. Gesundh.-Ing. 1926 S. 200 — Bauwelt 1926 S. 1.

[3] Wolfer u. Weeber: Die technischen Einrichtungen des neuen Schwimmbades in Stuttgart. Gesundh.-Ing. Bd. 53 (1930) H. 26 S. 401/408.

Angliederung eigener Stromerzeugungs- und Brunnenpumpanlagen mehr vor, da eine günstigere Tarifgestaltung den Fremdstrom- und Fernwasserbezug mehr als früher ermöglichen. Der Dampfantrieb für die Wäschereimaschinen ist aus dem gleichen Grunde dem Elektromotor gewichen. Auch wird von der Angliederung eigener Wäschereien heute oft Abstand genommen werden können, da die ihnen zufallende Aufgabe von leistungsfähigen Privat- oder öffentlichen Wäschereien zu annehmbaren Preisen übernommen werden kann.

Aus diesen Gründen sind in den Jahren nach dem Kriege in zunehmendem Maße Badeanstaltsbetriebe mit *Niederdruckdampfkesselanlagen* ausgerüstet worden. Dabei handelt es sich hauptsächlich um kleinere und mittlere, teilweise aber auch größere Anlagen[1]. Solche Anlagen werden auch künftighin wohl nur mit Niederdruckdampf betrieben werden, um so mehr als in den letzten Jahren in den Sonderbauarten der gußeisernen Gliederkessel billigere und minderwertigere Brennstoffsorten als Koks wirtschaftlich verfeuert werden können. Die gußeisernen Niederdruckkessel sind außerdem billig, erfordern nur vorübergehende Bedienung, sind raumsparend, lassen sich beliebig unterteilen und können unter bewohnten Räumen aufgestellt werden. Der Nachteil, die Kessel vertieft aufstellen zu müssen, wird den genannten Vorzügen gegenüber in Kauf genommen. Die geringe Überlastbarkeit der Kessel muß durch Anordnung ausreichender Warmwasserspeicher, die in verkehrsarmen Stunden aufgeheizt werden, ausgeglichen werden. Legt man die Speicher bei Schwimmbädern unter die Schwimmbecken, so dienen sie gleichzeitig zum Warmhalten des Beckenbodens[2]. Der Speicherinhalt muß so bemessen sein, daß der Wärmebedarf für mindestens eine halbe Stunde voll gedeckt ist, wobei mit der Wassertemperatur nicht über 60° gegangen werden sollte, weil meist etwa von dieser Temperaturgrenze an die Kalkausscheidung aus dem Wasser in besonderem Maße eintritt. Ebenso muß evtl. bei ausgedehnten Heizanlagen mit natürlichem Kondenswasserzulauf zum Kessel durch Einbau von Wasserausgleichsbehältern hinter den Kesseln dafür gesorgt werden, daß zu starke Wasserstandsschwankungen in den Kesseln vermieden werden. Der zu wählende Dampfdruck soll mindestens 0,1—0,3 atü betragen. Es ist aber zweckmäßiger, mit einem Druck von 0,5 atü zu arbeiten, weil damit auch eine Dampfversorgung von Wäschereimaschinen ermöglicht wird. Auch der Betrieb der medizinischen Bäder gestaltet sich bei diesem Dampfdruck einwandfreier.

Wenn ganz besonderer Wert auf rauch- und rußfreie Verbrennung gelegt wird und die Brennstoffan- und Schlackenabfuhr besondere Schwierigkeiten bereitet, so können auch mit Gas gefeuerte Niederdruckdampfkessel zur Aufstellung kommen, wie dies schon in einigen Fällen

[1] Nowotny, M.: Das Hallenschwimmbad in Reutlingen. Gesundh.-Ing. Bd. 53 (1930) H. 11 S. 167/171 — Das Städtische Schwimmbad in Frankfurt a. M.-Fechenheim. Verlag und Herausgabe: Die Städtische Bäderdirektion 1929. — Wagner, A.: Das neue Stadtbad Berlin-Mitte. Heizg. u. Lüftg. 1930 H. 12 S. 235/243.

[2] Stadtbad Neukölln. Gesundh.-Ing. 1925 S. 438.

ausgeführt wurde[1]. Jedoch ist der Gaspreis von ausschlaggebender Bedeutung. Er darf 4 Rpf. je m^3 Gas nicht überschreiten.

5. Heizart.

Zur Beheizung von Badeanstalten können Dampf- oder Warmwasserheizung dienen. Hochdruckdampfheizung, die früher üblich war, wird heute kaum noch angewendet, es sei denn zum Betrieb von Lufterhitzern, der Warmwasserbereitung u. a. Die hohen Oberflächentemperaturen gefährden die Badegäste. Aus dem gleichen Grunde müssen bei Anwendung der Niederdruckdampfheizung, die heute wegen des schnelleren Aufheizens und wegen der geringeren Anlagekosten noch vielfach ausgeführt wird, die Heizkörper an nicht gefahrbringenden Stellen angeordnet oder zweckmäßig verkleidet werden. Wenn aber für die der Badeanstalt angegliederten Nebenräume, wie Büros usw., Warmwasserheizung gewählt wird, so sollte man auch die etwa vorhandenen Heizkörper in der Schwimmhalle (in Umgängen, auf den Galerien, in den Umkleideräumen) an die Warmwasserheizung anschließen, damit jegliche Verbrennungsgefahr für die Badegäste ausgeschlossen ist.

Als örtliche Heizflächen kommen glatte Rohre oder leicht reinigungsfähige Gliederheizkörper in Frage. Von Verkleidung ist jedoch zur besseren Sauberhaltung möglichst abzusehen. Die Aufstellung der Heizkörper soll nach Möglichkeit an den Stellen größter Abkühlung erfolgen.

Wichtig ist, daß die Fußböden der Halle warm gehalten werden. Sofern sie nicht durch darunterliegende beheizte Räume genügend erwärmt sind, muß Fußbodenheizung in irgendeiner Form vorgesehen werden. Auch können Bodenmatten und Holzroste zur Abdämmung der Fußbodenkälte Verwendung finden.

Die Hauptbeheizung der Schwimmhallen wird heute meist durch Luftheizung vorgenommen, und zwar durchweg mit Hilfe von elektrisch angetriebenen Einzelluftheizapparaten, die für Frisch- und Umluftbetrieb eingerichtet sind und gleichzeitig die Lüftung der Halle übernehmen. Sie erfordern wenig Raum und haben eine nur verhältnismäßig geringe Stromaufnahme. Ein Beispiel hierfür bietet das im Jahre 1930 eröffnete Hansabad in Bremen.

Zusammenfassend läßt sich sagen, daß die Anwendung der verschiedenen Heizarten in einem größeren Badeanstaltsbetrieb heute etwa wie folgt zu empfehlen ist[2]:

1. Luftheizung mit dampfbeheizten Lufterhitzern für die Schwimmhallen.

2. Dampfbeheizung für die sonstigen Lufterhitzer der Lüftungsanlagen, ferner für die Heiß-, Warmluft-, Dampfbäder, Dampfduschen, Wäscherei, Wäschereiräume, Kassenhalle, Vorräume zu den Brausebädern.

---

[1] Stütz: Die heizungs- und lüftungstechnischen Einrichtungen des Hallenschwimmbades Beuthen O/S. Gesundh.-Ing. Bd. 58 (1935) H. 37 S. 565/570. — Außerdem: Hallenbad in Solingen-Ohligs. 1930.

[2] Franke u. Volk: Die bade- und heiztechnischen Anlagen im Stadtbad Chemnitz. Gesundh.-Ing. Bd. 59 (1936) H. 23 S. 354/362.

3. Schwerkraft-Warmwasserheizung für die Verwaltungsräume, Wohnungen, Läden und Wirtschaft.

4. Pumpen-Warmwasserheizung für die Wannenbäder, Umkleideräume und medizinischen Bäder.

Zu sonstigen baulichen und betrieblichen Einrichtungen und Maßnahmen, soweit sie auf die Wärmeversorgung der Schwimmbäder Einfluß haben, sei noch folgendes bemerkt:

Oft weisen die Schwimmbäder ein Schwimmbecken für Frauen und eines für Männer, bisweilen noch ein drittes für Schulen auf. Es ist jedoch darauf zu achten, daß die Anforderungen nicht höher gestellt werden als unbedingt nötig, weil mit zunehmenden Abmessungen nicht nur die Auslagen für Verzinsung und Abschreibung, sondern auch die Betriebskosten zum Anwärmen des Wassers, Heizen usw. stark ansteigen. In den Schwimmhallen erfordern besonders die Oberlichter und Seitenfenster viel Heizwärme, namentlich wenn sie ausfahrbar sind und nicht dicht schließen. Ihre Abmessungen sind daher ebenfalls auf ein Mindestmaß zu beschränken.

Sind zwei Becken vorhanden, so ist es zweckmäßig, sie mit den tiefen Schmalseiten aneinanderzulegen und die Trennungswand ausfahrbar zu machen, so daß die Becken für Sportzwecke zu einer langen Bahn vereinigt werden können.

Dauernde Speisung der Schwimmbecken mit Frischwasser kommt nur in Frage, wenn solches in genügender Menge und außerdem Abfallwärme billig zur Verfügung stehen. Gewöhnlich findet Umwälzung des Wassers statt, wobei es in Filter- und Chlorieranlagen gereinigt, entkeimt und gleichzeitig nachgewärmt wird[1]. Bei Umwälzung mittels Dampfpumpe findet zur Nachwärmung des Wassers in erster Linie deren Abdampf Verwendung. Beim Umwälzverfahren spart man an Wasser, Wärme, Lohnauslagen und sind zudem die durchflossenen Leitungen dem Verkalken weniger ausgesetzt, so daß sich die erforderlichen maschinellen Einrichtungen meist in kurzer Zeit bezahlt machen.

Bisweilen werden nach dem Vorschlag von Recknagel auch Einrichtungen zur Wellenerzeugung in die Schwimmbecken eingebaut. Es sind das große Pendelflächen, die durch langsam drehende Wellen in Bewegung versetzt werden[2]. Der Antrieb kann durch Dampfmaschinen oder -turbinen unter Verwendung des Abdampfes billig erfolgen.

Volksbäder sollen außer Schwimmbecken auch Wannen- und Brausebäder, ferner Bäder für medizinische Zwecke, wie Dampf-, Heißluft-, Kastenschwitzbäder und elektrische Lichtbäder sowie auch Massage- und Gymnastikräume (Turnhallen s. Abschnitt IV) enthalten. Ferner sind die Schwimmhallenbäder meist mit Ruhe- und Erfrischungsräumen (s. Abschnitt IX), oft auch mit Luft- und Sonnenbädern verbunden.

---

[1] Das Schwimmbeckenwasser der Hamburger Hallenbadeanstalten. Gesundh.-Ing. 1927 S. 849. — Ilzhöfer, H.: Die Untersuchung der Hallenschwimmbäder. Gesundh.-Ing. 1928 S. 513 (s. auch die dortigen zahlreichen Literaturangaben).

[2] Gesundh.-Ing. 1906 S. 82; 1911 S. 337; 1912 S. 94, 743; 1927 S. 831.

6. Warmwasserversorgung.

In der Badeanstalt muß Warmwasser für die Schwimmbecken, die Wannen-, Brause- und übrigen Bäder erzeugt werden. Die erforderlichen Warmwassermengen und -temperaturen gehen aus der folgenden Zusammenstellung hervor:

Wassermengen und -temperaturen.

<table>
<tr><th></th><th>Wassermenge
l</th><th>Wasser-
temperatur
° C</th></tr>
<tr><td>Brausebäder, pro Bad:
für Kinder . . . .
für Erwachsene . . . . .

Wannenbäder
kleine . . . .
große . . . .</td><td>15—20
30—50
u. U. bis 100

150—200
250—300
plus 10—30 l für Dusche, Spülen der Wanne und sonstige Reinigungszwecke</td><td>im Winter
30—40
im Sommer
25—30
30—40</td></tr>
<tr><td>Hallenbäder:
Abmessungen der Schwimmbecken:
<table>
<tr><th></th><th>Länge
m</th><th>Breite
m</th></tr>
<tr><td>kleine . . .</td><td>13—20</td><td>8—12</td></tr>
<tr><td>mittlere . .</td><td>20—35</td><td>10—15</td></tr>
<tr><td>Sportbecken .</td><td>35—50
u. U.
bis 100</td><td>12—25
u. U.
bis 50</td></tr>
</table>
größte Tiefe: 2,5—3,5 m
geringste Tiefe: 0,6—0,75 m
bei flutbaren Becken:
größte Tiefe: bis 4 m
geringste Tiefe: bis 1,2 m</td><td>Umwälzung des Wassers durch Filter- und Chlorieranlage, $2—2^1/_2$ mal täglich und Erneuerung des Wassers 2—3, längstens 4 Wochen.
Bei fortlaufender Speisung mit Frischwasser, stündlicher Zufluß je nach Größe des Schwimmbeckens $^1/_{25}$—$^1/_{40}$ desselben. Nach andern Angaben (Gesundh.-Ing. 1926 S. 530) ist der Wasserinhalt womöglich innerhalb 10 Stunden mindestens einmal zu erneuern, oder sollen während der Benutzungszeit je Quadratmeter Beckenfläche 60—100 l je Stunde zufließen.</td><td>20—23
gewöhnlich
22</td></tr>
<tr><td>Dauerbäder für medizinische Zwecke</td><td>Wasserzufluß derart, daß die zugeführte Wärme die Wärmeverluste deckt.</td><td>Nach Angabe des Arztes</td></tr>
</table>

Zur Berechnung des stündlichen Warmwasserbedarfes ist anzunehmen, daß in Volksbädern bei Vollbetrieb ein Brausebad in der Stunde etwa 200—250 l, ein Wannenbad etwa 500 l erfordert.

Die Erwärmung des Gebrauchswassers kann erfolgen:

1. unmittelbar in feuerbeheizten, mit Wasser gefüllten Flammrohrkesseln. Diese Art der Erwärmung wird aber nur noch selten angewendet und empfiehlt sich nicht an Orten mit stark kalkhaltigem Wasser, weil die Kessel schwer vom Kesselstein befreit werden können (bezüglich evtl. Enthärtung des Wassers s. das in Abschnitt B I Gesagte). Zudem sind die großen Temperaturunterschiede zwischen den Feuergasen und dem kalten Wasser den Kesseln nicht zuträglich.

Wenn, wie das bei älteren, reich bemessenen Hochdruckkesselanlagen von Badeanstalten vorkommt, im Laufe der Jahre der Frischdampf-

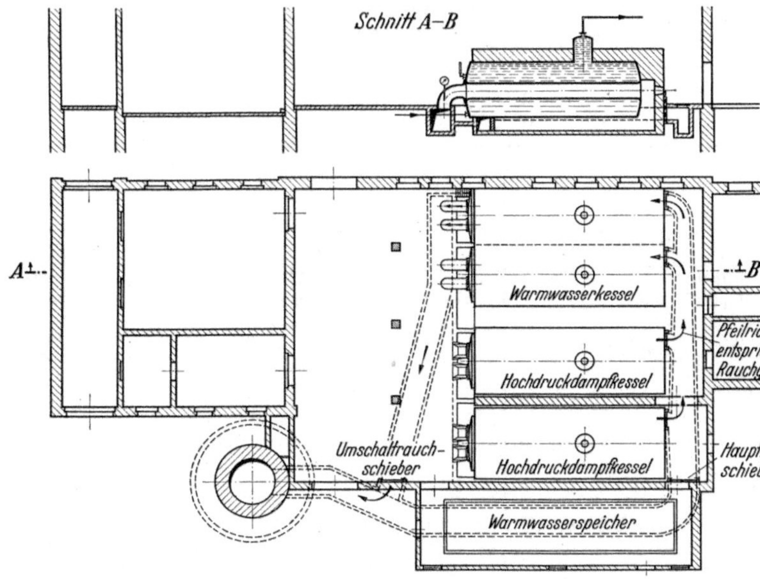

Abb. 69. Ausnutzung der Rauchgaswärme zweier Hochdruckdampfkessel zur Warmwasserbereitung in zwei stillgelegten Flammrohrkesseln einer Badeanstalt.

bedarf durch teilweise Elektrifizierung und ähnlichem stark eingeschränkt wurde, so lassen sich überzählige Flammrohrkessel auf einfache Weise

Abb. 70. Ansicht des Flammrohranschlusses stillgelegter Hochdruckkessel an den Rauchgaskanal zwecks Ausnutzung der Rauchgaswärme zur Warmwasserbereitung in einer Badeanstalt (s. auch Abb. 69).

zu Warmwassererzeugern bzw. -speichern dadurch umbauen, daß man, unter der Voraussetzung günstiger Schornsteinzugverhältnisse, die Rauchgase der noch in Betrieb befindlichen Kessel vor Eintritt in den

Fuchs durch die Flammrohre der stillgelegten Kessel ziehen läßt und so weiter zur Warmwassererzeugung ausnutzt (s. Abb. 69 und 70);

2. in besonderen, großen schmiedeeisernen oder betonierten Behältern durch Einsprühen von Dampf in das Wasser mittels Düsen. Aber auch diese früher vielfach angewendete Methode wird deshalb kaum mehr benutzt, weil das Kondensat nicht zurückgewonnen wird, die Kessel also stets mit einer entsprechenden Menge Frischwasser gespeist werden müssen;

3. in Gegenstromapparaten mit nachgeschalteten Sammelbehältern. Die Gegenstromapparate müssen so eingerichtet sein, daß ihr Inneres,

Abb. 71. Wärmezentrale der in der Abb. 68 dargestellten Großbadeanstalt.

vornehmlich die Heizrohrbündel, leicht gereinigt werden können. Die Ausrüstung des Sammelbehälters mit Anwärmdüsen, die nur in Notfällen benutzt werden, ist empfehlenswert.

Eine Erwärmung des Gebrauchswassers über 50° ist wegen der dann möglichen Verbrühungsgefahr nicht anzuraten.

Um Wärmeverschwendung und Verbrühungen im Brausebadbetrieb auf jeden Fall zu vermeiden, sollte das Einstellen der Brausewassertemperatur durch zentral eingestellte, selbsttätig arbeitende Temperaturregler vorgenommen werden.

7. Apparate- und Regelraum.

Die Erstellung eines besonderen Apparate- und Regelraumes ist bei Badeanstalten zweckmäßig. Außer den verschiedenen Verteilern für Dampf-, Heiz-, Warm-, sowie Kaltwasser, den Pumpen und Reinigungsapparaten können in ihnen auch die erforderlichen Gegenstromapparate und die Schalttafel mit sämtlichen Motoranlassern, Klappenstellern, Meß- und Kontrollinstrumenten usw. untergebracht werden. Die Anordnung muß sich durch möglichst einfache Bedienung und gute Übersichtlichkeit auszeichnen. Alle Teile sind durch Schilder deutlich zu bezeichnen (s. die Angaben über die Apparate- und Regelräume unter den Abschnitten III, VII und XII). Eine vorbildliche Anordnung zeigt Abb. 71.

B. Lüftung.

In Badeanstalten ist der Wasserdampf- und Geruchbildung wegen für besonders ausgiebige Lüftung zu sorgen, insbesondere deshalb, um den mit der Feuchtigkeitsanreicherung der Luft verbundenen unangenehmen Nebenerscheinungen, wie Schweiß- und Tropfenbildung an Oberlichtern und Seitenfenstern, sowie den Mauerdurchfeuchtungen entgegenzuwirken. Die eingeblasene vorgewärmte Luft ist trocken und daher in hohem Maße wasseraufnahmefähig. Trotzdem empfiehlt es sich, die nach außen liegenden Teile der Umfassungswände und Decken wärmetechnisch gut zu isolieren. Lüftung kommt in Betracht für sämtliche zu Badezwecken benutzten Räume.

Für die Schwimmhallen ist Zuführung vorgewärmter Luft mittels Lüfter stets erforderlich, das Aufstellen eines Abluftlüfters oder auch nur das Anbringen besonderer Abluftöffnungen oft aber unnötig, weil die Umfassungswände genügend Undichtigkeiten für das Entweichen der Abluft aufweisen und nötigenfalls im oberen Teil Fensterflügel geöffnet werden können. Bei großen, hohen Schwimmhallen mit ihrem starken Luftauftrieb liegen die Verhältnisse eben wesentlich anders als bei kleinen, wenig hohen Badezellen. Bei den Schwimmhallen muß durch das Einblasen warmer Luft Überdruck erzeugt und dadurch dem Eindringen kalter Außenluft entgegengewirkt werden. Selbstverständlich ist die Zuluft sorgfältig, auf mindestens Raumtemperatur, anzuwärmen und dafür zu sorgen, daß die Badenden von dem eintretenden Luftstrom nicht unmittelbar getroffen werden[1]. Kommen ausfahrbare Glasoberlichter zur Anwendung, um das Hallenbad im Sommer zum Freibad machen zu können, so ist Doppelverglasung angezeigt, ebenso bei den Seitenfenstern. Wie eingangs bemerkt, sollen diese Glasflächen nicht größer als nötig gehalten werden, auch dann noch bedingen sie in der Regel bedeutende Abkühlungsverluste. Außerdem sind die Oberlichter womöglich so zu stellen, daß ein Abtropfen des zeitweise evtl. doch auftretenden Schwitzwassers ausgeschlossen ist. Das den Glasflächen (Oberlichtern und Seitenfenstern) entlang laufende Schwitzwasser muß sachgemäß abgeleitet werden. Wie schon beim Abschnitt Heizung betont, läßt sich die Lüftung der Schwimmhalle in der Regel mit der Luftheizung verbinden. Auch ältere Schwimmhallen sind bereits vielfach mit Lüftungsanlagen versehen worden. Daß diese oft stillgelegt worden sind, ist hauptsächlich darauf zurückzuführen, daß die angesaugte und erwärmte Frischluft nicht gefiltert wurde und in Verbindung mit der Feuchtigkeit der Luft die Hallen stark verschmutzte. Eine Luftreinigung

[1] Nowotny: Künstliche Lüftungsanlagen für Hallenschwimmbäder. Gesundh.-Ing. 1927 S. 698 — Ein Hallenschwimmbad für Fechenheim a. M. Gesundh.-Ing. 1928 S. 216.

durch Ölfilter ist also in jedem Fall empfehlenswert[1]. Die Anordnung derartiger Filter ist auch bei der heute üblichen Ausführungsform der Luftheizung in Gestalt von Einzelluftheizapparaten ohne weiteres möglich. Eine vorbildliche Lösung stellt beispielsweise die Anordnung in dem bereits erwähnten Hansabad in Bremen dar (s. dazu den unten genannten Aufsatz von JUNGBLUTH und MACK). Die Unterteilung der Lüftungsanlage in mehrere Einzelapparate ermöglicht außerdem eine gute Anpassung an den jeweiligen Lüftungsbedarf. Bei Schwimmhallen ist, wenn sie in offener Verbindung mit den Brauseräumen stehen, für einen 2—5fachen Luftwechsel je Stunde zu sorgen. Es genügt aber meist ein einfacher Luftwechsel, wenn eine räumliche Trennung der Brauseräume von den Schwimmhallen vorgenommen wird. Diese ist auch bei den neuesten Anlagen meist durchgeführt.

Wannen- und Brausebäder sind ebenso wie die Hallen zu be- und entlüften. Reine Abluftanlagen, wie sie in diesen Räumen oft vorzufinden sind, befriedigen nicht, da sie Unterdruck im Raum und damit Zugerscheinungen erzeugen. Besser sind schon Anlagen, bei denen die Zuführung der Frischluft in die Einzelbadezellen von den Fluren her erfolgt, indem man im unteren Teil der Türen Öffnungen anbringt, z. B. über die ganze Türbreite einen 2—3 cm hohen Spalt offen läßt oder viereckige Durchbrechungen vorsieht, die derart mit Jalousien versehen sind, daß das Hindurchblicken unmöglich ist. Dadurch wird gleichzeitig für die Lüftung der Vorräume gesorgt und vermieden, daß bei sich öffnenden Türen Luft in die übrigen Gebäudeteile austritt. Bei der Bemessung der Heizflächen in den Vorräumen ist auf den Luftentzug Rücksicht zu nehmen. Zugerscheinungen sind aber auch hierbei nicht ausgeschlossen.

Zweckmäßig ist das Einblasen vorgewärmter Luft in die Räume in etwa 2,5—3 m Höhe oberhalb des Fußbodens und das Absaugen der Luft durch Öffnungen in 0,5 m über dem Fußboden, wobei diese Öffnungen zur Vermeidung von Zugerscheinungen nicht zu klein bemessen werden dürfen.

In Brausebadräumen, bei denen die Trennwände der Einzelzellen nicht bis zur Decke reichen, wird die vorgewärmte Zuluft entweder in jeder Zelle oder über der Eingangstür eingeblasen. Die Abluftöffnungen werden aber in den Gängen in der angegebenen Höhe angeordnet. Nicht zu empfehlen ist das Abströmenlassen der Abluft durch in die Fenster eingesetzte Glasjalousien oder andere mit dem Freien in Verbindung stehende Öffnungen. Für Brauseräume sowie reine Brausebadanlagen ist ein bis 20facher, bei Umkleideräumen ein etwa 10facher, bei Wannenbädern ein etwa 5facher Luftwechsel erforderlich. Dieser Luftwechsel ist bei tiefen Außentemperaturen entsprechend einzuschränken.

Dampfbäder sind mit heißer Luft zu heizen und zwecks Vermeidung von Tropfwasserbildung mit einem Heißluftisoliermantel zu umgeben.

---

[1] JUNGBLUTH, M., u. K. MACK: Lüftung und Entfeuchtung von Hallenschwimmbädern. Abhandlung in dem vom VDHI herausgegebenen Buch: Deutsche Hallenschwimmbäder. Berlin: Ernst Janetzke 1936.

Nach A. WAGNER[1] ist es zweckmäßig, in den Dampfbaderäumen, z. B. unter den Liegegestellen, Heißluft und entspannten Kesseldampf in besonders gebauten Durchmischapparaten zu mischen, so daß durch einen unten im Apparat befindlichen Längsschlitz „Klardampf", das ist fast vollständig mit Wasserdampf gesättigte Luft, geräuschlos in den Baderaum austritt. Durch Abstellen des Heißluftstromes kann gewünschtenfalls auch Nebenbildung erzeugt werden, während es andererseits durch Abstellen des Dampfaustrittes möglich ist, größere Trockenheit im Raum herbeizuführen.

Nach den Angaben von WAGNER ist die beschriebene Einrichtung ihrer geringen Einbauschwierigkeiten und bequemen Handhabung wegen auch für die gesundheitstechnischen Anlagen auf Schiffen gut verwendbar.

Ist mit der Badeanstalt eine Wäscherei verbunden, so gilt bezüglich Lüftung und Entnebelung das unter Abschnitt III D Gesagte, und bezüglich evtl. Restaurationsräume sei auf Abschnitt IX verwiesen[2].

C. Freibäder.

In steigendem Maße werden auch Freibäder mit warmem Wasser versehen, z. B. wenn Abdampf oder warmes Kühlwasser aus Großkraftwerken oder Fabrikbetrieben kostenlos zur Verfügung steht. Damit lassen sich außerdem die Umkleidezellen heizen, so daß solche Freibäder auch in den Übergangszeiten benutzbar sind[3]. An einzelnen Orten steht auch warmes Quellwasser zur Verfügung. Wie früher bemerkt, kann die Länge der Zuleitung allerdings die Wirtschaftlichkeit in Frage stellen, weshalb in jedem Falle eingehende Wirtschaftlichkeitsberechnungen anzustellen sind. Unter Umständen ist es richtiger, statt kostenlos zur Verfügung stehende Abwärme aus großer Entfernung zuzuleiten, solche aus der Nähe gegen Entgelt zu beziehen[4] oder die Wärme in eigener Kesselanlage zu erzeugen[5]. Neuerdings werden in wasserkraftreichen Ländern (z. B. in der Schweiz) und andernorts bei entsprechend günstigen Tarifen Freibäder auch auf elektrischem Wege beheizt[6].

Man hat auch schon versucht, die Sonnenwärme zur Anwärmung des Wassers derart in erhöhtem Maße nutzbar zu machen, daß etwa

[1] Einrichtung zur Erzeugung unsichtbaren Dampfes für Gesellschafts-Dampfbäder in Badeanstalten. Gesundh.-Ing. 1928 S. 619.

[2] Die technischen Einrichtungen von Badeanstalten, Hallenschwimmbädern usw. sind in zahlreichen Artikeln im Gesundh.-Ing. besprochen. Siehe z. B. die Nummern vom 6. und 13. VI. 1925, 7. VIII. 1926, 1. I. und 8. IX. 1927 sowie 7. IV. 1928 und die Literaturangaben in der Nummer vom 28. II. 1925 S. 108. Ferner sei verwiesen auf die Veröffentlichungen der Deutschen Gesellschaft für Volksbäder e. V., Geschäftsstelle: Berlin-Steglitz, Ringstr. 10 II.

[3] Ein geheiztes Freibad in Berlin. Gesundh.-Ing. 1926 S. 91.

[4] EYMANN, W.: Der Wärmebedarf von Freibädern. Gesundh.-Ing. 1928 S. 409.

[5] KNIESE, H.: Erfahrungen über den Brennstoffverbrauch eines Freiluftschwimmbades mit gleichmäßig gehaltener Wasserwärme. Gesundh.-Ing. Bd. 60 (1937) H. 5 S. 67/69.

[6] HOTTINGER, M.: Elektrisch beheizte Freiluftbäder und Tribünen. Gesundh.-Ing. Bd. 56 (1933) H. 8 S. 88/90. — BERGER, FR.: Elektrisch erwärmte Freibäder. Siemens-Z. Bd. 11 (1931) Nov., S. 528/532. — BERLIT, B.: Die technischen Einrichtungen des Opel-Bades in Wiesbaden und dessen Wasserbehandlung. Gesundh.-Ing. Bd. 59 (1936) H. 23 S. 351/354.

0,5 m tiefe Vorwärmbecken vorgesehen worden sind, in denen das Wasser über Tag durch die Sonnenstrahlen auf eine höhere Temperatur gebracht wird[1]. Solche Becken erfüllen ihren Zweck jedoch nur, wenn die Sonne auch wirklich scheint.

Ohne künstliche Wärmezufuhr erwärmt sich das Wasser großer Schwimmbecken im Freien, namentlich in den tieferen Lagen, sehr langsam. Das Wasser ist daher zum mindesten mittels Pumpen in Bewegung zu versetzen, so daß es mit der warmen Luft in Berührung kommt und eine Mischung des kalten mit dem darüberliegenden wärmeren Wasser eintritt[2].

Überhaupt muß allgemein zur Frage der Freibaderwärmung gesagt werden, daß erfahrungsgemäß der Besuch beheizter Freibäder in der Übergangszeit bei bedecktem Himmel die Erwartungen nur selten erfüllt hat. Bei mäßigem Sonnenschein ist der Besuch trotz kühlen Wassers in der Regel weit lebhafter. Es muß also in jedem Fall ernstlich geprüft werden, ob der voraussichtliche Besuch die Aufwendungen für die Beheizung lohnt.

Weiteres Schrifttum über Badeanstalten:

Ritter: Das neue Hallenbad West in Leipzig. Gesundh.-Ing. Bd. 54 (1931) H. 46 S. 677/681.
Lehmann, Fr.: Die städtischen Badeanstalten in Osnabrück. Gesundh.-Ing. Bd. 55 (1932) H. 34 S. 409/412.
Mack, K.: Wärme- und Warmwasserwirtschaft in Badeanstalten und Schlußfolgerungen für Hauswasserversorgungsanlagen. Haustechn. Rdsch. Bd. 38 (1933) H. 12 S. 153/158.
Elektrisch beheiztes Hallenbad. Heat. a. Vent. Eng. Lond. Bd. 6 (1933) Nr 72 S. 457/459 [s. auch Kurzbericht Gesundh.-Ing. Bd. 56 (1933) H. 38 S. 453].
Wilfferodt, F.: Ausführung eines Volks- und Schulbades. Haustechn. Rdsch. Bd. 40 (1935) H. 30 S. 465/469.
Hallenschwimmbad am Viadukt in Basel. Schweiz. Bauztg. Bd. 105 (1935) Nr 4 S. 37/47 [s. auch Bericht Gesundh.-Ing. Bd. 58 (1935) H. 18 S. 260].
Die Beheizung von Freiluftschwimmbädern. Heat. a. Vent. Eng. Lond., Bd. 7 Nr 76, Okt. 1933 [s. auch Bericht Heizg. u. Lüftg. 1934 H. 3 S. 61/62].
Schmidt, O.: Freibad Charlottenburg-Westend. Gesundh.-Ing. Bd. 59 (1936) H. 29 S. 443/445.

XV. Kasernen, Flugzeughallen.

Von **H. Kämper**.

A. Heizung.

1. Raumtemperaturen in Grad Celsius.

Schlafräume ohne Benutzung als Aufenthaltsraum	12°
mit Benutzung als Aufenthaltsraum	18°
Eßsäle	18°
Aufenthaltsräume, wie Kantinen, Soldatenstuben usw.	18°
Wohnräume für Offiziere usw.	18°

[1] Freischwimmbad in Freiburg i. Br. Gesundh.-Ing. 1926 S. 530.
[2] Gesundh.-Ing. 1926 S. 594.

Unterrichtsräume	18°
Büroräume	20°
Krankenräume	20°
Aborte, Flure, Treppenhäuser	12—15°
Wasch- und Baderäume	20—22°
Stallungen	15°
Flugzeughallen	10—12°
Angeschlossene Werkstätten	15°

2. Heizart

Als Heizart für Kasernen kommt in Betracht Niederdruckdampfheizung (bei mehreren Gebäuden evtl. Ferndampfheizung) oder Warmwasserheizung.

Die Niederdruckdampfheizung ist zum mindesten für die nicht ständig benutzten Schlafräume sowie für sonstige damit zusammenhängende Nebenräume wegen der schnellen Aufheizmöglichkeit und wegen der fast augenblicklichen Abkühlung der Heizkörper nach Abstellen besonders geeignet. Sie ist es vor allem auch deshalb, weil es auch in kälteren Jahreszeiten vorkommt, daß Teile der Truppen längere Zeit infolge Übungen vom Standort abwesend sind. Die Niederdruckdampfheizung kann dann abgestellt werden und ist nicht oder nur in geringem Ausmaß der Einfriergefahr ausgesetzt. Bei besonderen Kesselanlagen in den einzelnen Gebäuden ist ihre Anwendung deshalb ohne weiteres gegeben. Andererseits kann der Ferndampfbetrieb von einer Zentrale aus verschiedene Schwierigkeiten bereiten. Diese bestehen einmal in der nicht unerheblichen Korrosionsgefahr, denen wasser- und luftführende Kondensleitungen auf die Dauer ausgesetzt sind und die zur vorzeitigen Zerstörung dieser Leitungen und damit zu recht unerwünschten Betriebsstörungen führen kann, und zum anderen darin, daß bei ungünstigen Geländeverhältnissen eine unangenehme Kondensatwirtschaft mit dem Dampfbetrieb verbunden sein kann.

Da die Ursachen der Zerstörungen an den Kondensleitungen nachweislich weniger oder gar nicht auf die heutige Materialbeschaffenheit, sondern auf die äußeren Einwirkungen durch atmosphärische oder in Wasser gelöste Gase (Sauerstoff und Kohlensäure) bzw. auf die äußeren Bedingungen (Temperatur und Druck) zurückzuführen sind, unter denen die Leitungen beansprucht werden, so muß durch vorbeugende Maßnahmen versucht werden, diesen Zerstörungen entgegenzuarbeiten[1].

Um die Kondensatwirtschaft in erträglichen Grenzen zu halten, ist anzustreben, das Heizungskondensat aus den einzelnen Gebäudegruppen ohne Hilfsmittel, also mit natürlichem Gefälle, zum Heizraum bzw. unmittelbar in die Kessel zurückzuführen (tiefgelegene Kesselräume!) und bei Entwässerung längerer Dampfleitungen an Stelle von betrieblich unangenehmen Kondenstöpfen weitgehend Entwässerungsleitungen zu verlegen.

---

[1] STURSBERG, E.: Die Bekämpfung von Rost- und Steinschäden in Niederdruckdampfheizungen. Heizg. u. Lüftg. 1938 H. 2 S. 23/27 (s. auch die weitere hierzu in Abschnitt I B angegebene Literatur).

Wo die Anwendung dieser Maßnahmen jedoch schwer durchführbar ist, ist, bevor besondere Hilfsmittel, wie selbsttätige Rückspeisevorrichtungen usw., in Anspruch genommen werden, zu prüfen, ob nicht in dem gegebenen Fall für die Mannschaftshäuser Warmwasserheizung als Schwerkraft- oder Fernwarmwasserpumpenheizung zweckmäßiger ist. Selbst wenn aus anderen Gründen der Einbau einer Dampfkesselanlage notwendig ist (Kochküche usw.), ist nicht selten Warmwasserheizung (als Dampf-Warmwasserheizung) für die Mannschaftsgebäude deshalb empfehlenswerter, weil ohnehin in den betreffenden Gebäuden eine Reihe von ständig benutzten Räumen vorhanden ist und weil die Möglichkeit der generellen Regelung der Warmwasserheizung nach der Außentemperatur betriebswirtschaftlich günstig ist. Auch muß bedacht werden, daß ja die völlige Stillegung einer Heizung bei vorübergehender Nichtbenutzung an kalten Tagen ohnehin wegen der nachteiligen Einwirkung auf den Gebäudezustand nicht zu empfehlen ist. Ein stark eingeschränkter Dauerbetrieb ist aber bei Warmwasserheizung besser durchzuführen als bei Dampfheizung. Abb. 72 zeigt das Schema einer Niederdruckdampfheizzentrale (reine Niederdruckdampfheizung), Abb. 73 das einer Niederdruckdampfheizzentrale mit angeschlossener Warmwasserheizung.

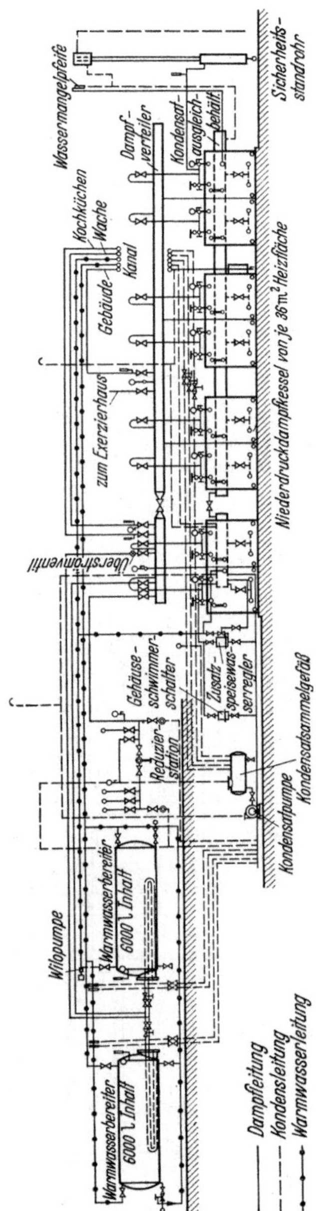

Abb. 72. Schema der Heizzentrale einer Kasernenanlage, reine Niederdruckdampfheizung mit Warmwasserbereitung.

Vielfach werden heute bei den Mannschaftsgebäuden auf dem Dachboden besondere Räume zum Trocknen durchnäßter Kleidungsstücke eingerichtet. Diese erhalten zur Beschleunigung des Trockenvorganges am besten elektrisch betriebene und mit Dampf oder Warmwasser gespeiste Luftheizapparate.

Die übrigen in ständiger Benutzung befindlichen Räume, wie Wohnräume, Kantinen, Gemeinschaftsräume, Büros u. a. erhalten Warmwasserheizung.

Für die den Kasernen angegliederten Exerzierhallen, Werkstätten, Garagen und Lagerräume wird entweder Niederdruckdampfheizung mit

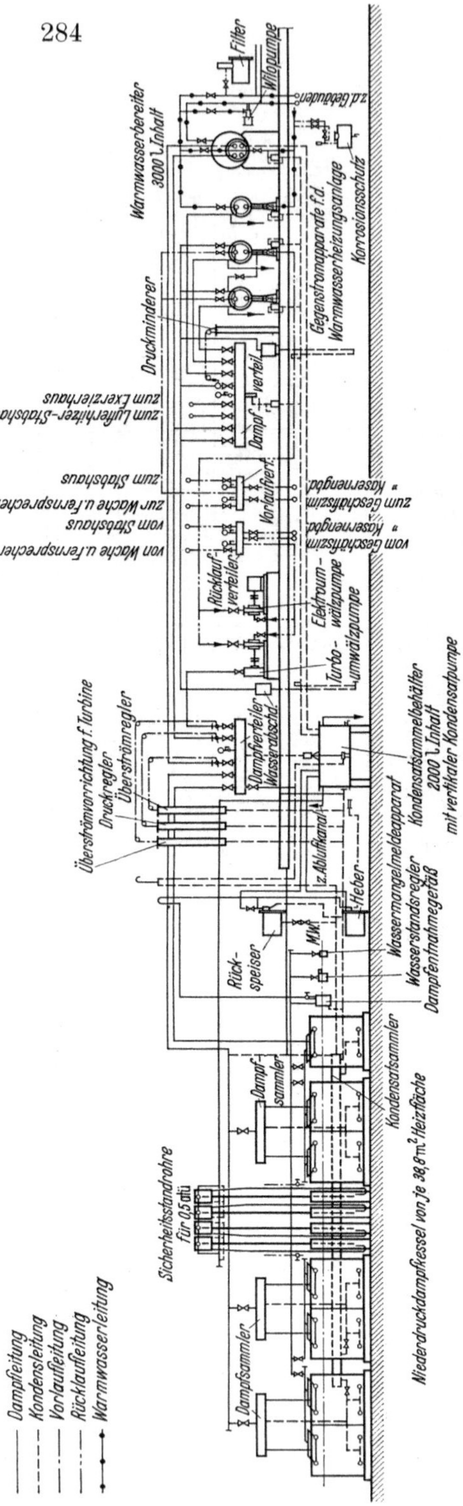

Abb. 73. Schema der ausgeführten Heizzentrale einer Kasernenanlage mit Niederdruckdampfkesseln und Warmwasserheizung mittels Gegenstromapparaten.

gleichmäßiger Verteilung der Heizflächen oder Warmluftheizung verwendet, wobei wiederum die Luftvorwärmung und Luftverteilung durch elektrisch angetriebene Einzelluftheizapparate, die für Umluft- und Frischluftbetrieb eingerichtet sein sollen, vorgenommen wird.

Die den Kasernen der Luftwaffe angegliederten *Flugzeughallen* werden durchweg ebenfalls mit Warmluftheizung ausgerüstet, entweder mittels einer größeren Zahl der bereits erwähnten Einzelluft-erhitzer, die in den Hallen verteilt angeordnet werden, oder, allerdings seltener, durch wenige außerhalb der Halle aufgebaute Zentralluftheizaggregate, bei denen die Warmluftverteilung durch besondere Luftleitungen vorgenommen wird. Die letztere Ausführungsart bedingt eine gute Isolierung der Warmluftverteilungskanäle.

Mit Rücksicht darauf, daß die großen Tore nicht dauernd geschlossen bleiben, und der Rauminhalt dieser Hallen meist recht groß ist, können die Heizungen durchweg als reine Umluftheizungen eingerichtet werden. Dabei ist besonderer Wert auf das Abfangen der durch die Undichtigkeiten der Tore eintretenden Kaltluft zu legen. Man kann dies dadurch erreichen, daß man neben den Toren eine Warmluftleitung hochführt und einen Warmluftstrom mit hoher Geschwindigkeit schräg nach unten gegen die Tore blasen läßt.

Zum Auftauen, Warmhalten und Anwärmen von Flugzeugkühlern kann entweder der Warmluftstrom der einzelnen Luftheizapparate entsprechend auf eine bestimmte Stelle gerichtet werden, oder diese werden vorübergehend in den Stromkreis fahrbarer Warmwasserheizungen eingeschaltet. Die Warmwassererzeugung in diesen Kleinanlagen kann hierbei etwa durch Dampfheizschlangen vorgenommen werden, die mittels beweglicher Dampfschläuche aus Dampfanschlüssen, die in der Halle verteilt sind, gespeist werden.

Die Lufterwärmung in den Luftheizungsapparaten der Halle geschieht meist durch dampfbeheizte Lufterhitzer.

Während die Heizwärme für die Hallen der Luftwaffe meist in eigenen Kesselanlagen erzeugt wird, kann für die Beheizung der Flugzeughallen der Luftverkehrsgesellschaften unter günstigen Umständen auch Fernwärmebezug aus in der Nähe gelegenen Betrieben erfolgen[1].

3. Heizkessel-, Heizkörper, Leitungen, Warmwasserversorgung.

Als Kessel werden in der Regel gußeiserne Gliederkessel üblicher Bauart verwendet. Mit Rücksicht auf die fast stets notwendige Erzeugung von Wirtschaftsdampf für den Kochbetrieb und die Warmwasserbereitung wird die Kesselanlage durchweg als Niederdruckdampfkesselanlage für einen Druck von 0,5 atü errichtet. Erhalten die Mannschaftshäuser Dampfheizung, so wird in den einzelnen Häusern eine Druckminderung auf 0,05—0,1 atü vorgenommen. Bei Ausführung der Heizung als Warmwasserheizung werden Gegenstromapparate aufgestellt, die am besten ebenfalls mit Niederdruckdampf von 0,5 atü gespeist werden. In besonderen Fällen können auch Niederdruck-Gegendruck-Dampfturbinen eingebaut werden, die das Dampfdruckgefälle von 0,5—0,1 oder 0,05 atü für Antriebs- oder Stromerzeugungszwecke ausnützen. Der auf 0,1—0,05 atü entspannte Dampf kann dann für Heizzwecke Verwendung finden.

Als Heizkörper dienen in den Wohn- und Schlafräumen entweder Gliederheizkörper, die möglichst in den Fensternischen anzuordnen sind, in den Werkstätten, Lagerräumen usw. glatte Rohrschlangen, Rohrregister oder Rippenrohre.

Die Fernkanäle von der Heizzentrale zu den einzelnen Gebäuden sind möglichst als bekriechbare Kanäle auszubilden. Der hohen Kosten wegen sind begehbare Kanäle trotz der betrieblichen Vorteile zu vermeiden, zumal wenn lediglich Heizleitungen verlegt werden. Es ist jedoch dafür zu sorgen, daß in bestimmten Abständen Einsteigöffnungen vorgesehen werden.

In der Heizzentrale ist eine Gruppenunterteilung der Heizleitungen nach den einzelnen Gebäuden, der Kochküche, Warmwasserbereitung, Dampfantrieb usw. vorzunehmen. Befinden sich in den einzelnen Mannschaftsgebäuden bei Dampfheizung besondere Dampfdruckminderstationen, bei Warmwasserheizung Gegenstromapparate, so sind hinter

[1] Derigs, Ferd.: Die Heizanlage des Münchener Flughafens. (Luftheizung für große Hallenbauten.) Gesundh.-Ing. Bd. 59 (1936) H. 38 S. 556/559.

diesen evtl. nochmals besondere Verteiler anzuordnen, die eine Regelung der Gebäudeanlage nach den Himmelsrichtungen bzw. nach ständig oder nur zeitweise benutzten Räumen ermöglichen.

Für die Aufstellung der verschiedenen Verteiler, Pumpen, Regel- und Meßgeräte ist nach Möglichkeit ein besonderer Apparate- und Regelraum vorzusehen (s. hierzu das bei früheren Abschnitten Gesagte).

Warmwasserbereitung ist erforderlich für Spül-, sonstige Reinigungs- und Badezwecke. Bei nicht zu großer Entfernung der einzelnen Verbrauchsstellen kann die Warmwassererzeugung in zentral angeordneten Boilern erfolgen, sonst werden zweckmäßig für die heute in jedem Mannschaftshaus vorgesehenen Brausebadanlagen Einzelboiler vorgesehen, die mit Ferndampf aufgeheizt werden. Bezüglich der erforderlichen Warmwassertemperaturen für die einzelnen Verwendungszwecke sei auf die früheren Abschnitte IIIC und IVB hingewiesen.

B. Lüftung.

Zur Lüftung der Schlafräume empfiehlt sich die Anbringung von Kippflügeln im oberen Teil der Fenster. Die früher vielfach üblichen Abzugskanäle mit Gittern und Jalousieklappen oder Schiebern haben sich nicht bewährt. Sie wurden deshalb in der Regel geschlossen. Die Kanäle waren voller Staub und Unrat.

Dagegen sollten die Aborte Abluftkanäle erhalten. Die Abluftgitter werden im oberen Teil der Räume angeordnet. Die Baderäume müssen mit Sauglüftung wie diejenigen in Unterrichtsgebäuden (s. Abschnitt IV) versehen sein.

In Gemeinschaftsräumen, Festsälen usw., wo mit größeren Menschenansammlungen zu rechnen ist, müssen in gleicher Weise wie in Restaurants und Versammlungsräumen Be- und Entlüftungsanlagen eingebaut werden (s. das hierzu unter den Abschnitten IX und X Gesagte).

Die Stallungen sind in üblicher Weise mit Entlüftung zu versehen. Für die Lüftung der Kochküche gilt das unter Abschnitt IIIC Gesagte.

XVI. Fabriken und andere industrielle Bauten sowie Ausstellungs- und Festhallen, Großgaragen usw.

Von H. KÄMPER.

Allgemeines.

Bei der Erstellung von Heizungs- und Lüftungsanlagen in Fabriken und andern industriellen Bauten sind zu berücksichtigen:

1. die herstellungs- und betriebstechnischen Erfordernisse,
2. die hygienischen Anforderungen,
3. die Bauart des Gebäudes und die Platzverhältnisse,
4. die Wirtschaftlichkeit in Anschaffung und Betrieb (Wahl der Heizart, Verwertung von Abwärme und Abfallstoffen, Einfachheit der Bedienung usw.).

Um die Anlage- und Betriebskosten für Heizung und Lüftung in Fabriken und anderen industriellen Unternehmungen in erträglichen Grenzen zu halten, muß den Bauten bei ihrer Erstellung und auch später Aufmerksamkeit geschenkt werden, indem danach getrachtet wird, durch entsprechende Bauweisen und möglichste Vermeidung von Undichtigkeiten in den Umfassungswänden, wie Ersetzen zerschlagener Fenster, Verstopfen der Fugen undicht schließender Oberlichter, Erstellung von Windfängen usw., den Wärmebedarf so gering als möglich zu halten.

Die Heizungs- und Lüftungsanlagen müssen selbstverständlich technisch einwandfrei, jedoch nicht teurer und verwickelter als nötig erstellt werden. Sondereinrichtungen, die den Wirkungsgrad etwas erhöhen sollen, im Betrieb aber nicht gehandhabt werden, sind wegzulassen. Sie schaden mehr als sie nützen, ganz abgesehen von der dadurch bedingten Erhöhung der Anlagekosten. Andererseits ist aber das Bestmögliche zu leisten, um die sich jährlich wiederholenden Betriebsauslagen aufs äußerste zu beschränken. Es soll dabei bei der Errichtung der Anlagen nicht am unrichtigen Ort gespart werden. Dazu gehört u. a., daß geprüft wird, ob mit Vorteil Abwärme oder ein besonders billiger Brennstoff verwendbar ist. Hierüber haben sich die Betriebsleiter bzw. die mit der Wärmewirtschaft betrauten Ingenieure oder die zugezogenen Heizungsfirmen nicht erst nachträglich, wenn die Anlagen fertig sind, sondern vom Anfang der Planung an (auch bei der Abänderung bestehender Anlagen) Rechenschaft zu geben. Es ist allerdings zu berücksichtigen, daß die Einrichtungen zur Abwärmeverwertung meist teuer sind und daher nur sorgfältig durchgeführte, alle Gesichtspunkte berücksichtigende Wirtschaftlichkeitsberechnungen imstande sind, über das zweckmäßigste Vorgehen Aufschluß zu geben.

Die Kesselanlagen sollen so erstellt und betrieben werden, daß der bestmögliche Wirkungsgrad erreicht wird. Um dies prüfen und auch das einwandfreie Arbeiten der übrigen Anlage überwachen zu können, sind Prüf- und Meßinstrumente in ausreichender Menge und von guter Beschaffenheit vorzusehen. Hieran zu sparen ist ein Fehler. In jedem Falle ist zu prüfen, ob besser örtlich ablesbare Thermometer, Hygrometer, Manometer, solche für Fernablesung oder selbsttätig aufzeichnende Instrumente angewendet werden.

In vielen Fällen ist Unterteilung der Heizung in für sich abstellbare, z. B. nach Himmelsrichtungen angeordnete Gruppen von Vorteil. Ferner muß einer guten Wärmedämmung aller Leitungen und Apparate, die keine Wärme abgeben sollen, der Ausnutzung des Schwadendampfes aus den Kondenstöpfen und dem Speisewasserreservoir, der Rückleitung des heißen Kondenswassers aus der ganzen Anlage und ähnlichen Vorkehrungen volle Aufmerksamkeit geschenkt werden.

Außerdem sind auch hohe Raumwirkungsgrade anzustreben, indem die zugeführte Wärme in den zu heizenden Räumen hauptsächlich in den Aufenthaltsbereich der Menschen gelangt.

Ähnliche Überlegungen sind auch in Hinsicht auf die Wirtschaftlichkeit der Lüftungsanlagen anzustellen.

Vor Beginn jeder Heizperiode müssen sodann alle Teile der Anlagen gründlich nachgesehen und Schäden behoben, die Feuerstellen sorgfältig gesäubert und nötigenfalls instand gesetzt werden usw. Während des Winters sollen Heizkörper oder Heizgruppen, die zeitweise außer Betrieb sein können, rechtzeitig abgestellt (bzw. bei Einfriergefahr gedrosselt) werden. Die Lüftung ist bei tiefen Außentemperaturen durch Schließen der Jalousieklappen bzw. langsameres Laufenlassen oder Abstellen der Lüfter einzuschränken. Weiter ist darauf zu achten, daß die Raumtemperaturen nicht unnötig hoch gehalten werden. In den Übergangszeiten ist unterbrochener Betrieb der Heizung am Platz, während es bei größerer Kälte angezeigt sein kann, über Nacht schwach durchzuheizen, weil bei allzu starker Auskühlung der Gebäude die Kessel am Morgen überbeansprucht werden müssen, was weder ihrem Wirkungsgrad noch ihrer Lebensdauer zuträglich ist. Über alle diese Punkte sind dem Heizer genaue Betriebsvorschriften in die Hände zu geben.

Die Erstellung wirtschaftlicher Fabrikheizungen und -lüftungen bildet innerhalb der Heiztechnik ein Gebiet für sich. Wie aus den vorstehenden Erörterungen hervorgeht, muß jeder Einzelfall für sich behandelt werden, wobei evtl. in Aussicht stehenden späteren Betriebserweiterungen bzw. -umstellungen von Anfang an die nötige Aufmerksamkeit zu schenken ist, so daß die Anschlüsse bzw. Abänderungen zu gegebener Zeit leicht vorgenommen werden können.

Sind die Anlagen sachgemäß ausgeführt, so müssen sie auch in der vorstehend angedeuteten Weise richtig bedient und instand gehalten werden, wozu praktisch veranlagtes Personal erforderlich ist, das auch über die erforderlichen feuerungs-, heiz- und lüftungstechnischen Kenntnisse verfügt. Ungelernten Leuten darf keinesfalls die Überwachung der Anlage womöglich ohne Kontrolle überlassen werden. In größeren Unternehmungen sollten die Betriebsleiter, in kleineren die Besitzer selber sich mit der Überwachung abgeben. Die Beeinflussung der Wärmeerzeugung einerseits und des Brennmaterialverbrauches andererseits rechtfertigen den hierfür erforderlichen Zeitaufwand ohne weiteres. Wesentliche Vorteile kann unter Umständen eine einfache, laufende Aufzeichnung über die Außen- und Raumtemperaturen, evtl. auch die Feuchtigkeitsgehalte, den täglichen Brennmaterialaufwand und bei großen Kesselanlagen die fortlaufende Aufnahme von Rauchgasanalysen und deren Auswertung bringen.

A. Heizung.

1. Raumtemperaturen in Grad Celsius und relative Feuchtigkeit der Raumluft.

Wenn der Arbeitsvorgang von Temperatur und Feuchtigkeit der Raumluft unabhängig, d. h. lediglich das Wohlbefinden des Personals zu berücksichtigen ist, so müssen durch die Heizung folgende Raumtemperaturen erreichbar sein:

Bei schwerer Handarbeit (Montagehallen usw.), insbesondere wenn zeitweise Wärme durch den Fabrikationsvorgang entsteht (Gießereien, Schlossereien, Kesselschmieden usw.) . 10—12°

Räume, in denen durch den Arbeitsvorgang dauernd große Wärmemengen entstehen (Schmieden, Räume mit Schweiß-, Einsatz-, Glasöfen usw.), sind nicht bzw. nur in geringem Maße (z. B. am Morgen vor Arbeitsbeginn) zu heizen, dagegen unter Umständen mittels Lüftungsanlage zu kühlen.

In Räumen, wie Großgaragen usw., genügen ebenfalls . . . 10—12°

Bei leichter Handarbeit (Drehereien usw.) sind erforderlich . 15°

Bei sitzender Beschäftigung (Uhrmacherwerkstätten usw.). . 20°

In Büros . . . . 20°

In Bade- und Umkleideräumen . . . . 20—22°

Ausstellungs- und Festhallen je nach Benutzungsart, jedoch in der Regel . . . . 18°

Magazine, Lager usw. sind, wenn erforderlich, zu temperieren bzw. zu heizen.

Sind Temperatur und Feuchtigkeit dem Arbeitsvorgang anzupassen, so können für eine Reihe von Betrieben folgende Zahlenwerte als Anhalt dienen:

Zahlentafel 7.

	Temperatur °C	Relative Feuchtigkeit in Proz.
Baumwollspinnereien	18—20	65—70
Vorwerke	18	55—60
Wollspinnereien, Kammgarnspinnereien:		
für feine Wollsorten (Sidney, Australien usw.)	21	80—85
für mittlere Wollsorten (Cap, Croesé usw.)	21	70—80
für grobe Wollsorten (Lamm, Croisé, englische Wolle, Apokaps)	21	60—70
In den Vorarbeitssälen kann die Feuchtigkeit geringer sein.		
Baumwollwebereien:		
bei feuchtem Schußgarn	18	60—70
bei trockenem Schußgarn	18	70—80
Seidenspinnereien	18	80
Seidenwebereien	18	65—75
Zur Verarbeitung von Leinen, Hanf, Jute	18	60
Namentlich bei der Woll- und Leinenverarbeitung ist die Innehaltung der angegebenen Verhältnisse von großer Wichtigkeit.		
Zigarettenfabriken:		
Vorfeuchterei	18	80
Löserei und Mischräume	20	90
Tabakschneiderei, Zigarettenmaschinensäle, Schnitttabak- und Schragenlager, Packraum und Fertiglager	18	50—55
In Zigarettenfabriken dürfen vor allem keine anormalen, plötzlichen Wärme- und Feuchtigkeitsschwankungen in den Räumen auftreten.		

Vom hygienischen Standpunkt aus sind nach K. HARTMANN[1] für kräftiges Arbeiten, bei bewegter Luft und einer Temperatur von

15—18° bis 70%,
bei 18—20° etwa 60%,
bei 21—23° etwa 50%
und bei 24° etwa 40%

relative Feuchtigkeit, bei starker Arbeit und bewegter Luft dagegen niedrigere Feuchtigkeitsgrade am günstigsten.

Ein zweckmäßiges Instrument zur Feststellung der Luftverhältnisse, das nicht nur die Temperatur, sondern auch die Luftfeuchtigkeit und Luftbewegung berücksichtigt, ist das im Jahre 1916 von dem englischen Forscher LEONHARD HILL erfundene Kata-Thermometer[2].

Von ebenso großer Wichtigkeit wie die Innehaltung angemessener Temperaturen und Feuchtigkeitsgrade ist die Vermeidung von Zugerscheinungen. Hierauf ist ganz besonders zu achten, wenn sich die Arbeiter bei ihrer Beschäftigung nicht frei bewegen können (sitzend beschäftigt sind) oder wenn sie schwere Arbeit, womöglich noch in der Nähe industrieller Feuerungen (Glühöfen usw.), zu verrichten haben, die starke Schweißbildung mit sich bringt. Es ist zu unterscheiden zwischen Luftbewegung, die im allgemeinen zu begrüßen ist, und Zug, unter dem ein einseitig wirkender Luftzug bei niedriger Temperatur verstanden wird, der leicht zu Erkältungen führt. Dabei kommt es in erster Linie auf den Temperaturunterschied zwischen bewegter und übriger Raumluft an. Unter Umständen wird ein Luftstrom, den man bei 20° Raumtemperatur als angenehm oder vielleicht sogar als lästig warm bezeichnen kann, unter anderen Verhältnissen als Zug empfunden.

Die Heizungs- und Lüftungsanlagen haben daher oft gleichzeitig mehrere Aufgaben zu erfüllen, z. B.:

1. die Wärmeverluste der Räume zu decken,
2. die verdorbene Raumluft durch reine zu ersetzen,
3. für einen entsprechenden Feuchtigkeitsgehalt im Raum zu sorgen,
4. dem Niedersinken kalter Zugluft von Fenstern, Decken usw. und
5. dem Einströmen kalter Luft durch offen stehende Türen und die Undichtigkeiten in den Umfassungswänden (Fensterrahmen usw.) entgegenzuwirken (s. den nachfolgenden Unterabschnitt C).

Den Punkten 4 und 5 kommt insbesondere Bedeutung bei großen,

[1] Vortrag „Reine Luft in Arbeitsräumen", gehalten 1927 am XII. Kongreß für Heizung und Lüftung in Wiesbaden.

[2] Siehe den ersten Teil dieses Buches; ferner P. WEISS: Die hygienischen Grundlagen der Lüftungstechnik mit spezieller Berücksichtigung der Kata-Termometrie zur Bestimmung der Entwässerungsverhältnisse. Promotionsarbeit Zürich — Arch. Hyg. Bd. 96 H. 1 S. 1 — Gesundh.-Ing. 1925 S. 692. — Ferner den vorhin genannten Vortrag von K. HARTMANN: Reine Luft in Arbeitsräumen. Bericht über den XII. Kongreß für Heizung und Lüftung. München und Berlin: R. Oldenbourg. — Siehe auch RIETSCHEL-GRÖBER: Heiz- und Lüftungstechnik. 11. Aufl. 1938. 3. Teil: Meteorologische, klimatische und hygienische Grundlagen der Heiz- und Lüftungstechnik. Bearbeitet von Dr. E. BRADTKE. Berlin: Julius Springer; sowie F. BRADTKE, u. W. LIESE: Hilfsbuch für raum- und außenklimatische Messungen. Berlin: Julius Springer 1937.

hohen Hallen (Montage-, Ausstellungs-, Festhallen usw.) zu, namentlich wenn die Wände und Decken zur Hauptsache aus Glas und Beton bestehen (s. auch die Abschnitte V, XII und XIV).

2. Heizart.

Es können zur Ausführung kommen:

a) bei einfachen Verhältnissen: Ofenheizung,

b) Dampfheizung (Hochdruck-, Mitteldruck-, Niederdruck- oder Vakuumdampfheizung),

c) Warmwasser-Schwerkraft- oder Pumpenheizung,

d) Luftheizung mit Lüfterbetrieb:

α) unter Verwendung von Einzelheizapparaten,

β) mit zentraler Erwärmung der Luft,

e) elektrische Heizung evtl. in Verbindung mit einem der genannten Zentralheizungsbauarten,

f) Gasheizung, entweder durch Einbau von Einzelgasheizöfen in den Räumen oder Zentralheizung mit Gasfeuerung,

g) zur Beheizung großer Fabrikanlagen: Fernheizung, oft in Verbindung mit Abwärmeverwertung.

Bisweilen werden mehrere dieser Heizarten gleichzeitig zur Anwendung gebracht. Z. B. kann es zweckmäßig sein, die Werkstätten, Montagehallen usw. mit Luftheizung, die Nebenräume mit Niederdruckdampf- und die Büros mit Warmwasserheizung zu versehen[1].

Ferner kommt es vor, daß in den Fabrikhallen Niederdruckdampfheizkörper und außerdem Einzellufterhitzer aufgestellt werden[2].

Im einzelnen ist zu den vorstehend erwähnten Heizarten folgendes zu bemerken:

a) Ofenheizung. Ofenheizung kommt nur für kleine Werkstätten in Form eiserner Öfen in Betracht, namentlich dann, wenn der Betrieb viel brennbare, in Öfen leicht, in Zentralheizkesseln dagegen schwieriger zu verfeuernde Abfälle ergibt[3]. Auch selten benutzte Räume und Nebengebäude, deren Anschluß an eine Zentralheizung sehr erhebliche Kosten verursacht, können mit Öfen wirtschaftlich beheizt werden. Im übrigen entspricht die Ofenheizung für größere Betriebe kaum einer der vorstehenden Forderungen.

Die Ofenheizung ist zwar billiger in der Anschaffung, bei größeren Bauten dagegen meist teurer im Betrieb als Zentralheizung. Vor allem ist die Bedienung wesentlich umständlicher, und die vielen Einzelfeuerstellen führen leicht zu erheblichen Wärmeverlusten. Dazu kommt, daß die Öfen und bisweilen auch die in die Räume vorspringenden

[1] Siehe z. B. die Angaben über die heiztechnischen Anlagen der Firma A. Borsig, Berlin-Tegel. Gesundh.-Ing. 1925 S. 439.

[2] Heizung der Werftanlage der AG. für Dornierflugzeuge in Altenrhein bei Rorschach. Beschrieben in der Zeitschrift Bautechn. (1927, H. 34) durch Dr. Maier-Leibnitz.

[3] Bezüglich Größenbestimmung der Öfen s. den Bericht der Heiztechnischen Kommission der Vereinigung Deutscher Eisenofenfabrikanten e. V. Gesundh.-Ing. 1927 S. 143.

Kamine kostbaren Platz wegnehmen und die starke Wärmestrahlung und Staubversengung in der Nähe der Öfen Belästigungen mit sich bringt. Die lästige Strahlung kann allerdings durch Ofenschirme gemildert werden. Weiter bringt die Bedienung der Öfen Schmutz mit sich, was in Schlossereien und Gießereien belanglos ist, in anderen Betrieben, wie z. B. Webereien, dagegen nicht tragbar ist. Außerdem können bei gewissen Windverhältnissen zeitweise Rauchgase in die Arbeitsräume zurückgedrückt werden. Das Vorhandensein der Feuerstellen, der Schornsteindurchführungen durch Decken und Dächer sowie das Auftreten von Undichtigkeiten an den Heizflächen bedeuten eine beträchtliche Feuersgefahr, weshalb die Ofenheizung in Räumen, die zur Verarbeitung oder Lagerung von feuergefährlichen Stoffen dienen, nicht anwendbar ist.

Die Anwendung der Ofenheizung für Garagen ist besonderen Beschränkungen unterworfen. Siehe hierzu das in Abschnitt I A 2 g über Garagenbeheizung Gesagte. Für Großgaragen kommt Ofenheizung jedoch nicht in Betracht.

An Stelle gewöhnlicher eiserner Öfen sind in großen Hallen schon Kalorifere aufgestellt worden[1].

Sollen die Räume auch gelüftet werden, so kommen Lüftungsöfen in Frage, denen durch Kanäle Frischluft von außen her zugeführt wird. Für die Abluft können Abluftkanäle dienen, die von unten abgehen und zwecks Erhöhung des Auftriebes neben die Kamine verlegt werden. Sowohl die Frisch- wie Abluftwege müssen abgeschlossen und leicht gereinigt werden können.

b) Dampfheizung (Hochdruck-, Mitteldruck-, Niederdruck- und Vakuumdampfheizung). Die Dampfheizung besitzt zwar bekanntlich eine Reihe nachteiliger Eigenschaften gegenüber der Warmwasserheizung, insbesondere die hohen Oberflächentemperaturen, sowie das Fehlen einer generellen Regelung vom Kessel aus. Für Fabrikheizungen fallen diese Mängel jedoch gegenüber ihren sonstigen Vorzügen höchstens bei kleinen Betrieben ins Gewicht, nicht aber für große, luftige Räume. Deshalb hat sich die Dampfheizung auch weitgehend für Fabrikanlagen behauptet. Sie hat gegenüber Warmwasserheizung, außer der rascheren Anheizmöglichkeit, die Vorteile größerer Billigkeit in der Anschaffung und geringerer Einfriergefahr, der bei Fabriken erhöhte Bedeutung zukommt, weil sie an Sonn- und Festtagen nicht benutzt werden. Immerhin ist die Einfriergefahr auch hierbei nicht vollständig ausgeschlossen. Z. B. kann sich in mit Wasser gefüllten Kondensleitungen und Speichergefäßen Eis bilden, und selbst sog. trockene, d. h. bei abgestellter Heizung nicht mit Wasser gefüllte Leitungen sind nach längeren Heizungsunterbrechungen schon eingefroren, wenn sich beim Anlassen der Heizung das Kondenswasser an den kalten Rohrleitungen auf 0° abkühlte.

Zur Vermeidung unnötig hoher Heizflächentemperaturen soll der Dampfdruck so niedrig als möglich gehalten werden.

[1] Kori, H.: Die Beheizung der Jahrhunderthalle in Breslau. Gesundh.-Ing. 1924 S. 443.

Die Grenzen der Dampfdrücke für die verschiedenen Arten der Dampfheizung sind folgende:

Hochdruckdampfheizung:	Druck	größer als etwa 4 atü,
Mitteldruck- ,, :	,,	von 0,5 atü bis etwa 4 atü,
Niederdruck- ,, :	,,	kleiner bis gleich 0,5 atü,
Vakuum- ,, :	,,	unter 1,0 atabs.

Während die obere Grenze für Niederdruckdampf mit 0,5 atü gesetzlich festgelegt ist, wird die von Mitteldruckdampf in der angegebenen Höhe gewählt mit Rücksicht auf eine evtl. Verbindung des Heizbetriebes mit der Krafterzeugung und den für Gliederheizkörper bis zu dieser Höhe noch zulässigen Druck[1].

Die Festlegung des zu wählenden Dampfdruckes in der Fabrikheizungsanlage wird von einer Anzahl von Gesichtspunkten bestimmt und zwar:

1. von dem Dampfdruck einer evtl. schon vorhandenen Heizungsanlage,
2. von dem Dampfdruck des etwa benötigten Fabrikationsdampfes,
3. von dem Grad der Nutzbarmachung der Druckenergie in einer der Heizungsanlage vorgeschalteten Dampfmaschine oder -turbine,
4. von der bis zur Verbrauchsstelle zu überwindenden Entfernung,
5. von der Rohrleitungsführung,
6. von den entstehenden Anlagekosten usw.

Bei *Hochdruckdampfheizung* wird der Dampf mit dem Kesseldruck entweder unmittelbar zu Heizzwecken verwendet oder unter Zwischenschaltung eines Druckminderventils vor Eintritt in die Raumheizung auf einen etwas niedrigeren Druck entspannt. Die Hochdruckdampfheizung erfordert wegen der hohen Dampftemperaturen und des geringen Dampfvolumens dünne Rohrleitungen und kleine Heizflächen, also niedrige Anlagekosten, und ermöglicht im gleichen Raum auch die Beheizung von Apparaten, die der Warenerzeugung dienen. Von Nachteil sind allerdings die über 100° liegenden Oberflächentemperaturen der Heizkörper, die damit zusammenhängende besonders starke Staubversengung, die bei nicht einwandfreier Luft- und Kondensatabführung vornehmlich während des Anheizens oft auftretenden starken Wasserschläge, die nicht unerheblichen Wärmeverluste, die der Betrieb mit Kondenstöpfen im Gefolge haben kann, sowie die Zerstörungen an den Kondensleitungen, die auf die Dauer nur schwer vermeidbar sind. Als Heizkörper für Hochdruckdampf können Stahlrohre und Rippenrohre in Frage kommen.

Die unmittelbare Verwendung von Kesseldampf (Frischdampf) zu Heizzwecken ist jedoch in der Regel unwirtschaftlich. In Betrieben, die zum Antrieb ihrer Arbeitsmaschinen Dampfmaschinen oder -turbinen eingebaut haben oder noch einbauen, läßt sich dann, wenn Krafterzeugung und Wärmebedarf zeitlich und der Menge nach einigermaßen übereinstimmen, mit Erfolg eine Kraft-Wärmekuppelung durchführen.

[1] Leppin, O.: Dampfheizung in Fabrikanlagen. Heizg. u. Lüftg. 1937 H. 5 S. 65/69.

Durch die Entspannung leistet Frischdampf von hohem Druck in der Antriebsmaschine zunächst Arbeit und dient sodann als Heizdampf für Raumerwärmung und Warenherstellung. Es ist klar, daß unter diesen Umständen die Heizwärme beinahe kostenlos zur Verfügung steht[1]. Derartige Anlagen sind z. B. in großer Zahl in den verschiedensten Zweigen der württembergischen Industrie eingebaut[2].

Dabei kann der aus der Arbeitsmaschine kommende Dampf in Form von Entnahme-, Ab- oder Vakuumdampf zur Verfügung stehen.

Der Druck des Entnahmedampfes, der dem zwischen den Zylindern einer Zweizylindermaschine gelegenen Aufnehmer entnommen wird, beträgt 1,0—2,5 atü, entspricht also dem vorgenannten Mitteldruck. Wegen der diesen Dampfdrücken entsprechenden niedrigeren Oberflächentemperaturen gegenüber Hochdruckdampf werden sowohl Rohrdurchmesser wie Heizkörperheizflächen größer. Dem nach der Außentemperatur schwankenden Heizwärmebedarf kann man sich durch Erhöhen des Dampfdruckes im Aufnehmer oder durch Änderung der Heizzeit angleichen. Diese Entnahme von gespanntem Dampf aus der Arbeitsmaschine ist natürlich nur dann voll durchführbar, wenn die Maschine selbst hinsichtlich Kraft- und Wärmeleistung ausreichend bemessen ist. Bei Maschinen älterer Bauart ist dies nur selten der Fall.

Der bei Auspuffmaschinen zur Verfügung stehende *Abdampf* hat einen Druck von etwa 1,05—1,2 atabs (entsprechend 100—105°). Er kann direkt ins Heiznetz geschickt werden. Dabei ist zu beachten, daß der Abdampf von Kolbendampfmaschinen, Dampfhämmern und Dampfpumpen vorher sorgfältig vom mitgerissenen Schmieröl gereinigt werden muß, weil sich sonst die Innenseiten der Heizflächen mit Öl beschlagen, was dem Wärmedurchgang hinderlich ist. Bei Dampfturbinen ist eine Reinigung des Abdampfes, seiner Ölfreiheit wegen, dagegen nicht erforderlich. Besitzt der Abdampf zu niedrige Spannung zum Betrieb einer unmittelbar wirkenden Niederdruckdampfheizung, so läßt er sich in gleicher Weise wie Rauchgaswärme, Abwärme von Dieselmaschinen, Gasmotoren usw. zum Betrieb von Warmwasser- und Luftheizungen benutzen.

Fällt aus Dampfhämmern, Speisepumpen usw. der Abdampf stoßweise an, so kann die Aufstellung von Speichern empfehlenswert sein (s. die nachstehend unter g) angegebene Literatur über Abwärmeverwertung).

---

[1] Wülfinghoff, F. A. M., u. G. Jungnitz: Technische und wirtschaftliche Betrachtungen zur Frage der zweckmäßigsten Wärmeversorgung industrieller Anlagen. Heizg. u. Lüftg. 1934 H. 11 S. 191/197. — Busch, H.: Der Dampfverbrauch für Raumheizung in wärmeverbrauchenden Industrien. Gesundh.-Ing. Bd. 58 (1935) H. 40 S. 605/610. — Frisch- und Abdampfheizungen für Fabrikanlagen. Haustechn. Rdsch. Bd. 40 (1935) H. 36 S. 557/559.

[2] Lind, R.: Die Bedeutung der Heizung für die Kraft-Wärme-Kuppelung in württembergischen Industriebetrieben. Heizg. u. Lüftg. 1938 H. 9 S. 135/136. — Höffer, Fr.: Neuzeitliches Heizkraftwerk in einer Papierfabrik. Arch. Wärmew. Bd. 17 (1936) H. 7 S. 173 (s. auch Kurzbericht Heizg. u. Lüftg. 1936 H. 11 S. 188). — Erbs, K.: Das Heizkraftwerk der Automobilfabrik Adam Opel AG. in Brandenburg (Havel). Gesundh.-Ing. Bd. 60 (1937) H. 10 S. 144/148. — Lang, M.: Die Wärme-, Kraft- und Wasserwirtschaft in Färbereibetrieben. Heizg. u. Lüftg. 1934 H. 8 S. 159/160.

Reicht die vorhandene Abdampfmenge nicht aus, so muß Frischdampfzusatz erfolgen. Mit den Abdampfdrücken von 0,05—0,2 atü können Niederdruckdampfheizungen normaler Art unmittelbar betrieben werden. Wenn für den Sommer keine weitere Abdampfverwertung besteht, so muß entweder der Dampf ins Freie abgelassen werden oder eine besondere Kondensationsanlage geschaffen werden.

Wird der Dampf in der Maschinenanlage bis unter 1 atabs entspannt, so kann der Abdampf zur Vakuumdampfheizung Verwendung finden. Der Dampf wird dabei zwischen dem Niederdruckzylinder der Maschine und dem Kondensator entnommen. Da hierbei die Druckenergie des Dampfes zunächst fast restlos zur Arbeitsleistung ausgenutzt wird, ist diese Art des Kraft-Heizbetriebes zweifellos die wirtschaftlichste. Durch Veränderung des Vakuums läßt sich die Heizdampftemperatur der Außentemperatur verhältnismäßig weitgehend anpassen (bis herunter zu etwa 50° entsprechend 0,1 atabs). Allerdings sind dem großen Dampfvolumen entsprechend die Rohrdurchmesser und die Heizkörperoberflächen größer als bei den übrigen Dampfheizungen. Wie schon in früheren Abschnitten angedeutet, sind Vakuumheizungen in Deutschland bisher nur vereinzelt ausgeführt, während sie in Amerika häufiger vorkommen. Die Dichthaltung eines größeren Rohrnetzes zur Erzielung eines gewünschten hohen Vakuums bereitet Schwierigkeiten.

Steht Maschinendampf irgendwelcher Art oder Frischdampf aus einer Hochdruckkesselanlage zu Heizzwecken nicht zur Verfügung, so kann eine Niederdruckdampfheizung mit eigener Kesselanlage zur Beheizung in Betracht kommen. Die Vorteile der Niederdruckdampfheizung gegenüber der Hoch- und Mitteldruckdampfheizung bestehen darin, daß sie wie die Vakuumheizung nicht genehmigungspflichtig ist, daß sie störungsfreier und wirtschaftlicher arbeitet und geringere Oberflächentemperaturen aufweist.

In diesem Zusammenhang sei auch noch ein Sonderfall von Wärmeverwertung zu Heizzwecken erwähnt. Zur Trocknung des Fertiggutes in Papierfabriken werden große Warmluftmengen benötigt. In einem Fall hat man die dabei entstehende warme Feuchtluft in besonderen Lufterhitzern ihre Wärme an neue Trockenluft abgeben lassen und so einen erheblichen Wärmerückgewinn erzielt, der Heizzwecken nutzbar gemacht werden konnte[1].

Zur baulichen und betrieblichen Gestaltung der Dampfheizung ist allgemein noch folgendes zu bemerken:

Das Anbringen von weiten glatten Heizrohren oder gar Rippenheizkörpern, die mit Dampf von 6 atü und mehr gespeist werden, unter den Decken von Räumen ist nicht zu empfehlen und wird auch kaum mehr ausgeführt.

Im Hinblick auf die Wirtschaftlichkeit ist es wichtig, daß das aus den Heizkörpern ausfließende Kondensat in die Kessel zurückgeleitet wird, weil infolge seiner hohen Temperatur beträchtlich an Brennstoff

[1] Kull, A. J.: Fabrikheizung mittels Wrasen. Power Bd. 77 (1933) Nr 10 [s. auch kurzer Bericht Gesundh.-Ing. Bd. 56 (1933) H. 51 S. 610].

gespart werden kann und zudem, weil es kalkfrei ist, wodurch die Kessel geschont werden.

Ist selbsttätiges Zurückfließen des Wassers in die Kessel oder ein zentraler Speisewasserbehälter der Geländeverhältnisse wegen unmöglich oder fallen dabei die Leitungsdurchmesser unwirtschaftlich groß aus, so kann Sammlung an einzelnen Stellen und Zurückpumpen in Frage kommen.

Muß das Wasser vom Sammelbehälter in die Kessel gespeist werden, so ist eine sicher wirkende, selbsttätige Speisevorrichtung vorzusehen. Zur Sicherung ist eine zweite Vorrichtung mit anderer Betriebsart aufzustellen. Z. B. kommen in Frage eine elektrisch betätigte Kreisel- und daneben eine Dampfpumpe.

Die aus dem Speisewasserbehälter entweichenden Dämpfe sind für Gebrauchs- oder Speisewasseranwärmung oder einen anderen Zweck nutzbar zu machen.

Als Ersatz für das verlorengegangene Kesselwasser ist von den Dächern gesammeltes Regenwasser oder gereinigtes (enthärtetes) Leitungswasser zu verwenden (s. Abschnitt IB), sofern es sich nicht um Orte handelt, wo das verfügbare Leitungswasser ohnehin weich ist.

Die Zahl der Absperrorgane und vor allem der Kondenstöpfe ist auf das Notwendigste zu beschränken. Durch gruppenweise Vereinigung von Heizkörpern kann dies erreicht werden. Es ist jedoch dafür zu sorgen, daß ein „Durchschlagen" der Heizkörper und eine gegenseitige Beeinflussung vermieden wird. Z. B. kann durch Anordnung düsenförmiger T-Stücke ein Abschneiden des Kondensatabflusses vermieden werden (s. hierzu den bereits vorstehend angeführten Aufsatz von O. LEPPIN: Dampfheizung in Fabrikanlagen). Auch der Einbau von Sondereinrichtungen, wie z. B. einer sog. Dampfkreislaufeinrichtung ermöglicht bei Dampfdrücken 0,2 atü aufwärts bei geringerem Dampfverbrauch eine schnellere und gleichmäßigere Erwärmung von Heizkörpern und anderen Dampfverbrauchern[1]. Dabei durchströmt der Heizdampf ein Dampfabsperrventil und anschließend die angeschlossenen Heizkörper. Der dort nicht niedergeschlagene Dampf tritt in die gemeinsame Kondensleitung und wird wieder durch das Dampfsparventil, das eine injektorartige Wirkung auf die Kondensleitung ausübt, angesaugt und dem Dampfstromkreis wieder zugeführt, nachdem er vorher entwässert und das Wasser durch einen Kondenstopf entfernt worden ist.

Als Beispiel für eine in Gruppen unterteilte Werkstattheizung mit Abwärmeverwertung, ausgeführt als Niederdruckdampfheizung, ergänzt durch Einzelluftheizapparate, sei genannt die Heizungsanlage in der großen Werkhalle der Daimler-Motoren-Gesellschaft in Marienfelde bei Berlin (s. Gesundh.-Ing. 1925 S. 129), und als Beispiel für eine reine Niederdruckdampfheizung die Heizungsanlage in der Motorenfabrik Benz u. Cie. AG., Mannheim-Waldhof (s. Z. VDI 1910 S. 501).

---

[1] KÄMPER, H.: Umbau alter Niederdruckdampfanlagen in den Gebäuden der Stadt Dortmund. Gesundh.-Ing. Bd. 59 (1936) H. 41 S. 593/598.

c) Warmwasser- und Heißwasserheizung. Gegenüber Dampfheizung stellt sich Warmwasserheizung wegen ihrer leichteren Anpassungsfähigkeit an die Witterung billiger. Auch eignet sie sich, wie bereits angedeutet, gut zur Fernleitung von sonst nicht verwertbarer Abfallwärme.

Sie ist auch, wie schon öfter betont, wegen ihrer niedrigen Oberflächentemperaturen hygienischer als Dampfheizung. Infolge ihres großen Wasserinhaltes werden allerdings bei Fabrikheizungen die Anheizzeiten verhältnismäßig lang. Die Einfriergefahr der Warmwasserheizung ist außerdem erheblich größer als bei Dampfheizung, vornehmlich in sehr leicht gebauten Hallen. Der Einfriergefahr kann dadurch begegnet werden, daß sie bei kalten Außentemperaturen über die Feiertage schwach weiterbetrieben wird. Dabei kühlen die Räume zudem weniger stark aus, so daß das Anheizen am Montagmorgen leichter vorgenommen werden kann. Der Brennmaterialverbrauch ist dabei meist nicht größer als bei unterbrochenem Betrieb. Trotzdem empfiehlt sich Warmwasserheizung nur in vollwandigen Hallen und Gebäuden auszuführen.

Bei ausgedehnten Fabrik- und Hallenanlagen ist Pumpenbetrieb vorzusehen[1].

Neuerdings wird immer häufiger auch die *Heißwasserheizung* für die Fernübertragung der Wärme in Fabriken und ähnlichen Anlagen verwendet, wobei man Wassertemperaturen über 100—200° bei entsprechenden Drücken anwendet[2]. Dadurch lassen sich sowohl Mängel der Dampf- wie der normalen Warmwasserheizung teilweise vermeiden. Verringerung der umlaufenden Wassermenge durch Erhöhung der Temperaturen und des Temperaturunterschiedes, Verkleinerung der Rohrleitungen und damit Senkung der Anlage- und Betriebskosten, generelle Regelbarkeit durch Rücklaufwasserbeimischung zum Vorlauf oder Anwendung von temperaturgeregelten Gegenstromapparaten: das sind die bereits in Abschnitt IA2e (Fernheizung) genannten Vorteile dieses Heizverfahrens, die auch für die hier behandelten Gebäudearten wesentlich sind. Infolge der Wärmespeicherung in den Kesseln, die auch bei Abschaltung des Heizrohrnetzes erhalten bleibt, lassen sich sehr kurze Anheizzeiten erzielen.

Mit Rücksicht auf größtmögliche Betriebswirtschaftlichkeit und Unabhängigkeit bei Reparaturen ist es sowohl bei größeren Dampf- als auch Warmwasserheizungen angezeigt, mehrere für sich abstellbare und bei Warmwasserheizung auch entleerbare, von Verteilern abzweigende Heizgruppen anzuordnen.

d) Luftheizung mit Lüfterbetrieb. Diese Heizart eignet sich ganz besonders für Großraumheizung, ist aber oft auch für kleinere Räume zweckdienlich, wenn diese gleichzeitig gelüftet werden sollen. Es kommen Anlagen mit verteilt aufgestellten Einzellufterhitzern oder zentral an-

---

[1] Daß sehr große Abmessungen und Leistungen in Frage kommen können, geht u. a. aus der Beschreibung der Pumpen-Warmwasserheizung in einer Fordschen Fabrik im J. Amer. Soc. Heat. Vent. Eng., New York Bd. 31 Nr 12 S. 531 (1925) hervor (s. auch Gesundh.-Ing. 1926 S. 297).

[2] SCHENCK, FR.: Fabrikheizungen. Gesundh.-Ing. Bd. 57 (1934) H. 5 S. 49/54.

geordneten Lüftern und Lufterhitzern mit anschließenden Warmluftverteilrohren in Frage.

Die schon wiederholt erwähnte Feuerluftheizung bleibt in ihrer Anwendung beschränkt auf Hallen, die nur vorübergehend beheizt werden (Kirchen, bestimmte Ausstellungsgebäude). Sie ist zwar billig in der Anlage, hat aber auch bei Lüfterbetrieb den Nachteil, daß die Heizflächen bei zu starker Beanspruchung glühend werden können und dabei zu erheblicher Staubversengung führen. Beim Undichtwerden oder Reißen der Heizflächen besteht außerdem die Gefahr, daß Rauchgase in die Zuluftkanäle und damit in die Räume gelangen können.

Für die heute gebräuchlichen Einzel- oder Zentrallufterhitzer finden alle Dampf- und Warmwasserheizarten Verwendung.

Diese Luftheizarten haben in industriellen Betrieben folgende Vorteile:

a) Der Aufbau der Anlagen ist einfach und erfordert wenig Zeit.

b) Weder bei der Aufstellung von Einzelheizapparaten, noch bei zentraler Erwärmung der Luft und Verlegung von Luftverteilleitungen wird kostbarer Platz in Anspruch genommen.

c) Die Wärme kann ohne Schwierigkeiten an die Stellen im Raum gelangen, wo sie am nötigsten gebraucht wird. Das ist besonders vorteilhaft und wirtschaftlich für Hallenbauten.

d) Gewünschtenfalls können die Anlagen gleichzeitig zur zugfreien Lüftung der Räume benutzt werden, indem der Umluft Frischluft beigemischt oder ausschließlich mit Frischluft gearbeitet wird. Bei Erzeugung von Überdruck gestatten sie auch, Zug von offenstehenden Türen sowie von Undichtigkeiten in den Umfassungswänden auszuschließen, und im Sommer läßt sich mit ihnen eine gewisse Kühlung herbeiführen (s. den nachfolgenden Unterabschnitt C).

e) Sie weisen kurze Anheizzeit auf und ergeben infolge der Luftumwälzung gleichmäßige Temperaturverteilung, so daß auch die Luftschichten über den Fußböden warm und andererseits die oberen Raumpartien nicht überheizt werden. Der Betrieb ist daher billig. Auf den Umstand, daß Abwärme gut verwendbar ist, wurde schon hingewiesen.

f) Bei Benutzung von Dampf zur Beheizung der Lufterhitzer ist Einfriergefahr ausgeschlossen.

g) Außerdem ist der Betrieb einfach und die Heizwirkung leicht regelbar.

h) Bei Erweiterung der Unternehmungen oder Betriebsumstellungen ist auch der Umstand, daß die Einzelapparate bzw. Warmluftzuleitungsrohre bei zentralen Anlagen leicht vermehrt oder weggenommen und andernorts wieder angebracht werden können, wertvoll.

Eine der bedeutendsten Großraum-Luftheizungen wurde seinerzeit, unter Mitwirkung von Geheimrat Prof. Dr. Rietschel, von der Firma Rud. Otto Meyer, Hamburg, für die neue Festhalle zu Breslau (Jahrhunderthalle) geplant (s. die Festnummer des Gesundh.-Ing. 1913 S. 43). Die mächtige Mittelhalle dieses Baues besitzt 43 m Höhe, 135000 m^3 Inhalt und weist bei —20° C Außen- und 15° C Innentemperatur einen Wärmeverlust von über 1900000 kcal/h auf. Zur Deckung desselben und gleichzeitig zur Vermeidung von Zugerscheinungen war beabsichtigt, 18 m über Boden 280000 m^3/h, im Maximum auf 40° C erwärmte Frischluft einzublasen, und zwar in horizontaler Richtung, verteilt auf die Stellen der größten Abkühlung. Dadurch wäre eine ständige, innige Mischung der aus der Kuppel niedersinkenden kalten mit der zugeführten warmen Luft zustande gekommen. Die Frischluftmenge hätte einen reichlich zweifachen Luftwechsel je Stunde oder 25—30 m^3/h je Kopf ergeben. Zudem wäre dadurch Überdruck in der Halle erzeugt worden, so daß Luft durch die unten angebauten Ringbauten und Eingangshallen abgeströmt und das lästige Eintreten kalter Zugluft (trotz des in so hohen Gebäuden herrschenden starken Auftriebes) vermieden worden wäre. Direkte Heizflächen sollten nirgends aufgestellt werden. Zur Konstanthaltung der Temperatur auf 15° C waren 4 Thermostaten vorgesehen. Unabhängig davon hätte die Wärmeleistung auch durch Ein- und Ausschalten einzelner Lufterhitzer mittels Druckluftfernstellung von der Zentrale aus erfolgen können. Zum Hochheizen der Halle sollte Umluft benutzt werden.

Die interessante Anlage kam jedoch damals aus finanziellen Gründen nicht zur Ausführung, sondern es wurden nur die anschließenden niederen Ringbauten mit Niederdruckdampfheizung versehen, so daß die Halle im Winter unbenutzbar war.

Erst im Jahre 1938 konnte der endgültige Ausbau der Heizungs- und Lüftungsanlage erfolgen, und zwar in den Grundzügen entsprechend der seinerzeit vorgenommenen Planung. Eine ausführliche Beschreibung der Anlage einschließlich der Wiedergabe von Betriebsversuchen findet sich in der Sondernummer des Gesundh.-Ing. zum XV. Kongreß für Heizung und Lüftung Berlin, 24. IX. 1938, H. 32 S. 560/564, unter der Bezeichnung: GRUNOW, W.: Die Heizung und Lüftung der Jahrhunderthalle in Breslau.

Weitere Ausführungsbeispiele für Großraum-Luftheizung.

Die Heizungsanlage im Werkstattgebäude mit Großflugzeughalle in Dübendorf bei Zürich. Werk vom Mai 1925 — Technische Mitteilungen. Zürich: Gebr. Fretz AG.

SINZIG: Ergebnisse eines Leistungsversuches an einer Feuer-Luftheizungsanlage (der 5000 m^3 umfassenden Halle eines Drahtzuges). Gesundh.-Ing. 1927 S. 751.

Zahlreiche Ausführungsbeispiele enthält die gut illustrierte Schrift „Die Heizung und Lüftung von Industriebauten“ der Firma Rud. Otto Meyer, Hamburg, und die Broschüre SAM 154 des Kaloriferwerks Hugo Junkers, Dessau. Ferner interessante Versuchsergebnisse der Aufsatz: BECK, P.: Weiterentwicklung der Großraumheizung. Arch. Wärmew. 1926 S. 261.

Auf die Heizung in der Werftanlage der AG. für Dornierflugzeuge in Altenrhein bei Rorschach und damit auf bisweilen zweckmäßige Verbindung von Luftheizung mit direkt wirkenden Heizkörpern wurde schon vorstehend, unter dem Abschnitt „Heizsystem“, hingewiesen.

METZKOW, K. N.: Die Deutschlandhalle und ihre gesundheitstechnischen Einrichtungen. Heizg. u. Lüftg. 1936 H. 1 S. 9/16.

Heizung und Lüftung der Brüsseler Ausstellungshallen. Hrsg. vom Service du Gaz der Stadt Brüssel [kurzer Bericht im Gesundh.-Ing. Bd. 60 (1937) H. 2 S. 30].

FABER, O., u. J. R. KELL: Heiz- und lufttechnische Einrichtungen im Earls Court-Ausstellungsgebäude. J. Instn. Heat. Vent. Engrs. Bd. 6 Nr 61 vom März 1938, S. 29/53 (s. auch Bericht: Heizg. u. Lüftg. 1938 H. 8 S. 125).

e) Elektrische Heizung. In industriellen Betrieben wasserkraftreicher Länder sind schon wiederholt Elektrowarmwasser- und Elektrodampfheizungen mit Wärmespeichern erstellt worden. Das Aufladen der Speicher geschieht durch Widerstands- oder, bei unmittelbarer Anwendung von Hochspannungsstrom, durch Elektrodenheizung, wobei die Elektroden in die Speicher eingebaut oder in besonderen, mit denselben in Verbindung stehenden Kesseln untergebracht sind. Dabei wird normalerweise aber außerdem eine Ergänzungs- und Reservekesselanlage für feste Brennstoffe vorgesehen.

In dem Buch HOTTINGER u. IMHOF: Elektrische Raumheizung. Zürich: Fachschriften-Verlag u. Buchdruckerei AG. 1924, sind mehrere solcher Anlagen eingehend beschrieben. Der Kenntnis halber sei hier auf folgende verwiesen:

Ort	Art der Raumheizung	Art der elektrischen Heizung und Spannung in Volt	Anschlußwert kW	Speicherinhalt m³	Die Speicher werden geladen auf °C	atü
Bronzewarenfabrik AG., Turgi	Pumpenheizung	Widerstandsheizung 350	135	10	110	
Seidenstoffweberei Sieber & Wehrli, Schönenberg	Pumpenheizung	Widerstandsheizung 225	140	2mal 5	130	
Reparaturwerkstätte der SBB., Bellinzona[1]	Pumpenheizung	Elektrodenheizung in d. Speichern 1000	1200	2mal 10	110	
Weberei Wettingen	Dampfheizung	Elektrodenkessel 2100	300	32		14
Baumwollspinnerei und Weberei D. Jenny, Ennenda	Dampfheizung	Revelkessel 500	350	2mal 33		12
Spinnerei Spörri & Co., Flums	Dampfheizung	Elektrodenkessel 5000	500 auf 700 überlastbar	46		12

Außerdem werden auch etwa Speicheröfen (z. B. in Büros) angetroffen, sowie unmittelbar wirkende elektrische Heizkörper, sei es, daß sie in den Luftweg von Luftheizungen eingebaut sind oder, z. B. in Form von Heizrohren, die an den Wänden entlang oder durch die Räume gezogen werden (als sog. Linear- oder Rohrheizung[2]) bzw. von gewöhnlichen elektrischen Heizöfen, die in den zu heizenden Räumlichkeiten selber untergebracht werden.

Unmittelbare elektrische Heizung (auch Schnellheizung genannt) kommt namentlich etwa für Räume zur Verwendung, in denen größere Temperaturschwankungen keine Rolle spielen, z. B. für Weinkeller von Großweinhandlungen, Bananenkeller von Südfrüchtehandlungen oder andere Lager und Magazine, in denen es nur darauf ankommt, daß gewisse Mindesttemperaturen nicht unterschritten werden. Die Heizkörper werden dann nur nachts und während anderen Niedertarifstunden (gewünschtenfalls selbsttätig) eingeschaltet, wodurch die Raumtemperatur steigt, während sie in den Zwischenzeiten wieder sinkt. Recht besehen handelt es sich hierbei allerdings auch um eine Art Speicherheizung, indem die Mauern, Fässer mit Inhalt usw. temperaturausgleichend wirken, d. h. als Wärmespeicher dienen.

In Weinkellern z. B. liegt die nicht zu unterschreitende Temperaturgrenze bei 6—8°, weil tiefere Temperaturen den gelagerten Weinen

[1] Siehe auch Abschnitt XVII.
[2] ZUPPINGER, P.: Elektrische Linearheizung. Hoch- u. Tiefbau 1928 S. 324.

schaden. Daß gerade hier elektrische Heizung sich als praktisch erweist, rührt daher, weil ihre bekannten Vorzüge (einfache Montage und Bedienung, leichte Regelbarkeit der Heizwirkung, Sauberkeit usw.) zur Geltung kommen und außerdem die Heizkörper wegen ihrer Kleinheit und des bequemen Anschlusses besonders leicht an den zweckmäßigsten Orten aufgestellt und über den Sommer jeweils herausgenommen werden können, so daß sie die Reinigungs- und Einkellerarbeiten nicht hindern und beim Schwefeln der Fässer nicht leiden.

In einer schweizerischen Großweinhandlung waren z. B. rund 2500 m^3 Kellerraum zu heizen, wofür 6 Heizkörper zu je 2 kW Anschlußwert in den oberen Teilen der Räume vorgesehen wurden. Die Kosten der Anlage stellten sich auf 1960 Fr. Der Stromverbrauch betrug im Jahre 1925 rund 14000 kWh und nach besserer Isolierung der Decke im Jahre 1926 10400 kwh. Für den Stromverbrauch sind dem Elektrizitätswerk jährlich im Minimum 360 Fr. plus 24 Fr. Zählermiete zu zahlen. Dieser Minimalbetrag wird normalerweise nicht überschritten. Außer von der Temperatur im Freien ist der Heizwärmebedarf davon abhängig, ob im Winter kalte Weine eingekellert werden, was eine starke Abkühlung herbeiführen kann, so daß die Heizung dann während einiger Tage und Nächte ständig im Betrieb gehalten werden muß. Unter 8—9° ist die Temperatur auch während den kältesten Zeiten bisher nie gesunken[1].

Die industriellen Betriebe, welche elektrisch heizen, verfügen in der Regel über eine eigene, nicht voll ausgenutzte Wasserkraft oder sind in der Lage, von auswärts besonders billigen Nacht- und Abfallstrom zu beziehen.

Vereinzelt kommen auch Sonderausführungen vor, z. B. die Fälle, in denen hydraulische Energie nicht zuerst in Elektrizität, sondern in Wasserbremsen unmittelbar in Wärme umgesetzt wird (Ausführung z. B. in der Kammgarnspinnerei Bürglen, Schweiz, zur Warmwasserbereitung).

Bezüglich elektrischer Heizung s. auch das unter den Abschnitten I und V Gesagte, ferner das Buch „Elektrowärme" von Dr.-Ing. Mörtzsch, mit 144 S., 237 Abbildungen und 390 Zahlentafeln. Berlin: Dr. Selle-Eysler 1935.

f) Gasheizung. Einzelgasöfen in den Räumen oder Gasfeuerung zum Betrieb von Dampf-, Warmwasser- oder Luftheizungen, wie auch für Trocken- und andere technische Zwecke kommen in industriellen Betrieben, Garagen bisweilen zur Anwendung, wenn selbsterzeugtes oder aus Fernversorgungsanlagen bezogenes Hochofen-, Generator- oder Koksofengas billig zur Verfügung steht, vornehmlich für solche Räume, deren Anschluß an die Sammelheizung aus betrieblichen Gründen schwierig ist oder die eine Sonderheizung benötigen, weil sie schon vor Arbeitsbeginn warm sein müssen, z. B. für Meisterstuben usw. Das von den städtischen Gaswerken erzeugte Leuchtgas ist für diese Zwecke jedoch meist zu teuer. Allerdings können die Vorteile der Gasheizung, wie stete Betriebsbereitschaft, Einfachheit der Montage und der Bedienung, Sauberkeit, leichte Regelbarkeit der Heizwirkung, Ausschluß der Einfriergefahr, Wegfall des Bezuges und der Lagerung von festem Brenn-

[1] Hottinger: Die elektrische Beheizung großer Weinkeller. Elektroindustr. vom 7. VII. 1927 (Bericht im Gesundh.-Ing. 1927 S. 785).

material und des Wegschaffens von Asche und Schlacken, selbst bei etwas höheren Kosten ausschlaggebend für ihre Wahl sein. Bei der Aufstellung von Wirtschaftlichkeitsberechnungen ist bei Gasheizung (ähnlich wie bei der elektrischen) zu beachten, daß unter Umständen wesentlich höhere Wirkungsgrade erzielt werden können als bei Feuerungsanlagen mit festem Brennmaterial.

Wichtig ist, daß die Installation sachgemäß durchgeführt und dem Betrieb die nötige Aufmerksamkeit geschenkt wird, weil sonst Feuers- und Explosionsgefahr nicht ausgeschlossen ist (s. auch das über Gasheizung unter Abschnitt I Gesagte).

g) Fernheizung und Abwärmeverwertung. Handelt es sich um große Fabrikanlagen mit mehreren Gebäuden, so ist Fernheizung am Platz.

Zur Fernleitung der Wärme kommen in Frage: Dampf (Hoch- oder Niederdruckdampf), Warmwasser (Pumpenheizung evtl. unter Verwendung von überhitztem Wasser) und in Ausnahmefällen Luft, wenn die Entfernungen nicht groß sind und die Temperatur der Heizluft nicht hoch gehalten werden muß. Auch dann noch ist es aber erforderlich, die Luftkanäle, ganz besonders soweit sie in den Boden zu liegen kommen oder die Luft im Freien durchziehen, gut gegen Wärmeverluste und Feuchtigkeit zu schützen.

Bei Dampffernheizung können in den Gebäuden trotzdem Warmwasser- oder Luftheizungen erstellt werden, und auch bei Fern-Warm- und Heißwasserheizung ist der Betrieb örtlicher Luftheizungen leicht möglich. Dampf wird für die Fernleitung der Heizwärme insbesondere gewählt, wenn auch für den Betrieb Dampf erforderlich ist, eine Dampfleitung also ohnehin erstellt werden muß. Die Verhältnisse liegen in dieser Hinsicht ähnlich wie bei Krankenanstalten, und daher sei auf das unter Abschnitt III hierüber Gesagte verwiesen.

Durch Zusammenfassung der Heizanlagen hat man in vielen Fabriken außerordentlich günstige Betriebsergebnisse erzielt, ganz besonders wenn es dadurch möglich wurde, Abwärme oder billig erhältliche minderwertige Brennstoffe zu verwerten evtl. unter Verbindung des Kraft- und Heizbetriebes (s. hierzu das in diesem Abschnitt unter A2b und c Gesagte).

Über dieses ausgedehnte Sondergebiet stehen im übrigen eingehende Veröffentlichungen in großer Zahl zur Verfügung[1].

---

[1] HOTTINGER: Abwärmeverwertung zu Heiz-, Trocken-, Warmwasserbereitungs- und ähnlichen Zwecken. Berlin: Julius Springer; sowie die darin angegebenen weiteren Werke. — An neueren Erscheinungen sei insbesondere die von H. PFÜTZNER herausgegebene Bücherfolge: Wärmelehre und Wärmewirtschaft, Dresden und Leipzig: Th. Steinkopff, genannt, in der u. a. herausgekommen sind: MÖLLER, F.: Wärmewirtschaft in der Textilindustrie; SCHIEBL, K.: Wärmewirtschaft in der Zuckerindustrie; SCHLIPKÖTER, M.: Wärmewirtschaft im Eisenhüttenwesen; STEGER, W.: Wärmewirtschaft in der keramischen Industrie; PAUER, W.: Energiespeicherung; usw. — Beachtenswerte industrielle Heizungs- und Abwärmeverwertungsanlagen sind auch beschrieben in der Z. bayer. Rev.-Ver., im Arch. Wärmew., im Gesundh.-Ing. und anderen wärmetechnischen Zeitschriften, z. B.: EBERLE, C.: Die Abwärmeverwertung in Orts- und Fernheizwerken. Gesundh.-Ing. 1925 S. 109 — Bericht über den XI. Kongreß für Heizung und Lüftung 1924. — LEDER, W.: Wärmewirtschaft in oldenburgischen Dampfmolkereien, mit

In jedem einzelnen Falle müssen die Verhältnisse eingehend geprüft werden, wobei von den unter „Allgemeines“ angeführten Gesichtspunkten auszugehen und auch Rücksicht darauf zu nehmen ist, ob sich die Betriebsverhältnisse voraussichtlich in absehbarer Zeit ändern, bauliche Erweiterungen zu erwarten sind u. a. m. Für die einwandfreie Durchführung derart weitgehender Untersuchungen und die Aufstellung der erforderlichen Wirtschaftlichkeitsberechnungen können nur vollständig ausgebildete und praktisch erfahrene Wärmeingenieure in Frage kommen. Da in den industriellen Betrieben die Auslagen für Heizung meist hoch sind, schenkt die Geschäftsleitung der Heizwärmeversorgung zweckmäßig ihre volle Aufmerksamkeit.

Interessante diesbezügliche Veröffentlichungen sind z. B. die vom Verein Deutscher Maschinenbauanstalten veröffentlichte Schrift von K. SEYDERHELM: Unkostensätze und Nebenbetriebskosten von Maschinenfabriken und verwandten Betrieben als Vergleichsziffern zur Beurteilung der Wirtschaftlichkeit. Auszug im Arch. Wärmewirtsch. 1926 S. 98. Ferner: Dr. LITZ: Die Wärmewirtschaft in dem Betriebe der A. Borsig G. m. b. H., Berlin-Tegel. Wärme 1925 S. 80. — HÜTTIG: Heizungs- und Lüftungsanlagen in der Industrie. Bautechn. 1924 S. 1.

B. Warmwasser- und Dampfversorgung.

In Fabriken ist Warmwasserbereitung unter Aufwendung von Brennmaterial, Gas oder Strom erforderlich zu Reinigungs- oder Betriebszwecken (z. B. in Färbereien, chemischen Fabriken, Großgaragen zum Reinigen der Wagen usw.), ferner zu Wasch- und Badezwecken für die Arbeiter und Angestellten. Sie dient dann zur Versorgung der Handwaschbecken in den Werkstätten, Toiletten der Bürogebäude, Brause- und Wannenbäder und evtl. zur Versorgung der Geschäftsküche oder -kantine. Das Warmwasser muß somit in ausgedehnten Betrieben ferngeleitet werden. Nach Möglichkeit sollte die Warmwasserbereitung durch Abwärme geschehen. Jedoch ist in jedem Falle eine besondere Nachprüfung über die Wirtschaftlichkeit der Abwärmeverwertungsanlage vorzunehmen. Nur dann, wenn die vielleicht höheren Anlagekosten gegenüber einer Warmwasserbereitung mit besonderer Kesselanlage durch erhebliche Brennstoffeinsparungen in möglichst kurzer Zeit (höchstens 5 Jahre) ausgeglichen werden, sollten sie ausgeführt werden. Bei größeren industriellen Badeanlagen empfiehlt sich die Aufstellung sog. Badeschaubilder[1]. In diese werden die Badezeiten, der zu erwartende Warmwasserbedarf für einen Tag, sowie die Wärmezufuhr eingetragen. Gerade für industrielle Anlagen ist dies verhältnismäßig

besonderer Berücksichtigung der Verwendbarkeit des Abdampfes. Wärme 1926 S. 201. — Abwärmeverwertung auf Kohlenzechen, hrsg. von der Firma Bechem & Post, G. m. b. H., Hagen i. Westf. Gesundh.-Ing. 1926 S. 483. — LIMPRECHT, P.: Wärmewirtschaft in industriellen Betrieben. Gesundh.-Ing. 1926 S. 613. — Siehe ferner die in Abschnitt I A 2c „Fernheizung“ angegebene Literatur. Außerdem s. Literatur Abschnitt b „Dampfheizung“. Ferner: LIEBETANZ, R.: Beheizung einer großen Industrieanlage. Gesundh.-Ing. Bd. 56 (1933) H. 43 S. 514/515. — MODROVICS, K.: Vereinigung der Heiz- und Kraftwerke. Gesundh.-Ing. Bd. 56 (1933) H. 6 S. 66/69. — HASSE, W.: Bedeutung und Grundlagen der Dampfspeicherung. Gesundh.-Ing. Bd. 59 (1936) H. 36 S. 525/532.

[1] RUETZ, H.: Warmwasserbereitung für große Badeanlagen. Gesundh.-Ing. Bd. 53 (1930) H. 31 S. 481/485.

genau möglich, weil die Badezeiten in der Regel mit der Zeit des Schichtwechsels zusammenfallen. Aus einem derartigen Schaubild kann dann die notwendige Größe des Badewasserspeichers berechnet werden. Diese müssen reichlich bemessen sein, damit sie die großen, plötzlich auftretenden Warmwasserbedürfnisse zu befriedigen vermögen[1]. Im übrigen weisen die Anlagen normale Ausführung auf.

Erfordert der Betrieb Warmwasser und steht Abwärme nicht oder nur in ungenügender Menge zur Verfügung, so kommen örtlich aufgestellte Warmwasserbereiter unter Anschluß an eine Dampffernleitung oder an örtlich aufgestellte, mit festem Brennmaterial, Gas oder evtl. auch Elektrizität betriebene Heizkessel in Frage. Auch können unmittelbar durch Kohle, Gas oder Elektrizität beheizte Warmwasserbereiter verwendet werden.

Wird an verschiedenen Stellen des Unternehmens Warmwasser von verschiedenen Temperaturen benötigt, so kann es zweckmäßig sein, Wasser von z. B. nur 50° fernzuleiten und dieses da, wo heißeres erforderlich ist, nachzuwärmen. In anderen Fällen sind schon Mischbatterien zur Anwendung gekommen. Steht in einem Betrieb z. B. mit Frischdampf angewärmtes, also verhältnismäßig teures Heißwasser von 90°, ferner mit Abdampf angewärmtes Wasser von 50° und außerdem viel Warmwasser von z. B. 30° aus einem Oberflächenkondensator zur Verfügung, so ist es angezeigt, das wertvolle 90grädige Wasser nur da zu verbrauchen, wo mit weniger warmem nicht auszukommen ist, während zur Herstellung von beispielsweise 40grädigem Wasser 50- und 30grädiges gemischt wird usw. Mischbatterien, in welche die verschiedenen Warmwasser- und auch eine Kaltwasserleitung einmünden und von wo das gemischte Wasser abgezapft wird, können hierfür gute Dienste leisten[2].

In diesem Zusammenhang sei auf die besonderen Richtlinien hingewiesen, die das Amt „Schönheit der Arbeit" der Deutschen Arbeitsfront gerade für die Bemessung und Gestaltung der Wasch- und Badeanlagen in den Betrieben herausgegeben hat[3]. In vielen deutschen Betrieben sind nach diesen Anregungen vorbildliche Wasch- und Baderäume geschaffen worden.

Handelt es sich um große Unternehmungen mit Speiseanstalten, so ist der Kochküche zum Betriebe der Dampfkochkessel, Teekocher usw. auch Dampf zu liefern, wofür mit Vorteil ebenfalls Abdampf verwendet wird, sofern er die nötige Spannung (0,5—0,8 atü) aufweist, sonst ist Zwischen- oder Frischdampf zur Verfügung zu stellen, wenn nicht vorgezogen wird, Gas- oder elektrische Herde usw. zu verwenden.

Auch für andere Zwecke kann in industriellen Betrieben Dampf und daher eine Ferndampfversorgung erforderlich sein. Werden im Winter die Heizleitungen hierfür benutzt, so sind für den Sommer besondere

[1] Bezüglich Ausführung der Abwärmeverwertungsapparate zur Warmwasserbereitung s. Hottinger: Abwärmeverwertung. Berlin: Julius Springer.

[2] Hottinger: Abwärmeverwertung, Aufl. 1922, S. 20.

[3] Vgl. P. Mensing: Der Umkleideraum, Wasch- und Baderaum im gewerblichen Betrieb. Handbuch des Amtes „Schönheit der Arbeit" [s. auch Auszug im Gesundh.-Ing. Bd. 60 (1937) H. 17 S. 247/249].

Sommerleitungen kleineren Durchmessers zu erstellen, weil sonst die Wärmeverluste zu groß ausfallen (s. das unter Abschnitt III A 2 hierüber Gesagte). Nötigenfalls müssen Wirtschaftlichkeitsberechnungen darüber Aufschluß geben, ob eine solche Dampffernversorgung oder örtliche Erzeugung der erforderlichen Wärme, beispielsweise mittels Gas oder Elektrizität, billiger zu stehen kommt. In den meisten Fällen wird sich indessen ergeben, daß die erstgenannte Ausführungsart, trotz der höheren Erstellungskosten und der Wärmeverluste der ständig unter Druck stehenden Leitungen, den Vorzug verdient.

C. Lüftung.

Allgemeines.

Gerade das Gebiet der Lüftung von Arbeitsräumen in gewerblichen und industriellen Betrieben bedarf noch sehr eingehender Bearbeitung, denn Arbeitsleistung und Arbeitsfreudigkeit sind in hohem, bisher vielfach nicht genügend beachtetem Maße von einer einwandfreien Lüftung abhängig. Daß lüftungstechnische Einrichtungen entweder überhaupt fehlen oder größtenteils noch recht unvollkommen sind, ist einmal darauf zurückzuführen, daß die Lösung der Lüftungsaufgabe je nach der Betriebsart und der Bauweise des Gebäudes nicht immer einfach ist, zum anderen aber darauf, daß der Einbau solcher Anlagen oft erhebliche Kosten verursacht und daß man sich auch weithin an die bestehenden Luftverhältnisse als anscheinend unabänderlich gewöhnt hat[1].

Die Schaffung möglichst einwandfreier Luftverhältnisse im Betrieb ist aber für den Betriebsführer nicht nur eine Forderung der Nützlichkeit, sondern oft eine Frage der Gesittung. Die Beschäftigung von Gefolgschaftsmitgliedern bringt auch die Verpflichtung zur Schaffung gesundheitlich einwandfreier Arbeitsbedingungen.

Für den Begriff der „guten Luft im Arbeitsraum" gibt es keine allgemein zutreffenden, etwa auch zahlenmäßig belegbaren Forderungen, weil die Betriebsverhältnisse zu verschiedenartig sind und deshalb von Fall zu Fall betrachtet werden müssen. Wohl aber lassen sich gewisse Grundsätze für die Beurteilung des Einflusses guter Luft auf den tätigen Menschen aufstellen[2]. In der Gewerbeordnung des Deutschen Reiches § 120a ist bis jetzt nur ganz allgemein festgelegt, „daß im besonderen für . . . ausreichenden Luftraum und Luftwechsel, Beseitigung des bei dem Betrieb entstehenden Staubes, der dabei entwickelten Dünste und Gase sowie der dabei entstehenden Abfälle Sorge zu tragen ist". Auch die sonstigen zur Zeit in Deutschland bestehenden gesetzlichen Vorschriften geben nur für einige Betriebe kleinerer Art (wie Buchdruckereien, Bäckereien usw.) Zahlen für den Mindestluftraum je Person an[3].

[1] Steinwarz, H.: Gute Luft und Gesundheit am Arbeitsplatz. Gesundh.-Ing. Bd. 60 (1937) H. 24 S. 373/374.

[2] Liese, W.: „Gute Luft" als raumhygienische Forderung in Arbeitsräumen. Gesundh.-Ing. Bd. 60 (1937) H. 24 S. 374/380.

[3] Hatlapa, W.: Grundsätzliches zur Frischluftversorgung der Räume, die zum dauernden Aufenthalt von Menschen dienen. (Zusammenstellung der gesetzlichen Vorschriften.) Gesundh.-Ing. Bd. 58 (1935) H. 21 S. 309/312.

In den letzten Jahren sind jedoch von verschiedenen Seiten Grundsätze und Regeln für die Beurteilung der Luft in Arbeitsräumen und Gestaltung von Lüftungsanlagen herausgegeben worden, die Anhaltspunkte für die weitere Bearbeitung von Einzelaufgaben bieten, so die von amerikanischen Gewerbehygienikern aufgestellten Grundsätze[1], die vom Reichs- und Preußischen Arbeitsminister herausgegebenen 12 Lüftungsregeln[2], deren Beachtung den Gewerbeaufsichtsbeamten bei Bearbeitung von Baugesuchen und den Betriebsführern für die Ausgestaltung ihrer Betriebe zur Pflicht gemacht ist, schließlich die bereits in Abschnitt IX angeführten „Lüftungsgrundsätze“ des VDI-Lüftungsausschusses. Letzteren soll sich eine lose Folge von Heften anschließen, in denen Einzelaufgaben behandelt werden, u. a. auch die der Lüftung von Fabrikräumen[3].

In Fabriken genügt oft der natürliche Luftwechsel, sofern der Rauminhalt mit Rücksicht auf die Arbeiterzahl groß genug ist und keine die Raumluft in besonderem Maße verderbenden Arbeitsvorgänge in Frage kommen. Wie auch in den verschiedenen Regeln betont, ist eine gute *natürliche* Lüftung zweifellos besser als eine unzulängliche künstliche.

Als natürliche Lüftung ist die Selbstlüftung eines Arbeitsraumes durch seine mehr oder weniger großen Undichtigkeiten zu betrachten. Je höher ein Raum, desto stärker wird diese Selbstlüftung infolge der steigenden Druckunterschiede zwischen Innen- und Außenluft. Für Werkstätten ist bei geringer Luftbewegung überschlägig mit etwa 1—1$^1/_2$fachem Luftwechsel zu rechnen[4]. Erheblicher Windanfall kann diese Selbstlüftung vervielfachen, vornehmlich bei frei liegenden Gebäuden.

Ist zeitweilig eine geringe Steigerung des durch die natürlichen Undichtigkeiten auftretenden Luftwechsels erwünscht, so kann diese durch Öffnen von Fenstern, Jalousieklappen und Klappfenster oder Dachreiter, Dachhüte, bei Sägedachbauten auch durch Dachfirstklappen, aufklappbare Giebelwände und Giebelflügel bewirkt werden. Dachreiter, Dachhüte, Saugköpfe und ähnliches sollen so gestaltet sein, daß der Wind keinen hemmenden, sondern einen fördernden Einfluß auf ihre Saugfähigkeit ausübt. Sie müssen gut instand gehalten werden, da sie den Witterungseinflüssen ständig ausgesetzt sind. Es gibt heute auch bereits wetterbeständige Bauarten. An Stelle der feststehenden oder beweglichen Lattenroste in Dachreitern werden heute mit besserem Erfolg sog. Vakuum-Lüftungseinsätze mit senkrechten regelbaren Lamellen

[1] Siehe Amer. Publ. Heath Assoc. Jear Book Bd. 26 (1935/36) H. 3 [s. auch Gesundh.-Ing. Bd. 60 (1937) H. 24 S. 375/376].

[2] 12 Lüftungsregeln. Erlaß des Herrn Reichs- und Preuß. Arbeitsministers vom 3. V. 1937. Gesundh.-Ing. Bd. 60 (1937) H. 24 S. 396.

[3] Gröber, H.: Lüftungsgrundsätze und Lüftungsregeln.

[4] Wietfeldt, W.: Einfache Lüftungsanlagen für Arbeitsräume. Gesundh.-Ing. Bd. 60 (1937) H. 13 S. 185/189. — Kihskalt, K.: Der Einfluß von Temperatur und Winddruck auf die Selbstlüftung. Gesundh.-Ing. Bd. 36 (1913) S. 853/855. — Wietfeldt, W.: Die Be- und Entlüftung des Normalarbeitsraumes. (Im Auftrag des Technischen Ausschusses der Deutschen Gesellschaft für Arbeitsschutz bearbeitet.) 92 Abb. Berlin: Julius Springer 1937. [Siehe auch Haustechn. Rdsch, Bd. 42 (1937) H. 30 S. 446.]

verwendet. Auch zusammenklappbare Dachreiter, die von unten mit einer Hubstange betätigt werden, haben sich besonders bewährt (s. hierzu den angeführten Aufsatz von W. WIETFELDT: Einfache Lüftungsanlagen für Arbeitsräume).

Daß bei Ofenheizung bisweilen Lüftungsöfen und vom Boden abgehende Abluftschächte angeordnet werden, wurde bereits unter Ofenheizung erwähnt[1]. Ist Dampfheizung mit an den Außenwänden aufgestellten Heizkörpern vorhanden, so können zur Frischluftzuführung auch hinter den Heizkörpern angebrachte, verschließbare und mit Gittern versehene Maueröffnungen dienen (wie bei Kochküchen, s. Abschnitt IIIC).

Es ist indessen zu beachten, daß die Wirkung dieser Einrichtungen in hohem Maße von der Witterung abhängt und im Sommer ganz versagen kann.

Muß ein bestimmter Luftwechsel garantiert werden, so sind mechanische Lüftungsanlagen erforderlich. Aber auch dann muß geprüft werden, ob bei den gegebenen Verhältnissen nicht mit einfachen Lüftungsanlagen, wie Decken- und Wandlüftern mit oder ohne Luftvorwärmung, auszukommen ist. Sollen die Anlagen jedoch, wie dies oft der Fall ist, nicht nur hygienischen, sondern auch technischen Zwecken dienen, so reichen derartige einfache Anlagen meist nicht aus. In Webereien, Spinnereien, Tabakfabriken usw. ist die Raumluft z. B. feucht zu halten, was durch zentrale Befeuchtung der zugeführten Luft oder durch Zerstäubung von Wasser in den Räumen mittels Preßluft erreicht werden kann; in Textilfabriken, Schlachthöfen und ähnlichen Betrieben, in denen viel mit heißem oder gar siedendem Wasser hantiert wird, sind Entnebelungsanlagen erforderlich; Lagerräume, Kellerräume usw. müssen durch Lüftung im Sommer oft getrocknet, im Winter befeuchtet, andere gekühlt werden. Großgaragen sind zu lüften, weil die Raumluft durch die Auspuffgase der Autos verdorben wird und die Benzindämpfe Explosionsgefahr herbeiführen können, wenn sie nicht beseitigt werden. Dann wieder ist Lüftung zur Staubentfernung erforderlich, wie z. B. in Gußputzereien, Schleifereien und Zigarettenfabriken.

Oft haben die Anlagen in demselben Betrieb mehrere dieser Aufgaben zu erfüllen. Beispielsweise gibt es Anlagen (Zigarettenfabrik „Turmac", Seebach-Zürich), bei welchen ein Teil der vom Zuluftlüfter gelieferten Luft unmittelbar hinter dem Lufterhitzer abgenommen und nach denjenigen Räumen geleitet wird, die nur der Lüftung bedürfen, während der übrige Teil einen Befeuchtungsapparat mit heizbaren Verdunstungsschalen durchströmt und denjenigen Räumen zugeleitet wird, die außer Lüftung auch Befeuchtung der Raumluft erfordern. Außerdem können Abluftlüfter vorhanden sein, die zum Absaugen des Staubes und der auf andere Weise verdorbenen Raumluft dienen.

In seinem Aufsatz „Die Bewetterungsanlage der Kölnischen Gummifäden-Fabrik vorm. Ferd. Kohlstedt & Co., Köln-Deutz" in der Gummi-

[1] Siehe auch Erneuerung der Luft in Arbeitsräumen. Gesundh.-Ing. 1936 S. 283.

Zeitung, Berlin, vom 30. April 1926, S. 1694[1], gibt ferner M. Hirsch an, daß die daselbst eingebaute Anlage dazu dient, die Temperatur und den Wassergehalt der Luft innerhalb bestimmter Grenzen zu halten, Ansammlungen von Benzindämpfen zu vermeiden, den Arbeitern frische Luft zuzuführen und ungünstige Einflüsse der Lüftung auf die Erzeugnisse zu vermeiden. Ohne die künstliche Bewetterung würden die Erzeugnisse der Fabrik schlecht ausfallen und Explosionsgefahr bestehen.

Außerdem ist hinsichtlich der Lüftung großer Arbeitsräume zu unterscheiden zwischen hohen Räumen mit reichlichem Luftraum je Person und niedrigen, stark besetzten Räumen[2]. Während in den erstgenannten Räumen am zweckmäßigsten Einzellüfter angeordnet werden, die je nach den Bedürfnissen auch eine Luftreinigung, -erwärmung und -befeuchtung ermöglichen, und so hoch angebracht sein müssen, daß sie keine Zugerscheinungen verursachen, muß in der Regel bei niedrigen Räumen der zentralen Anlage mit entsprechenden Luftverteilungs- und -absaugekanälen der Vorzug gegeben werden.

Nachstehend sollen die Anlagen zur Erfüllung der genannten Anforderungen kurz besprochen werden.

1. Lüftung zur Beseitigung der Atmungs- und Ausdünstungsprodukte der Menschen sowie durch den Arbeitsvorgang entstehender Gerüche.

Diese Anlagen erhalten normalerweise einen Zuluftlüfter mit Lufterhitzer zur Vorwärmung der Luft auf Raumtemperatur. Abluftlüfter sind meist nicht erforderlich, sondern nur Abluftöffnungen evtl. in Verbindung mit Abluftkanälen, die ziemlich eng gehalten werden können, weil die Erzielung eines gewissen Überdruckes in den Räumen zweckmäßig ist. Die Zu- und Abluftöffnungen sind so anzuordnen, daß die Räume, insbesondere die Aufenthaltszonen der Arbeiter, vom Luftstrom vollständig durchspült werden.

Je Person und Stunde sind mindestens 20 m^3 Frischluft von etwas über Raumtemperatur einzuführen. Von $-10°$ an ist (an Orten mit $-20°$ niedrigster Außentemperatur) die Luftmenge derart einzuschränken, daß die erforderliche Erwärmung dennoch zustande kommt.

Bei Bauten mit Oberlichtern (z. B. Shedbauten) ist zu berücksichtigen, daß infolge der Sonneneinstrahlung in der Aufenthaltszone unangenehm hohe Temperaturen und dadurch auch Gerüche in vermehrtem Maße entstehen können. Es gilt diesbezüglich das unter Abschnitt XI für Säle mit Oberlichtern Gesagte. Zur Beseitigung dieses Übelstandes helfen Lüftung und selbst Berieselung der durchsichtigen Glasflächen mit kaltem Wasser nur teilweise, weil die Wärmestrahlen (auch die dunklen) den Wasserschleier und die bewegte Luft in fast unvermindertem Maße durchdringen. Will man ihre Wärmewirkung von der Arbeitszone fernhalten, so muß dafür gesorgt werden, daß sie nicht bzw.

[1] Notiz im Gesundh.-Ing. 1926 S. 353.

[2] Wietfeldt. W.: Die künstliche Be- und Entlüftung größerer Arbeitsräume. Gesundh.-Ing. Bd. 60 (1937) H. 24 S. 390/395 — Die Lüftung in Arbeitshallen und Großwerkstätten. Reichsarb.-Bl. Bd. 17 (1937) H. 3 III S. 17/22.

nur zu einem kleinen Teil in die betreffenden Räume einzudringen vermögen, was z. B. durch Anstreichen der Glasflächen mit blauer oder weißer Farbe (einer Mischung von Kali-Wasserglas, Wasser, Kreide und z. B. Ultramarinblau oder Öl- und Wasserfarbe) erreicht werden kann, wodurch zugleich eine angenehme, nicht blendende Raumbelichtung zustande kommt. Der Anstrich ist so zu wählen, daß die Räume nicht unnötigerweise verdunkelt werden. Bisweilen wird er auch im Frühjahr angebracht und im Herbst, bei Beginn der kälteren und dunkleren Jahreszeit, wieder entfernt, was keine große Mühe verursacht.

Sollen außerdem die Dächer kühl gehalten werden, so sind gut isolierende Bauweisen und Kaltwasserberieselung angezeigt, wobei aber darauf zu achten ist, daß das Wasser nicht nur in einzelnen schmalen Wasserfäden über die Flächen hinunterfließt, sondern dieselben, z. B. mittels Anwendung von Brausen, gleichmäßig bedeckt.

2. Lüftung zur Beseitigung von Gasen, Dämpfen, Staub, Spänen usw.

Zur Beseitigung von Dämpfen, Gasen, Staub und Spänen ist möglichst nahe den Entstehungsorten kräftig Luft abzusaugen, so daß die genannten Verunreinigungen vom Luftstrom mitgenommen werden. Dazu können entsprechend geformte Hauben und Mundstücke in Frage kommen, die an den Maschinen und anderen Betriebseinrichtungen oder in deren Nähe anzubringen sind. In gewissen Fällen müssen die Absaugstutzen wegschwenk- oder teleskopartig verschiebbar sein, um die Arbeiter nicht zu behindern. Für die Ausführung von Staub- und Späneabsaug- sowie -transportanlagen und ähnlichen Einrichtungen werden zweckmäßig Spezialfirmen zugezogen, ganz besonders dann, wenn es sich um teilweise Wiedergewinnung der abgesaugten Produkte (z. B. von Benzin, Edelmetallen usw.) handelt.

Bei den industriellen Lüftungsanlagen wird gewöhnlich von unten nach oben, bisweilen aber auch nach unten oder sowohl nach oben als auch nach unten gelüftet. Sind z. B. in Gießereien und Gußputzereien Bodenkanäle für die Staubabsaugung und Sandaufbereitung vorhanden, so wird ein Teil der Luft durch diese abgesaugt. Während der Zeit des Gießens und Auspackens der Sandformen empfiehlt sich, der dabei auftretenden starken Rauch- und Dampfentwicklung wegen, aber außerdem obere Absaugung.

Sind grobe Beimischungen, wie Staub, Späne und andere Schwebeteile, in großen Mengen vorhanden, so dürfen sie nicht unmittelbar ins Freie geblasen, sondern müssen auf möglichst vollkommene und hygienische Weise beseitigt werden. Hierzu können Staubkammern, Staubfänger, Trocken- und Naßfilter sowie mit Öl benetzte Metallfilter dienen[1], ferner kommt Entstaubung der Luft durch Waschung, bei grobem Staub bzw. Spänen auch durch Zyklone in Frage, und in neuerer Zeit findet

[1] Konstruktion und Wirkungsweise von Unterdruck-Saugfiltern und Überdruck-Umluftfiltern. Rauch u. Staub 1926 S. 87. — Ferner Berlowitz: Versuche an Metallfiltern zur Luftentstaubung. Bericht über den XI. Kongreß für Heizung und Lüftung 1924 — Gesundh.-Ing. 1925 S. 397.

das System des Niederschlagens von Staub und Tröpfchen aus Luft, Gasen und Dämpfen auf elektrischem Wege immer mehr Verbreitung (desgleichen zur Wiedergewinnung wertvoller Schwebestoffe). Bisweilen ist es möglich, den abgesaugten Staub unmittelbar wegzuschwemmen, so daß die Arbeiter nicht mehr damit in Berührung kommen.

Einige interessante Beispiele für vorbildliche lüftungstechnische Einrichtungen dieser Art, wie: Absaugeanlage für Beizstände und galvanische Bäder, die Auswaschanlage für die abgesaugten Gase und Dämpfe, die Absauge- und Zuluftanlage für eine Spritzmalerei, Schleiferei, Blankpoliererei, Sandstrahlerei sowie die zugehörigen Staubabscheideanlagen sind dem unten näher bezeichneten Aufsatz zu entnehmen[1].

Näher auf die verschiedenen Möglichkeiten und ihre Eignung für die einzelnen Fälle einzugehen, verbietet der verfügbare Raum, auch handelt es sich hierbei um ein so ausgesprochenes Sondergebiet, daß bei Erstellung derartiger Einrichtungen der Rat des erfahrenen Fachmannes doch nicht entbehrt werden kann.

Die abzusaugende Luftmenge richtet sich nach der zu erzielenden Wirkung. Sie ist, wenn es sich um unmittelbare Absaugung aus Maschinen, Kochgefäßen usw. oder durch gut angepaßte Mundstücke bei Holzbearbeitungsmaschinen, Schleif- und Schmirgelscheiben, Textil- oder Zigarettenmaschinen handelt, verhältnismäßig klein, während z. B. in Gußputzereien Abluftgitter in den Werktischen angebracht und in den Mischräumen von Zigarettenfabriken die Luftabsaugstellen über den Plätzen angeordnet werden, wo das Aufwerfen der Tabakblätter erfolgt, in welchen Fällen bedeutende Luftmengen (unter Umständen bis zum 30fachen des Rauminhaltes je Stunde und mehr) zu fördern sind. Auch Giftgas- und ähnliche Räume müssen kräftig gelüftet werden. Dabei hat man, um den Unterdruck in den Räumen nicht zu groß werden zu lassen oder sogar noch einen Überdruck zu erreichen, wie er für bestimmte Betriebe (z. B. Spritzmalereien) notwendig ist, auch für Zuführung angewärmter und nötigenfalls befeuchteter Frischluft von außen zu sorgen, was meist ebenfalls unter Zuhilfenahme von Lüftern geschieht. Trifft man hierfür keine Maßnahmen, so sind, infolge des Unterdruckes, die Türen schwer bedienbar und treten durch alle Öffnungen in den Umfassungsmauern scharfe Luftströmungen auf, die Zug und andere Übelstände (starke Verschmutzung der Räume) im Gefolge haben.

Selbstverständlich muß bei Staub- und Späneabsaug- und -förderanlagen sowohl in den Mundstücken als auch in den Leitungen eine entsprechend große Luftgeschwindigkeit herrschen, damit die festen Partikel mitgenommen werden. Nach Hartmann[2] ist z. B. bei der Absaugung von Holzstaub eine Luftgeschwindigkeit von 10 m, für Holz-

---

[1] Weinhold, E., u. A. Kollmar: Lufttechnische Anlagen für Arbeitsräume mit Staub-, Gas- und Dämpfeentwicklung. Heizg. u. Lüftg. 1937 H. 10 S. 145/151. — Ferner: Nagel, R.: Entstaubungs- und Lüftungsfragen in der Werkstatt. Berlin: VDI-Verlag 1934. 22 S., 36 Abb. auf 12 Tafeln.

[2] Siehe den Vortrag „Reine Luft in Arbeitsräumen". Bericht über den XII. Kongreß für Heizung und Lüftung 1927.

späne je nach ihrem Feuchtigkeitszustand von 16—25, für Textilstaub von 10—15 m/sec erforderlich[1]. Dabei ist in besonderem Maße auf einwandfreie Luftströmung, d. h. Vermeidung aller unnötigen Widerstände zu achten.

In gewissen Fällen strebt man dahin, die Luft, in welcher die Arbeiter sich aufhalten, und diejenige, in welcher sich die Arbeitsvorgänge abspielen, durch feste Wände, Luftschleier oder Luftströme vollständig oder teilweise voneinander zu trennen, um den Anforderungen einerseits in hygienischer, andererseits in herstellungstechnischer Beziehung gerecht werden zu können. Beispielsweise werden Kühlluftschleier zwischen heißen Flächen (z. B. Ofenwänden) oder Dampf erzeugenden Einrichtungen und Arbeitern hervorgerufen, indem man mit großer Geschwindigkeit kalte Preßluft durch feine Schlitze austreten läßt[2], oder man hüllt die Arbeiter in eine Luftwolke von einwandfreier Beschaffenheit ein. Zwecks Vermeidung von Zugerscheinungen werden dazu Luftverteiler (Anemostaten) empfohlen[3].

Statt durch gewöhnliche Lüftung können übelriechende Dämpfe unter Umständen auch durch Kondensation beseitigt werden[4].

Einen Sonderfall bilden die Großgaragen, deren Luftinhalt sich durch die Lüftungsanlage, die gleichzeitig als Luftheizung dienen kann, 2—3mal in der Stunde erneuern lassen soll. Die Abluft ist dabei an den tiefsten Punkten abzusaugen und über Dach zu blasen. Die Zuluftöffnungen müssen derart angeordnet werden, daß die Luft auf ihrem Wege die Räume gut durchspült, insbesondere die unteren Raumpartien, damit evtl. auftretende Benzin- und Benzoldämpfe (die spezifisch schwerer sind als Luft) und die Auspuffgase der fahrenden Wagen, die namentlich ihres hohen Kohlenoxydgehaltes wegen gefährlich sind, vollständig sowie auf kürzestem Wege entfernt werden. Vorzüglich sind auch die Arbeitsgruben zu lüften, weil hier die Absammlung von Benzindämpfen besonders leicht möglich ist. Die Trennungswände der Boxen sind unten und oben mit weitmaschigen Drahtgeflechten zu versehen, die reichliche Luftzirkulation gestatten, sofern es nicht angeht, jeder einzelnen Boxe Frischluft zuzuführen[5].

---

[1] Siehe auch Gesundh.-Ing. 1926 S. 147.

[2] Z. B. Gesundh.-Ing. 1927 S. 382.

[3] Küster, E.: Zugfreie Ventilation geschlossener Räume durch Anemostatenlüftung. Arb. Reichsges.-Amt Bd. 57 S. 221. Berlin: Julius Springer 1926. Bericht im Gesundh.-Ing. 1926 S. 641. — Hirsch: Wie lassen sich bei der Belüftung von Fabrikräumen Ware und Arbeiter unterschiedlich berücksichtigen. Gesundh.-Ing. 1926 S. 739 — Laboratoriumslüftung unter Verwendung von Anemostaten. Gesundh.-Ing. 1927 S. 104. — Hartmann: Reine Luft in den Arbeitsräumen. Bericht über den XII. Kongreß für Heizung und Lüftung Abb. 34 S. 28.

[4] Sinzig, J.: Beseitigung übelriechender Abdämpfe einer Kerzen- und Seifenfabrik. Gesundh.-Ing. 1924 S. 493.

[5] Bezüglich der für Garagen bestehenden behördlichen Vorschriften wird auf das in Abschnitt I A 2g Gesagte verwiesen. Ferner: Froboese, V.: Beitrag zur Frage der Straßenluft an Auspuffgasen, besonders Kohlenoxyd, durch den Kraftwagenverkehr und die Bestimmung des Kohlenoxyds in Garagen und Betrieben. Gesundh.-Ing. Bd. 54 (1931) H. 8 S. 113/117. — Grünewald, M.: Über die gesundheitsschädigende Wirkung der Auspuffgase in Automobilgaragen. Haustechn. Rdsch. Bd. 38 (1933) H. 3 S. 32/34. — Maschlanka, G.: Die Bestimmungen für

Können die Abgase nicht über Dach in die freie Atmosphäre hinauf, sondern müssen sie in die Straßenzüge ausgeblasen werden, so kann eine Reinigung derselben vor dem Austreten, z. B. Luftwaschapparaten, erforderlich werden.

Bei diesen Anlagen sind daher sowohl Zu- als auch Abluftlüfter vorzusehen. Aus betriebstechnischen und Sicherheitsgründen werden bisweilen sogar mindestens je zwei Aggregate aufgestellt. Ferner ist Drehzahlregelung zur Veränderung der Leistung vorzusehen. Bei so ausgerüsteten Anlagen können z. B. folgende Betriebsvorschriften erlassen werden:

Sommerbetrieb.

a) Während den Hauptbetriebsstunden sind bei starker Beanspruchung der Garage beide Zu- und Abluftlüfter voll laufen zu lassen. Es ist ausschließlich mit Frischluft zu arbeiten.

b) Ist die Benutzung der Garage schwach, so kann je ein Zu- und ein Abluftlüfter abgestellt, oder es können die vier Aggregate mit langsameren Geschwindigkeiten laufen gelassen werden.

c) Stehen die Tore und evtl. Fenster offen, so genügt bei nicht allzu starkem Verkehr das Laufenlassen der Abluftventilatoren allein.

d) Nachts, wenn der Betrieb nahezu gleich Null ist und sich nur ein oder einige Nachtwächter in der Garage befinden, sind alle Lüfter abzustellen.

e) Auf alle Fälle ist aber durch genügendes Laufenlassen der Lüfter während den Betriebsstunden dafür zu sorgen, daß die Luft in der Garage gut ist, zum allermindesten nicht als irgendwie gesundheitsschädlich bezeichnet werden kann.

Winterbetrieb.

a) Im Winter wird die Garage mit der Lüftungsanlage gleichzeitig geheizt und daher sind die Zuluftlüfter tagsüber und bei kalten Außentemperaturen auch nachts oder wenigstens von den frühen Morgenstunden an im Betrieb zu halten. Der Frisch- und Umluftbetrieb ist so einzustellen, daß der Garage auch in dieser Jahreszeit genügend Frischluft zugeführt wird. Bei zunehmender Kälte ist die Frischluftmenge durch entsprechende Schieberstellung zu vermindern, die Umluftmenge zu vergrößern. Das Maß, in welchem vom Frisch- zum Umluftbetrieb übergegangen werden kann, muß einerseits mit Rücksicht auf die Luftverhältnisse, andererseits auf nicht zu hohe Betriebskosten ermittelt werden.

b) Die Ablüftung kann im Winter eingeschränkt betrieben, nachts bei ruhendem Verkehr abgestellt werden.

Die Lüfter und Lufterhitzer dürfen in den Garagen selber aufgestellt werden, während die Kesselanlage mit Rücksicht auf die Möglichkeit des Auftretens von Benzindämpfen und die damit verbundene Explosionsgefahr außerhalb unterzubringen ist. Bei richtiger Anordnung der Luftkanäle ist es möglich, Frisch-, Um- und Abluftmenge durch Handhabung eines einzigen Schiebers (bzw. einer Klappe) zu regeln, wodurch an die Bedienung geringe Anforderungen gestellt werden und Sicherheit für das einwandfreie Arbeiten der Anlagen besteht. Die Frischluftmenge zugunsten der Umluft einschränken zu können, ist zum Hochheizen der Räume und zwecks Ersparnis von Brennmaterial bei sehr tiefen Außentemperaturen erforderlich. Ganz abschließbar sollte der Frischluftkanal jedoch nicht sein.

---

die Beheizung von Garagen im § 17 der Berliner Polizeiverordnung vom 4. Juni 1927 über den Bau von Anlagen zur Unterbringung von Kraftfahrzeugen. Gesundh.-Ing. Bd. 55 (1932) H. 32 S. 269/274. — Görlacher, H.: Über die Schädlichkeit der Auspuffgase von Explosionsmotoren. Gesundh.-Ing. Bd. 55 (1932) H. 25 S. 301/304.

Auf diese Weise gelingt es, die Garagen nach außen hin bis auf die Tore vollständig dicht zu erstellen, so daß es möglich ist, allen berechtigten Ansprüchen der umliegenden Anwohner hinsichtlich Schutz gegen Belästigungen durch Schall und Gerüche sowie auch innerhalb der Garage selbst allen Anforderungen bezüglich Hygiene, Sicherheit und Wirtschaftlichkeit gerecht zu werden.

Die Anordnung, daß in Großgaragen etwaige am Boden lagernde Benzindämpfe mittels eines Lüfters durch die Falleitungen der Kanalisation abgesaugt werden, ist schon ausgeführt worden, sollte von den Behörden aber untersagt werden, weil sonst mit einer Vermehrung der ohnedem schon vorkommenden Explosionsunglücke bei Kanalüberprüfungen zu rechnen ist.

Sonstiges Schrifttum über Garagen:

Siehe zunächst Abschnitt I A 2g; ferner:

HOUGHTEN u. DERMOTT: Lüftung von Kraftwagenhallen. J. Amer. Soc. Heat. Vent. Engr. 1933 Nr 7 [s. Kurzbericht Gesundh.-Ing. Bd. 56 (1933) H. 33 S. 395].

SLUSS u. CAMPBELL u. FORBER: Kraftwagenhallenlüftung. J. Amer. Soc. Heat. Vent. Engr. 1933 Nr 12 [s. Kurzbericht Gesundh.-Ing. Bd. 57 (1934) H. 24 S. 302/303].

MENSING, P.: Lüftungsfragen in Einstellräumen und Instandsetzungswerkstätten für Kraftfahrzeuge. Gesundh.-Ing. Bd. 60 (1937) H. 3 S. 39/40.

HOLBROOK, F. L.: Die Lüftungsanlagen in einem städtischen Kraftwagenraum. Heat a. Vent. Bd. 33 (1936) H. 10 S. 38 [s. auch Kurzbericht Gesundh.-Ing. Bd. 60 (1937) H. 15 S. 226].

KERN, J. F.: Die Lüftung eines großen unterirdischen Kraftwageneinstellraumes. Heat a. Vent. Bd. 34 (1937) H. 7 S. 35/38 [s. auch Kurzbericht Gesundh.-Ing. Bd. 61 (1938) H. 1 S. 14].

RANDALL u. LEONHARD: Lüftung von Kraftwagenhallen. Trans. Amer. Soc. Heat. Vent. Engr. Bd. 36 (1930), hrsg. 1932 [s. auch Kurzbericht Gesundh.-Ing. Bd. 66 (1932) H. 22 S. 263].

3. Lüftung zur Regelung der Temperatur.

Die Verwendung der Lüftungsanlagen zum Heizen der Räume wurde bereits besprochen.

Von besonderem Wert kann in Fabriken aber auch ihre Eignung zur Kühlung von Arbeitsräumen, gewissen Lägern, Kühlhäusern usw. sein, wenn durch die Arbeitsvorgänge große Wärmemengen frei werden oder im Sommer die Sonne eine zu hohe Erwärmung herbeizuführen droht.

Nach K. HARTMANN[1] können ohne wirksame Abhilfemaßnahmen z. B. vorkommen: in Hüttenwerken an manchen Betriebsstellen bis 65°, neben Ziegel- und Porzellanbrennöfen beim Entleeren 50—80°, in Bäckereien 30—40°, neben Glasöfen 60° und mehr, in Caissons bis 60°, in Schiffsheizräumen 45—60°. Das sind nach heutigen Begriffen unhaltbare Zustände.

Dem Eindringen der Wärme von außen, z. B. infolge Sonnenstrahlung, kann, wie das im vorstehenden Unterabschnitt a) bemerkt wurde, durch wärmeschützende Bauweisen, Anstreichen der Oberlichtglasscheiben mit Farbe und Anbringen von Streudüsen, welche die Dächer

[1] Siehe den Vortrag „Reine Luft in Arbeitsräumen" im Bericht über den XII. Kongreß für Heizung und Lüftung 1927.

mit kaltem Wasser besprengen, bis zu einem gewissen Grade begegnet werden. Außerdem ist es in vielen Fällen angezeigt, eine gewisse kühlende Wirkung durch Luftbewegung, z. B. Dauerbetrieb vorhandener Lüftungsanlagen (ohne besondere Kühlung der Luft) oder Fächer-, Tisch- und Deckenlüfter, herbeizuführen. Bisweilen muß aber auch mit Kaltwasser, Eis oder Kältemaschinen gekühlte Luft eingeblasen werden.

Handelt es sich um bestimmte Wärmeentwicklungsherde, so wird mit Vorteil direkt bei diesen die heiße Luft abgesaugt und dafür kühle, evtl. unter Verwendung der obenerwähnten Anemostaten, zugeführt. Diesem Verfahren liegt in bezug auf Wirtschaftlichkeit derselbe Gedanke zugrunde, wie wenn beim Wegschaffen von Staub und Dämpfen die Luft an den Entstehungsorten abgesaugt oder beim Heizen die Wärme möglichst unmittelbar den Aufenthaltsorten der Rauminsassen zugeführt wird (Fußschemelheizung in Kirchen usw.)

Das bei anderen Gebäudearten wiederholt empfohlene Laufenlassen der Lüfter während der Nacht zur Auskühlung der Gebäudemauern hilft bei Fabrikbauten wenig, wenn, wie das meist der Fall ist, keine beträchtlichen Mauermassen, die als Wärmespeicher dienen könnten, vorhanden sind und die Wärmeerzeugung tagsüber erheblich ist.

4. Lüftung und Befeuchtung der Raumluft.

Mechanische Lüftungsanlagen lassen sich auch zur Erreichung bestimmter Luftfeuchtigkeitsgrade in Arbeitssälen, Lagerräumen usw. verwenden, indem man den Feuchtigkeitsgehalt der Zuluft mittels Streudüsen oder beheizten Dunstschalen erhöht.

Im Sommer wird meist ausschließlich mit Frischluft gearbeitet, während im Winter aus Wirtschaftlichkeitsgründen in der Regel die Beimischung von Umluft erforderlich ist.

Es sind recht beträchtliche Luftmengen und daher auch große Lüfter und Luftkanäle nötig. Soll z. B. in Gegenden mit gemäßigtem Klima die Luft in Sägedachbauten von Spinnereien und Webereien im Winter bei 22° Raumtemperatur auf einen relativen Feuchtigkeitsgrad von 70% gehalten werden, so ist erfahrungsgemäß mindestens ein vierfacher stündlicher Luftwechsel bei einer Sättigung der Zuluft von 80—90% erforderlich.

Außer durch die Zahl der Düsen bzw. die Größe der Wasserbecken kann die Verdunstung in hohem Maße durch die Wassertemperatur beeinflußt werden[1].

Ist künstliche Lüftung der Räume nicht oder nur in geringem Grade erforderlich, so ist eine Befeuchtung der Raumluft jedoch auf billigere Weise mittels Druckluftbefeuchtungsanlagen möglich, wobei das Wasser mittels Preßluft von 0,3—0,4 atü direkt in die Räume hinein zerstäubt wird. Je Düse können auf diese Weise ohne Tropfenbildung etwa 3 bis 5 l/st Wasser an die Raumluft abgegeben werden[2].

---

[1] Über Luftbefeuchtung s. verschiedene Aufsätze im Gesundh.-Ing. vom 27. III. 1926.

[2] Körting: Luftbefeuchtung. Z. VDI 1922 S. 1000. — Ferner: Hottinger: Heizg. u. Lüftg. Aufl. 1926, S. 262. München und Berlin: R. Oldenbourg.

Weiteres Schrifttum zu vorstehenden Abschnitten 3 und 4:

OPITZ, H. E.: Künstliches Wetter für Industriebetriebe. Haustechn. Rdsch. Bd. 39 (1934) H. 5 S. 64/66 [s. auch Gesundh.-Ing. Bd. 56 (1933) H. 40 S. 472/474].

Die Anwendung von Kälte bei Klimaanlagen. Heat. a. Vent. Engr., Lond. Bd. 6 (1933) Nr 71 S. 432/436 u. Nr 72 S. 461/468 [s. auch Bericht Gesundh.-Ing. Bd. 56 (1933) H. 29 S. 346].

POLDERMANN, L. H.: Klimaanlagen in der Filmindustrie. Heat. Pip. Bd. 5 (1933) Nr 6 [s. auch Bericht Gesundh.-Ing. Bd. 56 (1933) H. 30 S. 358].

KOENIGER, W.: Die Klimaanlage. Z. VDI Bd. 77 (1933) Nr 37 S. 989/997 [s. auch Bericht Gesundh.-Ing. Bd. 56 (1933) H. 46 S. 548/549].

STOHN, R.: Neuzeitliche Regeltechnik in Klimaanlagen. Haustechn. Rdsch. Bd. 38 (1933) H. 29 S. 391/394 u. H. 30 S. 401/402.

Großkühlanlagen für Luftveredelung. Heat. Engng. Bd. 8 (1933) Nr 12.

Rieseltürme für Lüftungsanlagen. Heat. Engng. Bd. 8 (1933) Nr 11 [siehe auch zu den beiden letzten Angaben Gesundh.-Ing. Bd. 57 (1934) H. 24 S. 302].

OHMES, A. K.: Der gegenwärtige Stand der „Air Conditioning" („künstliche Bewetterung") in den Vereinigten Staaten von Amerika. Gesundh.-Ing. Bd. 58 (1935) H. 9 S. 113/119.

KLEIN, A.: Klimatisierungsanlagen. Vortrag, gehalten auf dem XIV. Kongreß für Heizung und Lüftung in Berlin 1935 [s. Kongreßbericht, Verlag. R. Oldenbourg, sowie Gesundh.-Ing. Bd. 58 (1935) H. 24 S. 352/353].

KLEIN, A.: Klimatisierungsanlagen für Industrie und Komfort. Gesundh.-Ing. Bd. 58 (1935) H. 26 S. 416/419.

SCHLÖSSER, H.: Spinnerei-Neubau der Firma Schachenmayr, Manu & Co., Salach (Württ.). Gesundh.-Ing. Bd. 59 (1936) H. 27 S. 415.

LANG, M.: Die Regelung heiztechnischer Luftaufbereitungs- und industrieller Trockenanlagen. Gesundh.-Ing. Bd. 59 (1936) H. 49 S. 713/718.

SOROKA, M. O.: Klimaanlagen in der Industrie. (Teil III. Holz- und Papierindustrie, Druckerei- und Lithographieanstalten.) Heat. a. Vent. Bd. 34 (1937) H. 2 S. 53/55 [s. auch Kurzbericht Gesundh.-Ing. Bd. 60 (1937) H. 31 S. 490/491].

JUNGNITZ, G.: Klimaanlagen für Industrie. Wärme Bd. 59 (1936) H. 44 S. 745/746 [s. auch Kurzbericht Gesundh.-Ing. Bd. 60 (1937) H. 5 S. 76].

RYBKA u. KLEIN: Klimatechnik. Entwurf, Berechnung und Ausführung von Klimaanlagen. München und Berlin: R. Oldenbourg 1937. 143 S., 118 Abb.

SÜLZLE, W.: Vollautomatische Klimaanlagen in Industriewerken. Heizg. u. Lüftg. (1938) H. 9 S. 129/133. (Beispiele: Spinnerei, Druckerei, Zigarettenindustrie.)

5. Entnebelung der Räume.

Umgekehrt wird in Textil-, Papier- und chemischen Fabriken, Schlachthöfen usw. oft zuviel Feuchtigkeit frei, die eine Durchfeuchtung der Mauern und Decken, Rosten der Eisenteile, unerwünschte Tropfenbildung und Unsichtigkeit der Luft zur Folge hat. In solchen Fällen benutzt man die Lüftung in gleicher Weise wie bei Koch- und Waschküchen (s. Abschnitte IIIC und D) auch zur Entnebelung der Räume, indem im Sommer mittels Lüfter kräftig gelüftet, im Winter bei den Dampfentstehungsorten Frischluft von 30—50° eingeblasen wird, welche infolge ihrer großen Trockenheit die Dämpfe aufsaugt. Außerdem wird gewöhnlich aus den oberen Teilen solcher Räume Luft abgesaugt, oder es sind wenigstens Öffnungen vorhanden, durch welche die Abluft entweichen kann. Dabei ist eine Lufterneuerung bis zum etwa 10fachen des Rauminhaltes erforderlich. Im Sommer genügt, wie erwähnt, kräftige Lüftung bis zum etwa 25fachen ohne Vorwärmung der Frischluft.

Ist die Luft der zu entnebelnden Räume mit Säuredämpfen durchsetzt, so sind die Luftleitungen nicht aus verzinktem Eisenblech, sondern aus Holz oder verbleitem Blech herzustellen. In letzterem Falle ist es angezeigt, sie mit einem säurefesten Lack zu bestreichen[1].

Ob in den Räumen mittels der Lüftung Über- oder Unterdruck erzeugt werden soll, hängt davon ab, ob Zugerscheinungen durch Fenster und Türen auszuschließen sind, oder ob es wünschenswert ist, das Austreten von Luft nach den Nebenräumen zu verhindern (s. auch die Abschnitte IIIC und D sowie XIX).

Schrifttum:

MICHEL, A.: Eine neuzeitliche Färberei-Entnebelungsanlage. Apparatebau 1924 S. 201 [kurzer Bericht im Gesundh.-Ing. 1928 S. 297).

ADAM, G.: Die Entnebelung von gewerblichen Betriebsräumen. Braunschweig: Vieweg & Sohn.

BALCKE, H.: Neuzeitliche Entnebelung von Werksräumen. Gesundh.-Ing. 1928 S. 500.

MEYER, H.: Die Entnebelung von Färbereien. Zbl. Gew.-Hyg. 1931 H. 7 [s. auch Kurzbericht Gesundh.-Ing. Bd. 55 (1932) H. 10 S. 119].

MEYER, H.: Die technische Durchführung der Entnebelung von Färbereien. Zbl. Gew.-Hyg. 1932 H. 1 u. 2 [s. auch Kurzbericht Gesundh.-Ing. Bd. 55 (1932) H. 22 S. 262/263].

DRAGENDORFF, R.: Erfahrungen an Entnebelungsanlagen in Fabrikräumen. Haustechn. Rdsch. Bd. 36 (1931) H. 9 S. 116/118.

OPITZ, H. E.: Entnebelungsanlagen in Färbereien. Haustechn. Rdsch. Bd. 38 (1933) H. 4 S. 47/49.

Statt Entnebelungsanlagen zu erstellen, werden die entstehenden Dämpfe bisweilen auch über den Entstehungsherden durch Lüftungshauben abgefangen oder direkt aus den mit Deckeln versehenen Bottichen, Kochgefäßen usw. abgesaugt[2].

Außer Entnebelungs- sind bisweilen auch Anlagen zu erstellen, die nur dazu dienen sollen, den Feuchtigkeitsgehalt der Raumluft nicht zu hoch ansteigen zu lassen. Das kann z. B. in Magazinen der Fall sein, in denen Waren gelagert werden, die bei hoher Feuchtigkeit leiden. Im Winter kann der gewünschte Luftzustand durch die Heizung leicht herbeigeführt werden, für den Sommer dagegen sind besondere Vorkehrungen zu treffen, z. B. indem man die Raumluft umwälzt und dabei unterkühlt, so daß sie Wasser ausscheidet, worauf sie bei der Wiedererwärmung den gewünschten Trockenheitsgrad annimmt, oder indem man sie über Silika-Gel (Kieselsäure-Gel, hergestellt aus Natronwasserglas und Salz- oder Schwefelsäure) leitet, das sehr hygroskopisch ist und daher die Feuchtigkeit aus der Luft begierig aufnimmt. Die Regeneration des Gels erfolgt, indem man es während etwa $1^1/_2$ Stunden auf 200—300° erhitzt, worauf es ohne weiteres wieder verwendbar ist.

Silika-Gel wird bereits in großem Maßstab zum Trocknen von Gebläseluft verwendet[3].

---

[1] Chemiker-Ztg. 1925 S. 1054.

[2] Siehe das hierüber unter Abschnitt XIX Gesagte, ferner den Aufsatz von M. PROKOWSKY: Lüftung der Färbbottiche in Färbereien. Hyg. Arbeit, Moskau 1926, S. 85.

[3] Ausführungen der Maschinenfabrik A. Borsig, G. m. b. H., Berlin-Tegel; Notiz im Gesundh.-Ing. 1928 S. 399. — Eingehende wissenschaftliche Arbeiten über Silika-Gel werden durchgeführt im Technisch-chemischen Laboratorium der Eidgen. Techn. Hochschule Zürich unter Leitung von Prof. Dr. E. BOSSHARD. Siehe u. a. die Promotionsarbeit Nr. 542 von M. GATTIKER: Beiträge zur Kenntnis des Silika-Gels 1928.

Lüftungs- und Kühlanlagen besonderer Art sind diejenigen zur Bewetterung von Schächten und Stollen im Bergwerks- und Tunnelbau, zur Lüftung von Bahn-, städtischen Untergrundbahn- und Straßentunnels sowie von Caissons, Schiffsräumen (Heizräumen) usw., die jedoch aus dem Rahmen dieses Buches, das sich im besonderen auf Gebäude bezieht, herausfallen.

Einige weitere Schrifttumsangaben:

Betreffend Stollen- und Tunnelbau.

WIESMANN: Künstliche Lüftung im Stollen- und Tunnelbau. Bautechn. 1924 H. 34 u. 35. Kurzberichte im Gesundh.-Ing. 1924 S. 592; 1925 S. 21.

Kühlanlagen für Grubenbewetterung. Kälte-Ind. 1925 Nr 5 S. 21. Kurzbericht im Gesundh.-Ing. 1925 S. 427.

Versuche mit künstlicher Grubenkühlung auf der Zeche Radbod. Glückauf 1925 Nr 22 S. 661. Kurzbericht im Gesundh.-Ing. 1925 S. 427.

Das eisgekühlte Bergwerk. Der Bund, Bern (Schweiz) vom 5. VIII. 1926. Kurzbericht im Gesundh.-Ing. 1926 S. 656.

Die Vorteile der künstlichen Entlüftung bei Tunnelsprengarbeiten. Schweiz. Bauztg. 1930 S. 107. Kurzbericht Z. VDI Bd. 74 (1930) S. 350.

OSTERTAG: Versuche an einer Luftentfeuchtungsanlage (Bergwerk). Z. VDI Bd. 74 (1930) S. 1667.

Betreffend Bahntunnels.

Eine neue Lüftungsanlage für den Severn-Tunnel in London. Schweiz. Bauztg. 1924 S. 289. Kurzbericht im Gesundh.-Ing. 1924 S. 341.

GABER: Die Entlüftung des Königsstuhltunnels in Heidelberg. Bautechn. 1925 H. 12. Kurzbericht im Gesundh.-Ing. 1925 S. 392.

Lüftung der beiden Röhrentunnel der Londoner Zentral-Untergrundbahn mit ozonierter Luft. Engng. News Rec. 1925 S. 321. Kurzbericht im Gesundh.-Ing. vom 28. XI. 1925 S. 612.

Die Entlüftung des Kaiser-Wilhelm-Tunnels bei Kochem. Rauch u. Staub Juni 1927 S. 48.

HALDANE, S.: Die Belüftung von Tunneln. J. Instn. Heat. Vent. Engrs. Bd. 4 (1936) H. 37 S. 18/41. Kurzbericht im Gesundh.-Ing. Bd. 59 (1936) H. 48 S. 711.

POLJAKOW, A. CH.: Die Lüftung der Moskauer Untergrundbahn. Kurzbericht im Gesundh.-Ing. Bd. 58 (1935) H. 38 S. 591.

Betreffend Straßentunnels.

Ein Beitrag zur Belüftung von Straßentunnels. Bautechn. 1924 H. 51. Kurzbericht im Gesundh.-Ing. vom 28. XI. 1925 S. 155.

Lüftung des 1,8 km langen Liberty-Straßentunnels in Pittsburg. Engng. News Rec. 1925 S. 764 — Génie civ. 1925 S. 537. Kurzbericht im Gesundh.-Ing. 1925 S. 499, ferner Bautechn. 1925 H. 34.

COLLINS, M.-C.: Lüftungsanlage für einen Straßentunnel in Kalifornien. Engng. News Rec. 1927 S. 392. Kurze Beschreibung im Gesundh.-Ing. 1927 S. 725.

Die Lüftung des Holland-Straßentunnels. Engng. News Rec. 1927 S. 934. Kurze Beschreibung im Gesundh.-Ing. 1927 S. 739.

Lüftungsmaschinen als Schalldämpfer. Popular Mechanics, New York, April 1928. Kurzbericht im Gesundh.-Ing. 1928 S. 415.

Die Lüftungseinrichtungen des Mersey-Tunnels. Engng. Boiler House Rev. Bd. 48 (1934) S. 42 u. 44. Kurzbericht im Gesundh.-Ing. Bd. 58 (1935) H. 11 S. 155.

HALDANE, J. S.: Die Belüftung des Mersey- und anderer Tunnels. Heat. a. Vent. Engineer Bd. 9 (1936) H. 105 S. 345/348.

NEUMANN, E.: Be- und Entlüftung von Kraftwagentunnels. Z. VDI Bd. 81 (1937) H. 14 S. 415/416. Kurzbericht im Gesundh.-Ing. Bd. 61 (1938) H. 3 S. 41.

KRESS, H.: Über die Lüftung langer Kraftwagentunnels. Straßenbau Bd. 28 (1937) H. 13 S. 159; H. 14 S. 171; H. 15 S. 185. Bericht Gesundh.-Ing. Bd. 60 (1937) H. 39 S. 597/598.

XVII. Bahnhofsanlagen, Zugheizung.

Von **H. KÄMPER.**

A. Heizung.

1. Gebäudeheizung.

Die für die einzelnen Räume von Bahnhofsgebäuden zu wählenden Temperaturen entsprechen denen ähnlicher Räume in Verwaltungsgebäuden, Restaurationsräumen, Fabrikräumen, Hallen u. a., weshalb diesbezüglich auf das in den betreffenden Abschnitten Gesagte verwiesen werden kann.

Ofenheizung kommt nur noch selten in Frage, hauptsächlich für kleine ländliche Bahnhofsgebäude mit Wartesaal, Büro des Vorstandes im Erdgeschoß und evtl. einer Wohnung im ersten Stock, ferner vereinzelt für kleinere Stellwerksgebäude. In der Regel wird jedoch heute für die Beheizung der Büros, der sonstigen Aufenthaltsräume, Wartesäle, Verkaufsläden, Wohnungen, Stofflager u. dgl. die *Warmwasserheizung* gewählt, bei kleinerem Umfang als Schwerkraftheizung, bei Anlagen mit großer horizontaler Ausdehnung in Form der Pumpenwarmwasserheizung. Außerdem findet oft gleichzeitig *Niederdruckdampf* Verwendung für die Beheizung der Küchen, Wasch- und Baderäume, evtl. auch für die Bahnhofstürme wegen des bei Warmwasserheizung zu hohen statischen Druckes, ferner für die Warmwasserbereitung und die Lufterhitzer der Lüftungsanlagen. Für die Eingangshalle sowie die Wartesäle kann unter Umständen auch Luftheizung[1] in Betracht kommen, entweder als ausschließliche Beheizung oder in Verbindung mit örtlichen Heizflächen an den Hauptabkühlungsflächen (Fenster, Eingänge). Bei sehr hohen Fensterflächen kann die herabfallende Kaltluft entweder Umluftöffnungen unter den Fenstern und von dort dem Lufterhitzer der Luftheizungsanlage zugeführt werden (in ähnlicher Weise wie bei Kirchenheizungen), oder durch eine besondere Art der Anordnung von Heizkörpern unter den Fenstern wird mittels Führungsflächen ein Abfangen der Kaltluft und eine Vorwärmung vor Wiedereintritt in den Raum ermöglicht[2].

In der Regel wird selbst dann, wenn für die Aufenthaltsräume in obengenanntem Umfang Warmwasserheizung vorgesehen wird, die Kesselanlage als Niederdruckdampfkesselanlage ausgebildet, sofern überhaupt eine eigene Kesselanlage ausgeführt wird. Abb. 74 zeigt die ausgeführte Zentrale eines neuen Bahnhofsgebäudes. Dies geschieht zweckmäßig wegen der ohnehin meist notwendigen Dampferzeugung und wenn für Turmbauten trotz des hohen statischen Druckes Warmwasserheizung angelegt und gußeiserne Gliederkessel verwendet werden sollen. Um

---

[1] BASTIEN: Druckluftheizung im Seebahnhof Cherbourg. Bericht zum V. französischen Kongreß für Heizung und Lüftung von Wohngebäuden. [Siehe auch Kurzbericht im Gesundh.-Ing. Bd. 56 (1933) H. 35 S. 418.]

[2] HART, L. J.: Die Heiz- und Lüftungsanlagen des neuen Hauptbahnhofes von Cincinnati. Heat. a. Vent. Bd. 30 (1933) Nr 10 S. 28 [s. auch Bericht im Gesundh.-Ing. Bd. 56 (1933) H. 48 S. 574/575].

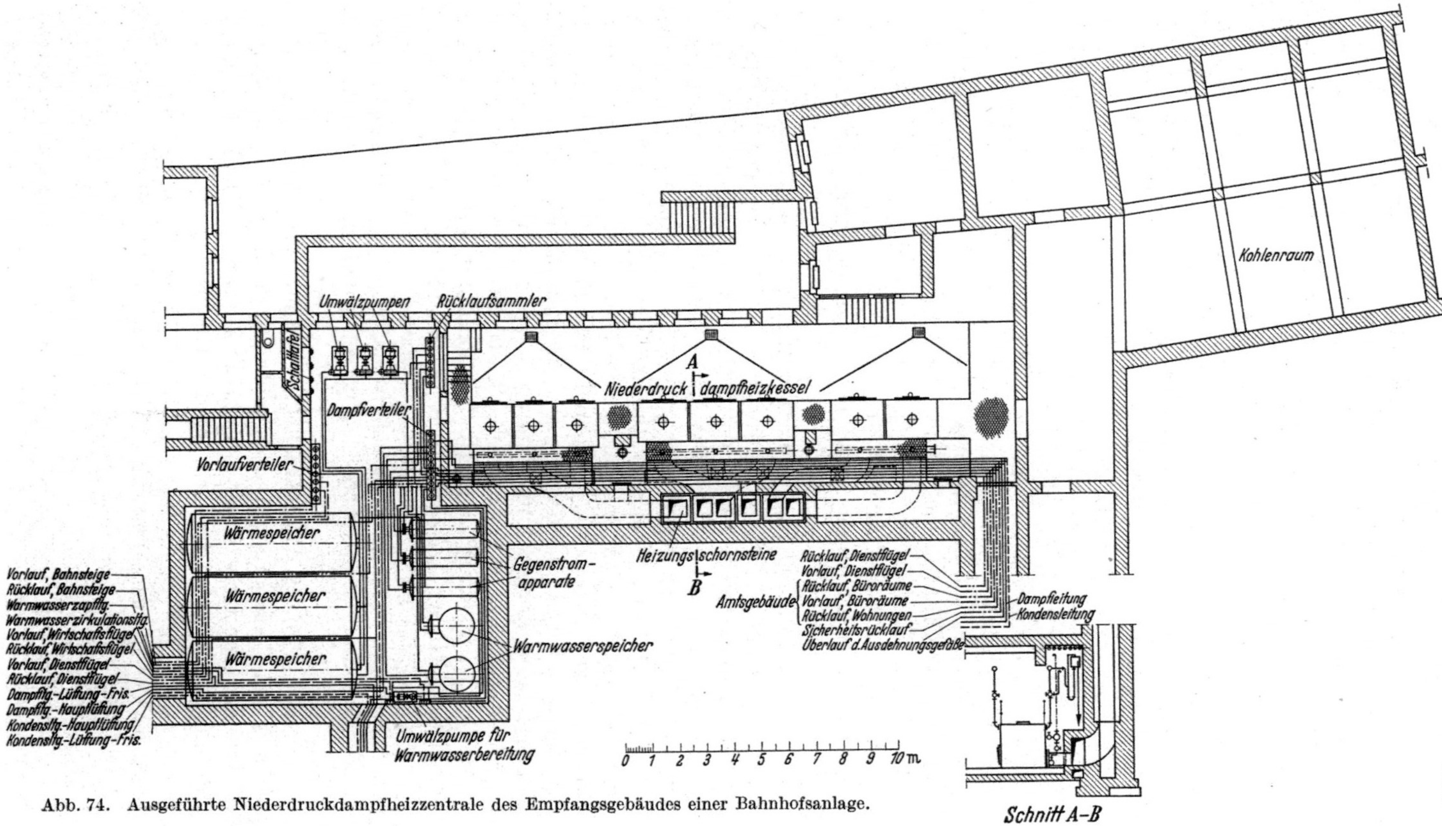

Abb. 74. Ausgeführte Niederdruckdampfheizzentrale des Empfangsgebäudes einer Bahnhofsanlage.

bei stärkeren Schwankungen in der Dampfentnahme Kessel und Dampfverbraucher nach Belieben zu- oder abschalten zu können und dadurch einerseits die erforderliche Dampfreserve sicherzustellen, andererseits auch ein Abblasen der Kessel zu verhindern, empfiehlt sich in solchen Fällen, Warmwasserwärmespeicher für die Heizung anzuordnen. Diese ermöglichen nicht nur eine gleichmäßigere Kesselbelastung, sondern auch eine geringere Bemessung der Kesselanlage trotz Verkürzung der Anheizzeit[1]. Bei günstiger Tarifgestaltung kann auch Gas als Brennstoff für die Kessel und Lufterhitzer in Frage kommen (s. auch den angeführten Aufsatz von C. Darenberg, S. 646). In Abb. 75 ist die Gasheizzentrale einer neueren Bahnhofsanlage dargestellt.

Da die bei Bahnhofsanlagen zu beheizenden Gebäude außer den Empfangsgebäuden auch eine Reihe von Dienstgebäuden, Reparaturwerkstätten, Lokomotivschuppen, Güterbahnhof usw. umfassen, so kann auch eine gemeinsame Fernheizung angezeigt sein, sofern die Entfernung dieser Gebäude von den Empfangsgebäuden nicht zu groß ist oder aus betrieblichen Gründen nicht eine eigene Kesselanlage zweckmäßiger erscheint. Für die Wärmeverteilung wendet man dann Hoch- oder Mitteldruckdampf, in Sonderfällen Warm- oder Heißwasser an. In der Regel wird in solchen Fällen ein reines Dampfheizwerk mit Lokomotivkesseln oder Wasserrohrkesseln erstellt. Unter Umständen kann es allerdings zweckmäßig sein, den Hochdruckdampf zuerst zur Erzeugung von elektrischem Strom zu benutzen und Ab- oder Zwischendampf fernzuleiten bzw. zum Betriebe einer Fern-Warmwasserheizung auszunutzen (wie bei industriellen Anlagen, Abschnitt XVI). Der Bau von Heizkraftwerken ist meist jedoch nicht vertretbar, weil der Hauptstrom- und Hauptwärmebedarf zeitlich zu sehr auseinanderliegen. Die Kessel sind für die Verfeuerung eines Gemisches von Fein- oder Nußkohle mit Lokomotivlösche vorzusehen[2]. Besondere Reservekessel erübrigen sich, da bei Schadhaftwerden eines Kessels die Dampflieferung vorübergehend durch Lokomotiven erfolgen kann.

Hochdruckdampf von etwa 4—6 atü ist für die Zugvorheizung erforderlich. Außerdem kann Hochdruckdampf unter Umständen auch in wirtschaftlicher Weise für die Beheizung von Lokomotivschuppen Verwendung finden[3]. Die übrigen Gebäude werden dann je nach dem Verwendungszweck unter Zwischenschaltung von Druckminderern mit Niederdruckdampf oder über Gegenstromapparate mit Warmwasser geheizt.

Eine zusätzliche Wärmequelle für Raumheizzwecke ergibt sich evtl. noch durch Speicherung und Ausnutzung des Dampfes der abzudampfenden Lokomotiven (s. den bereits erwähnten Bericht von Liebetanz: Neuzeitliche Fernheiztechnik bei der Reichsbahn).

[1] Dorenberg, C.: Die Heizungs- und Lüftungsanlagen in den Empfangsgebäuden der Bahnhöfe Duisburg und Oberhausen. Gesundh.-Ing. Bd. 57 (1934) H. 47 S. 641/646.

[2] Liebetanz, R.: Neuzeitliche Fernheiztechnik bei der Reichsbahn. Gesundh.-Ing. Bd. 55 (1932) H. 50 S. 603.

[3] Liebetanz, R.: Hochdruckdampf-Heizanlage für einen Lokomotivschuppen. Gesundh.-Ing. Bd. 56 (1933) H. 25 S. 299.

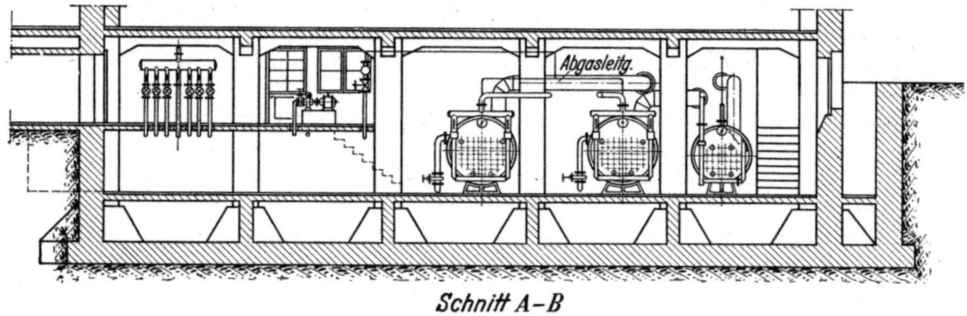

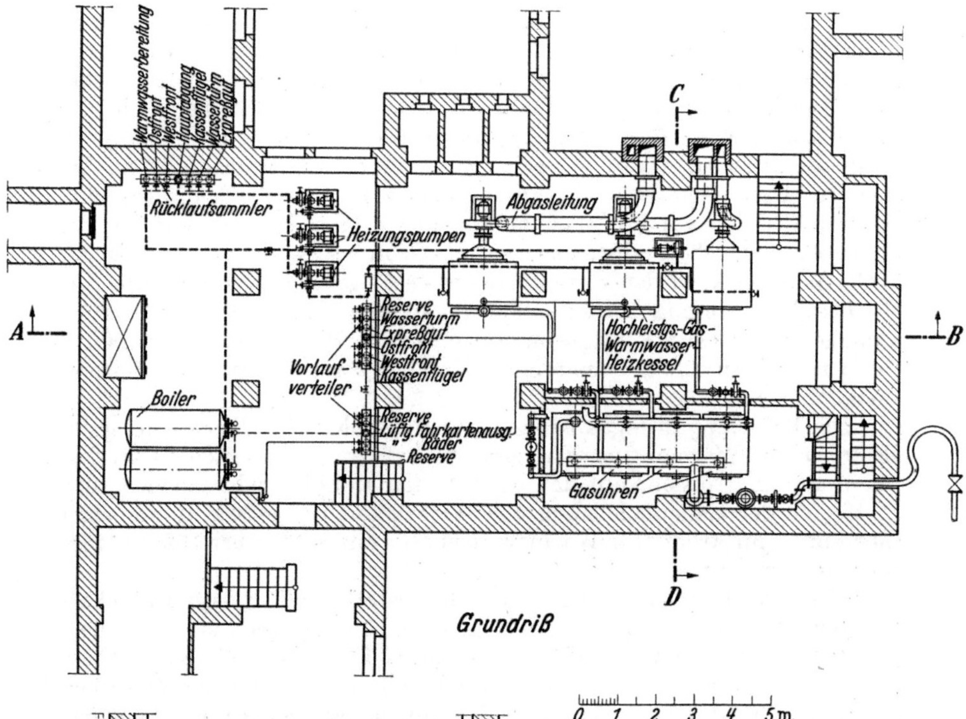

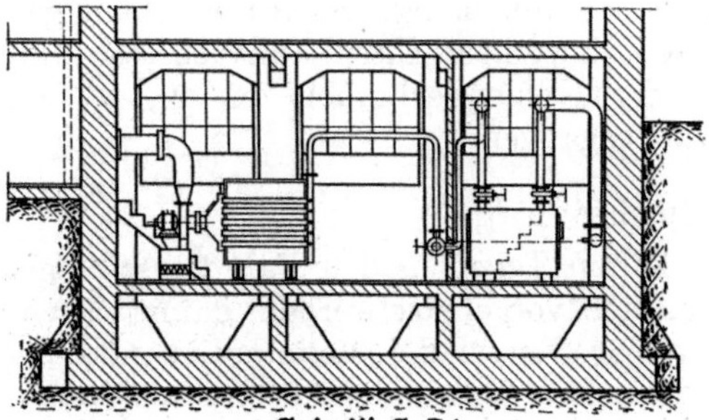

Abb. 75. Ausgeführte gasgefeuerte Heizzentrale des Empfangsgebäudes einer Bahnhofsanlage.

Bisweilen kann auch von außen bezogene Abwärme zu Heizzwecken nutzbar gemacht werden. Eine interessante derartige Anlage besitzt z. B. der Bahnhof Zürich, wo die Abwärme zur Beheizung mehrerer Gebäude von der städtischen Müllverbrennungsanstalt geliefert wird. Zum Ferntransport dient Wasser von im Höchstfall über 100°[1].

Bei elektrischem Bahnbetrieb kommt es ausnahmsweise vor, daß zur Beheizung der Bahnbauten Bahnstrom verwendet wird. Das ist beispielsweise der Fall in der Reparaturwerkstätte der Schweizerischen Bundesbahnen in Bellinzona, wo die Halle mit 100 m Länge, 24 m Breite und 17 m Höhe sowie die Anbauten mit Toiletteräumen, Werkzeug- und Meisterzimmer durch eine mit Wärmespeichern von zusammen 20 m³ Inhalt ausgerüstete Elektro-Warmwasserheizung beheizt werden (s. auch Abschnitt XVIe, elektrische Heizung). Hierfür war der Wunsch der Bundesbahnen maßgebend, einen Ausgleich mit der Belastung des Bahnkraftwerkes durch Abgabe von Heizstrom zu Zeiten schwacher Streckenbelastung herbeizuführen. Die Speicher sind in der Lage, die Werkstätte bei — 5° Außentemperatur während etwa drei, bei + 5° Außentemperatur während sechs Stunden ohne Stromzufuhr zu beheizen. Bei voller Stromaufnahme (1200 kW) lassen sich die Speicher in $1^1/_4$ Stunden auf 110° hochheizen, wenn dabei keine Wärme an die Heizung abgegeben wird, bzw. in $2^1/_2$ Stunden, wenn gleichzeitig der volle Wärmebedarf der Werkstätte bei — 5° gedeckt werden muß. Die Elektrodenspannung beträgt 1000 V. In den Jahren 1920/21, als die Anlage erstellt wurde, wagte man noch nicht, Bahnstrom von 15000 V in den Boilern zur Anwendung zu bringen, was heute ohne weiteres möglich wäre.

Die Bahnverwaltungen tun gut daran, Stellen zur Überwachung der Brennstoff-, Wärme- und Energiewirtschaft zu unterhalten. Daß dies nicht nur in Hinsicht auf den eigentlichen Bahnbetrieb, sondern auch bezüglich der Gebäudeheizung von Wichtigkeit ist, geht z. B. aus einer Mitteilung im Archiv für Wärmewirtschaft vom September 1927, S. 278, hervor, wo es u. a. heißt:

„Die Erfolge der planmäßigen Brennstoff- und Energiewirtschaft bei der Reichsbahn sind um so höher zu bewerten, als sie sich allein im Wärmewirtschaftsbezirk Berlin auf 55 Heiz- und Kraftwerke, 68 Schmiedeanlagen, 115 Kesselanlagen, 4 Generatoranlagen, 486 Heizanlagen, 15070 Ofenanlagen für Raumheizung, 26 Auswaschanlagen und 15 Vorheizanlagen erstrecken. In einem Eisenbahnausbesserungswerk ist hier von 1920—1923 der Kohlenverbrauch um 49,4%, der Dampfverbrauch um 38% zurückgegangen."

2. Zugheizung.

Bevor die Personenzüge an kalten Tagen in den Fahrdienst eingestellt werden, müssen sie bekanntlich vorgeheizt werden, damit sie vor Übernahme der Heizung durch den Kessel der Lokomotive und bei Besetzen der Abteile durch die Fahrgäste bereits eine bestimmte Innen-

[1] Siehe die Schrift „Die Müllbeseitigung in Zürich" der Bamag-Meguin-Aktiengesellschaft. Berlin 1928. Bericht im Gesundh.-Ing. 1928 S. 605.

temperatur aufweisen, also in eine Art Beharrungszustand versetzt sind. Dieses Aufheizen geschieht bei Dampfzügen, wie schon im vorstehenden Abschnitt betont, mittels Hochdruckdampf von etwa 4 atü, der Hochdruckdampfanzapfleitungen entnommen und mittels Dampfschläuchen dem Leitungsnetz zugeführt. Diese Vorheizung bedingt einen erheblichen Brennstoffaufwand und meist nicht unbeträchtliche Dampfverluste[1].

Die Beheizung der fahrenden Eisenbahnzüge ist eine besonders schwierige Aufgabe, weil nicht nur häufig während der Fahrt je nach der durchfahrenen Gegend die Außentemperatur erheblichen Schwankungen unterworfen sein kann, sondern weil auch der Wärmeverlust des Zuges bei hoher Fahrgeschwindigkeit erheblich höher ist als bei Stillstand des Zuges[2]. An die Regelung der Heizwirkung werden unter diesen Umständen besonders hohe Anforderungen gestellt.

Als Heizart wird für Personenzüge mit Dampflokomotiven fast ausschließlich auch Dampfheizung verwendet, für Wagen, die nur auf elektrisch betriebenen Strecken eingesetzt werden, elektrische Heizung, und bei solchen, die sowohl auf Dampf- wie auf elektrisch betriebenen Strekken verkehren, Dampf- und elektrische Heizung.

An Stelle der früher üblichen Hochdruck- und Niederdruckdampfheizung wird heute bei der Deutschen Reichsbahn durchweg die schon seit Jahren bewährte Niederdruckumlaufheizung als Einheitsheizung für die Wagenerwärmung mit einem auf etwa 0,1 atü reduzierten Dampfdruck verwendet[3]. Diese Heizart benutzt nicht reinen Dampf, sondern ein Dampfluftgemisch, das verschiedene wesentliche Vorteile gegenüber dem normalen Niederdruckdampf besitzt, u. a. den geringerer Oberflächentemperatur, wodurch die Staubversengung praktisch unterbunden ist. In den letzten Jahren ist durch weitgehende Umstellung der früheren Handregelung der Abteilheizung auf vollselbsttätige Regelung ein weiterer erheblicher Fortschritt erzielt worden. Diese Art der Regelûng verhindert eine Über- und Unterbeheizung der Wagen, wie sie bei Handregelung infolge der ständig wechselnden Ansprüche trotz sorgfältiger Bedienung unvermeidbar ist. Die Genauigkeit der neuesten Abteilregler beträgt $\pm$ 1—2° im Beharrungszustand.

Der Druckabfall in der Hauptdampfleitung des Zuges ist in hohem Maße abhängig von der Lichtweite dieser Leitung, der Länge des Zuges und der Außentemperatur. Bei Wagen älterer Bauart reicht die Hauptdampfleitung, die meist einen Durchmesser von 25 mm hat, an kalten Tagen und bei größerer Zuglänge für die Vollbeheizung nicht aus, so daß dann besondere Heizkesselwagen als Zusatzdampferzeuger dem Zuge angehängt werden müssen. Bei den neueren Wagen hat die Hauptdampfleitung einen Durchmesser von 51 mm l. W. Die Verlegung dieser

[1] Droz, R.: Die Vorheizung von Eisenbahnzügen und ihre Wirtschaftlichkeit. Haustechn. Rdsch. Bd. 38 (1933) H. 15 S. 195, 198.

[2] Heizung der Personenwagen bei der Deutschen Reichsbahn. Gesundh.-Ing. Bd. 59 (1936) H. 13 S. 185.

[3] Baur, H.: Heizung und Lüftung neuer D-Zug- und Personenzugwagen der Deutschen Reichsbahn. Heizg. u. Lüftg. 1938 H. 9 S. 137/145.

Leitung unter dem Wagen erfolgt zwecks guter Entwässerung von der Mitte aus mit Gefälle nach beiden Seiten zu den Entwässerungspunkten an den Heizkupplungen.

Die elektrische Beheizung von Zügen erfolgt in der Regel mittels elektrischer Widerstandsheizkörper. Der dem Fahrdraht von der Lokomotive entnommene Strom wird, meist auf eine niedere Spannung transformiert, den einzelnen Wagen zugeführt. Die Vorteile dieser Heizart bestehen hauptsächlich in der Sauberkeit und der unbedingten Geräuschlosigkeit. Die Regelung der Raumtemperatur erfolgt ebenfalls thermostatisch[1].

Die auf teilweise Dampf- und elektrisch betriebenen Fernstrecken fahrenden Wagen erhalten in der Regel eine getrennte Dampf- und elektrische Heizung. Jedoch sind auch erfolgreiche Versuchsfahrten mit Wagen durchgeführt worden, deren normale Dampfheizung auf dampfbetriebenen Strecken von der Dampflokomotive beheizt wurden, auf den elektrifizierten Strecken durch besondere elektrisch beheizte Dampfkessel[2]. Nachteilig ist allerdings hierbei der bei Störungen am Heizkessel erfolgende Ausfall der gesamten Wagenheizung.

Für einzelne meist nicht bahneigene Wagen bzw. für Wagen, bei denen mit verhältnismäßig langen Abstellzeiten auf Bahnhöfen gerechnet werden muß, die keine besonderen Heizdampfanschlüsse besitzen, werden auch Kleinwarmwasserheizungen mit besonderem Heizkessel verwendet, z. B. Schlafwagen, Speisewagen, Postwagen, Arztwagen in Hilfszügen u. a.[3]

Auch Abwärme kann in Sonderfällen zur Beheizung der Wagen herangezogen werden. So werden beispielsweise eine Reihe von Dieselelektrischen Triebwagen der Deutschen Reichsbahn mit dem Kühlwasser der Motoren geheizt[4].

Von dem Gesamtwärmeverbrauch der Dieselmotoren läßt sich dadurch ein erheblicher Betrag (30—40%) zurückgewinnen. Für die Zeit, in denen diese Triebwagen stehen oder wie bei Fahrten auf abfallendem Gelände ohne Strom oder mit stark gedrosselter Motorleistung fahren, tritt wegen des Mangels an verwertbarem Kühlwasser eine elektrische Zusatzheizung in Tätigkeit[5].

Schließlich sind auch in den letzten Jahren in Deutschland erfolgreiche Versuche mit Luftheizung für Eisenbahnwagen angestellt worden. In einem Fall dienten als Lufterhitzer elektrische Heizwiderstände[6].

---

[1] LIEBETANZ, R.: Die elektrische Heizung der Rheinbahn AG. Düsseldorf. Gesundh.-Ing. Bd. 58 (1935) H. 3 S. 42/43.

[2] RAUCH: Elektrische Zugheizung. Elektr. Bahnen Bd. 12 (1936) H. 2 S. 34 (s. auch Bericht in Heizg. u. Lüftg. 1937 H. 4 S. 56).

[3] WÜLFINGHOFF, M.: Entwicklung und gegenwärtiger Stand der Zugheizung. Heizg. u. Lüftg. 1934 H. 4 S. 69/74.

[4] LIEBETANZ, R.: Kühlwasserheizungen bei der Reichsbahn. Gesundh.-Ing. Bd. 58 (1935) H. 10 S. 137.

[5] LIEBETANZ, R.: Elektrische Zusatzheizung für Dieseltriebwagen. Gesundh.-Ing. Bd. 58 (1935) H. 10 S. 137.

[6] Die elektrische Zugheizung der Deutschen Reichsbahn im zwischenstaatlichen Verkehr. Heizg. u. Lüftg. 1937 H. 4 S. 56. (Auszug aus dem vorerwähnten Aufsatz von RAUCH: „Elektrische Zugheizung".)

Der Zuluftkanal und die Zuluftöffnungen für jedes Abteil waren dabei unter den Sitzbänken angeordnet. In einem andern Fall handelte es sich um Luftheizung in Form einer Klimaanlage für Doppeldeck-Eisenbahnwagen, deren Fenster wegen Zug- und Rauchbelästigung ständig geschlossen bleiben müssen[1].

Die Vorheizung dieser klimatisierten Wagen ist infolge der schnellen Luftumwälzung in sehr viel kürzerer Zeit als bei anderen Zügen möglich.

B. Lüftung.

1. Gebäudelüftung.

In bestimmten Räumen größerer neuzeitlicher Bahnhofsgebäude sind mechanische Lüftungsanlagen unentbehrlich, so in den Warte- und Speisesälen sowie Küchenanlagen. Ferner werden die Fahrkartenschalterräume mit Überdruck-Lüftungsanlagen versehen, um das Eindringen von Kaltluft bei geöffneten Schaltern zu verhindern. Luftvorwärmung und -reinigung durch Ölfilter ist für diese Anlagen erforderlich. Für die Wartesäle, die ebenfalls unter Überdruck stehen sollen, müssen getrennte mechanische Zu- und Abluftanlagen vorhanden sein. Bei hohen Räumen muß ein mindestens 3—6facher Luftwechsel, bei niedrigeren Räumen ein den Gaststätten entsprechender höherer Luftwechsel gewährleistet werden können. Die Küchen sollten einen mindestens 30fachen Luftwechsel erhalten. Durch kräftige Unterdruckwirkung muß der Austritt von Küchenluft in nahe gelegene Aufenthaltsräume verhindert werden.

Bei großen Bahnhofsanlagen empfiehlt sich wegen der Übersichtlichkeit und Einfachheit in der Bedienung die Einrichtung einer Lüftungszentrale (s. hierzu auch die unter Abschnitt A1 erwähnte Abhandlung von C. Darenberg: Die Heizungs- und Lüftungsanlagen in den Empfangsgebäuden der Bahnhöfe Duisburg und Oberhausen). Die Zu- und Abluftanlage einer neuen Bahnhofsanlage ist in den Abb. 76—78 wiedergegeben.

2. Zuglüftung.

Besondere Lüftungseinrichtungen sind für Eisenbahnpersonenwagen ebenso unentbehrlich wie die Heizung. Mit Fensterlüftung allein ist wegen der meist erheblichen Zugerscheinungen, besonders an kalten Tagen, nicht auszukommen. Die Zusammenführung vieler Menschen auf engem Raum sowohl im Nahverkehr wie im Fernverkehr erfordert eine zuverlässigere Lüftungsart als hygienisch notwendig[2]. In der Regel werden Personenwagen auf europäischen Strecken mit Sauglüfter ausgestattet, die den Fahrwind zur Erzeugung eines Unterdruckes ausnützen. Die Ergänzung der Frischluft erfolgt durch die natürlichen Undichtigkeiten der Türen, Fenster und sonstiger Wagenteile. Das Streben nach Verringerung des Fahrwiderstandes hat zu den verschiedenen heute üb-

[1] Mauck, P.: Klimaanlage für Doppeldeck-Eisenbahnwagen. Z. VDI Bd. 81 (1937) H. 48 S. 1383/1386 [s. auch Bericht Gesundh.-Ing. Bd. 61 (1938) H. 14 S. 194].

[2] Baur, H., u. W. Liese: Versuche zur Hygiene der Heizung und Lüftung im Eisenbahnwagen. Gesundh.-Ing. Bd. 59 (1936) H. 32 S. 477/482.

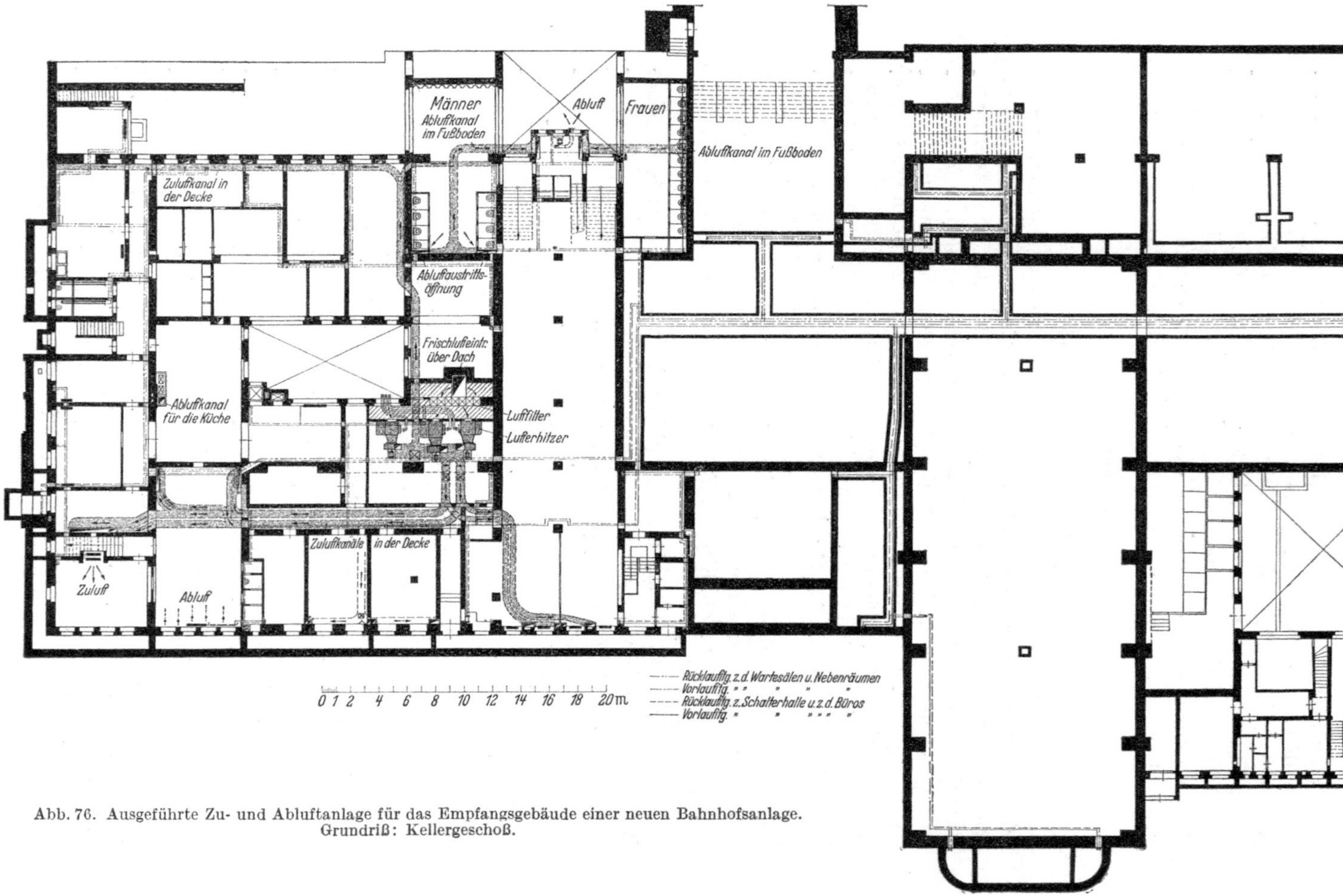

Abb. 76. Ausgeführte Zu- und Abluftanlage für das Empfangsgebäude einer neuen Bahnhofsanlage. Grundriß: Kellergeschoß.

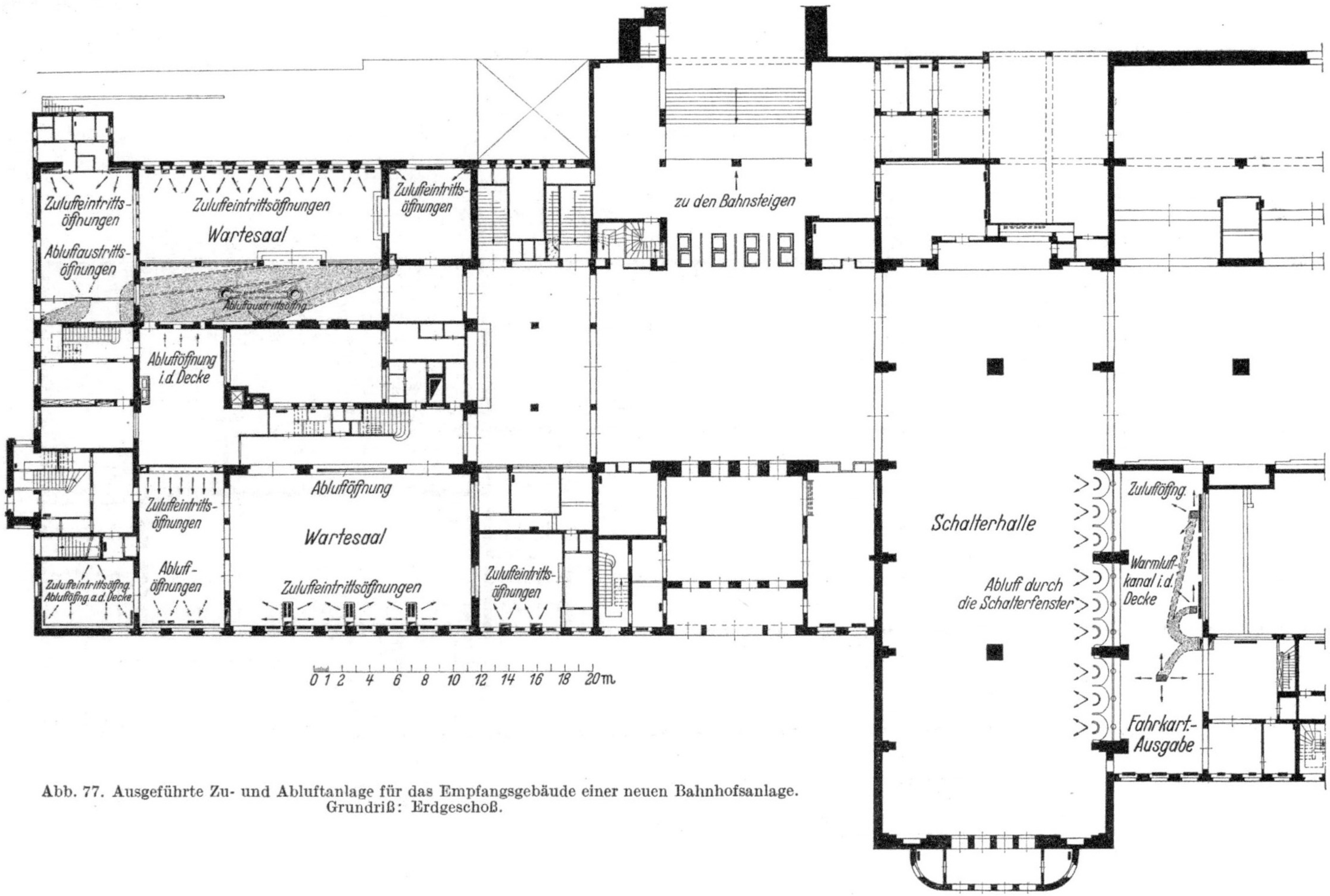

Abb. 77. Ausgeführte Zu- und Abluftanlage für das Empfangsgebäude einer neuen Bahnhofsanlage. Grundriß: Erdgeschoß.

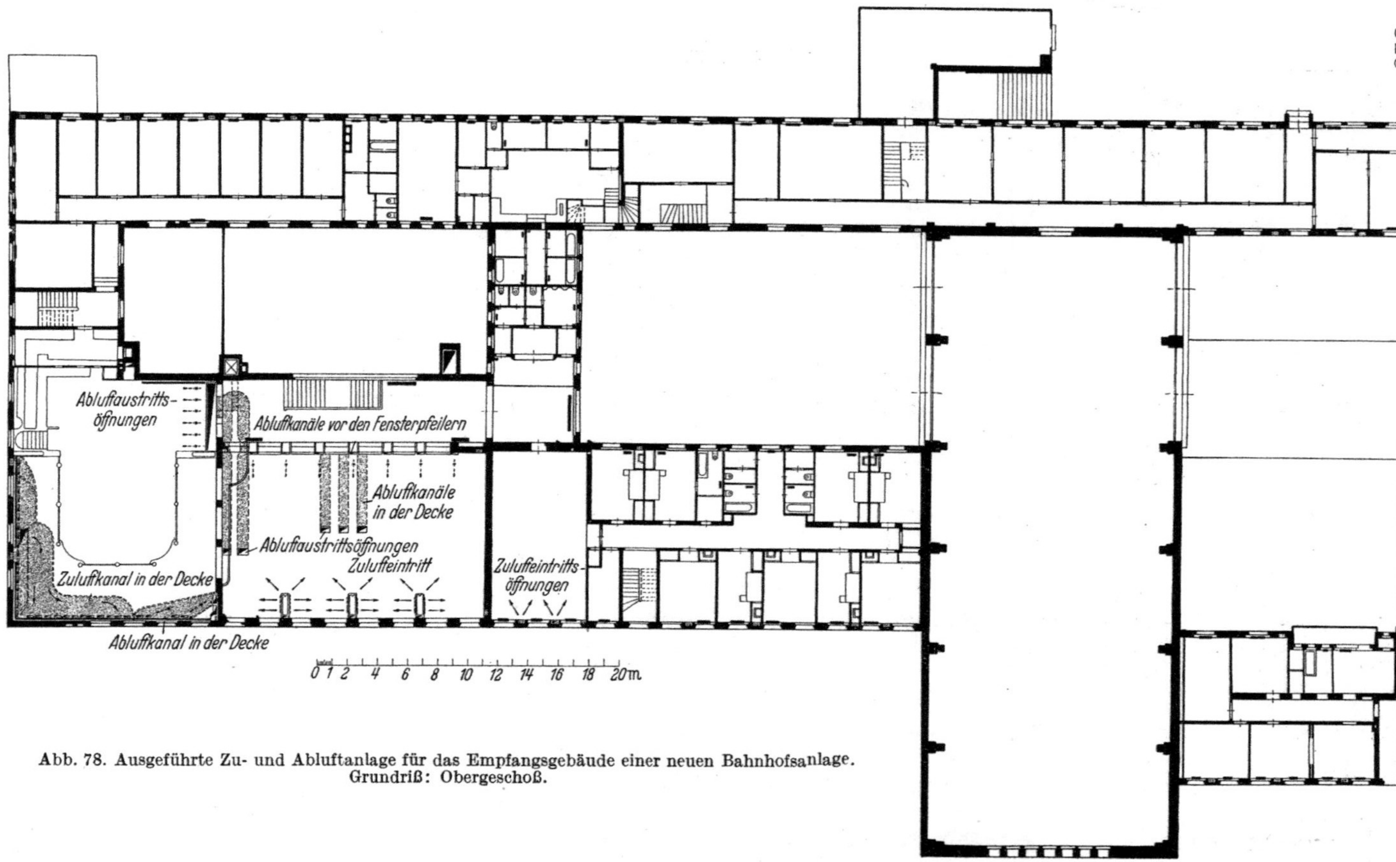

Abb. 78. Ausgeführte Zu- und Abluftanlage für das Empfangsgebäude einer neuen Bahnhofsanlage.
Grundriß: Obergeschoß.

lichen Luftsaugerarten, wie den Wendler-, Kuckuck- und Flettnersauger geführt[1].

Für Züge, die sehr lange Strecken mit stark und schnell wachsenden atmosphärischen Verhältnissen durchfahren (wie z. B. in Amerika), ist eine Lüftung durch Saugköpfe keinesfalls ausreichend. Hier ist die Klimatisierung der Wagen erforderlich und auch praktisch mit Erfolg durchgeführt[2]. Diese setzt das Geschlossenbleiben der Fenster natürlich voraus. Der besondere Vorzug der Klimaanlage besteht nicht nur darin, daß die Wagen durch sie im Winter beheizt und belüftet werden können, sondern daß sie im Sommer eine Kühlung der Luft ermöglicht[3].

Zur Erprobung solcher Anlagen für deutsche Verhältnisse hat auch die Deutsche Reichsbahn schon seit einigen Jahren einige elektrische Triebwagen (neben den bei Abschnitt A 2 bereits erwähnten Doppeldeck-Eisenbahnwagen) mit Klimaanlagen ausgestattet (s. den genannten Aufsatz Baur-Liese: Versuche zur Hygiene der Heizung und Lüftung in Eisenbahnwagen).

XVIII. Gaswerke.

Von **H. KÄMPER.**

1. Raumtemperaturen in Grad Celsius.

Büros		20°
Laboratorien		20°
Apparatesaal		15°
Werkstätten		12°
Reinigeranlage		8°
Einstellraum für Kraftwagen	nicht unter	5°
Baderäume		20—22°

2. Heizart.

Die Gaswerke sind zu den Fabriken zu rechnen. Daher kann bezüglich der Fernlieferung der Wärme, Heizung und Lüftung in den einzelnen Gebäuden sowie auch Warmwasserversorgung für Wasch-, Bade- und Reinigungszwecke auf das unter Abschnitt XVI allgemein Gesagte verwiesen werden.

Als Besonderheit kommt hier jedoch noch die Beheizung der Teleskopbehälter hinzu, die durch Erwärmung des Wassers in den Teleskop-

[1] Siehe den bereits erwähnten Aufsatz von H. Baur: Heizung und Lüftung neuer D-Zug- und Personenzugwagen der Deutschen Reichsbahn. Heizg. u. Lüftg. 1938 H. 9 (Abschnitt „Lüftung") S. 145.

[2] Bewetterung von Eisenbahnwagen. Heat. Pip. April 1932 [s. auch Kurzbericht Gesundh.-Ing. Bd. 55 (1932) H. 28 S. 340].

[3] Boileau, Ch.: Die Kühlung von Eisenbahnwagen in sehr heißen Ländern. Chauff. Vent. Cond. Bd. 14 (1937) H. 8 S. 206/211 [s. auch Bericht im Gesundh.-Ing. Bd. 61 (1938) H. 11 S. 152]. — Damond, E.: Luftaufbereitung und Heizung von Eisenbahnwagen. Rly. Gaz. N. Y. Bd. 66 (1937) H. 2 S. 72/73 [s. auch Kurzbericht im Gesundh.-Ing. Bd. 60 (1937) H. 25 S. 407].

tassen und im Becken gegen das Einfrieren zu schützen sind. Die Inbetriebnahme des Gasbehälterheizstranges ist erforderlich, sobald die Außentemperatur gegen 0° sinkt.

Der Wasserinhalt des schmiedeeisernen Beckens wird in der Regel durch einen normalen Warmwasser-Gliederheizkessel erwärmt, und zwar in der gleichen Weise, wie dies bei einer gewöhnlichen Warmwasserheizung geschieht. Dagegen erfolgt die Beheizung der einzelnen Teleskoptassen in der Regel mittels Dampf. Hierbei werden gewöhnlich in den Ringraum der Tassen einige Dampfstrahlapparate eingebaut. Durch den strömenden Dampf wird das Wasser in den Tassen angesaugt, erwärmt und in Umlauf versetzt. Wenn, wie dies auch vorkommt, Heizwasser statt Dampf zur Aufwärmung der Tassen benutzt wird, so werden zur Erzeugung eines Wasserumlaufes Düsenapparate verwendet. Wenn diese Einrichtungen auch für einfach teleskopierte, kleinere Gasbehälter verhältnismäßig einfach und betriebssicher sind, so bereiten sie bei großen, mehrfach teleskopierten Behältern doch auf die Dauer Schwierigkeiten. Da die Höhenlage der Tassen von ihrem jeweiligen Gasinhalt abhängig ist, müssen die Dampfzuleitungen den Auf- und Abbewegungen der Tassen nachkommen. Aus diesem Grunde sind die Dampfstrahlapparate mittels Gelenkrohren oder Metallschläuchen mit Rollenführungen und Gegengewichten an die Zuleitung anzuschließen. Die Gelenke können jedoch leicht undicht werden, während die Metallschläuche sich in kurzer Zeit stark abnutzen. Hinzu kommt als Nachteil der Dampfbeheizung der ständige, unvermeidbare, große Wärmeverlust durch die bei hohen Behältern langen, nicht isolierfähigen Dampfschläuche. Die infolgedessen sich bildenden erheblichen Mengen von Niederschlagwasser in den Dampfsteigeleitungen sind außerdem betrieblich unangenehm.

Das verdunstende Wasser ist zu ersetzen, was bei Beheizung mittels Dampfstrahlapparaten zwar selbsttätig erfolgt, indem das aus dem zugeführten Heizdampf sich bildende Niederschlagswasser die notwendige Wasserergänzung liefert; dabei entsteht jedoch allmählich sogar ein Wasserüberschuß, der abgeleitet werden muß, weil das sonst überlaufende Tassenwasser am Behälter festfrieren und dessen Beweglichkeit stark hemmen kann. Da ferner bei Beheizung mit Dampfstrahlapparaten leicht dadurch eine Wärmevergeudung entstehen kann, daß das Wasser höher als notwendig erwärmt wird, wird zur Vermeidung aller Nachteile der Dampfbeheizung manchmal die Beheizung mittels Warmwasser nach Patent Knorr (s. Zeitschrift Gas- u. Wasserfach 1913 S. 184) vorgezogen[1]. Dabei wird Heizwasser durch eine Pumpe der obersten Tasse zugedrückt. Dieses fällt dann durch eine Reihe von Überlaufrohren, die außen an jeder Tasse angebracht sind, von Tasse zu Tasse, bis es in den unteren Behälter und von dort wieder durch ein Überlaufrohr zur Pumpe zurückgelangt und den Kreislauf von neuem beginnt. Das Warmwasserzuführungsrohr wird nicht bis zur obersten Tassenstellung hinauf fest eingebaut, sondern nur bis etwa zur Mitte zwischen der Oberkante des unteren Behälters und der höchsten Stellung der Tasse;

[1] Schäfer, A., u. E. Langthaler: Einrichtung und Betrieb eines Gaswerkes. München und Berlin: R. Oldenbourg 1929. 4. Aufl., S. 638.

die Verbindung mit der obersten Tasse wird durch einen Gummischlauch hergestellt. Damit auch bei tiefster Stellung der Tassen Heizwasser in den unteren Behälter gelangt, wird vom Steigerohr eine Warmwasser-Abzweigleitung unmittelbar zum Behälter geführt. Die Wiedererwärmung des Wassers nach Vollendung des Kreislaufes erfolgt in der Regel durch dampfbeheizte Gegenstromapparate.

Diese Heizart ermöglicht die Zusammenlegung aller laufend zu bedienenden Einrichtungen, wie Pumpe, Gegenstromapparate u. dgl., in der Maschinenzentrale, was eine wesentliche Erleichterung bedeutet. Die Überwachung dieser Anlage ist auch insofern verhältnismäßig leicht, als lediglich bei zurückgehender Temperatur des Rücklaufwassers eine entsprechende Regelung der Dampfzufuhr zum Gegenstromapparat zu erfolgen hat. Auf diese Weise ist einer Wärmeverschwendung, die bei Dampfbeheizung unvermeidbar ist, gesteuert. Auch bietet das Vorhandensein der Pumpe und der Rohrverteilungsleitungen die Möglichkeit, das im Sommer aus den Tassen verdunstete Wasser schnell und einfach zu ergänzen. Außer dem durch Dampf erzeugten Warmwasser steht in vielen Fällen auch warmes Wasser von etwa 25° aus Kühlern, Benzolanlagen usw. für die Beheizung des Gasbehälters zusätzlich zur Verfügung.

Da bei den nassen Gasbehältern die für die sichere Abdichtung gegen den geringen Gasdruck von etwa 220 mm WS und zur Verhinderung des Einfrierens anzuwendenden umfangreichen Maßnahmen und großen Mittel (große Wassermenge, Aufheizung, starke Fundamente, große Wandstärken für die Behälterbleche) in keinem Verhältnis zu dem erzielten Zweck standen, werden neuerdings fast allgemein nur noch die von der Maschinenfabrik Augsburg-Nürnberg entwickelten *wasserlosen* Gasbehälter bis zu den größten Abmessungen gebaut. Der teleskopartig ineinanderschiebbare Gasbehälter ist ersetzt durch einen festen Behälter mit Dach und einer im Innern befindlichen kolbenartig bewegten Scheibe, die den Gasraum nach oben abschließt und gegen die Behälterwand durch teergetränkte Stoffe abgedichtet ist.

3. Wärmebedarf und Wärmebeschaffung.

Der Wärmebedarf für Heizung ist in den Gaswerken bei über 0° liegenden Außentemperaturen verhältnismäßig gering; er wächst aber bei Werken mit nassen Gasbehältern plötzlich stark an, sobald die Gasbehälterheizung in Betrieb genommen werden muß. Setzt man den Heizwärmebedarf bei +10° Außentemperatur beispielsweise gleich 1, so kann er z. B. bei +5° aufs 1,6fache, bei 0° aufs 3,5fache, bei —10° aufs 8fache und bei —20° sogar aufs 13fache und höher ansteigen, während er bei gewöhnlichen Raumheizungen mit steigendem Temperaturunterschied zwischen innen und außen angenähert gleichmäßig ansteigt.

Zum Heizungsbedarf kommt noch der beträchtliche Wärmebedarf für technische Zwecke in Form von Dampf und Heißwasser hinzu. Die Gaswerke verfügen jedoch über sehr viel Abwärme, so daß bei vollständiger Ausnutzung meist der gesamte Wärme-, bei Erzeugung von

Hochdruckdampf auch der Kraftbedarf gedeckt und sogar noch Dampf, Warmwasser oder elektrischer Strom verkauft werden kann. Es fragt sich in solchen Fällen nur, ob entsprechende Abnehmer zu finden sind.

Für die Wärmebelieferung kommen in Frage: Bäder, Schwimmhallen, Wäschereien und Schlachthöfe. Eine Verbindung mit Elektrizitätswerken kann ebenfalls von wirtschaftlichem Erfolg sein, wie sich in verschiedenen Fällen gezeigt hat[1].

Die Verhältnisse liegen allerdings insofern nicht einfach, als der Wärmebedarf der Gaswerke stark schwankt und die Käufer gewöhnlich zu den gleichen Zeiten Abnehmer wären, wenn der größte Eigenbedarf vorliegt. Energiespeicher in verschiedenen Formen können dabei unter Umständen gute Dienste leisten.

Bei der nutzbaren Abwärme handelt es sich um die Verwertung der Rauchgase, welche die Retortenöfen gewöhnlich mit etwa 1000° verlassen, ferner um die im glühenden Koks enthaltene, durch trockene Kokskühlung gewinnbare Wärmemenge sowie evtl. um Ab- und Zwischendampfverwertung von Dampfkraftmaschinen. Die Kokskühlanlagen bieten außer dem Wärmegewinn wesentliche Vorteile betreffend Koksgüte und Betriebshygiene. Andererseits sind sie sehr teuer.

Die Gaswerke verfügen übrigens auch stets über erhebliche Kohlen- und Koksabfälle, deren Verwendung in Dampfkesseln mit entsprechenden Feuerungen ebenfalls eine billige Dampferzeugung ermöglicht.

In jedem Fall müssen daher genaue Wirtschaftlichkeitsberechnungen durchgeführt werden[2].

XIX. Schlachthöfe.

Von **H. KÄMPER.**

1. Raumtemperaturen in Grad Celsius.

Büroräume	20°
Schlachthallen im Winter	10—12°
Pökelräume	7—9°
Vorkühlräume für Groß- und Kleinvieh	6—8°
Kühlhallen (bei 85% Luftfeuchtigkeit)	2—4°
Kühlräume für sonstige Nahrungsmittel	0°
Gefrierräume für sonstige Nahrungsmittel (bei 90—92% rel. Luftfeuchtigkeit)	—5°
Eislager	—2°
Gefrierräume für finnige Tiere	—12—15°

2. Heizung.

Je nach der Art und der Benutzungsweise der einzelnen Räume können fast sämtliche Heizarten in Schlachthöfen Anwendung finden.

---

[1] Gas- u. Wasserfach 1925 S. 68. — Arch. Wärmew. 1935 S. 2ff., 166; 1926 S. 166 u. 262.

[2] Bezüglich „Wärmewirtschaft im Gaswerk“ s. das bereits angeführte Werk von A. SCHÄFER: Einrichtung und Betrieb eines Gaswerkes, S. 664 u. ff. München und Berlin: R. Oldenbourg.

Die Anzahl und der Umfang der Räume, für welche eine ausgesprochene *Dauerheizung* in Frage kommt, sind in Schlachthöfen in der Regel nur gering. In der Hauptsache handelt es sich dabei um die Verwaltungsbüros, Untersuchungs-, Gefolgschaftsräume, Wohnungen usw. Diese Räume erhalten heute durchweg Warmwasserheizung. Für die nur zeitweise, z. B. während der Schlacht- oder Viehmarktstage benutzten Verwaltungs-, Kassen-, Gaststättenräume, Treppenhäuser, Kleiderablagen usw. wird zweckmäßig Dampf- oder Heißwasserheizung angewendet. Eine besondere Beheizung der übrigen großen Arbeitsräume, wie z. B. der Schlachthallen, ist nicht unbedingt erforderlich, da der einzelne Metzger sich in der Regel nur während weniger Stunden in ihnen aufhält. Hinzu kommt, daß kühlere Schlachträume ein leichteres Durchkühlen und eine bessere Haltbarkeit des Fleisches gewährleisten. Wenn trotzdem heute in größeren Schlachthöfen durchweg eine Beheizungsmöglichkeit der Schlachthallen vorgesehen wird, so deshalb, weil immer mehr von der kurzzeitigen Schlachtung einzelner Metzger zur industriell gerichteten Schlachtung mit längeren Arbeitszeiten übergegangen wird[1]. Das bedingt nicht nur ein leichtes Anheizen der großen, stark ausgekühlten Hallen nach längeren Betriebspausen, sondern auch eine Herabsetzung des bei längerem Betrieb auftretenden hohen Luftfeuchtigkeitsgehaltes, der einen schädlichen Einfluß auf das Frischfleisch ausübt. Die zweckmäßigste Beheizungsart der Schlachthallen stellt die Warmluftheizung dar. Diese wird entweder in der Form der Zentralanlage mit einem entsprechenden Luftrohrverteilungsnetz errichtet oder, was für die meisten Fälle empfehlenswerter ist, es werden ähnlich wie zur Beheizung von Fabrikhallen Einzelluftaggregate mit elektrischem Antrieb angeordnet. Diese ermöglichen nicht nur ein schnelles Anheizen, sondern auch bei entsprechender Luftleistung und Luftvorwärmung eine einwandfreie Lüftung und Entnebelung der Räume. Durch Erzeugung von Überdruck kann man außerdem dem Eindringen kalter Außenluft entgegenwirken. Dabei können die Lufterhitzer entweder durch Dampf oder Hochdruckheißwasser gespeist werden. Wo außerdem in Arbeitsräumen, die dem Schlachtvorgang dienen, örtliche Heizflächen sich ausnahmsweise als notwendig erweisen, sind leicht reinigungsfähige Heizkörpermodelle zu verwenden. Auch muß ebenso für eine gute Reinigungsmöglichkeit des Fußbodens und der Wände unter und hinter den Heizkörpern gesorgt werden. Zu diesem Zweck stellt man die Heizkörper auf Konsolen und versieht die Wände hinter ihnen mit Plattenbelag, so daß Abspritzmöglichkeit mit dem Schlauch besteht. Die Unterbringung örtlicher Heizflächen wird meist in der Nähe der Eingänge in Betracht kommen, damit etwa eindringende Außenluft angewärmt wird.

Zur Fernleitung der Heizwärme vom Kesselhaus aus kann entweder der Hochdruckdampf oder das Hochdruckheißwasser Verwendung finden.

---

[1] Plarre, M.: Die technische Lösung der hygienischen Anforderungen an Schlacht- und Viehhöfe. Gesundh.-Ing. Bd. 59 (1936) H. 23 S. 340/345.

3. Lüftung, Entnebelung, Kühlung.

Eine Reihe von Arbeits- und Viehaufenthaltsräumen in Schlachthöfen sind mit ausreichender Lüftung zu versehen. Nicht immer muß es sich dabei um verwickelte künstliche Lüftungsanlagen handeln. In manchen Fällen genügt die Entlüftung durch gut verteilte Fenster- und Dachentlüftungen, vornehmlich in Viehaufenthaltsräumen. In Räumen mit starker Wasserdampfbildung, z. B. in Kutteleien, Schweineschlachthallen usw., sind Entnebelungsanlagen unerläßlich. Diese lassen sich bei Vorhandensein einer Luftheizung mit dieser verbinden, wie bereits im vorigen Abschnitt „Heizung" angedeutet. Dabei soll die Warmluft möglichst in der Nähe der Entstehungsstelle des Wasserdampfes eingeblasen werden, z. B. über den Brühbottichen in den Schweineschlacht- oder den Kuttlerhallen, während die feuchte Abluft durch Dachaufsätze oder Jalousiefenster unter Dach, evtl. unter Zuhilfenahme besonderer Lüfter, abgeführt wird[1]. Aber selbst, wenn man die Warmluft durch besondere Luftverteiler oder sog. Anemostaten (Windstiller) über den Brühkesseln gleichmäßig verteilt austreten läßt, ist unbedingte Zugfreiheit nicht immer zu gewährleisten. Zugerscheinungen und ein zu hoher Temperaturanstieg müssen hier aber weitgehend vermieden werden, da erfahrungsgemäß die Arbeitskräfte an diesen Plätzen besonders empfindlich sind. Aus diesem Grunde hat man auch mit Erfolg die Warmluftöffnungen nicht unmittelbar über den Brühbottichen, sondern gut verteilt an den Umfassungswänden in etwa 3,5 m Höhe und unter der Decke angeordnet saugt die Abluft teilweise durch Dunsthauben über den Brühkesseln, teils durch Öffnungen an der Decke mittels besonderer Lüfter ab[2]. Es hat sich nämlich gezeigt, daß die alleinige Abführung der Abluft an der Decke trotz reichlicher Luftvorwärmung leicht zu einer Durchfeuchtung der Decke und nachträglicher Schwammbildung führen kann. Der Hauptabzug der Abluft durch die Dunsthauben dagegen ermöglicht bei gleichzeitiger guter Warmluftverteilung im Raum das Zustandekommen einer Warmluftschicht an der Decke und damit deren Trockenhaltung. Aus den Abb. 79 bis 82 ist die Anordnung derartiger Entnebelungsanlagen für eine große und eine kleine Kuttelei ersichtlich. Abb. 79 und 82 zeigen die Unterbringung der Zu- und Abluftaggregate in einem besonderen Montagegeschoß über den Kuttlerhallen.

Darmschleimereien müssen in ähnlicher Weise be- und entlüftet werden wie die eigentlichen Kutteleiräume. Wenn in der Darmschleimerei eine Reihe von einzelnen Arbeitsabteilungen vorgesehen sind, so muß für eine gleichmäßige Verteilung der Warmluft gesorgt werden. Dies kann erreicht werden durch Verlegen eines Hauptwarmluftrohres über den Einzelräumen und Anordnung von regelbaren Abzweigleitungen

---

[1] Entnebelungsanlagen in Schlachthäusern. Haustechn. Rdsch. Bd. 35 (1930) H. 28 S. 430/431. — Die Heizungs-Entnebelungsanlage in der neuen Kuttelei im Städt. Schlachthof. Vortragsbericht des VDHI-Berzirksvereins Württemberg. Haustechn. Rdsch. Bd. 36 (1931) H. 18 S. 260/261.

[2] HAUSER, K.: Technische Neuerungen im Städt. Schlacht- und Viehhof München. Gesundh.-Ing. Bd. 59 (1936) H. 17 S. 233/240.

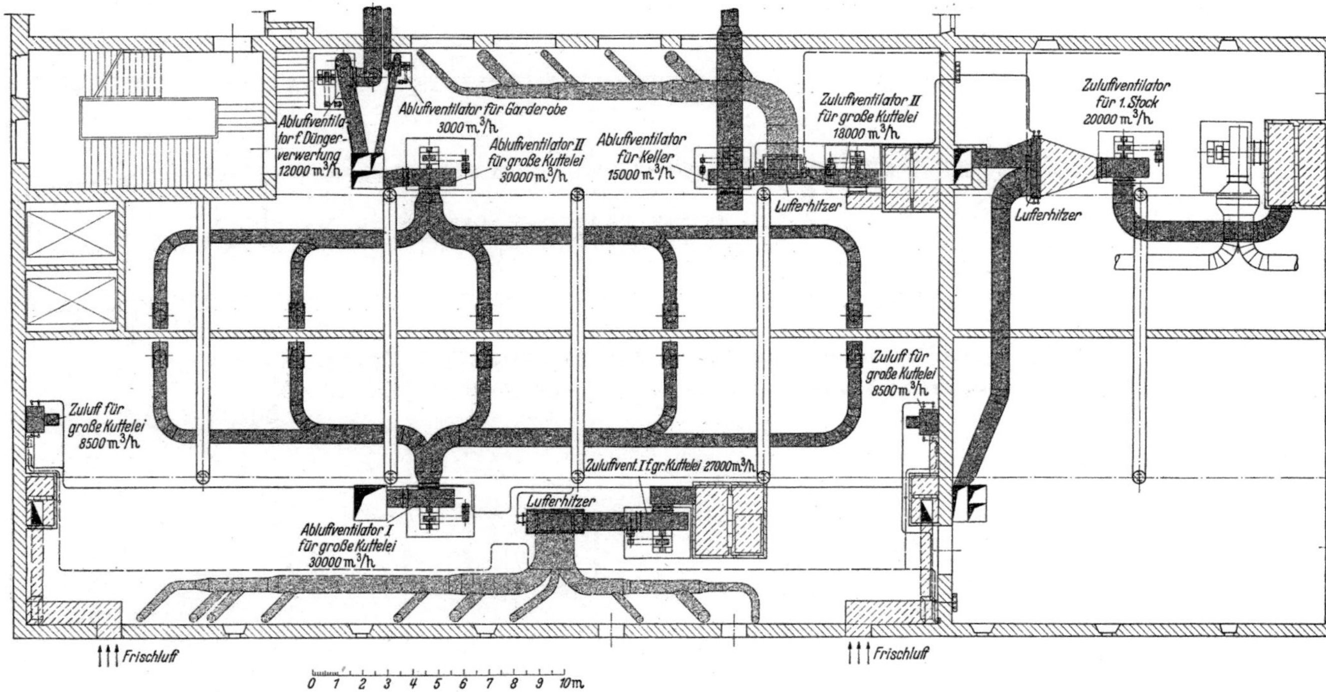

Abb. 79. Ausgeführte Entnebelungsanlage für die große Kuttelei einer Schlachthofanlage. Grundriß: Zwischengeschoß für Lüfter und Luftkanalanlagen.

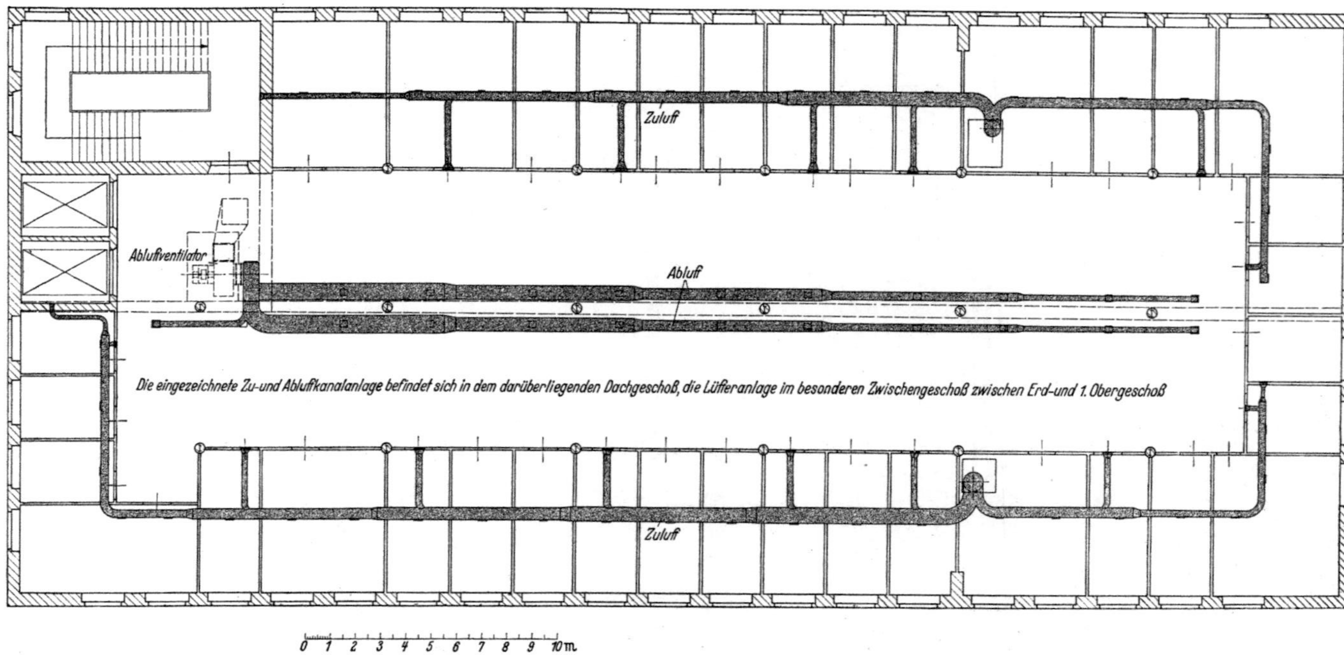

Abb. 80. **Ausgeführte Entnebelungsanlage für die große Kuttelei einer Schlachthofanlage. Grundriß: 1. Obergeschoß — Darmschleimerei.**

bzw. -öffnungen in jeder Abteilung. Für die Abführung der Abluft müssen entsprechende Einzelöffnungen im unteren Teil der Arbeitskammern vorgesehen werden.

In allen derartigen Räumen müssen die Zu- und Abluftmengen so aufeinander abgestimmt werden, daß ein gewisser Überdruck zur Verhinderung eines Kaltlufteinfalls gewährleistet ist.

Um den stark schwankenden Betriebsverhältnissen während der Schlachttage und in den verschiedenen Jahreszeiten nachkommen zu

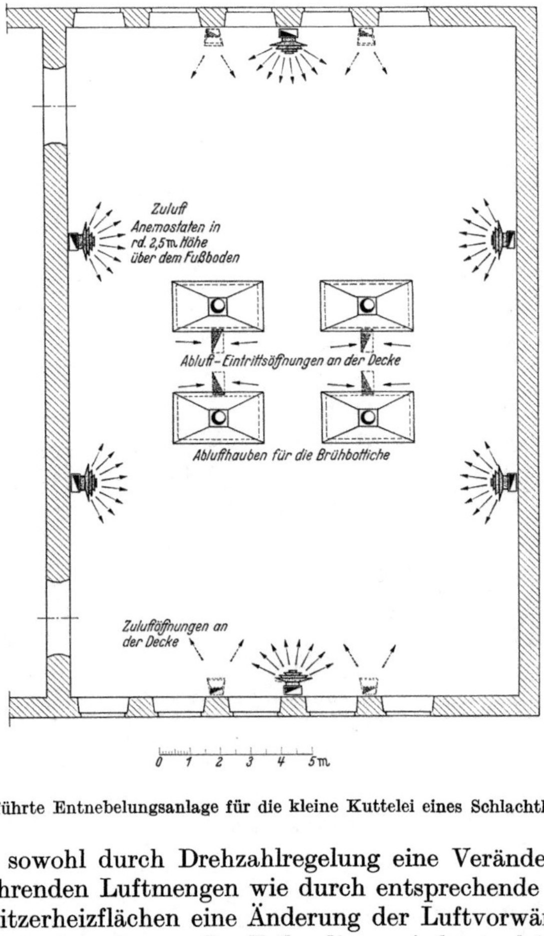

Abb. 81. Ausgeführte Entnebelungsanlage für die kleine Kuttelei eines Schlachthofes, Erdgeschoß.

können, ist sowohl durch Drehzahlregelung eine Veränderung der zu- und abzuführenden Luftmengen wie durch entsprechende Unterteilung der Lufterhitzerheizflächen eine Änderung der Luftvorwärmung zu ermöglichen. Auch müssen alle Teile dieser Anlagen leicht gereinigt werden können.

Im Sommer ist eine 20—25fache Lufterneuerung in der Stunde *ohne* Vorwärmung der Zuluft erforderlich, während im Winter der Luftwechsel z. B. auf das 10—12fache des Rauminhaltes vermindert werden kann, wobei die Zuluft jedoch auf 30—50° zu erwärmen ist. In der Regel wird bei derartigen Luftwechselzahlen gleichzeitig auch eine Beseitigung der auftretenden Gerüche erreicht. Wo sie jedoch trotzdem noch nicht erzielt wird, kann eine Ozonisierung der zugeführten Warmluft weitere Abhilfe schaffen.

Statt solche Entnebelungsanlagen einzurichten, wird es bisweilen vorgezogen, die entstehenden Dämpfe nicht erst in den Raum austreten zu lassen, sondern die Brühbottiche und Kuttelküchen mit leicht bedienbaren Deckeln zu versehen und die Dämpfe direkt aus den Gefäßen

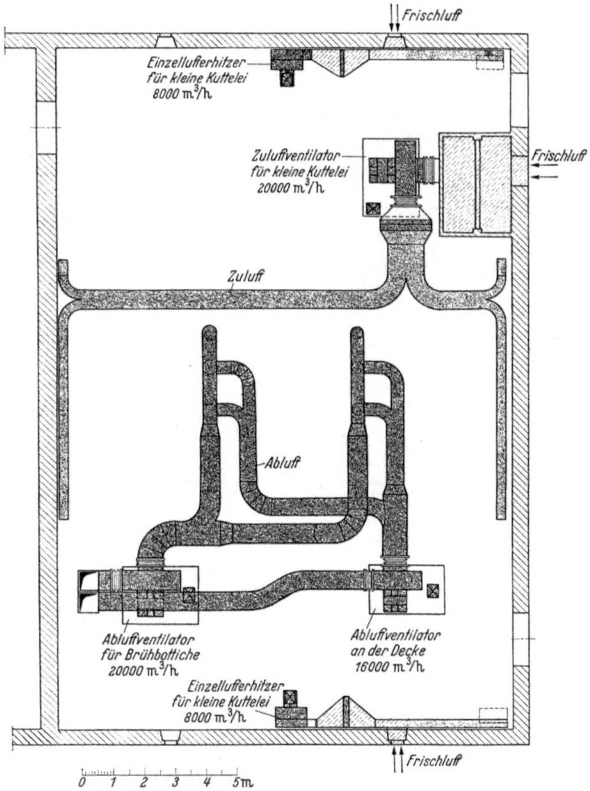

Abb. 82. Ausgeführte Entnebelungsanlage für die kleine Kuttelei eines Schlachthofes. Zwischengeschoß.

durch Rohre abzuleiten. Diese Lösung ist billiger und bietet zudem den Vorteil, daß die Dämpfe zur Wassererwärmung nutzbar gemacht werden können. Solche Deckel oder Hauben können allerdings nicht immer angebracht werden, so daß sich die Erstellung von Entnebelungsanlagen doch in vielen Fällen nicht umgehen läßt.

Besondere Schwierigkeiten für die Umgebung bereiten nicht selten auch die aus Ablagerungsstästen für Stalldung und Wampendünger und aus den Viehmarkthallen sich verbreitenden Gerüche. Sofern nicht durch Änderung der Betriebsverhältnisse, wie schnelle Abholung und

Verarbeitung des Dungs oder durch Verlegung der Viehmarkthallen oder der Dungstätten, eine grundsätzliche Abhilfe geschaffen werden kann, muß unter Umständen zu außergewöhnlichen Mitteln gegriffen werden. Als solche können sog. Entstänkerungsanlagen angesehen werden[1].

Dabei wird die Luft oberhalb der Geruchsherde abgesaugt und einer Luftreinigungsanlage zugeführt, in welcher sie durch Wasser ausgewaschen und anschließend durch ein Filter getrocknet und durch ein weiteres Filter chemisch gereinigt wird. Die so entstänkerte Luft wird dann ins Freie abgelassen.

Die zweifellos wichtigste Aufgabe im Schlachthof fällt der Lüftung der Kühlräume zu. Die Haltbarmachung des Fleisches kann einwandfrei nur durch Luftkühlung erreicht werden. Die ausschließliche Kühlung der Fleischkühlräume durch örtliche Kühlflächen (Berohrung) ist unzureichend. Vielmehr ist eine gleichzeitige und beliebig einstellbare Regelung der Temperatur und Feuchtigkeitsverhältnisse in den Kühlräumen notwendig. Nur durch Anwendung tiefer Temperaturen und geringer Feuchtigkeitsgehalte kann das Bakterienwachstum unterbunden werden. Empfohlen werden als günstigste Verhältnisse für die Fleischkühlung eine Kühlzeit bis zu 6 Wochen bei 0° und 85% Luftfeuchtigkeit (s. den bereits erwähnten Aufsatz von H. Plarre: Die technische Lösung der hygienischen Anforderungen an Schlacht- und Viehhöfe, Gesundh.-Ing. 59 (1936) H. 23 S. 340/345).

Die Luftkühlung gestattet, was für die Entkeimung der Kühlraumluft besonders wichtig ist, die Ausscheidung der Luftfeuchtigkeit außerhalb der eigentlichen Kühlräume. Der Aufbau der Luftkühlanlagen entspricht bei den gestellten Bedingungen praktisch denen von Klimaanlagen ohne Luftvorwärmung. Aber auch eine solche kann vorgesehen werden, wenn mit der Anlage z. B. gelegentlich Gefrierfleisch allmählich aufgetaut werden soll. Mit Luftkühlanlagen sind auszurüsten die Vorkühlhallen, die Kühlhallen, die Eislager und Gefrierräume. Die für die Lufterneuerung in den Kühlräumen notwendige Frischluft soll möglichst über Dach angesaugt werden. Ist trotzdem die Luft stark verunreinigt, so muß sie vor Einführung in die Luftkühlanlage besonders gefiltert werden.

Wenn in Verbindung mit den Kühlräumen Pökelräume vorhanden sind, was bei größeren Schlachthöfen des öfteren der Fall ist, so ist dafür Sorge zu tragen, daß eine Luftbewegung zwischen den Kühlhallen und den Pökelräumen vermieden wird. Zur Kühlung der Pökelräume werden in der Regel örtliche Kühlflächen (Solekühlung) verwendet. Zur Lufterneuerung sind besondere Frischluftrohre in den Pökelräumen vorzusehen.

Bisweilen wird zur Keimtötung und Geruchsbeseitigung noch eine besondere Ozonisierung in den Luftkühlanlagen angewendet[2].

---

[1] Hug, A.: Die Entstänkerungsanlage im Schlacht- und Viehhof Mannheim. Gesundh.-Ing. Bd. 59 (1936) H. 13 S. 173/174.

[2] Hartmann, F. E.: Neuzeitliche Verwendung von Ozon in Kühlhäusern. Refrig. Engng. 1925 Nr 12 S. 409. Kurzer Bericht im Gesundh.-Ing. 1925 S. 566.

4. Kesselzentrale.

Die Art und der Umfang der Kesselanlage eines Schlachthofes hängt von der Höhe des geforderten Dampfdruckes und dem Höchstwärmebedarf ab. Die Anlage ist so zu bemessen, daß sie den Anforderungen, auch wenn die Höchstbedarfe der verschiedenen Dampfverbrauchsstellen zeitlich zusammenfallen, zu genügen vermag. Eine nach neuzeitlichen Gesichtspunkten eingerichtete Wärme- und Dampfwirtschaft wird jedoch Frischdampf nur an solchen Stellen verwenden, wo Dampfdruck oder Temperatur in bestimmter Höhe gefordert werden. Im übrigen ist eine weitgehende Verwertung von Maschinenabdampf und

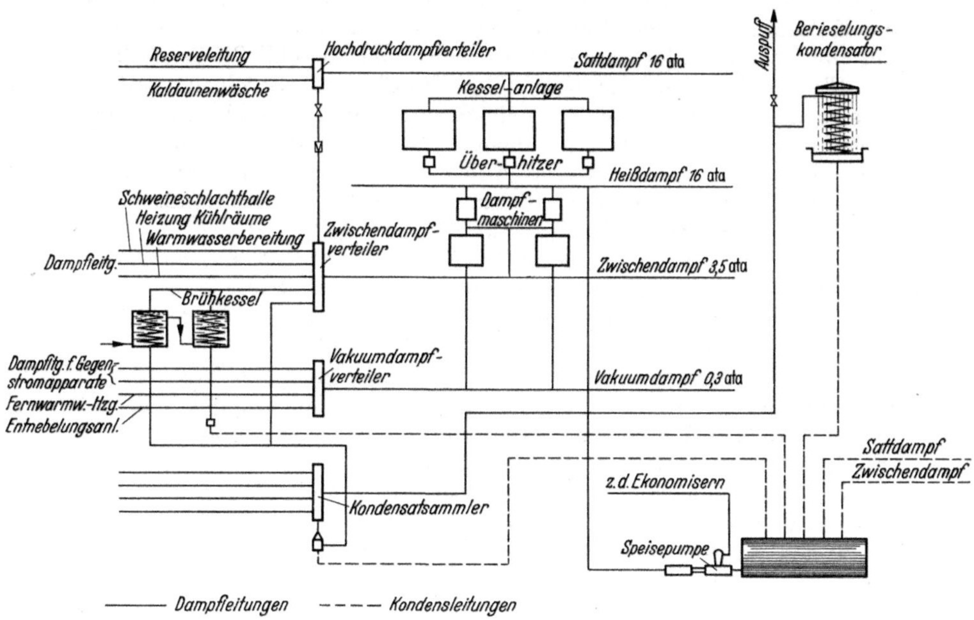

Abb. 83. Schema der Dampfverwertung für einen größeren Schlachthof.

-anzapfdampf anzustreben. Das Thema einer Dampfverwertung eines größeren Schlachthofes ist in Abb. 83 dargestellt, während Abb. 84 das Betriebsschema einer ausgeführten kleineren Anlage zeigt. In solchen Fällen, wo genügend billiger Strom zum Antrieb der Kühlkompressoren zur Verfügung steht, also Maschinenabdampf nicht anfällt, hat man wohl auch von der Errichtung eines Kesselhauses entweder abgesehen oder ein vorhandenes Kesselhaus stillgelegt und das notwendige warme Gebrauchswasser in unmittelbar befeuerten Warmwasserbereitern erzeugt. Hierbei kann es sich jedoch nur um Ausnahmefälle handeln. In der Regel wird selbst bei Vorhandensein elektrisch betriebener Kompressoren in größeren Schlachthöfen der Heiz- und Betriebswärme- und Dampfbedarf so groß sein, daß er allein die Errichtung einer besonderen Kesselanlage, wenn auch für niedrigere Dampfspannung, rechtfertigt. Denn außer für die Heizungs-, Entnebelungs- und Lüftungsanlagen ist

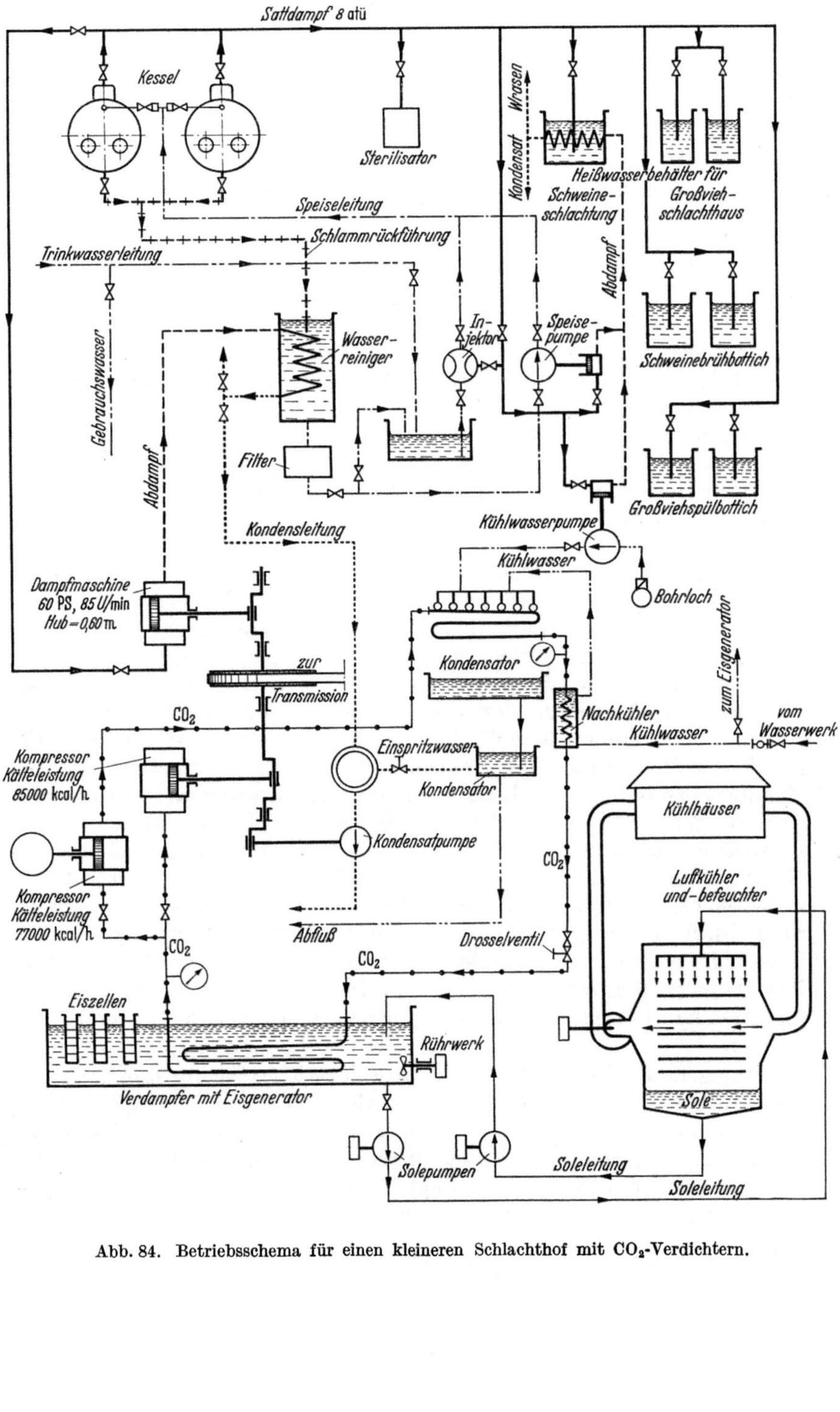

Abb. 84. Betriebsschema für einen kleineren Schlachthof mit CO_2-Verdichtern.

in einem neuzeitlichen Schlachthof Dampf erforderlich für die Speisung der Dampfstrahlapparate in den Brüh- und Siedebottichen, zu Kochzwecken in Futter- und Kuttelküchen, zur Warmwasserbereitung, für die Viehwagendesinfektion, evtl. für eine Dampfwäscherei für Kleidertrocknungseinrichtungen u. a. m. Auf den Dampfantrieb einzelner Kompressoren als Reserve oder Hauptantrieb wird man neben dem evtl. vorhandenen elektrischen Antrieb im übrigen zur Sicherstellung des Betriebes kaum ganz verzichten dürfen, insbesondere dann nicht, wenn der benötigte Strom von außerhalb bezogen werden muß.

Infolge des hohen, während des ganzen Jahres notwendigen Warmwasserverbrauches sowie des im Winter erforderlichen Wärmebedarfes für Raumheizung und Entnebelung besteht sogar in vielen Fällen die Möglichkeit, Maschinenabdampf aus der Kälteerzeugung sowie gleichzeitig den aus einer etwaigen Eigenstromerzeugung im Winter voll und während des übrigen Jahres zu einem großen Teil wirtschaftlich auszunutzen[1]. Die Frage nach der Selbsterzeugung von Strom ist also in jedem Fall sorgfältig zu prüfen.

Zur Bewältigung der Spitzenbelastungen und zum Ausgleich zeitlicher Unterschiede zwischen Abwärmeerzeugung und Wärmeverbrauch bzw. Energieerzeugung und -verwertung können Dampf-, Warmwasser-, Elektrizitäts-, Kälte- oder hydraulische Speicher unter Umständen gute Dienste leisten.

Bezüglich der zu wählenden Kesselbauart ist zu sagen, daß in erster Linie der Flammrohrkessel mit seinen Vorzügen als Großwasserraumkessel in Betracht kommt, allerdings unter Verwendung neuzeitlicher mechanischer Unterschubfeuerungen. Jedoch können auch Wasserrohrkessel mit Wanderrostfeuerungen verwendet werden, wenn durch entsprechende Unterteilung der Kesseleinheiten eine Anpassung an den wechselnden Sommer- und Winterbetrieb ermöglicht wird. Ferner sollte zwecks Sauberhaltung des Kesselhauses und zur Entlastung des Bedienungspersonals weitgehend von der Handbedienung abgegangen werden, damit die ganze Aufmerksamkeit der Heizer auf eine wirtschaftliche Führung des Feuers und auf die Betriebssicherheit der gesamten Kesselanlage abgestellt werden kann. Außer der bereits erwähnten mechanischen Rostbeschickung ist mechanische Kohlenförderung durch Becherwerke aus den Tiefbunkern zu den oberhalb der Kessel gelegenen Vorratsbunkern vorzusehen. Für die Reinigung des Kessels von Flugasche ist die Anordnung mechanischer Rußbläser zweckmäßig. Diese können noch ergänzt werden durch Ascheabsaugungsanlagen.

Eine genaue Überwachung des Kesselbetriebes ist nur durchführbar, wenn die erforderlichen Meßgeräte vorhanden sind; dazu gehören die Kohlenwaage, die Speisewassermengenmesser, die Rauchgas- und Speisewassertemperaturmesser, die Zugmesser, evtl. noch CO_2- und Kesselbelastungsmesser. Nicht unbedingt erforderlich sind selbstschreibende Meßgeräte, wenn eine laufende Prüfung der Anschreibungen und des

[1] Mattar: Die neue Maschinenanlage des Leipziger Schlachthofes. Gesundh.-Ing. Bd. 53 (1930) H. 10 S. 145/150.

Zustandes der Kessel durch eine dem Heizer übergeordnete fachkundige Stelle vorgenommen wird. Zur nachträglichen Feststellung des Betriebsverlaufes, sowie von Mängeln in der Bedienung und in der Anlage können allerdings schreibende Geräte unter Umständen sehr wertvolle Dienste leisten.

Um die den Kesseln zuzuspeisende Frischwassermenge auf das geringste Maß zu beschränken, ist eine möglichst weitgehende Rückgewinnung des Kondenswassers aus der ganzen Anlage anzustreben. Auf diese Weise kann evtl. der Einbau einer verwickelten und kostspieligen Speisewasserreinigung vermieden werden. Bezüglich der Nutzbarmachung der Kesselrauchgaswärme für die Speisewasservorwärmung sowie der Verwertung des Schwadendampfes aus dem Speisewasserbehälter kann auf das in den Abschnitten III und XVI Gesagte verwiesen werden.

Wie bei den Fernheizungen, Fernwarmwasser- und Ferndampfversorgungsanlagen in Spitälern, Geschäftshäusern und Fabriken (s. die Abschnitte III, VII und XVI) ist die Anordnung eines gemeinsamen Apparate- und Regelraumes zur übersichtlichen Unterbringung der verschiedenen Verteiler, Pumpen, Überwachungs- und Meßgeräte (evtl. auch derjenigen der elektrischen Anlage) angebracht.

Da Schlachthöfe bedeutende Wärmeverbraucher sind, ist es zweckmäßig, zu prüfen, ob sie nicht mit Abwärme liefernden Werken, z. B. Wärme-Kraftwerken, Müllverbrennungs- oder Gasanstalten (s. Abschnitt XVIII) in Verbindung gebracht werden können, wodurch die eigene Kesselzentrale nur als Ergänzungs- und Reserveanlage zu dienen hat, evtl. sogar ganz wegfallen kann.

5. Fernleitungen.

Bei Fernleitung von Hochdruckdampf ist es angezeigt, in den Gebäuden Druckminderstationen vorzusehen, die den Dampfdruck beispielsweise beständig auf 2 atü halten. Dieselben sind außer mit den erforderlichen Druckminder-, Sicherheits-, Ent- und Belüftungs- sowie Kondenswasserableitungseinrichtungen auch je mit einem Absperrventil zu versehen, so daß sich jedes Gebäude von der Fernleitung abschalten läßt.

Wird der Dampf zuerst zur Krafterzeugung herangezogen, so kann Ab- oder Zwischendampf von gleichbleibendem Druck ferngeleitet werden. In diesem Falle sind Druckminderstationen in den Gebäuden nicht erforderlich, dagegen muß, wenn die Abdampfmenge nicht ausreicht, selbsttätig Frischdampf zugesetzt werden.

Statt Hochdruckdampf kann auch Heißwasser für Heizzwecke und Apparateaufheizung zur Fernleitung benutzt werden. Dieses bietet unter Umständen Vorteile bezüglich der Bemessung und Verlegung der Fernleitungen. Die oft unangenehme Kondensatwirtschaft mit ihren nicht immer kontrollierbaren Wärmeverlusten kann in Fortfall kommen. Die Umstellung einer *vorhandenen* Hochdruckdampfbeheizung auf Heißwasserbetrieb bedarf jedoch sorgfältiger Prüfung, da die Vorteile des Heißwassers gegenüber einem in Ordnung befindlichen Dampfbetrieb mit Kondensatrückgewinnung und Abdampfverwertung nicht mehr besonders große sind[1].

Die Leitungen der Dampf- und Warmwasserfernversorgung können meist in den Gebäuden frei sichtbar oder in leicht zugänglichen Bodenkanälen untergebracht werden. Zwischen den Gebäuden zieht man sie entweder durch die Luft oder legt sie besser ebenfalls in nicht begehbare Bodenkanäle. Begehbare Kanäle sind hierfür in der Regel nicht erforderlich, weil es sich nicht um sehr große Entfernungen handelt. Wie üblich sind die Leitungen gut zu isolieren und gegen Nässe zu schützen.

6. Warmwasserversorgung.

Im Hinblick auf die Nutzbarmachung der Rauchgase, die Verwertung des Abdampfes von Dampfmaschinen, Dampfspeisepumpen usw. sowie des Schwadendampfes aus den Kondenswassersammelgefäßen ist es zweckmäßig, in Schlachthöfen auch Fern-Warmwasserversorgung zu erstellen. Hierzu sind genügend große, gut isolierte Warmwasserbereiter bzw. Gegenstromapparate und besondere Speicher vorzusehen, die den oft sehr beträchtlichen augenblicklichen Anforderungen an Warmwasser gerecht zu werden vermögen. Der Hauptwarmwasserverbrauch findet beim Reinigen der Gebäude statt. Durch Aufstellung von mindestens zwei Warmwasserbereitern ist dafür zu sorgen, daß jederzeit, d. h. auch wenn vorübergehend ein Warmwasserbereiter außer Betrieb gesetzt werden muß, Warmwasser zur Verfügung steht. Die Vorlauftemperatur des Wassers soll nicht unter 80° betragen. Mittels Umwälzpumpe ist es bis in die Nähe der Zapfstellen in stetem Umlauf zu erhalten. Die Anlagen sind, wie unter Abschnitt IIIA6 dargelegt, auszuführen und daher kann auf das dort Gesagte verwiesen werden.

Es ist zweckdienlich, in den Schlachthallen zahlreiche Kalt- und Warmwasserhähne vorzusehen, an die zu Reinigungszwecken Schläuche angeschlossen werden können. Ferner sind sämtlich Spültröge usw. mit Warmwasser zu versorgen.

In den Brühbottichen der Schweineschlachthallen und Großkutteleien, die dauernd 70grädiges, und den Siedebottichen der Großkutteleien, die 100grädiges Wasser erfordern, wird das Warmhalten am besten durch eingebaute, an den Böden angebrachte Dampfstrahlapparate bewirkt, wobei der ausströmende Dampf gleichzeitig eine Bewegung des Wassers hervorruft und sein Kondensat den Wasserverlust infolge Verdampfung ersetzt. Es können jedoch auch besondere Heißwasserbereiter für diese Zwecke vorgesehen werden. Sie ermöglichen den Kondensatrückgewinn.

An allen Orten, wo man mit niedrigeren Wassertemperaturen als derjenigen des ferngeleiteten Wassers auskommt, ist es im Interesse eines geringen Warmwasserverbrauches angezeigt, einfach zu bedienende Mischventile anzubringen. Zu dem gleichen Zweck werden die Schläuche auch etwa mit Mundstücken versehen, die sich nach dem Gebrauch

[1] SCHMIDT, O.: Hochdruckdampf oder Heißwasser? Gesundh.-Ing. Bd. 55 (1932) H. 18 S. 205/208.

automatisch schließen. Trotz solcher Vorkehrungen ist in Schlachthöfen mit einem großen Warmwasserverbrauch zu rechnen.

7. Viehwagenreinigungs- und -desinfektionsanlage, Tierkörperverwertungsanlagen.

Zum Reinigen und Desinfizieren der Viehwagen ist es bequem, sie vor eine Rampe zu fahren und von derselben aus durch Schläuche mittels Kalt- und Warmwasser sowie Dampf behandeln zu können. Zur Erhöhung der desinfizierenden Wirkung des Dampfes wird demselben in den Schlauchmundstücken oft noch Formalin beigemischt, das aus hochliegenden Behältern zufließt. Zum Anschluß der Schläuche werden auf den Rampen mit Vorteil hydrantenartige Ständer erstellt.

Von besonderer Wichtigkeit ist auch die einwandfreie Beseitigung von Tieren, die an bestimmten Krankheiten oder Seuchen verendet oder von diesen befallen sind, und einzelnen Organen, deren Genuß gesundheitsschädlich ist. Die Abschlachtung seuchenverdächtiger Tiere muß in einem vom übrigen Schlachthof getrennt liegenden *Seuchenschlachthof* erfolgen. Die Vernichtung der seuchenkranken und an Seuchen verendeten Tiere kann entweder durch *Verbrennen* oder durch *Sterilisation* unter Druck nach dem sog. thermochemischen Verfahren oder der sog. „Verwertung" vorgenommen werden[1]. Die Verbrennung geschieht in besonderen Abfallverbrennungsöfen (s. auch das in Abschnitt III Gesagte). Sie kommt in der Regel jedoch nur für Schlachthöfe kleineren Umfangs in Frage. Auch bereitet dabei die Geruchsbeseitigung Schwierigkeiten, wenn nicht für eine Nachverbrennung der entstehenden Gase gesorgt wird. Bei erheblichem Anfall verseuchter Tiere und Fleischteile können jedoch Tierkörperverwertungsanlagen wirtschaftlich betrieben werden. Sie ermöglichen durch Auskochen und Trocknen die Rückgewinnung wertvoller Substanzen in Form von Fleischmehl zu Futterzwecken und Fett zur weiteren Verarbeitung zu technischen Fetten. Für die Errichtung und den Betrieb derartiger Anstalten (Abdeckereien) sind bestimmte Gesetzesvorschriften einzuhalten.

Sonstiges Schrifttum über Schlachthöfe.

Bau, Einrichtung und Betrieb öffentlicher Schlacht- und Viehhöfe. Handbuch der Schlachthofwissenschaft und Schlachthofpraxis für Schlachthofleiter. Schlachthoftierärzte, Bürgermeister, Stadtbaubehörden, Sanitäts- und Verwaltungsbeamte, Studierende der Veterinärmedizin, das Beinwesen und die Maschinentechnik. Bearb. von Dr. med. vet. H. Heiss, Oberveterinärrat. 5., vollkommen neubearb. Aufl. d. früheren Schwarz-Heissschen Handbuches. Mit 525 Abb. im Text u. zahlr. Tab. Berlin: J. Springer 1932. 644 S. 86,— RM. [Kurzer Bericht im Gesundh.-Ing. Bd. 57 (1934) H. 2 S. 23/24.]

Kuppelmayr, H.: Das neue Kühlhaus des Münchener Schlachthofs. Gesundh.-Ing. Bd. 54 (1931) H. 40 S. 602/606.

[1] Frühwald, O.: Anlage und Betrieb von Schlacht- und Viehhöfen sowie Verwertungsanlagen. Gesundh.-Ing. Bd. 59 (1936) H. 23 S. 335/340; sowie den bereits erwähnten Aufsatz von H. Plarre: Die technische Lösung der hygienischen Anforderungen an Schlacht- und Viehhöfe. Gesundh.-Ing. Bd. 59 (1936) H. 23 S. 340/345.

XX. Strafanstalten, Gefängnisse (evtl. in Verbindung mit Gerichtsgebäuden), Zuchthäuser.

Von **H. KÄMPER.**

A. Heizung.

1. Raumtemperaturen in Grad Celsius.

Aufenthaltsräume der Gefangenen am Tage, je nach Beschäftigung . . . . 15—18°
Aufenthaltsräume der Gefangenen bei Nacht . . . . 10°
Flure je nach Benutzung . . . . 10—15°
Werkstätten s. Abschnitt XVI.
Krankenräume s. Abschnitt III.
Büros, Gerichtsräume usw. s. Abschnitt VII.
Wohnräume des Direktors, der Aufseher usw. s. Abschnitt I.

2. Heizart.

Für die Aufenthaltsräume der Gefangenen, die Büros, die Wohnungen des Direktors und der Aufseher kommt Warmwasser, evtl. Dampfwarmwasser-, bei ausgedehnten Anlagen Pumpenwarmwasserheizung und für die Werkstätten, Flure, die Kirche usw. Dampfheizung in Frage. Gewünschtenfalls können die Zellen auch mit Luftheizung versehen werden (bezüglich Zellen für Tobsüchtige und Unreinliche s. Abschnitt III).

3. Heizkörper und Leitungen.

Der Wahl und Anordnung der Heizkörper in den Zellen ist besondere Aufmerksamkeit zu schenken in dem Sinne, daß von den Gefangenen nichts zerstört bzw. abgenommen werden kann. Es werden daher z. B. dickwandige Heizsäulen mittels starken Bügeln an die Mauern befestigt und direkt mit den vollständig in den Mauern liegenden Leitungen verbunden. Bei dieser Anordnung besteht allerdings immer noch die Möglichkeit, daß sich die Insassen durch Klopfen an die Heizkörper miteinander verständigen. Will man dies vermeiden, so ist vollständig verdeckte Anordnung vorzusehen. Sofern eine Einzelabstellung der Heizkörper vorgesehen ist, soll diese nur außerhalb der Zelle betätigt werden können.

Gruppenunterteilung nach Himmelsrichtungen und evtl. andern örtlichen Anforderungen kann empfehlenswert sein.

B. Lüftung.

Künstliche Lüftung findet man nur in wenig Strafanstalten und Gefängnissen. Wird Luftheizung für die Zellen vorgesehen, so kann damit auch frische Luft zugeführt werden. Der Luftwechsel soll in diesen Fällen je Kopf betragen für die Einzelzellen 15—20 m^3/st und für die Schlafzellen sowie die Räume für gemeinsame Haft 10 m^3/st.

Die Öffnungen der Zu- und Abluftkanäle sind verdeckt anzuordnen. Ferner muß durch entsprechende Führung der Kanäle dafür gesorgt werden, daß eine Verständigung zwischen den einzelnen Zellen ausgeschlossen ist.

XXI. Leichenhäuser, Feuerbestattung.

Von **H. KÄMPER.**

Vielerorts, vornehmlich in Großstädten, besteht die Vorschrift, daß die Leichen bis zu ihrer Bestattung aus hygienischen wie aus allgemein menschlichen Gründen nicht in den Trauerhäusern verbleiben dürfen. Diese Maßnahme hat sich auch mit Rücksicht auf die meist beschränkten Platzverhältnisse in den Wohnungen als durchaus notwendig erwiesen. Insbedondere muß für eine gefahrlose Unterbringung infektiöser und Fundleichen Sorge getragen werden. Zur Aufbewahrung der Leichen müssen deshalb besondere Leichenhäuser auf den Friedhöfen vorgesehen werden.

Dabei müssen getrennte Räume für die normalen Leichen und für infektiöse Leichen vorhanden sein. An Stelle größerer Hallen, wie sie manchmal anzutreffen sind, sollten möglichst Einzelzellen erstellt werden, wodurch eine weihevollere Stimmung geschaffen und dem Empfinden der Hinterbliebenen besser Rechnung getragen werden kann.

Die Leichenaufbewahrungsräume müssen gelüftet und möglichst auch gekühlt werden können. Die Kühlung des gesamten Leichenhauses ist allerdings praktisch nur durchführbar, wenn es sich um nicht zu große Baukörper handelt. An größeren Orten, wo die zwangsweise Unterbringung sämtlicher Leichen in den Leichenhäusern besteht, sind oft 100 und mehr Einzelzellen vorhanden. In solchen Fällen ist es angebracht, diese Zellen lediglich zu lüften, daneben aber einen gekühlten Sammelraum für mehrere Normalleichen und einen solchen für infektiöse Leichen, außerdem eine Reihe gekühlter Einzelzellen vorzusehen. In den Kühlräumen werden während des Sommers lediglich die Leichen mit starker Geruchsbildung untergebracht. Zur besseren Raumausnutzung ist in den Sammelkühlräumen von dem Einbau gemauerter Leichenpritschen abzusehen. Besucher dürfen nur die Einzelzellen betreten, nicht aber die Sammelkühlräume. Die Temperatur der Kühlräume für Normalleichen soll etwa $+2$—$4°$ betragen. Die Räume für infektiöse Leichen müssen tiefer gekühlt werden, etwa auf $-2°$. Stark in Verwesung übergegangene Fundleichen werden in der Regel in besonderen Tiefkühlschränken eingefroren.

Zur Beseitigung des Leichengeruches in den Kühlräumen muß die Möglichkeit gegeben sein, ständig einen Teil der Umluft entweichen zu lassen und dafür eine entsprechende Menge Frischluft beizumischen (evtl. auch Ozonisierung).

Selbstverständlich soll in den Hallen bzw. Zellen von der Lüftungs- und Kühlanlage möglichst nichts zu sehen und zu hören sein. Die Wände der gekühlten Leichenräume sowie die Luftkanäle sind aufs beste gegen Kälteverluste zu schützen. Wenn eben möglich, sollten die Kühlräume im Kellergeschoß des Leichenhauses untergebracht werden. Gut bewährt hat sich die Anordnung eines Bedienungsganges auf der einen und eines Besucherganges auf der anderen Seite der Zellen, und zwar sowohl aus isolier- als auch betriebstechnischen Gründen. Auch ist dadurch der Temperaturübergang für die Besucher ein allmählicher, weil sie vom Freien zuerst einen Vorraum, dann den durch die Zellen stärker gekühlten Besuchergang und schließlich die Zellen selber betreten.

Als Beispiel sei auch das Züricher Leichenhaus genannt. Es enthält 7 Zellen für normale, 3 für infektiöse Leichen und erfordert eine Höchst-

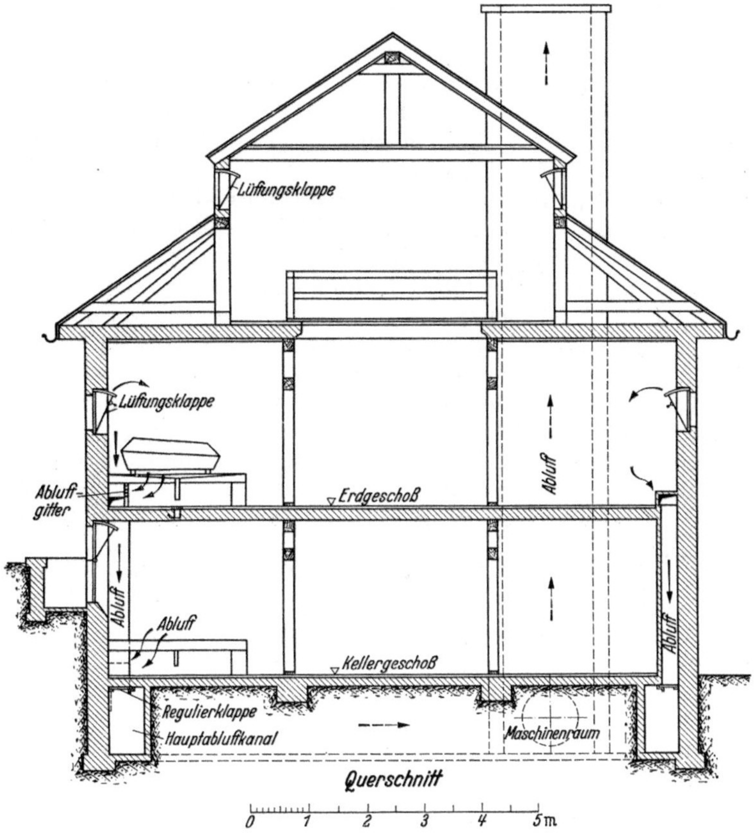

Abb. 85. Ausgeführte Zu- und Ablüftungsanlage für das Leichenzellengebäude eines großen Friedhofes.

kälteleistung von 200000 kcal/Tag. Im Luftkühler für normale Leichen herrscht eine Verdampfertemperatur von —5°, in demjenigen für infektiöse Leichen eine solche von —20°. Das Kühlwasser erwärmt sich um etwa 10°[1].

In ähnlicher Weise wie auf Friedhöfen sind die Leichenaufbewahrungsräume auch in großen Anstalten auszugestalten[2].

[1] Die neue Leichenhalle auf dem Friedhof Sihlfeld. Zürich 4. Hrsg. im Jahre 1917 von Gebrüder Sulzer AG., Winterthur. Siehe auch Gesundh.-Ing. 1928 S. 625.

[2] GEHRENBECK, K.: Fernkühlanlage des Pathologischen Institutes im Rudolf Virchow-Krankenhaus der Stadt Berlin. Gesundh.-Ing. Bd. 58 (1935) H. 16

Die Lüftung der ungekühlten Leichenzellen kann so erfolgen, wie in Abb. 85 an Hand einer ausgeführten Großanlage gezeigt wird. Durch verstellbare Kippflügel strömt Frischluft in die Zellen, durchspült die Räume und gelangt durch Abluftöffnungen unter den Leichenpritschen in einen Hauptabluftkanal, von wo aus die gesammelte Abluft einer Reihe von Zellen durch einen kräftigen Abluftlüfter ins Freie befördert wird.

Eine besondere Entwicklung hat das *Feuerbestattungswesen* in den letzten Jahren genommen, insbesondere soweit es sich um den eigentlichen Einäscherungsvorgang und die Bauart der Öfen handelt. Während unter dem Einfluß rein vernunftmäßigen Denkens anfangs Ofenformen entstanden, die sowohl in ihrem äußeren Aufbau als auch in der Ausgestaltung des inneren feuerungstechnischen Teiles mehr industriellen Feuerungen glichen, dringt doch immer mehr die Erkenntnis durch, daß nicht die brennstoffwirtschaftliche Seite bestimmend für die Gestaltung der Öfen sein darf, da die Brennstoffkosten nur einen verhältnismäßig geringen Anteil an den Gesamtbestattungskosten ausmachen, sondern daß es auf eine möglichst würdige Gestaltung des Ofens wie des gesamten Einäscherungsvorganges ankommt. Wenn sich damit gleichzeitig Verbesserungen und Einsparungen auf der Brennstoffseite ergeben — und das ist möglich, wie die Entwicklung gezeigt hat —, so ist das nur zu begrüßen[1]. So ist ein allmählicher, aber stetiger Übergang von der Koks- und Kohlefeuerung zur Gasbeheizung zu beobachten, da die Verfeuerung von Koks und Kohle nicht nur eine Verschmutzung der Räume und Flugaschenbildung, sondern auch eine erhöhte und geräuschvollere Bedienung mit sich bringt, vor allem aber, weil sich bei Gasbeheizung eine weißere Knochenasche ergibt als bei Koks- und Kohlefeuerung[2]. Die Brennstoffkosten je Verbrauch betragen im übrigen bei Gas in der Regel nur einen Bruchteil derjenigen bei Koksfeuerung. In Abb. 86 ist der Ausbau koksgefeuerter Einäscherungsöfen und der gleichzeitige Einbau gasgefeuerter Öfen ansprechenderer Bauart wieder-

S. 237/240. — HÜTTNER, A.: Aufgaben der Stadt Berlin auf dem Gebiet der Heizung, Lüftung und Kühlung. Gesundh.-Ing. Bd. 58 (1935) H. 26 S. 373/381. — MENSER: Die Leichenaufbewahrung im Krankenhaus Friedrichshain in Berlin nach dem Umbau des Pathologischen Instituts. Z. Krankenhausw. 1932 Nr 12 S. 271.

[1] QUEHL, V.: Feuerbestattung und Einäscherungsöfen. Gesundh.-Ing. Bd. 59 (1936) H. 38 S. 559/561.

[2] SAUSSE: Gasgefeuerte Einäscherungsöfen. Techn. Mbl. Gasverk. Jg. 6 (1930/31) H. 2 S. 21 [s. auch Kurzbericht Gesundh.-Ing. Bd. 53 (1930) H. 52 S. 847/848. — FEISCHNER: Die Einäscherungsöfen mit Gasfeuerung im Krematorium Berlin-Treptow. Techn. Mbl. Gasverk. Jg. 6 (1930/31) H. 2 S. 22 [s. auch Kurzbericht Gesundh.-Ing. Bd. 53 (1930) H. 52 S. 848. — WOLFER, H.: Der neue Wolkmann-Ludwig-Einäscherungsofen im Stuttgarter Krematorium. Gesundh.-Ing. Bd. 55 (1932) H. 13 S. 151/154 u. H. 14 S. 162/165. — REPKY: Der Umbau koksgefeuerter Krematoriumsöfen auf Leuchtgasbeheizung. Gesundh.-Ing. Bd. 55 (1932) H. 42 S. 506/509. — MANSKOPF, H.: Gas als Brennstoff für Einäscherungsöfen (Hamburger Krematorium). Gas- u. Wasserfach Bd. 76 (1933) Nr 42 S. 772/775 [s. auch Kurzbericht Gesundh.-Ing. Bd. 56 (1933) H. 51 S. 610. — HENZI, R.: Die Züricher Einäscherungsöfen mit Gasfeuerung. Monatsbull. schweiz. Ver. Gas- u. Wasserfachm. Bd. 14 (1934) S. 63/66 [s. auch Kurzbericht Gesundh.-Ing. Bd. 58 (1935) H. 7 S. 99. — THAU, A.: Gasbeheizte Einäscherungsöfen. Gas- u. Wasserfach Bd. 77 (1934) S. 294/297 [s. Kurzbericht Gesundh.-Ing. Bd. 58 (1935) H. 7 S. 99].

Abb. 86. Leichenverbrennungsanlage während des Umbaues. (Links: älterer koksgefeuerter Ofen; rechts: neuzeitlicher gasgeheizter Ofen.)

Abb. 87. Vorderansicht zweier neuzeitlicher gasbeheizter Leichenverbrennungsöfen mit mechanischer Sargeinführung.

gegeben. Die Abb. 87 und 88 zeigen die gleiche Anlage nach Fertigstellung des Umbaues. Es empfiehlt sich jedoch bei Anlage gasbeheizter Öfen, auch die Möglichkeit der Verfeuerung fester Brennstoffe, z. B. Holz, mit Rücksicht auf eine evtl. länger anhaltende Störung in der

Gasversorgung vorzusehen. Elektrischer Strom hat zur Beheizung ebenfalls bereits Anwendung gefunden, allerdings wegen des meist zu hohen Wärmepreises verhältnismäßig selten[1].

Es entspricht ferner den Grundsätzen einer würdigen Einäscherungsart, daß das Aufbringen der Restasche auf den Nachverbrennungsrost möglichst ohne Ausscharren geschieht. Dies ist entweder durch den freien Abfall der Asche auf den Rost oder durch Ausbildung des Muffel-

Abb. 88. Rückansicht der in Abb. 87 dargestellten gasbeheizten Leichenverbrennungsöfen mit verdecktliegender Gas- und Luftzuführung.

bodens als mehrteilige Drehplatte möglich und heute praktisch durchaus bewährt.

Weitere erfüllbare und ebenfalls erprobte Forderungen sind die nach nicht zu starker Verkürzung der Einäscherungszeit zwecks Erhaltung des Ofens, möglichst weitgehende Einhüllung der Leiche in Flammen, zu erreichen durch nach oben verlegten Flammenabzug und weitgehende Minderung des bei der Einführung entstehenden Geräusches, erzielbar durch Ersatz der von Hand fahrbaren Einführungswagen durch elektrisch oder hydraulisch betriebene, geräuschlos arbeitende Einführungsvorrichtungen, die bündig mit dem Fußboden des Krematoriums angeordnet sind.

---

[1] Weiss, K.: Der erste deutsche elektrisch beheizte Einäscherungsofen im Krematorium Erfurt. Gesundh.-Ing. Bd. 57 (1934) H. 37 S. 453/457 — Die Entwicklung des elektrisch beheizten Einäscherungsofens im Krematorium Erfurt. Gesundh.-Ing. Bd. 60 (1937) H. 11 S. 159/162 — Ein elektrischer Leichenverbrennungsofen. Z. öst. Ing.- u. Archit.-Ver. Bd. 85 (1933) Nr 25/26 S. 145 [s. Kurzbericht Gesundh.-Ing. Bd. 56 (1933) H. 32 S. 383]. — Gränzer, R.: Über die wärmewirtschaftliche Bauweise von elektrischen Einäscherungsöfen. Gesundh.-Ing. Bd. 58 (1935) H. 41 S. 624/626.

XXII. Tierhäuser.

(Stallungen s. Abschnitt I)

Von **H. KÄMPER.**

1. Große, modern eingerichtete Hühnerbrut- und Aufzuchtanstalten[1].

Die Temperatur der Brutwärme ist $39^1/_2{}^\circ$. Andauernde größere Abweichungen haben eine Schwächung oder ein Absterben der Keime im Ei zur Folge, daher ist selbsttätige Temperaturregelung anzuwenden. Die Wärmezufuhr soll von oben erfolgen. Ferner sind ein genügendes Einströmen frischer Luft und eine Regelung des Luftfeuchtigkeitsgehaltes notwendig. Die Brutzeit für Hühner beträgt 21 Tage.

Als Heizart empfiehlt sich Warmwasser- oder elektrische Heizung. Die Heizkörper werden gewöhnlich in Form von Heizröhren vorgesehen. Bei Warmwasserheizung ist der Heizkessel in einem Nebenraum aufzustellen.

Die Aufzucht der Kücken erfolgt im kleinen in Wärmekästen mit Heizung, so daß die Kücken Ersatz für die mütterliche Wärme finden. Ein vergitterter Auslauf muß ihnen den erforderlichen Tummelplatz gewähren. Im großen werden Aufzuchthäuser mit Zentralheizung erstellt.

Die Temperatur der Brutställe hat 18° zu betragen. Am besten eignet sich auch hierfür Warmwasser- oder elektrische Heizung.

Zum Einkühlen von Eiern sind Temperaturen zwischen plus und minus 5° und Luftfeuchtigkeitsgrade von 80—85% innezuhalten[2].

2. Raubtierhäuser[2].

In Raubtierhäusern ist die Temperatur der Tierart anzupassen. Im allgemeinen hat sie mindestens 20° zu betragen. Als Heizart ist Warmwasserheizung zweckmäßig und als Lüftungssystem Drucklüftung, die bei abgestelltem Lüfter in eingeschränktem Maße auf natürlichem Wege weiter wirken soll. Wichtig ist, daß die Käfigfußböden warm gehalten, die Heizkörper jedoch gegen Spritzwasser beim Reinigen der Käfige geschützt werden. Daher empfiehlt sich Aufstellung derselben unter den Käfigen, ferner Führung der frischen Luft über diese Heizkörper nach dem Besucherraum, von wo sie durch die Käfige oder vor denselben nach oben abströmen soll, so daß die Ausdünstung der Tiere vom Publikum abgehalten wird (evtl. Ozonierung). Auf das Fernhalten kalter Zugluft von den Tieren ist streng zu achten (Ausführung z. B. in Halle a. S.).

3. Reptilienhäuser[3].

Die Publikumsgänge sind nur zu temperieren, während die Temperatur in den Käfigen 24—30° betragen muß. Am besten eignen sich elektrische Heizkörper, die in die Mauern und Felsen der Höhlen sowie

[1] Gesundh.-Ing. vom 16. X. u. 6. XI. 1926 S. 658 u. 707.
[2] Gesundh.-Ing. 1926 S. 592; 1927 S. 578.
[3] Gesundh.-Ing. 1926 S. 653.

in die Wasserbehälter eingebaut werden. Man wendet jedoch meist wegen des zu hohen Strompreises Warmwasserheizung an. Selbsttätige Temperaturregelung ist auch hier empfehlenswert, ferner das Einfallenlassen von natürlichem oder künstlichem Licht in die Höhlen oder Käfige. Hierzu können kugelförmige Quarzlampen dienen, deren Licht durch Scheinwerfer auf die Orte geworfen wird, welche von den Reptilien vorzugsweise aufgesucht werden (Ausführung z. B. im Londoner Zoo).

4. Insektarien.

Auch hierfür ist elektrische Heizung mit selbsttätiger Temperaturregelung am zweckmäßigsten (Ausführung z. B. im San Joaquin County Insectary in Lodi, Kalifornien).

XXIII. Die Austrocknung von Neubauten durch Heizung.

Von **H. KÄMPER.**

Immer mehr gelangt man dazu, auch im Winter zu bauen, und ist daher vielfach darauf angewiesen, der in der kalten Jahreszeit äußerst

Abb. 89. Bautrockenöfen. (Fr. Schwartzkopf, Berlin).

langsam vor sich gehenden natürlichen Austrocknung des Mauerwerkes durch Heizung nachzuhelfen.

Die dadurch entstehenden Mehrkosten werden praktisch wieder aufgehoben durch den Gewinn an Bauzeit und die dadurch erzielbare Mieteinnahme sowie die Vermeidung von Frost- und Feuchtigkeitsschäden.

Ist der Rohbau fertig erstellt, d. h. eingedeckt, so lassen sich in den Räumen Kokskörbe oder Koksöfen aufstellen. Bei der Verwendung von Koksöfen besteht jedoch die Gefahr der Kohlenoxydgasvergiftung.

Zur Trocknung und Abbindung des Mauerwerkes muß den Räumen Wärme, nicht strahlende Hitze, und Kohlensäure (nicht aber Kohlenoxyd) zugeführt werden. Dieses wird gleichzeitig erreicht durch Öfen in Sonderausführung mit ins Freie führenden Rauchrohren. Öfen mit

Abb. 90. Bautrockenofen (C. Richard Kunze, Leipzig).

ins Freie führenden Rauchrohren sind in dieser Beziehung vorzuziehen, dagegen brauchen sie etwas mehr Brennmaterial. Besonders wirksame Ausführungsformen derartiger Öfen zeigen die Abb. 89 und 90. Ist Zentralheizung vorhanden, so kann auch sie dem genannten Zwecke dienen. Bei großen Bauten hat man sich schon so geholfen, daß das erst teilweise erstellte Gebäude mit einem Notdach und einer wasserdichten Zwischendecke versehen worden ist, so daß die Zentralheizung während des Bauens montiert und das Mauerwerk des eingedeckten Gebäudeteiles damit ausgetrocknet werden konnte[1].

Ferner ist in neuester Zeit ein Heizverfahren, das sog. Druckluft-Trockenverfahren, aufgekommen, bei dem vor die Neubauten Kokswagen gefahren und die Feuergase, gemischt mit Frischluft, mittels auf den Wagen angebrachten, elektrisch angetriebenen Lüfter durch etwa 50 cm weite, außen an den Häusern hochführende Rohrleitungen in die Neubauten gepreßt werden, nachdem vorher die Tür- und Fensteröffnungen möglichst gut verschlossen worden sind (s. Abb. 91). Da auf diese Weise Überdruck in den Räumen entsteht, nimmt die Heizluft

[1] HOTTINGER: Monographie des Neubaues der Schweiz. Volksbank, Zürich. Zürich: Gebr. Fretz AG.

ihren Weg zum Teil durch das poröse Mauerwerk, was zur Folge hat, daß die Trocknung beschleunigt wird und infolge der mitgeführten reichlichen Kohlensäuremenge der Mörtel in kurzer Zeit gut erhärtet. Der freiwerdende Wasserdampf wird von der abströmenden Luft ins Freie

Abb. 91. Drucklufttrockenverfahren (Deutsche Bautentrocknungs-Ges. m. b. H., Hannover-Hainholz).

mitgenommen. Die Temperatur der Heizluft kann durch Beigabe von mehr oder weniger Frischluft nach Belieben geregelt werden. Da die Verbrennung des Kokses bei großem Luftüberschuß vor sich geht, ist die Gefahr der Bildung von Kohlenoxyd ausgeschlossen.

Nach Mitteilungen aus der Praxis soll es mit einer solchen Heizmaschine möglich sein, ein Gebäude von 1000 m^3 umbauten Raum in 3—4 Tagen vollständig auszutrocknen, wobei der Mörtel so weit erhärtet, daß die Innenarbeiten alsbald fertiggestellt werden können.

GPSR Compliance

The European Union's (EU) General Product Safety Regulation (GPSR) is a set of rules that requires consumer products to be safe and our obligations to ensure this.

If you have any concerns about our products, you can contact us on ProductSafety@springernature.com

In case Publisher is established outside the EU, the EU authorized representative is:

Springer Nature Customer Service Center GmbH
Europaplatz 3
69115 Heidelberg, Germany

Batch number: 10683525

Printed by Printforce, the Netherlands